Claudia Traidl-Hoffmann, Christian M. Schulz,
Martin Herrmann und Babette Simon (Hrsg.)

Planetary Health

Medizinisch Wissenschaftliche Verlagsgesellschaft

Claudia Traidl-Hoffmann, Christian M. Schulz,
Martin Herrmann und Babette Simon (Hrsg.)

Planetary Health

Klima, Umwelt und Gesundheit im Anthropozän

mit Beiträgen von
J.M. Bauer | C. Becker | T. Bein | A.G. Beule | M. Blüher | A. Bosy-Westphal | S.Y. Brucker
A. Diefenbach | M. Eichinger | T. Esch | G. Geerling | R. Gertler | S. Gromer | H.-C. Gunga
R. Guthoff | O. Hahad | A. Herrmann | M. Herrmann | M.E. Herrmann | K. Hutflötz
W.J. Jabs | L. Jung | K. Kabir | C. Karg | M. Kebschull | C. Kienast | J. Köhrle | R. Krolewski
M.K. Kuhlmann | J. Kuhn | D. Lehmkuhl | B. Lenzer | H. Lesch | U. Liebers | T. Lob-Corzilius
H. Lorenz | M.A. Maggioni | M. Meincke | B. Müller | M.J. Müller | T. Münzel | C. Nikendei
I.M. Otto | A. Peters | C. Prazeres da Costa | S. Rausch | M. Röösli | S. Rohrmann
M. Roth | J.S. Schad | M. Schmidt | C.V. Schneider | C. Schrader | J. Schüz | C.M. Schulz
E.-M. Schwienhorst-Stich | B. Siegmund | E. Simoes | B. Simon | M. Stiesch
P. Thorbrietz | C. Traidl-Hoffmann | C. Trautwein | I. Veit | K. Wabnitz
M.M. Weber | E. Weimann | E. Westenberg | A.S. Winkler | C. Witt

Medizinisch Wissenschaftliche Verlagsgesellschaft

Das Herausgeberteam

Prof. Dr. med. Claudia Traidl-Hoffmann
Universität Augsburg
Medizinische Fakultät
Lehrstuhl und Hochschulambulanz für Umweltmedizin
und
Institut für Umweltmedizin
Helmholtz Zentrum München
Deutsches Forschungszentrum für Gesundheit und Umwelt (GmbH)

PD Dr. med. Christian M. Schulz
KLUG – Deutsche Allianz Klimawandel und Gesundheit e.V.
Berlin
und
Technische Universität München
Klinikum rechts der Isar
Klinik für Anästhesiologie und Intensivmedizin

Dr. med. Martin Herrmann
KLUG – Deutsche Allianz Klimawandel und Gesundheit e.V.
Berlin

Prof. Dr. med. Babette Simon
Faculté de Santé
Université de Paris
Paris

MWV Medizinisch Wissenschaftliche Verlagsgesellschaft mbH & Co. KG
Unterbaumstraße 4
10117 Berlin
www.mwv-berlin.de

ISBN 978-3-95466-650-8

Bibliografische Information der Deutschen Nationalbibliothek
Die Deutsche Nationalbibliothek verzeichnet diese Publikation in der Deutschen Nationalbibliografie; detaillierte bibliografische Informationen sind im Internet über http://dnb.d-nb.de abrufbar.

Produkt-/Projektmanagement: Anja Faulenbach, Berlin
Copy-Editing: Monika Laut-Zimmermann, Berlin
Layout & Satz: zweiband.media, Agentur für Mediengestaltung und -produktion GmbH, Berlin
Druck: druckhaus köthen GmbH & Co. KG, Köthen

Zuschriften und Kritik an:
MWV Medizinisch Wissenschaftliche Verlagsgesellschaft mbH & Co. KG, Unterbaumstr. 4, 10117 Berlin, lektorat@mwv-berlin.de

FSC
www.fsc.org
MIX
Papier aus verantwortungsvollen Quellen
FSC® C104586

KLIMAKOLLEKTE
Klimafreundlich gedruckt

Die Autorinnen und Autoren

Prof. Dr. med. Jürgen M. Bauer
Universitätsklinikum Heidelberg
Geriatrisches Zentrum
und
Universität Heidelberg
Netzwerk Altenforschung

Prof. Dr. Clemens Becker
Medizinische Klinik des Universitätsklinikums Heidelberg
Netzwerk Altenforschung
Geriatrisches Zentrum
Unit digitale Geriatrie

Prof. Dr. Thomas Bein, M. A.
Universität Regensburg
Fakultät für Medizin

PD Dr. Achim G. Beule
Universitätsklinikum Münster
Klinik für Hals- Nasen- und Ohrenheilkunde

Prof. Dr. Matthias Blüher
Helmholtz Zentrum München – Deutsches Forschungszentrum für Gesundheit und Umwelt (HMGU)
Helmholtz-Institut für Metabolismus-, Adipositas- und Gefäßforschung (HI-MAG)
Leipzig

Prof. Dr. oec. troph. Dr. med. Anja Bosy-Westphal
Christian-Albrechts-Universität zu Kiel
Institut für Humanernährung und Lebensmittelkunde

Univ.-Prof. Dr. med. Sara Y. Brucker
Universitätsklinikum Tübingen
Universitäts-Frauenklinik Tübingen
Department für Frauengesundheit

Univ.-Prof. Dr. Andreas Diefenbach
Charité – Universitätsmedizin Berlin
Campus Benjamin Franklin
Institut für Mikrobiologie und Infektionsimmunologie

Dr. med. univ. Michael Eichinger, MSc
Universität Heidelberg
Medizinische Fakultät Mannheim
Mannheimer Institut für Public Health, Sozial- und Präventivmedizin

Univ.-Prof. Dr. med. Tobias Esch
Universität Witten-Herdecke
Fakultät für Gesundheit
Institut für Integrative Gesundheitsversorgung und Gesundheitsförderung
Witten

Prof. Dr. med. Gerd Geerling
Universitätsklinikum Düsseldorf
Klinik für Augenheilkunde

Prof. Dr. med. Ralf Gertler
Technische Universität München
Klinikum rechts der Isar
Klinik und Poliklinik für Chirurgie

Dr. med. Stefan Gromer
Deutsches Institut für Katastrophenmedizin
Tübingen

Prof. Dr. Hanns-Christian Gunga
Charité – Universitätsmedizin Berlin, CCM
CharitéCrossOver, (CCO)
Institut für Psychologie
Zentrum für Weltraummedizin und Extreme Umwelten Berlin

Prof. Dr. med. Rainer Guthoff
Universitätsklinikum Düsseldorf
Klinik für Augenheilkunde

Dr. rer. Physiol. Omar Hahad
Universitätsklinikum der Johannes-Guttenberg-Universität Mainz
Zentrum für Kardiologie – Kardiologie I

Dr. med. Alina Herrmann
Medizinische Fakultät und Universitätsklinikum der Universität Heidelberg
Heidelberger Institut für Global Health (HIGH)

Dr. med. Martin Herrmann
KLUG – Deutsche Allianz Klimawandel und Gesundheit e.V.
Berlin

Dr. med. Michelle Eileen Herrmann
Universitätsklinikum Düsseldorf
Klinik für Augenheilkunde

Dr. phil. Karin Hutflötz
Katholische Universität Eichstätt-Ingolstadt
Lehrstuhl für Bildungsphilosophie und Systematische Pädagogik

Priv.-Doz. Dr. med. Wolfram J. Jabs
Vivantes Klinikum im Friedrichshain
Innere Medizin – Nephrologie
Berlin

Laura Jung
Universität Leipzig

Priv. Doz. Dr. Karoush Kabir, MBA, FEBS
Universitätsklinikum Bonn
Klinik für Orthopädie und Unfallchirurgie

Christine Karg, DESA
Deutsches Institut für Katastrophenmedizin
Tübingen

Prof. Dr. Moritz Kebschull, MBA
University of Birmingham
Vereinigtes Königreich

Camilla Kienast
Charité – Universitätsmedizin Berlin, CCM
CharitéCrossOver (CCO)
Institut für Psychologie
Zentrum für Weltraummedizin und Extreme
Umwelten Berlin

Prof. Dr. Josef Köhrle
Charité Universitätsmedizin Berlin
Institut für Experimentelle Endokrinologie

Dr. med. Ralph Krolewski
Facharzt für Allgemeinmedizin
Gummersbach

Prof. Dr. med. Martin K. Kuhlmann
Vivantes Klinikum im Friedrichshain
Innere Medizin – Nephrologie
Berlin

Julia Kuhn
Landesgesundheitsamt Baden-Württemberg
Stuttgart

Dr. med. Dieter Lehmkuhl
Deutsche Allianz Klimawandel und Gesundheit e. V.
Berlin

Dr. med. Benedikt Lenzer
Charité Universitätsmedizin Berlin
Institut für Laboratoriumsmedizin
Klinische Chemie und Pathobiochemie

Prof. Dr. Harald Lesch
Ludwigs-Maximilian-Universtität München
Institut für Astronomie und Astrophysik

Dr. med. Uta Liebers
Evangelische Lungenklinik Berlin Buch
Klinik für Pneumologie

Dr. Thomas Lob-Corzilius
Allergologie, Kinderpneumologie, Umweltmedizin
WAG Umweltmedizin GPA e.V.
Aachen
und
Kinderumwelt gGmbH
Georgsmarienhütte

Dr. med. Hanjo Lorenz, DESA
Deutsches Institut für Katastrophenmedizin
Tübingen

Dr. Martina Anna Maggioni, Ph. D., PD
Charité – Universitätsmedizin Berlin, CCM
CharitéCrossOver (CCO)
Institut für Psychologie
Zentrum für Weltraummedizin und Extreme
Umwelten Berlin

Dr. Maylin Meincke
Landesgesundheitsamt Baden-Württemberg
Stuttgart

Dr. med. Beate Müller
Goethe-Universität Frankfurt am Main
Zentrum der Gesundheitswissenschaften
Institut für Allgemeinmedizin

Prof. Dr. med. Manfred J. Müller
Christian-Albrechts-Universität zu Kiel
Institut für Humanernährung und
Lebensmittelkunde

Univ.-Prof. Dr. med. Thomas Münzel
Universitätsmedizin der Johannes-Gutenberg-
Universtität Mainz
Zentrum für Kardiologie – Kardiologie I

Prof. (apl.) Dr. med. Christoph Nikendei, MME
Universitätsklinikum Heidelberg
Zentrum für Psychosoziale Medizin
Klinik für Allgemeine Innere Medizin und
Psychosomatik

Prof. Dr. Ilona M. Otto
Universität Graz
Wegener Center for Climate and Global Change
Graz, Österreich

Univ. Prof. Dr. Annette Peters
Helmholtz Zentrum München – Deutsches
Forschungszentrum für Gesundheit und Umwelt
(HMGU)
Institut für Medizinische Informationsverarbeitung
Biometrie und Epidemiologie (IBE)
Neuherberg

Prof. Dr. med. Clarissa Prazeres da Costa
Technische Universität München
Fakultät für Medizin
Institut für Medizinische Mikrobiologie,
Immunologie und Hygiene

Priv.- Doz. Dr. med. Steffen Rausch
Eberhard-Karls-Universität Tübingen
Universitätsklinik Tübingen
Klinik für Urologie

Martin Röösli
Universität Basel
Schweizerisches Tropen- und Public Health-Institut
(SwissTPH)
Schweiz

Sabine Rohrmann
Universität Zürich
Institut für Epidemiologie, Biostatistik und Prävention
Schweiz

Dr. med. Mathias Roth
Universitätsklinikum Düsseldorf
Klinik für Augenheilkunde

Dr. med. Johannes Samuel Schad
Deutsches Institut für Katastrophenmedizin
Tübingen

Prof. Dr. Matthias Schmidt
Universität Augsburg
Institut für Geographie
Lehrstuhl für Humangeographie und Transformationsforschung

Carolin Victoria Schneider
RWTH Aachen Universitätsklinikum
Medizinische Klinik III

Christopher Schrader
Hamburg

Joachim Schüz
International Agency for Research on Cancer (IARC/WHO)
Environment and Lifestyle Epidemiology Branch
Lyon, Frankreich

PD Dr. med. Christian M. Schulz
KLUG – Deutsche Allianz Klimawandel und Gesundheit e.V.
Berlin

Dr. med. Eva-Maria Schwienhorst-Stich, DTMPH, MScIH
Universität Würzburg
Medizinische Fakultät
Zentrum für Studiengangsmanagement und -entwicklung

Prof. Dr. Britta Siegmund
Charité – Universitätsmedizin Berlin
Campus Benjamin Franklin
Med. Klinik für Gastroenterologie, Infektiologie, Rheumatologie

Univ.- Prof. Dr. med. Elisabeth Simoes
Universitätsklinikum Tübingen
Department für Frauengesundheit
Forschungsinstitut für Frauengesundheit

Prof. Dr. med. Babette Simon
Faculté de Santé
Université de Paris
Frankreich

Prof. Dr. med. dent. Meike Stiesch
Medizinische Hochschule Hannover
Klinik für Zahnärztliche Prothetik und Biomedizinische Werkstoffkunde

Dr. Petra Thorbrietz
München

Prof. Dr. med. Claudia Traidl-Hoffmann
Universität Augsburg
Medizinische Fakultät
Lehrstuhl und Hochschulambulanz für Umweltmedizin

Dr. med. Christian Trautwein
RWTH Aachen Universitätsklinikum
Medizinische Klinik III

Dr. med. Iris Veit
Ruhr-Universität Bochum
Abteilung für Allgemeinmedizin

Katharina Wabnitz, MD, MSc
Ludwig-Maximilian-Universität München
Pettenkofer School of Public Health
Institut für Medizinische Informationsverarbeitung, Biometrie und Epidemiologie (IBE)
Lehrstuhl für Public Health und Versorgungsforschung

Univ.-Prof. Dr. Matthias M. Weber
Universitätsmedizin Mainz der Johannes-Gutenberg-Universität
Schwerpunkt Endokrinologie und Stoffwechselerkrankungen
I. Medizinische Klinik und Poliklinik

Prof. Dr. Edda Weimann
Endokrinologie & Diabetes, MPH (UCT)
University of Cape Town und
Technische Universität München
Kinderklinik Schwabing
Fachklinik für chronische Erkrankungen, Gaißach/Oberbayern

Erica Westenberg
Technische Universität München
Klinikum rechts der Isar
Zentrum für Globale Gesundheit
Abteilung für Neurologie

Prof. Dr. med. Dr. phil. Andrea S. Winkler
Technische Universität München
Klinikum rechts der Isar
Zentrum für Globale Gesundheit
Abteilung für Neurologie

Prof. Dr. med. Christian Witt
Charité - Universitätsmedizin Berlin
Arbeitsbereich Ambulante Pneumologie

Geleitwort

> *„Wenn wir als Menschen immer betonen, dass wir die schlauste Art auf diesem Planeten sind – warum zerstören wir dann unser eigenes Zuhause?"*

Mit dieser Frage hat mich Jane Goodall mitten in einem Interview sprachlos gemacht. Diese Frage gilt für uns als Zivilisation, genauso wie für jede und jeden einzelnen von uns. Vielleicht ist es die wichtigste Überlebensfrage im 21. Jahrhundert.

Wenn es eine ärztliche Pflicht ist, Leben zu schützen, auf Gesundheitsgefahren hinzuweisen und gegebenenfalls auch schlechte Nachrichten zu überbringen, dann sollten Vertreter:innen der Gesundheitsberufe die Ersten sein, die die Bedrohung des Menschen durch den Klimawandel thematisieren. Denn auf uns wird gehört. Und die schlechte Nachricht lautet: Die Klimakrise hat massive Auswirkungen auf unsere Gesundheit. Wir müssen nicht das Klima retten, sondern uns! Die Erde braucht uns nicht, wir aber brauchen die Erde.

Ich bin gespannt, wie schnell sich der Begriff „Planetare Gesundheit" durchsetzt. Im Englischen klingt es nach Erde, im Deutschen mehr nach Pluto. Wir haben eine neue Patientin mit zu denken und mit zu behandeln, Mutter Erde. Und sie im Blick zu haben, in all ihren Facetten, in all ihren Verbindungen im Netz des Lebens, das zeigt dieses Buch in ganz außergewöhnlicher Weise.

Ich möchte an dieser Stelle auch allen Autor:innen danken, die hier Pionierarbeit leisten. Viele kenne ich schon persönlich aus der Arbeit der Allianz Klimawandel und Gesundheit (KLUG), den Vorlesungen für #healthforfuture, von den Demonstrationen vor der Charité beim Globalen Klimastreik, von den Aktionen für den deutschen Ärztetag oder den Podien für die Deutsche Gesellschaft für Innere Medizin. Es tut sich enorm viel, und dennoch hängt die Überzeugungs- und Netzwerkarbeit oft an einzelnen engagierten Menschen, die mehr tun als sie müssten. Mit meiner Stiftung *Gesunde Erde Gesunde Menschen* bin ich Teil dieses Netzwerkes und merke, wie sich in den letzten drei Jahren mehr bewegt als gefühlt in den letzten 30. Ich wünsche allen in diesem Buch Versammelten und allen, die es lesen, dass sie sich von diesem Pioniergeist anstecken lassen und vor allem, dass sie sich selbst wirksam engagieren: schlau machen, Mund aufmachen, vernetzen!

Traditionell hält sich die Mehrheit der Ärztinnen und Ärzte aus der Politik heraus, dass die fossile Energiepolitik massive Gesundheitsfolgen hat, stand nicht auf ihrer Agenda. In meiner Ausbildung spielten diese Zusammenhänge auch kaum eine Rolle, Umweltmedizin wurde belächelt als „Orchideenfach". Vorreiter wie „Ärzte gegen den Atomkrieg" betonten auf einem ihrer Plakate: „Eine Atombombe kann dir den ganzen Tag versauen." Gleiches gilt heute für die Klimakrise. Die kann einem das ganze Leben versauen. Und das für die nächsten Generationen gleich mit.

Klimaschutz als Gesundheitsschutz zu begreifen, eröffnet eine Perspektive, die sich nicht auf eine Partei, Ideologie oder Altersgruppe bezieht, sondern die für jeden von uns wichtig ist. Sichtbarer, öffentlicher und politischer zu werden heißt anzuerkennen, dass die Lösung der Probleme nicht in einer medizinischen Innovation zu finden sein wird. Wir können eine überhöhte Körpertemperatur medikamentös senken.

Aber gegen eine überhöhte Außentemperatur gibt es keine Tablette, da hilft nur wirksame Politik. Kein Mensch kann sich seine eigene Außentemperatur kaufen, noch nicht mal ein Privatversicherter.

Der Bericht des Weltklimarates IPCC vom August 2021 ist so klar und deutlich wie noch nie: der Klimawandel ist bedrohlich, er betrifft jeden Menschen, in jedem Winkel der Erde. Der Klimawandel ist menschengemacht. Und wir Menschen können noch etwas ändern.

Wie viele Jahrhundertfluten, Jahrhundertstürme und Brände brauchen wir eigentlich noch, um zu verstehen, dass dieses Jahrhundert gerade erst angefangen hat? Und wir die Veränderungen nicht weiter als Ausnahmen abtun können?

Was neu ist: die Berechnungen der Wissenschaftlerinnen und Wissenschaftler sind genauer als je zuvor, bis hinein in die verschiedenen Regionen der Erde. Und ja – Deutschland ist massiv betroffen. Wir sind viel verletzlicher, als wir geglaubt haben.

Der Medizin wird oft vorgeworfen, nur die Symptome und nicht die Ursachen von Krankheiten zu behandeln. Die Klimakrise und ihre Auswirkungen auf die Gesundheit und Existenz von Menschen ist eine Katastrophe mit Ansage. Viel zu lange wurde die Klimakrise verhandelt als ein Problem von Eisbären, pazifischen Inselstaaten und einer fernen Zukunft. Es fehlte die Anschauung, die Bilder, die Nähe. Wir lebten jahrzehntelang nach dem Motto: „Nach uns die Sintflut". Jetzt ist sie da die Sintflut, direkt vor uns. Der Sommer 2021 wird in die Geschichte eingehen. Als ein historischer Wendepunkt, Klimawandel und Gesundheit, lokales menschliches Leid und globale Veränderungen endlich im Zusammenhang zu begreifen. Die nächsten zehn Jahre entscheiden darüber, wie die nächsten zehntausend Jahre laufen, auf gut Deutsch: ob die menschliche Zivilisation überlebt. In der Agenda 2030 legten die Vereinten Nationen unter der englischen Abkürzung SDGs (Sustainable Development Goals) siebzehn globale Entwicklungsziele fest, die wir als Weltgemeinschaft erreichen wollen. Dazu gehören zum Beispiel: kein Hunger, Frieden, globale Gesundheit und Bildung für alle. Oft vergessen wir, welch große Fortschritte wir in den letzten zwanzig Jahren im Bereich der globalen Gesundheit gemacht haben. Doch durch den Klimawandel und nochmals verschärft durch die jetzige Pandemie gefährden wir diese Errungenschaften. Forscher:innen haben ermittelt, dass die Kluft zwischen armen und reichen Ländern heute um ungefähr 25 Prozent größer ist, als sie es ohne die Erderwärmung wäre.

Als 1969 Menschen das erste Mal auf dem Mond landeten, war ihre größte Errungenschaft nicht die Teflonpfanne, es waren auch nicht die Gesteinsbrocken. Die größte Erkenntnis war der Blick zurück auf die Erde, auf den blauen Planeten, auf dieses einzigartige Geschenk inmitten eines kalten, weiten Weltraums. Diese Reflexion hat unser Bewusstsein für immer verändert. Die Atmosphäre ist eben keine Dunstabzugshaube, die alle schlimmen Gerüche ins Nirwana verfrachtet – sie ist eine hauchdünne Schicht, im Verhältnis zur Erde dünner als die Haut von einem Apfel. Und diese zarte Hülle ermöglicht unser Leben. Die ganze Erde ist unser Wohnzimmer. Sie ist der einzige Ort im ganzen bekannten Universum mit Lebensraum – mit „living room"! Nur hier gibt es Wasser zum Trinken, Luft zum Atmen, essbare Pflanzen und bislang für Säugetiere erträgliche Temperaturen. Und wem das zu esoterisch wird:

Die Erde ist der einzige Ort mit Kaffee, Sex und Schokolade. Besser wird es nirgendwo. Aber hier wird es schlechter. Rapide.

Die letzten zehn Jahre waren die heißesten zehn Jahre seit 125.000 Jahren. Es wird nicht einfach nur wärmer – es steigen viele andere Risiken und Nebenwirkungen. Und irreversible Langzeitschäden. Es brennt! Es schmilzt. Menschen sterben durch Flut, Dürre, Hunger und Hitze und Infektionen. Die Klimakrise ist schon lange kein Modethema mehr – sie ist die größte Gesundheitsgefahr in diesem Jahrhundert. Das sagt der Lancet Climate Countdown, die Leopoldina, der Weltärztebund, die WHO – wer es wissen will, an Warnhinweisen mangelt es nicht.

„There is no glory in prevention?" Wenn es keinen Ruhm und keinen Blumentopf mit Prävention zu gewinnen gibt – dann lasst uns die Spielregeln ändern, die Belohnungen und die Aufmerksamkeit. Denn: was nutzen einem die besten Beatmungsgeräte, wenn ein Patient nach langer Intensivbehandlung aus dem Krankenhaus entlassen wird und vor der Tür gleich wieder Dreck einatmet? Was nützt es, wenn man mit den richtigen Medikamenten Bluthochdruck und Fieber senken kann, aber keine Außentemperaturen, unter denen Menschen unweigerlich zusammenklappen? Welche Aufgabe und Verantwortung haben die Gesundheitsberufe, denen immer noch höchstes Vertrauen entgegengebracht wird?

Als Arzt habe ich gelernt: Erst die Diagnose, dann die Therapie. Die Diagnose haben wir, nicht erst seit heute. Wir brauchen jetzt Politik, die auf Wissenschaft hört. Und dann auch handelt. Eine Jahrhundertaufgabe – für die wir kein Jahrhundert mehr Zeit haben. Wir leben in historischen Zeiten. Es kommt jetzt auf jeden an. Noch haben wir eine Wahl. Wie bei jeder Katastrophe gilt: Rumstehen und gaffen geht gar nicht. Anpacken ist angesagt. Das Schlimmste, Teuerste und Folgenreichste was man jetzt tun kann, ist weiter nichts zu tun.

Wir könnten es echt schön haben hier auf der Erde. Und gesünder. Lasst uns mehr darüber reden, wie wir leben wollen, was uns wichtig ist, was uns sogar „heilig" ist, und was heil bleiben soll. Als Ärztinnen und Ärzte, Pflegefachkräfte, Kommunikatoren, Gesundheitsberufler, als Kinder, Eltern und Enkel – als Menschen!

Denn das Ziel, auf das wir uns doch alle einigen können, lautet:

Gesunde Menschen und Tiere auf einer gesunden Erde.

Dr. Eckart v. Hirschhausen, August 2021

Geleitwort

Krankheiten können heute zunehmend behandelt und geheilt werden. Gesundheit ist aber viel mehr als Medizin. Während sich in den letzten Jahrzehnten die globale Gesundheit deutlich verbessert hat, stellen die menschenverursachten weitreichenden Veränderungen der natürlichen Ökosysteme unserer Erde eine wachsende Bedrohung für die menschliche Gesundheit dar. Das Ausmaß der Folgen des globalen Klimawandels, des Biodiversitätsverlusts, des Landnutzungswandels, der Bedrohung der Meere und Küsten, der Veränderung der Stoffkreisläufe, der mangelnden Wasserverfügbarkeit, der Desertifikation oder der Schadstoffbelastungen wird immer deutlicher sichtbar und erfordert ein Umdenken, auch im Gesundheitsbereich. Das vorliegende Buch gibt hierfür wichtige Grundlagen und Einblicke.

Die Anwendung hervorragender Wissenschaft und Medizin für die Prävention und Behandlung ist eine wichtige aber nicht ausreichende Voraussetzung. Die Erhaltung von Gesundheit und Wohlergehen für auch künftige Generationen kann nur im Zusammenschluss aller Akteure bewältigt werden: Wissenschaft, Politik, Wirtschaft und Gesellschaft. Der Aufbau inter- und transdisziplinärer Strukturen, Partnerschaften und effiziente Governance sind eine Notwendigkeit. Und Bildung ist der wichtigste Faktor für Nachhaltigkeit immer und überall – so auch für die Gesundheit in aller Welt: „Education is the best Vaccination!“ Die Bevölkerung wird nur dann gesund bleiben, wenn sie auch als für sich selbst verantwortliches Subjekt zur Verbesserung ihrer eigenen Situation beiträgt, und wenn sie dazu in die Lage versetzt wird.

Zu den für das Jahr 2030 anvisierten „Sustainable Development Goals“ (SDG) der Vereinten Nationen zählt „Health and Well-Being for All“. Was gibt es Wichtigeres als Wohlbefinden und Gesundheit für den Einzelnen und für die Gesellschaft? Was gibt es Wichtigeres als interdisziplinäre Zusammenarbeit für ein Ziel mit so hohem Anspruch? „Planetary Health“, „One Health“ und andere Schwerpunktthemen ordnen sich, richtig verstanden, ein unter dem holistischen Dach der SDG. Die Berlin-Brandenburgische Akademie der Wissenschaften nimmt sich diesem Thema an. „Wissenschaft muss Verantwortung übernehmen“ ist der Titel eines Aufsatzes, der von Mitgliedern des Akademischen ThinkTanks „M8 Allianz“ verfasst wurde, der den World Health Summit in Berlin organisiert und inspiriert hat. Alexander von Humboldt hat mit seinem Naturgemälde diese holistische Sicht auf die Erde und auf den Menschen als erster erkannt, beschrieben und bekannt gemacht. Charles Darwin hat sich in seiner Evolutionstheorie auf diese holistische Sicht berufen.

Seit Anbeginn des Lebens wurde die Weitergabe der genetischen Information niemals unterbrochen, das individuelle Erbgut repräsentiert daher auch die im Laufe der Phylogenese angesammelten Veränderungen. Mit der Auswanderung des Homo sapiens aus Afrika änderten sich die Umweltbedingungen entscheidend: z.B. Klima, Lichtexposition, Agrarwirtschaft, Ernährungsbedingungen, industrielle Nahrungsmittelproduktion, und dieses in kürzester Zeit mit weitreichenden Konsequenzen für Gesundheit und Krankheit. Das alles sind Gründe, eine ganzheitliche, holistische Sicht auf die Biologie des Organismus, seine Umgebung und sein kulturell geprägtes Verhalten zu entwickeln. Es gilt hier in besonderer Weise: je umfassender Komplexität von einer Theorie erfasst und beschrieben wird, desto weitreichender ist sie. Sie erweitert die medizinischen Wissenschaften um die Beantwortung der wichtigen krankheits-ätiologisch relevanten Frage des „*Warum* werden wir krank?" und nicht nur des mechanistischen „*Wie* entstehen Krankheiten?". Dieses holistische Verständnis hilft auch der klinischen und präventiv-medizinischen Forschung und Lehre im Kontext von Planetary Health. Die Prinzipien der Evolution gelten fundamental über alle Öko-und Organsysteme und Spezies hinweg; ihre Berücksichtigung ist daher zwingend, um neue Ansätze zu entwickeln.

Damit die Gesundheitsforschung dieses Ziel erreicht, sind die Komplementärwissenschaften gefragt, die in einem strategisch angelegten Innovationszentrum, Politik-, Sozial-, Geistes-, Kultur-, Geo-, Wirtschafts- und Technikwissenschaften mit der Medizin verknüpfen. Ein intellektueller Exzellenzverbund wäre für ein solches holistisches „One Planet – One Health"-Konzept ein guter Ausgangspunkt. Das Buch „Planetary Health" liefert dafür eine gute Grundlage. In diesem Sinne wünsche ich diesem Buch eine neugierige Leserschaft.

Prof. Dr. med. Detlev Ganten, August 2021

Geleitwort

Ich staune immer wieder, was sich seit einigen Jahren alles entwickelt zu Planetary Health in Deutschland und weltweit. Zu manchem habe ich durch ein Saatkorn beigetragen, so vieles wächst und gedeiht durch das Engagement von immer mehr Menschen, wie auch dieses Buch. Ein Beispiel von positiver Ansteckung, das Hoffnung macht.

Warum brauchen wir eine planetare Perspektive auf die Gesundheit? Die Medizin ist vielerorts stark biomedizinisch geprägt; Krankheitsursachen werden vor allem auf der Mikroebene untersucht. Das ist nicht falsch, aber unvollständig. Es ist klar, dass die Lebensumstände und die Umwelt einen enormen Einfluss auf die Gesundheit haben. Als vor 150 Jahren das Abwasser hierzulande noch in die Gosse gekippt wurde und dort vor sich hinstank, grassierte die Cholera. Verbesserte Hygiene und Abwasserkanäle sind Erfolge von Public Health, mit Vorreitern wie John Snow und Rudolf Virchow. Heutzutage kippen wir unsere Abgase in die Atmosphäre, Unmengen Plastik in die Meere etc., als ob der Planet eine riesige Müllhalde wäre. Das rächt sich jetzt und zerstört unsere eigenen Lebensgrundlagen durch Klimawandel, Biodiversitätsverlust und Umweltverschmutzung. Eine planetare Notfallsituation.

Planetary Health nimmt die größtmögliche Makroperspektive ein und schaut auf den gesamten Planeten Erde mit all seinen menschengemachten und natürlichen Systemen als Grundlage für unsere Gesundheit. Dabei werden Verbindungen vom ganz Großen zum mikroskopisch Kleinen offenbar, beispielsweise zu unserem Immunsystem. Denn alles hängt letztendlich zusammen, wie in einem Organismus. Diese Zusammenhänge können wir verstehen und vermitteln. Die negativen Folgen der planetaren Krise für die Gesundheit, aber auch die enormen gesundheitlichen Vorteile einer nachhaltigeren Lebensweise.

Neben all den Fakten, Zusammenhängen und praktischen Aspekten geht es bei Planetary Health im Kern auch um die Beziehung von Mensch und Natur, um unsere Haltung. Betrachten wir die Erde mit ihren vielfältigen Lebensformen als einen Haufen Ressourcen nur für uns Menschen, zur Ausbeutung nach Belieben? Halten wir uns für getrennt von der Natur und über ihr stehend? Oder begreifen wir staunend, dass wir Menschen als Lebewesen Teil sind dieses atemberaubend schönen, lebendigen Planeten Erde, wie ein Organ eines Organismus? Dass unsere Gesundheit untrennbar verbunden ist mit der anderer Lebensformen und des Gesamtorganismus? Wenn wir uns der tiefen Verbundenheit allen Lebens bewusstwerden und uns davon inspirieren lassen, können wir eine Haltung des Mitgefühls entwickeln und sorgsamer miteinander und mit dem Planeten umgehen. Als Heilberufe mit einer besonderen Verantwortung für den Schutz des Lebens sollten wir zu diesem Heilungsprozess beitragen, für gesunde Menschen auf einer gesunden Erde.

Univ.-Prof. Dr. Dr. Sabine Gabrysch, Juli 2021

Vorwort

Liebe Leserinnen, liebe Leser,

zu Beginn hatte dieses Buchprojekt den Arbeitstitel *Klimawandel und Gesundheit*. Während der Entstehung wurde schnell klar, dass auch das Artensterben, unsere raumgreifende Lebensweise sowie die Verschmutzung von Land, Wasser und Luft die Krankheitslast erhöhen. Das Bild, das es zu zeichnen galt, wurde dadurch komplexer, größer und die Inhalte verflochtener, die Aussagen noch politischer.

Die Ursache für die Veränderung der Ökosysteme ist unsere Lebens- und Wirtschaftsweise. Sie führt dazu, dass planetare Grenzen überschritten werden und wir uns zunehmend unserer Lebensgrundlagen berauben. All das ist anthropogen, also menschengemacht und hat nicht nur Auswirkungen auf wenige Generationen, sondern wird viele Jahrtausende weiterwirken. Die Auswirkungen sind so tiefgreifend, dass sie wesentlich Einfluss nehmen auf die Geschicke des Planeten Erde. Daher leben wir in einem neuen Zeitalter: dem Anthropozän.

In erdgeschichtlichen Dimensionen stellt diese Überschreitung planetarer Grenzen einen medizinischen Notfall dar, der sofortiges Handeln erfordert. Noch niemals hat in so kurzer Zeit eine so schnelle Veränderung wichtiger planetarer Vitalparameter wie des atmosphärischen CO_2 stattgefunden. Wenn wir unsere Haltung und unser Verhalten, einschließlich unsere Wirtschaftsweise, nicht ändern, übergeben wir den folgenden Generationen eine zunehmend unbewohnbare Erde und vieles von dem, was der medizinische Fortschritt bisher erreicht hat, steht wieder infrage.

Um ein grundlegendes Verständnis der Ökosysteme und der schon eingetretenen Veränderungen zu ermöglichen, beginnen wir das Buch mit dem Konzept Planetary Health. Es beschreibt wie Ökosysteme miteinander interagieren und wie die Gesundheit der Menschen von der Gesundheit der Ökosysteme abhängt. Weil Planetary Health noch eine junge Disziplin ist, war es für uns eine umso spannendere Herausforderung, die Bewertungen der gesundheitlichen Auswirkungen beeinträchtigter Ökosysteme für die Fachgebiete der jeweiligen Autor:innen schlüssig zusammenzuführen. Für einige Fachgebiete sind die Auswirkungen gut untersucht, groß und unmittelbar, für andere sind die Auswirkungen schlüssig darzulegen, aber oft mittelbar und daher weniger klar belegt. Für alle Fachgebiete gilt: die Auswirkungen sind vorhanden.

Das Verständnis für die Arbeit im Gesundheitssektor verändert sich dadurch gerade grundlegend. Im Juli 2021 wurden wir überrascht durch die Flutkatastrophe in Rheinland-Pfalz und Nordrhein-Westfalen, wir erleben eine große Pandemie, wir registrieren Hitzewellen mit tausenden Toten und noch mehr Hitzekranken, Krankheitserreger, die in unseren Breiten noch nicht gesehen wurden, eine rasant steigende Zahl von Allergien und Atemwegserkrankungen durch verlängerten Pollenflug und Luftverschmutzung, krankhafte Fettleibigkeit, Mangel- und Fehlernährung.

Aus all dem ergibt sich, dass die Individualmedizin zwar unbestritten großartige Erfolge hatte, aber durch eine sich immer weiter ausdifferenzierende Spezialisierung kaum mehr in der Lage ist, einen Schritt zurück zu gehen, um den Blick auf das große Ganze zu richten. Wir sind an einem Punkt angelangt, an dem uns eine noch so perfektionierte individuelle Medizin allein nicht den Weg aus der Gesundheitskrise weisen wird. Wir werben daher mit diesem Buch für eine Öffnung der klassischen Medizin hin zu einer eher holistischen und präventiven Herangehensweise, im Sinne von Planetary Health.

Planetary Health ist dabei immer auch die Aufforderung, interdisziplinär und über Sektoren hinweg nach Erklärung und Lösungen zu suchen. Damit Handeln stattfindet, zeigen wir nicht nur, an welchen Stellen die einzelnen Fachgebiete bereits mit einem sich verändernden Krankheitsspektrum konfrontiert sind. Wir schlagen auch eine Erweiterung des Ethikbegriffs vor und zeigen, wie man mutig handeln kann. Es geht in den kommenden Jahren um die einmalige Gelegenheit, die Weichen neu zu stellen, um die schlimmsten Auswirkungen der planetaren Krisen abzumildern und wichtige Zeit zu gewinnen für die notwendigen Anpassungen.

Ihre Claudia Traidl-Hoffmann, Christian Schulz, Martin Herrmann und Babette Simon

August 2021

Inhalt

Planetary Health

1 Planetary Health

Christian M. Schulz und Martin Herrmann

Der Verlust der biologischen Vielfalt, die Klimakrise und die Umweltzerstörungen zählen zu den drängendsten medizinischen Problemen unserer Zeit. In vieler Hinsicht fördern sie Infektionskrankheiten, nichtübertragbare Krankheiten aufgrund von Fehlernährung, Bewegungsmangel und Verschmutzung sowie antimikrobielle Resistenzen. Die Gesundheit der Menschen ist nicht nur durch unseren Lebensstil bedroht, der geprägt ist durch Konsum, rasante Urbanisierung, Bewegungsarmut und die Dominanz hoch verarbeiteter industrialisierter Lebensmittel. Sie ist auch bedroht durch globale sozioökonomische Ungleichheit, Armut und eine Entfremdung von der Natur.

Der Generalsekretär der Vereinten Nationen António Guterres drückte es in einer Rede folgendermaßen aus:

> *„Die Menschheit führt einen Krieg gegen die Natur. Das ist selbstmörderisch. Die Natur schlägt immer zurück – und sie tut es bereits mit wachsender Kraft und Wut. Die Artenvielfalt kollabiert. Eine Million Arten sind vom Aussterben bedroht. Ökosysteme verschwinden vor unseren Augen … Menschliche Aktivitäten sind die Ursache für unseren Abstieg ins Chaos. Aber das bedeutet, dass menschliches Handeln dazu beitragen kann, es zu lösen."* (Harvey 2020).

Daraus ergeben sich eine Reihe sehr grundsätzlicher Fragen: Wie kann es gelingen, dass auf unserem Planeten möglichst gesunde und glückliche Menschen leben? Wie können wir moderne Technologien einsetzen und dennoch (oder deswegen) die Regeneration natürlicher Kreisläufe bewahren? Wenn wir erkennen, dass der eingeschlagene Weg nicht zum Ziel führt, wie können wir die Richtung ändern? Wieviel Zeit haben wir dafür? Was hindert uns vielleicht daran? Was passiert, wenn wir den Kurs nicht ändern? Kann ein Wandel in den gesellschaftlichen Wertesystemen noch zum rechtzeitigen Umsteuern führen und zum Beispiel die ungleiche Verteilung der Ressourcen ändern? Wird nach 250 Jahren Industriekapitalismus Solidarität im globalen Maßstab die Voraussetzung für das Überleben des Homo sapiens?

Um die Gesundheit wiederherzustellen, müssen wir uns darauf besinnen, dass wir selbst Teil des Lebensraums Erde sind. Als Biosphäre beherbergt und ernährt er uns. Daher benötigen wir ein tieferes Verständnis dafür, wie alle die Ökosysteme miteinander verbunden sind und voneinander abhängen.

1.1 Konzept

Im April 2018 trafen sich internationale Experten zum Austausch ihrer Perspektiven und Forschungsergebnisse zur wechselseitigen Abhängigkeit individueller, öffentlicher und planetarer Gesundheit. Das Ergebnis dieses intensiven Treffens war die Canmore-Erklärung (Prescott et al. 2018), eine Grundsatzdeklaration für planetare Gesundheit. Der Konsens erweitert die Ottawa-Charta zur Gesundheitsförderung von 1986 (WHO 2018). Er steht im Einklang mit der Agenda 2030 für nachhaltige Entwicklung der Vereinten Nationen (UN) und betont die wechselseitige Verknüpfung aller diesbezüglichen 17 UN-Ziele (SDGs) (United Nations 2030 Agenda for Sustainable Development: https://www.un.org/sustainabledevelopment/sustainable-development-goals/). Vor allem wird die dringende Notwendigkeit herausgestellt, die Gesundheit von Mensch, Ort und Planet als untrennbar zu betrachten. Die zehn Prinzipien (Prescott et al. 2018) werden im Folgenden gekürzt wiedergegeben:

1. **Die nachhaltige Vitalität aller Systeme:** Die planetare Gesundheit ist untrennbar mit der menschlichen Gesundheit verbunden und wird definiert als die voneinander abhängige Vitalität aller natürlichen und anthropogenen (d.h. auch sozialen, politischen und wirtschaftlichen) Ökosysteme.
2. **Werte und Zweck:** Einstellungen, Werte und Verhaltensweisen sowie Beziehungen nehmen eine zentrale Rolle ein beim Erreichen planetarer Gesundheitsziele. Die Vitalität der Ökosysteme ist reziprok abhängig von Empathie, Gegenseitigkeit, Verantwortung und Gegenseitigkeit auf individueller, gemeinschaftlicher, gesellschaftlicher und globaler Ebene.
3. **Integration und Einheit:** Die Komplexität der Herausforderungen erfordert integrative Ansätze. Dafür müssen konventionelle professionelle, gesellschaftliche und kulturelle Trennungen aufgegeben und kontextuelle Koalitionen entwickelt werden, die sowohl auf Wissenschaft als auch auf kulturellen Erzählungen basieren.
4. **Das Gesundheitsnarrativ:** Ein lösungsorientierter Diskurs erfordert einen auf Narrativen basierenden Prozess, der traditionelles Wissen, Wissenschaften sowie ein Verständnis für die Macht der Sprache einschließt. Im Gesundheitswesen spielen Wissenschaftler und die Mitglieder der Heilberufe für die Einbindung von Patienten und der Gemeinschaft im Allgemeinen (inklusive politischer Entscheidungsträger) eine zentrale Rolle, um die Bedeutung der natürlichen Systeme der Erde und der biologischen Vielfalt für die menschliche Gesundheit und das Wohlbefinden zu unterstreichen.
5. **Planetares Bewusstsein:** Kulturelle Kompetenz, kritische Selbstreflexion und ein kritisches Bewusstsein sind notwendig, um gesundheitliche Ungleichheit von Gruppen und Gemeinschaften durch soziale, wirtschaftliche und politische Systeme zu reduzieren und Fehlinformationen zu korrigieren.
6. **Naturverbundenheit:** Aufklärung und Forschung über die Bedeutung emotionaler und mentaler Beziehungen (oder deren Fehlen) zu Land, Natur und deren biopsychosozialen Auswirkungen.

7. Biopsychosoziale Interdependenz: Im Kontext der personalisierten Medizin sollte, wo immer es möglich ist, das Verständnis für unsere Abhängigkeit von der uns umgebenden natürlichen Umwelt (Flora, Fauna und unsere physische Welt) und dem intimen Teil von uns (dem menschlichen Mikrobiom) gefördert werden.
8. Haltung: Die Perspektive planetarer Gesundheit, d.h. die Verflechtung des menschlichen Lebens mit der Biodiversität der Erde und ihren natürlichen Systemen, soll Eingang in die Ausbildung aller Fachkräfte im Gesundheitswesen und den Wissenschaften finden.
9. Dem Elitismus, der sozialen Dominanz und der Marginalisierung entgegenwirken und so die Ziele der Weltgesundheitsorganisation fördern.
10. Verpflichtung zur Gestaltung neuer normativer Verhaltensweisen: Im klinischen/akademischen/öffentlichen Umfeld und darüber hinaus sollten wir uns bemühen, einen Lebensstil zu führen, der sich an der Erhaltung der planetaren Gesundheit orientiert.

Planetary Health beschreibt demnach die Intaktheit der Beziehungen innerhalb, von und zwischen planetaren Ökosystemen als Voraussetzung für das Wohlergehen der menschlichen Zivilisation. Dabei ist Planetary Health untrennbar verbunden mit der Erarbeitung von Lösungen, angefangen z.B. bei Modellierungen, welche Form der Ernährung gesund ist für Menschen *und* unseren Planeten, bis hin zu der Entwicklung von Narrativen, die wichtig sind für ein Gelingen der Transformation (Myers 2018).

1.2 Inter- und Transdisziplinarität als Antwort auf komplexe Systeme

Die wichtigste Grundlage für die Beschreibung der Beziehungen innerhalb von und zwischen Ökosystemen ist die Inter- und Transdisziplinarität. Nur dadurch gelingt die Verknüpfung verschiedener Systeme, welche Voraussetzung ist für die Beschreibung kausaler Zusammenhänge, auch wenn viele Auswirkungen zeitlich und/oder räumlich distinkt von ihren Ursachen eintreten. Inter- und Transdisziplinarität bilden auf diesem Wege die Grundlage für die Erstellung neuer Hypothesen, die wiederum Auswirkung haben auf den ethischen und politischen Diskurs.

Aufgrund der Komplexität der interagierenden Systeme kommt es immer wieder zu unangenehmen Überraschungen. Das zeigt, wie wenig bekannt ist über die Beziehungen innerhalb der Ökosysteme und zwischen ihnen, es unterstreicht gleichzeitig die Wichtigkeit von Inter- und Transdisziplinarität. Nicht selten gibt es direkte Auswirkungen auf die Gesundheit, zum Beispiel, wenn Bienensterben zu Ernteausfällen und daraus resultierender Unterernährung führt oder wenn während Hitzewellen die Sterblichkeitsrate steigt. Niemand rechnete zum Beispiel damit, dass der Meeresspiegelanstieg in Bangladesch den Salzgehalt im Grundwasser erhöht und vermutlich deshalb die Häufigkeit von Schwangerschaftshypertonie und Präeklampsie steigt (Khan et al. 2014). In einem anderen Beispiel hängt der Konsum von Fleisch und Kaffee mit einer veränderten Landnutzung zusammen und zieht auf diesem Weg die Ausbreitung der Malaria nach sich (Aschwanden et al. 2019). Oder: Seit langem leiden Weißkopfseeadler, das Wappentier der USA, unter einer mysteriösen Krankheit. Jetzt erst wurde der Mechanismus entdeckt: Normalerweise harmlose Cyanobakterien produzieren auf einmal eine bromhaltige Substanz, die durch Bioakkumulation entlang der Nahrungskette aufwärts für den Greifvogel zu einem tödlichen Nervengift wird. Eine Rolle dabei spielt möglicherweise die anthropogene Einbringung bromhaltiger Herbizide (Breinlinger et al. 2021). Jeder menschliche Eingriff in seit Millionen Jahren funktionierende Ökosysteme kann solche überraschenden und nicht berechenbaren Folgen haben.

1.3 Die Beziehung zwischen Mensch und Natur

Weniger überrascht von solchen Wechselwirkungen sind indigene Völker. Sie leben auf 20% der Fläche der Erde, die aber 80% der Biodiversität beherbergen. Seit jeher bedient sich der Mensch, wie alle anderen Lebewesen auch, an der Natur. Sie ist für ihn eine Quelle von Rohstoffen, Dienstleister, aber auch Ablageplatz für alles, was er nicht mehr benötigt. Vor der Industrialisierung gab es so wenig Menschen und die Wirtschaftsleistung war so gering, dass diese Form der Beziehung durch die Ökosysteme des Planeten kompensiert werden konnte. Mit Beginn der Industrialisierung wurde, in der Erwartung eines stetigen Wachstums, die Ausbeutung von Rohstoffen und Nutzung der natürlichen Ressourcen immer größer. Dieser grundlegende Nutzen allerdings wurde nicht berücksichtigt: weder durch die Ethik der Gesellschaften noch in monetärer Hinsicht in Bilanzen von Wirtschafts- und Finanzsystemen. Dadurch wurden auch keine Anreize abgeleitet, weise mit ihr zu wirtschaften, um ihren Wert zu erhalten. Es folgten Klimakrise und Artensterben, biochemische Kreisläufe wurden verändert und die Landnutzung entwickelte sich immer raumgreifender (Steffen et al. 2015).

Im Zuge dieser Überschreitung der planetaren Grenzen muss die Beziehung von Mensch und Natur neu definiert werden. Ökosysteme werden aufgrund ihrer Dienstleistungen („ecosystem services“) zum ökonomischen Faktor und zur Voraussetzung für das Wohlergehen und die Gesundheit der Spezies Mensch (Bayles et al. 2016). Diese Bewertungen werden zunehmend zur Grundlage für ökonomische und politische Entscheidungen (UNEP 2021).

Zu komplex und unverstanden sind allerdings die Ökosysteme und ihre Interaktionen, um sie einfach durch Menschen managen zu können. Daher werden zunehmend ökozentrische Ansätze diskutiert, die die Natur ins Zentrum der Überlegungen stellen, Ausgangspunkt einer neuen Bescheidenheit des Menschen in seinem Blick auf die Natur. Dabei wird die Natur nicht auf einen Dienstleister reduziert, der durch uns gemanagt werden kann, sondern man sieht den Menschen als Teil der Natur, als etwas, das die Natur hervorgebracht hat (Luke 2002).

1.4 Hoffnung

In geologischen Dimensionen gesprochen stehen wir kurz vor der Unbewohnbarkeit des Planeten. Wir zerstören etwas, das wir schätzen, lieben und das uns nährt. Da ist Hoffnungslosigkeit nicht weit. Planetary Health aber will Lösungswege aufzeigen. Und Hoffnung ist berechtigt: Die technologischen Entwicklungen im Energie- und

Transportsektor sind rasend schnell und es existieren innovative Lösungen, wie 10 Milliarden Menschen auf diesem Planeten gesund und mit weniger Fläche, Wasser, Düngemitteln und Pestiziden ernährt werden können. Die Ernährungsgewohnheiten verändern sich, es gibt eine globale Jugendbewegung, die uns mobilisiert für ihre Zukunft, es gibt Industrien, die sich neu orientieren. Regierungen werden initiativ oder angetrieben, die USA treten nach dem Regierungswechsel wieder sofort dem Pariser Klimaschutzabkommen bei, in Deutschland erweitert das Bundesverfassungsgericht das Verständnis von Freiheitsrechten auf zukünftige Generationen. Hoffnung ist berechtigt, und sie motiviert zum Handeln (Myers 2018).

Literatur

Aschwanden A, Fahnestock MA, Truffer M et al. (2019) Contribution of the Greenland Ice Sheet to Sea Level Over the Next Millennium. Science Advances 5(6), eaav9396. DOI: 10.1126/sciadv.aav9396

Bayles BR, Brauman KA, Adkins JN et al. (2016) Ecosystem Services Connect Environmental Change to Human Health Outcomes. EcoHealth 13(3), 443–449. DOI: 10.1007/s10393-016-1137-5

Breinlinger S, Phillips TJ, Haram BN et al. (2021) Hunting the Eagle Killer: A Cyanobacterial Neurotoxin Causes Vacuolar Myelinopathy. Science 371(6536), eaax9050. DOI: 10.1126/science.aax9050

Harvey F (2020) Humanity Is Waging War on Nature, Says UN Secretary General. URL: https://www.theguardian.com/environment/2020/dec/02/humanity-is-waging-war-on-nature-says-un-secretary-general-antonio-guterres (abgerufen am 08.07.2021)

Khan AE, Scheelbeek PF, Shilpi AB et al. (2014) Salinity in Drinking Water and the Risk of (Pre)eclampsia and Gestational Hypertension in Coastal Bangladesh: A Case-Control Study. PLoS ONE 9(9), e108715. DOI: 10.1371/journal.pone.0108715

Luke TW (2002) Deep Ecology: Living as if Nature Mattered. Devall and Sessions on Defending the Earth. Organization & Environment 15(2), 178–186

Myers SS (2018) Planetary Health: Protecting Human Health on a Rapidly Changing Planet. Lancet 390, 2860–2868

Prescott SL, Logan AC, Albrecht G et al. (2018) The Canmore Declaration: Statement of Principles for Planetary Health. Challenges 9(2), 31

Steffen W, Richardson K, Rockström J et al. (2015) Planetary Boundaries: Guiding Human Development on a Changing Planet. Science 347(6223), 1259855. DOI: 10.1126/science.1259855

UN Environment Programme (UNEP) (2021) Making Peace with Nature: A Scientific Blueprint to Tackle the Climate, Biodiversity and Pollution Emergencies. URL: https://www.unep.org/resources/making-peace-nature (abgerufen am 5.07.2021)

World Health Organization (WHO) (2018) Ottawa Charter for Health Promotion. URL: http://www.who.int/healthpromotion/conferences/previous/ottawa/en/ (abgerufen am 5.07.2021)

2 Anthropozän – Die Überschreitung planetarer Grenzen

Christian M. Schulz und Babette Simon

Der Mensch greift seit Beginn der Industriellen Revolution vor rund 200 Jahren so tiefgreifend in das Erdsystem ein, und in geologischer Zeitdimension so unfassbar schnell, dass sie eine neue geologische Epoche definieren: das Anthropozän. Der niederländische Chemiker und Atmosphärenforscher Paul Crutzen (†2021) brachte im Jahr 2000 den Begriff ins Spiel (Crutzen 2002). Auf einem Kongress in Mexiko sprach er von einem neuen Zeitalter des Menschen. Während im Holozän die Natur allmächtig ist, hat im Anthropozän der Mensch den Einfluss auf die Erde übernommen. Dies ist durch eine Reihe von Dynamiken geprägt, die im Folgenden beschrieben werden.

2.1 Klimakrise

Die globale Erwärmung beeinträchtigt bereits jetzt die menschliche Gesundheit. Der Begriff Klima„wandel“ ist allerdings unzureichend, da sich die sich abzeichnenden katastrophalen Folgen darin nicht wiederfinden. Gemessen daran befinden wir uns mitten in einer Klimakrise. Sie ist real, menschengemacht und führt zu weiteren Veränderungen, die bereits jetzt Leben beeinträchtigen oder Todesopfer fordern. Die weltweite Durchschnittstemperatur war bereits 2020 um 1,2° ± 0,1° C höher als zu Beginn des industriellen Zeitalters (Referenzzeitraum 1850 bis 1900) (World Meteorological Organization 2020). Die Hälfte dieses Temperaturanstiegs vollzog sich allein in den vergangenen 30 Jahren. Und die Entwicklung beschleunigt sich: Der heißeste Fünf-Jahres-Zeitraum waren die letzten fünf Jahre. In geologischen Dimensionen ist das rasend schnell. Für die Lebensspanne eines Menschen aber vollzieht sich die Veränderung scheinbar langsam. Da sich die individuellen Bezugsgrößen ständig ändern und anpassen, wird die bedrohliche Situation häufig als normal wahrgenommen (Moore et al. 2019). Das erschwert wesentlich die Wahrnehmung, wie existenziell die

Klimakrise uns Menschen bedroht. Dabei liegt es auf der Hand: bereits die Daten eines einzigen Tages – global erfasst – weisen die Klimakrise nach (Sippel et al. 2020).

2.1.1 Treibhausgase

Ursache der Erhöhung der globalen Durchschnittstemperatur ist die anthropogene Emission von Treibhausgasen. Das Intergovernmental Panel on Climate Change (IPCC), ein zwischenstaatlicher Ausschuss, nennt die Erwärmung „eindeutig". Mit mehr als 98 Prozent Wahrscheinlichkeit wurde mindestens die Hälfte der Erwärmung seit 1950 vom Menschen verursacht. Die Veränderungen vollziehen sich um ein Vielfaches schneller, als durch natürliche Prozesse oder eine Kombination aus ihnen erklärt werden könnte. Hätten die Menschen keine Treibhausgase emittiert, wäre es sogar eher etwas kälter geworden.

Um das Jahr 1900 überstieg die atmosphärische CO_2-Konzentration erstmals die Marke von 300 ppm und erreichte 2019 bereits 411 ppm. Wenn weitere Treibhausgase eingerechnet werden, entspricht die Summe mehr als 500 ppm CO_2-Äquivalenten (Butler u. Montzka 2020). Weniger als 450 ppm wären allerdings notwendig, um mit 66-prozentiger Wahrscheinlichkeit eine Erwärmung von 2°C (gemessen am Beginn der Industrialisierung) nicht zu überschreiten (IPCC 2021).

Da weiterhin CO_2 emittiert wird, nähert sich die Konzentration derzeit schnell einem Niveau, das der Planet zuletzt vor 50 Millionen Jahren im Eozän hatte. Damals war es im globalen Mittel 14°C wärmer als im vorindustriellen Zeitalter (Schneider et al. 2019). Weitere wichtige Treibhausgase wie Methan und Lachgas erreichten 2019 ebenfalls Rekordhöhen (World Meteorological Organization 2020). 2020 haben die Emissionen wegen der COVID-19-Pandemie zwar etwas langsamer, aber dennoch weiter zugenommen. Selbst wenn keine anthropogenen Einträge mehr hinzukämen, würde es Jahrtausende dauern, bis die atmosphärische CO_2-Konzentration wieder auf das vorindustrielle Niveau zurückkehrt. Die Erwärmung findet nicht gleichmäßig über alle Regionen der Erde statt, sondern differiert erheblich. So erfolgt beispielsweise die Erwärmung in der arktischen Region doppelt so schnell wie im globalen Mittel. Bereits jetzt hat die globale Erwärmung Auswirkungen auf die Gesundheit der Menschen auf allen Kontinenten.

2.1.2 Kipppunkte

Der Temperaturanstieg auf der Erde korreliert nicht linear mit den atmosphärischen Konzentrationen an Treibhausgasen. Ursächlich sind sogenannte Kipppunkte: Wenn eine bestimmte Temperatur überschritten wird, treten kaskadenartige, sich selbst verstärkende und unumkehrbare Prozesse in Gang, die zu einer weiteren Erhöhung führen – auch wenn die anthropogenen Emissionen auf null sinken würden (Lenton et al. 2008). Die wichtigsten neun Kipppunkte sind (von Nord nach Süd):

1. das arktische Meereis,
2. der grönländische Eisschild,
3. der Permafrostboden,
4. die borealen Nadelwälder,

5. die atlantische Meeresströmung,
6. die Korallenriffe,
7. der Amazonas-Regenwald,
8. der westantarktische Eisschild und
9. das Meereis des Wilkes Bassin in der Ostantarktis.

Früher wurde davon ausgegangen, dass solche „points of no return" erst bei einer Erhöhung von 5°C im Vergleich zum vorindustriellen Zeitalter erreicht würden. Mittlerweile ist aber davon auszugehen, dass relevante Kipppunkte bereits bei einem Plus von 1° bis 2°C erreicht werden. In der Kryosphäre, also im Meer- und Schelfeis, im Inlandeis und bei den Gletschern, in Permafrostböden und Eishöhlen rücken sie bereits gefährlich nahe.

Das Abschmelzen der Eisflächen führt zu einer geringeren Reflektion der Sonneneinstrahlung und trägt damit selbst zur Aufheizung bei. Ein vollständiges Abschmelzen der Eisflächen in den kommenden Jahrhunderten würde außerdem mit einem Meeresspiegelanstieg von 66 Metern einhergehen (WCRP Global Sea Level Budget Group 2018). Bislang ist durch geschmolzenes Eis und die Erwärmung der Ozeane der Meeresspiegel bereits um 20 cm angestiegen, was zu häufigeren Überschwemmungen und Überflutungen in tiefliegenden Gebieten der Küste führt.

Durch Modellberechnungen und Auswertungen von Daten der vergangenen Jahrzehnte konnte gezeigt werden, dass wir in Zukunft mit den Auswirkungen deutlich höherer Meeresspiegel zurechtkommen müssen (IPCC 2019). Die letzte Dekade hat gezeigt, dass sich in der Westantarktis die „grounding line", also die Stelle, wo sich Ozean, Eis und der darunterliegende Fels treffen, zurückzieht. Dadurch wird der gesamte westantarktische Eisschild destabilisiert und rutscht – wie einander umstoßende Dominosteine – ins Meer. Das kann in wenigen Jahrhunderten zu einer Meeresspiegelerhöhung von drei Metern führen (Feldmann u. Levermann 2015). Jüngste Daten zeigen, dass auch das Wilkes Bassin, ein Teil der Ostantarktis, in ähnlicher Weise instabil wird. Dadurch kämen 3–4 Meter Meeresspiegelerhöhung hinzu. Die nördliche Hemisphäre ist bislang von der Temperaturerhöhung stärker betroffen, dadurch schmilzt dort das Eis bereits schneller. Hier kämen in den nächsten tausend Jahren weitere sieben Meter Meeresspiegelerhöhung hinzu. Der Kipppunkt, der dieses Szenario irreversibel in Gang setzt, liegt bei 1,5°C und wird voraussichtlich bis 2030 erreicht. Das heißt: Diese Entwicklung lässt sich nur noch verlangsamen, verhindert werden kann sie nicht mehr.

Die Geschwindigkeit, wie schnell diese Situation eintritt, kann allerdings maßgeblich beeinflusst werden. Bei einer Erhöhung von 1,5°C könnte es 10.000 Jahre dauern, bei über 2° weniger als 1.000 Jahre (Aschwanden et al. 2019). In den kommenden Jahren werden weitere Daten eine präzisere Einschätzung ermöglichen.

Ohne eine Verstärkung des Schutzes der Küsten durch höhere Deiche wird erwartet, dass im Jahr 2100 bei einem mittleren globalen Meeresspiegelanstieg von 25–123 cm jährlich 0,2–4,6 Prozent der Weltbevölkerung überflutet werden, und dies geschätzte Verluste von 0,3–9,3 Prozent des globalen Bruttoinlandsprodukts nach sich zieht. Die globalen Kosten für den Schutz der Küste durch Deiche sind mit jährlichen Investitions- und Wartungskosten von 12–71 Mrd. US-Dollar im Jahr 2100 beträchtlich, aber dennoch viel geringer als die globalen Kosten der vermiedenen Schäden (Hinkel et al. 2014).

Die derzeitigen nationalen Zusagen zur Reduktion von Emissionen würden immer noch in einer Erwärmung von mindestens 3°C resultieren – und damit deutlich über dem Ziel des Pariser Klimaschutzabkommens liegen. Mittlerweile ist klar, dass aufgrund bereits früher erreichter Kipppunkte noch deutlich höhere Anstrengung zur Einhaltung der Ziele notwendig sind (Lenton et al. 2019). Dazu kommt, dass die verschiedenen Kipppunkte sich gegenseitig verstärken (Rocha et al. 2018). Das Erreichen eines Kipppunktes kann also weitere auslösen, ein Erreichen mehrere Kipppunkte bewirkt, dass das Klima für viele Jahrtausende kippt und die Temperaturerhöhung so groß wird, dass der Planet für die Menschen unbewohnbar wird. Die aktuellen Modelle gehen von einer noch höheren CO_2-Empfindlichkeit des Klimas aus als bislang angenommen und es spricht viel dafür, dass ein globaler Kipppunkt existiert.

2.1.3 Das CO_2-Budget – Begrenzung des Klimawandels

Um die globale Erwärmung mit einer Wahrscheinlichkeit von 50 Prozent auf 1,5°C zu begrenzen, verbleibt uns nur noch ein globales CO_2-Budget von 500 Gigatonnen (GT), das emittiert werden kann bis zum Erreichen von netto Null (IPCC Special Report – Global Warming of 1.5°C, https://www.ipcc.ch/sr15). 20 Prozent, also ein Fünftel davon, entschwinden vermutlich aus bereits tauenden Permafrostböden in die Atmosphäre (Rogelj et al. 2019). Weitere 90 Gt CO_2 würden frei, wenn der Regenwald im Amazonas endgültig verschwände, weitere 110 Gt CO_2 durch das Absterben der borealen Nadelwälder (Steffen et al. 2018).

Bei derzeitigen globalen Emissionen von 40 Gt CO_2 ist das CO_2-Budget für das 1,5°C-Ziel so gut wie verbraucht.

Die Emissionen müssen daher innerhalb von wenigen Jahren auf netto Null gesenkt werden, also ein Gleichgewicht zwischen der Menge der produzierten und der der Atmosphäre entzogenen Emissionen erreicht werden. Entscheidend ist der Weg dahin, also wieviel CO_2 bis netto Null noch emittiert wird. Davon hängt ab, ob das Ziel des völkerrechtlich verbindlichen Pariser Klimaschutzabkommens, den Temperaturanstieg auf deutlich unter 2°C zu begrenzen, erreicht wird. Im Rahmen dieses Abkommens wurden für jedes Land CO_2-Budgets verhandelt. Das deutsche CO_2-Budget reicht bei den derzeitigen Emissionen für weniger als zehn Jahre (SRU 2020).

Deutschland hat seit 1750 im globalen Vergleich 90 Gt CO_2 emittiert und steht damit nach den USA (397 Gt), China (214 Gt) und den Ländern der früheren Sowjetunion (180 Gt) an vierter Stelle. Wichtig ist, sich im Rahmen der Gerechtigkeitsdebatte zu vergegenwärtigen, dass der relative Wohlstand Deutschlands auch darin begründet ist. Zuletzt emittierte Deutschland jährlich 0,8 Gt CO_2 und befindet sich damit nach China (9,8 Gt), USA (5,3 Gt), Indien (2,5 Gt), Russland (1,6 Gt) und Japan (1,2 Gt) weltweit an sechster Stelle. Bei den Pro-Kopf-Emissionen steht Deutschland im Vergleich dieser sechs Länder mit 9,6 t sogar an dritter Stelle, nach den USA (16,2 t) und Russland (11,3 t), aber vor Japan (9,2 t), China (6,9 t) und Indien (1,8 t) (Ritchie u. Roser 2018). Innerhalb Deutschlands werden dem Gesundheitssektor gut 5% der nationalen CO_2-Emissionen zugerechnet.

Selbst wenn alle Unterzeichner des Pariser Klimaschutzabkommens ihre Zusagen umsetzen würden, lässt sich eine Erwärmung von 2,6–3,1°C bis 2100 nicht mehr aufhalten (Rogelj et al. 2019). Ohne zusätzliche weitreichende Maßnahmen wird der Temperaturanstieg katastrophale Folgen für die Artenvielfalt und die Gattung Homo sapiens haben. Zwar sagen aktuellere Modelle auch bei einer beschleunigten Reduzierung der Klimagase eine stärkere Erwärmung voraus als ursprünglich angenommen (Forster et al. 2020). Jedoch kann eine Reduktion der Treibhausgasemissionen auf jeden Fall den Prozess verlangsamen. Jedes Zehntel Grad Temperaturerhöhung weniger verlängert somit die zur Verfügung stehenden Zeiträume, die für eine Adaptation erheblich sind, wie beispielsweise für die Umsiedlung von hunderten Millionen Menschen aus niedrig gelegenen Küstenregionen. Oder, wie führende Klimatologen formulieren: Es ist viel zu riskant, eine Wette gegen Kipppunkte abzuschließen (Lenton et al. 2019).

2.1.4 Extreme Wetterereignisse

Der Klimawandel bedingt nicht nur Änderungen der Mittelwerte von Temperatur, Niederschlägen und Wind. Auch die Häufigkeit extremer Wetterereignisse nimmt zu (Diffenbaugh 2020). Dazu zählen

- Feuer,
- Überschwemmungen,
- Dürreperioden,
- Hitze- und Kältewellen,
- Stürme, Unwetter und Zyklone.

Bereits jetzt entstehen dadurch erhebliche Schäden. Seit 1980 werden in den USA aufgrund extremer Wetterereignisse 14.485 Tote und kumulativer Schaden von 1,8 Billionen US-Dollar bilanziert (siehe https://www.ncdc.noaa.gov/billions/). Tote durch Hitzewellen sind dabei nicht einmal berücksichtigt. Basierend auf Daten des Münchner Rückversicherers „Munich Re“ bilanziert die europäische Umweltagentur mit ihren 33 Mitgliedsländern bis 2019 einen wirtschaftlichen Schaden von 446 Milliarden Euro und 79.825 Tote (siehe https://www.eea.europa.eu/data-and-maps/indicators/direct-losses-from-weather-disasters-4/assessment).

Das bislang extremste Wetterereignis 2021 war die Hitzewelle in British Columbia/Kanada. Bisherige Temperaturrekorde wurden um 4–5 Grad Celsius übertroffen. Mehrere hundert Menschen, vor allem alleinstehende, ältere Menschen wurden tot in ihren Wohnungen aufgefunden. Die höchsten Temperaturen wurden mit bis zu 49,5 Grad in der Nähe von Vancouver gemessen. Das entspricht ungefähr der geografischen Breite von Nürnberg. Solche ein Ereignis ist ohne Klimawandel praktisch nicht erklärbar (https://www.worldweatherattribution.org/).

Im Juli kamen nach starken Regenfällen in Nordrhein-Westfalen und Rheinland-Pfalz über 180 Menschen ums Leben. Zum Zeitpunkt des Redaktionsschlusses waren noch nicht alle Vermissten gefunden. Hochwasserexperten schätzen den Schaden auf zweistellige Milliardenbeträge.

2.2 Biogeochemische Kreisläufe

2.2.1 Eutrophierung

Pflanzen und Tiere benötigen für ihr Wachstum Stickstoff. Stickstoff ist eine knappe Ressource, da er in Sand, Ton und Stein praktisch nicht vorhanden ist. In der Luft liegt Stickstoff als Molekül N_2 vor, das chemisch stabil ist und damit nur von wenigen Arten aufgespalten und nutzbar gemacht werden kann. Dazu zählen die Leguminosen und Zyanobakterien, die Stickstoff in die biologisch verfügbare Form von Nitraten und Ammoniak überführen. Wenn stickstoffbindende Pflanzen sterben und verrotten, wird der Boden mit Stickstoff angereichert und steht daraufhin anderen Pflanzen zur Verfügung. Leguminosen spielen daher in der ökologischen Landwirtschaft eine wichtige Rolle.

Zu Beginn des 20. Jahrhunderts allerdings revolutionierte die Erfindung eines energieintensiven Prozesses die limitierte Verfügbarkeit von Stickstoff: das Haber-Bosch-Verfahren zur Synthese von Ammoniak aus atmosphärischem Stickstoff und Wasserstoff (Smil 2011). Seitdem dominiert der Mensch den Kreislauf von Stickstoff. Etwas Stickstoff gelangt als Stickoxid bei der Verbrennung fossiler Energieträger in den Kreislauf, der bei weitem größte Teil jedoch durch Düngemittel.

1960 wurden 10 Millionen Tonnen Stickstoffdünger ausgebracht, mittlerweile sind es 110 Millionen Tonnen jährlich. Im selben Zeitraum stieg die Menge an Phosphatdünger von 5 auf 18 Millionen Tonnen (Tilman et al. 2001). Große Mengen werden durch die Nutzpflanzen gar nicht aufgenommen und gelangen ins Grundwasser, in Flüsse, Seen und ins Meer. Die so stattfindende anthropogene Eutrophierung, also Anreicherung mit Nährstoffen, hat vielen Ökosystemen sehr empfindlich geschadet (Smith et al. 1999). Das Algenwachstum beschleunigt sich, und es treten bevorzugt früher seltene toxische Spezies auf. Diese verdrängen solche Algenarten, die essenzieller Bestandteil von Nahrungsketten sind. In schweren Fällen kommt es dadurch zu massenhaftem Fischsterben in Seen und Flüssen. Das Wasser kann auch für Menschen ungenießbar werden (Han et al. 2016). Auch küstennahe Gebiete sind immer wieder betroffen, meist in Form roter Algenteppiche. Eutrophe Flüsse führen so viel Stickstoff, dass es im Mündungsgebiet zu schnellem Algenwachstum kommt, gefolgt von ihrem Absterben. Ihre Zersetzung durch Bakterien verbraucht so viel O_2, dass nur wenige Lebewesen in diesem Bereich überleben („dead zones"). Die drei größten dieser Totzonen befinden sich in der Ostsee, im Schwarzen Meer und im Golf von Mexiko (siehe https://www.umweltbundesamt.de/themen/wasser/gewaesser/meere/nutzung-belastungen/eutrophierung). 80 Prozent aller maritimen Ökosysteme sind bereits von Eutrophierung betroffen (Fowler et al. 2013). Die Einbringung ungeklärten Wassers ist die Hauptursache dafür.

Eutrophierung verändert auch in terrestrischen Ökosystemen die Zusammensetzung der Arten und reduziert deren Vielfalt (Bobbink et al. 2010; Stevens et al. 2004). In den Niederlanden gingen so Heidelandschaften zugrunde (Aerts u. Berendse 1988), wo Pflanzen mithilfe ihres kurzen Wuchses gut an die Knappheit von Stickstoff angepasst waren. Der Stickstoffeintrag hat sich allerdings von 1950–2000 verzwanzigfacht und damit ihren Wettbewerbsvorteil zunichtegemacht. Stattdessen gewann ein hohes Gras die Oberhand, das früher selten war und ein nur schlechter Stickstoffverwerter ist (Robertson et al. 2000). Ähnliche Effekte gibt es überall auf der Welt. Dadurch, dass durch Bodenmikroben rund 1 Prozent des Stickstoffs in Treibhausgase umgewandelt wird, trägt die Düngung mit Stickstoff auch unmittelbar zum Klimawandel bei. Auch hat sie eine negative Auswirkung auf die Artenvielfalt.

Aufgrund der weiterhin wachsenden Weltbevölkerung wird der globale Nahrungsmittelbedarf weiter zunehmen. Nur wenn sich die Agrarwirtschaft grundlegend neu ausrichtet und sich die Menschen an den Ressourcen orientiert ernähren (Tilman et al. 2011), kann erreicht werden, dass die bereits jetzt massiv gestörten Ökosysteme nicht weiter geschädigt werden. Eine Neuausrichtung von Landwirtschaft und Ernährung nimmt deshalb im Konzept Planetary Health eine zentrale Position ein.

2.2.2 Versauerung der Ozeane

Nicht das gesamte anthropogene CO_2 gelangt in die Atmosphäre. Ein Teil wird durch Pflanzen metabolisiert, ein weiterer Teil gelangt in die Ozeane. In den vergangenen 200 Jahren haben diese rund ein Viertel des anthropogenen CO_2 aufgenommen. Sie stellen damit einen riesigen Puffer dar, dessen Kapazität allerdings immer weiter abnimmt. Das Wasser ist seit vielen Millionen Jahren mit einem pH-Wert um 8,2 leicht basisch und hat seit Beginn der industriellen Revolution auf 8,1 abgenommen was einer Zunahme der Waaserstoffionenkonzentration um 30 Prozent entspricht. Der pH-Wert des Ozeanwassers fällt derzeit zehnmal schneller als während der letzten Ozeanversauerung vor 56 Millionen Jahren und könnte bis zum Jahr 2100 mit einem weiteren Abfall des pH-Werts um 0,3–0,4 einen Tiefststand erreichen (siehe https://www.awi.de/im-fokus/ozeanversauerung/fakten-zur-ozeanversauerung.html).

Ein Absinken des pH-Werts bewirkt, dass Lebewesen wie Korallen, Schnecken, Muscheln und bestimmte Mikroorganismen schlechter Kalk ausbilden und damit im Wachstum behindert werden. In arktischen Regionen schreitet die Versauerung aufgrund der besseren Löslichkeit von CO_2 in kaltem Wasser besonderes schnell voran. Eine mögliche weitere Konsequenz ist, dass aufgrund des Kalkmangels Schalen eine geringere Dichte aufweisen, sodass kleine Lebewesen nicht mehr in die Tiefe gelangen und damit auch weniger Kohlenstoff dorthin transportiert wird. In Kombination von Versauerung mit durch anthropogene Eutrophierung bedingten Sauerstoffmangel und Erwärmung nimmt die maritime Photosynthese ab, die 30 Prozent des atmosphärischen Sauerstoffs bereitstellen. In der Folge kommt es zu einer Abnahme weiterer Arten (Doney et al. 2009).

2.3 Verknappung von Wasser

97,4 Prozent des globalen Wassers ist Salzwasser. Davon finden sich 99 Prozent in den Ozeanen, 1 Prozent in Salinen und in brackigem Grundwasser, 0,01 Prozent in Salzseen. 35 Millionen Kubik-Kilometer sind Süßwasser (2,6 Prozent) (Shiklomanov 2000). Der bei weitem größte Teil davon (69 Prozent) ist in Gletschern und den großen Eiskappen gebunden, weitere 30 Prozent sind Grundwasser. Nur gut 1 Prozent des Süßwassers liegt als Schnee, Eis, Permafrost, Bodenfeuchtigkeit, biologisches und atmosphärisches Wasser vor oder befindet sich in Sümpfen, Flüssen oder Seen. Der allergrößte Teil des Süßwassers ist also nicht zugänglich, das zugängliche Süßwasser ist zudem saisonal und regional ungleich verteilt.

Dadurch stellt sich im Zuge des Bevölkerungswachstums zunehmend das Problem temporärer oder permanenter Wasserknappheit. Ein großer Teil des weltweit genutzten Wassers (20–30 Prozent des für die Bewässerung genutzten Wassers) entstammt Grundwasservorräten (Wada u. Bierkens 2014; Wada et al. 2012). Knappheit kann entstehen, weil nicht genügend Wasser nachfließt (z.B. durch Ausbleiben von Regenfällen oder zu große Entnahmen flussaufwärts) oder wenn sich Grundwasservorräte erschöpfen und sich nur sehr langsam wieder auffüllen. Die Ausbeutung ist dann technologisch und ökonomisch immer schwieriger zu realisieren. Es können auch die infrastrukturellen Voraussetzungen fehlen, zum Beispiel, weil Versorgungsunternehmen, staatliche oder kommunale Behörden keine bedarfsorientierte Versorgung gewährleisten können.

Durch technologische Fortschritte und moderne, wassersparende Bewässerungsmethoden gelingt zwar die Einsparung von Wasser und eine Verlangsamung des Bedarfsanstiegs, dennoch behindert in immer mehr Regionen die Begrenzung des maximal zur Verfügung stehenden Wassers die Expansionsmöglichkeiten der Landwirtschaft, die rund 70% des zur Verfügung stehenden Süßwassers beansprucht (Gleick et al. 2011). Vielerorts wird aus den Grundwasservorräten mehr Wasser entnommen als neu hinzukommt (Famiglietti 2014; Wada et al. 2012). Bereits jetzt wird mehr als die Hälfte alles nachfließenden Frischwassers genutzt. Das Wasser vieler Flüsse erreicht ihr Delta nicht mehr, weil ihr Wasser bereits verbraucht wurde. Um die prognostizierten Spannungen in der Auseinandersetzung um Wasser zu vermeiden, müssen Alternativen für nachhaltiges Wasser erarbeitet werden. Die Nutzung muss effizienter werden, vor allem im agrarwirtschaftlichen Sektor. Vier Milliarden Menschen leben mindestens 1 Monat pro Jahr unter schwerer Wasserknappheit, eine halbe Milliarde erlebt Wasserknappheit ganzjährig (Mekonnen u. Hoekstra 2016).

2.4 Veränderte Landnutzung

Bereits 70 Prozent der Oberfläche der Erde sind durch Menschen verändert worden (https://www.eaere.org/policy/ecosystems-biodiversity/ipbes-2019-global-assessment-report-on-biodiversity-and-ecosystem-services/). Landschaften sind nicht nur charakterisiert durch die klimatischen Bedingungen, die Art der Böden und die Höhe, sondern auch dadurch, ob und wie sie vom Menschen genutzt werden, für die Agrarwirtschaft oder als Siedlungsraum.

> Der Terminus **Landnutzung** beschreibt, wie Flächen durch den Menschen bewirtschaftet werden und gibt an, ob Düngemittel, Feuer, Bewässerung, Mehrfruchtfolgen, Speicherwasser und weitere Methoden eingesetzt werden.

Seit Beginn des 21. Jahrhunderts wird der weitaus größte Teil der terrestrischen Ökosysteme anthropogen dominiert (Ellis et al. 2010). Lediglich etwa ein Viertel ist in seinem ursprünglichen Zustand verblieben. Während der Industrialisierung wurde nicht nur die Nutzung intensiviert, ein Großteil bis dahin unberührte Flächen wurde auch neu erschlossen. Global gesehen, wurden Savannen, Gras- und Buschland sowie die Laubwälder gemäßigter und tropischer Breiten am meisten verändert. Der weitaus wichtigste Treiber für eine veränderte Landnutzung ist die Landwirtschaft. Mehr als drei Viertel dieser Biome werden mittlerweile landwirtschaftlich genutzt. Die verbliebenen ursprünglichen Landschaften liegen in schlechter zu bewirtschaftenden Biomen wie der Tundra, Wüsten, Nadelwäldern und tropischen Regenwäldern. In den letzten Dekaden wurde die Landwirtschaft zunehmend industriell intensiviert, durch Einsatz von Dünger, Pestiziden, Maschinen und Monokulturen. Landwirtschaftliche Nutzung zur Produktion von Fleisch, Soja und Palmöl mit katastrophalen Auswirkungen auf die Biodiversität ist der Hauptgrund für die Abholzung der Regenwälder in Südamerika und Südostasien.

Wälder bedecken 30 Prozent der Fläche der Erde (siehe https://www.worldwildlife.org/threats/deforestation). Das entspricht 4 Milliarden Hektar an Primärwald, Sekundärwald und Baumpflanzungen.

> Als **Primärwald** werden Wälder bezeichnet, die nicht in jüngerer Zeit gerodet oder forstwirtschaftlich genutzt wurden. Als Hort der Biodiversität und Kohlenstoffspeicher sind sie von herausragender Bedeutung.

In den Tropen macht Primärwald etwa 50 Prozent der tropischen Wälder aus (1 Milliarde Hektar). Insgesamt allerdings sind in den Tropen seit 2001 60 Millionen Hektar Regenwald verloren gegangen, das entspricht 5,9 Prozent der Fläche, die 2001 noch vorhanden war. Allein 2019 verschwanden 11,9 Millionen Hektar tropischer Regenwald, davon ein Drittel Primärwald. 2019 kam es zu Feuern in bisher unbekanntem Ausmaß, nachdem von Menschen gelegte Feuer aufgrund von Trockenheit außer Kontrolle geraten waren. Bereits durch Abholzung fragmentierte oder frühere Brände beschädigte Wälder sind durch Lücken in den Kronen bzw. an den Rändern trockener und daher anfälliger für Brände (siehe https://research.wri.org/gfr/forest-pulse).

Für die Wälder der gemäßigten und nördlichen Zonen gibt es keine verlässlichen Daten zur Art des Waldes, die Rodungen sind aber bislang flächenmäßig um Größenordnungen niedriger als in den tropischen Breiten. In Russland gingen zwischen 2000 und 2016 etwa 6 Millionen Hektar verloren, in Kanada etwa 4 Millionen Hektar. In den letzten beiden Jahrhunderten kam es in Europa und Nordamerika nach der Entwaldung ganzer Regionen im Zuge der Industrialisierung und Urbanisierung wieder zu Aufforstungen und Zunahme der Waldflächen (Mather 1992; Rudel et al. 2005). Ähnlich zeigte sich das zuletzt auch im globalen Süden, darunter in Indien, China, Vietnam und Costa Rica (Lambin u. Meyfroidt 2010).

Bestimmte Nutzungsarten benötigen vergleichsweise nur kleine Flächen, haben aber einen riesigen Einfluss auf die Ökosysteme. Städte beherbergen mehr als die Hälfte der Weltbevölkerung und definieren so den Bedarf nach landwirtschaftlichen Produkten. Die meisten Siedlungsflächen entstanden in den letzten Jahren in Indien, China, Afrika und Nordamerika (Seto et al. 2011). Maßnahmen zur Regulierung von Flussläufen haben vor allem seit den 1930er-Jahren große Auswirkungen. Zu den positiven Auswirkungen zählt die zuverlässige Verfügbarkeit von Wasser, die Möglichkeit der Energieerzeugung in Wasserkraftwerken und der Schutz vor Überschwemmungen. Negative Auswirkungen resultieren aus veränderten Flussläufen und damit auch veränderter Versorgung mit Nährstoffen. Das hat in der Folge weitreichende Konsequenzen für die betroffenen Habitate und insbesondere auch für Vektoren von Krankheiten. 2019 zeigte eine Untersuchung, dass in das Bett von mehr als drei Vierteln der mehr als 1.000 km langen Flüsse bereits eingegriffen wurde (Grill et al. 2019).

Von den Feuchtgebieten, Mangrovenwälder und Moore von vor über 300 Jahren sind nur noch weniger als 15% übriggeblieben (Davidson 2014). Mangrovenwälder schützen Küstenregionen gegen Sturmfluten, sie sind wichtige Laichgründe für viele Fischarten und sind oft Lebensgrundlage in Bezug auf Nahrung, Brenn- und Baumaterial. Global sind 20–35 Prozent der Mangrovenwälder seit 1980 verschwunden (Polidoro et al. 2010). Moore bedecken nur 2–3 Prozent der globalen Flächen, speichern jedoch ein Viertel des Bodenkohlenstoffs. Wenn Moore urbar gemacht werden durch Verbrennen der Vegetation und Trockenlegen, entschwindet das CO_2 in die Atmosphäre. Viele Moore liegen in nördlichen Breiten und werden bislang nicht genutzt. In den Tropen dagegen, insbesondere in Südostasien, sind aufgrund der schnellen Expansion der Palmöl- und Kautschukproduktion viele Moore verloren gegangen.

Bodenbedeckung und Landnutzung beeinflussen die menschliche Gesundheit auf vielfältige Weise: Die Lebensräume für viele Spezies ändern sich und damit auch für potenzielle Krankheitsüberträger. Meist suchen sie neue Wirte und rücken näher an den Menschen heran. Wälder gelten als CO_2-Senke. Damit spielen sie eine wichtige Rolle bei der Speicherung von Kohlenstoff und damit beim Abbremsen des Anstiegs der atmosphärischen CO_2-Konzentration und der damit verbundenen Klimakrise. Die Abholzungen im Jahr 2019 entsprechen mindestens 1,8 Gt CO_2, was ca. den jährlichen Emissionen von 400 Millionen Autos entspricht. Die Wälder speichern doppelt so viel Kohlenstoff wie derzeit in der Atmosphäre in Form von CO_2 vorhanden ist. Die tropischen Regenwälder gelten als wichtiger Klimakipppunkt. Sie beheimaten rund zwei Drittel aller Tier- und Pflanzenarten.

2.5 Verschmutzung von Luft, Wasser und Böden

Die Produktion von Chemikalien hat seit den 1950er-Jahren exponentiell zugenommen. Seitdem sind mehr als 140.000 neue Substanzen hinzugekommen und kommerziell vermarktet worden, viele davon hat es zuvor noch nie auf dem Planeten gegeben. Sie spielen im Alltag in modernen Gesellschaften eine wichtige Rolle und finden sich in Millionen von Konsumgütern, darunter Seifen, Shampoos, Zahnpasta, Kosmetika, Kinderkleidung, Spielzeug, Autositze, und Babyflaschen. Ein Großteil dieser Substanzen wurde nie im Hinblick auf Sicherheit und Verträglichkeit geprüft. Die Wachstumsrate der Chemieindustrie beträgt 3,5 Prozent, das bedeutet, die Produktion verdoppelt sich alle 25–30 Jahre.

Umweltverschmutzung stellt eine elementare Bedrohung der planetaren Gesundheit dar. Global gesehen kann mit Umweltverschmutzung 16 Prozent der Mortalität und neun Millionen Tote jährlich begründet werden (Landrigan et al. 2018). Damit ist sie eine wichtige Ursache für Krankheiten und vorzeitige Todesfälle. Oft hat sie lokale Quellen, von denen aus sie sich über verschiedene Wege großflächig ausbreitet und großen Schaden anrichtet. Die Verschmutzung der Umwelt verursacht globale Probleme, die das Überleben der menschlichen Zivilisation gefährden. Es gibt zunehmend Evidenz, dass wir in Bezug auf Umweltchemikalien bereits dabei sind, planetare Grenzen zu überschreiten (Rockström et al. 2009).

Mehrere Mechanismen sind für die weltweit zunehmende Verbreitung von Umweltchemikalien in den Ökosystemen verantwortlich (Bernhardt et al. 2017). Ausgangspunkt ist eine schnell wachsende Menge und zunehmend komplexe Produktion, der Verbleib vieler Substanzen in Wasser und Böden, die Verteilung über Nahrungsmittelketten und der Transport über weite Strecken. Obsolet ist die These, dass große Verdünnung, beispielsweise durch Verklappung in Ozeanen solche Giftstoffe harmlos macht.

Anreicherungsprozesse führen dazu, dass die Konzentration in Organismen vielfach höher sein kann als in der Umgebung.

> **Biomagnifikation** wird der Prozess genannt, wenn sich Giftstoffe entlang der Nahrungskette anreichern.

Noch unbedenkliche Konzentrationen im Plankton vervielfachen sich in Fischen, die Plankton fressen und ihrerseits das Opfer von Raubfischen werden. Konzentrationen an Giftstoffen können sich so um den Faktor eine Million oder mehr erhöhen (Suedel et al. 1994). Biokonzentration geschieht z.B. in Ozeanen, wenn Substanzen sich zunächst in dem dünnen, durch abgestorbene Lebewesen bedingten Lipid-Film auf der Meeresoberfläche anreichern (Wurl et al. 2017), dann an Mikroplastik adsorbiert werden und im weiteren Verlauf in die Nahrungskette gelangen.

Und es kommen weitere Aspekte zum Tragen. Einzeln harmlose Substanzen können in Kombination potenzierende toxikologische Effekte entfalten. Toxische Substanzen kommen in der Natur selten isoliert vor, sie sind meistens umgeben von anderen, teilweise puffernden Substanzen. Meist werden vor ihrer Zulassung die Substanzen nur einzeln untersucht, eine mögliche Toxizität aus der Kombination verschiedener Substanzen bleibt daher unentdeckt. Dadurch wurde der weitläufige Einsatz schädigender Pestizide wie Glyphosat und Neonikotinoiden erst möglich (Milner u. Boyd 2017). Das Phänomen ist in seiner Gesamtheit komplex und daher schlecht untersucht. Allerdings gibt es reihenweise Beispiele für Effekte durch Interaktion mehrerer Einzelsubstanzen, die jeweils für sich in vermeintlich bedenkenloser Konzentration vorlagen (Backhaus et al. 2011). Mittlerweile ist klar, dass selbst sonst bedenkenlose Konzentrationen eine giftige Wirkung entfalten, wenn die Exposition in eine Phase großer Vulnerabilität fällt oder die negative Wirkung über Rezeptoren des endokrinen Systems potenziert wird (Endokrine Disruptoren, s. Kap. II.7).

Meistens sind die Wirkmechanismen komplex. Eine eindeutige Dosis-Wirkungs-Beziehung besteht oft nicht. In höher entwickelten Wesen entfalten sich Wirkungen oft über Störungen im endokrinen System (Gore et al. 2015). Auf der anderen Seite haben manchmal bereits sehr niedrige Konzentrationen eine immense Wirkung, beispielsweise durch die Beeinträchtigung der Photosynthese von Plankton (Fernández-Pinos et al. 2017).

Viele Studien zeigen, dass Einbringung von Schadstoffen den Nutzen von Ökosystemen für die Menschen reduziert, zum Beispiel durch den Verlust an Biodiversität. Wenn daher im Rahmen von Regulierungsbestrebungen die Methoden zur Festlegung von Grenzwerten allein auf der Basis von Dosis-bezogenen Wirkungsanalysen beruhen, werden negative, möglicherweise völlig andere Auswirkungen, die bereits in sehr niedrigen Konzentrationen einsetzen, nicht erfasst. Es braucht also neue Ansätze, die nicht-lineare und sogar nicht-monotone Dosis-Wirkungsbeziehungen erfassen und auch funktionale Endpunkte wie Produktivität und Metabolismus mit einschließen (Cote et al. 2012).

Derzeit findet zwei Drittel der Produktion in ärmeren Ländern statt mit wichtigen Implikationen für die Planetare Gesundheit, da die Regeln und Gesetze dort weniger stringent sind, weniger kontrolliert wird und das öffentliche Gesundheitssystem weniger leistungsfähig ist. Dadurch kommt es viel häufiger zur Verschmutzungen von Luft, Wasser und Böden, also auch zur Exposition der dort lebenden Bevölkerung.

2.5.1 Luft

Die Hauptschadstoffe der Luft sind Feinstaub, Stick- und Schwefeloxide, Ozon, Methan, weitere Kohlenwasserstoffe und Fluorkohlenwasserstoffe. Der Hauptgrund für die Luftverschmutzung ist die Verbrennung fossiler Rohstoffe, darauf geht 85 Prozent der Feinstaubbelastung zurück und die gesamte Belastung an Schwefel- und Stickoxiden (Landrigan et al. 2018). In reichen Ländern und vielen Schwellenländern ist die Verbrennung von Kohle, Öl und Gas die Hauptursache für Luftverschmutzung. In ärmeren Ländern dagegen resultiert Luftverschmutzung vor allem aus der innerhäuslichen Verbrennung von Biomasse, wenn Kochstellen mit Holz, Holzkohle, Stroh oder Dung betrieben werden. Dazu kommen die Belastungen aus Brandrodungen für die Landwirtschaft oder alten Ziegelbrennöfen.

Sauber verbrennende Öfen für entweder Biomasse oder Flüssiggas verringert die Luftverschmutzung in den Behausungen weltweit. Dagegen nimmt die Belastung der Luft im Freien zu, besonders rasch in den armen Ländern. Der Grund dafür liegt hauptsächlich in unkontrolliertem Städtewachstum, zunehmendem Energiebedarf, vermehrtem Abbau von Rohstoffen und Abholzen der Wälder, der globalen Verbreitung toxischer Substanzen, verstärktem Einsatz von Insektiziden und Pestiziden und der Zunahme fossiler Mobilität. Mehr als 90 Prozent der Weltbevölkerung lebt in Gegenden, in denen die Grenzwerte der WHO für gesunde Luft überschritten werden (Landrigan et al. 2018). Bis 2050 wird sich die Zahl der Todesopfer verdoppeln, wenn die Entwicklung ungebremst fortschreitet (Lelieveld et al. 2020).

Luftverschmutzung kann sehr lange Strecken zurücklegen und damit über nationale Grenzen, Kontinente und Ozeane hinweg migrieren und damit eine Gesundheitsbedrohung weit weg vom Entstehungsort darstellen (Lin et al. 2014). Siehe hierzu Kapitel II.19 und II.27.3.

2.5.2 Wasser

Die Verunreinigung des Wassers geschieht direkt durch menschliche oder tierische Abfälle, vor allem aber durch industrielle Chemikalien, Rückstände von Medikamenten, Plastik, Schwermetalle und Pestizide, die Flüsse, Seen und Ozeane kontaminieren. Auch hier finden sich die größten Verschmutzungen im Umfeld schnell wachsender Städte in armen Ländern und damit insbesondere auch da, wo Menschen nicht auf alternative, saubere Wasserquellen ausweichen können.

Die Wasserverunreinigung hat globale Dimensionen. Viele Flüsse, Seen und die Ozeane sind belastet mit Quecksilber, das bei der Verbrennung von Kohle über die Atmosphäre in teilweise weit entfernte Gewässer gelangt (Obrist et al. 2018; Streets et al. 2018). Die globale Plastikproduktion beträgt mittlerweile mehr als 300 Millionen Kubikmeter jährlich, das sind 40 kg pro Menschen. Mehr als die Hälfte des Plastiks wird weggeworfen. Viel davon erreicht die Ozeane, wo es global verteilt wird (Jambeck et al. 2015). Plastik wurde in tiefen Meeresgräben gefunden, auf einsamen Inseln und in der Arktis. In 90% der Seevögel findet sich Mikroplastik, ebenso in vielen Nahrungsmitteln wie in Fisch, Salz, Flaschenwasser und unglücklicherweise auch Bier, das nach dem deutschen Reinheitsgebot hergestellt wurde (Liebezeit u. Liebezeit 2014). Aufgrund der Beimischung von Weichmachern, Flammschutzmitteln und ihrer Eigenschaft, organische Substanzen zu adsorbieren, sind erhebliche Bedenken bezüglich einer möglichen Gesundheitsgefährdung durch Mikroplastik gerechtfertigt (Thompson et al. 2009).

Eine Risikobewertung organischer Chemikalien anhand von 4.000 Messstellen in Europa zeigte, dass in 14 Prozent akut tödliche und in 42 Prozent chronische Langzeiteffekte auf empfindliche Fisch-, Wirbellosen- oder Algenarten zu finden waren. Von 223 überwachten Chemikalien hatten Pestizide, Tributylzinn, polyzyklische aromatische Kohlenwasserstoffe und bromierte Flammschutzmittel den größten Anteil. Sie wurden aus landwirtschaftlichen und städtischen Gebieten flussaufwärts eingebracht. Auch wurde hier ein Zusammenhang zwischen Anzahl der gefundenen Substanzen und negativer Effekte beobachtet. Da nicht alle Messstationen alle 223 Substanzen erfassten, gehen die Autoren davon aus, dass das Risiko für akut tödliche und chronische Langzeiteffekte eher unterschätzt wurde (Malaj et al. 2014).

2.5.3 Böden

Böden werden durch die Ablagerung von Umweltchemikalien auf und unter der Oberfläche belastet. Es kommen völlig unterschiedliche Quellen für die Verschmutzung in Betracht. Pestizide spielen dabei eine prominente Rolle und sind ein wichtiger Grund für den Verlust an Biodiversität (Sun et al. 2018). Giftige Chemikalien aus kontaminierten Ackerböden gelangen in die Nahrungskette und können die Gesundheit beeinträchtigen. Eine wichtige Rolle spielt die Entsorgung elektronischer Komponenten (e-waste), die oft in sogenannten Recyclingcentern in armen Ländern konzentriert werden. Dadurch sind Hotspots entstanden, von denen toxische Chemikalien, Radionuklide und Schwermetalle die weitere Umgebung verunreinigen. Das Toxic Site Identification Program (TSIP) hat bislang 5.000 toxische Orte in über 50 Ländern identifiziert, die meisten davon in Ländern mit niedrigen und mittleren Einkommen. Die wichtigsten Substanzen sind Blei, Quecksilber, Pestizide, Arsen, Cadmium und Chrom. Über 30 Millionen Menschen sind dadurch einem gesundheitlichen Risiko ausgesetzt (https://www.contaminatedsites.org).

2.6 Artensterben

In geologischen Dimensionen hat der Verlust an Biodiversität rasante Ausmaße angenommen. Seit Beginn des Ackerbaus vor 11.000 Jahren hat sich die Biomasse terrestrischer Vegetation halbiert (Erb et al. 2018). Dabei sind 20 Prozent der Biodiversität verloren gegangen. In den letzten 500 Jahren ist das Aussterben von mehr als 700 Wirbeltier- und 600 Pflanzenarten dokumentiert worden (Díaz et al. 2019; Humphreys et al. 2019), noch weitaus mehr sind unbemerkt verschwunden (Tedesco et al. 2014). Die Populationsgrößen haben in den letzten Jahren um mehr als zwei Drittel abgenommen, einige davon so schnell (Leung et al. 2020), dass ihr Aussterben letztlich bevorsteht (Ceballos et al. 2020). Rund 1 Million von insgesamt 7–10 Millionen eukaryoter Spezies sind in naher Zukunft vom Aussterben bedroht, rund 40 Prozent der Pflanzenarten gelten als bedroht. Mehr als zwei Drittel der Ozeane sind bereits betroffen durch irgendeine Form menschlicher Aktivität (Halpern et al. 2015). So haben sich die Korallenpopulationen in den letzten 200 Jahren halbiert, und die mit Seegras bedeckte Fläche im letzten Jahrhundert pro Dekade um 10 Prozent reduziert (Díaz et al. 2019). Die Kelpwälder, dicht mit Algen bewachsene Uferregionen in gemäßigten Breiten, haben um 40 Prozent abgenommen, die Biomasse großer Raubfische beträgt nur noch weniger als ein Drittel im Vergleich zum letzten Jahrhundert (Christensen et al. 2014).

Von den 0,17 Gigatonnen lebender Biomasse terrestrischer Wirbeltiere sind 60 Prozent Nutztiere, 36 Prozent Menschen und nur 5 Prozent wilde Säugetiere, Vögel, Reptilien und Amphibien (Bar-On et al. 2018).

Mit dieser Dominanz des Menschen geht der anthropogene Insektenschwund einher (van Klink et al. 2020; Wagner 2020). Da Nahrungsketten zusammenbrechen, hat der massive Verlust der biologischen Vielfalt schwerwiegende Folgen nicht nur für die Ökosysteme selbst, sondern auch für die Menschen, sowohl ökonomisch als auch gesundheitlich.

Die wichtigsten Gründe für den Verlust an Biodiversität sind die Zerstörung der Habitate durch Landwirtschaft, Klimakrise, invasive Spezies und Überfischung. Hinzu kommen die Versauerung, Erwärmung, Sauerstoffmangel, Eutrophierung und Verschmutzung der Ozeane. Angesichts der weiteren Zunahme der Weltbevölkerung und des damit einhergehenden Mehrbedarfs an Nahrung um 70–100 Prozent bis 2060, besteht die Gefahr, dass diese Effekte weiterhin zunehmen (Tilman et al. 2017). Diese Entwicklung konnte durch die Konvention zur Artenvielfalt von 2002 bislang nicht aufgehalten werden (Butchart et al. 2010).

In zwei Punkten ist der Verlust von Biodiversität für den Menschen bereits deutlich spürbar: Für 35 Prozent der globalen Nahrungsmittelproduktion werden bestäubende Insekten benötigt, 87 wichtige Nutzpflanzen und bis zu 40 Prozent der Spurenelemente hängen ebenfalls davon ab (Eilers et al. 2011). In Deutschland wurde selbst in Schutzgebieten seit 1990 ein Rückgang der Biomasse fliegender Insekten um mehr als 75 Prozent festgestellt (Hallmann et al. 2017). Diese weltweit beachtete Studie zeigt exemplarisch, dass Insektenschwund für eine große geografische Region Mitteleuropas ein flächendeckendes Phänomen ist. Sie leisten nicht nur einen wichtigen Beitrag für die Nahrungsmittelsicherheit, sondern sind darüber hinaus essenziell für die Biodiversität und Stabilität von Ökosystemen. Als wesentliche Gründe dafür werden die Landnutzung in der Umgebung und der Einsatz von Pestiziden angeführt. Eine weitere Reduktion geschieht durch den Flächenverbrauch. In Deutschland gehen für Insekten derzeit etwa 56 Hektar Lebensraum täglich verloren (siehe https://www.destatis.de/DE/Themen/Branchen-Unternehmen/Landwirtschaft-Forstwirtschaft-Fischerei/Flaechennutzung/_inhalt.html).

Wasserqualität und Biodiversität sind wechselseitig voneinander abhängig. So ist die Abnahme der Fischbestände ebenfalls zu einem globalen Problem geworden, 90 Prozent der Fischgründe sind an der Grenze zu Überfischung oder bereits überfischt (FAO 2014). Bis zum flächigen Ausbau von Kläranlagen ab den 70er- und 80er-Jahren waren die Gewässer durch organische Verunreinigungen und Giftstoffe stark belastet. Aufgrund von Sauerstoffmangel und der Belastung größerer Abschnitte mit Chemikalien verschwanden viele Arten. Der Verlust an Biodiversität selbst trägt zu einer weiteren Abnahme der Wasserqualität bei.

Monokulturen z.B. bei Muscheln können zwar Auswirkungen erhöhter Nährstoffbelastung kompensieren. Nimmt ihr Bestand aber aufgrund äußerer Einflüsse, z.B. eines Parasiten ab, kann ihr Beitrag nicht durch andere Arten, die gegenüber diesen Parasiten widerstandsfähiger wären, kompensiert werden. Positiv hingegen wirkte sich die Zusammensetzung von Algenarten durch die Reduktion des Nährstoffgehalts nach der Einführung phosphatfreier Waschmittel und Eliminierung von Phosphat durch Kläranlagen aus. Dadurch hatten Algenarten wieder einen Vorteil, die auch Bakterien als Nahrungsquelle nutzen konnten; deren Nährstoffe standen dann weiteren Arten zur Verfügung. Obwohl der Nährstoffeintrag verringert wurde, nahm die Biomasse nicht ab und die Wasserqualität zu. Beide Beispiele verdeutlichen, dass Biodiversität auch eine Versicherung gegen Krisen darstellt.

Die Zunahme der Weltbevölkerung erfordert eine Zunahme der landwirtschaftlichen Produktion. Demgegenüber steht die durch Erosion, Ungleichgewicht der Elemente, Versauerung, Versalzung und durch einen Biodiversitätsverlust zunehmende Abnahme der Bodenqualität, ein Prozess, der innerhalb einer Generation nicht rückgängig gemacht werden kann. Diese Entwicklung kann allerdings durch eine auf Restauration ausgerichtete Landnutzung umgekehrt werden. Neben der Minimierung von Erosion, Verbesserung der strukturellen Stabilität und dem Schaffen positiver Kohlenstoff- und natürlicher Stickstoff-Bilanzen müssen Aktivität und Artenvielfalt der Bodenorganismen von der Mikro- bis zur Makroebene erhöht werden (Lal 2015).

Auch wenn zwischen einzelnen Regionen zwar große Unterschiede bestehen und für viele Spezies das Risiko des Aussterbens bislang gar nicht adäquat erfasst wurde – die großen globalen Trends sind offensichtlich. Der Rückgang der Artenvielfalt ist für viele Regionen in der Welt dokumentiert, die politischen Möglichkeiten zu deren Schutz und damit der Aufrechterhaltung ihrer Bestäubungsleistung werden derzeit bei weitem nicht ausgeschöpft (Potts et al. 2016).

2.6.1 Das 6. Massenaussterben hat begonnen

Ein Massenaussterben wird definiert als Verlust von mehr als 75 Prozent aller Spezies auf dem Planeten in einem geologisch relativ kurzen Intervall, d.h. einem Zeitraum von weniger als drei Millionen Jahren (Barnosky et al. 2011). Seit dem Kambrium vor rund 500 Millionen Jahren haben sich mindestens fünf solcher Massenaussterben ereignet (Sodhi et al. 2009). Das letzte beendete vor 66 Millionen Jahren die Ära der Dinosaurier. Die normale Aussterbensrate, eine Art Grundrauschen, beträgt seitdem 0,1 eine Art pro eine Million Spezies und Jahr (Ceballos et al. 2015). Die aktuelle Rate wird dagegen um Größenordnungen höher eingestuft. Bei Wirbeltierarten beträgt sie seit dem 16. Jahrhundert 1,3 Spezies pro Jahr, das entspricht nach konservativen Schätzungen mehr als der 15-fachen Geschwindigkeit des Normalen. Aktuell geht man von einer bereits 1.000-fachen Geschwindigkeit aus (Pimm et al. 2014). Die Weltnaturschutzunion (IUCN) schätzt, dass 20% aller Spezies in den nächsten Dekaden aussterben könnten, in geologischen Größenordnungen ist das rasend schnell. Das größte Massenaussterben der Erde im Perm vor 250 Millionen Jahren wird auf eine Versauerung der Ozeane zurückgeführt (Hand 2015). Dass das 6. Massenaussterben des Planeten begonnen hat, ist wissenschaftlich nicht mehr zu leugnen (Ceballos et al. 2017).

2.6.2 Die Bedrohung unserer Gesundheit durch Artensterben

Menschen profitieren von Artenvielfalt, Artensterben dagegen bedroht die Gesundheit durch beispielweise leichtere Übertragung von Krankheiten, schlechtere Immunfunktion und Mangelernährung. Eine jüngere Schätzung geht davon aus, dass eine Abnahme der Bestäubungsleistung um 50 Prozent rund 700.000 zusätzliche Todesfälle weltweit bedeutet (Smith et al. 2015), – bedingt durch Koronare Herzerkrankungen und Schlaganfälle durch zu geringen Verzehr von Obst und Gemüse. Hinzu kommt, dass viele Völker ihre Versorgung mit Proteinen, Spurenelementen und Omega-3-Fettsäuren mit Fisch sicherstellen (Comte u. Olden 2017). Eine Studie prognostiziert aufgrund des Rückgangs der Fischbestände eine Mangelernährung für 10 Prozent der globalen Bevölkerung in den kommenden Dekaden, vor allem in armen Ländern in Nähe des Äquators (Golden et al. 2016).

Auch wenn die Folgen der Klimakrise dem Menschen weitaus präsenter sind, die Bedrohung der Gesundheit der Menschen durch das Artensterben ist nicht minder gefährlich (Legagneux et al. 2018). Denn die Arten sterben nicht nur aufgrund von menschengemachtem Klimawandel, Einsatz von Pestiziden und die in jeder Hinsicht raumgreifende Lebensweise der Menschen, auch umgekehrt besteht eine große Abhängigkeit. Biodiversität ist essenziell für das Funktionieren der Ökosysteme, sie sind für uns Menschen Lebensgrundlage (Balvanera et al. 2014; Duffy et al. 2017). Ein Verlust der Biodiversität verringert die Leistungen der Ökosysteme, von denen der Mensch profitiert. Dieser Mechanismus trägt zur Verschärfung der Ungleichheit und Marginalisierung der verletzlichsten Teile der Gesellschaft bei. Abnahme der Biodiversität ist demnach untrennbar mit Armut verbunden (Díaz et al. 2006).

Literatur

Aerts R, Berendse F (1988) The Effect of Increased Nutrient Availability on Vegetation Dynamics in Wet Heathlands. Vegetatio 76(1), 63–69. DOI:10.1007/BF00047389

Aschwanden A, Fahnestock MA, Truffer M et al. (2019) Contribution of the Greenland Ice Sheet to Sea Level over the Next Millennium. Science Advances 5(6), eaav9396. DOI:10.1126/sciadv.aav9396

Backhaus T, Porsbring T, Arrhenius A et al. (2011) Single-Substance and Mixture Toxicity of Five Pharmaceuticals and Personal Care Products to Marine Periphyton Communities. Environ Toxicol Chem 30(9), 2030–2040. DOI: 10.1002/etc.586

Balvanera P, Siddique I, Dee L et al. (2014) Linking Biodiversity and Ecosystem Services: Current Uncertainties and the Necessary Next Steps. BioScience 64(1), 49–57. DOI: 10.1093/biosci/bit003

Barnosky AD, Matzke N, Tomiya S et al. (2011) Has the Earth's Sixth Mass Extinction Already Arrived? Nature 471(7336), 51–57. DOI: 10.1038/nature09678

Bar-On YM, Phillips R, Milo R (2018) The Biomass Distribution on Earth. Proc Natl Acad Sci USA 115(25), 6506–6511. DOI: 10.1073/pnas.1711842115

Bernhardt ES, Rosi EJ, Gessner MO (2017) Synthetic Chemicals as Agents of Global Change. Frontiers in Ecology and the Environment 15(2), 84–90. DOI: 10.1002/fee.1450

Bobbink R, Hicks K, Galloway J et al. (2010) Global Assessment of Nitrogen Deposition Effects on Terrestrial Plant Diversity: A Synthesis. Ecological Applications 20(1), 30–59. DOI: 10.1890/08-1140.1

Butchart SHM, Walpole M, Collen B et al. (2010) Global Biodiversity: Indicators of Recent Declines. Science 328(5982), 1164–1168. DOI: 10.1126/science.1187512

Butler JH, Montzka SA (2020) The NOAA Annual Greenhouse Gas Index (AGGI). Boulder, CO: National Oceanic and Atmospheric Administration, Global Monitoring Laboratory, Earth System Research Laboratories

Ceballos G, Ehrlich PR, Barnosky AD et al. (2015) Accelerated Modern Human-Induced Species Losses: Entering the Sixth Mass Extinction. Sci Adv 1(5), e1400253. DOI: 10.1126/sciadv.1400253

Ceballos G, Ehrlich PR, Dirzo R (2017) Biological Annihilation via the Ongoing Sixth Mass Extinction Signaled by Vertebrate Population Losses and Declines. Proceedings of the National Academy of Sciences 114(30), E6089-E6096. DOI: 10.1073/pnas.1704949114

Ceballos G, Ehrlich PR, Raven PH (2020) Vertebrates on the Brink as Indicators of Biological Annihilation and the Sixth Mass Extinction. Proc Natl Acad Sci USA 117(24), 13596–13602. DOI: 10.1073/pnas.1922686117

Christensen V, Coll M, Piroddi C et al. (2014) A Century of Fish Biomass Decline in the Ocean. Marine Ecology Progress Series 512. DOI: 10.3354/meps10946

Comte L, Olden JD (2017) Climatic Vulnerability of the World's Freshwater and Marine Fishes. Nature Climate Change 7(10), 718–722. DOI: 10.1038/nclimate3382

Cote I, Anastas PT, Birnbaum LS et al. (2012) Advancing the Next Generation of Health Risk Assessment. Environmental health perspectives 120(11), 1499–1502. DOI: 10.1289/ehp.1104870

Crutzen PJ (2002) Geology of Mankind. Nature 415(23). DOI: 10.1038/415023a

Davidson NC (2014) How Much Wetland Has the World Lost? Long-Term and Recent Trends in Global Wetland Area. Marine and Freshwater Research 65(10), 934–941

Díaz S, Fargione J, Chapin FS 3rd et al. (2006) Biodiversity Loss Threatens Human Well-Being. PLoS Biol 4(8), e277. DOI: 10.1371/journal.pbio.0040277

Díaz S, Settele J, Brondízio ES et al. (2019) Pervasive Human-Driven Decline of Life on Earth Points to the Need for Transformative Change. Science 366(6471). DOI: 10.1126/science.aax3100

Diffenbaugh NS (2020) Verification of Extreme Event Attribution: Using Out-of-Sample Observations to Assess Changes in Probabilities of Unprecedented Events. Science Advances 6(12), eaay2368. DOI: 10.1126/sciadv.aay2368

Doney SC, Fabry VJ, Feely RA et al. (2009) Ocean Acidification: The Other CO_2 Problem. Annual Review of Marine Science 1(1), 169–192. DOI: 10.1146/annurev.marine.010908.163834

Duffy JE, Godwin CM, Cardinale BJ (2017) Biodiversity Effects in the Wild Are Common and as Strong as Key Drivers of Productivity. Nature 549(7671), 261–264. DOI: 10.1038/nature23886

Eilers EJ, Kremen C, Smith Greenleaf S et al. (2011) Contribution of Pollinator-Mediated Crops to Nutrients in the Human Food Supply. PLOS ONE 6(6), e21363. DOI: 10.1371/journal.pone.0021363

Ellis EC, Klein Goldewijk K, Siebert S et al. (2010) Anthropogenic Transformation of the Biomes, 1700 to 2000. Global Ecology and Biogeography 19(5), 589–606. DOI: 10.1111/j.1466-8238.2010.00540.x

Erb KH, Kastner T, Plutzar C et al. (2018) Unexpectedly Large Impact of Forest Management and Grazing on Global Vegetation Biomass. Nature 553(7686), 73–76. DOI: 10.1038/nature25138

Famiglietti JS (2014) The Global Groundwater Crisis. Nature Climate Change 4(11), 945–948. DOI: 10.1038/nclimate2425

Feldmann J, Levermann A (2015) Collapse of the West Antarctic Ice Sheet after Local Destabilization of the Amundsen Basin. Proceedings of the National Academy of Sciences 112(46), 14191–14196. DOI: 10.1073/pnas.1512482112

Fernández-Pinos MC, Vila-Costa M, Arrieta JM et al. (2017) Dysregulation of Photosynthetic Genes in Oceanic Prochlorococcus Populations Exposed to Organic Pollutants. Scientific Reports 7, 8029. DOI: 10.1038/s41598-017-08425-9

Food and Agriculture Organization of the United Nations (FAO) (2014) The State of World Fisheries and Aquaculture – Oppurtunities and Challenges. URL: http://www.fao.org/3/a-i3720e.pdf (abgerufen am 07.07.2021)

Forster PM, Maycock AC, McKenna CM et al. (2020) Latest Climate Models Confirm Need for Urgent Mitigation. Nature Climate Change 10(1), 7–10

Fowler D, Coyle M, Skiba U et al. (2013) The Global Nitrogen Cycle in the Twenty-First Century. Philosophical Transactions of the Royal Society B: Biological Sciences 368(1621), 20130164. DOI: 10.1098/rstb.2013.0164

Gleick PH, Christian-Smith J, Cooley H (2011) Water-Use Efficiency and Productivity: Rethinking the Basin Approach. Water International 36(7), 784–798. DOI: 10.1080/02508060.2011.631873

Golden C, Allison EH, Cheung WW et al. (2016) Fall in Fish Catch Threatens Human Health. Nature 534(7607), 317–320

Gore AC, Chappell VA, Fenton SE et al. (2015) EDC-2: The Endocrine Society's Second Scientific Statement on Endocrine-Disrupting Chemicals. Endocr Rev 36(6), E1-e150. DOI: 10.1210/er.2015-1010

Grill G, Lehner B, Thieme M et al. (2019) Mapping the World's Free-Flowing Rivers. Nature 569(7755), 215–221

Hallmann C, Sorg M, Jongejans E et al. (2017) More than 75 Percent Decline over 27 Years in Total Flying Insect Biomass in Protected Areas. PLoS ONE 12, 1–21. DOI: 10.1371/journal.pone.0185809

Halpern BS, Longo C, Lowndes JS et al. (2015) Patterns and Emerging Trends in Global Ocean Health. PLoS One 10(3), e0117863. DOI: 10.1371/journal.pone.0117863

Han D, Currell MJ, Cao G (2016) Deep Challenges for China's War on Water Pollution. Environmental Pollution 218, 1222–1233. DOI: 10.1016/j.envpol.2016.08.078

Hand E (2015) Acid Oceans Cited in Earth's Worst Die-Off. Science 348(6231), 165–166. DOI: 10.1126/science.348.6231.165

Hinkel J, Lincke D, Vafeidis AT et al. (2014) Coastal Flood Damage and Adaptation Costs under 21st Century Sea-Level Rise. Proceedings of the National Academy of Sciences 111(9), 3292–3297. DOI: 10.1073/pnas.1222469111

Humphreys AM, Govaerts R, Ficinski SZ et al. (2019) Global Dataset Shows Geography and Life Form Predict Modern Plant Extinction and Rediscovery. Nat Ecol Evol 3(7), 1043–1047. DOI: 10.1038/s41559-019-0906-2

Intergovernmental Panel on Climate Change (IPCC) (2019) Special Report on the Ocean and Cryosphere in a Changing Climate. URL: https://www.ipcc.ch/srocc/ (abgerufen am 13.07.2021)

Intergovernmental Panel on Climate Change (IPCC) (2021) Climate Change 2021: The Physical Science Basis. Contribution of Working Group I to the Sixth Assessment Report of the Intergovernmental Panel on Climate Change. URL: https://www.ipcc.ch/report/sixth-assessment-report-working-group-i (abgerufen am 27.08.2021)

Jambeck JR, Geyer R, Wilcox C et al. (2015) Marine Pollution. Plastic Waste Inputs from Land into the Ocean. Science 347(6223), 768–771. DOI: 10.1126/science.1260352

Lal R (2015) Restoring Soil Quality to Mitigate Soil Degradation. Sustainability 7(5), 5875–5895

Lambin EF, Meyfroidt P (2010) Land Use Transitions: Socio-Ecological Feedback versus Socio-Economic Change. Land Use Policy 27(2), 108–118. DOI: 10.1016/j.landusepol.2009.09.003

Landrigan PJ, Fuller R, Acosta NJR et al. (2018) The Lancet Commission on Pollution and Health. Lancet 391(10119), 462–512. DOI: 10.1016/s0140-6736(17)32345-0

Legagneux P, Casajus N, Cazelles K et al. (2018) Our House Is Burning: Discrepancy in Climate Change vs. Biodiversity Coverage in the Media as Compared to Scientific Literature. Frontiers in Ecology and Evolution 5(175). DOI: 10.3389/fevo.2017.00175

Lelieveld J, Pozzer A, Pöschl U et al. (2020) Loss of Life Expectancy from Air Pollution Compared to Other Risk Factors: A Worldwide Perspective. Cardiovascular Research 116(11), 1910–1917. DOI: 10.1093/cvr/cvaa025

Lenton TM, Held H, Kriegler E et al. (2008) Tipping Elements in the Earth's Climate System. Proceedings of the National Academy of Sciences 105(6), 1786–1793. DOI: 10.1073/pnas.0705414105

Lenton TM, Rockström J, Gaffney O et al. (2019) Climate Tipping Points – Too Risky to Bet Against. Nature 575(7784), 592–595. DOI: 10.1038/d41586-019-03595-0

Leung B, Hargreaves AL, Greenberg DA et al. (2020) Clustered versus Catastrophic Global Vertebrate Declines. Nature 588(7837), 267–271. DOI: 10.1038/s41586-020-2920-6

Liebezeit G, Liebezeit E (2014) Synthetic Particles as Contaminants in German Beers. Food Addit Contam Part A Chem Anal Control Expo Risk Assess 31(9), 1574–1578. DOI: 10.1080/19440049.2014.945099

Lin J, Pan D, Davis SJ et al. (2014) China's International Trade and Air Pollution in the United States. Proceedings of the National Academy of Sciences 111(5), 1736–1741. DOI: 10.1073/pnas.1312860111

Malaj E, von der Ohe PC, Grote M et al. (2014) Organic Chemicals Jeopardize the Health of Freshwater Ecosystems on the Continental Scale. Proc Natl Acad Sci USA 111(26), 9549–9554. DOI: 10.1073/pnas.1321082111

Mather AS (1992) The Forest Transition. Area 24(4), 367–379

Mekonnen MM, Hoekstra AY (2016) Four Billion People Facing Severe Water Scarcity. Sci Adv 2(2), e1500323. DOI: 10.1126/sciadv.1500323

Milner AM, Boyd IL (2017) Toward Pesticidovigilance. Science 357(6357), 1232–1234. DOI: 10.1126/science.aan2683

Moore FC, Obradovich N, Lehner F et al. (2019) Rapidly Declining Remarkability of Temperature Anomalies May Obscure Public Perception of Climate Change. Proceedings of the National Academy of Sciences 116(11), 4905–4910. DOI: 10.1073/pnas.1816541116

Obrist D, Kirk JL, Zhang L et al. (2018) A Review of Global Environmental Mercury Processes in Response to Human and Natural Perturbations: Changes of Emissions, Climate, and Land Use. Ambio 47(2), 116–140. DOI: 10.1007/s13280-017-1004-9

Pimm SL, Jenkins CN, Abell R et al. (2014) The Biodiversity of Species and their Rates of Extinction, Distribution, and Protection. Science 344(6187), 1246752. DOI: 10.1126/science.1246752

Polidoro BA, Carpenter KE, Collins L et al. (2010) The Loss of Species: Mangrove Extinction Risk and Geographic Areas of Global Concern. PLOS ONE 5(4), e10095. DOI: 10.1371/journal.pone.0010095

Potts SG, Imperatriz-Fonseca V, Ngo HT et al. (2016) Safeguarding Pollinators and their Values to Human Well-Being. Nature 540(7632), 220–229. DOI: 10.1038/nature20588

Ritchie H, Roser M (2018) Emission Drivers. URL: https://ourworldindata.org/emissions-drivers (abgerufen am 07.07.2021)

Robertson GP, Paul EA, Harwood RR (2000) Greenhouse Gases in Intensive Agriculture: Contributions of Individual Gases to the Radiative Forcing of the Atmosphere. Science 289(5486), 1922–1925. DOI: 10.1126/science.289.5486.1922

Rocha JC, Peterson G, Bodin Ö et al. (2018) Cascading Regime Shifts Within and Across Scales. Science 362(6421), 1379–1383. DOI: 10.1126/science.aat7850

Rockström J, Steffen W, Noone K et al. (2009) A Safe Operating Space for Humanity. Nature 461(7263), 472–475. DOI: 10.1038/461472a

Rogelj J, Forster PM, Kriegler E et al. (2019) Estimating and Tracking the Remaining Carbon Budget for Stringent Climate Targets. Nature 571(7765), 335–342. DOI: 10.1038/s41586-019-1368-z

Rudel TK, Coomes OT, Moran E et al. (2005) Forest Transitions: Towards a Global Understanding of Land Use Change. Global Environmental Change 15(1), 23–31. DOI: 10.1016/j.gloenvcha.2004.11.001

Sachverständigenrat für Umweltfragen (SRU) (2020) Umweltgutachten 2020 – Für eine entschlossene Umweltpolitik in Deutschland und Europa. Sachverständigenrat für Umweltfragen Berlin

Schneider T, Kaul CM, Pressel KG (2019) Possible Climate Transitions from Breakup of Stratocumulus Decks Under Greenhouse Warming. Nature Geoscience 12(3), 163–167. DOI: 10.1038/s41561-019-0310-1

Seto KC, Fragkias M, Güneralp B et al. (2011) A Meta-Analysis of Global Urban Land Expansion. PLOS ONE 6(8), e23777. DOI: 10.1371/journal.pone.0023777

Shiklomanov I (2000) Appraisal and Assessment of World Water Resources. Water International 25, 11–32

Sippel S, Meinshausen N, Fischer EM et al. (2020) Climate Change Now Detectable from Any Single Day of Weather at Global Scale. Nature Climate Change 10(1), 35–41. DOI: 10.1038/s41558-019-0666-7

Smil V (2011) Nitrogen Cycle and World Food Production. World Agriculture 2, 9–13. URL: http://vaclavsmil.com/wp-content/uploads/docs/smil-article-worldagriculture.pdf (abgerufen am 07.07.2021)

Smith MR, Singh GM, Mozaffarian D et al. (2015) Effects of Decreases of Animal Pollinators on Human Nutrition and Global Health: A Modelling Analysis. The Lancet 386(10007), 1964–1972. DOI: 10.1016/S0140-6736(15)61085-6

Smith VH, Tilman GD, Nekola JC (1999) Eutrophication: Impacts of Excess Nutrient Inputs on Freshwater, Marine, and Terrestrial Ecosystems. Environmental Pollution 100(1), 179–196. DOI: 10.1016/S0269-7491(99)00091-3

Sodhi NS, Brook BW, Bradshaw CJA (2009) The Princeton Guide to Ecology. In: Simon AL, Stephen RC, Godfray HCJ, Ann PK, Michel L, Jonathan BL, Brian W, David SW (Hrsg.) V.1 Causes and Consequences of Species Extinctions. 514–520. Princeton University Press

Steffen W, Rockström J, Richardson K et al. (2018) Trajectories of the Earth System in the Anthropocene. Proceedings of the National Academy of Sciences 115(33), 8252–8259. DOI: 10.1073/pnas.1810141115

Stevens CJ, Dise NB, Mountford JO et al. (2004) Impact of Nitrogen Deposition on the Species Richness of Grasslands. Science 303(5665), 1876–1879. DOI: 10.1126/science.1094678

Streets DG, Lu Z, Levin L et al. (2018) Historical Releases of Mercury to Air, Land, and Water from Coal Combustion. Science of The Total Environment 615, 131–140. DOI: 10.1016/j.scitotenv.2017.09.207

Suedel BC, Boraczek JA, Peddicord RK et al. (1994) Trophic Transfer and Biomagnification Potential of Contaminants in Aquatic Ecosystems. Rev Environ Contam Toxicol 136, 21–89. DOI: 10.1007/978-1-4612-2656-7_2

Sun J, Pan L, Tsang DCW et al. (2018) Organic Contamination and Remediation in the Agricultural Soils of China: A Critical Review. Science of The Total Environment 615, 724–740. DOI: 10.1016/j.scitotenv.2017.09.271

Tedesco PA, Bigorne R, Bogan AE et al. (2014) Estimating How Many Undescribed Species Have Gone Extinct. Conservation Biology 28(5), 1360–1370. DOI: 10.1111/cobi.12285

Thompson RC, Moore CJ, vom Saal FS et al. (2009) Plastics, the Environment and Human Health: Current Consensus and Future Trends. Philos Trans R Soc Lond B Biol Sci 364(1526), 2153–2166. DOI: 10.1098/rstb.2009.0053

Tilman D, Balzer C, Hill J et al. (2011) Global Food Demand and the Sustainable Intensification of Agriculture. Proceedings of the National Academy of Sciences 108(50), 20260–20264. DOI: 10.1073/pnas.1116437108

Tilman D, Clark M, Williams DR et al. (2017) Future Threats to Biodiversity and Pathways to their Prevention. Nature 546(7656), 73–81. DOI: 10.1038/nature22900

Tilman D, Fargione J, Wolff B et al. (2001) Forecasting Agriculturally Driven Global Environmental Change. Science 292(5515), 281–284. DOI: 10.1126/science.1057544

van Klink R, Bowler DE, Gongalsky KB et al. (2020) Meta-Analysis Reveals Declines in Terrestrial but Increases in Freshwater Insect Abundances. Science 368(6489), 417–420. DOI: 10.1126/science.aax9931

Wada Y, Bierkens MFP (2014) Sustainability of Global Water Use: Past Reconstruction and Future Projections. Environmental Research Letters 9(10), 104003. DOI: 10.1088/1748-9326/9/10/104003

Wada Y, van Beek LPH, Bierkens MFP (2012) Nonsustainable Groundwater Sustaining Irrigation: A Global Assessment. Water Resources Research 48(6). DOI: 10.1029/2011WR010562

Wagner DL (2020) Insect Declines in the Anthropocene. Annu Rev Entomol 65, 457–480. DOI: 10.1146/annurev-ento-011019-025151

WCRP Global Sea Level Budget Group (2018) Global Sea-Level Budget 1993–present. Earth Syst Sci Data 10(3), 1551–1590. DOI: 10.5194/essd-10-1551-2018

World Meteorological Organization (2020). The State of the Global Climate 2020. URL: https://public.wmo.int/en/our-mandate/climate/wmo-statement-state-of-global-climate (abgerufen am 13.07.2021)

Wurl O, Ekau W, Landing WM et al. (2017) Sea Surface Microlayer in a Changing Ocean – A Perspective. Elementa: Science of the Anthropocene 5. DOI: 10.1525/elementa.228

3 Public Health im Blick auf globale Umweltveränderungen

Laura Jung

Alle hier beschriebenen Klima- und Umweltveränderungen wirken sich direkt und indirekt auf die menschliche Gesundheit aus. Nicht nur die Weltgesundheitsorganisation (WHO) erkennt deshalb die Klimakrise als das grundlegende Gesundheitsproblem unserer Zeit an (WHO 2018). Die klimabedingten Gesundheitsfolgen werden seit 2016 durch den Lancet Countdown on Health and Climate Change (Watts et al. 2020) systematisch überwacht. Viele der hart erkämpften Fortschritte der globalen Gesundheit, zeigt sich dabei, sind gefährdet. Nahezu alle Aspekte der physischen und psychischen Gesundheit werden durch überwiegend vom Globalen Norden verursachte, anthropogene Umweltveränderungen beeinflusst. Dieses Kapitel gibt einen Überblick über die gesundheitlichen Konsequenzen der planetaren Veränderungen. Eine detaillierte Betrachtung einzelner Aspekte in Bezug auf die einzelnen Fachdisziplinen folgt in Teil II.

3.1 Ernährungssysteme

Was und wie wir essen, ist nicht nur zentral für unsere Wirtschaft, Kultur und Gesellschaft, sondern auch entscheidend für die menschliche Gesundheit. Trotz der wachsenden Weltbevölkerung nahm der Anteil der Menschen, die an Unter- und Mangelernährung leiden, im letzten Jahrhundert rapide ab, aktuell sind etwa 680 Millionen Menschen davon betroffen. Für die nächste Dekade prognostizieren die Vereinten Nationen allerdings eine Zunahme auf 840 Millionen Menschen, was einem Anstieg der Prävalenz von 8,9 auf 9,8% gleichkommt (FAO o.D.). Parallel dazu ist die Prävalenz von Erkrankungen durch Fehlernährung vor allem in reichen Ländern massiv angestiegen. Global hat mehr als jeder Dritte Übergewicht, 677 Millionen Menschen sind fettleibig, 1,13 Milliarden Menschen haben Bluthochdruck und 422 Millionen Menschen leiden an adultem Diabetes (Global Nutrition Report 2020).

Ungesunde Ernährungsweise ist eine der führenden Todesursachen weltweit geworden (Willett et al. 2019).

Auch aus Umweltperspektive ist unser aktuelles Ernährungssystem problematisch, unter anderem entstehen zwischen 21% und 37% der globalen Emissionen in diesem Bereich (Rosenzweig et al. 2020). Übernutzung des Bodens und exzessiver Einsatz von Chemikalien führen zu Erosion, Verlust an Artenvielfalt, Boden- und Wasserverschmutzung. In der Folge sinkt der Ertrag landwirtschaftlicher Flächen, was wiederum zur Erschließung neuer Flächen und damit zum Eindringen in immer mehr naturbelassene Habitate führt. Zudem nimmt die Qualität unserer Ernährung aufgrund der Umweltveränderungen ab. Weniger Diversität und eine geringere Anzahl von Bestäubern führen zum Rückgang der Ernten von vitamin- und nährstoffreichen Pflanzen. Erhöhte CO_2-Level in der Atmosphäre begünstigen zudem einen Rückgang von Nährstoffen wie Eisen und Zink, beispielsweise in Grundnahrungsmitteln wie Weizen und Reis.

Der Ernährungssektor steht damit vor mehreren Herausforderungen gleichzeitig. Er muss:

1. die Weltbevölkerung mit ausreichend gesunden Lebensmitteln versorgen,
2. den eigenen ökologischen Fußabdruck verringern und
3. sich an die bereits vorhandenen Umweltveränderungen anpassen.

Um unser Ernährungssystem auf eine Zukunft innerhalb planetarer Grenzen auszurichten, sind wichtige Veränderungen notwendig. Eine bewahrende Landwirtschaft muss unsere Ökosysteme schützen, zum Beispiel durch einen reduzierten Einsatz von Pestiziden. Ein weiterer zentraler Hebel ist der Konsum. Der hohe Fleischkonsum in Ländern des Globalen Nordens, in Deutschland 2019 rund 59 kg pro Kopf (Bundesanstalt für Landwirtschaft und Ernährung 2020), erhöht die Prävalenz nicht-übertragbarer Erkrankungen, gleichzeitig belastet er unseren Planeten zum Beispiel durch den hohen Landbedarf der Tierhaltung. Etwa 30% der global verfügbaren Fläche werden dafür genutzt, dieselbe Menge wird für den Anbau von Tierfutter benötigt (Herrero et al. 2016). Die EAT-Lancet Commission on Healthy Diets from Sustainable Food Systems hat daher 2019 einen umfassenden Vorschlag für eine umweltfreundlichere und gesündere Ernährung ausgearbeitet, die sogenannte Planetary Health Diet (Willett et al. 2019). Die vorgeschlagene Umstellung in Richtung einer fleischarmen, vorwiegend pflanzlichen Ernährung, würde nicht nur den Flächenbedarf reduzieren, sondern den ökologischen Fußabdruck unserer Ernährung auch durch eine Reduktion des Methanausstoßes in der Tierhaltung drastisch verringern. Weitere Probleme durch die Massentierhaltung wie ein nicht rationaler Einsatz von Antibiotika sowie ethische Bedenken könnten ebenfalls reduziert werden. Als Win-win-Situation für Mensch und Umwelt könnte die Planetary Health Diet bis zu 11 Millionen vorzeitige Todesfälle jährlich vermeiden, während gleichzeitig plantare Grenzen respektiert würden (Willett et al. 2019).

Letztlich ist zudem die Reduktion von Verschwendung essenziell. Auf allen Stufen, von der Produktion bis zu den Verbrauchern, gehen etwa ein Drittel aller erzeugten Nahrungsmittel verloren. Enorme Mengen an Fläche und Wasser werden also für die Herstellung von Produkten eingesetzt, die niemals konsumiert werden. Durch die Minimierung dieser Abfälle könnten bis zu 10% der globalen Emissionen eingespart werden (Rosenzweig et al. 2020). Siehe auch Kapitel II.8, II.22 und II.28.

3.2 Nichtübertragbare Erkrankungen

Neben unserer Ernährung gibt es weitere globale Umweltveränderungen, die erhebliche Risikofaktoren für die Entwicklung von nichtübertragbaren Erkrankungen (NCDs) darstellen.

> *NCDs stellen weltweit die häufigste Todesursache dar (WHO 2013). Aufgrund oftmals langer Krankheitsverläufe, einhergehend mit körperlichen Einschränkungen, entsteht zusätzlich großer Leidensdruck bei Betroffenen und Angehörigen. Die wirtschaftlichen Kosten sind hoch.*

Einer der größten Treiber von NCDs ist die Luftverschmutzung. Sie führt zu einer Vielzahl von Erkrankungen des Atem- und kardiovaskulären Systems. Hervorzuheben ist die Belastung durch Feinstaub (Particulate Matter) und Stickoxide, welche vor allem bei der Verbrennung fossiler Energieträger, im Verkehr sowie in Industrie und Landwirtschaft, entstehen. Die aktuellen Erhebungen der Europäische Umweltagentur (EEA) gehen von rund 400.000 vorzeitigen Todesfällen pro Jahr in Europa aus. In nahezu allen EU-Ländern werden die Richtwerte für Luftqualität der WHO überschritten (EEA 2020). Modellrechnungen zeigen, dass der Verzicht auf fossile Energieträger pro Jahr weltweit mehr als 3,6 Millionen Todesfälle durch Luftverschmutzung vermeiden würde, unabhängig von den positiven Folgen für unser Klima (Lelieveld et al. 2019). Die Dekarbonisierung des Transport- und Industriesektors wirkt also nicht nur der Klimakrise entgegen, sondern reduziert chronische Erkrankungen, vorzeitige Todesfälle und hohe Kosten.

Neben der Luftverschmutzung gewinnt Hitze als Risikofaktor zunehmend an Bedeutung. Steigende Durchschnittstemperaturen und Häufung von Hitzewellen führen zu einem Anstieg von Krankenhauseinweisungen und Todesfällen, vor allem in vulnerablen Gruppen wie älteren Menschen, Kindern und Menschen mit chronischen Erkrankungen. Weiterhin begünstigt sie NCDs durch Verschlechterung des Schlafes und einer Einschränkung von sportlicher Aktivität. Die alternde Bevölkerung ist besonders betroffen (Mücke u. Litvinovitch 2020). Für das Jahr 2018 wird in Deutschland die Zahl hitzebedingter Todesfälle auf über 20.000 in der Bevölkerung über 65 Jahren geschätzt. Regionen, die bereits jetzt sehr heiß sind, können durch einen weiteren Temperaturanstieg unbewohnbar werden (s. Kap. I.4). Schon heute ist Arbeiten im Freien vielerorts stark eingeschränkt. Weltweit gingen 2019 aufgrund extremer Hitze über 300 Milliarden Arbeitsstunden verloren. Am meisten betroffen waren Indien, China und Bangladesch (Watts et al. 2020). Da von einem weiteren Anstieg der globalen Temperaturen auszugehen ist, ist eine bessere Vorbereitung von Gesundheitssystemen auf gesundheitliche Konsequenzen von Hitze unabdingbar.

Eng verwoben mit Luftverschmutzung und Hitzeschäden ist die Verstädterung. Schon heute lebt mehr als die Hälfte der Weltbevölkerung in Städten, 70% der globalen Emissionen entstehen im städtischen Kontext. Auch wenn die Lebensumgebung in Städten viele Vorteile bietet, geht sie mit Risikofaktoren für die Entstehung von NCDs einher. Neben Luftverschmutzung und verstärkter Hitze, gibt es Zusammenhänge zwischen NCDs und Lärmbelastung, engem Zusammenleben auf kleinem Raum sowie fehlenden Grünflächen. Kinder und Jugendliche sind besonders vulnerabel für die gesundheitsschädlichen Effekte der städtischen Umgebung (WHO u. UN Habitat 2016). Trotz aller Risiken haben Städte gleichzeitig ein großes Potenzial, zu Vorreitern der Umwelttransformation zu werden. Viele Städte evaluieren bereits ihre Klimarisiken und beginnen zu handeln (Watts et al. 2020).

Nicht nur graduelle Veränderungen, auch die steigende Häufigkeit und Intensität plötzlicher Extremwetterereignisse wie Stürme, Überflutungen und Waldbrände führen zu mehr NCDs. Ihre direkte Zerstörungskraft führt zu Verletzungen, bleibenden körperlichen Einschränkungen und Todesfällen. Extremwetter trägt aber auch zum Zusammenbruch der Gesundheitsversorgung, Destabilisierung der Region und Migrationsbewegungen bei (Parrish et al. 2020). In diesen Situationen kann die aufwendige Versorgung chronischer Erkrankungen meist nicht gewährleistet werden. Frauen und Kinder sind besonderen Risiken ausgesetzt, unter anderem durch Gewalterfahrungen und fehlendem Zugang zu sexuellen und reproduktiven Gesundheitsdiensten während oder nach Extremwetterereignissen (s. Kap. II.3, II.18 und II.19).

3.3 Infektionserkrankungen

Die Verbreitung von Infektionserkrankungen wird sowohl von Umweltfaktoren als auch von menschlichem Verhalten beeinflusst. Erreger und Überträger (Vektoren) sind an bestimmte Umweltbedingungen angepasst, doch durch den Klimawandel gerät das natürliche Gleichgewicht in Schieflage. Durch eine Verschiebung oder Erweiterung von Gebieten, in denen Krankheitserreger und ihre Vektoren überleben können, steigt das globale Risiko für Infektionen mit beispielsweise Malaria, Borreliose, Gelbfieber und Dengue (Semenza u. Suk 2018). Die Vorhersage der Veränderung von Infektionsmustern ist komplex und von einer Vielzahl von Faktoren abhängig. Sie ist jedoch Voraussetzung dafür, adäquate Maßnahmen zur Anpassung zu treffen. Bedeutsam für Europa sind aktuell vor allem die von Zecken (Ixodes ricinus) übertragenen Erkrankungen Borreliose und Frühsommer-Meningoenzephalitis (FSME), welche sich durch wärmere Winter in immer nördlichere und höher gelegene Gebiete ausbreiten (Semenza u. Suk 2018).

Auch die raumgreifende Lebensweise des Menschen hat auf die Vektoren Einfluss. Abholzung, Einsatz von Pestiziden und zunehmende Nutzung von Flächen als Ackerland wirken sich beispielsweise auf die Verfügbarkeit der Brutstätten von Vektoren wie Mücken aus. Überfischung und die daraus folgende Abnahme von Fressfeinden hat in Teilen Afrikas dazu geführt, dass sich Frischwasserschnecken, welche einen Zwischenwirt für den Bilharziose-Auslöser Schistosomiasis darstellen, stark vermehrt haben – und damit auch die Häufigkeit der Erkrankung in der Region anstieg (Myers u. Frumkin 2020). Ein weiteres eindrückliches Beispiel für solche Wechselwirkungen sind Zoonosen, d.h. Infektionen, die zwischen Menschen und Tieren übertragen werden. Diese Übertragungen werden durch zunehmende Zerstörung von Lebensräumen begünstigt und machen bereits heute einen Großteil der neu auftretenden Infektionserkrankungen (emerging infectious diseases) aus (s. Kap. II.15).

Von der Pest bis zu Ebola und COVID-19, zoonotische Erkrankungen sind seit jeher mit großen Risiken für die globale Gesundheit verbunden, ein tieferes Verständnis für ihre Entstehungs- und Übertragungswege ist daher essenziell.

3.4 Psychische Gesundheit

Genauso wie die körperliche ist auch die psychische Gesundheit vermehrt von Folgen der globalen Umweltveränderungen betroffen. Beide Dimensionen sind eng miteinander verbunden und beeinflussen sich gegenseitig. Neben Traumata durch Naturkatastrophen und den Folgen von Konflikt und Migration wirken auch die graduellen Veränderungen der Umwelt auf unsere Psyche ein. So sind beispielsweise steigende Temperaturen mit einer Zunahme von Stress, aggressivem Verhalten, depressiver Verstimmung und erhöhten Suizidraten assoziiert (Hayes et al. 2018). Auch das wachsende Bewusstsein gegenüber der Klimakrise nimmt eine zunehmende Rolle in breiten Bevölkerungsschichten ein. Daraus resultierende Gefühle von Überforderung, Verlust und auch Angst in Bezug auf Klimakrise und Biodiversitätsverlust spiegeln sich in Konzepten wie „ecological grief" und „eco-anxiety" (Umweltangst) wider (Cunsolo u. Ellis 2018).

Aus einer Planetary-Health-Perspektive sollte psychische Gesundheit aber nicht allein defizitorientiert betrachtet werden, sondern darüber hinaus als antreibende Kraft und Gewinn an Lebensfreude verstanden werden. Individuelles und kollektives Engagement für eine lebenswerte Zukunft kann ein Weg sein, ein soziales Unterstützungsnetz und damit die eigene Resilienz auszubauen (Hayes et al. 2018). Siehe auch Kap. II.25.

3.5 Planetary Health für Gesundheit und Wohlbefinden

Eine intakte Natur und eine sich an den Pariser Klimaschutzzielen orientierende Begrenzung der globalen Erwärmung sind die Voraussetzung für Gesundheit. Da benachteiligte Bevölkerungsgruppen besonders stark durch Umweltveränderungen beeinträchtigt werden, tragen intakte Ökosysteme dazu bei, dass unsere Gesellschaften gerechter und für alle lebenswerter werden. Klima- und Umweltschutz sind nicht nur Selbstzweck, sondern tragen direkt und indirekt zu besserer Gesundheit und Wohlbefinden von Menschen bei. Dies spiegelt sich im Konzept der Co-Benefits wider (Haines 2017). Der Schutz unserer Ökosysteme rückt damit immer weiter in das Zentrum von Public-Health-Ansätzen.

Literatur

Bundesanstalt für Landwirtschaft und Ernährung (2020) Bericht zur Markt- und Versorgungslage Fleisch 2020. URL: https://www.ble.de/SharedDocs/Downloads/DE/BZL/Daten-Berichte/Fleisch/2020BerichtFleisch.pdf (abgerufen am 13.07.2021)

Cunsolo A, Ellis NR (2018) Ecological Grief As a Mental Health Response to Climate Change-Related Loss. Nature Clim Change 8 (4), 275–281. DOI: 10.1038/s41558-018-0092-2

EEA (2020) Air Quality in Europe – 2020 Report. URL: https://www.eea.europa.eu/publications/air-quality-in-europe-2020-report (abgerufen am 13.07.2021)

Food and Agriculture Organization of the United Nations (FAO) (o.D.) Hunger and Food Insecurity. URL: http://www.fao.org/hunger/en (abgerufen am 13.07.2021)

Global Nutrition Report (2020) 2020 Global Nutrition Report. URL: https://globalnutritionreport.org/0fb38d (abgerufen am 13.07.2021)

Haines A (2017) Health Co-Benefits of Climate Action. Lancet Planet. Health 1(1), e4-e5. DOI: 10.1016/S2542-5196(17)30003-7

Hayes K, Blashki G, Wiseman J, Burke S, Reifels L (2018) Climate Change and Mental Health: Risks, Impacts and Priority Actions. Int J Ment Health Syst 12, 28. DOI: 10.1186/s13033-018-0210-6

Herrero M, Henderson B, Havlík P, Thornton PK, Conant RT, Smith P et al. (2016) Greenhouse Gas Mitigation Potentials in the Livestock Sector. Nature Clim Change 6(5), 452–461. DOI: 10.1038/nclimate2925

Lelieveld J, Klingmüller K, Pozzer A, Burnett RT, Haines A, Ramanathan V (2019) Effects of Fossil Fuel and Total Anthropogenic Emission Removal on Public Health and Climate. PNAS 116(15), 7192–7197. DOI: 10.1073/pnas.1819989116

Mücke HG, Litvinovitch JM (2020) Heat Extremes, Public Health Impacts, and Adaptation Policy in Germany. Int J Environ Res Public Health 17 (21). DOI: 10.3390/ijerph17217862

Myers SS, Frumkin H (Hrsg.) (2020) Planetary Health. Protecting Nature to Protect Ourselves. Island Press Washington, DC

Parrish R, Colbourn T, Lauriola P, Leonardi G, Hajat S, Zeka A (2020) A Critical Analysis of the Drivers of Human Migration Patterns in the Presence of Climate Change: A New Conceptual Model. Int J Environ Res Public Health 17(17). DOI: 10.3390/ijerph17176036

Rosenzweig C, Mbow C, Barioni LG, Benton TG, Herrero M, Krishnapillai M et al. (2020) Climate Change Responses Benefit From a Global Food System Approach. Nat Food 1(2), 94–97. DOI: 10.1038/s43016-020-0031-z

Semenza JC, Suk JE (2018) Vector-Borne Diseases and Climate Change: A European Perspective. FEMS Microbiology Letters 365(2). DOI: 10.1093/femsle/fnx244

Watts N, Amann M, Arnell N, Ayeb-Karlsson S, Beagley J, Belesova K et al. (2020) The 2020 Report of The Lancet Countdown on Health and Climate Change: Responding to Converging Crises. The Lancet 397(10269), 129–170. DOI: 10.1016/S0140-6736(20)32290-X

WHO (2013) Global Action Plan for the Prevention and Control of Noncommunicable Diseases 2013–2020. World Health Organization Geneva, Switzerland

WHO (2018) COP24 Special Report: Health & Climate Change. World Health Organization Geneva, Switzerland

WHO, UN Habitat for a Better Urban Future (2016) Global Report on Urban Health. Equitable, Healthier Cities for Sustainable Development. World Health Organization Kobe, UN Habitat Nairobi

Willett W, Rockström J, Loken B, Springmann M, Lang T, Vermeulen S et al. (2019) Food in the Anthropocene: The EAT-Lancet Commission on Healthy Diets From Sustainable Food Systems. The Lancet 393(10170), 447–492. DOI: 10.1016/S0140-6736(18)31788-4

4 Physikalische Grenzen für die Bewohnbarkeit der Erde

Harald Lesch

Leben ist der am höchsten organisierte Materiekomplex, den wir kennen. Alle Galaxien, Sterne und auch das Gas zwischen den Sternen fallen als Lebensquelle aus. In ihnen ist entweder die Materie zu heiß, oder ihre Dichte ist um 20 Größenordnungen zu gering. Die Materie ist zu 99% ionisiert, und chemische Elemente schwerer als Helium sind zu selten. Gasplaneten fallen ebenfalls aus, sie bestehen fast nur aus Wasserstoff und Helium, ihr Atmosphärendruck ist zu hoch. So bleiben nur noch die Felsenplaneten, die einen Stern als zentrale Licht- und Wärmequelle umkreisen. Oder Monde.

Was macht Planeten fähig für das Leben?

4.1 Zur Definition von Leben

„Ein lebendiger Organismus erscheint uns", so Erwin Schrödinger in seinem klassischen Werk „Was ist Leben?", „deshalb so rätselhaft, weil er sich dem raschen Verfall in einen unbewegten Gleichgewichtszustand entzieht." Lebewesen schaffen Ordnung aus Ordnung. Organismen erhalten sich nicht dadurch, dass sie den „Verfall" verhindern, sondern dadurch, dass sich die abbauenden (degradierenden) und aufbauenden (synthetischen) Prozesse die Waage halten.

Man spricht in dem Fall von einem zeitunabhängigen stationären Zustand. Er repräsentiert ein hochdynamisches Nichtgleichgewicht und kann nur und ausschließlich unter Aufwand und Verwandlung von Energie aufrechterhalten werden – in Systemen, die Materie und Energie mit der Umgebung austauschen. In der Physik spricht man dann von offenen Systemen.

Die Aufrechterhaltung dieses stationären Zustandes ist die *conditio sine qua non* für die Existenz lebendiger Systeme, denn im Gleichgewicht wird keine Arbeit geleistet. Das bedeutet, dass jedes Lebewesen, jede einzelne Zelle eines Vielzellers gegen die ständig wirksame, durch den zweiten Hauptsatz der Thermodynamik definierte Tendenz zur Entropiezunahme ankämpfen müssen und Sorge tragen für die Aufrechterhaltung ihres Ungleichgewichtszustandes. Leben ist ein dissipatives Nichtgleichgewichtsphänomen, denn die Energie, die es benötigt, um das Nichtgleichgewicht zu erhalten, wird verbraucht und verteilt, also dissipiert. Und damit wären wir wieder bei einer Definition von Erwin Schrödinger und zugleich bei den besonderen Bedingungen, unter den Leben dann überhaupt nur möglich sein kann.

4.2 Bedingungen des Lebendigsein

Lebewesen sind lebendig. Sie erhalten sich, indem sie ganz bestimmte, auf ganz besondere Weise geordnete chemische Verbindungen von außen aufnehmen, durch ihren Stoffwechsel verwandeln und die dabei freiwerdende Energie zu Leben nutzen. Abfälle werden abgegeben. Die einzige Energiequelle für alle Organismen und Zellen – ob Mikroorganismus, Pilz, Pflanze oder Tier – ist die chemisch gebundene Energie in den Molekülen und Verbindungen, die beim stufenweisen Abbau der energiereichen Nahrungsstoffe freigesetzt wird. Nur Grünpflanzen können ihre Nahrungsstoffe mithilfe des Sonnenlichtes im Prozess der Photosynthese selbst herstellen. Aber die Stoffe, die sie verwerten, sind Kohlenwasserstoffmoleküle, genauer Zuckermoleküle.

Lebendigsein, dieser kontinuierlich höchst dynamische Zustand der Lebewesen, unterscheidet sich von allem, was wir in der anorganischen Natur vorfinden. Er stellt eine interne funktionelle Ordnung oder Organisation dar, deren miteinander verbundene Vorgänge so aufeinander abgestimmt und ausgerichtet sind, dass sie in ihrer Gesamtheit den ständig drohenden Zusammenbruch des lebendigen Zustandes selbstständig verhindern. Das erfordert nicht nur einen intensiven Energie- und Stoffumsatz, sondern auch einen intensiven Austausch an molekularer Information.

Dieser grundlegend molekulare Aufbau und die kontinuierliche Selbstorganisation von Lebewesen vollziehen sich nur unter ganz besonderen äußeren Umständen. Die notwendige hohe Vernetzung von biochemischen Prozessketten funktioniert nur unter spezifischen physikalischen Randbedingungen. Der Stofftransport durch die Zellmembranen ist davon genauso betroffen wie die Proteinsynthese oder die Energiefreisetzung. Darüber hinaus ist eine Hierarchie von Prozessnetzwerken ineinander verschachtelt und verknüpft. Es muss also genügend richtige Nahrung und genügend Energie zur Verfügung stehen. Vor allem aber eben nicht zu viel und nicht zu wenig. Zwar haben Lebewesen ausgleichende Regulationsmechanismen, wie zum Beispiel das Schwitzen oder die Abgabe von Exkrementen, entwickelt, aber auch diese unterliegen biochemischen Schranken.

4.3 Grenzen des Lebens

Die Fähigkeit eines Planeten, Leben entwickeln und tragen zu können, nennt man Habitabilität. Vom physikalischen Standpunkt aus sind damit vor allem Einschränkungen der Temperatur, des Umgebungsdrucks und der Anwesenheit von Wasser gemeint. Hinzu kommen noch Grenzen der Belastung durch elektromagnetische Strahlung sowie durch radioaktive Teilchen. Aber natürlich gibt es auch Eigenschaften wie pH-Wert der flüssigen Lösungen, Salzgehalt oder gar Anteil an aggressiven Gasen, Metallen oder Salzen. Grenzen der Bewohnbarkeit werden auch durch die Zusammensetzung der Atmosphäre, ihre Konzentration an Gasen und Aerosolen bestimmt.

Je mehr Funktionen ein Lebewesen erfüllt, desto spezieller müssen die äußeren Rahmenbedingungen sein. Jede neue Funktion erfordert ein neues biochemisches Prozessnetzwerk, das nicht nur seine eigentliche Aufgabe erfüllen soll, sondern sich zugleich auch noch in die bereits vorhandenen Regulations- und Steuerungsmechanismen einfügen muss. All diese biochemischen Vernetzungen und Verknüpfungen laufen gleichzeitig ab und müssen einwandfrei, d.h. ohne große Fehlertoleranz funktionieren. Um es ganz drastisch anthropozentrisch zu formulieren: Wer nicht genügend geeignete Nahrung und Flüssigkeit bekommt, kann nicht mehr denken.

Die Schranken für die Entstehung und Entwicklung höherer Lebewesen sind also hoch. Natürlich kann es auf einem Planeten einfache Formen von Leben geben, biochemische Kreisläufe, die sich bei Materie- und Energieaustausch mit der Umwelt über sehr lange Zeit bewähren. Sie können allerdings auch nur sehr einfache Funktionen erfüllen.

Höheres Leben, das höhere Funktionen erfüllt, benötigt hingegen mehr Energie, mehr Stoffaustausch, höhere Organisationsstrukturen und damit vor allem intensiveren Informationsaustausch, intern wie extern. Höhere Lebewesen bestehen aus einfachen Unterabteilungen, die miteinander in ständiger Verbindung stehen und die zugleich äußere Signale wie elektromagnetische Strahlung oder Schallwellen wahrnehmen, aufnehmen, chemisch verarbeiten können.

Lebewesen, die über einen kognitiven Apparat verfügen, Instinkte entwickeln, lernfähig sind und vielleicht auch über ein Bewusstsein verfügen, stellen noch schärfere Bedingungen an ihre Umwelt. Ihre Existenz setzt voraus, dass die einfachen Lebensvorgänge so gut wie perfekt ablaufen, damit sich das Lebewesen weder über seine Atmung noch über wichtige innere Funktionen, wie Stoffwechsel oder Organfunktionen, „Gedanken machen“ muss. Das setzt voraus, dass es selbst intern biochemisch gesichert ist, aber auch, dass die äußeren Bedingungen ihm zu leben ermöglichen.

Das also ist mit planetarer Bewohnbarkeit gemeint: die Summe aller Bedingungen und Leistungen, die ein Planet ständig erbringen muss, damit Lebendigsein möglich ist.

4.4 Leben auf der Erde

Die planetaren Grundbedingungen für Leben sind auf der Erde erfüllt. Der Planet steht dem Stern (der Sonne), den er umkreist, nicht zu nah, sonst wäre er zu heiß für flüssiges Wasser, noch ist er zu weit entfernt, sonst wäre dieses gefroren. Diese grobe Einteilung ist noch zu ergänzen durch die notwendigen Reaktionen von lebensnotwendigen Molekülen aus Kohlenstoff, Wasserstoff, Sauerstoff und Stickstoff. Bei zu niedrigen Temperaturen ist die Chemie viel zu langsam für evolutionäre Verwandlungen und Entwicklungen. Ist es hingegen zu heiß, sind die Kohlenwasserstoffverbindungen nicht mehr stabil. Insofern wäre eine erste Antwort: Es sind die notwendigen und hinreichenden Bedingungen für die dauernde Existenz von Leben erfüllt. Stimmt, das gilt aber nicht mehr für seine Entstehung.

Damit vor über 3,5 Milliarden Jahren aus toter Materie Lebewesen werden konnten, mussten völlig andere äußere Bedingungen herrschen als für die Lebensformen der letzten 650 Millionen Jahre. Trotzdem ist die Grundform des Lebens bis heute die Zelle. Ihr gehören fast 90 Prozent der belebten Erdgeschichte. Damit die Evolution komplexere, mit Skeletten und Schutzschalen sowie höheren Funktionen ausgestattete Lebewesen auf der Erde hervorbringen konnte, bedurfte es der möglicherweise wichtigsten chemischen Reaktion des Universums: der Photosynthese. Sie verwandelt Materie und elektromagnetische Strahlung im sichtbaren Bereich in Zuckermoleküle und setzt Sauerstoff frei. Die Photosynthese von Blaualgen und Pflanzen hat im Laufe von rund zwei Milliarden Jahren alles Eisen in den Ozeanen oxidiert und allmählich den Sauerstoffgehalt der Atmosphäre so angehoben, dass sich in rund 15 bis 25 Kilometern Höhe über dem Meeresspiegel, in der Stratosphäre, die Ozonschicht gebildet hat. Seither schützt sie das Leben in den oberen Wasserschichten und an Land vor der molekülzerstörenden Ultraviolettstrahlung der Sonne.

Lebewesen verfügen von nun an über die intensivste Energiequelle – die Atmung. Das Leben expandiert so über den gesamten Planeten, steigt aus dem Wasser auf das Land, in die Lüfte und in jede Nische, derer es habhaft werden kann. Zwar gibt es einige extreme Lebensformen, die unter hohem Druck, sehr hohen Temperaturen sowie starkem Säure- oder Basen-Charakter leben kann, aber 99,99 Prozent des Lebens werden direkt oder indirekt von der Sonne genährt: Pflanzen und einige Bakterien unmittelbar, die Pflanzen- und Fleischfresser auf Umwegen. Geologie und Paläontologie kennen inzwischen ziemlich vollständig die Bedingungen in unterschiedlichen Phasen der Erdgeschichte. Sie lesen in den Gesteinen und Fossilien, wie es damals klimatisch und geologisch gewesen sein muss.

Aufgrund seiner inneren Energiequelle verändert der Planet seine Oberflächenstruktur bis heute. Die mehrere tausend Grad heißen auf- und absteigenden Gesteinsmassen des flüssigen Erdkerns im Kontakt mit dem flüssigen Erdmantel treiben an der Erdoberfläche die Bewegung der kontinentalen und ozeanischen Platten an. Man spricht von Plattentektonik. Alle 500 Millionen Jahre bildet sich ein großer Superkontinent aus der Verschmelzung der kontinentalen Platten, die dann aber wieder auseinandergetrieben werden durch aufsteigendes ozeanisches Krustenmaterial.

Während sich also die Erdoberfläche ständig gewandelt hat, hat sich der Sauerstoffgehalt der Atmosphäre nach einigen Schwankungen seit rund 300 Millionen Jahren bei rund 20 Prozent eingepegelt. Zuviel Sauerstoff in der Luft treibt zu viele Brände an und zerstört die Biosphäre. Phasen, in denen sich Superkontinente bilden, sind ebenfalls schwierig für das Leben, denn dann wird es zu heiß an Land und auch die Meere kippen um. Das Leben in ihnen stirbt fast vollständig aus.

Mehrere solcher Ereignisse in der Erdgeschichte geben uns deutliche Hinweise darauf, wie empfindlich letztlich höhere Lebewesen bei Änderung der äußeren Umgebungstemperaturen sind. Bis zum Auftreten des Menschen waren solche Massensterben ausnahmslos natürlichen Ursprungs: Sie beruhten auf Kontinentalplattenverschiebungen, Änderung der Meeresströmungen aufgrund natürlicher Zyklen oder Schwankungen in der Biomasse an Land und im Wasser. Der Homo sapiens hat nun allerdings eine neue Variante hinzugefügt: die anthropogen angetriebene globale Erwärmung der Atmosphäre und Ozeane, verursacht durch die beschleunigte Ausbeute fossiler Rohstoffe, wie Kohle, Erdöl und Erdgas, und begleitet von einem massiven Anstieg Infrarotstrahlung absorbierender Gase wie Kohlendioxid und Methan.

4.5 Klimawandel als planetare Grenzüberschreitung

Seit über 200 Jahren werden immer mehr Gase in die Atmosphäre eingetragen. Das hat nachgewiesene Wirkung auf die mittlere Oberflächentemperatur unseres Planeten und erhebliche Konsequenzen für seine Fähigkeit, Lebewesen mit höheren Lebensfunktionen zu beherbergen. Betrachten wir dazu einen ganz wesentlichen Prozess etwas genauer: die Steuerung der inneren Temperatur eines Säugetieres wie des Menschen.

Ein gesunder Körper funktioniert optimal, wenn seine Temperatur im Inneren etwa 37°C beträgt. Die Körpertemperatur kann allerdings durchaus schwanken, denn der Organismus passt seine Temperatur ständig an die Umweltbedingungen an. Wenn man Sport treibt, steigt sie zum Beispiel an. Außerdem ist sie nachts niedriger als am Tag und am späten Nachmittag höher als morgens.

Die Temperatur im Körperinneren wird von einem Teil des Gehirns geregelt, dem Hypothalamus. Er überprüft die aktuelle Temperatur und vergleicht sie mit der normalen. Ist die Körperinnentemperatur zu niedrig, sorgt er dafür, dass der Körper Wärme bildet und diese hält. Ist die aktuelle Körpertemperatur dagegen zu hoch, wird Wärme abgegeben oder Schweiß produziert, der die Haut, durch Verdunstung abkühlt.

Besonders belastend für den Menschen sind hohe Temperaturen in Kombination mit hoher Luftfeuchtigkeit. Als Maß dafür wird die Kühlgrenztemperatur benutzt. Sie drückt physikalisch aus, auf welchen Wert Luft durch Verdunstung bis zum Sättigungswert (100% relative Luftfeuchtigkeit) abgekühlt werden kann. Eine Lufttemperatur von 50°C mit einer Luftfeuchte von 80 Prozent besitzt z.B. eine Kühlgrenztemperatur von 36°C. Doch schon bei einer Kühlgrenztemperatur von 35°C ist menschliches Überleben nicht mehr möglich, da sich der menschliche Körper durch Schwitzen nicht mehr selbst abkühlen kann. Sie kommt unter den heutigen klimatischen Bedingungen weltweit noch nicht vor. Selbst bei den gegenwärtigen Hitzewellen, die mit ca. 50 Prozent Luftfeuchtigkeit einhergingen und weltweit Tausende Tote forderten, lag die Kühlgrenztemperatur maximal zwischen 29°C und 31°C.

Weltweit gibt es aktuell vor allem drei Regionen, in denen eine Kühlgrenztemperatur von 28°C bei Hitzewellen überschritten wird: Südwest-Asien um den Persischen Golf und das Rote Meer, Süd-Asien im Indus- und Ganges-Tal und das östliche China. Die Talregionen am Indus und Ganges sind besonders kritisch, weil dort viele Menschen leben, die oft ohne den Schutz von Gebäuden im Freien landwirtschaftlich tätig sind. Gründe für die hohe Luftfeuchtigkeit in dieser Region liegen zum einen in den feuchten Luftmassen, die mit dem Sommermonsun vom Arabischen Meer und dem Golf von Bengalen ins Landesinnere transportiert werden. Zum anderen verdunstet sehr viel Wasser in beiden Tälern über den ausgedehnten Bewässerungsflächen der landwirtschaftlichen Nutzflächen.

Während der Hitzewelle 2015 in Südostasien lagen die Kühlgrenztemperaturen etwas unter 30°C. 2016 waren sie merklich höher und erreichten am 21. Mai 2016 über 30 und stellenweise sogar über 31°C. Der Grund könnten sehr hohe Temperaturen im Indischen Ozean und der starke El Niño 2015/16 gewesen sein.

Wird es zunehmend wärmer auf der Erde, steigen sowohl die Verdunstungsrate über den Ozeanen als auch die Oberflächen- und Atmosphärentemperatur an. Mit anderen Worten: Die Kombination Temperatur und Luftfeuchtigkeit, die die Kühlgrenztemperatur bestimmt, verändert sich durch den Klimawandel für sehr viele Menschen katastrophal. Bis zu drei Viertel der Weltbevölkerung könnten bis zum Ende des Jahrhunderts durch tödliche Hitzeextreme gefährdet sein, so eine neue Studie (Li et al. 2020). Sie zeigt, dass derzeit knapp ein Drittel der Weltbevölkerung Hitzeextremen ausgesetzt ist, die in der Vergangenheit zu Todesfällen geführt haben. Sie werden mit steigenden globalen Temperaturen zunehmen. Eine globale Erwärmung auf weniger als 2°C über dem vorindustriellen Niveau würde das Risiko potenziell tödlicher Hitzewellen zumindest auf etwa die Hälfte der Weltbevölkerung begrenzen.

4.6 Fazit

Leben ist ein sehr sensibles materielles Phänomen, dessen Existenz sehr empfindlich auf die physikalischen Parameter der planetaren Umgebung reagiert und davon abhängt. Je höhere und damit komplexere Lebensformen sich entwickelt haben, umso enger wird der mögliche Korridor der Schwankungsbreite von Temperatur, Dichte, Säuregrad oder Salzkonzentration. Für Lebewesen, die ihre Körpertemperatur selbst regeln, sind vor allem die beiden Parameter Luftfeuchtigkeit und Außentemperatur von Bedeutung.

Die globale Erwärmung auf der Erde, angetrieben vom anthropogenen Klimawandel, steigert durch gekoppelte Prozesse beide Anteile. Es erhöhen sich sowohl die Außentemperatur als auch die Verdunstungsrate von Wasseroberflächen und damit die Luftfeuchtigkeit in weiten Teilen des Planeten Erde. Neueste Klimaszenarien für dieses Jahrhundert prognostizieren eine weitgehende, massive Verschlechterung der Lebensbedingungen für Mensch und Tier in Bereichen rund 1.000 Kilometer nördlich und südlich des Äquators – unter Business-as-usual-Bedingungen. Damit werden die Lebensbedingungen von Milliarden Menschen äußerst prekär. Die Anzahl der Tage über dem tödlichen Limit wird in diesen Regionen so groß, dass dort kein Mensch mehr ein menschenwürdiges Leben führen kann.

Die Kühlgrenztemperatur ist nur ein Beispiel für den „Kipppunktcharakter" vieler Parameter natürlicher Systeme, die hier nur stichpunktartig erwähnt werden können. Ein Beispiel: Überschreiten die Ozeane einen kritischen Säuregrad, ändern sich wichtige Stoff- und Lebenskreisläufe in den Meeren. Das verändert die Nahrungskette und die globale Rate der Photosynthese. Im schlimmsten Fall geht dem Leben der Sauerstoff aus.

Schmelzen die Eismassen an Land, steigen der Meeresspiegel und die Küsten werden in weiten Teilen der Welt, vor allem in Asien, unbewohnbar. Taut der Permafrost in Sibirien und Kanada großflächig auf, heizt sich die Atmosphäre mit dem hochpotenten Treibhausgas Methan weiter auf. Durch alle Kipppunkte werden die Versorgung mit Nahrungsmitteln und sauberem Trinkwasser immer problematischer.

Von zentraler Bedeutung ist das Verständnis für den Katastrophencharakter der Kipppunkte: Sie sind „points of no return", sind sie einmal erreicht, gibt es kein Zurück mehr! So wird das Auftauen des Permafrostes oft als „Explosion einer Methanbombe in Superzeitlupe" beschrieben. Die ökologischen Krisen und Probleme des Anthropozäns werden „sozialer Meteoriteneinschlag" genannt.

Viele dieser Kippmomente deuten sich ganz leise und langsam an, bis es plötzlich zu spät ist, auf sie einzuwirken. Die Geschwindigkeit der Katastrophe ist dann „Alles in einem Augenblick", während die Geschwindigkeit HIN zur Katastrophe so langsam wie eine Schnecke schien. Die Einmaligkeit des Katastrophengeschehens verbietet auch jede Art von statistischer Prognose. Der Zusammenbruch ökologischer Systeme vollzieht sich einmalig und unvergleichbar.

Vielleicht steht jede globalisierte Zivilisation irgendwann unweigerlich an diesem Punkt. Wenn sie fast alles Wasser, aller Böden Erde und auch die Atemluft mit ihren Abfällen verschmutzt hat und die sie umgebende Natur mit globaler Erwärmung reagiert, dann steht das denkende, reflektierende Wesen, das für all dies verantwortlich ist, vor dem ökologischen „Flaschenhals". Entweder wir respektieren Natur als das, was sie ist, die Bedingung der Möglichkeit überhaupt leben zu können, oder wir verschwinden für immer.

Literatur

Li D, Yuan J, Kopp RE (2020) Escalating Global Exposure to Compound Heat-Humidity Extremes with Warming. Environmental Research Letters 15(6). DOI: 10.1088/1748-9326/ab7d04

5 Planetary Health – Ein medizinischer Notfall

Christian M. Schulz und Claudia Traidl-Hoffmann

Für die Überschreitung planetarer Grenzen gibt es verschiedene Indikatoren. Sie zeigen, dass wir auf dem besten Wege sind, den Planeten zu großen Teilen unbewohnbar zu machen. Bezogen auf die Gesundheit der Erde, Planetary Health und die Auswirkungen auf die Gesundheit der Menschen wird daher von einem medizinischen Notfall gesprochen (Solomon u. LaRocque 2019).

5.1 Der medizinische Notfall: Definition, Dimensionen und Bewältigung

> Ein **medizinischer Notfall** ist eine Situation, in der ein Mensch unmittelbar dem Risiko ausgesetzt ist, einen Schaden zu erleiden. Um Schaden von ihm abzuwenden, ist rasches Eingreifen erforderlich.

Manchmal, zum Beispiel bei der Notwendigkeit von Wiederbelebungsmaßnahmen, muss dieses Eingreifen sofort erfolgen, da dem Gehirn nach rund drei Minuten ohne Sauerstoff irreversibler Schaden droht. Bei anderen Notfällen ist eine Behandlung binnen Minuten oder gar Stunden ausreichend, um negative Folgen abzuwenden. Solange der Notfall nicht vollständig versorgt ist, spielt die Dimension Zeit jedoch immer eine entscheidende Rolle.

Während der Behandlung gilt es, alle Maßnahmen richtig zu priorisieren, da sie aufgrund von Platz- oder Ressourcenmangel nicht gleichzeitig durchgeführt werden können. Damit das geschehen kann, müssen die Akteur:innen über ein adäquates

Bewusstsein der Situation (situational awareness) verfügen. Dabei werden drei hierarchisch angeordnete Ebenen unterschieden. Im ersten Schritt werden Informationen wahrgenommen. Im nächsten Schritt wird diese Information mithilfe von Inhalten des Langzeitgedächtnisses verarbeitet, sodass daraus ein Verständnis der aktuellen Situation resultiert. Im letzten Schritt wird versucht einzuschätzen, wie sich die Situation in den nächsten Minuten und Stunden entwickeln wird. Für die Anästhesiologie beispielsweise wurde gezeigt, dass der Mehrzahl kritischer Zwischenfälle und Schadensereignisse ein mangelndes Situationsbewusstsein der Akteur:innen vorausgeht (Schulz et al. 2017). Nur wenn Akteur:innen auf allen drei Ebenen die Situation adäquat bewerten, sind sie in der Lage, die Maßnahmen zur Bewältigung von Notfällen richtig zu priorisieren, den Ressourcenbedarf abzuschätzen und ggf. zusätzliche Ressourcen zu aktivieren.

Solidarität war immer auch ein Überlebensvorteil für Gesellschaften. Sie motiviert Menschen, gemeinsam Leben zu retten und Verschüttete zu bergen (von Westphalen 2020). Notfälle geschehen meist unerwartet. Oft gibt es mehrere Helfende, häufig treffen sie sogar nur ein einziges Mal in dieser Konstellation aufeinander und begegnen sich danach möglicherweise nie wieder. Meistens verfügen die Helfenden über ein sehr unterschiedliches Maß an Erfahrung und eine unterschiedliche Ausbildung, sie können Menschen ohne Fachkenntnisse sein, Rettungsassistent:innen mit vielen Jahren Berufserfahrung oder Notärzt:innen, die erst vor kurzem die Zusatzbezeichnung erworben haben. Diese Helfer-Teams orientieren sich in einem hohen Maß an den zur Verfügung stehenden Ressourcen der beteiligten Akteur:innen und nicht etwa an ihren Defiziten. Das hilft über alle Heterogenität der Helfenden hinweg und ist Voraussetzung, konstruktiv mit dem Nicht-Perfekt-Sein einer Notfallbehandlung umzugehen.

Für die erfolgreiche Behandlung eines Notfalls spielen die Dimensionen Zeit, Situationsbewusstsein und Solidarität eine entscheidende Rolle. Alle drei lassen sich auf den Notfall Planetary Health übertragen.

5.2 Planetary Health als medizinischer Notfall

Zeit: Die Erde ist rund 4,6 Milliarden Jahre alt. 250 Jahre Industriekapitalismus werden in der Rückschau möglicherweise ausgereicht haben, um mehrere Kipppunkte zu erreichen, die den Planeten zu großen Teilen für Menschen unbewohnbar machen. In Bezug auf ein 80-jähriges Menschenleben entspricht das ziemlich genau 3 Minuten. Zur Begrenzung der globalen Temperaturerhöhung auf 1,5°C reicht unser CO_2-Budget für nur noch wenige Jahre, das entspricht 3,5 Sekunden eines Menschenlebens. Die Transformation muss also sehr schnell gehen, wenn wir bleibende Schäden mit großer Wahrscheinlichkeit verhindern wollen.

Situationsbewusstsein: Trotz aller Fortschritte gerade in den letzten Jahren reicht das Situationsbewusstsein für eine angemessene Behandlung des Notfalls noch nicht aus. Zwar sind seit bereits mehreren Dekaden alle relevanten Informationen vorhanden und vereinzelt auch das Wissen, die Informationen adäquat zu verarbeiten und den zukünftigen Verlauf abzuschätzen. Das gilt aber immer noch nicht für eine genügend große Anzahl von Akteur:innen. Die im Vergleich zur Individualversorgung viel größere Herausforderung für Planetary Health ist die angemessene Berücksichtigung der Dimension Zeit. Wir müssen innerhalb von ein bis zwei Dekaden eine große Transformation bewältigen und dabei die Trägheit gesellschaftlicher Systeme berücksichtigen (genau wie bei der Behandlung einer lebensbedrohlichen Blutung: Wir müssen die Dauer bis zum Eintreffen der Blutprodukte einkalkulieren).

Solidarität: Eine letzte Parallele zwischen individuellem und planetarem Notfall bezieht sich auf die Solidarität. Der niederländische Historiker Rutger Bregmann macht Mut:

> *„In Notfallsituationen kommt das Beste im Menschen zum Vorschein. Ich kenne keine andere soziologische Erkenntnis, die gleichermaßen sicher belegt ist und dennoch gänzlich ignoriert wird. Das Bild, das in den Medien gezeichnet wird, ist dem, was nach einer Katastrophe tatsächlich geschieht, diametral entgegengesetzt.“ (von Westphalen 2020).*

Auch für die Bewältigung der COVID-19-Pandemie spielt neben den Faktoren Zeit und Wissenschaft Solidarität eine zentrale Rolle (Vinke et al. 2020). Bevor in einem Kraftakt in kürzester Zeit Impfstoffe in großen Mengen zur Verfügung standen, erhöhten gesamtgesellschaftliche Maßnahmen die Wirksamkeit ihrer Bekämpfung. In Bezug auf die Ökosysteme und zuvorderst die Klimakrise gilt ebenfalls, dass Solidarität ein entscheidender Faktor ist. Je mehr Menschen vor allem aus den reichen, durch einen hohen Ressourcenverbrauch gekennzeichneten Ländern sich beteiligen, desto gesünder werden weltweit die Biosphären und damit auch die Menschen sein.

Literatur

Schulz CM, Burden A, Posner KL et al. (2017) Frequency and Type of Situational Awareness Errors Contributing to Death and Brain Damage: A Closed Claims Analysis. Anesthesiology 127(2), 326–337. DOI: 10.1097/aln.0000000000001661

Solomon CG, LaRocque RC (2019) Climate Change – A Health Emergency. N Engl J Med 380(3), 209–211. DOI: 10.1056/NEJMp1817067

Vinke K, Gabrysch S, Paoletti E, Rockström J, Schellnhuber H (2020) Corona and the Climate: A Comparison of Two Emergencies. Global Sustainability 3, E25. DOI: 10.1017/sus.2020.20

von Westphalen A (2020) Der Mensch in Zeiten der Katastrophe. URL: https://www.deutschlandfunk.de/altruismus-der-mensch-in-zeiten-der-katastrophe.1184.de.html?dram:article_id=480449 (abgerufen am 13.07.2021)

6 Sozioökonomische und politische Einordnung

Christian M. Schulz und Petra Thorbrietz

Planetary Health ist nicht nur Voraussetzung für medizinische Gesundheit, sondern auch für wirtschaftliche Prosperität. Das am Bruttoinlandsprodukt gemessene Wachstum ist der wichtigste Index dafür. Die Weltwirtschaft wächst jährlich absolut um 3%. Das würde bis zum Ende des Jahrhunderts eine Versechzehnfachung der derzeit global erwirtschafteten 85 Billionen US-Dollar bedeuten. Dafür aber fehlen die Lebensgrundlagen. Angesichts der eingangs geschilderten Veränderungen in den Ökosystemen ist klar, dass solch ein Wirtschaftswachstum ohne eine Entkopplung vom Ressourcenbedarf unmöglich sein wird.

6.1 Bevölkerungswachstum und Konsum

> Die Bevölkerungsgröße multipliziert mit individuellem Konsum und den dafür eingesetzten Technologien definieren die Auswirkungen auf die Ökosysteme (Impact). Die Auswirkung eines einzelnen Individuums sind vernachlässigbar, aber millionenfach oder milliardenfach multipliziert ist der Impact erheblich (Dauvergne 2010).

Seit Beginn der Industrialisierung stieg die Weltbevölkerung von ca. 1 Milliarde im Jahr 1800 auf 2,5 Milliarden im Jahr 1950. In den letzten 70 Jahren aber verdreifachte sich die Bevölkerung auf jetzt etwa 8 Milliarden Menschen. Bereits eine kleine Veränderung der durchschnittlichen Kinderzahl hat große Auswirkungen auf die Entwicklung der Gesamtpopulation. Eine rechnerische Abweichung von ± 0,5 Kindern vom Median resultiert in einer Spannweite der geschätzten Gesamtpopulation für das Jahr 2100 zwischen 7,7 und 15,6 Milliarden Menschen (United Nations Population Division 2019). Derzeit wird von etwa 10,6 Milliarden Menschen am Ende dieses Jahrhunderts ausgegangen, mit großen regionalen Unterschieden: die Bevölkerung in Europa und Asien wird abnehmen, während sie in Nordamerika und Afrika zunächst noch zunehmen wird. Global gesehen verlangsamt sich die Geschwindigkeit des Bevölkerungswachstums.

Im Vergleich zur Beschreibung der Bevölkerungsentwicklung ist die quantitative Beschreibung des individuellen Konsumverhaltens ungleich komplizierter. Fest steht allerdings, dass am Ende des 21. Jahrhunderts 10 Milliarden Menschen pro Kopf nicht so viel Energie und Ressourcen verbrauchen können, wie es derzeit noch in Deutschland geschieht. Pandemiebedingt fiel 2020 der Tag, an dem alle Ressourcen, welche die Erde in einem Jahr erneuern kann, verbraucht waren, auf den 22. August. 2021 fiel der Tag bereits wieder auf den 29. Juli. Würden alle Bewohner des Planeten so leben wie in Deutschland, wären drei Erden notwendig (https://www.footprintnetwork.org).

Ein Blick auf die Herkunft der CO_2-Emissionen zeigt, dass die Klimakrise auch eine Gerechtigkeitskrise ist. Der Oxfam-Bericht „Confronting Carbon Inequality" zeigt, welche Einkommensgruppen zwischen 1990–2015 für jeweils wieviel CO_2-Emissionen verantwortlich waren. Es geht also um den Zeitraum, in dem sich global die Emissionen verdoppelt haben. Für mehr als die Hälfte (52%) der Emissionen sind die reichsten 10 Prozent der Menschen (630 Millionen Menschen) verantwortlich. Das reichste 1 Prozent verantwortet allein 15% der Emissionen, die ärmere Hälfte der Menschheit dagegen nur 7%. Diese Ungleichheit gilt auch innerhalb Deutschlands: 2015 verursachten die reichsten 10 Prozent (8,3 Millionen Menschen) mehr CO_2-Emissionen als die gesamte ärmere Hälfte der Bevölkerung (Oxfam 2020).

Die Reduktion des Prokopfkonsums spielt im politischen Diskurs allerdings kaum eine Rolle. Das ist eine verpasste Gelegenheit, denn die ökologischen Vorteile zeigen sich hier viel unmittelbarer als bei der komplizierteren und langsameren Einflussnahme auf das Bevölkerungswachstum. Diese Diskussion muss allerdings die derzeit ungleiche Verteilung von Wohlstand in der Welt einbeziehen.

Warum sollten Arme weniger Recht auf Konsum haben als der Mittelstand oder gar Reiche? Dieses Bedürfnis ist nicht nur nachvollziehbar, es ist auch gerechtfertigt.

Die Begrenzung des Bevölkerungswachstums ist eng verknüpft mit der Frage der Menschenrechte. Diese begründen das Recht auf eine selbstbestimmte Familienplanung, Bildung und Gleichberechtigung. Es wird gestärkt durch Unterstützung bei der Familienplanung, Zugang zu Kontrazeptiva, Bildung und Gleichberechtigung, Menschenrechten, individueller Autonomie und persönlicher Entscheidungsfreiheit. So eröffnen sich auch langfristige Wege für eine Verbesserung der Gesundheit und ökologische Nachhaltigkeit. Gleichzeitig gelingt so auch die Verlangsamung des Bevölkerungswachstums.

Mittlerweile beschreibt eine wachsende Gruppe von Ökonomen, wie bereits jetzt ökologische Zwänge ökonomische Aktivitäten begrenzen. Soll das BIP weiterhin wachsen, muss der Ressourcenverbrauch zwingend davon abgekoppelt werden: durch eine Stärkung des Dienstleistungssektors, durch Kreislaufwirtschaft und erneuerbare Energien. Für sie ist die priorisierte Bekämpfung der Armut mit dem Ziel einer gerechteren Weltwirtschaft die Voraussetzung für eine Wirtschaftsweise innerhalb planetarer Grenzen.

6.2 Externalisierte Kosten und Profit

Die fossilen Energieträger sind billig und haben ein immenses Wirtschaftswachstum ermöglicht, auch ein hohes Maß an Individualmobilität. Diese Errungenschaften, von denen nur wenige Generationen der Menschheit profitiert haben, haben jedoch einen sehr hohen, sich immer klarer abzeichnenden Preis. Er wird gezahlt in Form von verlorener Gesundheit, verlorener Lebenszeit und auch eines ökonomischen Schadens. Die Kosten durch Umwelt- und Gesundheitsschäden werden für Deutschland zwischen 13–19% des BIP kalkuliert (Kalkuhl 2021). Je länger an fossilen Energieträgern festgehalten wird, desto höher wird dieser Preis. Dadurch, dass wir uns den Kipppunkten der Systeme der Biosphäre nähern und es zunehmend Evidenz gibt, dass diese sich gegenseitig destabilisieren (Wunderling et al. 2021), steigen die Kosten ins Unermessliche.

Verschiedene Beispiele für die Externalisierung von Kosten illustrieren, wie sich Nutzen und Schaden unterschiedlich verteilen: Staudämme helfen der Energiegewinnung und Bewässerung, flussaufwärts aber breitet sich die Bilharziose aus. Rodungen für den Sojaanbau dienen dem Profit aus dem Verkauf des Fleischs damit gemästeter Rinder. Im Gegenzug aber steigt lokal die Belastung mit Feinstaub, Artenverlust erhöht die Gefahr von Zoonosen und der Klimawandel wird befeuert. In Krankenhäusern greifen Einkäufer unter dem Einfluss kaufmännisch Verantwortlicher, die ihre Bilanzen in einjährigen Abständen den Aufsichtsräten präsentieren müssen, zu den billigsten Produkten (z.B. Medikamenten). Auch sie sind nur vermeintlich billig. Denn sie werden anderswo unter ökologischen Standards und Arbeitsbedingungen produziert, die in Deutschland mittlerweile nicht mehr akzeptiert würden, die Kosten dafür werden dorthin externalisiert.

Oft besteht das Problem allerdings nicht darin, dass die schädlichen Folgen des Handelns nicht bekannt sind. Vielmehr wird die Entscheidung für den unmittelbaren Benefit trotz dieses Wissens um die Hintergründe getroffen, weil die Kosten jemand anderes tragen wird. Niemand vollzöge solche mit der Zerstörung von Ökosystemen einhergehenden Handlungen, wenn sie nicht mit Profit einhergingen. Eine über Zeiten, Räume und alle beteiligten Gruppen hinweg greifende Kostenanalyse ist daher essenziell: Sie verändert die Gleichung oft ganz grundlegend. Dafür den Rahmen zu geben, liegt in der Verantwortung der Politik. Zum Teil bietet sie Lösungen an wie die CO_2-Bepreisung. Wenn das nicht ausreicht, müssen Bewegungen, Proteste, Demonstrationen und Öffentlichkeitsarbeit den notwendigen Druck für Veränderungen in Politik und Industrie erzeugen. Zuletzt haben auch Gerichtsurteile wegweisende Veränderungen angestoßen, zum Beispiel durch den Beschluss (1 BvR 2656/18) des Bundesverfassungsgerichts vom 24. März 2021 zum Klimaschutzgesetz (Bundesverfassungsgericht 2021) oder das Gericht in den Niederlanden, das Shell zu einer Reduktion der CO_2-Emissionen um 45% binnen neun Jahren verurteilt hat (Wille 2021).

6.3 Änderung der Spielregeln

All das zeigt, dass für die globale Wirtschaft, so wie wir sie kennen, dringend neue Spielregeln geschaffen werden müssen. Vielfach wurden wissenschaftlich fundierte Vorschläge für eine grundlegende Transformation gemacht – mit Energieerzeugung aus regenerativen Rohstoffen, Reduktion von Umweltverschmutzung, schonendem Umgang mit der Natur, veränderter Nahrungsmittelproduktion und einer anderen Wirtschafts- und Bevölkerungspolitik. Es gibt auch wenig Evidenz, dass Bevölkerungswachstum oder mehr Konsum einhergehen mit mehr Zufriedenheit. Die entscheidende Herausforderung ist daher, durch wirtschaftliche Entwicklung die Armut zu bekämpfen und gleichzeitig zu einer Wirtschaftsweise zu finden, die innerhalb planetarer Grenzen verbleibt. Dieser „Safe and just space for humanity" (Rockström et al. 2009) wurde 2012 als sogenanntes Donut-Modell von Kate Raworth im Rahmen einer Oxfamstudie diskutiert und wird seither fortwährend weiterentwickelt (Raworth 2012). Die Entscheidungen auf dem Weg dorthin werden zwangsläufig schwierige Gespräche und möglicherweise die Notwendigkeit eines sinkenden, aber gerechteren Lebensstandard mit sich bringen, jedenfalls aber einen gesünderen Lebensstil.

Literatur

Boden T, Andres B, Marland G (2014) Ranking of the World's Countries by 2014 Per Capita Fossil-Fuel CO_2 Emission Rates. URL: https://cdiac.ess-dive.lbl.gov/trends/emis/top2014.cap (abgerufen am 13.07.2021)

Bundesverfassungsgericht (2021) Beschluss des Ersten Senats, 24. März 2021, 1 BvR 2656/18. URL: http://www.bverfg.de/e/rs20210324_1bvr265618.html (abgerufen am 13.07.2021)

Dauvergne P (2010) The Shadows of Consumption: Consequences for the Global Environment. MIT Press Cambridge, MA

Kahan A (2016) Global Energy Intensity Continues to Decline. URL: https://www.eia.gov/todayinenergy/detail.php?id=27032 (abgerufen am 13.07.2021)

Kalkuhl M, Roolfs C, Edenhofer O, Haywood L, Heinemann M et al. (2021) Reformoptionen für ein nachhaltiges Steuer- und Abgabensystem. Wie Lenkungssteuern effektiv und gerecht für den Klima- und Umweltschutz ausgestaltet werden können. Ariadne-Kurzdossier. URL: https://ariadneprojekt.de/media/2021/05/Ariadne-Kurzdossier_Steuerreform_Juni2021.pdf (abgerufen am 13.07.2021)

Klein N (2014) This Changes Everything: Capitalism vs. the Climate. Simon and Schuster New York

Oxfam (2020) Confronting Carbon Inequality. URL: https://www.oxfam.de/system/files/documents/20200921-confronting-carbon-inequality.pdf (abgerufen am 19.07.2021)

Raworth K (2012) A Safe and Just Space For Humanity: Can We Live Within the Doughnut? Oxfam Discussion Papers. URL: https://www-cdn.oxfam.org/s3fs-public/file_attachments/dp-a-safe-and-just-space-for-humanity-130212-en_5.pdf (abgerufen am 13.07.2021)

Rockström J, Steffen W, Noone K et al. (2009) A Safe Operating Space for Humanity. Nature 461(7263), 472–475. DOI: 10.1038/461472a

United Nations, Department of Economic and Social Affairs, Population Division (2019) World Population Prospects 2019. URL: https://population.un.org/wpp/Publications/Files/WPP2019_Highlights.pdf (abgerufen am 13.07.2021)

Wille J (2021) Shell-Urteil: Schneeballeffekt für Klimaschutz. Frankfurter Rundschau. URL: https://www.fr.de/wirtschaft/shell-urteil-schneeballeffekt-fuer-klimaschutz-90681223.html (abgerufen am 13.07.2021)

Wunderling N, Donges JF, Kurths J et al. (2021) Interacting Tipping Elements Increase Risk of Climate Domino Effects Under Global Warming. Earth Syst Dynam 12(2), 601–619. DOI: 10.5194/esd-12-601-2021

7

Umweltveränderungen als Ursache für Konflikte und Migrationen

Matthias Schmidt

Der anthropogen verursachte Umwelt- und Klimawandel verändert die Lebensbedingungen weltweit und lässt verstärkt Ressourcenknappheit, die Unbewohnbarkeit von Regionen und Konflikte befürchten (Galgano 2019). Insbesondere der Klimawandel wird als Sicherheitsrisiko eingestuft, mit dem sich bereits der Wissenschaftliche Beirat der Bundesregierung befasste (WBGU 2008).

Tatsächlich sind die Prognosen des Klimawandels mit zunehmenden Durchschnittstemperaturen, verstärktem Auftreten von Extremwetterereignissen und steigendem Meeresspiegel eindeutig. Auch an den entsprechenden Auswirkungen auf terrestrische und marine Ökosysteme sowie menschliche Lebensräume besteht kein Zweifel (s. Kap. I.2). Der steigende Meeresspiegel wird Landflächen beschneiden und damit Siedlungen, Kulturland und Naturräume vernichten, die Zunahme von Dürren wird zu raumzeitlich größerem Wassermangel führen und das vermehrte Auftreten von Wirbelstürmen, Starkregenereignissen oder Überschwemmungen wird erhebliche Schäden an Menschen und Infrastrukturen verursachen.

Doch inwiefern dadurch Gesellschaften und individuelle Lebenssicherungen soweit destabilisiert werden, dass es zu gewalttätigen Konflikten und verstärkten Migrationsbewegungen kommt, ist in ihren Ausmaßen keineswegs gesichert und nicht zuletzt abhängig davon, ob es gelingt, die Ökosysteme zu schützen. Prognosen zum Auftreten und zur Anzahl von Umweltkonflikten oder Klimaflüchtlingen sind daher mit großer Unschärfe und Unsicherheiten belegt. Denn die Ursachen und Beweggründe für Migration und Flucht sind ebenso vielschichtig wie auch die Auslöser, Konstellationen und Dynamiken von Konflikten. Zudem mangelt es an empirischen Belegen für die skizzierten sozialpolitischen Bedrohungsszenarien.

7.1 Umweltkonflikte und Umweltmigration

Um die Frage zu beantworten, ob Umweltveränderungen verstärkt zu Konflikten und Migrationen beitragen, ist zunächst zu klären, was unter Umweltkonflikten und -migration überhaupt zu verstehen ist und ob es sich um empirisch belegbare Phänomene handelt.

> **Konflikte** treten auf, wenn unterschiedliche Vorstellungen, Interessen und Ziele miteinander unvereinbar sind und die sie vertretenden Individuen oder Gruppen aufeinandertreffen. Sie entstehen etwa im Wettstreit um begrenzte Güter oder Leistungen. Deshalb ist es naheliegend, vor dem Hintergrund knapper werdender Güter wie sauberes Wasser, fruchtbare Böden oder lebenswerte Landschaften Konflikte für wahrscheinlich zu halten.

Fluchtbewegungen und Migrationen als Folge von Klimawandel und Umweltdegradationen sind ebenfalls denkbare und realistische Szenarien. Allerdings sind die verursachenden Momente nicht notwendigerweise eindeutig zu bestimmen und Belege für Umwelt- oder Klimamigration schwierig zu erbringen. So basiert die Entscheidung zu Flucht oder Abwanderung in der Regel auf einem Bündel von Ursachen, Möglichkeiten und Zielen, wie Arbeitslosigkeit, fehlenden Perspektiven oder eingeschränkten Bildungschancen, aber auch auf dem Vorhandensein notwendiger Fähigkeiten und Mittel, um überhaupt migrieren zu können, oder Verpflichtungen und Eingebundenheit in familiäre und soziale Strukturen. Hinzu kommen sprachliche, kulturelle und politische Barrieren sowie individuell empfundene Unsicherheiten und Risikowahrnehmungen, die zu einer Entscheidung für oder gegen die Migration beitragen.

Als auslösende Faktoren für Umweltmigrationen wird zumeist zwischen *fast onset events* und *slow onset events* unterschieden (Ionesco et al. 2017; McLeman u. Gemenne 2018). Erstere bezeichnen abrupte Umweltänderungen oder Naturkatastrophen, etwa ausgelöst durch Vulkanausbrüche, Erdbeben oder Überschwemmungen. Hier ist der Umweltaspekt als Fluchtgrund eindeutig zu identifizieren und plausibel zu belegen und nachzuvollziehen: Wenn das eigene Dorf durch einen Lavastrom zerstört wird, bleibt den Menschen wenig anderes als die Flucht. Ähnlich verhält es sich bei Überschwemmungen, verheerenden Erdbeben oder Wirbelstürmen. Solcherart Vertreibungen (*displacements*) und folgende Fluchtbewegungen erfolgen vielfach über kurze Distanzen und temporär, wenn den Menschen eine Rückkehr nach Abklingen der Bedrohung und der Wiederaufbau möglich sind.

Bei den sogenannten *slow onset events* ist es dagegen problematischer, Umweltursachen als auslösende Momente für Flucht oder Abwanderung zu determinieren. Hierunter sind mittel- bis langfristige und langsamer ablaufende Umweltprozesse zu verstehen, wie etwa das gehäufte Auftreten von Dürren, zunehmende Bodenerosion oder der steigende Meeresspiegel. Zum einen sind die Änderungen graduell, sodass die Betroffenen diese und deren Konsequenzen eher allmählich erfahren und eine gewisse Zeit zur Entscheidungsfindung bleibt. Auch bedrohen Klima- und Umweltänderungen wie erhöhte Temperaturen, Niederschlagsrückgang oder Artensterben oftmals nicht direkt Mensch und Gesundheit, wohl aber können sich deren indirekte Folgen wie Ernterückgänge oder Rohstoffknappheit als existenz- oder lebensbedrohlich auswirken. Zudem können mitunter Gegenmaßnahmen eingeleitet werden, etwa durch den Anbau trockenresistenter Agrarfrüchte, das Bohren von Tiefbrunnen oder die Errichtung hoher Deiche, wenngleich solche Maßnahmen oftmals nur einen zeitlichen Aufschub darstellen. Zum anderen sind die Gründe zur Migrationsentscheidung meist vielfältig, wenn etwa Dürren zu Ernteausfällen und zum Verenden der Viehherde führen, aber gleichzeitig der Bedarf an Schulbildung oder der Wunsch zur Teilhabe an Modernisierung in urbanen Kontexten hinzukommen.

7.2 Diskussion

Die Komplexität der Ursachen und Dynamiken von Konflikten und Migrationen macht es nahezu unmöglich, eindeutig auslösende Momente, Gründe und Faktoren zu identifizieren, um unzweifelhaft von Umweltkonflikten oder -flucht zu sprechen. Damit dürfen die bedrohlichen Folgen des Klimawandels, der Umweltausbeutung und des Lebensstils des wohlhabendsten Drittels der Menschheit jedoch keineswegs verharmlost werden. Denn die Möglichkeit von Konflikten und Migrationen aufgrund degradierter Umwelten oder knapper werdender Umweltgüter ist nicht nur plausibel, sondern bereits Realität.

So sah bereits der ehemalige UNO-Generalsekretär Ban Ki-moon ökologische Faktoren als zentrale Ursache für den im Jahr 2003 eskalierenden Gewaltkonflikt in Darfur (Sudan). Auch für den seit einem Jahrzehnt wütenden Krieg in Syrien wird verschiedentlich der Klimawandel verantwortlich gemacht. Demnach hätten extreme Dürreereignisse zu großen Migrationsströmen und sozioökonomischer Destabilisierung geführt und somit den Konflikt ausgelöst. Tatsächlich fanden diese Migrationen in dem behaupteten Ausmaß jedoch nicht statt und es fehlen Belege, dass Dürre oder Migration den Krieg verursacht hätten (Selby et al. 2017), dessen unmittelbarer Auslöser viel eher im Bereich sozioökonomischer und politischer Unzufriedenheit liegt und dessen Hintergründe und Motive deutlich vielschichtiger sind.

Allerdings stellen Abel et al. (2019) fest, dass schwere Dürren und bewaffnete Konflikte eine signifikante Rolle als Erklärungsfaktor für Asylsuchende während des Krieges in Syrien ab 2010 spielten, sehen den Einfluss des Klimas auf Konflikte und Fluchtbewegungen aber auf bestimmte Zeiträume und Kontexte begrenzt. Auch Ide et al. (2020) weisen nach, wie klimabedingte Katastrophen das Risiko des Ausbruchs bewaffneter Konflikte erhöhen, wobei dies ebenfalls stark kontextabhängig ist und insbesondere für ökonomisch prekäre und politisch repressive Staaten zutrifft. Dagegen findet Freeman (2017) keine Belege für direkte signifikante Kausalverknüpfungen zwischen Umweltveränderungen und Migrationen oder Konflikten, sondern sieht vielmehr die Umweltfaktoren als den sozialen, politischen und wirtschaftlichen Gründen nachgeordnet. Obgleich eine direkte Kausalität zwischen Umweltveränderungen und Migrationen bzw. Konflikten schwer nachweisbar ist, belegen jüngste Studien dennoch indirekte Zusammenhänge, etwa wie zunehmende Überschwemmungen oder vermehrte Wasserknappheit die Wahrscheinlichkeit von sozialen Unruhen in städtischen Räumen erhöhen (Ide et al. 2021; Koren et al. 2021) oder wie Dürren das Vertrauen zwischen verschiedenen ethnischen Gruppen erschüttern (De Juan u. Hänze 2021). Mit Blick auf agrarwirtschaftliche Anpassungen weisen Vesco et al. (2021) nach, wie zunehmende Konzentrationen in der Landwirtschaft das Konfliktrisiko erhöhen.

Es erscheint deswegen dringend geboten, Umweltfaktoren im Kontext von Migrations- und Konfliktstudien zu berücksichtigen, den Zusammenhang zwischen Klima, Migration und Konflikten zu identifizieren und die Komplexität näher zu untersuchen, um die potenziellen Gefahren von Umweltveränderungen als Auslöser von Konflikten besser zu verstehen.

7.3 Fazit

Alarmistische Prognosen und Bedrohungsszenarien mögen hilfreich sein, um aufzurütteln und den Fokus auf ein soziopolitisch relevantes Thema zu lenken. Aber sie sind allzu oft nicht nur simplifizierend, indem sie die Komplexität von Migrationen und Konflikten reduzieren, sondern sie können auch in den Wohlstandsinseln des Nordens verstärkt Gefühle von Unsicherheit auslösen und den Wunsch nach Abschottung und Ausgrenzung begünstigen. Viel eher muss das Thema in seiner Komplexität betrachtet werden. Und dazu gehört es auch, jene zu berücksichtigen, die zwar zunehmend unter den Folgen der Umweltkrise leiden, aber sowohl zu schwach zum Aufbegehren als auch zur Flucht sind. Solange diese Vor-Ort-Ausharrenden und Zurückgelassenen nicht an den Grenzen der Wohlstandsinseln rütteln, scheinen sie oftmals inexistent zu sein. Somit gebührt dem Konfliktpotenzial des Umwelt- und Klimawandels zweifellos eine große Aufmerksamkeit. Zudem erfordert dies ein Verständnis für Umweltgerechtigkeit, was wiederum in Umweltsolidarität und entsprechendes Handeln übersetzt werden muss.

Literatur

Abel GJ, Brottrager M, Cuaresma JC, Muttarak R (2019) Climate, Conflict and Forced Migration. Glob Environ Change 54, 239–249

De Juan A, Hänze N (2021) Climate and Cohesion: The Effects of Droughts on Intra-ethnic and Inter-ethnic Trust. J Peace Res 58, 151–167

Freeman L (2017) Environmental Change, Migration, and Conflict in Africa: A Critical Examination of the Interconnections. J Environ Dev 26, 351–374

Galgano F (Hrsg.) (2019) The Environment-Conflict Nexus: Climate Change and the Emergent National Security Landscape. Springer Cham

Ide T, Brzoska M, Donges JF, Schleussner CF (2020) Multi-Method Evidence for When and How Climate-Related Disasters Contribute to Armed Conflict Risk. Glob Environ Change 62, 102063

Ide T, Kristensen A, Bartusevičius H (2021) First Comes the River, then Comes the Conflict? A Qualitative Comparative Analysis of Flood-related Political Unrest. J Peace Res 58, 83–97

Ionesco D, Mokhnacheva D, Gemenne F (2017) Atlas der Umweltmigration. Oekom Verlag München

Koren O, Bagozzi BE, Benson T (2021) Food and Water Insecurity as Causes of Social Unrest: Evidence from Geolocated Twitter Data. J Peace Res 58, 67–82

McLeman R, Gemenne F (Hrsg.) (2018) Routledge Handbook of Environmental Displacement and Migration. Routledge London

Selby J, Dahi OS, Fröhlich C, Hulme M (2017) Climate Change and the Syrian Civil War Revisited. Polit Geogr 60, 232–244

Vesco P, Kovacic M, Mistry M, Croicu M (2021) Climate Variability, Crop and Conflict: Exploring the Impacts of Spatial Concentration in Agricultural Production. J Peace Res 58, 98–113

WBGU (2008) Welt im Wandel: Sicherheitsrisiko Klimawandel. Springer Berlin

II

Auswirkungen auf die Fachdisziplinen

1 Allergologie

Claudia Traidl-Hoffmann

Allergische Erkrankungen gehören zu den häufigsten Nichtübertragbaren Erkrankungen (NCDs, noncommunicable diseases). Sie sind durch Umweltfaktoren verursacht und getriggert (Traidl-Hoffmann 2017). In den vergangenen Jahrzehnten kam es zu einer Epidemie-ähnlichen Ausbreitung allergischer Erkrankungen, deren Prävalenz, Erscheinungsformen und Schweregrad durch Klimawandel und Luftverschmutzung verschlechtert werden (Heuson u. Traidl-Hoffmann 2018; Alkotob et al. 2020). Mittlerweile leiden in Europa mehr als 128 Millionen Menschen an Allergien – bei steigenden Zahlen. In der jüngeren Bevölkerung sind Allergien mit über 30% Erkrankten weit verbreitet und führen über alle Altersklassen hinweg zu deutlichen Einbußen in der Lebensqualität, aber auch zu sozioökonomischen Schäden durch verminderte Leistungsfähigkeit in Schule, Studium und Beruf. Für die Gesellschaft entsteht ein sozioökonomischer Schaden, der sich auf geschätzt 151 Milliarden Euro pro Jahr beläuft (in Europa) (Traidl-Hoffmann et al. 2014).

Dieser jährlich neu durch Allergien verursachte sozioökonomische Schaden und Verlust an Lebensqualität wird sich im Zuge des Klimawandels noch vergrößern. Grund dafür sind direkte Effekte des Klimawandels bzw. der Umweltverschmutzung auf den Menschen und indirekte Effekte, die über die Veränderung von Ökosystemen wirksam werden (Ludwig et al. 2021). Eine Herausforderung besteht darin, die einzelnen äußeren Umweltexpositionen (externes Exposom) und ihre Wirkung auf zellulärer Ebene (internes Exposom) zu erkennen und zu verstehen. Hinzu kommt, dass spezifische externe Exposome, z.B. Luftverschmutzung und Aeroallergene, miteinander interagieren. Unspezifische externe Exposome, z.B. der Klimawandel, beeinflussen darüber hinaus das interne Exposom. Diese komplexen Vorgänge erzeugen dann unterschiedliche phänotypische Ausprägungen organspezifischer, atopischer Erkrankungen. Das Verständnis, wie diese Umweltfaktoren die Entwicklung von Allergien und den Status bestehender Erkrankungen beeinflussen, ist entscheidend, um gegensteuerndes Präventions- und Therapiemanagement festzulegen.

1.1 Allergie – eine Systemerkrankung

Das Spektrum der Allergien ist außerordentlich vielfältig und betrifft viele Organe wie die Haut, die Schleimhäute, die Atemwege und den Gastrointestinaltrakt. Die Pathogenese der Allergie stellt sich ähnlich divers da. Wir unterscheiden Allergien vom Typ I bis zum Typ IV. Eine sehr hohe sozioökonomische und umweltspezifische Relevanz besitzen dabei gerade der Typ I und der Typ IV (Knol u. Gilles 2021). Die Typ-I-Allergie stellt die sogenannte IgE-vermittelte Soforttyp-Reaktion dar und verläuft klinisch in Form einer Rhinitis, einer Urtikaria, einem allergischen Asthma oder im Akutfall sogar in Form eines anaphylaktischen Schocks. Somit kann die Typ-I-Allergie im schlimmsten Fall auch tödlich verlaufen. Bislang gibt es nur Daten zu Effekten des Klimawandels auf Typ-I-Allergien. Bei Typ-I-Allergien spielen Umweltfaktoren als Trigger und Versucher chronisch-entzündliche Prozesse eine erhebliche Rolle. Diese entzündlichen Prozesse werden von Schadstoffen und steigenden Temperaturen beeinflusst. Daraus folgt, dass an Hitzetagen insbesondere in Städten Patienten mit Allergien und Asthma besonders vulnerabel sind. Schadstoffe wie NOx, Ultrafeine Partikel und insbesondere bodennahes Ozon feuern Entzündungsprozesse an den Schleimhäuten der oberen und unteren Atemwege an (s. Kap. II.27). Über unterschiedliche Signalwege und reaktive Sauerstoffspezies kommt es in Grenzflächen-Epithelien zur Aktivierung des Inflammasoms und so zu einer chronischen, systemisch wirkenden Entzündungsreaktion (Macias-Verde et al. 2021). Diese wiederum wird mitverantwortlich gemacht für die Triggerung von NCDs, wie auch den Allergien.

1.2 Zeitpunkt der Exposition gegenüber Risikofaktoren und Auswirkungen auf die Gesundheit

Der Klimawandel verändert die Physiologie und Entwicklung von Organismen durch phänotypische Plastizität, epigenetische Veränderungen und genetische Anpassung. Epidemiologische Studien deuten darauf hin, dass die Exposition gegenüber Risikofaktoren wie Umweltverschmutzung und Klimawandel-assoziierte Effekte bereits zum Zeitpunkt vor der Empfängnis einen Einfluss auf allergische Erkrankungen im späteren Leben haben kann. Dieser verzögerte Effekt erschwert den Kausalitätsnachweis. Mehrere Studien konnten dennoch industrielle und verkehrsbedingte Luftschadstoffe als Risikofaktoren für Asthma, allergische Rhinitis und Neurodermitis bei Exposition während der Perinatalperiode feststellen (Alkotob et al. 2020; Morgenstern et al. 2008). Insbesondere der Effekt von Dieselrußpartikeln und Ultrafeinen Partikeln auf eine Barrierestörung der Haut ist molekular gut verstanden. Da die Neurodermitis selbst ein Risikofaktor für die Entwicklung von Allergien darstellt, entsteht so ein kausaler Wirkungskreis, durch den Umweltverschmutzung und Klimawandel sehr früh im Lebensalter die Weichen für atopische Erkrankungen wie Asthma, Heuschnupfen und auch das Ekzem im späteren Lebensalter stellt (Huls et al. 2019).

1.3 Veränderung der Allergenexposition durch Effekte des Klimawandels auf Ökosysteme, Phänologie und invasive Pflanzen

Pollen und Pilzsporen zählen zu den häufigsten Allergieauslösern in der Außenluft. Der Zeitpunkt der Blüte und der Bestäubung hängt neben der saisonalen Pflanzenentwicklung von den aktuellen meteorologischen Bedingungen und denen der Vormonate ab. Die Lufttemperatur ist dabei der wichtigste Einflussfaktor auf die Pflanzenentwicklung. Unter dem evolutionären Druck verfügen Pflanzen über effiziente Systeme der phänotypischen Plastizität und der Anpassung an die Umweltbedingungen – im Falle der Anpassung von windbestäubenden Pflanzen entwickelt sich diese Plastizität als ein Nachteil für uns Menschen. Ein wärmeres Klima kann die Blütezeit einer Pflanze früher beginnen lassen und so die Pollensaison insgesamt verlängern. Phänologische Langzeitreihen zeigten einen um bis zu 26 Tage früheren Blühbeginn von Hasel und Erle zwischen 1961 und 2017 in Deutschland. Dabei ist zu unterstreichen, dass Veränderungen durch die Erwärmung je nach Art, geografischem Standort und jeweiligen Szenario des Klimawandels variieren (Rojo et al. 2019; Rojo et al. 2021).

Die Birke ist heute mit ihren Pollen Allergie-Pflanze Nr. 1 in Deutschland und Europa.

Modellrechnungen zur Folge wird es in den nächsten Jahrzehnten zunächst zu einer dramatischen Verstärkung der Pollenbelastung gerade im bayerischen Oberfranken, der Oberpfalz und in der Voralpenregion kommen. Ab 2080 zeigen die Modellrechnungen flächendeckend eine Reduktion der Birken-Pollen, da die Birke zu der durch den Klimawandel am stärksten gefährdeten Arten der gemäßigten Zonen gehört. Sie reagiert sehr empfindlich auf sommerliche Trockenheit, insbesondere in Kombination mit warmen Temperaturen (Rojo et al. 2021). So wird die globale Erwärmung zu einer Verschiebung der Vegetationszonen führen und das Pflanzenspektrum verändern. Das bedeutet, dass sich das Verbreitungsgebiet vieler Pflanzen in höhere Lagen und nach Norden verschieben wird. Während kälteangepasste Pflanzen ihren Lebensraum verlieren könnten, werden sich warmangepasste Pflanzen wahrscheinlich weiter ausbreiten.

Allergene Pflanzen aus dem Mittelmeerraum wie Olive, Parietaria oder Zypresse sind bislang vor allem in Südeuropa verbreitet, könnten aber bei uns heimisch werden.

Neben der Temperatur beeinflussen auch regionale Parameter wie Wind, Lufttemperatur, Niederschlag, Luftfeuchtigkeit, Bodenbeschaffenheit, Terrain sowie Agrarproduktion, Luftqualität und Urbanisierung Pollen in Quantität und Qualität. Diese Umweltfaktoren stehen in direktem Zusammenhang mit dem Klimawandel und müssen regional stark differenziert betrachtet werden. Schadstoffe können zu einer höheren Biomassenproduktion im Allgemeinen führen, was eine höhere Produktion von Pollen, Blüten und Blütenständen verursachen kann. Mit fortschreitender Urbanisierung weltweit und hohen Schadstoffbelastungen in vielen städtischen Umgebungen wird dieser Prozess noch verstärkt werden.

In den letzten Jahrzehnten konnten vier wesentliche Effekte auf Pollen beobachtet werden:

1. **Die Pollensaison beginnt früher** und dehnt sich aus
2. **Es fliegen mehr Pollen**, bedingt durch Effekte von Umweltschadstoffen auf die Produktion von Biomasse
3. **Die Pollen werden „allergener"**. Dies in Bezug auf Allergene, die vermehrt produziert werden, und auch in Bezug auf sogenannte „adjuvante" und „proentzündliche" Mediatoren, die von Pollen produziert werden. Diese entzündungsfördernden Substanzen aus Pollen wurden erstmals 2002 beschrieben (Traidl-Hoffmann et al. 2002; Plotz et al. 2004). Unter anderem drängen sie das Immunsystem vulnerabler Individuen in eine Th2-gewichtete Immunantwort (Traidl-Hoffmann et al. 2005; Oeder et al. 2015). Schadstoffe wie NO_2, O_3 und Partikel aber auch CO_2 haben Einfluss auf die Allergenität von Pollen (Rauer et al. 2020). Allein bzw. in ihrer Kombination kommt es durch Umweltschadstoffe zu vermehrter Bildung des Hauptallergens, was wiederum zu stärkerer Symptomausprägung durch Pollen führen kann (Zhao et al. 2017). In Bezug auf die pathophysiologischen Hintergründe dieser Überproduktion wird spekuliert, dass Bet v 1 als „pathogenesis-related Protein" zur Abwehrreaktion des Pollens gehört und aufgrund von „Stress" hochreguliert wird. Ähnliche Effekte sind nach der Versiegelung von Bäumen messbar.
4. **Wir finden neue allergene Pflanzen in Europa.** Durch die Veränderung von Ökosystemen und das „Einschleppen" von neuen Spezies durch den Menschen tauchen neue allergene Pflanzen in Europa auf. Prominentes Beispiel ist hier Ambrosia, Beifußblättriges Traubenkraut, das sich gerade auf Brachflächen schnell ausbreitet. Ambrosia verursacht starke allergische und insbesondere asthmatische Beschwerden. Problematisch ist die Pflanze auch deswegen, weil ihr Pollen auf eine bereits sensibilisierte Bevölkerung trifft: auf Beifuß allergische Patienten zeigen eine „Kreuzreaktion" auf Ambrosia. Es muss also nicht erst eine Sensibilisierung eintreten, sondern allergische Symptome können direkt entstehen (Buters et al. 2015).

Durch die atmosphärische Zirkulation können zudem insbesondere kleine und leichte Pollen und Pilzsporen über größere Distanzen transportiert werden. Dieser Allergen-Transport über weitere Strecken führt zum einen dazu, dass in Städten Pollen zu messen sind, obwohl die Blühphase der entsprechenden Pflanzenspezies vor Ort noch gar nicht begonnen hat. Zum anderen finden sich bei entsprechenden Wetterlagen Pollen in Höhen, die für gewöhnlich als „allergenarm" gelten. Stabile meteorologische Situationen mit Windstille können im Sommer zu Hitzewellen führen und ebenfalls erhöhte Pollenkonzentrationen hervorrufen, z.B. durch die lokale Blüte von Gräsern. Für den Ferntransport ist etwas Wind erforderlich, der pollenbeladene Luftmassen über weite Strecken von mehreren 100 km zum Rezeptor transportieren kann. Eine europaweite tägliche Ensemble-Vorhersage für Pollen von Birke, Olive, Gras und Ambrosia finden Sie bei COPENRNICUS (s. https://atmosphere.copernicus.eu/air-quality). Dies wiederum führt zu Herausforderungen für die alpine/hochalpine medizinische Rehabilitation.

Für die Präventionsforschung bedeutet dies, dass Frühwarnsysteme entwickelt werden müssen, die möglichst umfassend entscheidende Umweltfaktoren erfassen und darstellen. Insbesondere muss die Entwicklung in Richtung einer personalisierten Prävention gehen, weil die Schwellenwerte für Umwelteffekte individuell unterschiedlich sind.

1.4 Urbanisierung – Effekte

Vielfache epidemiologische Studien zeigen, dass das Leben in urbaner Umwelt mit einem erhöhten Risiko für die Entwicklung von allergischen Erkrankungen, von Asthma und Neurodermitis einhergeht. Diese Studien zeigen in der Regel eine höhere Prävalenz von Asthma in der Stadtbevölkerung im Vergleich zur Landbevölkerung. Bislang ist nicht umfänglich verstanden, welche spezifischen Merkmale des Urbanisierungsprozesses dafür verantwortlich sein könnten (Rodriguez et al. 2019). Im Umkehrschluss zeigen weitere Studien, dass ein traditionelles Leben, erdverbunden, mit biodiverser Umwelt und häufigem Tierkontakt protektiv in Bezug auf Asthma und Allergien ist. Die zugrundliegenden Mechanismen sind vielschichtig, entlang einem roten Faden einer hohen mikrobiellen Diversität der Makro- und Mikro-Umwelt (Darm/Hautmikrobiom), die präventiv zu wirken scheint (Stein et al. 2016). Um besser zu verstehen, wie sich die Verstädterung auf Allergien und Asthma auswirkt, ist ein Forschungsansatz erforderlich, der die verschiedenen Dimensionen der Verstädterung anhand von kontextbezogenen Haushalts- und individuellen Indikatoren untersucht. Dieser Ansatz wurde bereits in einer umfassenden Panel-Studie gezeigt, die Exposition und Reaktion in einem komplexen Zusammenhang setzt und Vorhersagemodelle für Symptomentwicklung am Anfang einer Pollen-Saison erarbeitete (Gokkaya et al. 2020). Daraus folgende Maßnahmen sind im Rahmen der Klimaresilienz insbesondere deswegen unbedingt notwendig, weil zum einen im Jahr 2050 mehr als 70 Prozent der Weltbevölkerung in Städten leben und zum anderen in Städten durch den städtischen Wärmeinseleffekt verstärkte gesundheitsschädigende Effekte zu erwarten sind. Der städtische Wärmeinseleffekt ist gekennzeichnet durch erhöhte Umgebungstemperaturen, erhöhte Konzentrationen von Kohlenmonoxid, Kohlendioxid, Schwefeldioxid, Stickstoffdioxid, sowie erhöhte Konzentrationen von Feinstaub und Ozon, was zu einer erhöhten Allergenproduktion führt (Beck et al. 2013). So können diese Faktoren sowohl die Pflanzenphysiologie verändern als auch die Allergenproduktion erhöhen und einen direkten Allergie-fördernden Effekt auf den Menschen haben (Alessandrini et al. 2016).

Gewitter-Asthma

Das Gewitter-Asthma ist ein relativ neu beschriebener, multifaktorieller Symptomkomplex, der bei Gewitter und gleichzeitiger hoher Pollenbelastung in der Luft auftritt. In Melbourne, Australien, wurden während eines solchen Asthma-Gewitters im November 2017 innerhalb von fünf Stunden 1900 Notrufe aufgezeichnet und ca. 8.500 Patient:innen suchten die Notaufnahmen der örtlichen Krankenhäuser auf. Die Kliniken waren daraufhin völlig überlastet, es kam zu insgesamt neun Asthma-bedingten Todesfällen (Silver et al. 2018). Gewitterasthma wird auch immer häufiger in Europa beobachtet (Damialis et al. 2020; AlQuran et al.

2021; D'Amato et al. 2019). Die Pathomechanismen sind nur anfänglich in der Tiefe verstanden. Es wird spekuliert, dass es durch Luftverwirbelungen und elektromagnetische Kräfte zum Bersten von Pollen kommt, wodurch kleinere Partikel entstehen, die dann auch in tiefere Lungenabschnitte vordringen können und schwere asthmatische Reaktionen hervorrufen können. Im Zuge des Klimawandels ist in Zukunft von einer Verschärfung dieser Gesundheitsgefahr auszugehen, da sowohl Gewitter als auch Allergien zunehmen werden.

1.5 Spezifische Effekte des Klimawandels auf die anti-allergische Therapie

Die einzige kausale Therapie der Allergie besteht in der spezifischen Immuntherapie (SIT). Hier wird auf die aktuelle Leitlinie der spezifischen Immuntherapie verwiesen (Mahler et al. 2020; Pfaar et al. 2014). In Bezug auf Effekte des Klimawandels gibt es bislang keine Hinweise auf geänderte Ansprechraten der SIT. Allerdings sind aufgrund des Klimawandels die veränderten Blühphasen, Pollenflugzeiten und auch der Ferntransport zu beachten, damit die spezifischen Immuntherapie abhängig vom Allergen außerhalb der Saison gestartet wird. Genau dies wird sich in Zukunft erschweren, weil die Pollenflug-Saison sich nunmehr fast über das ganze Jahr erstreckt. Um eine sichere Therapieeinleitung durchführen zu können, ist deswegen der aktuelle Pollenflug in Kombination mit den Entwicklungen der letzten Jahre zu berücksichtigen (s. https://epin.lgl.bayern.de/pollenflug-aktuell).

Zu allergischem Asthma und den Effekten von Betasympathomimetika siehe Kapitel II.27.

1.6 Strategien zur Klimaresilienz

Die Prävention von Allergien steht im Vordergrund der Klimaresilienz (Traidl-Hoffmann 2020). Bei der Primär-Prävention geht es darum, die oben genannten Risikofaktoren, insbesondere anthropogene Wegbereiter der Allergie zu reduzieren. Zum anderen müssen schützende Faktoren, wie die mikrobielle Biodiversität der Umwelt, geschützt werden ganz im Sinne der „globalen Gesundheit" und Erhalt der Biodiversität unserer Umwelt. Die Sekundär-Prävention umfasst zum einen die spezifische Immuntherapie, die Patient:innen von geschulten ärztlichen Personal zugeführt werden sollte. Hier besteht ein großes Defizit in der Versorgung von Allergiker:innen, die in einem nationalen Allergie-Plan implementiert und verbessert werden muss (DGAKI 2014). Zudem sollten umfassende Informationen zu biogenen und anthropogenen Umweltfaktoren der Bevölkerung zur Verfügung stehen. Darüber hinaus sind verlässliche Vorhersagen für diese Umweltfaktoren notwendig, um Anpassungen von Lebensstil, Tagesaktivitäten und Medikation möglich zu machen. Im Zentrum der Entwicklung dieser Vorhersagen sollte die personalisierte Prävention stehen, um so gezielt Menschen vor schweren akuten Asthmaattacken und anderen allergischen Erkrankungen zu schützen (Fairweather et al. 2020).

1.7 Forschungsansätze der Klimaresilienz

Um Effekte der Umwelt auf Allergien mit besonderem Fokus auf den Klimawandel zu untersuchen und zu verstehen bedarf es eines breiten, transdisziplinären Ansatzes (Traidl-Hoffmann 2020). Die Lebenswissenschaften können nur zusammen mit Meteorologen, Aerobiologen, Klimawissenschaftlern und unterstützt von Bioinformatikern diese Herausforderung angehen. Erschwerend wirken sich im gesamten Bereich der „Environmental Health"-Wissenschaften die zeitlich verzögerten Effekte von Ursache, Wirkung und Ausprägung der Erkrankung aus. Nur durch die Bioinformatik gepaart mit Ansätzen und Algorithmen der künstlichen Intelligenz können diese komplexen Zusammenhänge in Zeit und Raum in Zukunft verstanden werden. Das Zentrum für Klimaresilienz in Augsburg ist eine Blaupause, wie diese Zusammenhänge transdisziplinär erforscht werden sollten (Traidl-Hoffmann 2021).

Literatur

Alessandrini F et al. (2006) Effects of Ultrafine Carbon Particle Inhalation on Allergic Inflammation of the Lung. J Allergy Clin Immunol 117(4), 824–30

Alkotob SS et al. (2020) Advances and Novel Developments in Environmental Influences on the Development of Atopic Diseases. Allergy 75(12), 3077–3086

AlQuran A et al. (2021) Community Response to the Impact of Thunderstorm Asthma Using Smart Technology. Allergy Rhinol (Providence) 12, 21526567211010728

Beck I et al. (2013) High Environmental Ozone Levels Lead to Enhanced Allergenicity of Birch Pollen. PLoS One 8(11), e80147

Buters J et al. (2015) Ambrosia Artemisiifolia (Ragweed) in Germany – Current Presence, Allergological Relevance and Containment Procedures. Allergo J Int 24, 108–120

D'Amato G et al. (2019) Latest News on Relationship between Thunderstorms and Respiratory Allergy, Severe Asthma, and Deaths for Asthma. Allergy 74(1), 9–11

Damialis A et al. (2020) Thunderstorm Asthma: In Search for Relationships with Airborne Pollen and Fungal Spores From 23 Sites in Bavaria, Germany. A Rare Incident or a Common Threat? Journal of Allergy and Clinical Immunology 145(2)

DGAKI (Deutsche Gesellschaft für Allergologie und klinische Immunologie) (2014) Aufruf zum Nationalen Aktionsplan Allergie. URL: https://www.gpau.de/media/2015/pdfs/AfA_Aufruf.pdf (abgerufen am 17.08.2021)

Fairweather V, Hertig E, Traidl-Hoffmann C (2020) A Brief Introduction to Climate Change and Health. Allergy 75(9), 2352–2354

Gokkaya M et al. (2020) Defining Biomarkers to Predict Symptoms in Subjects with and without Allergy under Natural Pollen Exposure. J Allergy Clin Immunol 146(3), 583–594.e6

Heuson C, Traidl-Hoffmann C (2018) The Significance of Climate and Environment Protection for Health under Special Consideration of Skin Barrier Damages and Allergic Sequelae. Bundesgesundheitsblatt Gesundheitsforschung Gesundheitsschutz 61(6), 684–696

Huls A et al. (2019) Nonatopic Eczema in Elderly Women: Effect of Air Pollution and Genes. J Allergy Clin Immunol 143(1), 378–385 e9

Knol EF, Gilles S (2021) Allergy: Type I, II, III, and IV. Handb Exp Pharmacol. Springer Heidelberg

Ludwig A, Bayr D, Pawlitzki M, Traidl-Hoffmann C (2021) Der Einfluss des Klimawandels auf die Allergenexposition: Herausforderungen für die Versorgung von allergischen Erkrankungen. In: Günster C et al. (Hrsg.), Versorgungs-Report: Klima und Gesundheit. Medizinisch Wissenschaftliche Verlagsgesellschaft Berlin. DOI: 10.32745/9783954666270-10

Macias-Verde D, Lara PC, Burgos-Burgos J (2021) Same Pollution Sources for Climate Change Might Be Hyperactivating the NLRP3 Inflammasome and Exacerbating Neuroinflammation and SARS Mortality. Med Hypotheses 146, 110396

Mahler V, Kleine-Tebbe J, Vieths S (2020) Immunotherapy of Allergies: Current Status. Bundesgesundheitsblatt Gesundheitsforschung Gesundheitsschutz 63(11), 1341–1356

Morgenstern V et al. (2008) Atopic Diseases, Allergic Sensitization, and Exposure to Traffic-Related Air Pollution in Children. Am J Respir Crit Care Med 177(12), 1331–7

Oeder S et al. (2015) Pollen-Derived Nonallergenic Substances Enhance Th2-Induced IgE Production in B Cells. Allergy 70(11), 1450–60

Pfaar O et al. (2014) Guideline on Allergen-Specific Immunotherapy in IgE-Mediated Allergic Diseases: S2k Guideline of the German Society for Allergology and Clinical Immunology (DGAKI), the Society for Pediatric Allergy and Environmental Medicine (GPA), the Medical Association of German Allergologists (AeDA), the Austrian Society for Allergy and Immunology (OGAI), the Swiss Society for Allergy and Immunology (SGAI), the German Society of Dermatology (DDG), the German Society of Oto- Rhino-Laryngology, Head and Neck Surgery (DGHNO-KHC), the German Society of Pediatrics and Adolescent Medicine (DGKJ), the Society for Pediatric Pneumology (GPP), the German Respiratory Society (DGP), the German Association of ENT Surgeons (BV-HNO), the Professional Federation of Paediatricians and Youth Doctors (BVKJ), the Federal Association of Pulmonologists (BDP) and the German Dermatologists Association (BVDD). Allergo J Int 23(8), 282–319

Plotz SG et al. (2004) Chemotaxis and Activation of Human Peripheral Blood Eosinophils Induced by Pollen-Associated Lipid Mediators. J Allergy Clin Immunol 113(6), 1152–60

Rauer D et al. (2020) Ragweed Plants Grown under Elevated CO_2 Levels Produce Pollen Which Elicit Stronger Allergic Lung Inflammation. Allergy

Rodriguez A et al. (2019) Urbanisation and Asthma in Low-Income and Middle-Income Countries: A Systematic Review of the Urban-Rural Differences in Asthma Prevalence. Thorax 74(11), 1020–1030

Rojo J et al. (2021) Effects of Future Climate Change on Birch Abundance and Their Pollen Load. Glob Chang Biol

Rojo J et al. (2019) Near-Ground Effect of Height on Pollen Exposure. Environ Res 174, 160–169

Silver JD et al. (2018) Seasonal Asthma in Melbourne, Australia, and some Observations on the Occurrence of Thunderstorm Asthma and its Predictability. PLoS One 13(4), e0194929

Stein MM et al. (2016) Innate Immunity and Asthma Risk in Amish and Hutterite Farm Children. N Engl J Med 375(5), 411–421

Traidl-Hoffmann C (2021) Zentrum für Klimaresilienz. URL: https://www.uni-augsburg.de/de/forschung/einrichtungen/institute/zentrum-fur-klimaresilienz/ (abgerufen am 17.08.2021)

Traidl-Hoffmann C (2020) Klimaresilienz – Weg der Zukunft. Deutsches Ärzteblatt 117, 33–34

Traidl-Hoffmann C (2017) Allergy – An Environmental Disease. Bundesgesundheitsblatt Gesundheitsforschung Gesundheitsschutz 60(6), 584–591

Traidl-Hoffmann C et al. (2014) The Working Group on Allergology in the DDG. J Dtsch Dermatol Ges 12(4), 46–8

Traidl-Hoffmann C et al. (2005) Pollen-Associated Phytoprostanes Inhibit Dendritic Cell Interleukin-12 Production and Augment T Helper Type 2 Cell Polarization. J Exp Med 201(4), 627–36

Traidl-Hoffmann C et al. (2002) Lipid Mediators from Pollen Act as Chemoattractants and Activators of Polymorphonuclear Granulocytes. J Allergy Clin Immunol 109(5), 831–8

Zhao F et al. (2017) Pollen of Common Ragweed (Ambrosia Artemisiifolia L.): Illumina-Based De Novo Sequencing and Differential Transcript Expression upon Elevated NO_2/O_3. Environ Pollut 224, 503–514

2 Allgemeinchirurgie

Ralf Gertler

2.1 Der Einfluss von Umweltveränderungen auf die Chirurgie

Einige Umweltveränderungen stellen direkte Risiken für die Gesundheit des Menschen dar und sind zum Teil direkt mit chirurgischen Krankheitsbildern assoziiert. Wärmeres Wetter geht einher mit einer höheren Rate an Wundinfektionen (Anthony et al. 2017), Naturkatastrophen wie Waldbrände oder Stürme verursachen zum Teil schwere Verletzungen und führen dazu, dass viele Menschen zeitgleich operativ versorgt werden müssen. Das stellt eine immense Herausforderung dar für die Chirurgie. Zudem setzen Naturkatastrophen krebserregende Stoffe frei, erhöhen das Krebsrisiko und steigern den Bedarf u.a. an Tumorchirurgie. So entsteht bei Waldbränden eine große Menge von u.a. krebserregendem Feinstaub (IARC Working Group 2016; Liu et al. 2016). Naturkatastrophen wie Hurrikans führen durch die Beschädigung von Industrieanlagen und Ölraffinerien zur Freisetzung von krebserregenden Stoffen wie Dioxin (Friedrich 2017). Auch die Exposition gegenüber dem krebserregenden Aflatoxin kann durch Temperaturerhöhung-bedingten vermehrten Pilzbefall von Nahrungsmitteln zunehmen (Battilani et al. 2016).

Umweltveränderungen gefährden die Gesundheit des Menschen aber auch indirekt, vermittelt durch Änderungen des ökologischen oder sozioökonomischen Systems (Hobbhahn et al. 2019). Ökologischerseits können Niederschlagsextreme, Überschwemmungen und Dürreperioden zu Mangel- und Unterernährung führen (Wheeler 2013), was Chirurgie-spezifisch in einem erhöhten perioperativen Risiko und vermehrten Wundheilungsstörungen resultieren kann (Roa et al. 2020). Mangel- und Unterernährung, Luftverschmutzung und Bewegungsarmut können zudem zu mehr nicht-übertragbaren Krankheiten, vor allem Lungen- und Herz-Kreislauf-Erkrankungen, führen. Diese gehen ebenfalls mit einem erhöhten perioperativen Risiko und aufwendigerem perioperativem Managementbedarf einher, bedürfen aber oftmals auch selbst einer chirurgischen Intervention wie Bypass-Operationen (Sulbaek et al. 2010). Durch Umweltveränderungen werden zudem übertragbare Krankheiten vermehrt und neu auftreten, die für die Chirurgie erhöhte Infektionsrisiken, vermehrten Infektionsschutz-Aufwand und steigenden Behandlungsbedarf bedeuten dürften (Ryan et al. 2019). Aus sozioökonomischer Sicht führen Landflucht und Migration in Ballungsräume zu eingeschränkter häuslicher familiärer Versorgung, was gerade für die postoperative Rekonvaleszenz von großer Bedeutung ist. Auch können soziale oder ökonomische Konflikte zu Gewalt und chirurgischer Behandlungsnotwendigkeit führen. Die negativen Auswirkungen von Umweltveränderungen auf die psychische Gesundheit des Menschen wie posttraumatische Belastungsstörung, Depression, Angststörung oder Suizidalität werden zunehmend berichtet und sind unmittelbar oder durch einen reduzierten Allgemeinzustand oder ein eingeschränktes Immunsystem Chirurgie-relevant (Palinkas u. Wong 2020).

Umweltveränderungen können jedoch nicht nur direkte oder indirekte Risiken für die menschliche Gesundheit darstellen, sie können die Chirurgie als Teil der Gesundheitsversorgung auch selbst gefährden. So mussten im Hitze-Sommer 2018 in Sollefтea, Schweden, die Operationssäle wegen ungenügender Sterilität infolge hoher Luftfeuchtigkeit geschlossen werden (Silverberg u. Moberg Granström 2018). Naturkatastrophen und Wetterextreme können zudem die Leistungsfähigkeit der Chirurgie durch Stromausfall und andere Infrastrukturschäden, Lieferengpässe, Personalmangel oder ähnliches beeinträchtigen. Die umweltbedingte Unterbrechung von Krebstherapien geht dabei nachweislich mit einer erhöhten Sterblichkeit einher (Nogueira et al. 2019).

> *Während die unmittelbaren Auswirkungen von Naturkatastrophen und Wetterextreme auf die Chirurgie gut dokumentiert sind und über viele Einzelfälle auch medial in der Breite berichtet wird, ist die Evidenz für die direkten und indirekten Risiken von Umweltveränderungen auf die Chirurgie-spezifische Gesundheit des Menschen derzeit noch gering.*

2.2 Handlungsmöglichkeiten für die Chirurgie

Das britische „Center for Sustainable Healthcare“ hat für die umweltverträgliche Umgestaltung des Gesundheitssystems vier Grundprinzipien definiert, mit denen zum einen die Notwendigkeit der Inanspruchnahme des Gesundheitssystems an sich minimiert und zum anderen die umweltschädigenden Einflüsse des Gesundheitssystems reduziert werden sollen. Die Sicherheit und Qualität der medizinischen Versorgung ist dabei zumindest zu erhalten oder gar zu verbessern (Mortimer et al. 2018). Diese vier Grundprinzipien sind auch auf die Chirurgie anwendbar (Rizan et al. 2020).

1. Prävention: Der Bedarf an chirurgischen Maßnahmen kann durch eine verbesserte Gesundheit der Gesamtbevölkerung gesenkt werden. Die Wichtigkeit einer gesunden Lebensweise mit ausgewogener Ernährung, Bewegung sowie Alkohol- und Rauchverzicht sollte hier durch öffentliche Kampagnen verbrei-

tet und von der Ärzteschaft in politischen und gesellschaftlichen Debatten erklärt werden (Rizan et al. 2020). Weiter gilt es, zur Inanspruchnahme von Vorsorgeuntersuchungen zur Früherkennung oder gar Vermeidung von Krankheiten zu motivieren.

2. Patientenschulung und -eigenverantwortung: Menschen mit Erkrankungen sollten geschult werden, um ihre erkrankungsspezifischen Risiken zu minimieren, auch um eine Operation zu vermeiden oder bei erforderlicher Operation das perioperative Risiko zu reduzieren. Beispiele hierfür sind der Alkoholverzicht bei Lebererkrankungen, die Compliance bei Dauermedikation, Diät und Lebensstil bei Darmerkrankungen oder der eigenverantwortliche Umgang mit einer Bedarfsmedikation bei Schmerzsyndromen (Rizan et al. 2020). Patienteneigenverantwortung besteht auch bei der Inanspruchnahme des Gesundheitswesens: wann und vor allem wie sollte innerhalb des bestehenden Versorgungsnetzwerkes ärztliche Hilfe aufgesucht werden? Unser bestehendes Hausarzt- und überweisendes Facharztsystem kann viele überflüssige Krankenhausaufenthalte und Wegstrecken verhindern, die Entwicklung der digitalen Medizin wird hier weitere Möglichkeiten eröffnen.
3. Schlanke Behandlungspfade: Rationalisierte Behandlungspfade unter Vermeidung unnötiger Wiedervorstellungen können im perioperativen Management vielfältige Ressourcen einsparen wie Anfahrtswege und Arbeitsausfälle. Bei Operationen kann ein bedarfsgerechtes Material-Management unnötigen Abfall und ungebrauchtes Sterilgut verhindern, was vom Chirurgen allerdings nicht nur das Umdenken von „für alle Fälle gerüstet“ zu „bei Bedarf anfordern“, sondern auch die entsprechende Geduld und Gelassenheit hierfür erfordert (Rizan et al. 2020).
4. Umweltverträgliche Behandlungsmethoden: Bei gleichem Behandlungserfolg sollte die Behandlungsoption mit der geringsten Umweltbelastung favorisiert werden. Diese Abwägung ist oft komplex, liegt aber für Einzelbeispiele vor. So wurde 2011 gezeigt, dass der CO_2-Fußabdruck der chirurgischen Therapie der gastroösophageale Refluxerkrankung geringer ist als der einer mehrjährigen medikamentösen Therapie (Gatenby 2011). Im Vergleich von operativer zu konservativer Therapie muss berücksichtigt werden, dass eine Operation zunächst zwar sehr Ressourcen verbrauchend ist, sich aber im Vergleich zu einer konservativen Langzeittherapie eines chronischen Krankheitszustandes als ressourcenschonender erweisen kann (Rizan et al. 2020). Selbstverständlich sind bei allen Operationen dieselben Müllvermeidungsstrategien anzuwenden wie in anderen Bereichen: „reduce, reuse and recycle“ (Kagoma et al. 2012).

Neben diesen Strategien zur Reduzierung der negativen Umweltauswirkungen („Mitigation“) sind vor allem in Regionen mit eingeschränkter Gesundheitsinfrastruktur zudem Anpassungsstrategien („Adaptation“) erforderlich, gerade hinsichtlich einer zuverlässigen chirurgischen Notfallversorgung bei Naturkatastrophen und Wetterextremen.

2.3 Der Einfluss der Chirurgie auf die Umwelt

Die Chirurgie nimmt innerhalb eines Krankenhauses eine besondere Rolle ein, da sie ein überproportional ressourcenintensives Fachgebiet ist, vor allem durch den Operationsbetrieb: so werden bei Operationen als Treibhausgase wirkende Narkosegase eingesetzt; die Klimatisierung, Lüftung und Beleuchtung von Operationssälen ist ebenso energieaufwendig wie die Verwendung medizinischer Geräte und die Sterilisation von Instrumenten; zudem werden große Mengen Verbrauchsmaterial eingesetzt und Müll produziert. Zahlreiche Einzelarbeiten haben diese Zusammenhänge detailliert ausgearbeitet und quantifiziert (MacNeill et al. 2017; Wyssusek et al. 2019; Kagoma et al. 2012). Eine wie in diesen Arbeiten systematische Dokumentation und kritische Evaluation des Ressourcenverbrauchs erfolgt bislang jedoch keineswegs flächendeckend, d.h. die Evidenz ist hoch, die Umsetzung jedoch auf wenige Leuchtturmprojekte beschränkt.

2.4 Ausblick: Die umweltverträgliche Umgestaltung der Chirurgie

Die hohe Anzahl und die Verschiedenartigkeit der dargestellten Ansatzpunkte zeigen den Weg zu einer umweltverträglichen Umgestaltung der Chirurgie. Allerdings führt nicht eine einzelne Maßnahme oder Technologie zum Erfolg. Vielmehr bedarf es vieler Einzelmaßnahmen von vielen Akteuren, von denen viele bereits jetzt umsetzbar sind. Gerade hinsichtlich der Umweltverträglichkeit des Operationsbetriebs mit Narkosegas-, Energie- und Müllmanagement (MacNeill et al. 2017; Wyssusek et al. 2019; Kagoma et al. 2012) existieren mittlerweile zahlreiche Beispiele. Diese Vorbilder können bereits jetzt flächendeckend umgesetzt werden, zumal die beschriebenen Maßnahmen nicht nur Ressourcen schonen, sondern auch Kosten sparen (Park u. Dickerson 2009; Wyssusek et al. 2019).

Weniger zahlreich und konkret sind wissenschaftliche Untersuchungen zu den direkten und indirekten Auswirkungen von Umweltveränderungen auf die Chirurgie-spezifische Gesundheit des Menschen, auch weil diese multifaktoriell bedingt sind und daher längere Beobachtungszeiträume und große Kohorten erfordern. Diese Zusammenhänge sollten durch entsprechende Studien überprüft und durch geeignete Narrative konkret und zugänglich gemacht werden.

Literatur

Anthony CA, Peterson RA, Polgreen LA, Sewell DK, Polgreen PM (2017) The Seasonal Variability in Surgical Site Infections and the Association with Warmer Weather: A Population-Based Investigation. Infect Control Hosp Epidemiol 38, 809–816

Battilani P, Toscano P, Van der Fels-Klerx HJ, Moretti A, Camardo Leggieri M, Brera C, Rortais A, Goumperis T, Robinson T (2016) Aflatoxin B1 Contamination in Maize in Europe Increases Due to Climate Change. Sci Rep 6, 24328

Friedrich MJ (2017) Determining Health Effects of Hazardous Materials Released during Hurricane Harvey. JAMA 318, 2283–2285

Gatenby PA (2011) Modelling the Carbon Footprint of Reflux Control. Int J Surg 9, 72–74

Hobbhahn N, Fears R, Haines A, ter Meulen V (2019) Urgent Action is Needed to Protect Human Health from the Increasing Effects of Climate Change. Lancet Planet Health 3, e333–e335

IARC Working Group on the Evaluation of Carcinogenic Risks to Humans (2016) Outdoor Air Pollution. IARC Monogr Eval Carcinog Risks Hum 109, 9–444

Kagoma YK, Stall N, Rubinstein E, Naudie D (2012) People, Planet and Profits: The Case for Greening Operating Rooms. CMAJ 184, 1905–1911

Liu JC, Mickley LJ, Sulprizio MP, Dominici F, Yue X, Ebisu K, Anderson GB, Khan RFA, Bravo MA, Bell ML (2016) Particulate Air Pollution from Wildfires in the Western US under Climate Change. Clim Change 138, 655–666

MacNeill AJ, Lillywhite R, Brown CJ (2017) The Impact of Surgery on Global Climate: A Carbon Footprinting Study of Operating Theatres in Three Health Systems. Lancet Planet Health 1, e381–388

Mortimer F, Isherwood J, Wilkinson A, Vaux E (2018) Sustainability in Quality Improvement: Redefining Value. Future Healthc J 5, 88–93

Nogueira LM, Sahar L, Efstathiou JA, Jemal A, Yabroff KR (2019) Association between Declared Hurricane Disasters and Survival of Patients with Lung Cancer Undergoing Radiation Treatment. JAMA 322, 269–271

Palinkas LA, Wong M (2020) Global Climate Change and Mental Health. Curr Opin Psychol 32, 12–16

Park KW, Dickerson C (2009) Can Efficient Supply Management in the Operating Room Save Millions? Curr Opin Anaesthesiol 22, 242–248

Rizan C, Reed M, Mortimer F, Jones A, Stancliffe R, Bhutta MF (2020) Using Surgical Sustainability Principles to Improve Planetary Health and Optimise Surgical Services following the COVID-19 Pandemic. The Bulletin of the Royal College of Surgeons of England 102, 177–181

Roa L, Velin L, Tudravu J, McClain CD, Bernstein A, Meara JG (2020) Climate Change: Challenges and Opportunities to Scale Up Surgical, Obstetric, and Anaesthesia Care Globally. Lancet Planet Health 4, e538–e543

Ryan SJ, Carlson CJ, Mordecai EA, Johnson LR (2019) Global Expansion and Redistribution of Aedes-Borne Virus Transmission Risk with Climate Change. PLoS Negl Trop Dis 13, e0007213

Silverberg J, Moberg Granström K (2018) Operationer Ställs in i Extremvärmen – Flera Sjukhus Paverkade. URL: https://www.aftonbladet.se/nyheter/a/e1xaoa/operationer-stalls-in-i-extremvarmen–flera-sjuhus-paverkade (abgerufen am 21.06.21)

Sulbaek Andersen MP, Sander SP, Nielsen OJ, Wagner DS, Sanford TJ Jr, Wallington TJ (2010) Inhalation Anaesthetics and Climate Change. Br J Anaesth 105, 760–766

Wheeler T, von Braun J (2013) Climate Change Impacts on Global Food Security. Science 341, 508–513

Wyssusek KH, Keys MT, van Zundert AJ (2019) Operating Room Greening Initiatives – the Old, the New, and the Way Forward: A Narrative Review. Waste Management & Research 37, 3–19

3 Allgemeinmedizin

Alina Herrmann, Ralph Krolewski, Benedikt Lenzer, Beate Müller und Iris Veit

Hausärzteverbände weltweit haben sich dazu bekannt, dass der Klimawandel und andere globale Umweltveränderungen eine große Gefährdung für ihre Patient:innen darstellen. Hausärzt:innen wollen Verantwortung für die Bewältigung dieser Herausforderungen übernehmen (WONCA 2017; DEGAM 2019). Dies ist notwendig, da sie als erste medizinische Anlaufstelle die Auswirkungen globaler Umweltveränderungen direkt erleben und ihre Versorgung dementsprechend anpassen müssen. Nach dem Grundsatz der ärztlichen Ethik „primum non nocere" sollten Hausärzt:innen das Gesundheitssystem auch ressourcenschonend nutzen, klimafreundliches und gesundes Verhalten der Patient:innen fördern und sich für gesunde Lebensbedingungen einsetzen.

3.1 Planetary Health im Kontext hausärztlichen Handelns

Kernkompetenz von Hausärzt:innen ist es, Patient:innen in ihrem biopsychosozialen Kontext wahrzunehmen und zu begleiten. Deshalb ist es nur folgerichtig als weiteren entscheidenden Kontextfaktor die Auswirkungen globaler Umweltveränderungen auf die Gesundheit mit in die hausärztliche Arbeit einzubeziehen.

Planetary Health begreift die menschliche Gesundheit als ein Gut, das auf der Gesundheit der natürlichen und sozialen Systeme der Erde basiert: „Gesunde Menschen auf einem gesunden Planeten" (Willett et al. 2019). Wenn die Allgemeinmedizin ihren ganzheitlichen Ansatz um die Aspekte von Planetary Health erweitert, setzt sie eine Tradition der humanistischen Medizin fort. Während diese Erweiterung der Perspektive die hausärztliche Versorgung zunächst noch komplexer erscheinen lässt, kann sie auch Richtung geben. Denn sie betont, dass die Fokussierung auf kurative Medizin und individuelle Verhaltensprävention zwar einen wichtigen Bestandteil der Medizin darstellen, aber zu kurz greifen. So wurde bereits 1849 von Rudolf Virchow postuliert:

> *„Soll die Medizin daher ihre Aufgabe erfüllen, so muss sie in das große politische und soziale Leben eingreifen, sie muss die Hemmnisse angehen, welche der normalen Erfüllung der Lebensvorgänge im Wege stehen und ihre Beseitigung bewirken."* (Virchow 1849)

Auch Hausärzt:innen stoßen schon lange an die Grenzen der individuellen Aufklärung: Dem Wunsch, dass aus Aufklärung auch individuelle Verhaltensänderung folgt, stehen systemische Hindernisse entgegen wie beispielsweise das globale Ernährungssystem (Willet 2021) oder auch andere soziale Determinanten von Gesundheit wie Armut, Arbeitslosigkeit und mangelnde Bildung.

Doch die Allgemeinmedizin kann dem etwas entgegen setzen: Die vertrauensvolle, auf langfristige Versorgung angelegte Beziehung zu den Patient:innen verleiht den Argumenten der Hausärzt:innen Gewicht. So können sie auch über die gesundheitlichen Auswirkungen des Klimawandels oder klimafreundliche und gesunde Lebensstile aufklären und Partei ergreifen für diejenigen, die sonst wenige Fürsprecher haben. Hausärzt:innen sind in ihrer Kommune oder in ihrem Quartier häufig gut mit der Zivilgesellschaft und kommunalen Institutionen vernetzt. Vernetzung und Kooperation sind zentral, um mit komplexen Herausforderungen wie den globalen Umweltveränderungen umzugehen. Nicht zuletzt die COVID-19-Pandemie hat gezeigt, dass es essenziell ist, Hausarztpraxen in der Entwicklung und Implementierung von lokalen Lösungsstrategien einzubinden (Lauriola et al. 2021). Neben der Kooperation auf kommunaler Ebene ist die auch die Zusammenarbeit in multiprofessionellen Teams richtungsweisend. So ist beispielsweise die Einbeziehung von anderen Berufsgruppen in die Primärversorgung, wie MFAs oder Sozialarbeiter:innen, in Modellprojekten vielversprechend. Neue Arten der Kooperation in der Praxis und in der Gesellschaft sollten Planetary-Health-Aspekte integrieren und den Weg in die hausärztliche Versorgung der Zukunft weisen.

3.2 Auswirkungen globaler Umweltveränderungen und Anpassung der hausärztlichen Versorgung

3.2.1 Gesundheitliche Auswirkungen in der Hausarztpraxis

Hitze und Extremwetterereignisse

Das Risiko für Extremwetterereignisse, das heißt außergewöhnliche Hitzeperioden, Stürme oder Starkregenereignisse, steigt durch den Klimawandel deutlich. Stürme und Starkregenereignisse können mit Verletzungen und Todesfällen einhergehen, jedoch sind Hitzewellen die Extremwetterereignisse mit den meisten Todesfällen. In den Hitzesommern von 2003, 2010 und 2015 lag die hitzebedingte Übersterblichkeit jeweils bei etwa 7.800, 4.700 und 5.200 Todesfällen in Deutschland (An der Heiden et al. 2020). Ursachen für Todesfälle in Hitzewellen sind meist kardiovaskuläre, respiratorische und zerebrovaskuläre Ereignisse, die als Verschlechterung von chronischen Erkrankungen und/oder als akute Ereignisse auftreten (Bunker et al. 2016). Sozial benachteiligte Menschen, die häufig in städtischen Wärmeinseln und schlechter isolierten Gebäuden leben, aber auch Obdachlose, Bauarbeiter, Sportler im Freien, kleine Kinder und Schwangere sind gefährdet. Die größte Risikogruppe in Deutschland sind ältere Menschen mit über 75 Jahren. Das liegt zum einen an der altersbedingten Beeinträchtigung physiologischer Abkühlungsmechanismen wie reduziertem Schwitzen und einer abnehmenden Durchblutung der Haut. Zum anderen leiden sie häufiger an Vorerkrankungen, nehmen Medikamente ein und sind dadurch in ihrer Mobilität und ihrem adaptiven Verhalten eingeschränkt.

Cave

Ältere Patient:innen sind durch verminderte Schweißproduktion, reduzierte Hautdurchblutung und ggf. Medikamenteneinnahme in ihrer Thermoregulation beeinträchtigt. Daher sollten sie und ihre Pflegenden auf eine aktive Abkühlung durch Hautumschläge, Fuß- und Armbäder, Benetzung der Haut achten. Ventilatoren können bei normaler Luftfeuchtigkeit bis zu einer Temperatur von mindestens 36 °C wirksam kühlen.

Die Vulnerabilität gegenüber Hitzeereignissen kann als Funktion aus Sensibilität der Bevölkerung, der Exposition gegenüber Hitze sowie der Anpassung daran beschrieben werden (Jendritzky et al. 2005). Während die gesellschaftliche Sensibilität mit einer alternden Gesellschaft und die Exposition durch den Klimawandel ansteigt, kann mit verstärkter Anpassung die Gefährdung verringert werden (s.u.).

Respiratorische Erkrankungen und Allergien

Da die Lunge eine Grenzfläche zur Umwelt darstellt, wirken sich Umwelteinflüsse auf verschiedene Lungenerkrankungen negativ aus. Zu Luftschadstoffen gehören Feinstäube durch Verkehr, Industrie und Landwirtschaft, Ozon und Stickoxide. Erkrankungen wie Asthma bronchiale oder Erkrankungen des Lungengerüsts nehmen durch Allergene und Luftschadstoffe zu (Witt et al. 2015). Dazu kommen Schäden am Herz, den Gefäßen, dem Gehirn und ungeborenen Kindern sowie die Auslösung von Diabetes mellitus. Neben Luftschadstoffen und Lebensstilen, nimmt hier auch der Klimawandel Einfluss. Hitze erhöht die Konzentration von Luftschafstoffen wie Ozon, sodass es bei heißen Temperaturen und starker Luftverschmutzung zu besonders hohen Sterblichkeitsraten kommt (Scortichini et al. 2018). Eine verlängerte Pollensaison und das Auftreten neuer Allergene durch Neophyten (eingeschleppte Arten) in Kombination mit teilweise erhöhter Pollenproduktion werden in Zukunft negative Auswirkungen zeigen (s. Kap. II.1). Zusätzlich kommt es noch zu einer Verstärkung des immun-modulatorischen Potenzials, wenn sich Luftschadstoffe mit Allergenen verbinden. Diese Effekte erleben Hausärzt:innen bereits jetzt in ihrer Praxis.

Infektionserkrankungen

Umweltfaktoren und die veränderte Umgebungstemperatur beeinflussen die Etablierung von (neuen) Vektoren und die Vermehrungszyklen von Krankheitserregern. Heute schon kann es in Badegewässern zu Hautreizungen durch Blaualgen kommen. Vibrionen haben zuletzt in der Nord- und Ostsee zu Wundinfektionen geführt – bei immunsupprimierten Patienten kam es sogar zu Todesfällen (Gyraite et al. 2019). Es kommt zu einer Ausbreitung von Zeckenerkrankungen (z.B. FSME) in nördlichere oder höher gelegene Gebiete. Die Tigermücke (Aedes albopictus) als potenzieller Überträger von Tropenkrankheiten wie Dengue-, Chikungunya-Fieber oder der Zika-Erkrankung, ist bereits in Teilen Deutschlands verbreitet (Thomas et al. 2018). Es kam in Europa bereits zu lokal begrenzten Ausbrüchen von Dengue-, Chikungunya- und West-Nil-Fieber. Für die Hausarztpraxis bedeutet dies, dass man bei unklaren Fieberschüben auch ohne Reiseanamnese an Ausbrüche tropischer Erkrankungen denken sollte. Eine flächendeckende Ausbreitung in Europa ist jedoch aufgrund der guten Gesundheitssysteme unwahrscheinlich (s. Kap. II.15).

Psychische Gesundheit

Auch die psychische Gesundheit wird durch den Klimawandel beeinträchtigt. Einerseits können Verluste von Hab und Gut oder gar von Angehörigen durch Extremwetterereignisse zu posttraumatischen Belastungsstörungen führen. Zudem können klimatische Veränderungen wie die anhaltende Dürre in Deutschland bei Waldbesitzern und Landwirten zur Bedrohung der wirtschaftlichen Existenz und damit verbundenen Gesundheitsproblemen führen. Man weiß bereits, dass während Hitzewellen Suizidraten und Krankenhauseinweisungen aufgrund von psychischen Gesundheitsproblemen erhöht sind. Das Phänomen der Angst vor der Bedrohung bestehender Ökosysteme und der Stress und Trauer über deren (anstehenden) Verlust werden als „Solastalgie“ bezeichnet (auch „Klimaangst“, „ökologische Trauer“, s. Kap. II.25). Breite gesellschaftliche Bewegungen wie Fridays for Future und Umfragen unter Jugendlichen belegen, dass diese sich aufgrund des Klimawandels sorgen.

3.2.2 Anpassung

Grundsätze der Anpassung

In der COVID-19-Pandemie hat sich gezeigt, dass gute dezentrale Strukturen der Primärversorgung den stationären Sektor entlasten und ein flexibles Reagieren auf ein örtliches Geschehen zulassen. So werden Krankenhauskapazitäten für schwere Fälle und erhöhtes Patientenaufkommen freigehalten. Dies ist genauso wichtig bei der Reaktion auf Extremwetterereignisse wie Hitzewellen, Waldbrände Stürme oder Überflutungen (Lauriola et al. 2021).

Eine zentrale Rolle in der Anpassung an die Auswirkungen des Klimawandels auf die hausärztliche Versorgung nimmt die Fort- und Weiterbildung der Hausärzteschaft ein. Denn um präventiv und kurativ zu handeln, müssen die Kompetenzen rund um die veränderten Gesundheitsrisiken gestärkt werden.

Bei der Anpassung an klimawandelbedingte Gesundheitsrisiken ist es wichtig, in Netzwerken von öffentlicher Hand, stationärer und ambulanter Medizin sowie Pflege- und Sozialdiensten zu agieren. Innerhalb des Netzwerks liegt die Kernkompetenz der Hausärzteschaft in der Beratung und Behandlung der Patient:innen. Rahmenwerke helfen dann dabei eine Zusammenarbeit verschiedener Akteure und Berufsgruppen zu koordinieren. Am Beispiel eines Hitzeaktionsplans kann dies bedeuten, dass die Hausarztpraxis Informationsmaterial für Patient:innen und spezifische Hitzewarnungen für ihre Kommune erhält und sie an Risikopersonen und Angehörige weitergibt. Zudem können Risikopersonen identifiziert bzw. registriert werden, die in Hitzewellen von anderen Berufsgruppen bzw. Ehrenamtlichen aktive Unterstützung erhalten.

Anpassung der Versorgung am Beispiel von Hitze

Schon seit 2008 gibt es von der Weltgesundheitsorganisation für die Region Europa Empfehlungen für Hitzeaktionspläne, deren Ziel es ist, durch einen interdisziplinären Ansatz Gesundheitsschäden und Todesfälle durch Hitze zu vermeiden (Matthies et al. 2008). Dies soll durch Maßnahmen im Städtebau und im Gesundheitswesen gewährleistet werden. Ein Kernelement ist ein Hitzewarnsystem, das z.B. in Deutschland seit 2006 vor gefährlichen Temperaturen warnt (Deutscher Wetterdienst). Wirksame Maßnahmen sollen durch zentrale Koordinierung und interdisziplinäre Zusammenarbeit umgesetzt werden. Während es in Ländern wie Frankreich dafür einen national einheitlichen Hitzeaktionsplan gibt, liegt die Umsetzung von Hitzeaktionsplänen in Deutschland auf kommunaler oder Länderebene. Trotz einer Vielzahl von Einzelprojekten mangelt es in Deutschland an koordinierten Hitzeaktionsplänen, sodass der Schutz von Risikopersonen im Akutfall nicht gewährleistet ist (Blättner et al. 2020). Siehe auch Kapitel II.10.

Aufgrund der regional sehr unterschiedlichen Voraussetzungen für die Einbettung der Arbeit der Hausärzteschaft in einen Hitzeaktionsplan, werden hier Maßnahmen zum Hitzeschutz formuliert, die eigenverantwortlich in der Hausarztpraxis umgesetzt werden können. Für einige Maßnahmen wäre es wünschenswert sie in kommunale oder landesweite Hitzeaktionspläne zu integrieren. Die Maßnahmen decken nach Herrmann et al. vier Handlungsfelder ab (2019):

1. Kommunikation von Gesundheitsrisiken und Präventionsmaßnahmen,
2. vorsommerlicher Medikamenten-Check-Up und ggf. Anpassung der Medikation,
3. Anpassung der Praxisräumlichkeiten und des Praxisablaufs,
4. Vermittlung von proaktiven Kontaktpersonen für Risikogruppen (s. Tab. 1).

Qualitative Interviews mit Hausärzt:innen zeigten zudem, dass diese eine allgemeine Stärkung der pflegerischen und medizinischen Versorgung und des sozialen Netzes von insbesondere älteren, multimorbiden Patienten auch als wirksam für einen besonderen Schutz in Hitzewellen erachteten (Herrmann und Sauerborn 2018).

Tab. 1 Handlungsfelder zur Prävention von hitzebedingten Gesundheitsschäden in der Hausarztpraxis

Kommunikation von Gesundheitsrisiken und Präventionsmaßnahmen

- Praxisteam zu hitzebedingten Gesundheitsrisiken, Behandlungsmöglichkeiten und Präventionsstrategien schulen.
- Hitze-Newsletter des Deutschen Wetterdienstes abonnieren und Praxis und Patient:innen rechtzeitig vorbereiten: https://www.dwd.de/DE/service/newsletter/form/hitzewarnungen_org/hitzewarnungen_org_node.html.
- Patient:innen über hitzebedingte Gesundheitsrisiken und Präventionsmaßnahmen gestützt durch Informationsmaterial aufklären (Beispiel: http://www.klinikum.uni-muenchen.de/Bildungsmodule-Aerzte/de/Co-HEAT/Fuer-gefaehrdete-Personen/Infobroschuere/index.html).

Überwachung und Anpassung der Medikation

- Überblick über Risikomedikamente verschaffen (Beispiel: https://dosing.de/Hitze/heatindex.php).
- Vorsommerlicher Medikamenten Check-Up bei Risikopatient:innen: Unter Beachtung der Leitlinien zur Polypharmazie im Alter und der gesundheitlichen Situation der Patient:innen sollten alle Medikamente kritisch evaluiert werden. Patient:innen mit vielen Risikomedikamenten sollten in Hitzewellen besonders aufmerksam überwacht werden (ggf. Rücksprache mit Angehörigen/Pflegenden).

Anpassung von Praxisablauf und -räumlichkeiten (+ Berücksichtigung von COVID-19)

- Sprechzeiten in frühen Morgen- und Abendstunden ermöglichen. Risikopatient:innen nicht zur Mittagszeit einbestellen/ggf. Hausbesuch anbieten.
- Trinkwasser für die Patient:innen zur Verfügung stellen.
- Praxisräumlichkeiten kühl halten (richtig lüften und schattieren, ggf. Kühlwesten für Personal, ggf. Ventilatoren, mittelfristig ggf. Baumaßnahmen).
- Besonderheiten in der COVID-19-Pandemie:
  - Keine Ventilatoren in Räumen mit hohem Personenaufkommen (Aufwirbelung von Viruspartikeln).
  - Wartebereiche draußen schattieren, begrünen, ggf. mit Wasserverneblern kühlen.

Proaktive Kontaktaufnahme mit Risikopatienten

- (Vor-)sommerlicher Hausbesuch und Beratung: Wird korrekt schattiert und belüftet? Ist der Hauptaufenthaltsort/und der Schlafplatz im kühlsten Raum der Wohnung?
- Täglicher Besuch von Risikopatient:innen (WHO-Empfehlung) zur Unterstützung bei kühlenden Maßnahmen und Überwachung des Gesundheitszustands: Hausärzt:innen können das soziale Umfeld dafür sensibilisieren und im Netzwerk mit anderen Stakeholdern eine derartige Versorgung vermitteln (z.B. Nachbarschaftshilfen, langfristig ggf. im Rahmen eines Hitzeaktionsplans).

3.3 Hausärztliche Prävention und Gesundheitsförderung im Kontext von Planetary Health

Nicht zuletzt das Präventionsgesetz 2015 belegt, dass die Vermeidung und Verminderung von Krankheitsrisiken (Prävention) und die Stärkung des eigenverantwortlichen, gesundheitsorientierten Handelns (Gesundheitsförderung) auch im Deutschen Gesundheitssystem zunehmend an Bedeutung gewinnen (Präventionsschutzgesetz 2015). Im Kontext von Planetary Health kann und muss der Präventionsbegriff in der hausärztlichen Medizin weit gedacht werden, wobei drei Bereiche hervorzuheben sind:

- **Prävention auf individueller Ebene:** Hausärzt:innen können Prävention und Gesundheitsförderung auf individueller Ebene betreiben, indem sie hinsichtlich gesunder und umweltverträglicher Lebensstile beraten. Hausärzt:innen sind durch ihre langfristige Betreuung und die Beziehung zu einer diversen Patientenklientel besonders für präventive Beratungen befähigt. Ziele, Inhalte und die methodische Vorgehensweise einer Gesundheitsberatung im Kontext von Planetary Health (auch bekannt unter „Klimasprechstunde") sind in Kapitel III.4 beschrieben.
- **Prävention auf gesellschaftlicher Ebene:** 2017 betonte der Report des Lancet Countdown on Health and Climate Change, „dass die Gesundheitsberufe nicht nur die Fähigkeit, sondern auch die Verantwortung dafür tragen, als Gesundheitsadvokaten die Gefahren und Chancen gegenüber der Öffentlichkeit und den Politikern deutlich zu machen und dadurch zu erreichen, dass der Klimawandel als zentral für das menschliche Wohlergehen verstanden wird." (Watts et al. 2018, 582). Wenn die Ärzteschaft dies schafft und somit zur Minderung des Klimawandels und der damit verbundenen Gesundheitsrisiken beiträgt, ist auch dies eine Form der Prävention. Hausärzte haben insbesondere durch ihre starke Vernetzung vor Ort ein großes Gewicht. Einiges hängt davon ab, ob sie diese Chance aktiv aufgreifen und dabei auch von ihren Berufsverbänden unterstützt werden.
- **Prävention durch Ressourcenschonung auf Praxisebene** (s. Kap. 3.3.1): Zudem ist auch die Vermeidung von Treibhausgasemissionen und anderen Ressourcen auf Ebene der Hausarztpraxis wichtig, weil damit die Gesundheitsrisiken durch Klimawandel und anderer Umweltveränderungen abgemildert werden.

3.3.1 Prävention durch Vermeidung von Ressourcenverbrauch: Umwelt- und Klimaschutz ist Gesundheitsschutz

Einsparung von Treibhausgasemissionen in der Hausarztpraxis

Die zuverlässigsten Zahlen zu den Treibhausgasemissionen der Primärversorgung liegen derzeit aus dem britischen Nationalen Gesundheitsdienst vor (National Health Service, NHS). Hier wird beschrieben, dass im Mittel für einen Patientenkontakt in einer Hausarztpraxis 66 kg CO_2-Äquivalente anfallen (Tennison et al 2021). CO_2-Äquivalente (CO_2e) beinhalten auch die umgerechnete Treibhausgaswirkung anderer Treibhausgase wie z.B. Methan.

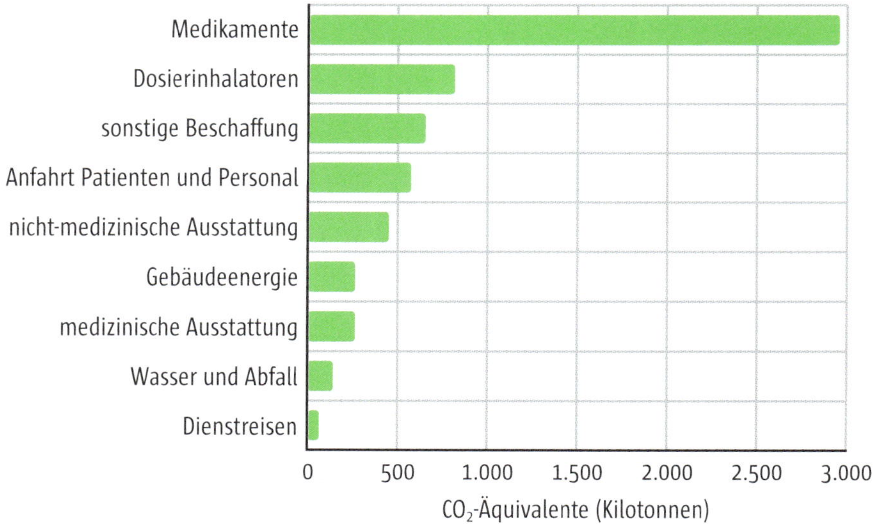

Abb. 1 CO_2-Emissionen der Primärversorgung nach Bereichen in Kilotonnen, Daten aus dem britischen Nationalen Gesundheitsdienst von 2019, adaptiert von Tennison et al. 2021

Abbildung 1 zeigt die Treibhausgasemissionen der Primärversorgung im NHS gemessen in CO_2-Äquivalenten (CO_2e).

Die Abbildung macht deutlich, dass die meisten Treibhausgasemissionen durch die Verschreibung von Medikamenten entstehen. Dies erscheint auf den ersten Blick überraschend, erklärt sich aber durch die Berücksichtigung des gesamten Lebenszyklus der Produkte von Rohstoffgewinnung, Herstellung, Verpackung, Transport bis hin zur Entsorgung. Neben gravierenden Neben- und Wechselwirkungen bei Polypharmazie, ist also auch der Klimaschutz ein weiteres Argument zur Vermeidung der Überverschreibung von Medikamenten. Es sollten zudem passgenaue Packungsgrößen verschrieben werden. Ein weiterer Planetary-Health-Aspekt ist die negative Beeinflussung von Ökosystemen durch Arzneimittelrückstände aus Abwässern, beispielsweise durch Hormonwirkung auf Fische.

Auch die Verschreibung von Dosierinhalatoren führt zu hohen Treibhausgasemissionen, denn diese beinhalten als Treibgas Fluorkohlenwasserstoffe, welche potente Treibhausgase sind. Zum Beispiel wirkt sich ein Kilo des oft in Dosierinhalatoren genutzten Gases HFA134a so stark auf das Klima aus wie 1.300 Kilo CO_2. Es sollten daher Trockenpulverinhalatoren bevorzugt verschrieben werden (Hillmann 2013). Trockenpulverinhalatoren sind vergleichbar wirksam wie Dosierinhalatoren (Ram et al. 2001), jedoch kann die korrekte Handhabung gerade für ältere Patienten mit starker pulmonaler Obstruktion schwieriger sein. Es sollte also individuell entschieden und auf ein gutes Anwendungstraining geachtet werden. Aufgrund der Restgasbestände ist bei Inhalatoren die korrekte Entsorgung besonders wichtig (siehe arzneimittelentsorgung.de).

Weitere Treibhausgasquellen in Praxen sind die Beschaffung, die Anfahrt von Patienten und Personal zur Praxis, Ausstattung und Gebäudeenergie.

Praxistipps zur Reduktion von Treibhausgasen in der Hausarztpraxis

- *rationale Medikamentenverschreibung*
- *Trockenpulver- vor Dosierinhalatoren bevorzugen*
- *Praxismobilität: Leasing (E-)Fahrräder für Angestellte anbieten, (E-)Fahrradnutzung für Hausbesuche, Fahrradabstellplätze vor der Praxis, E-Ladesäulen auf Praxisparkplatz*
- *Verbrauchsmaterialien wenn möglich von europäischen Herstellern und nach sozial-ökologischen Standards beziehen (Recycling-Papier, Gütesiegel, Verpackungsvermeidung etc.)*
- *Energie: Ökostrom, hausübliche Energiespartipps beachten, Gebäudeisolierung, Begrünung von Fassaden/Dächern etc.*

Maßnahmen zum Klimaschutz und zur Ressourcenschonung sollten im Praxisteam entwickelt werden. Mitarbeitende können so ihre Ideen einbringen und durch die gemeinsame Entwicklung und kontinuierliche Evaluation der Maßnahmen wird deren Akzeptanz und Umsetzung verbessert (s. Kap. III.6 und Dickhoff et al. 2021).

Ressourcenschonung durch Vermeidung von Überversorgung

In den vergangenen Jahren haben sich zunehmend Initiativen wie „Klug entscheiden" zur Vermeidung von Überversorgung gegründet, um nicht indizierte medizinische Untersuchungen und Behandlungen zu vermeiden (Nothacker et al. 2017). Medizinische Instrumente sind für etwa 10% aller Treibhausgasemissionen des Gesundheitssektors verantwortlich (Tennison et al. 2021). Unnötige, technische Untersuchungen bedeuten also auch einen unnötigen Ausstoß von Treibhausgasen und Verbrauch von Ressourcen und Energie. Für Hausarztpraxen hält die Deutsche Gesellschaft für Allgemeinmedizin in ihrer Leitlinie zum Schutz vor Über- und Unterversorgung fest, dass „Früherkennungs- und Screeninguntersuchungen, Laboranalysen, bildgebende Verfahren, neue Pharmaka sowie Experten und spezialistische Expertisen" überschätzt werden (DEGAM 2021). Evidenzbasiertes Wissen und die Kompetenz, eine kooperative Beziehung zu ihren Patient:innen gestalten zu können, sind dagegen hilfreich.

Eine Medizin, die die Beziehung zum Patienten in den Mittelpunkt stellt, spart Ressourcen.

So zeigten beispielsweise Kushnir et al., dass Ärzt:innen in schlechterer Stimmung häufiger Medikamente verschreiben, mehr Überweisungen ausstellen und weniger mit ihren Patient:innen reden. Diese Effekte treten bei Überlastung noch stärker zu Tage (Kushnir et al 2011). Dies wird besonders deutlich, wenn man sich Patient:innen vor Augen führt, die aus eigener Hilflosigkeit oder Unwissenheit nicht leitliniengerechte Therapien einfordern. Hier brauchen Ärzt:innen Zeit und eine gute

Beziehung zu den Patient:innen, um zu vermitteln, dass eine bestimmte Therapie nicht indiziert ist.

Praxistipps zur Vermeidung von Überversorgung in der Hausarztpraxis (Veit et al. 2020)

- *Zuhören und Verstehen wollen in der Anamnese*
- *technische Diagnostik nicht als Ersatz für psychosoziale Anamnese*
- *ein Krankheitsmodell anbieten, das aus Körper und Seele kein Entweder-oder macht*
- *regelmäßig Termine proaktiv anbieten zwecks gemeinsamer Beobachtung und körperlicher Untersuchung*
- *siehe auch DEGAM Praxisempfehlung „Das anamnestische Erstgespräch": https://www.degam.de/degam-praxisempfehlungen.html*

3.4 Forschungsbedarf

Es existiert Bedarf an verstärkter Versorgungsforschung insbesondere in den folgenden drei Bereichen:

- Tagesgenaue Daten zu Auswirkungen der Umweltveränderungen: Tagesgenaue Daten zu Diagnosen und zur Inanspruchnahme von Versorgungsleistungen sind z.B. für die Analyse von temperatursensiblen Erkrankungen sehr relevant. Im stationären Sektor ist die Datenlage diesbezüglich deutlich besser als im ambulanten Sektor.
- Praxisnahe Konzepte für Anpassungsstrategien und Weiterbildung: Diese werden benötigt, um z.B. in Hitzewellen den besten Gesundheitsschutz von Älteren im Rahmen der alltäglichen Abläufe einer Hausarztpraxis zu gewährleisten. Diese Konzepte sollten die im Kapitel skizzierten Netzwerke und Kooperationsaspekte integrieren und in enger Abstimmung mit den relevanten Akteuren entwickelt, evaluiert und implementiert werden. Auch wissenschaftlich evaluierte Schulungskonzepte im Bereich Planetary Health sind von großer Relevanz.
- Ressourcenschonende und klimaneutrale Hausarztpraxis: Zunächst werden belastbare Daten zum Treibhausgasfußabdruck einer Hausarztpraxis benötigt. Life-Cycle-Assessments ermöglichen den Vergleich von ähnlichen Artikeln wie Einmalpinzetten vs. Mehrfachpinzetten mit Transport zur Sterilisation. Studien zu Überversorgung müssen die Einsparungen von Treibhausgasen und Ressourcen kalkulieren. Darauf aufbauend kann die ressourcenschonende und langfristig klimaneutrale Hausarztpraxis der Zukunft fundiert konzipiert und etabliert werden.

Bei all diesen Punkten ist zu berücksichtigen, dass wann immer möglich schon eine projektbegleitende Umsetzung von Maßnahmen erfolgen sollte. Denn zur Reduktion der gesundheitlichen Risiken durch globale Umweltveränderungen ist eine schnelle Transformation aller gesellschaftlicher Bereiche inklusive der hausärztlichen Versorgung essenziell.

Literatur

An der Heiden M, Muthers S, Niemann H, Buchholz U, Grabenhenrich L, Matzarakis A (2020) Heat-Related Mortality. Dtsch Ärztebl Int 117(37), 603–609

Blättner B, Janson D, Roth A, Grewe HA, Mücke H-G (2020) Health Protection Against Heat Extremes in Germany: What Has Been Done in Federal States and Municipalities? Bundesgesundheitsblatt Gesundheitsforschung Gesundheitsschutz 63(8), 1013–1019

Bunker A, Wildenhain J, Vandenbergh A, Henschke N, Rocklov J, Hajat S, Sauerborn R (2016) Effects of Air Temperature on Climate-Sensitive Mortality and Morbidity Outcomes in the Elderly: A Systematic Review and Meta-Analysis of Epidemiological Evidence. EBioMedicine 6, 258–268

Deutsche Gesellschaft für Allgemeinmedizin und Familienmedizin (DEGAM) (2021) DEGAM-Leitlinie 2021: Schutz vor Über- und Unterversorgung – gemeinsam entscheiden. S2e-Leitlinie AWMF-Register-Nr. 053–045. URL: https://www.degam.de/degam-leitlinien-379.html (abgerufen am 25.06.2021)

Deutsche Gesellschaft für Allgemeinmedizin und Familienmedizin (DEGAM) (2019) Der Klimawandel ist die größte Bedrohung für die globale Gesundheit im 21. Jhd – Hausärzt*innen sind gefragt! URL: https://www.degam.de/positionspapiere.html (abgerufen am 25.06.2021)

Dickhoff A, Grah C, Schulz CM, Weimann E (2021) Klimagerechte Gesundheitseinrichtungen – Rahmenwerk. KLUG Deutsche Allianz Klimawandel und Gesundheit e.V. Berlin. DOI: 10.5281/zenodo.5024577)

Gyraite G, Katarzyte M, Schernewski G (2019) First Findings of Potentially Human Pathogenic Bacteria Vibrio in the South-Eastern Baltic Sea Coastal and Transitional Bathing Waters. Mar Pollut Bull 149, 110546

Herrmann A, Haefeli WE, Lindemann U, Rapp K, Roigk P, Becker C (2019) Epidemiologie und Prävention hitzebedingter Gesundheitsschäden älterer Menschen. Z Gerontol Geriatr 52, 487–502

Herrmann A, Sauerborn R (2018) General Practitioners' Perceptions of Heat Health Impacts on the Elderly in the Face of Climate Change – A Qualitative Study in Baden-Wurttemberg, Germany. Int J Environ Res Public Health 15(5), 843

Hillman T, Mortimer F, Hopkinson NS (2013) Inhaled Drugs and Global Warming: Time to Shift to Dry Powder Inhalers. BMJ 346, f3359

Jendritzky G, Koppe C, Holst T (2005) Auswirkungen auf die menschliche Gesundheit. In: Stock M, Gerstengarbe FW (Hrsg.) PIK Report 99. KLARA, Klimawandel – Auswirkungen, Risiken, Anpassung in Baden-Württemberg. Potsdam-Institut für Klimafolgenforschung

Kushnir T, Kushnir J, Sarel A, Cohen AH (2011) Exploring Physician Perceptions of the Impact of Emotions on Behaviour During Interactions With Patients. Family Practice 28(1), 75–81. DOI: 10.1093/fampra/cmq070

Lauriola P, Martín-Olmedo P, Leonardi GS, Bouland C, Verheij R et al. (2021) On the Importance of Primary and Community Healthcare in Relation to Global Health and Environmental Threats: Lessons From the COVID-19 Crisis. BMJ Global Health 6(3), e004111

Matthies F, Bickler G, Marin NC (2008) Heat-Health Action Plans: Guidance. WHO Regional Office for Europe Kopenhagen

Nothacker M, Kreienberg R, Kopp IB (2017) „Gemeinsam Klug Entscheiden" – eine Initiative der AWMF und ihrer Fachgesellschaften: Mission, Methodik und Anwendung. Z Evid Fortbild Qual Gesundhwes 129, 3–11

Ram FSF, Wright J, Brocklebank D, White JES (2001) Systematic Review of Clinical Effectiveness of Pressurised Metered Dose Inhalers Versus Other Hand Held Inhaler Devices for Delivering Beta-2 Agonists Bronchodilators in Asthma. BMJ 323(7318), 901

Scortichini M, De Sario M, De'Donato FK, Davoli M, Michelozzi P, Stafoggia M (2018) Short-Term Effects of Heat on Mortality and Effect Modification by Air Pollution in 25 Italian Cities. Int J Environ Res Public Health 15(8), 1771

Tennison I, Roschnik S, Ashby B, Boyd R, Hamilton I, Oreszczyn T, Owen A, Romanello M, Ruyssevelt P, Sherman JD (2021) Health Care's Response to Climate Change: A Carbon Footprint Assessment of the NHS in England. Lancet Planet. Health. 5(2), e84–e92

Thomas SM, Tjaden NB, Frank C, Jaeschke A, Zipfel L, Wagner-Wiening C, Faber M, Beierkuhnlein C, Stark K (2018) Areas With High Hazard Potential for Autochthonous Transmission of Aedes Albopictus-Associated Arboviruses in Germany. J Environ Res Public Health 15(6), 1270

Veit I, Kamps H, Huenges B, Schütte T (2021) Die Hausarztpraxis von morgen: Komplexe Anforderungen erfolgreich bewältigen – Ein Handbuch. Kohlhammer Verlag

Virchow R (1849) Die Einheitsbestrebungen in der wissenschaftlichen Medicin. Verlag G. Reimer Berlin

Watts N, Amann M, Ayeb-Karlsson S, Belesova K, Bouley T et al. (2018) The Lancet Countdown on Health and Climate Change: From 25 Years of Inaction to a Global Transformation for Public Health. The Lancet 391(10120), 581–630

Willett W, Rockström J, Loken B, Springmann M, Lang T, Vermeulen S, Garnett T, Tilman D, DeClerck F, Wood A (2019) Food in the Anthropocene: The EAT-Lancet Commission on Healthy Diets From Sustainable Food Systems. The Lancet 393(10170), 447–492

Witt C, Schubert AJ, Jehn M, Holzgreve A, Liebers U, Endlicher W, Scherer D (2015) The Effects of Climate Change on Patients With Chronic Lung Disease: A Systematic Literature Review. Dtsch Ärztebl Int 112(51–52), 878

World Organization of National Colleges, Academies and Academic Associations of General Practitioners/Family Physicians (WONCA) (2017) WONCA Statement on Planetary Health and Sustainable Development Goals. URL: https://www.globalfamilydoctor.com/News/PlanetaryHealthandSustainableDevelopmentGoals.aspx (abgerufen am 25.06.2021)

4 Anästhesie, Intensiv- und Schmerzmedizin

Thomas Bein

Naturkatastrophen (z.B. schwere Stürme, Überflutungen, Dürren und großflächige Brände) als Auswirkungen von globaler Erderwärmung und Klimawandel werden ebenso die Notfall- und Intensivmedizin herausfordern wie die mit der Erderwärmung assoziierte Zunahme von respiratorischen, kardiovaskulären, renalen und kognitiv-psychischen Erkrankungen. Auch auf die Veränderung der Häufigkeit und des Musters von bisher für uns in Zentraleuropa „untypischen" Infektionskrankheiten müssen die akut- und intensivmedizinischen Disziplinen vorbereitet sein.

In diesem Beitrag werden auf Basis der bisher durchgeführten Studien die erwartbaren neuen Aufgaben zur Bewältigung der quantitativen (hohe Beanspruchung der Kapazitäten bei Hitzewellen oder Naturkatastrophen) und qualitativen Herausforderungen (Auseinandersetzung mit bisher ungewohnten Erkrankungsmustern) entwickelt mit besonderem Blick auf den Arbeitsbereich der Intensivmedizin und Anästhesiologie.

4.1 Herausforderungen für die Intensivmedizin

Es ist zu erwarten (und auf regionaler Ebene schon eingetroffen), dass Erkrankungen infolge der Erderwärmung (akute infektionsbedingte respiratorische und intestinale Erkrankungen, Exazerbationen bei vorbestehender Lungenschädigung, Hitze-bedingte Dehydrierungen, zerebrale Insulte und Myokardinfarkte) für die Intensivmedizin von Relevanz sind (s. Abb. 1) (Bein et al. 2020).

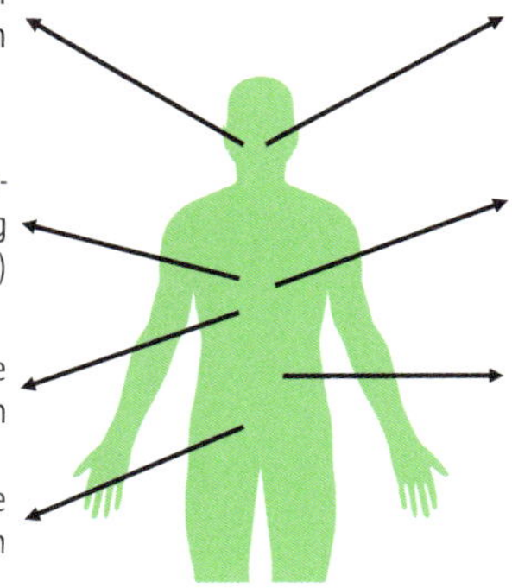

Abb. 1 Klimawandel-assoziierte Erkrankungen mit besonderer Relevanz für die Intensivmedizin

4.1.1 Verstärktes Auftreten von (neuen) respiratorischen Erkrankungen

Bisherige Studien bezüglich des Anstiegs von Erkrankungen des respiratorischen Systems weisen auf die Bedeutung von Klima-bedingt zunehmenden, bisher als „ungewöhnlich“ eingestuften Infektionserkrankungen hin (Bernstein u. Rice 2013): Die Daten zeigen eine steigende Anzahl sowohl viraler Infektionen (Hantavirus, Influenza, Ebola, West-Nil-Virus, Dengue, Respiratory Syncytial Virus) als auch fungal hervorgerufener Infektionen (Aspergillosis, Coccidiomycosis) während Hitzeperioden in den industrialisierten Ländern. Darüber hinaus wurde eine exzessive Zunahme von akuten respiratorischen Störungen auf dem Boden chronischer Erkrankungen (chronisch obstruktive Atemwegserkrankung), z.B. in Portugal beobachtet, die insbesondere eine Steigerung der Letalität bei Patienten über 75 Jahre nach sich zog (Monteiro et al. 2012). Eine Analyse der respiratorisch bedingten stationären Aufnahmen während der Sommer 1991 bis 2004 in New York City ergab in ähnlicher Weise eine signifikante Erhöhung in Abhängigkeit jeder 1-Grad-Erhöhung (Lin et al. 2009).

Im Rahmen der globalen Erderwärmung und während Hitzewellen ist mit einer Zunahme akuter respiratorischer Erkrankungen sowie verstärkter Exazerbation chronischer Lungenleiden zu rechnen.

4.1.2 Kardiovaskuläre Erkrankungen

Hitzewellen in Metropolen lassen in besonderer Weise mit einer erhöhten Anzahl von akuten kardiovaskulären Beschwerden rechnen. Die EuroHeat-Studie (D'Ippoliti et al. 2010) als große europäische epidemiologische Untersuchung zeigte in neun repräsentativen europäischen Großstädten während der Sommermonate (1990–2004) einen Hitze-bedingten Anstieg der Letalität zwischen 7,6% in München bis zu 33,6% in Mailand mit einem Anteil von kardiovaskulär bedingten Todesfällen von ca. 50%. Auch in anderen Studien waren Hitzewellen mit einem erhöhten Aufkommen akuter kardiovaskulärer Erkrankungen (z.B. kardiale Dekompensation, Herzinfarkt, zerebrale Insulte) assoziiert, was zu einer gestiegenen Anzahl von Notaufnahme-Besuchen, stationären Aufnahmen und vermutlich konsekutiv auch Intensivbehandlungen führte.

Die kausal erklärbaren Auswirkungen von globaler Erderwärmung und Klimawandel auf die kardiovaskuläre Gesundheit sind hinreichend skizziert. Als plausible pathophysiologische Mechanismen für Herzinfarkte durch Hitzebelastung werden überwiegend eine generelle Vasodilatation, die gesteigerte Expression lokaler und systemischer Entzündungsmediatoren (Expression von Interleukinen), eine erhöhte Hämoviskosität sowie eine Aktivierung der Blutgerinnung angesehen.

Während Hitzewellen wurde in europäischen Metropolen eine deutlich erhöhte Zunahme von kritischen kardiovaskulären Erkrankungen beobachtet.

4.1.3 Nierenschädigungen

Der Begriff „Heat-Stress Nephropathy" wurde für die Belastung der Nierenfunktion und -leistung durch Dehydratation und Volumenverlust, gegebenenfalls begleitet von kardiovaskulären Problemen geprägt – ein hohes Risiko insbesondere für ältere Menschen mit multiplen Komorbiditäten (Glaser et al. 2016). Aus den Vereinigten Staaten (California Central Valley) sowie aus Indien und Sri Lanka wurde im Rahmen von Hitzewellen ein Versorgungsengpass von Dialyse-Geräten oder Intensivbehandlungsplätzen gemeldet. Für Europa liegen bisher keine belastbaren Daten vor, es ist allerdings davon auszugehen, dass bei extremen, aber nicht mehr ungewöhnlichen Hitzewellen auch hier mit einer erhöhten Rate von Nierenversagen zu rechnen ist. Für die Intensivmedizin wäre die Schlussfolgerung zu ziehen, dass ein höherer „ad hoc"-Bedarf an Dialyse- und/oder Hämofiltrationsgeräten und den erforderlichen Behandlungsmöglichkeiten erwartbar ist. In anderen Studien war die (intensiv-)stationäre Aufnahme von Patienten mit akutem Nierenversagen, Appendizitis, Dehydrierung, ischämischem Schlaganfall, psychischen Störungen und diabetogener Stoffwechselentgleisung während solcher Hitzewellen signifikant erhöht.

Bei einer **„Heat Stress Nephropathy"** handelt es sich um ein neues, Hitze-assoziiertes Bild einer akuten Nierenschädigung – häufig mit Notwendigkeit der Dialyse.

4.1.4 Zunahme und Veränderung von Infektionserkrankungen

In den letzten Jahrzehnten wurde nicht nur in den klassischen, dafür exponierten Hitzeregionen eine Zunahme bekannter Infektionserkrankungen (Zika-Virus, Ebola, Gelbfieber, Dengue) beobachtet, sondern das (bisher vereinzelte) Auftreten solcher Erkrankungen in Europa bereitet zunehmende Sorge (Ogden u. Gachon 2019). Beispielsweise wurde im Rahmen der globalen Erwärmung eine zunehmende Verbreitung von *Vibrio vulnificus*-Infektionen besonders an der Ostsee beobachtet (Bier et al. 2015). Während 2003–2017 insgesamt 26 Fälle gemeldet wurden, registrierten die Gesundheitsämter in den „heißen" Jahren 2018/19 allein 25 Erkrankungen. Patienten mit chronischen Erkrankungen oder eingeschränkter Immunfunktion sind besonders gefährdet, durch das Baden eine Infektion mit *V. vulnificus* über den Eintritt, z.B. durch vorgeschädigte Haut, zu erleiden mit konsekutiven schwersten Haut- und

Weichteilinfektionen und Risiko einer Sepsis. Das akut lebensbedrohliche, bisher kaum bekannt Krankheitsbild (Letalität von etwa 50%) verlangt eine sofortige Herdsanierung, Antibiotikatherapie sowie organunterstützende intensivmedizinische Maßnahmen (s. Kap. II.15).

Ein unveränderter Temperaturanstieg würde bis 2030 nach Statistik-basierten Projektionen einen Anstieg infektionsbedingter intestinaler Erkrankungen (v.a. Diarrhoen) um ca. 10% erwarten lassen, betroffen werden insbesondere Kinder aus industrieschwachen Ländern sein. Für die Frequenz von Salmonellose-Erkrankungen (Bakterium Salmonella spp.), die durch Übelkeit, Erbrechen, Kopfschmerzen und (wässrige) Durchfälle charakterisiert sind, konnte ein klarer Zusammenhang mit der Umgebungstemperatur aufgezeigt werden: Ein Anstieg der mittleren Temperatur um 1°C war von einer höheren Inzidenz von Salmonellenerkrankungen in einer Größenordnung von 5–10% gekennzeichnet. Mittlerweile werden in Europa etwa ein Drittel der Salmonellosen dem Klimawandel zugesprochen (Semenza u. Menne 2009). In jedem Falle wird für die Intensivmedizin der Erwerb fundierter Kenntnisse in der Diagnostik und Therapie von bis dato für uns „exotischen“ Infektionserkrankungen unumgänglich sein.

In Zentraleuropa werden „ungewöhnliche“ Infektionskrankheiten auf den Intensivstationen zunehmen.

4.2 Lösungsansätze für intensivmedizinische Herausforderungen

Die beschriebenen Einflüsse von Klimawandel und Erderwärmung auf die Gesundheit des Menschen lassen erhebliche Konsequenzen für die Intensivmedizin erwarten, denn die Behandlung kritisch kranker Patienten mit Organfunktionsstörungen durch schwere kardiale, respiratorische, renale, oder neurologische Erkrankungen mittels Organersatztherapie (Beatmung, Kreislaufunterstützung, Nierenersatz) ist ihre Kernkompetenz. Eine Analyse von 345 auf Intensivstationen in Frankreich aufgenommenen Patienten infolge eines Hitzschlags (Misset et al. 2006) ergab zum einen eine hohe Letalität von 62%, zum anderen war – interessanterweise – das Sterberisiko signifikant niedriger in mit einer effektiven Klimaanlage ausgestatteten Intensivstationen im Vergleich zu Einrichtungen ohne Klimaanlagen.

Wie kann sich die Intensivmedizin wappnen? Die Herausforderungen und mögliche Lösungsansätze sind in Tabelle 1 zusammengefasst. Spezielles Know-how bezüglich bisher ungewöhnlicher Krankheitsbilder und spezielle technische und personelle Konzepte sind notwendig, um sowohl für einen erhöhten kontinuierlichen Bedarf als auch für eine akute Massen-Beanspruchung mit adäquatem Wissen gerüstet zu sein (Salas et al. 2019). Zum skizzierten Komplex „Klimawandel und Intensivmedizin“ ist eine Initiative begrüßenswert, die auf der Ebene von Fachgesellschaften Konzepte erstellt.

Tab. 1 Lösungsansätze für intensivmedizinische und anästhesiologische Herausforderungen im Kontext von Erderwärmung und Klimawandel

Herausforderung	Lösungsansatz
Massenanfall kritisch kranker Patienten infolge von rapiden Wetterumschlägen, Überschwemmungen, Waldbränden oder anderen Naturkatastrophen	Bereitstellung einer „Reserve“ von Intensivbetten und Personal, die im Bedarfsfall akut aktiviert werden kann
kontinuierlicher Anstieg der Anzahl kritisch kranker Patienten infolge von Hitzewellen oder Luftverschmutzung	Bereitstellung einer höheren Kapazität von Intensivbetten, v.a. in Metropolregionen
Zunahme von Infektionen, besonders mit „ungewöhnlichem“ Charakter	1. Bereitstellung von Isolationsmöglichkeiten 2. Erweiterung der Kenntnisse des Intensivpersonals bzgl. des Managements „ungewöhnlicher“ Infektionen
Anstieg der Anzahl von Patienten mit akuter Nierenschädigung während Hitzewellen	Bereitstellung einer ausreichenden Anzahl von Nierenersatzverfahren
Gefahr der Einschränkung der Energieversorgung von Kliniken bei Naturkatastrophen	adäquates Vorsorgemanagement
adäquates Management von Patienten mit Hitzschlag	konsequenter Einbau von Klimaanlagen auf Intensivstationen
Anästhesie-assoziierter CO_2-Fußabdruck	1. Vermeidung schädlicher volatiler Anästhetika, z.B. Desfluran 2. Abfallmanagement nach der „5R“-Regel: reduce, reuse, recycle, rethink, research

4.3 Anästhesie und Schmerzmedizin im Klimawandel

In der klinischen Anästhesiologie und Schmerzmedizin stehen sowohl die Verwendung volatiler Anästhetika als auch der Umgang mit Einmalmaterial und Abfall im Fokus der Überlegungen zu Klimawandel-assoziiertem Handeln (Coburn et al. 2020). Der CO_2-Fußabdruck der Anästhesie ist von hoher Relevanz, und durch die Auswahl geeigneter, weniger schädlicher Anästhetika kann im großen Stil eine Reduktion von CO_2-Äquivalenten erreicht werden. Das volatile Anästhetikum Desfluran weist in der Atmosphäre eine Lebensdauer von 14 Jahren auf, während diese für Isofluran (3,2 Jahre) und Sevofluran (1,1 Jahre) deutlich kürzer ist. Lachgas hingegen, das ohnehin kaum noch verwendet wird, ist ein echter „Klimakiller“ mit einer Lebenszeit von 114 Jahren. Insofern kann durch die Auswahl eines geeigneten Anästhetikums mit vergleichsweise geringerem Schädigungspotenzial, sowie durch ein kluges und weiterentwickeltes Konzept des Umgangs mit Einmalartikeln und Abfall ein erheblicher Beitrag zur Reduktion klimaschädlicher Produkte beigetragen werden. Zur Koordinierung der Aktivitäten in der Fachgesellschaft wurde das Forum Nachhaltigkeit geschaffen (https://forum-nachhaltigkeit.bda-dgai.de).

Der CO_2-Fußabdruck der klinischen Anästhesie muss durch Adaptation der volatilen Anästhetika und nachhaltiges Abfallmanagement reduziert werden.

4.4 Zusammenfassung

Luftverschmutzung und Erderwärmung tragen mittlerweile zu etwa einem Viertel der Todesursachen weltweit bei, während der Gesundheitssektor selbst im Klimaschädlichen Handeln auf Platz 5 steht (Van Norman u. Jackson 2020). Hieraus ergibt sich eine ethische Verpflichtung im doppelten Sinne: sowohl die Vorbereitung auf die zu erwartenden Krankheitsbilder und Belastungen für Intensivmedizin und Anästhesie, als auch ein Beitrag zur Abmilderung des mit diesen Fachdisziplinen assoziierten CO_2-Fußabdrucks müssen eine höchste Priorität einnehmen.

Literatur

Bein T, Karagiannidis C, Gründling M, Quintel M (2020) Neue intensivmedizinische Herausforderungen durch Klimawandel und globale Erderwärmung. Anaesthesist 69, 463–469

Bernstein AS, Rice MB (2013) Lungs in a Warming World: Climate Change and Respiratory Health. Chest 143, 1455–1459

Bier N, Jäckel C, Dieckmann R et al. (2015) Virulence Profiles of Vibrio Vulnificus in German Coastal Waters, A Comparison of North Sea and Baltic Sea Isolates. Int. J. Environ. Res. Public Health 12, 15943–15959

Coburn M, Schuster M, Kowark A (2020) Nachhaltigkeit in der Anästhesiologie. Anaesthesist 69, 451–452

D'Ippoliti D, Michelozzi P, Marino C, de'Donato F, Menne B, Katsouyanni K, Kirchmayer U, Analitis A, Medina-Ramón M, Paldy A, Atkinson R, Kovats S, Bisanti L, Schneider A, Lefranc A, Iñiguez C, Perucci CA (2010) The Impact of Heat Waves on Mortality in 9 European Cities: Results from the EuroHEAT Project. Environ Health 16(9), 37

Glaser J, Lemery J, Rajagopalan B, Diaz HF, García-Trabanino R, Taduri G, Madero M, Amarasinghe M, Abraham G, Anutrakulchai S, Jha V, Stenvinkel P, Roncal-Jimenez C, Lanaspa MA, Correa-Rotter R, Sheikh-Hamad D, Burdmann EA, Andres-Hernando A, Milagres T, Weiss I, Kanbay M, Wesseling C, Sánchez-Lozada LG, Johnson RJ. (2016) Climate Change and the Emergent Epidemic of CKD from Heat Stress in Rural Communities: The Case for Heat Stress Nephropathy. Clin J Am Soc Nephrol 11, 1472–83

Lin S, Luo M, Walker RJ, Liu X, Hwang SA, Chinery R (2009) Extreme High Temperatures and Hospital Admissions for Respiratory and Cardiovascular Diseases. Epidemiology 20, 738–46

Misset B, De Jonghe B, Bastuji-Garin S, Gattolliat O, Boughrara E, Annane D, Hausfater P, Garrouste-Orgeas M, Carlet J (2006) Mortality of Patients with Heatstroke Admitted to Intensive Care Units During the 2003 Heat Wave in France: A National Multiple-Center Risk-Factor Study. Crit Care Med 34, 1087–92

Monteiro A, Carvalho V, Oliveira T, Sousa C (2012) Excess Mortality and Morbidity During the July 2006 Heat Wave in Porto, Portugal. Int J Biometeorol 57, 155–167

van Norman GA, Jackson S (2020) The Anesthesiologist and Global Climate Change: An Ethical Obligation to Act. Curr Opin Anaesthesiol 33, 577–583

Ogden NH, Gachon P (2019) Climate Change and Infectious Diseases: What Can We Expect? Can Commun Dis Rep 45, 76–80

Salas RN, Malina D, Solomon CG (2019) Prioritizing Health in a Changing Climate. N Engl J Med 381, 773–774

Semenza JC, Menne B (2009) Climate Change and Infectious Diseases in Europe. Lancet Infect Dis 9, 365–75

5 Augenheilkunde

Gerd Geerling, Michelle E. Herrmann, Rainer Guthoff
und Mathias Roth

Das Organ „Auge“ ist aufgrund seiner anatomischen und physiologischen Beschaffenheit mit lichtdurchlässigen Medien (Hornhaut und Linse) und freiliegender Schleimhaut (Bindehaut) besonders exponiert. Die Augenoberfläche, aber auch die brechenden Medien und die Netzhaut sind so in besonderem Maße und direkt Klima- und Umweltveränderungen ausgesetzt. Die Pathogenität von UV-Licht und hohen Temperaturen auf die Entstehung von Katarakt, Lidtumoren, Pterygium oder auch der klimatischen Tropfenkeratopathie sind lange bekannt. Darüber hinaus wächst die Evidenz zum Einfluss des Klimas auf andere ophthalmologische Volkskrankheiten wie Allergien, das Syndrom des trockenen Auges, die Makuladegeneration und das Glaukom.

5.1 Auswirkungen des Wandels der großen Ökosysteme auf die Augenheilkunde

5.1.1 Positive Auswirkungen

Menschen sehr verschiedener Ökosysteme erleben den Wandel hautnah und in steigender Intensität. Vielen wird daher bewusst, dass nicht jeder in seiner eigenen Welt lebt, sondern dass bestimmte Probleme nur gemeinsam zu lösen sind. Exotische Augenerkrankungen werden „globalisiert“. Gemeinsam werden Therapiemöglichkeiten gesucht. Die große Kampagne „Vision 2020: The Right to Sight“ der WHO und der Internationalen Agentur zur Verhütung von Blindheit, bei der die Prävalenz von Blindheit global gesenkt werden konnte, ist hierfür ein konkretes Beispiel. In der Augenheilkunde hat sich der technologische Fortschritt z.B. in Form Smartphone-basierter telemedizinischer Anwendungen oder einfach durch Wissenstransfer per Internet in strukturschwache Gebiete manifestiert (Wintergerst et al. 2020). Wissensaustausch über Kontinente über Diagnostik und Therapie von Klimawandel-bedingten Veränderungen im regionalen Spektrum von Augenerkrankungen wird z.B. im Rahmen von Hospitationen oder Kongressen zukünftig und vor allem wechselseitig an Bedeutung gewinnen.

5.1.2 Negative Auswirkungen

Direkte Folgen

Luft: Eine steigende Lufttemperatur und zunehmende Trockenheit oder Feinstaub kann zu vermehrtem Auftreten des Syndroms des Trockenen Auges (Sicca-Syndrom) und allergischen Bindehautreaktionen führen (Mimura et al. 2014; Yu et al. 2019). Feinstaubbelastung ist nicht nur mit Erkrankungen der Augenoberfläche, sondern auch mit Gefäßverschlüssen, Glaukom, Katarakt oder Makuladegeneration assoziiert (Chang et al. 2019; Shin et al. 2020; El Hamichi et al. 2020), wahrscheinlich infolge oxidativen Stress, der zu neurotoxischen, mikrovaskulären und entzündlichen Veränderungen führt (El Hamichi et al. 2020). Aufgrund ihres hohen Metabolismus ist die Netzhaut besonders vulnerabel.

Wasser: Insbesondere in entwicklungsschwachen Regionen kann zunehmende Wasserverschmutzung bzw. -knappheit zu vermehrter Exposition der Augen mit mikrobiellen Erregern, auch indirekt über verschmutzte Textilien, führen und so die Infektion mit Chlamydien (Trachom) oder eine Onchocerkose direkt begünstigen (Jaggernath et al. 2013; Johnson 2004).

Licht: Trotz teilweiser Erholung der Ozonschicht durch Einhaltung des Montreal-Protokolls, kommt es nach wie vor weltweit zu einer vermehrten Exposition gegenüber dem UV-B-Anteil im Sonnenlicht. Diese UV-Strahlung wird wellenlängenabhängig vor allem im vorderen Augenabschnitt absorbiert und kann dort Neoplasien auslösen (Jaggernath et al. 2013). Chronische Sonnenlichtexposition ist einer der Haupt-Auslöser von Plattenepithelkarzinomen der Lider und Bindehaut (s. Abb. 1A), deren Inzidenz in den letzten Jahrzenten weltweit zugenommen hat (Lomas et al. 2012). Eine zunehmende UV-Exposition führt außerdem zu einer höheren Inzidenz des Pterygiums und – wie erst kürzlich belegt – auch konjunktivaler Melanome (Jaggernath et al. 2013; Mundra et al. 2021) (s. Abb. 1B und C). Die hochenergetische, kurzwellige UV-B-Strahlung gelangt teilweise auch in die Linse und wirkt hier kataraktogen (s. Abb. 1D). Für die USA wurde bis 2050 ein Anstieg der Katarakt um fast 7% wegen der Ozonreduktion prognostiziert (West et al. 2005). Das Risiko für die Entwicklung eines Aderhautmelanoms oder der Makuladegeneration ist wegen der UV-schützenden Wirkung von Hornhaut und Linse gering (El Hamichi et al. 2020; Jaggernath et al. 2013).

Indirekte Folgen

Die fortschreitende Ausweitung landwirtschaftlicher Flächen und das Eindringen des Menschen auch in entlegene Ökosysteme erleichtert die Entwicklungen von Zoonosen mit okulärer Beteiligung. Beispielsweise können das Zika-Virus, das Ebola-Virus und das Dengue-Virus zu schweren, visusbedrohenden intraokularen oder retinalen Entzündungen führen (Jansen et al. 2008). Der Klimawandel ermöglicht eine Verbreitung der Erreger oder ihrer Vektoren aus tropischen in Zonen gemäßigter

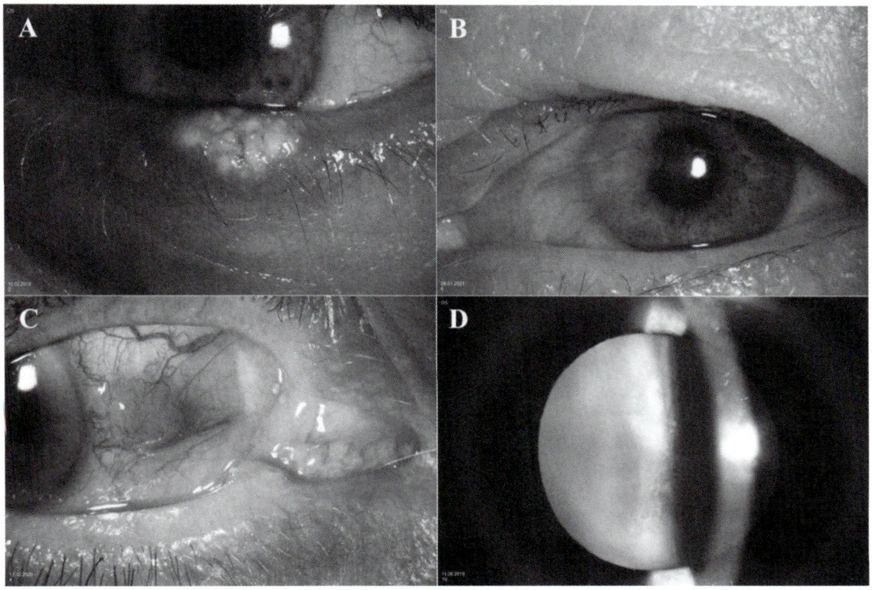

Abb. 1 Spaltlampenmikroskopische Befunde: Plattenepithelkarzinom der Unterlidkante mit weißlich ulzerierender Läsion (A), Pterygium mit fibrovaskulärem Wachstum auf die Hornhaut (B), Malignes Melanom der Konjunktiva im nasalem Lidspaltenbereich (C). „Reife" Katarakt der Linse (D)

Temperaturen (Jaggernath et al. 2013). So wird die steigende Inzidenz von Pilzinfektionen der Hornhaut verbunden mit einem geänderten Erregerspektrum von Hefen hin zu Schimmelpilzen in Mitteleuropa und den USA teilweise auf Klimaveränderungen zurückgeführt (El Hamichi et al. 2020; Johnson 2004). Mykotische Erreger können beispielsweise auch über Bananen verbreitet werden (Triest et al. 2016). Vor diesem Hintergrund ist der flächige Einsatz von auch in der Humanmedizin verwendeten Antimykotika in der Landwirtschaft aufgrund der Gefahr einer Resistenzbildung kritisch zu sehen. Durch Migration aus Regionen, die aufgrund der klimatischen Veränderungen oder Überschwemmungen keine ausreichende Lebensgrundlage mehr bieten, kann der Mensch selbst zum Überträger von Infektionen werden und so zu einer steigenden Prävalenz und Inzidenz von Erkrankungen mit Augenbeteiligung wie z.B. der Tuberkulose beitragen.

5.2 Zukünftigen Entwicklungen

In besonders vom Klimawandel betroffenen Regionen ist potenziell aufgrund resultierender Missernten und verschlechterten Wasser- und Hygienebedingungen ein Anstieg von Augenerkrankungen durch Infektionen oder ernährungsbedingten Vitamin-A-Mangel oder auch einer Katarakt zu erwarten (Jaggernath et al. 2013; Johnson 2004). Vitamin A ist für den Netzhautstoffwechsel essenziell. In diesem Zusammenhang ist wichtig, dass der gestiegene atmosphärische CO_2-Spiegel die Carotinoid-Synthese in Pflanzen reduziert (Loladze et al. 2019). Ein Vitamin-A-Mangel kann zu Nachtblindheit und einer Sonderform des Trockenen Auges, der Xerophthalmie führen.

5.2.1 Adaptive Strategien in der Augenheilkunde

Insbesondere im Augen-OP wäre eine Schärfung des Bewusstseins für ein ressourcenschonendes Arbeiten bei den beiden häufigsten, weltweit durchgeführten Operationen überhaupt, der Katarakt-Operation und der intravitrealen operativen Medikamenteneingabe (IVOM) sinnvoll. Khor et al. konnten zeigen, dass das 3-R-Prinzip (Reduce – Reuse – Recycle) zur Müllreduktion in der Katarakt-Chirurgie eingesetzt werden kann (Chang 2020). Das recyclebare Material einer Katarakt-Operation macht ca. 20% des CO_2-Fußabdruckes des Eingriffs aus. Da ein unerfahrener Operateur nachweislich 33% mehr Ressourcen verbraucht als ein erfahrener Operateur, könnte die Verkürzung der Trainingsphase durch die Verwendung von Simulatoren auch unter dem Aspekt der Nachhaltigkeit hilfreich sein.

Darüber hinaus existieren bereits international anerkannte Instrumente wie die ISO 14001 oder beispielsweise die europäische EMAS (Eco Management and Audit Scheme) zur Regelung der Umweltleistungen und der Rechtssicherheit von Unternehmen in allen Wirtschaftszweigen. Diese international genormten Umweltgütesiegel tragen bereits deutschlandweit über 30 Kliniken und gewinnen auch zunehmend in der Augenheilkunde an Popularität (www.emas-register.de).

Die Deutsche Ophthalmologische Gesellschaft (DOG) versucht Prinzipien der Nachhaltigkeit bei Präsenzveranstaltungen und in der Geschäftsstelle unter dem Logo „DOG Pura" möglichst weitreichend umzusetzen. Sie hat die AG Ethik in der Augenheilkunde im März 2021 damit beauftragt ein DOG-eigenes Positionspapier zur Umsetzung der Sustainable Development Goals der WHO zu entwickeln, wie es auch bereits durch das Royal Australian and New Zealand College of Ophthalmology umgesetzt wurde (Sustainable Development Goals: https://www.who.int/health-topics/sustainable-development-goals#tab=tab_1; Murray et al. 2019).

5.2.2 Aktuelle Forschungsansätze

Eyefficiency ist ein webbasiertes Projekt, das eine Dreifachbilanz (sozial, umweltfreundlich und ökologisch) von Kataraktoperationen und IVOMs anhand von selbsterhobenen OP-Datensätzen auf App-Basis abschätzt (https://eyefficiency.org/). Ursprünglich wurde Eyefficiency von der Sustainability Working Group des Royal College of Ophthalmologists entwickelt und von der World Bank mit dem Ziel der Ermittlung und des Vergleichs der Kohlenstoffemission von operativen Augenzentren weltweit finanziert. Aktuell arbeitet die UK Ophthalmology Alliance an einer „National-Health-Service-Version", die mobil und benutzerfreundlich eine Zeitverlauf- sowie Produktivitätserfassung bei Kataraktoperationen und IVOMs ermöglicht. Hierbei können Anwender die eigene Leistung einschließlich Schlüsselfaktoren wie anerkannten Problemen der Patientenkomplexität, Trainingsanforderungen, Personalausstattung und Komplikationen mit anderen Anwendern in einer Benchmark-Analyse vergleichen.

5.2.3 Spezielle Maßnahmen zur Abschwächung des Klimawandels in der Augenheilkunde

Substanzielle fachspezifische Strategien zur Mitigation des Klimawandels werden in der Augenheilkunde bislang nicht verfolgt. Technische Innovationen treiben den Einsatz von Ressourcen eher hoch. Obwohl eine qualitativ gleichartige Katarakt-Chirurgie in Indien mit weniger als 5% des CO_2-Fußabdruck eines identischen Eingriffs in Großbritannien durchgeführt werden kann, wurde in den entwickelten Ländern mit der Laser-Katarakt-Chirurgie eine erneut Ressourcen-intensivierte und weniger kosteneffektive OP-Technik etabliert (Venkatesh et al. 2016).

Anwender können allerdings eigene Strategien zur Ressourcenschonung ergreifen, z.B. über Prozessoptimierung und telemedizinische Ansätze, z.B. in Form einer Video-Sprechstunde. Zwar sind die Optionen hier aufgrund der komplexen und aufwendigen Untersuchungsbedingungen (Spaltlampe, OCT) aktuell noch eingeschränkt. Es gibt hier jedoch zahlreiche technische Entwicklungen, wie z.B. das iCare Tonometer und die Sensimed Triggerfish-Kontaktlinse für die Augendruckmessung zu Hause, die jedoch noch teuer in der Anschaffung und bzgl. der Genauigkeit in der häuslichen Umgebung nicht umfassend untersucht sind (Saleem et al. 2020). Auch Home-OCT-Geräte, die künstliche Intelligenz zur automatischen Erkennung von Netzhautpathologien verwenden, sollen langfristig kommerziell zur Verfügung stehen. Die augenheilkundliche, telemedizinische Versorgung wird daher zunehmen und damit sowohl für den individuellen Patienten den Zugang zur Gesundheitsversorgung verbessern als auch sekundär die Umweltbelastung durch Mobilität reduzieren. Allerdings ist eine bewertende Ressourcenbilanz für Einsparungen und Aufwand der ophthalmologischen Telemedizin aktuell noch nicht möglich.

Literatur

Chang DF (2020) Needless Waste and the Sustainability of Cataract Surgery. Ophthalmology 127(12), 1600–2. DOI: 10.1016/j.ophtha.2020.05.002

Chang KH, Hsu PY, Lin CJ, Lin CL, Juo SHH, Liang CL (2019) Traffic-Related Air Pollutants Increase the Risk for Age-Related Macular Degeneration. J Investig Med 67(7), 1076–81

El Hamichi S, Gold A, Murray TG, Graversen VK (2020) Pandemics, Climate Change, and the Eye. Graefe's Archive for Clinical and Experimental Ophthalmology 258, 2597–601

Jaggernath J, Haslam D, Naidoo KS (2013) Climate Change: Impact of Increased Ultraviolet Radiation and Water Changes on Eye Health. Health (Irvine Calif) 05(05), 921–30

Jansen A, Frank C, Koch J, Stark K (2008) Surveillance of Vector-Borne Diseases in Germany: Trends and Challenges in the View of Disease Emergence and Climate Change. Parasitol Res 103(SUPPL. 1)

Johnson GJ (2004) The Environment and the Eye. Eye 18(12), 1235–50

Loladze I, Nolan JM, Ziska LH, Knobbe AR (2019) Rising Atmospheric CO_2 Lowers Concentrations of Plant Carotenoids Essential to Human Health: A Meta-Analysis. Mol Nutr Food Res 63(15), 1–9

Lomas A, Leonardi-Bee J, Bath-Hextall F (2012) A Systematic Review of Worldwide Incidence of Nonmelanoma Skin Cancer. Br J Dermatol 166(5), 1069–80

Mimura T, Ichinose T, Yamagami S, Fujishima H, Kamei Y, Goto M et al. (2014) Airborne Particulate Matter (PM2.5) and the Prevalence of Allergic Conjunctivitis in Japan. Sci Total Environ 487(1), 493–9

Mundra PA, Dhomen N, Rodrigues M, Mikkelsen LH, Cassoux N, Brooks K et al. (2021) Ultraviolet Radiation Drives Mutations in a Subset of Mucosal Melanomas. Nat Commun 12(1), 1–7. DOI: 10.1038/s41467-020-20432-5

Murray N, Mack HG, Al-Qureshi S (2019) The Case for Adopting Sustainability Goals in Ophthalmology. Clin Exp Ophthalmol 47(7), 837–9

Saleem SM, Pasquale LR, Sidoti PA, Tsai JC (2020) Virtual Ophthalmology: Telemedicine in a COVID-19 Era. Am J Ophthalmol 216, 237–42. DOI: 10.1016/j.ajo.2020.04.029

Shin J, Lee H, Kim H (2020) Association Between Exposure to Ambient Air Pollution and Age-Related Cataract: A Nationwide Population-Based Retrospective Cohort Study. Int J Environ Res Public Health 17(24), 1–11

Triest D, Piérard D, De Cremer K, Hendrickx M (2016) Fusarium Musae Infected Banana Fruits as Potential Source of Human Fusariosis: May Occur More Frequently than We Might Think and Hypotheses about Infection. Commun Integr Biol 9(2), e1162934. DOI: 10.1080/19420889.2016.1162934

Venkatesh R, Van Landingham SW, Khodifad AM, Haripriya A, Thiel CL, Ramulu P et al. (2016) Carbon Footprint and Cost-Effectiveness of Cataract Surgery. Curr Opin Ophthalmol 27(1), 82–8

West SK, Longstreth JD, Munoz BE, Pitcher HM, Duncan DD (2005) Model of Risk of Cortical Cataract in the US Population with Exposure to Increased Ultraviolet Radiation due to Stratospheric Ozone Depletion. Am J Epidemiol 162(11), 1080–8

Wintergerst MWM, Jansen LG, Holz FG, Finger RP (2020) Smartphone-Based Fundus Imaging-Where Are We Now? Asia-Pacific J Ophthalmol 9(4), 308–14

Yu D, Deng Q, Wang J, Chang X, Wang S, Yang R et al. (2019) Air Pollutants Are Associated with Dry Eye Disease in Urban Ophthalmic Outpatients: A Prevalence Study in China. J Transl Med 17(1), 1–9. DOI: 10.1186/s12967-019-1794-6

6 Dermatologie

Claudia Traidl-Hoffmann

Die Art und Weise, wie sich das Klima unseres Planeten verändert, wird die Verbreitung und Häufigkeit von Hautkrankheiten beeinflussen. Insbesondere Hauterkrankungen, die mit infektiösen Ätiologien, Sonneneinstrahlung, Umweltschadstoffen und aquatischer Übertragung zusammenhängen, werden mit dem Klimawandel an Quantität und Qualität zunehmen. Zu diesen Prozessen gehören neben den Hitzeeffekten auf chronisch entzündliche Hauterkrankungen, neue Verteilung von Infektionskrankheitsvektoren und Veränderung von deren saisonalen Mustern (s. Kap. II.15), die zunehmende Häufigkeit von extremen Wetterereignissen (s. Kap. II.1) und deren Folgen für die Haut sowie eine höhere UV-Strahlungsexposition. Der Klimawandel und die Luftverschmutzung haben gemeinsame Ursachen, deswegen muss eine Diskussion über den Klimawandel und seine Auswirkungen auf die Haut-Gesundheit unbedingt auch die Auswirkungen der Luftverschmutzung berücksichtigen (Heuson u. Traidl-Hoffmann 2018). Da die Haut eine Schnittstelle zur Umwelt ist, können Toxine und Schadstoffe in der Luft mit der Haut interagieren und zum Aufflammen bestimmter entzündlicher Hauterkrankungen beitragen (s. Kap. II.29).

6.1 Verstärkte Auswirkungen der ultravioletten Strahlung

Die Haut und die Augen sind die Organe, die der UV-Strahlung der Sonne ausgesetzt sind. Übermäßige Sonnenbestrahlung verursacht Hautkrebs, einschließlich des malignen Melanoms der Haut und der nicht-melanomen Hautkrebsarten wie dem Basalzellkarzinom und Plattenepithelkarzinom. Hautkrebs ist weltweit die häufigste Krebsart, und die Inzidenzraten sind in der zweiten Hälfte des 20. Jahrhunderts erheblich gestiegen, wobei die höchste Inzidenz in hellhäutigen Bevölkerungsgruppen zu beobachten ist. UV-Strahlung trägt auch zur Entwicklung anderer seltener Hautkrebsarten wie dem Merkelzellkarzinom bei.

Anthropogene Einflüsse auf das Klima und die Umwelt verstärken die schädlichen Auswirkungen der ultravioletten Strahlung (UV).

Das Montrealer Protokoll regelte 1987 den Verbrauch von Stoffen, die die Ozonschicht schädigen. Dieses Protokoll beruht auf dem Vorsorgeprinzip und ist ein Meilenstein im Umwelt-Völkerrecht. Es regulierte die weit verbreitete Verwendung von ozonabbauenden Aerosolen wie Fluorchlorkohlenwasserstoffen und Halonen und trägt so zu einer erheblichen Verringerung der Menge an UV-reflektierendem Ozon in der Erdatmosphäre bei (United Nations Environment Programme et al. 2012). Heute wird der Klimawandel als die größte Bedrohung für die Erholung des stratosphärischen Ozons angesehen. Die Ozonschicht hat begonnen sich zu regenerieren und dennoch gibt es immer noch schätzungsweise 33.000 zusätzliche Fälle von Melanomen und anderen Hautkrebsarten pro Jahr, die auf das relative Ozondefizit zurückzuführen sein dürften (Longstreth et al. 1998).

Allerdings ist zu betonen, dass vor allem das veränderte Verhalten in Bezug auf die Sonnenexposition bei vielen hellhäutigen Bevölkerungsgruppen im letzten halben Jahrhundert zu einer stärkeren Belastung durch UV-Strahlung beigetragen hat. Mehr Zeit in der Sonne, weniger Kleidung (mehr freiliegende Haut) und die Vorliebe für Bräune haben sehr wahrscheinlich einen größeren Einfluss als der Ozonabbau auf die Entwicklung des weißen und schwarzen Hautkrebses (Lucas et al. 2015; Parker 2021). Folglich wären vor allem im Bereich des weißen Hautkrebs Präventionsmaßnahmen im Sinne von Patientenedukation sehr erfolgsversprechend.

6.2 Umweltschadstoffe fördern eine Barrierestörung der Haut

Epithelien der Haut, der Lunge und des Darms übernehmen eine zentrale Barrierefunktion hinsichtlich der Interaktion des Körpers mit der Umwelt. Eine kontinuierliche Exposition gegenüber Umwelteinflüssen kann zu Schädigungen der epithelialen Barriere führen und somit den Weg für die Entwicklung von Atopien bahnen.

> **Atopien** bezeichnen die Neigung zu Allergien, d. h. Überempfindlichkeitsreaktionen der Haut, des Darms und der Atemwege auf im Grunde unschädliche Umweltstoffe.

Epidemiologische Studien zeigen, dass plötzlich stark erhöhtes oder kontinuierliches Einwirkens schädlicher Umweltfaktoren, wie verkehrsbedingte Luftschadstoffe (Schram et al. 2010; Wu et al. 2018) (Stickoxide, Ultrafeine Partikel), und die Folgen des anthropogen verursachten Klimawandels (z.B. erhöhte UV-Strahlung und Ozonwerte) mit dem Auftreten von chronisch entzündlichen Erkrankungen, insbesondere Asthma (Übersicht in Demain 2018), Neurodermitis, Allergien (Übersicht in Cecchi et al. 2018) und auch Hautalterung (Ding A et al. 2017) positiv korrelieren. Auch wenn die molekularen Mechanismen nicht im Detail verstanden sind, wurde hieraus die wissenschaftliche Hypothese entwickelt, dass durch die Barriereschädigung der Haut ein „Einfallstor“ entsteht für weitere Triggerfaktoren aus der Umwelt und Erkrankungen aus dem atopischen Formenkreis somit gefördert werden (Heuson u. Traidl-Hoffmann 2018).

6.3 Klimawandel und Neurodermitis

Die Neurodermitis oder das atopische Ekzem ist eine chronisch rezidivierende, entzündliche Hauterkrankung, die aufgrund ihrer hohen Prävalenz und der damit verbundenen geringen Lebensqualität ein wachsendes gesundheitliches Problem darstellt (Bieber et al. 2016). Die Ätiologie der Neurodermitis ist multifaktoriell, wobei verschiedene Faktoren zusammenwirken (Bieber et al. 2020) wie

- genetische Veranlagung,
- Immunsystem und vor allem
- Umweltfaktoren.

Da der Klimawandel mit einer tiefgreifenden Veränderung der Umweltfaktoren einhergeht, liegt es nahe, dass die Neurodermitis durch den Klimawandel beeinflusst wird. Umweltschadstoffe wirken barriereschädigend und somit gleichzeitig als Triggerfaktoren für Prävalenz und Inzidenz der Neurodermitis. Komplexe Forschungsansätze, die mithilfe künstlicher Intelligenz multifaktorielle Einflussfaktoren zu analysieren vermögen, zeigen klar, dass es zu einer akuten Exazerbation der Neurodermitis kommen kann, wenn hohe Schadstoffreaktionen der Außenluft gepaart mit Wetter-Änderung und extremer Hitze zusammen agieren (Patella et al. 2020).

6.4 Effekte des Klimawandels auf entzündliche Hauterkrankungen durch Änderung von Ökosystemen

Atmosphärisches CO_2 fördert das Wachstum von unterschiedlichen Pflanzen, wie z.B. „Poison Ivy“, Giftefeu, Farn und Riesenbärenklau, sodass diese sich in Regionen ausbreiten, in denen sie bisher nicht vorkamen (Mohan et al. 2006). Infolge dieser Prozesse werden Dermatolog:innen in Zukunft wahrscheinlich mehr Fälle von schweren toxischen und irritativen Dermatitiden auf Pflanzen sehen, da deren Verbreitung im Rahmen des Klimawandels weiter zunehmen wird. Die Effekte des Klimawandels auf invasive, allergische Pflanzen wird im Kapitel Allergologie behandelt (s. Kap. II.1).

6.5 Klimaresilienz in der Dermatologie

Der Klimawandel hat bereits begonnen, das menschliche Leben durch die damit verbundenen extremen Wetterereignisse und seine schädlichen Auswirkungen auf die Haut-Gesundheit zu beeinflussen. Dieses imminente Problem hat vielfältige Auswirkungen auf die Fachärzte für Dermatologie und deren Patient:innen. Infektionskrankheiten der Haut werden in Regionen und Jahreszeiten auftreten, in denen sie bisher nicht bekannt waren. Dies hat wiederum Implikationen für Patientenedukation, Studium und Lehre in der Medizin. Bestehende Hautkrankheiten werden sich durch Wetter- und Vegetationsveränderungen verschlimmern. Und extreme Wetterereignisse – wie auch die verschiedenen Hautkrankheiten, die sie begünstigen – werden weiter zunehmen, ebenso wie Hautkrebs, der durch die effektivere UV-Strahlung ausgelöst wird. Um Klimaresilienz in der Dermatologie zu schaffen, benötigen wir für Behandelnde und Patient:innen mehr Verständnis über die Veränderte Wirksamkeit von lokal-applizierte Therapeutika, Vorhersage-Modelle und insbesondere Patientenedukation über angepasstes Verhalten an bereits stattgehabte Veränderungen. Dies wäre im Rahmen einer Klimasprechstunde in der Dermatologie möglich.

Literatur

Bieber T et al. (2016) Global Allergy Forum and 3rd Davos Declaration 2015: Atopic Dermatitis/Eczema: Challenges and Opportunities toward Precision Medicine. Allergy 71(5), 588–92

Bieber T et al. (2020) Unraveling the Complexity of Atopic Dermatitis: The CK-CARE Approach toward Precision Medicine. Allergy 75(11), 2936–2938

Cecchi L, D'Amato G, Annesi-Maesano I (2018) External Exposome and Allergic Respiratory and Skin Diseases. J Allergy Clin Immunol 141(3), 846–857

Demain JG (2018) Climate Change and the Impact on Respiratory and Allergic Disease. Curr Allergy Asthma Rep 18(4), 22

Ding A et al. (2017) Indoor PM2.5 Exposure Affects Skin Aging Manifestation in a Chinese Population. Sci Rep 7(1), 15329

Heuson C, Traidl-Hoffmann C (2018) The Significance of Climate and Environment Protection for Health under Special Consideration of Skin Barrier Damages and Allergic Sequelae. Bundesgesundheitsblatt Gesundheitsforschung Gesundheitsschutz 61(6), 684–696

Longstreth J et al. (1998) Health Risks. J Photochem Photobiol B 46(1–3), 20–39

Lucas RM et al. (2015) The Consequences for Human Health of Stratospheric Ozone Depletion in Association with other Environmental Factors. Photochem Photobiol Sci 14(1), 53–87

Mohan JE et al. (2006) Biomass and Toxicity Responses of Poison Ivy (Toxicodendron Radicans) to Elevated Atmospheric CO2. Proc Natl Acad Sci USA 103(24), 9086–9

Parker ER (2021) The Influence of Climate Change on Skin Cancer Incidence – A Review of the Evidence. Int J Womens Dermatol 7(1), 17–27

Patella V et al. (2020) Atopic Dermatitis Severity during Exposure to Air Pollutants and Weather Changes with an Artificial Neural Network (ANN) Analysis. Pediatr Allergy Immunol 31(8), 938–945

Schram ME et al. (2010) Is there a Rural/Urban Gradient in the Prevalence of Eczema? A Systematic Review. Br J Dermatol 162(5), 964–73

United Nations Environment Programme, E.E.A.P. et al. (2012) Environmental Effects of Ozone Depletion and its Interactions with Climate Change: Progress Report. Photochem Photobiol Sci 11(1), 13–27

Wu W, Jin Y, Carlsten C (2018) Inflammatory Health Effects of Indoor and Outdoor Particulate Matter. J Allergy Clin Immunol 141(3), 833–844

7 Endokrinologie

Matthias M. Weber und Josef Köhrle

Das Thema der allgegenwärtigen Endokrinen Disruptoren (ED) ist in seiner Komplexität und gesundheitspolitischen Bedeutung durchaus mit der aktuellen Klimadebatte zu vergleichen. Wie auch bei der Erderwärmung stellt die zunehmende Kontamination der Umwelt mit endokrin aktiven/disruptiven Substanzen eine grundsätzliche und in ihrem Ausmaß noch nicht ausreichend erfasste Bedrohung der Tierwelt und der menschlichen Gesundheit dar. Auch wenn dieser Bedrohung nur auf einer übergreifenden gesellschaftspolitischen Ebene wirksam begegnet werden kann, liegt es doch auch im Ermessen jedes Einzelnen sich in seinem Verhalten zu einem bewussteren Umgang mit der Ressource Umwelt zu bekennen und wo immer möglich auf den Einsatz von potenziellen Quellen endokrin disruptiver Chemikalien zu verzichten.

7.1 Endokrine Disruptoren

Unser Hormonsystem ist an der Regulation von nahezu allen Körperfunktionen wie Wachstum, Entwicklung, Reproduktion, Energiehaushalt, Stoffwechsel, Immunsystem und Kreislauffunktion aber auch neurologischen, kognitiven, affektiven und psychosozialen Funktionen entscheidend beteiligt. In den letzten Jahrzehnten ist das Bewusstsein dafür gewachsen, dass zahlreiche Chemikalien aus exogenen Quellen ungewollt mit dem komplexen Hormonsystem von Organismen interagieren können und so zu einer erheblichen Schädigung von Mensch und Tierwelt führen können.

> **Endogene Disruptoren (ED)** werden nach WHO 2002 definiert als „ein exogener Stoff oder Gemisch, welcher/s die Funktion(en) eines endokrinen Systems ändert und daher nachteilige Gesundheitsauswirkungen im intakten Organismus oder seinen Nachkommen oder (Sub-)populationen hat" (WHO u. UNEP 2013).

Gelangen diese endokrin schädigenden Substanzen aus der Umwelt in den Körper, können sie dort selbst in sehr niedrigen Konzentrationen mit dem Hormonsystem interagieren und so insbesondere in vulnerablen Phasen der fetalen und kindlichen Entwicklung zu zahlreichen gesundheitlichen Schäden führen.

Eine typische Eigenschaft des endokrinen Systems sind nichtlineare Konzentrations-Wirkungsbeziehungen, die zum Teil durch feinabgestimmte Rückkopplungsmechanismen so geregelt werden, dass sowohl Konzentrationen unterhalb also auch oberhalb der Referenzbereiche schädliche Wirkungen hervorrufen können. Auch deshalb muss man davon ausgehen, dass für ED der toxikologische Grundsatz eines sicheren unteren Schwellenwerts nicht angewandt werden kann, da die Nebenwirkungen nicht linear verlaufen und zum Beispiel sehr niedrige und sehr hohe Dosen stärkere Effekte aufweisen können (U-förmige Dosis-Wirkungskurve). Außerdem kann eine mehrfache Exposition auch von geringen Dosen zu einer mehr als additiven Potenzierung der schädlichen Wirkung führen. Das gleiche gilt für Kombinationen verschiedener Substanzen, die zu einem negativen Cocktaileffekt führen können, schon bei Konzentrationen weit unterhalb der bisher für die einzelne Substanz als sicher angenommenen Grenze. In diesem Zusammenhang stimmt auch eine aktuelle labormethodische Studie aus Lancet Diabetes & Endocrinology aus dem Jahr 2020 nachdenklich, die für einen der am längsten bekannten ED, das Bisphenol A (BPA) – wie es auch im Thermopapier von Belegdruckern gefunden wird – nachweisen konnte, dass die bisherigen indirekten Messmethoden die Konzentration des aufgenommenen BPA z.B. im Urin von schwangeren Frauen systematisch um ein Vielfaches unterschätzt haben und so zu einer falschen und viel zu niedrigen Risikoeinschätzung dieses sehr weit verbreiteten ED geführt haben (Gerona et al. 2020). Zusätzliche Schwierigkeiten für den ursächlichen Nachweis der potenziellen Gefährlichkeit von ED stellt auch die in der Regel sehr lange Latenz zwischen oftmals nur kurzer Exposition und negativen gesundheitlichen Folgen dar, sodass man zur Risikoeinschätzung häufig auf epidemiologische Assoziationsstudien ohne direkten Beleg der Kausalität angewiesen ist.

7.2 Substanzen mit endokrin disruptiver Wirkung

Derzeit sind etwa 1.000 Substanzen mit nachgewiesener disruptiver Wirkung auf endokrine Systeme bekannt. Da die überwiegende Mehrzahl der Chemikalien vor ihrer Zulassung aber nicht umfassend auf ihre Unbedenklichkeit als ED getestet wurde, und der zeitliche Abstand zwischen Einwirkung des ED auf das Hormonsystem und den daraus resultierenden gesundheitlichen Folgen meist sehr groß ist und sich sogar erst in nachfolgenden Generationen auswirken kann, besteht über das genaue Ausmaß der Problematik noch große Unsicherheit. Es handelt sich um eine Vielzahl unterschiedlicher Substanzklassen wie Pflanzenschutzmittel, Brandhemmer, Kosmetika, Kunststoffe, Lebensmittelverpackungen, Medikamente sowie Substanzen natürlichen Ursprungs. Diese Umweltgifte können über unterschiedlichste Wege wie Luft, Haut, Trinkwasser oder Nahrung in den Körper gelangen (WHO u. UNEP 2013; La Merill et al. 2020; Popovici 2015; Casals-Casas u. Desvergne 2011). Eine Übersicht über wichtige ED und ihre Herkunft findet sich in Tabelle 1.

Tab. 1 Beispiele für Endokrine Disruptoren, ihre Quellen und Anwendungen (nach WHO u. UNEP 2013; La Merill et al. 2020; Popovici 2015 und Casals-Casas u. Desvergne 2011)

Endokrine Disruptoren	Art oder Quelle	Anwendungen, Besonderheiten
Organochloride (z.B. DDT)	Pestizide oder Weichmacher	■ DDT Insektizid, 1970: DDT wird in den meisten entwickelten Ländern verboten; ■ 2000: Eingeschränkt durch die Stockholmer Konvention
Dioxine (z.B. PCB, PCDD, TCDD)	Umweltschadstoffe in Lebensmitteln	■ Dioxine, entstehen bei Verbrennungsprozessen ■ polychlorierte Biphenyle: (PCB), früher als Hydraulik- oder Isolieröle, Dämmung ■ 2000: PCB wird verboten und andere Dioxine durch die Stockholmer Konvention beschränkt
zinnorganische Verbindungen (z.B. TBT, TPTO)	Umweltschadstoffe in Lebensmitteln	■ Verwendung als Holzkonservierungsmittel, Antifouling-Mittel ■ weltweit durch die International Maritime Organization gebannt
PFC: polyfluorierte Alkylverbindungen (z.B. PFOA, PFOS)	Weichmacher, Tenside	organische Verbindungen, die sich in Umwelt anreichern, teilweise karzinogen. 2009: Eingeschränkt durch die Stockholmer Konvention und die EU
BFR: bromierte Flammschutzmittel (z.B. PBDE)	Flammschutzmittel	■ PBDE verboten in der EU und einigen US-Bundesstaaten; ■ 2009: einige BFR durch die Stockholmer Konvention verboten
Alkylphenol (z.B. APE, Octylphenol)	Tenside	■ Alkylphenolethoxylat: in Detergenzien, Pestiziden und Kosmetika ■ Verboten für einige Anwendungen in der EU
Organophosphor-Verbindungen und Phosphorsäureester	Insektizide Weichmacher	Substanzklasse sind Phoxim, Dichlorvos (DDVP), Fenthion, Chlorpyrifos, Parathion (E 605) und seine Methyl- und Ethyl-Derivate, sowie Tetraethylpyrophosphat (Bladan).
Bisphenole (z.B. BPA)	Weichmacher	■ in zahlreichen Polycarbonaten, PVC, Epoxidharzen: ■ Lebensmittelverpackung, Plastikflaschen, Sport-, Medizin-, Dentalprodukte, Farben, Thermopapier, Ab 2009: BPA in Babyflaschen in vielen Ländern verboten
Phthalate (z.B. DEHP, DBP, DEP)	Weichmacher	■ PVC, Kosmetika, Shampoos ■ beschränkt in Kinderspielzeug in der EU (1999) und den USA (2009); 2010: Australien verbietet Produkte mit DEHP-Gehalt von > 1%
Perchlorat	Oxidationsmittel	in Raketen und Feuerwerkskörpern, chlorhaltige Reinigungs- und Desinfektionsmittel, Nitratdünger, künstliche Bewässerung für Obst und Gemüse

Endokrine Disruptoren	Art oder Quelle	Anwendungen, Besonderheiten
Parabene	Konservierungsmittel	Kosmetika, Pharmazeutika
Siloxane	Polymerindustrie	Silikonpolymere, Kosmetika
synthetische Hormone (z.B. DES)	Pharmazeutika Tiermedizin	■ DES: Diethylstilbestrol-Behandlung von Prostatakarzinom, vorzeitige Wehen. ■ Endokrin aktive Medikamente (e.g. EE2, Tamoxifen, Levonorgestrel, SSRIs; e.g. Fluoxetin)
Metalle	metallorganische Chemikalien	Arsen, Cadmium, Blei, Quecksilber, Methylquecksilber
Phytoöstrogene	pflanzliche Lebensmittel (zB Soja)	Isoflavone (z.B. Genistein, Daidzein), Coumestane (z.B. Coumestrol), Mykotoxine (z.B. Zearalenon), Prenylflavonoide (z.B. 8-Prenylnaringenin)

Abkürzungen: APE = Alkylphenolethoxylat; BFR = „brominated flame retardants" (bromierte Flammschutzmittel); BPA = Bisphenol A; DBP = Dibutylphthalat; DDT = Dichlordiphenyltrichlorethan; DEHP = Diethylhexylphthalat (Phthalsäure-di-2-ethylhexylester); DEP = Diethylphthalat (Phthalsäurediethylester); PBDE = polybromierter Diphenylether; PCB = polychlorierter Biphenylether (auch: Diphenylether); PCDD = polychlorierte Dibenzodioxine; PFC = „polyfluorinated compounds" (polyfluorierte Alkylverbindungen); PFOA = Perfluoroctansäure; PFOS = Perfluoroctansulfonsäure; SSRIs = Selektive Serotoninwiederaufnahmeinhibitoren, TBT = Tributylzinnhydrid; TCDD = 2,3,7,8-Tetrachlordibenzo-p-dioxin; TPTO = Bis(triphenylzinn)-oxid; TR = Thyroidhormonrezeptor

7.3 Gesundheitliche Folgen von endokrin disruptiven Chemikalien

Die zunehmende Belastung mit ED wird für eine Vielzahl von hormonell verursachten oder regulierten Erkrankungen mitverantwortlich gemacht, z.B.

- Entstehung von Übergewicht,
- Störungen des Glukose- und Lipidstoffwechsels,
- rückläufige Fertilität,
- Störungen der Sexualentwicklung,
- Polyzystisches Ovarsyndrom (PCOS),
- Autismus,
- Tumore der Brust und endokriner Organe,
- kardiovaskuläre Erkrankungen,
- Schilddrüsenerkrankungen sowie
- neurologische, neurodegenerative und psychische Erkrankungen.

Dabei sind Auswirkungen von ED insbesondere auf die Reproduktion, Sexualentwicklung und Verhalten nicht nur beim Menschen, sondern auch bei Wildtieren zu beobachten.

Eine Übersicht über jüngste Erkenntnisse zu möglichen Gesundheitsfolgen durch Kontakt mit ED insbesondere auch über Alltagsgegenstände erhärtet die bestehenden Bedenken aus früheren wissenschaftlichen Arbeiten (Kahn et al. 2020). Dabei zeigen sich besonders starke Hinweise für einen Zusammenhang zwischen Exposition mit polyfluorierten Alkylverbindungen und Adipositas, gestörter Glukosetoleranz, Gestationsdiabetes, geringem Geburtsgewicht, reduzierter Spermienqualität, PCOS, Endometriose und Brustkrebs. Ein starker Zusammenhang besteht zwischen Exposition mit Bisphenolen und Diabetes beim Erwachsenen, reduzierter Spermienqualität und PCOS sowie zwischen Exposition mit Phthalaten und vorzeitiger Pubertät, vermindertem anogenitalen Abstand bei Jungen, Adipositas in der Kindheit und gestörter Glukosetoleranz, zwischen Exposition mit Organophosphor Pestiziden und reduzierter Spermienqualität sowie beruflicher Exposition mit Pestiziden und Prostatakrebs. In den letzten Jahren hat sich aber auch die Evidenz für einen Zusammenhang zwischen kognitiven Defiziten und Aufmerksamkeitsstörungen bei Kindern nach pränataler Exposition mit Bisphenol A, Organophosphor Pestiziden und polybromierten Flammschutzmittel verstärkt (Kahn et al. 2020).

7.4 Wirkmechanismen von endokrinen Disruptoren

ED können die hormonelle Gesundheit auf unterschiedlichen Wegen beeinflussen. Sowohl die Biosynthese der Hormone in spezialisierten Drüsen oder Zellen, der Hormontransport zu den Zielorganen und die Hormonaufnahme in Zielzellen als auch die lokale Aktivierung oder der Abbau von Hormonen in Zielstrukturen können durch ED beeinflusst werden. Nach ED Exposition werden auch epigenetische Veränderungen (z.B. Histonmodifikation, DNA-Methylierung, RNAi-vermitteltes Gen-Silencing) beschrieben, die erklären, warum sich manche Effekte von ED erst in der nächsten oder übernächsten Generation bemerkbar machen können (La Merrill et al. 2020).

Die hormonell disruptiven Effekte sind abhängig von spezifischen Wechselwirkungen auf zellulärer und gewebespezifischer Ebene, vom Geschlecht, Alter und Lebensphase. Besonders vulnerable Phasen mit dem Risiko für lebenslange und sogar generationsübergreifende Spätfolgen sind insbesondere die fetale Entwicklung sowie die frühkindliche und pubertäre Lebensphase.

Die wesentlichen Wirkmechanismen und Nachweismethoden von ED sind in einem aktuellen Experten Consensus Report zusammengefasst beschrieben (La Merrill et al. 2020).

7.5 Effekte Endokriner Disruptoren am Beispiel der Schilddrüse

Schilddrüsenhormone spielen eine entscheidende Rolle für die menschliche Entwicklung und Gesundheit. In den letzten Jahren finden sich zunehmende Hinweise auf vielfältige negative Interaktionen verschiedener ED mit der Schilddrüsenfunktion. Besonders brisant ist dies bei schwangeren Frauen. Der sich entwickelnde Embryo im ersten Trimenon ist vollständig und der reifende Fetus trotz danach erst einsetzender eigener Schilddrüsenhormonproduktion noch weiterhin bis zur Geburt von einer ausreichenden maternalen Versorgung mit T4 und Iodid über die Plazenta abhängig.

Verschiedene kleinere Beobachtungsstudien aber auch erste größere (prospektive) epidemiologische Untersuchen an Schwangeren und ihren Nachkommen zeigen störende Effekte einer ED Exposition während der Schwangerschaft auf. Hierbei zeigte sich, dass z.B. erhöhte Perchloratkonzentrationen im maternalen Urin negativ mit maternalem fT4 der Schwangeren korrelierten (Knight 2018), sowie höhere PFAS Exposition von Müttern mit niedrigerem fT4 (Reardon et al. 2019). Phthalatexposition während der frühen Schwangerschaft zeigte veränderte maternale Schilddrüsenhormonkonzentrationen (Gao et al. 2017), ebenso eine erhöhte Exposition mit persistierenden Organochlorverbindungen (Llop et al. 2017). Erniedrigtes maternales fT4 am Ende des ersten Trimesters war in einer großen epidemiologischen Studie assoziiert mit schlechterer Leistung in arithmetischen aber nicht Sprachtests der 5-jährigen Kinder dieser Mütter (Noten et al. 2015). Somit muss mit nachteiligen Auswirkungen niedriger fT4 und/oder erhöhter TSH Konzentrationen während der Schwangerschaft auf die Kindesentwicklung gerechnet werden.

Viele ED können die Plazentaschranke während der Schwangerschaft passieren, sodass nicht nur das maternale, sondern auch das fötale, viel empfindlichere Schilddrüsenhormonsystem direkt beeinträchtigt wird. Viele Frauen im reproduktionsfähigen Alter sind von Autoimmunerkrankungen der Schilddrüse mit erhöhten TPO-Autoantikörpern betroffen und gleichzeitig ist die Iodversorgung im Mitteleuropa noch immer unzureichend. Deshalb stellt die zusätzliche Exposition mit ED gerade während der Schwangerschaft ein bedeutendes Risiko dar. Im Zusammenhang mit tierexperimentellen und epidemiologischen Daten erhärtet sich auch der Verdacht, dass ED an der Entstehung von benignen und malignen Schilddrüsenfunktionsstörungen sowie beeinträchtigter systemischer und lokaler Schilddrüsenhormonwirkung beteiligt sein könnten (Ramhøj 2021; Gilbert et al. 2020; Kortenkamp et al. 2020). Ob ED Belastung auch zu hyperthyreoten Funktionsstörungen bei Menschen führen kann, ist bisher kaum untersucht, aber es gibt Hinweise darauf, dass bei Hauskatzen häufige Hyperthyreosen möglicherweise durch ED-Belastung im Futter oder Hausstaub mitverursacht sein könnten (McLean et al. 2014; Peterson 2012).

7.6 Individuelle Maßnahmen zur Vermeidung der Exposition

Angesichts der Vielzahl und universellen Präsenz von Chemikalien mit erwiesener oder vermuteter ED Wirkung auch in Gegenständen des alltäglichen Gebrauchs stellt sich die Frage, inwieweit der einzelne Mensch das Risiko für die Exposition gegenüber ED durch individuelle Maßnahmen reduzieren kann. Auch wenn hierzu nur unzureichende wissenschaftliche Informationen vorliegen, darf angenommen werden, dass auch auf individueller Ebene durch Verhaltensregeln die Exposition insbesondere in kritischen Lebensphasen (z.B. Schwangerschaft) gesenkt werden kann und wichtige gesellschaftliche Signale für verstärkte Nachhaltigkeit gesendet werden. Zu den auch von der Endocrine Society (Hormone Health Network o.D.) empfohlenen Maßnahmen gehören in erster Linie: das Vermeiden von Plastik insbesondere bei Spielzeug und Verpackung von Lebensmitteln und Getränken (auch wenn sie kein BPA enthalten), Vermeidung von Aufbewahrungsmitteln aus Kunststoff (insbesondere solche, die mit dem Recycling-Code 3 (PVC), 6 (Polystyrol) und 7 (andere Kunststoffe) gekennzeichnet sind), das Vermeiden des Erhitzens von Plastikbehältern (z.B. in der Mikrowelle) und antihaftbeschichtetem Kochgeschirr, die Reduktion von industriell produzierten oder in Dosen verpackten Nahrungsmitteln, Nutzung von Bio-Lebensmitteln, da zu deren Produktion keine Pestizide verwendet werden dürfen, Nutzung eines Wasserfilters, Bevorzugung von Produkten mit dem Hinweis „frei von Phthalaten, Parabenen, BPA", Verzicht auf Kosmetika mit synthetischen Duftstoffen sowie die Vermeidung von Kontakt mit Thermopapier, wie es z.B. für Kassenzettel o.ä. verwendet wird. Allerdings zeigt sich auch, dass die Entfernung bekannter ED (wie z.B. BPA oder bestimmten Phthalaten) aus Gebrauchsgegenständen des täglichen Bedarfs oder Verpackungen häufig zum Einsatz von Ersatzchemikalien aus den gleichen Substanzgruppen führt, die bedauerlicherweise ähnliche ED-Wirkung haben können.

7.7 Politische Strategien im Umgang mit der Gefahr von endokrinen Disruptoren

Aufgrund der grundsätzlichen Schwierigkeit, für ED einen gesundheitlich sicheren unteren Schwellenwert zu definieren, wird von vielen Experten für die Beurteilung von ED Chemikalien ein bevorzugt gefahrenbasierter Bewertungsansatz gefordert, um so unabhängig vom Nachweis einer tatsächlichen Exposition (risikobasierte Einschätzung) allein aufgrund der Gefährlichkeit einer Substanz(-gruppe) regulierend eingreifen zu können. Die einfache toxikologische Ermittlung von Dosis-Wirkkurven für die Einschätzung von ED sind nicht ausreichend. Vielmehr muss zur adäquaten Beurteilung neben der Entwicklung von geeigneten *in silico*, *in vitro* und *in vivo* Testsystemen auch der aktuelle endokrinologische Wissensstand bezüglich molekularer Wirkmechanismen von Hormonen mit einfließen. Dabei wäre zu fordern, dass, wo immer wissenschaftlich begründet, die Beurteilung von Substanzklassen gegenüber einer Einzelsubstanz bevorzugt wird, um zu vermeiden, dass eine endokrin schädliche Chemikalie durch eine noch nicht durch die gesetzliche Vorgabe erfasste aber möglicherweise gleichermaßen schädliche Substanz ersetzt wird.

Die aktuellen wissenschaftlichen Erkenntnisse lassen den Schluss zu, dass sich die Evidenz für zahlreiche negative physische und neurokognitive gesundheitliche Auswirkungen der endokrin aktiven Umweltsubstanzen in den vergangenen Jahren deutlich erhärtet hat. In zwei aktuellen Publikationen wurde untersucht, inwiefern die aktuell geltenden rechtlichen Regulierungen in der EU und den Vereinigten Staaten diesem Wissensstand gerecht werden (Demeneix u. Slama 2019; Kassotis et al. 2020).

Im Frühjahr 2019 wurde von den französischen Kollegen Demeneix und Slama ein Bericht zu ED für das EU-Parlament vorgestellt (Demeneix u. Slama 2019), in dem auf die erdrückende wissenschaftliche Evidenz für die großen Gefahren allgegenwärtiger Substanzen mit endokrin disruptiver Wirkung eingegangen wird. Dabei werden die verschiedenen Klassen der ED und die damit verbundenen negativen Folgen für die verschiedenen Gesundheitsbereiche aber auch die gesellschaftspolitischen Kosten und die bestehenden schwerwiegenden gesetzgeberischen Lücken benannt, die einem ausreichenden Schutz der Allgemeinbevölkerung im Wege stehen. Auch wenn die ED von der EU bereits 1999 als eine potenzielle Gefahr eingestuft wurden und erste regulatorische Schritte unternommen wurden, wird auch heute noch eine Vielzahl von eindeutig als ED wirksamen Substanzklassen vom Gesetzgeber nicht oder nur unzureichend als ED erfasst, verfügbare wissenschaftliche Testverfahren nicht angewandt oder vorgeschrieben und keine entsprechenden gesetzgeberischen Gegenmaßnahmen ergriffen. Diese alarmierende Situation wurde sowohl von der WHO als auch Endokrinologischen Fachgesellschaften wiederholt kritisiert (Diamanti-Kandarakis et al. 2009; Gore et al. 2015; DGE 2017, 2019).

Die EU Kommission hat nach fast 20-jähriger Untätigkeit die neue „Chemicals Strategy for Sustainability Towards a Toxic-Free Environment" im Kontext des GREEN DEAL verabschiedet (European Commission 2021). Diese enthält eine Reihe wichtiger für ED relevante Ziele, die in den nächsten Jahren zügig umgesetzt werden sollen, wobei deren Implementierung weitgehend im Europäischen Rat, also der sehr heterogenen Ebene der einzelnen EU Mitgliedstaaten angesiedelt ist.

Erstmals wurden ED als „substances of very high concern" (SVHC) eingestuft, also so wie karzinogene, mutagene und repro-toxische Substanzen, die nun unter der europäischen REACH (registration, evaluation, authorization of chemicals) und CLP (classification, labelling and packaging of substances and mixtures) Gesetzgebung stehen. ED sollen hinsichtlich ihres Gefährdungspotenzials schneller und effektiver identifiziert werden und strikte Maßnahmen gegen ihre weitere Verwendung in Konsumgütern erfolgen.

7.8 Ausblick

Auch wenn in der EU in den letzten Jahren positive Schritte in Richtung einer Regulierung von endokrin wirksamen Chemikalien getan wurden, reichen diese Maßnahmen nicht aus, um die Exposition der Umwelt und des Menschen gegenüber einer unüberschaubaren Vielzahl von chemischen Stoffen erfolgreich zu begrenzen. Angesichts des Gefährdungspotenzials der ED insbesondere für die Gesundheit des Menschen in besonders vulnerablen Phasen wie der Schwangerschaft und der frühkindlichen Entwicklung ist vom Gesetzgeber und der Politik eine Bewertung von Substanzklassen zur Regulierung der Substanzen sowie wirkungsvollen Maßnahmen gegen eine weitere Verbreitung bereits identifizierter ED zu fordern.

Literatur

Casals-Casas C, Desvergne B (2011) Endocrine Disruptors: From Endocrine to Metabolic Disruption. Annu Rev Physiol 73, 135–162

Demeneix B, Slama R (2019) Endocrine Disruptors: From Scientific Evidence to Human Health Protection. Study, requested by the European Parliament Committee on Petitions. Policy Department for Citizens' Rights and Constitutional Affairs. Directorate General for Internal Policies of the Union. PE 608.866. URL: http://www.europarl.europa.eu/RegData/etudes/STUD/2019/608866/IPOL_STU(2019)608866_EN.pdf (abgerufen am 21.06.2021)

DGE (2017) Pressemitteilung: Schärfere Bestimmungen zum Schutz vor schädlichen Umwelthormonen nötig. URL: https://www.endokrinologie.net/pressemitteilung/schutz-vor-schaedlichen-umwelthormonen.php (abgerufen am 16.06.2021)

DGE (2019) Pressemitteilung: Gesundheitsgefahren durch hormonaktive Substanzen. URL: https://www.endokrinologie.net/pressemitteilung/gesundheitsgefahren-durch-hormonaktive-substanzen.php (abgerufen am 16.06.2021)

Diamanti-Kandarakis E et al. (2009) Endocrine-Disrupting Chemicals: An Endocrine Society Scientific Statement. Endocr Rev 30, 293–342

European Commission (2021) The EU's Chemicals Strategy for Sustainability towards a Toxic-Free Environment. URL: https://ec.europa.eu/environment/strategy/chemicals-strategy_en (abgerufen am 16.06.2021)

Gao H, Wu W, Xu Y, Jin Z, Bao H, Zhu P, Su P, Sheng J, Hao J, Tao F (2017) Effects of Prenatal Phthalate Exposure on Thyroid Hormone Concentrations Beginning at The Embryonic Stage. Sci Rep 7(1), 13106. DOI: 10.1038/s41598-017-13672-x

Gerona R, vom Saal FS, Hunt PA (2020) BPA: Have Flawed Analytical Techniques Compromised Risk Assessments? Lancet Diabetes Endocrinol 8, 11–13

Gilbert ME, O'Shaughnessy KL, Axelstad M (2020) Regulation of Thyroid-Disrupting Chemicals to Protect the Developing Brain. Endocrinology 161(10), bqaa106. DOI: 10.1210/endocr/bqaa106

Gore AC et al. (2015) EDC-2: The Endocrine Society's Second Scientific Statement on Endocrine-Disrupting Chemicals. Endocr Rev 36, E1–E150

Hormone Health Network (o.D.) Endocrine-Disrupting Chemicals EDCs. URL: https://www.hormone.org/your-health-and-hormones/endocrine-disrupting-chemicals-edcs (abgerufen am 16.06.2021)

Kahn LG, Philippat C, Nakayama SF, Slama R, Trasande L (2020) Endocrine-Disrupting Chemicals: Implications for Human Health. Lancet Diabetes Endocrinol 8, 703–18

Kassotis CD, Vandenberg LN, Demeneix BA et al. (2020) Endocrine-Disrupting Chemicals: Economic, Regulatory, and Policy Implications. Lancet Diabetes Endocrinol 8, 719–30

Knight BA, Shields BM, He X, Pearce EN, Braverman LE, Sturley R, Vaidya B (2018) Effect of Perchlorate and Thiocyanate Exposure on Thyroid Function of Pregnant Women from South-West England: A Cohort Study. Thyroid Res 11(9). DOI: 10.1186/s13044-018-0053-x

Kortenkamp A, Axelstad M, Baig AH et al. (2020) Removing Critical Gaps in Chemical Test Methods by Developing New Assays for the Identification of Thyroid Hormone System-Disrupting Chemicals-The ATHENA Project. Int J Mol Sci 21(9), 3123. DOI: 10.3390/ijms21093123

La Merrill MA, Vandenberg LN, Smith MT, Goodson W, Browne P, Patisaul HB, Cogliano VJ et al.(2020) Consensus on the Key Characteristics of Endocrine-Disrupting Chemicals as a Basis for Hazard Identification. Nat Rev Endocrinol 16, 45–57. DOI: 10.1038/s41574-019-0273-8

Llop S, Murcia M, Alvarez-Pedrerol M, Grimalt JO, Santa-Marina L, Julvez J, Goñi-Irigoyen F, Espada M et al. (2017) Association between Exposure to Organochlorine Compounds and Maternal Thyroid Status: Role of the Iodothyronine Deiodinase 1 Gene. Environment International 104, 83–90

McLean JL, Lobetti RG, P Schoeman JP (2014) Worldwide Prevalence and Risk Factors for Feline Hyperthyroidism: A review. J S Afr Vet Assoc 85(1), 1097. DOI: 10.4102/jsava.v85i1.1097

Noten et al. (2015) Maternal Hypothyroxinaemia in Early Pregnancy and School Performance in 5-year-old Offspring. Eur J Endocrinol 173, 563–571

Peterson M (2012) Hyperthyroidism in Cats: What's Causing this Epidemic of Thyroid Disease and Can We Prevent It? J Feline Med Surg 14(11), 804–818. DOI: 10.1177/1098612X12464462

Popovici RM (2015) Endokrin wirkende Umweltgifte. J Gynäkol Endokrinol 13, 168–174

Ramhøj L, Frädrich C, Svingen T, Scholze M, Wirth EK, Rijntjes E, Köhrle J, Kortenkamp A, Axelstad M (2021) Testing for Heterotopia Formation in Rats after Developmental Exposure to Selected in Vitro Inhibitors of Thyroperoxidase. Environ Pollut 283, 117135. DOI: 10.1016/j.envpol.2021.117135

Reardon AJF, Moez EK, Dinu I, Goruk S, Field CJ, Kinniburgh DW, MacDonald AM, Martin JW (2019) Longitudinal Analysis Reveals Early-Pregnancy Associations between Perfluoroalkyl Sulfonates and Thyroid Hormone Status in a Canadian Prospective Birth Cohort. Environ Int 129, 389–399. DOI: 10.1016/j.envint.2019.04.023

WHO (2002) Global Assessment of the State-of-the-Science of Endocrine Disruptors. World Health Organisation International Program on Chemical Safety, WHO/PCS/EDC/02.2. URL: https://apps.who.int/iris/handle/10665/67357 (abgerufen am 16.06.2021)

WHO, UNEP (2013) State of the Science of Endocrine Disrupting Chemicals – 2012. Edited by Åke Bergman, Jerrold J. Heindel, Susan Jobling, Karen A. Kidd and R. Thomas Zoeller. URL: https://apps.who.int/iris/bitstream/handle/10665/78102/WHO_HSE_PHE_IHE_2013.1_eng.pdf (abgerufen am 16.06.2021)

8 Ernährungsmedizin

Anja Bosy-Westphal und Manfred J. Müller

Ernährungsmedizin umfasst alle bei erkrankten und gesunden Personen notwendigen Ernährungsmaßnahmen sowie deren Struktur, Konzept und wissenschaftliche Herleitung. Während sich die Diätetik an bereits Erkrankte richtet und krankheitsbedingte Störungen durch eine gezielte Umstellung der Ernährung zu „kompensieren" versucht, erfordert eine wirksame Gesundheitsförderung und primäre Prävention der heute häufigen, chronischen und nicht-übertragbaren Erkrankungen (Non Communicable Diseases, NCD) ein Denken und Handeln in größeren Kontexten, welche über einen rein medizinischen Ansatz hinausgehen. Die Lösungen ernährungsmedizinischer Probleme erwachsen aus einem erweiterten Verständnis von „Ernährung" sowie davon ausgehend einem lösungsorientierten Denken und Handeln, welches Ernährungs-, Agrar-, Umwelt-, Wirtschafts-, Politik- und Gesundheitswissenschaften zusammen einbindet.

8.1 Die „kranke" Gesellschaft

Die COVID-19-Pandemie hat die Vulnerabilität unseres gegenwärtigen Ernährungssystems offenbart: Nachrichten über prekäre Arbeitsverhältnisse in der Fleischverarbeitung, einen Mangel an Erntearbeiter:innen, Berge von nicht mehr exportierbaren und daher verdorbenen landwirtschaftlichen Produkten, Engpässe bei der Versorgung von armen Menschen über die Tafeln oder durch den Wegfall von Schulspeisungen sowie eine Zunahme von Übergewicht vornehmlich bei Kindern aus sozial benachteiligten Familien. Patient:innen mit NCD haben ein erhöhtes Risiko für schwere Verläufe von COVID-19. Angesichts der derzeit hohen Prävalenz von Übergewicht (> 50% der Erwachsenen in Deutschland) und Adipositas (> 16 Mio.) erscheint unsere Gesellschaft übergewichtig und krank. Adipositas ist ein Sinnbild der Moderne. Garry Egger und Boyd Swinburn haben dies in einem „Endzeitszenario" beschrieben: „Obesity is a collateral damage in the battle for modernity. It's an unintended but unavoidable consequence of economic progress. Obesity is not a disease but a signal" (Egger u. Swinburn 2010). Aus dieser Sicht erscheint die Adipositas dem Klimawandel vergleichbar.

8.1.1 Eine Syndemie von Adipositas, Unterernährung und Klimawandel

NCD wie Adipositas, Typ-2-Diabetes, Herz-Kreislauf-Erkrankungen, die durch den Lebensstil mitbedingten Tumorleiden sowie neuro-degenerative Krankheiten sind heute häufig, gleichwohl sie hochanteilig vermeidbar wären (GBD 2018; Shan et al. 2020). Die Pandemie von NCD ist mit sozialer Ungleichheit, Malnutrition, Umweltzerstörung und Klimawandel assoziiert (Swinburn et al. 2019; Willett et al. 2019). Diese Probleme treten gleichzeitig auf, haben gemeinsame ineinander übergreifende Ursachen und begünstigen einander, d.h. sie sind „syndemisch".

Deshalb ist Prävention und Behandlung einzelner Probleme der „Syndemie" nicht isoliert möglich (Willett et al. 2019; Swinburn et al. 2019). So erklärt sich, warum z.B. Prävention und Behandlung von Übergewicht und deren Folgeerkrankungen (wie Typ-2-Diabetes) durch verhaltensmedizinische Strategien, welche die gesellschaftlichen, ökonomischen und ökologischen Bedingungsfaktoren und Verhältnisse (und eben die „Ursachen der Ursachen" des Problems) nicht berücksichtigen, nicht nachhaltig wirksam sind.

Eine „übergewichtige" = „kranke" Gesellschaft ist vulnerabel gegenüber krankmachenden Einflüssen wie Infektionen. Die zunehmende Zerstörung natürlicher Waldgebiete und der Verlust der Artenvielfalt mit steigendem Risiko für Zoonosen wie COVID-19, SARS und Ebola und das endemische Auftreten von NCDs machen die Zusammenhänge zwischen den einzelnen Problemen der Syndemie recht offensichtlich.

8.1.2 Gemeinsame Treiber der Syndemie

Global betrachtet finden sich Treiber der Syndemie in verschiedenen Bereichen unserer Gesellschaften und des Ernährungssystems.

Ein **Ernährungssystem** umfasst die für die Lebensmittelversorgung relevanten Teilbereiche

- Landwirtschaft,
- den konventionellen oder ökologischen Landbau,
- die Lebensmittelverarbeitung und -vermarktung,
- deren Zubereitung und Verzehr sowie die
- Entsorgung von Abfällen.

Charakteristika unseres Ernährungssystems sind eine hohe Lebensmittelproduktion in Landwirtschaft und Lebensmittelindustrie, eine weitgehende Monopolbildung und profitable Geschäftsmodelle im Lebensmittelhandel, welche zumindest in den reichen Ländern eine allgemeine Verfügbarkeit von preiswerten Lebensmitteln in großen Mengen sicherstellen. Das Angebot preiswerter und für den Verbraucher attraktiver Lebensmittel bestimmt die Verzehrgewohnheiten vieler Menschen.

Unsere Lebenswelten begünstigen eine hochkalorische Ernährung und Inaktivität. In diesem Zusammenhang umfasst der Begriff der Lebenswelt alle externen Einflüsse auf unser Verhalten sowie die Lebensmittelangebote in Supermärkten, an Tankstellen, Kiosken und sog. „*fast food outlets*". Lebenswelten entsprechen den ökonomischen und ökologischen Bedingungen und Werten einer Gesellschaft, sie spiegeln unser gegenwärtiges ökonomisches Wachstum und unseren Erfolg, Wohlstand und Reichtum wider. Unser Wohlstand hat zu einer Lebenshaltung geführt, die darauf ausgerichtet ist, das Bedürfnis nach Konsumgütern (inklusive Lebensmitteln) zu befriedigen und Strom- oder fossile Brennstoff-verbrauchende Technologien unbedarft und als Zeichen des Erfolges anzuwenden. Dafür sind wir bereit, Überarbeitung, Stress und ungesunde Lebensstile zu akzeptieren und unsere Gesundheit und die unseres Planeten zu riskieren. Die in Rede stehenden Probleme können als Kollateralschäden einer neoliberalen Marktwirtschaft betrachtet werden.

Im Vergleich verschiedener Einflüsse auf Gesundheit, Umwelt und Klima hat sich unser sog. „*Food Environment*" in den letzten Jahrzehnten am deutlichsten zu Ungunsten unserer Gesundheit verändert. Es besteht ein Überangebot an industriell hochverarbeiteten und energiedichten Lebensmitteln (d.h. Lebensmittel mit einem hohen Energiegehalt in kcal pro g Lebensmittel) mit einem hohen Anteil an tierischen Produkten wie Fleisch- und Wurstwaren, welches den Konsum und die Nachfrage nach diesen Produkten begünstigt. Lebensmittel erfahren bei uns auch keine sehr hohe Wertschätzung, so ist auch die Verschwendung von Lebensmitteln hoch. Die derzeitige Lebensmittelproduktion verursacht ökologische Belastungen, sie ist verantwortlich für ca. ein Drittel der weltweiten Treibhausgasemissionen (Crippa et al. 2021), gefährdet durch Phosphat- und Stickstoffeinträge das Grundwasser, bedroht durch Pestizideinsatz und Landnutzung die Artenvielfalt und fördert Bodenerosion.

Unsere Ernährungsgewohnheiten haben negative Auswirkungen auf unsere Lebensbedingungen: Sie tragen zu ernährungs-mit-bedingten Erkrankungen (z.B. NCD), soziale Ungleichheit sowie Umwelt- und Klimaschäden (Willett et al. 2019; Swinburn et al. 2019) bei.

8.1.3 Hoch-verarbeitete Lebensmittel als gesundheitliches und ökologisches Risiko

In einem globalisierten Ernährungssystem sind die Ernährungsmuster weltweit häufig ungesund, der Verzehr an hochverarbeiteten Lebensmitteln ist hoch. Dabei handelt es sich um *Fast Food* und *Convenience*-Produkte, Tütensuppen, Fertigsoßen, Chips, Burger, Pizza, Donats, Cookies und Softdrinks etc. Hoch verarbeitete Lebensmittel verdrängen die traditionellen Lebensmittel und Ernährungsweisen; sie decken mittlerweile in Deutschland etwa die Hälfte der täglichen Kalorienaufnahme ab (nicht nachhaltig). Diese „modernen Lebensmittel“ sind überaus schmackhaft, attraktiv verpackt, lange haltbar und sie werden intensiv beworben (Fardet u. Rock 2020; Monteiro et al. 2018). Da die Zubereitung der Lebensmittel stark vereinfacht ist oder oft ganz entfällt, ist der Konsum bei ubiquitärer Verfügbarkeit zu jeder Tageszeit, zwischendurch als Snack oder *to go* oder nebenbei (sog. *mindless eating*) ein fester Bestandteil unserer modernen Lebensweise mit hohem Anspruch an Flexibilität und Genuss geworden. Der Verlust an traditionellen Ernährungsgewohnheiten sowie der Verzehr von hochverarbeiteten Lebensmitteln erhöhen die Kalorienaufnahme sowie das Risiko für Übergewicht und damit für Übergewichts-assoziierte Erkrankungen (Gill u. Panda 2020; Chen et al. 2020).

Ungesunde Ernährung und Übergewicht sind weltweit die häufigsten vermeidbaren Ursachen für nichtübertragbare Erkrankungen und eine eingeschränkte Lebenserwartung (GBD 2018).

Obwohl der Verzehr hochverarbeiteter Lebensmittel eine dosisabhängige Beziehung zur Mortalität zeigt (Rico-Campà et al. 2019), ist die Ätiologie dieses Zusammenhangs unklar. Die zugrundeliegenden Mechanismen sind vielfältig und betreffen sowohl eine höhere spontane Energieaufnahme (Hall et al. 2019), eine schlechte Kohlenhydrat- und Fettqualität (hoher glykämischer Index, hoher Gehalt gesättigter Fette und Transfettsäuren), abträgliche Inhaltsstoffe durch Verarbeitung (z.B. Glycidyl-Fettsäureester in industriell verarbeiteten Palmölen und Palmfetten oder Acrylamid in stark erhitzten Kartoffel- oder Getreideprodukten) und Verpackung (z.B. Bisphenol A) oder Rückstände von Herbiziden wie Glyphosat, einen hohen Salz- und Zuckergehalt, Zusatzstoffe, Pökelsalze, Raucharomen und einen geringen Gehalt an gesundheitsfördernden Inhaltsstoffen. So wirkt sich die Aufnahme an schwer resorbierbaren Süßungsmitteln und Emulgatoren sowie der Mangel an Ballaststoffen und sekundären Pflanzenstoffen gemeinsam negativ auf das Darmmikrobiom aus. Das gesundheitliche Risiko hochverarbeiteter Lebensmittel ist durch das Zusammenspiel mehrerer Nahrungsbestandteile erklärt. Die Industrialisierung der Nahrungsmittelproduktion gefährdet unser gesamtgesellschaftliches Wohlergehen (White et al. 2020). Siehe auch Kapitel II.9 und II.14.

8.1.4 Globale Ernährungsprobleme und ihre Beziehungen zu Umweltproblemen

Die Ernährung erscheint heute weitgehend „vereinheitlicht“. Unsere „modernen“ industriell verarbeiteten Lebensmittel bestehen nur aus wenigen Rohstoffen wie Weizen, Mais und Reis, die den weltweiten Kalorienbedarf der Menschen zu etwa 50% decken (Khoury et al. 2016). So finden sich in allen Supermärkten Europas dieselben Obst- und Gemüsesorten, alle Produzenten nutzen das gleiche Hochleistungssaatgut. Der Anbau moderner Hochleistungssorten an Getreide in Monokulturen erfordert den intensiven Einsatz von Dünge- und Pflanzenschutzmitteln und gefährdet die Biodiversität im Ökosystem (z.B. Ackerkräuter, Insekten, Vögel und Feldhasen) und natürliche Ressourcen (Wasserverbrauch und -verschmutzung). Darüber hinaus bedeutet der Verlust an Agrobiodiversität weltweit nicht nur eine zunehmend einseitige, an raffinierten Kohlenhydraten und gesättigten Fetten reiche und Mikronährstoff-arme Ernährung, sondern auch eine Verarmung des Genpools der Nutzpflanzen, was dringend notwendige Anpassungen an veränderte Wachstumsbedingungen in Zeiten des Klimawandels erschwert. Demgegenüber sind alte Nutzpflanzensorten besser an lokale Standortbedingungen angepasst. Eine höhere Diversität verringert das Risiko für Ernteausfälle durch Krankheiten und Schädlingsbefall und dient somit der Ernährungssicherung. Weltweit richten sich Initiativen zur Rettung samenfester Sorten, die durch natürliche Selektion und Kreuzung entstehen, gegen das Oligopol von Großkonzernen der Agrochemie, die den Handel mit alten Sorten zugunsten neuer Hybride und anderer Hochertragssorten einschränken. Dies ist ein einträgliches Geschäft, da nach jeder Erntesaison wieder neues Saatgut gekauft werden muss, um die Vorteile der modernen Züchtungen zu nutzen. Gleichzeitig liefern die Ansprüche moderner Züchtungen der Agroindustrie einen verlässlichen globalen Absatzmarkt für Düngemittel, Pestizide und Herbizide.

Die Züchtung, z.B. von Tomaten-Saatgut erfolgte wesentlich im Hinblick auf die Steigerung von Ertrag und Haltbarkeit auf Kosten der Ernährungsqualität (Geschmack und Nährstoffe). Auch moderne Getreidesorten sind an die Erfordernisse der industriellen Lebensmittelverarbeitung angepasst (z.B. Optimierung der Backeigenschaften durch einen definierten Gehalt an Kleberprotein). Unklar ist, inwieweit die heute häufig berichtete Unverträglichkeit von Getreideprodukten (sog. „Weizensensitivität") durch die vermehrte Züchtung von Resistenzproteinen (sog. Amylase-Trypsin-Inhibitoren, ATI), durch Zusatzstoffe der Backmittelindustrie oder eine kurze Teigführung bedingt sind, bei der abträgliche oder schwer verdauliche Inhaltsstoffe wie Fruktane nicht vollständig abgebaut werden. Die betroffenen Patient:innen leiden neben intestinalen Beschwerden wie Diarrhoen, Bauchschmerzen und Blähungen vor allem auch unter extraintestinalen Symptomen wie Erschöpfung, Muskel- und Kopfschmerzen.

Antibiotikarückstände im Fleisch können bereits in kleinen Mengen schädlich wirken, indem sie die Entstehung von antimikrobiellen Resistenzen beim Menschen fördern. Der intensive Einsatz von Antibiotika in der Massentierhaltung hat Auswirkungen auf die Entstehung und Ausbreitung resistenter Erreger. Resistente Bakterien können dabei z.B. sowohl durch den Kontakt mit kontaminiertem Fleisch als auch durch den Verzehr entsprechender Lebensmittel in den menschlichen Körper gelangen. Antibiotika, die in der Tiermedizin oder in der Aquakultur eingesetzt werden, gelangen auch mit den Ausscheidungen der behandelten Tiere in Böden und Gewässer und fördern Resistenzentwicklung z.B. von Enterobakterien die auch in der Umwelt, in Böden und Gewässern vorkommen. So werden Antibiotika-resistente Erreger durch rohes Gemüse und Salat verbreitet.

Die gesundheitlichen und ökologischen Probleme moderner Lebensmittel sind nicht allein durch deren Inhaltsstoffe erklärt. Kunststoffverpackungen für Lebensmittel sind in der Herstellung energieaufwändig, begrenzt recyclebar und kaum biologisch abbaubar. Darüber hinaus können Verpackungsmaterialien hormonstörende Chemikalien (sog. endokrine Disruptoren) enthalten, die in das Lebensmittel übergehen und gesundheitsschädliche Effekte hervorrufen, indem sie auch in geringen Mengen wie körpereigene Hormone wirken oder deren Wirkung blockieren (s. Kap. II.7).

8.2 Lösungsstrategien

8.2.1 Eine gesundheitsfördernde und nachhaltige Ernährung

In der Vergangenheit hat Ernährungsforschung die Bedeutung einzelner Nahrungsbestandteile wie beispielsweise der Vitamine und Spurenelemente und deren Beziehungen zu physiologischen Funktionen im Körper analysiert. Aus dieser biomedizinischen Sicht wird Prävention durch Ernährung als Summe der Wirkungen einzelner Nährstoffe auf physiologische Prozesse verstanden, Nährstoffe können gleichsam wie Medikamente durch Nahrungsergänzungsmittel oder auch entsprechende Medikamente substituiert werden (Fardet u. Rock 2020). Dieser reduktionistische Ansatz wird heute zunehmend verlassen. Innovative Methoden zur Integration mehrdimensionaler Daten eröffnen neue Perspektiven zur Analyse der komplexen Beziehungen zwischen Ernährung und Gesundheit, die auf multiplen, nicht-linearen Zusammenhängen beruhen. Auch bei der Formulierung von Ernährungsempfehlungen ist ein Umdenken erkennbar. Während die Gehalte einzelner Makro- und Mikronährstoffen, wie z.B. gesättigte Fettsäuren, Cholesterin, Zucker, Antioxidantien oder Kochsalz früher die Bewertung von Ernährungsweisen bestimmte, wird Ernährung heute als Ganzes und anhand von Lebensmitteln bzw. deren Mustern beurteilt. Dies geschieht über Instrumente (wie dem sog. *Healthy Eating Index*), die den Lebensmittelverzehr mit Punkten bewerten und daraus Indices bilden. Mit diesen können Ernährungsmuster identifiziert werden, die z.B. das Risiko für Herz-Kreislauf- und Stoffwechselerkrankungen in prospektiven Studien um bis zu 20% senken (Quian et al. 2019; Shan et al. 2020). Der gesundheitliche Nutzen beruht dabei nicht auf den einzelnen Inhaltsstoffen oder Lebensmitteln, sie wird vielmehr durch das gesamte Ernährungsmuster bestimmt.

Beispiele gesunder Ernährungsmuster sind die Mediterrane Ernährung, die DASH Diät (*Dietary Approach to Stop Hypertension*) oder die *Nordic Diet*. Diese haben Gemeinsamkeiten wie den häufigen Verzehr von Obst und Gemüse, Vollkornprodukten, Fisch, Hülsenfrüchten, pflanzlichen Ölen und Nüssen sowie den eingeschränkten Konsum von rotem und verarbeitetem Fleisch, Süßwaren und zuckerhaltigen Getränken (Schulze et al. 2018); in ihren verschiedenen Konzepten können sie unterschiedliche individuelle Vorlieben und kulturelle Besonderheiten berücksichtigen. Prospektive Beobachtungsstudien belegen, dass eine überwiegend pflanzenbasierte Kost mit einem geringeren Risiko für die Entwicklung von Typ-2-Diabetes und kardiovaskulären Erkrankungen einhergeht (Quian et al. 2019). Demgegenüber wird der Einfluss einer sich verschlechternden Ernährungsqualität am Beispiel Indien deutlich: Obwohl sich in dem Land ca. 40% der Bevölkerung vegetarisch ernährt, liegt Indien durch den zunehmenden Verzehr hoch verarbeiteter und energiereicher Lebensmittel in der Rangfolge der Diabetes-Prävalenz weltweit mit 5–7% Prozent der Bevölkerung im Mittelfeld, und bei der Prävalenz koronarer Herzerkrankungen auf Platz 3.

Die Methoden der Bioinformatik erlauben eine Bewertung verschiedener Ernährungsmuster im Hinblick auf gesundheitliche Auswirkungen und auch verschiedener Aspekte ökologischer Nachhaltigkeit. Diese Analysen zeigen, dass ein „gesundes“ Ernährungsmuster mit einer ausgeglichenen Energiebilanz das Risiko einer vorzeitigen Sterblichkeit bei einer fleischreduzierten flexitarischen Diät um 19% und bei einer veganen Diät um 22% reduzieren kann, während gleichzeitig die Treibhausgasemissionen um 54–87%, der Stickstoffeintrag um 23–25%, der Phosphateintrag um 18–21%, die Ackerlandnutzung um 8–11% und der Wasserverbrauch um 2–11% sinken (Springmann et al. 2018b).

Eine Ernährung, die weitgehend frei von tierischen Produkten ist, wird allerdings heute von der Deutschen Gesellschaft für Ernährung (DGE) nicht für vulnerable Bevölkerungsgruppen mit einem hohen Nährstoffbedarf (Schwangerschaft, Stillzeit, Säuglings-, Kindes- und Jugendalter) empfohlen. Die Versorgung mit kritischen Nährstoffen wie Vitamin B12, Riboflavin (B2), Calcium, Eisen, Zink, Selen, Jod und omega-3-Fettsäuren, kann jedoch auch bei einer veganen Ernährung durch eine sorgfältige Lebensmittelauswahl bzw. im Fall von Vitamin B12 durch bedarfsgerechte Supplementierung sichergestellt werden.

8.2.2 Planetary Health Diet

Die Vision einer für den Menschen und auch für Umwelt und Klima gleichermaßen nachhaltig „gesunden" Ernährung wurde im Jahr 2019 von einer *Lancet-EAT-Commission* erarbeitet, welche aus internationalen interdisziplinären Wissenschaftler:innen zusammengesetzt war. Ergebnis war die Empfehlung einer *Planetary Health Diet*, die aufgrund eingeschränkten Konsums tierischer Produkte den aktuellen Erkenntnissen einer gesundheitsfördernden „flexitarischen" Ernährung entspricht (Willett et al. 2019) und gleichzeitig die Einhaltung planetarer Grenzen für Landnutzung, Wasserverbrauch, Treibhausgasemissionen, Stickstoff- und Phosphateintrag sowie den Erhalt der Artenvielfalt durch einen verantwortlichen Umgang mit den natürlichen Ressourcen ermöglicht. Durch eine Optimierung beider Endpunkte des Ernährungssystems, nachhaltige Lebensmittelproduktion und nachhaltige Konsumgewohnheiten („gesunde" Ernährung) sollen die Empfehlungen dazu beitragen, die UN *Sustainable Development Goals* und die Ziele des Pariser Klimaabkommens zu erreichen. Die *Lancet-EAT-Commission* möchte mit ihren Empfehlungen für eine nachhaltige Lebensmittelproduktion eine Dekarbonisierung der gesamten Lebensmittel-Wertschöpfungskette erreichen. Weitere Ziele sind eine gesteigerte Effizienz der Nährstoffverwendung, *Recycling* von Stickstoff und Phosphor, Vermeidung von Artensterben und eine 50%ige Reduktion der Lebensmittelverschwendung.

Wesentliche Charakteristika der *Planetary Health Diet* sind:

- die Betonung pflanzenbasierter Proteinquellen (z.B. Hülsenfrüchte) und eine reichliche Zufuhr an ungesättigten Fettsäuren aus pflanzlichen Quellen,
- > 5 Portionen Gemüse und Obst pro Tag,
- die Bevorzugung ballaststoffreicher, komplexer Kohlenhydrate (Vollkornprodukte) bei gleichzeitig geringer Zufuhr von Weißmehlprodukten und Zucker,
- der Verzehr moderater Mengen Fisch und Geflügel sowie
- geringer Mengen an rotem Fleisch und verarbeiteten Fleischprodukten.

Die Empfehlungen enthalten Spielraum für eine Anpassung an regionale Lebensmittelproduktion, kulturelle Traditionen und individuelle Präferenzen.

Auf Deutschland übertragen bedeutet diese Empfehlungen eine drastische Reduktion des Konsums von Fleisch- und Wurstwaren, Milch und Milchprodukten, Zucker- und

Weißmehlprodukten sowie eine Zunahme des Verzehrs an Vollkornprodukten, Hülsenfrüchten, Nüssen und pflanzlichen Ölen. Pro Woche sollte dabei maximal eine kleine Portion an rotem Fleisch, zwei Portionen Geflügelfleisch, zwei Portionen Fisch und täglich höchstens eine Portion Milch verzehrt werden (Cave: für die Produktion von 100 g Käse wird ca. 1 kg Milch benötigt). Nationale Ernährungsempfehlungen der DGE weichen zum Teil deutlich von den Empfehlungen der *Planetary Health Diet* ab. Eine entsprechende Anpassung würde eine Reduktion der Empfehlungen für den Verzehr an Milch- und Milchprodukten und rotem Fleisch um jeweils ca. zwei Drittel erfordern sowie eine positive Empfehlung für den Verzehr von Hülsenfrüchten und Nüssen beinhalten. Diese Empfehlungen unterscheiden sich von den aktuellen und Nährstoff-bezogenen Empfehlungen für eine „gesunde" Ernährung von der DGE.

8.2.3 Vom mündigen Verbraucher zu Ernährung als System

Aus Sicht von „Public Health" sind die Probleme von Gesundheit, Umwelt und Klima Zeichen von kulturellen, politischen und strukturellen Defiziten sowie der Ambivalenzen, die unser Denken und Miteinander bestimmen sowie unseren Wohlstand gefördert haben. Der materielle Wohlstand ist in seiner aktuellen Ausprägung der Gesundheit von Mensch, Umwelt und Klima zum Nachteil geworden. Die Lösungen global bestehender Probleme von Ernährung, Gesundheit, Umwelt und Klima bedürfen somit eines grundsätzlichen Umdenkens in Gesellschaft und Politik. Dies bedeutet eine hohe Wertschätzung von Gesundheit, Umwelt und Klima und Motivation für einen fundamentalen Wandel. Das Ausmaß der Probleme macht auch Verzicht und Opfer notwendig, welche durch Empathie in der Gesellschaft möglich werden. Das Wissen um die Wirksamkeit der „Gegenmittel" (d.h. des anders Denkens und Wertschätzens) wird zu einem erfolgreichen Wandel und der anteiligen Lösung der heute bestehenden Probleme beitragen.

So hat ein Diskurs zu den Themen Gesundheit, Umwelt und Klima auch uns selbst zum Thema: Wir müssen uns verändern. Es ist naheliegend, dass diejenigen, die die heutigen Probleme verursacht haben, nicht auch diejenigen sein können, die die Probleme lösen. Ein für die Verhältnisprävention erfolgreicher Kompromiss verschiedener Interessengruppen bedarf einer eindeutigen Priorisierung von Gesundheit der Menschen und des Planeten.

> *„Making the healthy choice the easy choice." (WHO 1986)*

Lebenswelten können auch Chancen auf Gesundheit bieten. Die Ottawa Charta der WHO sieht „Gesundheit als ein wesentlicher Bestandteil des alltäglichen Lebens", sie wird im Alltag der Menschen geschaffen – das Motto lautet: „Making the healthy choice the easy choice" (WHO 1986). Während sich Verhaltensprävention an einzelne Menschen richtet und der Vorstellung eines mündigen Verbrauchers folgt, adressiert die Verhältnisprävention die systemischen Treiber des Verhaltens. Verhältnisprävention verbessert die Chancen auf Gesundheit. Dazu können Regularien (wie eine Verbraucher-freundliche Kennzeichnung von Lebensmitteln) oder auch die Besteuerung und somit Verteuerung von energiedichten Lebensmitteln (wie z.B. *Fast food* und *Soft drinks*) bei gleichzeitiger steuerlicher Begünstigung von z.B. Obst und Gemüse (sog. gesunde Mehrwertsteuer) beitragen. Diese Maßnahmen müssen sich an national festzulegenden Zielwerten für die Bevölkerung (z.B. im Hinblick auf eine verminderte Inzidenz von Übergewicht bei Kindern und Jugendlichen) und mithin einer an Gesundheitsförderung und Prävention orientierten Gesundheitspolitik orientieren. Der politische und gesellschaftliche Wandel zu mehr Gesundheit bedarf der Übernahme von Verantwortung (z.B. durch Politiker und Meinungsbildner), der Begleitung der Prozesse (z.B. durch Wissenschaftler:innen), der transparenten Einbindung aller Akteure und Partner und der fortlaufenden Information (durch die Verantwortlichen und Medien), die ein neues Bewusstsein schafft.

Eine bezahlbare, nachhaltige und gesundheitsfördernde Ernährung erfordert einen grundlegenden Wandel in den Ernährungssystemen. Dieser kann nur erfolgreich sein, wenn er alle Teilbereiche der Wertschöpfungskette für die Lebensmittelversorgung mit einbezieht, d.h. die landwirtschaftliche Produktion (konventioneller/ökologischer Landbau, Agroforstwirtschaft, Weidehaltung/Stallhaltung etc.), Lebensmittelverarbeitung, -transport und -vermarktung bis hin zu Lebensmittelzubereitung und -verzehr sowie die Entsorgung von Verpackungsmaterial und organischen Abfällen. Dabei gilt es den wachsenden Trend zu einer industrialisierten, exportorientierten und damit globalisierten Lebensmittelproduktion umzukehren hin zu einer regionalen, saisonalen und nachhaltigen Lebensmittelproduktion und vertrauensvollen Beziehung zwischen Konsumenten und Lebensmittelerzeugern. Die internationale *Food Councel*-Bewegung, die auch in Deutschland aktiv ist, setzt sich für eine sozial-gerechte und ökologisch nachhaltige Agrar- und Ernährungswende ein mit einem Fokus auf regionaler Lebensmittelerzeugung und -verbrauch. Lokale Ernährungsräte knüpfen regionale Netzwerke zwischen Produzenten und Konsumenten, positionieren sich gegen Lebensmittelverschwendung und treten in den Dialog mit der kommunalen Ernährungspolitik. Vielversprechende innovative Konzepte, die Erzeuger und Verbraucher dichter zusammenbringen, gibt es auch durch Direktvermarktung regionaler Erzeuger landwirtschaftlicher Produkte über die Supermarktregale.

Ein mögliches Steuerungsinstrument ist eine verbindliche Kennzeichnung von Lebensmitteln im Hinblick auf Nährwertprofile, Verarbeitung, Nachhaltigkeit, Fair Trade, Tierwohl, Gesundheit und Verbraucherschutz. Derzeit besteht eine unüberschaubare Vielfalt von Labeln mit heterogenen und begrenzten Anforderungen. Auch ökologisch erzeugte Produkte können z.T. große Transportwege hinter sich haben oder mithilfe von Ausbeutung der Erntearbeiter:innen erzeugt worden sein. Der CO_2-Abdruck von Fleisch variiert je nach Haltungsform. Die hohe Nachfrage an sog. *Super Foods* wie Chia und Avocado, die als besonders gesund beworben werden, hat teilweise gravierende ökologische und soziale Folgen in den Herkunftsländern. Diese Lebensmittel können also nicht wirklich als „gesund“ betrachtet werden.

Der sog. *Nutri-Score* soll eine schnelle Orientierung bieten, welche Lebensmittel im Vergleich zu anderen Lebensmitteln der gleichen Kategorie einen für die Gesundheit der Verbraucher:innen günstigeren Nährwert aufweisen und so eher zu einer ausgewogenen Ernährung beitragen. Hierbei wird ein Punktescore berechnet mit positiven Punkten für den Gehalt an Ballaststoffen, Eiweiß, Gemüse, Obst, Nüssen, Hülsenfrüchten und ausgewählten Speiseölen sowie negativen Punkten für Energiedichte und den Gehalt an gesättigten Fettsäuren, Salz und Zucker. Der Punktescore wird schließlich in eine Farbscala übersetzt, die ähnlich einer Ampel, eine einfache und intuitive Bewertung des Lebensmittels ermöglichen soll. Da Kaufentscheidungen von Konsumenten jedoch überwiegend nicht rational, sondern spontan, weitgehend unbewusst und emotional getroffenen werden, hat auch der *Nutri-Score* als Maßnahme der Verhaltensprävention Grenzen.

Hochverarbeitete Lebensmittel und z.B. auch Wurstwaren sind durch das fehlende „Einpreisen" von externen Kosten für die Auswirkungen dieser Produkte auf die Gesundheit und die Umwelt billig und sehr profitabel. Ein mathematisches Modell, welches die gesamtgesellschaftlichen und Gesundheitskosten für den Verzehr von rotem und verarbeitetem Fleisch einpreist und diese Lebensmittel entsprechend teurer macht, führte den Berechnungen zufolge durch eine entsprechende Abnahme des Konsums gerade in Ländern mit hohem und mittlerem Einkommensniveau zu einer signifikanten Verbesserung der Gesundheit (im Mittel weltweit: 9%ige Senkung der Mortalität und 14%ige Senkung der Kosten im Gesundheitssystem) (Springmann et al. 2018a, 2018b).

Angesichts des zunehmenden Außer-Haus-Verzehrs in der Bevölkerung hätte eine verbindliche Anwendung von Qualitätsstandards für die Gemeinschaftsverpflegung in Betriebskantinen Kitas, Schulen, Krankenhäusern und Pflegeheimen einen hohen Stellenwert. Nach den Ergebnissen des Ernährungsreports 2020 und einer Forsa-Umfrage stieg während des Corona-Lockdowns die Nachfrage nach regionalen Lebensmitteln und die Zahl der Menschen die selbst kochen oder ihre Mahlzeiten gemeinsam mit anderen einnehmen. Die neu entdeckte Sehnsucht nach Produkten von aus der Landwirtschaft von nebenan, die gestiegene Nachfrage nach einer nachhaltigen Ernährung mit vegetarischen und veganen Alternativen sowie ein mehr an Gemeinsamkeit deuten einen beginnenden Wertewandel in einer Gesellschaft an.

Kernbotschaften

Die Lösung der Probleme von Gesundheit, Klima und Umwelt ist nur durch einen Wandel von Werten und Systemen möglich. Angesichts der Global syndemics *brauchen wir doppeltes bzw. dreifaches Denken und Handeln. So hat z.B. die Implementierung einer ökologisch nachhaltigen Ernährung günstige Auswirkungen auf alle drei Problemkreise. Eine nachhaltige Ernährungssicherung erfordert grundlegende Veränderungen der Lebensmittelproduktion und Konsumgewohnheiten. Die Versorgung einer wachsenden Weltbevölkerung mit einer gesundheitsfördernden und ökologisch nachhaltigen Ernährung leistet nicht nur einen wesentlichen Beitrag zur Prävention der NCD. Sie trägt auch entscheidend zur Stabilisierung des Erdsystems bei und ist deshalb eine der größten Herausforderungen unserer Zeit.*

Literatur

Chen X, Zhang Z, Yang H, Qiu P, Wang H, Wang F, Zhao Q, Fang J, Nie J (2020) Consumption of uUltra-Processed Foods and Health Outcomes: A Systematic Review of Epidemiological Studies. Nutr J 20;19(1), 86

Crippa M, Solazzo E, Guizzardi D, Monforti-Ferrario F, Tubiello FN, Leip A (2021) Food Systems Are Responsible for a Third of Global Anthropogenic GHG Emissions. Nat Food 2, 198–209

Egger G, Swinburn B (2010) Planet Obesity: How We Are Eating Ourselves and the Planet to Death. 1. Aufl. Allen and Unwin Crows Nest, Australia

Fardet A, Rock E (2020) Ultra-Processed Foods and Food System Sustainability: What Are the Links? Sustainability 12(15), 6280

GBD 2017 (2018) Risk Factor Collaborators: Global, Regional, and National Comparative Risk Assessment of 84 Behavioural, Environmental and Occupational, and Metabolic Risks or Clusters of Risks for 195 Countries and Territories, 1990–2017: A Systematic Analysis for the Global Burden of Disease Study 2017. Lancet 392, 1923–94

Gill S, Panda S (2015) A Smartphone App Reveals Erratic Diurnal Eating Patterns in Humans that Can Be Modulated for Health Benefits. Cell Metab 3;22(5), 789–98

Hall KD, Ayuketah A, Brychta R, Cai H et al. (2019) Ultra-Processed Diets Cause Excess Calorie Intake and Weight Gain: An Inpatient Randomized Controlled Trial of Ad Libitum Food Intake. Cell Metabolism 30(1), 67–77.e3

Khoury CK, Bjorkman AD, Dempewolf H, Ramirez-Villegas J, Guarino L, Jarvis A, Rieseberg LH, Struik PC (2016) Increasing Homogeneity in Global Food Supplies and the Implications for Food Security. Proc Natl Acad Sci USA 111, 4001–4006

Monteiro CA, Moubarac JC, Levy RB, Canella DS, Louzada MLDC, Cannon G (2018) Household Availability of Ultra-Processed Foods and Obesity in Nineteen European Countries. Public Health Nutr 21(1), 18–26

Qian F, Liu G, Hu FB, Bhupathiraju SN, Sun Q (2019) Association Between Plant-Based Dietary Patterns and Risk of Type 2 Diabetes: A Systematic Review and Meta-analysis. JAMA Intern Med. 179(10), 1335–44

Rico-Campà A, Martínez-González MA, Alvarez-Alvarez I, Mendonça R de D, de la Fuente-Arrillaga C, Gómez-Donoso C, Bes-Rastrollo M (2019) Association between Consumption of Ultra-Processed Foods and all Cause Mortality: SUN Prospective Cohort Study. BMJ 365, l11949

Schulze MB, Martínez-González MA, Fung TT, Lichtenstein AH, Forouhi NG (2018) Food Based Dietary Patterns and Chronic Disease Prevention. BMJ 13(361), k2396

Shan Z, Li Y, Baden MY, Bhupathiraju SN, Wang DD, Sun Q, Rexrode KM, Rimm EB, Qi L, Willett WC et al. (2020) Association Between Healthy Eating Patterns and Risk of Cardiovascular Disease. JAMA Intern Med 180(8), 1090–1100

Springmann M, Mason-D'Croz D, Robinson S, Wiebe K, Godfray HCJ, Rayner M, Scarborough P (2018a) Health-Motivated Taxes on Red and Processed Meat: A Modelling Study on Optimal Tax Levels and Associated Health Impacts. PLoS One 6;13(11), e0204139

Springmann M, Wiebe K, Mason-D'Croz D, Sulser TB, Rayner M, Scarborough P (2018b) Health and Nutritional Aspects of Sustainable Diet Strategies and Their Association with Environmental Impacts: A Global Modelling Analysis with Country-Level Detail. Lancet Planet Health 2(10), e451-e461

Swinburn BA, Kraak VI, Allender S et al. (2019) The Global Syndemic of Obesity, Undernutrition, and Climate Change: The Lancet Commission report. Lancet 393(10173), 791–846. Erratum in: Lancet 393(10173), 746

White M, Aguirre E, Finegood DT, Holmes C, Sacks G, Smith R (2020) What Role Should the Commercial Food System Play in Promoting Health through Better Diet? BMJ 17 (368), m545

WHO (1986) The Ottawa Charter for Health Promotion. URL: https://www.euro.who.int/__data/assets/pdf_file/0006/129534/Ottawa_Charter_G.pdf (abgerufen am 16.06.2021)

Willett W, Rockström J, Loken B et al. (2019) Food in the Anthropocene: The EAT-Lancet Commission on Healthy Diets from Sustainable Food Systems. Lancet 2;393(10170), 447–492. Erratum in: Lancet 2019 Feb 9;393(10171):530. Erratum in: Lancet. 2019 Jun 29;393(10191):2590. Erratum in: Lancet. 2020 Feb 1;395(10221):338. Erratum in: Lancet. 2020 Oct 3;396(10256), e56

9 Gastroenterologie – Intestinale Entzündung

Britta Siegmund

9.1 Einleitung

Vor knapp zwanzig Jahren zeigte Jean-François Bach in seiner wegweisenden Arbeit im New England Journal of Medicine eine wesentliche Veränderung im Auftreten von Erkrankungen auf und stärkte damit das damals entstehende Konzept der sogenannten Hygienehypothese (Bach 2002). Grundlage der Arbeit waren epidemiologische Beobachtungen, die zeigten, dass beginnend in den 50er-Jahren des letzten Jahrhunderts infektiöse Erkrankungen wie Masern, Mumps, Tuberkulose, Rheumatisches Fieber und Hepatitis A kontinuierlich abnahmen, wohingegen das Risiko Autoimmunerkrankungen wie Asthma, Multiple Sklerose, chronisch entzündliche Darmerkrankungen, Typ-1-Diabetes oder auch Allergien zu entwickeln, eine zunehmende Prävalenz aufwiesen. Aus diesen Befunden resultierte die Hypothese, dass das Auftreten von Infektionen und fehlender Antigenexposition in der Kindheit potenziell vor dem Auftreten von Allergien oder Autoimmunerkrankungen im späteren Leben schützen. Dies wurde seither als sogenannte Hygienehypothese bezeichnet.

Hygienehypothese

Die Basis der Hygienehypothese ist, dass durch Exposition von Bakterien und Parasiten „Schmutz" in der frühen Kindheit ein Schutz gegenüber dem Auftreten von Asthma, Allergien und Autoimmunerkrankungen später im Leben vermittelt wird. Der Begriff „Hygienehypothese" ist hierbei fehlleitend, da es nicht um einen möglichst hohen Hygienestandard geht, sondern vielmehr um die Notwendigkeit, eine gewisse Exposition zu Bakterien und Parasiten zu haben, um das Immunsystem zu schulen. Mehrere neue Namen sind für das Konzept vorgeschlagen worden, von denen sich bislang aber keiner durchgesetzt hat.

Unbestritten sind die damals aufgezeigten epidemiologischen Daten mit wesentlichen Veränderungen in den industrialisierten Ländern zu assoziieren. Um diese Parallelen spezifischer aufzuzeigen, und hier auch kausale Zusammenhänge darstellen zu können, soll in diesem Beitrag der Einfluss dieser Veränderungen aus einer globalen Perspektive am Beispiel der chronisch entzündlichen Darmerkrankungen, also einer der Erkrankungen, die bereits in der wegweisenden Arbeit von Jean-François Bach benannt wurden, ausgeführt werden.

Unter dem Begriff chronisch entzündliche Darmerkrankungen werden der Morbus Crohn und die Colitis ulcerosa als Hauptvertreter zusammengefasst. Beide Erkrankungen treten meist im jungen Erwachsenenalter auf, mit einer kleinen Subgruppe, die die Erkrankungen auch in höherem Lebensalter entwickeln kann. Beim Morbus Crohn kann die intestinale Entzündung an jedem Abschnitt des Gastrointestinaltrakts auftreten, ist aber am häufigsten am Übergang Dünndarm-Dickdarm zu beobachten. Komplikationen stellen Engstellen, Fisteln und Abszesse dar, die in der Folge mit Malnutrition, Abgeschlagenheit, Schmerzen und Inkontinenz assoziiert sind. Bei der Colitis ulcerosa ist die Entzündung meist auf den Dickdarm beschränkt, bei einer Subgruppe können die letzten Zentimeter des Dünndarms betroffen sein. Für die Betroffenen stehen hier die Diarrhöen, Blutverlust, unkontrollierbarer Stuhldrang, Abgeschlagenheit im Vordergrund. Bei beiden Erkrankungen ist bei einer langebestehenden Entzündung des Dickdarms das Risiko, ein kolorektales Karzinom zu entwickeln, deutlich erhöht. Diese zusammenfassende Darstellung illustriert ohne Zweifel, dass bei beiden Krankheitsbildern die Lebensqualität deutlich eingeschränkt ist.

Im Folgenden soll die globale Entwicklung dieser beiden Erkrankungen zunächst aus der epidemiologischen Perspektive betrachtet werden, um dann auf mögliche Umweltfaktoren einzugehen. Anknüpfend sollen die sich aus den dargelegten Befunden ergebenden Entwicklungen und präventive Ansätze sowie aktuelle Forschungsansätze ausgeführt werden.

9.2 Globale Zunahme der chronisch entzündlichen Darmerkrankungen – epidemiologische und kausale Betrachtung

9.2.1 Epidemiologie, Genetik

Anknüpfend an die Hygienehypothese zeigte sich über den Zeitraum von 1960 bis 2005 in den industrialisierten Ländern eine Zunahme der Prävalenz der Colitis ulcerosa um 2,4% (95% CI 2,1–2,8%, $P < 0{,}001$) und des Morbus Crohn um 3,6% (95% CI 3,1–4,1%, $P < 0{,}001$) (Benchimol et al. 2017). In einer neueren Metaanalyse, die den Zeitraum ab1990 beleuchtet, zeigt sich, dass sich die Prävalenz in Europa, Nordamerika und Australien stabilisiert oder sogar etwas abnimmt (Ng et al. 2017). Dieser Effekt der Industrialisierung wird noch deutlicher, wenn man die letzten Jahrzehnte in

Ländern betrachtet, in denen diese Entwicklung später eintrat oder sich noch entwickelt. Nimmt man das Beispiel des asiatischen Raums, so konnte seit den 70er-Jahren sowohl in Japan, aber auch in Südkorea, China und Indien ein substanzieller Anstieg beider Erkrankungen beobachtet werden (Ng et al. 2013). In der aktuelleren Metaanalyse konnte für Afrika, Asien und Südamerika eine jährliche Zunahme der Inzidenz von 5 bis 10% beobachtet werden (Ng et al. 2017).

In den letzten zwei Jahrzehnten konnten durch genomweite Assoziationsstudien (GWAS) über 200 Risikomutationen mit der Entstehung chronisch entzündlicher Darmerkrankungen assoziiert werden (Jostins et al. 2012; Liu et al. 2015). Diese Mutationen erklären jedoch nicht die zuvor genannte Dynamik mit Bezug auf die Inzidenz der Erkrankungen. Wir gehen heute davon aus, dass etwa ein Viertel der Erkrankungen durch eine genetische Prädisposition mit ausgelöst wird (Franke et al. 2010).

Aus diesen Beobachtungen ergibt sich die spannende Frage, welche Veränderungen in Bezug auf Lebensstil, Umweltfaktoren, Gesundheitsversorgung und Ernährung zu dieser Zunahme beitragen.

9.2.2 Lebensstil, Umweltfaktoren

Mehrere Arbeiten haben den Zusammenhang zwischen Luftverschmutzung und der Inzidenz der chronisch entzündlichen Darmerkrankungen untersucht (s. Tab. 1). Hierbei konnte sowohl ein Zusammenhang zwischen sehr hohen NO_2-Konzentrationen in der Luft und einem Auftreten von Morbus Crohn vor dem 23. Lebensjahr gezeigt werden, als auch, dass hohe SO_2-Konzentration mit einem gehäuften Auftreten einer Colitis ulcerosa assoziiert war (Kaplan et al. 2010). Ebenso konnten bei einem hohen Grad an Luftverschmutzung vermehrte Krankenhausaufenthalte bei erwachsenen Patient:innen mit chronisch entzündlichen Darmerkrankungen nachgewiesen werden (Ananthakrishnan et al. 2011). Der am besten beschriebene Umweltfaktor ist Nikotin. So übt Nikotin einen protektiven Effekt auf die Entwicklung einer Colitis ulcerosa aus und ist im Gegensatz dazu bei einem Morbus Crohn mit einer erhöhten Krankheitsaktivität assoziiert (Persson et al. 1990). Ein weiterer „Lebensstilfaktor" ist die Hypoxie, also eine verminderte Sauerstoffsättigung des Blutes, die eine entzündliche Reaktion des Abwehrsystems zur Folge hat. Die Studien an gesunden Menschen sind in Höhen > 3.000 m durchgeführt worden und zeigten auch entzündliche Veränderungen des Gastrointestinaltrakts (Ananthakrishnan et al. 2018). In Folgearbeiten wurde untersucht, ob auch ein Aufenthalt in einer Höhe von > 2.000 m oder auch durch einen Flug mit einem Auftreten von vermehrter Krankheitsaktivität assoziiert ist. Es konnte bei diesen Untersuchungen ein klarer Zusammenhang zwischen einem vermehrten Auftreten von Schüben und Aufenthalt in Höhe bzw. Flügen hergestellt werden (Vavricka et al. 2014). Dieses Beispiel zeigt exemplarisch auf, dass durch die zunehmende Mobilität, in diesem Falle Fliegen, durchaus ein Stimulus auf unsere Gesundheit gesetzt wird, der in Abhängigkeit des Zustandes des einzelnen Individuums auch zu gesundheitlichen Folgen führen kann.

In den nachfolgenden Abschnitten wird die Sprache immer wieder auf die intestinale Mikrobiota kommen. Man muss dabei bedenken, dass sich die intestinale Mikrobiota, also die Bakterien, Viren, Parasiten und Bakteriophagen im Gastrointestinaltrakt, in ihrer Zusammensetzung in den einzelnen Abschnitten wie Mund, Speise-

Tab. 1 Veränderungen der Lebensgewohnheiten, Umwelt und Einfluss auf die Entstehung von chronisch entzündlichen Darmerkrankungen

	Veränderungen	Auswirkungen	Literatur
Umwelt			
Luftverschmutzung	↑ NO_2-Konzentrationen	vermehrtes Auftreten von Morbus Crohn vor dem 23. Lebensjahr	(Kaplan et al. 2010)
	↑ SO_2-Konzentration	vermehrtes Auftreten von Colitis ulcerosa	
	höhergradige Luftverschmutzung	vermehrte Krankenhausaufenthalte bei Patient:innen mit chronisch entzündlichen Darmerkrankungen	(Ananthakrishnan et al. 2011)
Hypoxie	Aufenthalt > 2.000 m Höhe oder Langstreckenflug	vermehrtes Auftreten von Schüben	(Vavricka et al. 2014)
Nikotin		Protektion vor der Entstehung einer Colitis ulcerosa erhöhte Krankheitsaktivität bei Morbus Crohn	(Persson et al. 1990; Lindberg et al. 1992)
Gesundheitsversorgung, Medikamente			
NSAR	Einnahme	erhöhtes Risiko für gastrale und duodenale Ulzera	(Loevgren u. Allander 1965)
	Frauen mit vermehrter Einnahme von NSAR (15 Tage/Monat)	erhöhtes Risiko an einer Colitis ulcerosa und einem Morbus Crohn zu erkranken	(Ananthakrishnan et al. 2012)
	Einnahme von NSAR bei einer chronisch entzündlichen Darmerkrankung	Verschlechterung der chronisch entzündlichen Darmerkrankung	(Takeuchi 2006)
Antibiotika	Antibiotikaeinnahme in einer frühen Lebensphase	erhöhtes Risiko später im Leben eine chronisch entzündliche Darmerkrankung zu entwickeln	(Shaw et al. 2011, 2013)
	Einnahme im Erwachsenenalter	Assoziation mit Entwicklung einer chronisch entzündlichen Darmerkrankung in den folgenden Jahren auch ein Risiko für die Entstehung einer chronisch entzündlichen Darmerkrankung	(Shaw et al. 2011)
Stillen		Stillen ist protektiv	(Ng et al. 2015)
Ernährung	pädiatrische Kohorte: Aufnahme von Früchten und Gemüse	senkt Risiko für die Entwicklung eines Morbus Crohns	(Amre et al. 2007)
	hoher Konsum an „Fibern"	Schutz vor Entwicklung eines Morbus Crohn	(Ananthakrishnan et al. 2013)
	Ernährungsgewohnheiten	Relevant ist nicht nur das aktuelle Verhalten, sondern vielmehr das in Kindheit und Jugend	
	Emulgatoren	Emulgatoren lösen im experimentellen System eine entzündliche Reaktion aus	(Chassaing et al. 2017)

NSAR = nichtsteroidale Antirheumatika

röhre, Magen, oberer, mittlerer, unterer Dünndarm sowie Dickdarm unterscheidet. Dieses für ein Individuum charakteristische Profil verändert sich darüber hinaus im Verlauf des Lebens (Arumugam et al. 2011). Man könnte dieses charakteristische Profil auch als eine Balance zwischen Mikrobiota und Individuum bezeichnen, die gegenseitig aufeinander angewiesen sind und damit eine Symbiose bilden. Diese individuelle Symbiose wird von vielen Faktoren beeinflusst und reagiert damit auch unterschiedlich auf Einflüsse von außen wie Infektionen, Veränderungen der Ernährungsgewohnheiten, Medikamente oder Xenobiotika (Ananthakrishnan et al. 2018). So wird bei Patient:innen mit einer chronisch entzündlichen Darmerkrankung eine verminderte Diversität der Mikrobiota beobachtet, die damit auch vor Infektionen schlechter schützen kann (Gevers et al. 2014; Kostic et al. 2014). Da Umwelteinflüsse auf verschiedensten Wegen die intestinale Mikrobiota und damit diese Symbiose und auch unsere Gesundheit beeinflussen können, kommt der Mikrobiota eine wichtige Schlüsselfunktion zu. Gleichzeitig könnte man die Veränderungen der Mikrobiota auch als einen Spiegel der Umwelteinflüsse bezeichnen. Dies wird an den weiter unten genannten Beispielen exemplarisch verdeutlicht.

9.2.3 Gesundheitsversorgung

Die Einnahme von nichtsteroidalen Antirheumatika (NSAR) wurde bereits früh mit einem erhöhten Auftreten von gastralen und duodenalen Ulzera assoziiert. Neuere Daten deuten ebenso auf eine Verbindung zur Entstehung von chronisch entzündlichen Darmerkrankungen hin (Ananthakrishnan et al. 2012). In einer Kohorte konnte so für Frauen, die an 15 Tagen im Monate NSAR einnahmen, im Vergleich zu einer NSAR naiven Gruppe ein erhöhtes Risiko sowohl für die Colitis ulcerosa (multivariate HR 1,87; 95% CI 1,16–2,99) als auch den Morbus Crohn (HR, 1,59, CI 0,99–2,56) nachgewiesen werden. Eine vergleichbare Zunahme des Risikos wurde für eine langjährige Einnahme (> 6 Jahre) gezeigt (Ananthakrishnan et al. 2012). Sehr viel bekannter sind die Daten, die eine Verschlechterung der chronisch entzündlichen Darmerkrankungen unter einer NSAR-Einnahme darlegen konnten (Takeuchi et al. 2006).

Wie oben bereits ausgeführt, ist die Zusammensetzung der intestinalen Mikrobiota wichtig und wird von vielen Faktoren beeinflusst. So zeigen zahlreiche Arbeiten, dass durch eine Antibiotikaeinnahme die Diversität unserer intestinalen Mikrobiota abnimmt, und es etwa vier Wochen dauert bis sich die Mikrobiotazusammensetzung wieder erholt hat. Bemerkenswert ist, dass einzelne Bakterien für immer abwesend bleiben und damit Antibiotika eine langfristige Veränderung der intestinalen Mikrobiota zur Folge haben (Dethlefsen et al. 2008; Dethlefsen u. Relman 2011). Bedenkt man nun, dass die Mikrobiota bei Patient:innen mit chronisch entzündlicher Darmerkrankung per se eine reduzierte Diversität aufweist, liegt es nahe, den Zusammenhang zwischen Antibiotikaeinnahme und der Entstehung von chronisch entzündlichen Darmerkrankungen zu untersuchen.

! **Der zu häufige Einsatz von Antibiotika bei viralen Infekten oder aber in der Tierzucht haben eine hohe Exposition der Bevölkerung gegenüber Antibiotika zur Folge.**

Mehrere Arbeiten konnten nachweisen, dass eine Antibiotikaexposition in einer frühen Lebensphase, in der das Immunsystem sich eigentlich mit Bakterien und Parasiten auseinandersetzen muss, mit einem erhöhten Risiko assoziiert ist, später im Leben eine chronisch entzündliche Darmerkrankung zu entwickeln (Shaw et al. 2011; Shaw et al. 2013). Darüber hinaus gibt es Arbeiten, die auch bei Erwachsenen die Einnahme von Antibiotika mit der Entwicklung einer chronisch entzündlichen Darmerkrankung in den kommenden Jahren assoziieren (Shaw et al. 2011). In diesen Arbeiten konnte sogar eine Dosisabhängigkeit dargelegt werden, wurden also mehr Antibiotika eingenommen war das Risiko höher. Diese Arbeiten und Überlegungen sind von besonderer Bedeutung, wenn man in Betracht zieht, dass Kleinkinder am Ende des ersten Lebensjahres ein charakteristisches Profil für den späteren Gastrointestinaltrakt aufweisen, d.h. insbesondere Einflüsse in dieser frühen Phase scheinen für das spätere Risiko relevant zu sein (Palmer et al. 2007). Es ist nicht überraschend, dass die intestinale Mikrobiota bei Kindern, die durch einen Kaiserschnitt zur Welt kommen, weniger anaerobe Bakterien im Gastrointestinaltrakt aufweisen und langsamer die Diversität der Mikrobiota aufbauen (Azad et al. 2013, 2016). Kohortenarbeiten konnten zeigen, dass dieses Defizit an Clostridien auch bis in die Kindheit hinein anhielt (Salminen et al. 2004). Trotz dieser klaren Daten, die einen Einfluss des Geburtsmodus auf die intestinale Mikrobiota nachweisen konnten, stellt die Geburt durch Kaiserschnitt keinen Risikofaktor für die Entwicklung einer chronisch entzündlichen Darmerkrankung dar (Bernstein et al. 2016).

Stillen als positiver Faktor

Verschieden Arbeiten konnten einen wesentlichen Effekt des Stillens auf die Entwicklung der intestinalen Mikrobiota aufzeigen (Ananthakrishnan et al. 2018). Damit konnten nicht völlig überraschend mehrere Studien und die daraus resultierenden Metaanalysen den protektiven Effekt des Stillens sowohl für den Morbus Crohn als auch für die Colitis ulcerosa nachweisen (Klement et al. 2004). Darüber hinaus war der protektive Effekt ausgeprägter, je länger die Stillperiode war (Ng et al. 2015).

9.2.4 Ernährung

Eine wesentliche Änderung unserer Umwelt über den Zeitraum, in dem diese zunehmenden Inzidenzen beobachtet wurden, ist die Ernährung. Eine Reihe von Arbeiten konnten in den letzten Jahren zeigen, dass auch eine veränderte Mikrobiota die Suszeptibilität für Morbus Crohn und die Colitis ulcerosa erhöhen kann. Veränderungen der Ernährungsgewohnheiten sind für die Bevölkerung der modernen Gesellschaft gängig und können in der Folge zu Veränderungen der Zusammensetzung der intestinalen Mikrobiota und damit zu einer veränderten intestinalen Immunantwort führen und somit unter Umständen auch die Entstehung einer chronisch entzündlichen Darmerkrankung begünstigen (David et al. 2014; Devkota et al. 2012; Lewis u. Abreu 2017; s. Kap. II.14).

Beginnt man nochmals einen Schritt weiter vorne, muss man die Daten beleuchten, die eine Assoziation zwischen veränderten Ernährungsgewohnheiten und der Entstehung einer chronisch entzündlichen Darmerkrankung stützen. So zeigte eine initiale, pädiatrische Fall-Kontrollstudie eine inverse Assoziation zwischen der Aufnahme von Früchten und Gemüse und dem Risiko eines Morbus Crohn (Amre et al. 2007).

Damit übereinstimmend konnte in einer großen prospektiven Kohorte von 170.776 Frauen, die über einen Zeitraum von 26 Jahren beobachtet wurden, gezeigt werden, dass der Anteil, der sich in der höchsten Quintile bezüglich des Ballaststoffanteils in der Ernährung befand, die geringste Wahrscheinlichkeit hatte einen Morbus Crohn zu entwickeln (OR 0,59, 95% CI 0,39–0,90) verglichen mit der Gruppe in der niedrigsten Quintile (Ananthakrishnan et al. 2013). Übereinstimmend mit der eingangs genannten Hygienehypothese, sind nicht nur die aktuellen Ernährungsgewohnheiten von Bedeutung, sondern vielmehr die während der Kindheit und Jugend (Ananthakrishnan et al. 2015). Hinzu kommt, dass nicht nur die nutritiven Faktoren relevant sind, sondern auch die im Rahmen der Produktion hinzugefügten Ergänzungsstoffe. So konnte für Emulgatoren in einer experimentellen Untersuchung herausgearbeitet werden, dass sie die intestinale Mikrobiota innerhalb von Tagen in eine pro-inflammatorische Richtung lenken können (Chassaing et al. 2015; Chassaing et al. 2017).

9.3 Zukünftige Entwicklungen, präventive Strategien, Forschungsansätze

Die oben ausgeführten epidemiologischen Überlegungen legen eine einfache, präventive Strategie nahe, die der Veränderung des Lebensstils. Während dies in der westlichen Welt schon erfolgt, und die Zunahme der Inzidenzen abnimmt bzw. sogar stagniert (Ng et al. 2017), steht diese Entwicklung in Teilen des asiatischen Raums und auch in Afrika sowie Südamerika noch aus (Ng et al. 2017, 2015). D.h. global betrachtet werden wir zunächst eine weitere Zunahme der hier exemplarisch ausgeführten chronischen entzündlichen Darmerkrankungen feststellen. Neben den Veränderungen des Lebensstils sowie des Gesundheitssektors – also Geburtsmodus, Einsatz von Antibiotika etc. – stellt sich aber die Frage, was wir weiter verändern können. Natürlich werden parallel weitere neue Medikamente für diese Indikationen zugelassen, jedoch dienen die aktuell verfügbaren Strategien alle nur der Krankheitskontrolle und nicht der Heilung oder gar Prävention.

Janelle S. Ayres hat in einer Übersichtsarbeit im letzten Jahr eine neue Richtung des wissenschaftlichen Denkens zusammengefasst (Ayres 2020). Sie beginnt einen Schritt vor der Erkrankung, nämlich bei der Gesundheit. Hier wird Gesundheit als ein aktiver Prozess betrachtet, die nur erhalten werden kann, weil kontinuierliche Adaptationsmechanismen dies ermöglichen. Unsere bisherigen Arbeiten haben jedoch den Fokus auf Krankheitsmechanismen und die assoziierten Signalwege gelegt. Die aktuell verfügbaren Therapieansätze bei den entzündlichen Erkrankungen greifen sehr spezifisch in diese ein, d.h. Krankheitsprozesse werden gebremst, die Ursache bleibt jedoch unverändert existent. Damit bleibt aber offen, welche Mechanismen und Signalwege für die Erhaltung der Gesundheit verantwortlich sind, und ob die Therapieansätze der Zukunft nicht diese stärken müssten, um so Gesundheit zu erhalten und Krankheiten von vorneherein zu verhindern? Dass dies nicht Träumereien sind, zeigen erste konzeptionelle Arbeiten. So konnte Interleukin (IL)-22 als ein kritisches Zytokin für die Aufrechterhaltung der Reparaturmechanismen im intestinalen Epithel identifiziert werden. Darüber hinaus konnte in der Arbeit gezeigt werden, dass die Anwesenheit von Glukosinolaten in der Nahrung, also z.B. das Essen von Brokkoli, für die Induktion dieser IL-22-Produktion erforderlich ist und damit in diesem Modell die intestinale Tumorgenese verhindert (Gronke et al. 2019). Schon allein durch die Ernährung scheint demnach ein präventiver Ansatz umsetzbar (s. Kap. II.8 und II.14).

Wie können wir aber diese „gesunderhaltenden“ Signalwege identifizieren? Hierzu werden wir in Zukunft detailliert Personen untersuchen müssen, die ein erhöhtes Risiko für eine bestimmte Erkrankung aufweisen, und es wird wegweisend sein zu verstehen, warum Personen mit vergleichbarem Risikoprofil in einer Situation krank werden und in einer anderen nicht. Durch Aufklärung dieser Mechanismen, wird im Idealfall zukünftig die Zahl der Erkrankten reduziert. Dies hätte eine relevante gesellschaftliche und auch ökonomische Bedeutung.

Literatur

Amre DK, D'Souza S, Morgan K, Seidman G, Lambrette P, Grimard G et al. (2007) Imbalances in Dietary Consumption of Fatty Acids, Vegetables, and Fruits Are Associated With Risk for Crohn's Disease in Children. Am J Gastroenterol 102(9), 2016–25

Ananthakrishnan AN, Bernstein CN, Iliopoulos D, Macpherson A, Neurath MF, Ali RAR et al. (2018) Environmental Triggers in IBD: A Review of Progress and Evidence. Nat Rev Gastroenterol Hepatol 15(1), 39–49

Ananthakrishnan AN, Higuchi LM, Huang ES, Khalili H, Richter JM, Fuchs CS et al. (2012) Aspirin, Nonsteroidal Anti-Inflammatory Drug Use, and Risk for Crohn Disease and Ulcerative Colitis: A Cohort Study. Ann Intern Med 156(5), 350–9

Ananthakrishnan AN, Khalili H, Konijeti GG, Higuchi LM, de Silva P, Korzenik JR et al. (2013) A Prospective Study of Long-Term Intake of Dietary Fiber and Risk of Crohn's Disease and Ulcerative Colitis. Gastroenterology 145(5), 970–7

Ananthakrishnan AN, Khalili H, Song M, Higuchi LM, Richter JM, Nimptsch K et al. (2015) High School Diet and Risk of Crohn's Disease and Ulcerative Colitis. Inflamm Bowel Dis 21(10), 2311–9

Ananthakrishnan AN, McGinley EL, Binion DG, Saeian K (2011) Ambient Air Pollution Correlates With Hospitalizations for Inflammatory Bowel Disease: An Ecologic Analysis. Inflamm Bowel Dis 17(5), 1138–45

Arumugam M, Raes J, Pelletier E, Le Paslier D, Yamada T, Mende DR et al. (2011) Enterotypes of the Human Gut Microbiome. Nature 473(7346), 174–80

Ayres JS (2020) The Biology of Physiological Health. Cell 181(2), 250–69

Azad MB, Konya T, Maughan H, Guttman DS, Field CJ, Chari RS et al. (2013) Gut Microbiota of Healthy Canadian Infants: Profiles by Mode of Delivery and Infant Diet at 4 Months. CMAJ 185(5), 385–94

Azad MB, Konya T, Persaud RR, Guttman DS, Chari RS, Field CJ et al. (2016) Impact of Maternal Intrapartum Antibiotics, Method of Birth and Breastfeeding on Gut Microbiota During the First Year of Life: A Prospective Cohort Study. BJOG 123(6), 983–93

Bach JF (2002) The Effect of Infections on Susceptibility to Autoimmune and Allergic Diseases. N Engl J Med 347(12), 911–20

Benchimol EI, Kaplan GG, Otley AR, Nguyen GC, Underwood FE, Guttmann A et al. (2017) Rural and Urban Residence During Early Life Is Associated With Risk of Inflammatory Bowel Disease: A Population-Based Inception and Birth Cohort Study. Am J Gastroenterol 112(9), 1412–22

Bernstein CN, Banerjee A, Targownik LE, Singh H, Ghia JE, Burchill C et al. (2016) Cesarean Section Delivery Is Not a Risk Factor for Development of Inflammatory Bowel Disease: A Population-based Analysis. Clin Gastroenterol Hepatol 14(1), 50–7

Chassaing B, Koren O, Goodrich JK, Poole AC, Srinivasan S, Ley RE et al. (2015) Dietary Emulsifiers Impact the Mouse Gut Microbiota Promoting Colitis and Metabolic Syndrome. Nature 519(7541), 92–6

Chassaing B, Van de Wiele T, De Bodt J, Marzorati M, Gewirtz AT (2017) Dietary Emulsifiers Directly Alter Human Microbiota Composition and Gene Expression Ex Vivo Potentiating Intestinal Inflammation. Gut 66(8), 1414–27

David LA, Maurice CF, Carmody RN, Gootenberg DB, Button JE, Wolfe BE et al. (2014) Diet Rapidly and Reproducibly Alters the Human Gut Microbiome. Nature 505(7484), 559–63

Dethlefsen L, Huse S, Sogin ML, Relman DA (2008) The Pervasive Effects of an Antibiotic on the Human Gut Microbiota, as Revealed by Deep 16S Rrna Sequencing. PLoS Biol 6(11), e280

Dethlefsen L, Relman DA (2011) Incomplete Recovery and Individualized Responses of the Human Distal Gut Microbiota to Repeated Antibiotic Perturbation. Proc Natl Acad Sci USA 108 Suppl 1, 4554–61

Devkota S, Wang Y, Musch MW, Leone V, Fehlner-Peach H, Nadimpalli A et al. (2012) Dietary-Fat-Induced Taurocholic Acid Promotes Pathobiont Expansion and Colitis in Il10-/- Mice. Nature 487(7405), 104–8

Franke A, McGovern DP, Barrett JC, Wang K, Radford-Smith GL, Ahmad T et al. (2010) Genome-Wide Meta-Analysis Increases to 71 the Number of Confirmed Crohn's Disease Susceptibility Loci. Nat Genet 42(12), 1118–25

Gevers D, Kugathasan S, Denson LA, Vazquez-Baeza Y, Van Treuren W, Ren B et al. (2014) The Treatment-Naive Microbiome in New-Onset Crohn's Disease. Cell Host Microbe 15(3), 382–92

Gronke K, Hernandez PP, Zimmermann J, Klose CSN, Kofoed-Branzk M, Guendel F et al. (2019) Interleukin-22 Protects Intestinal Stem Cells Against Genotoxic Stress. Nature 566(7743), 249–53

Jostins L, Ripke S, Weersma RK, Duerr RH, McGovern DP, Hui KY et al. (2012) Host-Microbe Interactions Have Shaped the Genetic Architecture of Inflammatory Bowel Disease. Nature 491(7422), 119–24

Kaplan GG, Hubbard J, Korzenik J, Sands BE, Panaccione R, Ghosh S et al. (2010) The Inflammatory Bowel Diseases and Ambient Air Pollution: A Novel Association. Am J Gastroenterol 105(11), 2412–9

Klement E, Cohen RV, Boxman J, Joseph A, Reif S (2004) Breastfeeding and Risk of Inflammatory Bowel Disease: A Systematic Review With Meta-Analysis. Am J Clin Nutr 80(5), 1342–52

Kostic AD, Xavier RJ, Gevers D (2014) The Microbiome in Inflammatory Bowel Disease: Current Status and the Future Ahead. Gastroenterology 146(6), 1489–99

Lewis JD, Abreu MT (2017) Diet As a Trigger or Therapy for Inflammatory Bowel Diseases. Gastroenterology 152(2), 398–414 e6

Lindberg E, Jarnerot G, Huitfeldt B (1992) Smoking in Crohn's Disease: Effect on Localisation and Clinical Course. Gut 33(6), 779–82

Liu JZ, van Sommeren S, Huang H, Ng SC, Alberts R, Takahashi A et al. (2015) Association Analyses Identify 38 Susceptibility Loci for Inflammatory Bowel Disease and Highlight Shared Genetic Risk Across Populations. Nat Genet 47(9), 979–86

Loevgren O, Allander E (1965) Indomethacin and Peptic Ulcer. Br Med J 1(5440), 996

Ng SC, Shi HY, Hamidi N, Underwood FE, Tang W, Benchimol EI et al. (2017) Worldwide Incidence and Prevalence of Inflammatory Bowel Disease in the 21st Century: A Systematic Review of Population-Based Studies. Lancet 390(10114), 2769–78

Ng SC, Tang W, Ching JY, Wong M, Chow CM, Hui AJ et al. (2013) Incidence and Phenotype of Inflammatory Bowel Disease Based on Results From the Asia-Pacific Crohn's and Colitis Epidemiology Study. Gastroenterology 145(1), 158–65e2

Ng SC, Tang W, Leong RW, Chen M, Ko Y, Studd C et al. (2015) Environmental Risk Factors in Inflammatory Bowel Disease: A Population-Based Case-Control Study In Asia-Pacific. Gut 64(7), 1063–71

Palmer C, Bik EM, DiGiulio DB, Relman DA, Brown PO (2007) Development of the Human Infant Intestinal Microbiota. PLoS Biol 5(7), e177

Persson PG, Ahlbom A, Hellers G (1990) Inflammatory Bowel Disease and Tobacco Smoke – A Case-Control Study. Gut 31(12), 1377–81

Salminen S, Gibson GR, McCartney AL, Isolauri E (2004) Influence of Mode of Delivery on Gut Microbiota Composition in Seven Year Old Children. Gut 53(9), 1388–9

Shaw SY, Blanchard JF, Bernstein CN (2011) Association Between the Use of Antibiotics and New Diagnoses of Crohn's Disease and Ulcerative Colitis. Am J Gastroenterol 106(12), 2133–42

Shaw SY, Blanchard JF, Bernstein CN (2013) Association Between Early Childhood Otitis Media and Pediatric Inflammatory Bowel Disease: An Exploratory Population-Based Analysis. J Pediatr 162(3), 510–4

Takeuchi K, Smale S, Premchand P, Maiden L, Sherwood R, Thjodleifsson B et al. (2006) Prevalence and Mechanism of Nonsteroidal Anti-Inflammatory Drug-Induced Clinical Relapse in Patients With Inflammatory Bowel Disease. Clin Gastroenterol Hepatol 4(2), 196–202

Vavricka SR, Rogler G, Maetzler S, Misselwitz B, Safroneeva E, Frei P et al. (2014) High Altitude Journeys and Flights Are Associated With an Increased Risk of Flares in Inflammatory Bowel Disease Patients. J Crohns Colitis 8(3), 191–9

10 Geriatrie – Neue Herausforderungen für die medizinische Versorgung von älteren Menschen

Jürgen M. Bauer und Clemens Becker

Ältere Menschen, vor allem aber Hochbetagte, sind vulnerabel gegenüber allen abrupten physischen, mentalen, sozialen und umgebungsbedingten Veränderungen. Der Klimawandel führt bereits jetzt zu gesundheitlichen Belastungen für ältere Menschen und wird in absehbarerer Zeit ein bestimmender Faktor der gesunden Lebenserwartung sowie der Lebenserwartung mit Einschränkungen werden. Spätestens seit der Hitzewelle 2003 ist diese Erkenntnis auch in Deutschland Teil der öffentlichen Wahrnehmung. Abgesehen von den Hitzewellen werden viele der Auswirkungen des Klimawandels wie z.B. erhöhte Feinstaubbelastung, Ozonanstieg, Zunahme der (Pollen-)Allergien oder soziale Probleme wie Flucht und Migration sowie die Unbewohnbarkeit bestimmter Regionen bislang noch kaum wahrgenommen. Entsprechend gering ist die diesbezügliche Handlungsplanung und Handlungsbereitschaft. Letztendlich können aus den vorgenannten Entwicklungen erhebliche soziale Veränderungen resultieren, wie die Beeinträchtigung der sozialen Sicherungssysteme und veränderte Altersbilder im Sinne einer manifesten Altersdiskriminierung.

Dieser Beitrag kann nur einen Teil dieser Problemkonstellationen aufgreifen. Sein Schwerpunkt liegt auf der Auswirkung auf das deutsche Gesundheitssystem als dasjenige einer wohlhabenden Gesellschaft. Die Auswirkungen auf ärmere Länder werden als ungleich größer erwartet. So ist auch die Resilienz der älteren Bevölkerung in einer moderaten Klimazone anders zu bewerten. Der gesellschaftliche Diskurs eines supranationalen Problems muss aber prinzipiell systemisch und solidarisch geführt werden.

10.1 Stärken und Besonderheiten des deutschen Systems in der Versorgung älterer Menschen

Das deutsche Gesundheitssystem hat durch die Einführung der sozialen Pflegeversicherung Mitte der Neunzigerjahre in Ergänzung zur gesetzlichen Krankenversicherung, dem Rentenversicherungssystem und den Unterstützungsleistungen der Kommunen ein im internationalen Vergleich robustes System der sozialen Sicherung bei relativ hohen Kosten entwickelt. Während die Akutversorgung und hausärztliche Versorgung über relativ große Kapazitäten im europäischen Vergleich verfügt, ist die Langzeitpflege unterfinanziert und die Prävention bestenfalls im Entwicklungsstadium. Das öffentliche Gesundheitswesen ist bislang mit den besonderen Belangen älteren Menschen nur marginal vertraut, was sich in der COVID-19-Pandemie schonungslos offenbarte. Die im Koalitionsvertrag 2017 angekündigte Einführung des präventiven Hausbesuchs für ältere Menschen ist bislang nicht umgesetzt worden. Es wird oft übersehen, dass die Lebenserwartung in Deutschland beim OECD bzw. beim EU-27 Vergleich nur im Mittelfeld liegt und die Mittelmeernachbarländer Lebenserwartungen aufweisen, die um 2–3 Jahre über der Lebenserwartung altersadjustierter Gruppen in Deutschland liegen. Die COVID-19-Pandemie hat zu gravierenden Veränderungen des Leistungsangebots für ältere Menschen geführt und die tatsächlichen Folgen der Krise sind derzeit noch nicht abschätzbar.

10.2 Schwächen in Deutschland am Beispiel der Hitzewellen

Viele der heftigsten Hitzewellen seit 1950 wurden nach 2000 dokumentiert (Russo et al. 2015). Seit 2003 kam es alle drei bis vier Jahre zu erheblich länger andauernden Hitzewellen. In ganz Europa verstarben 2003 über 70.000 Menschen an den Folgen extremer Hitze (Robine et al. 2008), davon etwa 7.600 in Deutschland (An der Heiden et al. 2019). Vor allem die Hitzeperioden 2015 und 2018 haben dem Thema mehr Aufmerksamkeit verschafft. Obwohl sich gewisse Anpassungen mit leicht reduzierten Mortalitätsraten andeuten (An der Heiden M et al. 2020; Todd u. Valleron 2015), zeigen aktuelle Daten, dass es bislang nicht gelungen ist, eine durchgängige wirksame Strategie zu entwickeln und vermeidbare Todesfälle bei älteren Menschen zu reduzieren. Die Zahlen des Robert-Koch-Instituts zeigen, dass die deutschen Todeszahlen durch die Hitzewelle 2018 über dem Katastrophenjahr 2003 lagen. Auch Daten aus der Schweiz und aus anderen Ländern weisen für das Jahr 2015 in die gleiche Richtung (Vicedo-Cabrera et al. 2016). Das Fazit der meisten Experten lautet, dass zwar sehr gute Hitzeaktionspläne entwickelt wurden, ein angemessenes Warnsystem durch den Deutschen Wetterdienst vorliegt und ein Monitoring der Landesgesundheitsämter durchgeführt wird. Die Umsetzung der Maßnahmen bei den Akteuren vor Ort erfolgt aber bislang nicht oder nur unvollständig. Hierzu zählen Ärzte, Krankenhäuser, Pflegeheime und -dienste. Problematisch ist zudem, dass Hitzeextreme meist zur Urlaubszeit auftreten, wenn die Personaldecke der Akteure reduziert ist.

In den letzten Jahren wurde die Wissensbasis für Ärzte, Pflegende und Medizinische Fachangestellte deutlich verbessert. Die Prozess- und Ergebnisevaluation zeigen aber im ambulanten Bereich keine nachhaltige Verbesserung. Es werden daher nun neue Strategien vorgeschlagen, so die Einbindung der in Deutschland gut organisierten Hilfsorganisationen in die ambulante Versorgung (Becker et al. 2019). Dazu müssten

Hitzeextreme entsprechend dem von Deutschland ratifizierten Sendai UN-Rahmenwerk als Katastrophenfall behandelt werden (United Nations 2015). Bei einem lokalen Ereignis mit extremer Hitze könnte dann z.B. durch das Gesundheitsamt der Hitzenotstand ausgerufen werden und die Hilfsorganisationen würden die Versorgung von besonders gefährdeten Personen unterstützen. Eine Überprüfung solcher Konzepte und eine nachfolgend regulatorische Umsetzung auf Bundes-, Landes- oder kommunaler Ebene ist bisher allerdings noch nicht erfolgt. Katastrophen werden bislang überwiegend über materielle und nicht über humanitäre Schäden identifiziert. Der Einfluss von Hitze auf die Mortalität bei älteren Menschen kann mithilfe von Routinedaten untersucht werden. In Baden-Württemberg mit einer Bevölkerung von 10,4 Mio. Menschen sind etwa 20% der Bevölkerung älter als 64 Jahre. Die AOK hat in Baden-Württemberg etwa 3,3 Mio. Versicherte. In einer von unserer Forschungsgruppe am Robert-Bosch-Krankenhaus realisierten Studie wurden in einem Beobachtungszeitraum von sieben Jahren Daten von fast 390.000 Personen mit mehr als 2 Mio. Personenjahren dieser AOK-Versicherten ausgewertet. Die Zusammensetzung nach Geschlecht, Alter und Pflegestufe aller in der Studie ausgewerteten AOK-Versicherten ist in Tabelle 1 dargestellt. Untersucht wurde unter anderem der Einfluss der Außentemperatur auf die tägliche Sterblichkeit in Abhängigkeit zur aktuellen Pflegestufe. Dabei wurde zwischen häuslicher und stationärer Pflege unterschieden. Es wurden tagegenau die Personen mit der jeweiligen Pflegestufe bestimmt und anschließend mit der täglichen maximalen Außentemperatur und der gruppenspezifischen Mortalitätsrate verbunden.

Bei zuhause lebenden Personen erhöhte sich die Mortalität bei Hitze vor allem in der Pflegestufe 3. Hier wurde eine Erhöhung der Mortalitätsrate um 14,8% beobachtet, wenn die Außentemperatur um 15°C von 20°C auf 35°C anstieg. In Pflegestufe 1 und 2 gab es keine Erhöhung. Interessanterweise gab es aber eine Mortalitätserhöhung

Tab. 1 Alters- und geschlechtsadjustierte tägliche Mortalität/100.000 Personen bezogen auf die maximale Tagestemperatur

	mit Pflegestufe (PfSt)						ohne Pflegestufe
maximale Temperatur	Pflegeheim			zuhause lebend			zuhause lebend
	PfSt I	PfST II	PfSt IIII	PfSt I	PfSt II	PfSt IIII	
0°C	82,35	155,27	219,01	30,67	99,15	257,31	0,29
5°C	82,26	147,99	212,07	30,10	93,80	252,63	0,45
10°C	78,37	143,88	204,05	28,66	91,48	243,61	0,37
15°C	71,83	132,98	193,31	25,71	83,46	236,50	0,39
20°C	67,94	126,69	184,26	24,62	81,92	230,24	0,36
25°C	68,13	128,08	184,80	25,32	81,59	232,24	0,37
30°C	70,61	138,38	199,71	26,37	86,79	245,98	0,35
35°C	73,90	151,46	221,61	24,69	81,09	263,94	0,68

bei niedrigen Temperaturen in allen Pflegestufen, die in den Pflegestufen 1 und 2 mit 21,0% bzw. 24,5% deutlich ausfiel.

Zusammenfassend zeigte sich, dass bei älteren Menschen (> 64 Jahre) der Anstieg der Außentemperatur über 30°C ein deutliches Mortalitätsrisiko darstellt. Die Vulnerabilität gegenüber Hitzewellen ist meist Folge einer eingeschränkten körperlichen Funktionalität und ungünstiger Kontextfaktoren des räumlichen und sozialen Umfelds. Es ist offenkundig, dass chronisch kranke ältere Menschen die mit Abstand größte Risikogruppe sind. In Summe berichtete das RKI für das Jahr 2018 über mehr als 8.000 Todesfälle, d.h. mehr als doppelt so viel wie diejenigen durch motorisierten Verkehr. Dennoch ist die öffentliche Resonanz zum Thema Hitzewellen vergleichsweise gering.

Derzeit stellen Personen mit Pflegebedarf und solche mit chronischen Erkrankungen, die allein zu Hause leben, die vermutlich gefährdetste Gruppe dar. Die wichtigsten Akteure zur Vermeidung von hitzebedingten Risiken in diesen Personengruppen sind Hausärzte und Pflegedienste, Angehörige, ehrenamtliche Helfer und die Nachbarschaft. Bei Einstufung von extremer Hitze als lokaler Katastrophenfall würden diese Akteure durch die Hilfsorganisationen unterstützt. Wichtige ärztliche Maßnahmen sind die Kommunikation von Risiken und Präventionsmaßnahmen, die Anpassung von Medikation und von Praxisabläufen sowie eine proaktive Kontaktaufnahme.

Das Erstellen von Listen der Risikopersonen auf der Basis der elektronischen Gesundheitsakte ist als extrem wichtig einzustufen. Dazu müssen Hausärzten die Information über eine Pflegegrad-Einstufung zugänglich sein, um zu entscheiden, wer ärztliche Hilfe oder Unterstützung durch eine medizinische Fachangestellte benötigt oder wem schon dadurch geholfen ist, dass das soziale Netzwerk zur Betreuung durch eine Hilfsperson (z.B. durch Hilfsorganisation) organisiert wird.

Das Beispiel Hitzewelle ist ein Indikator – vielleicht der derzeit beste – für den Umgang mit dem Thema Klimawandel (s. Kap. II.3).

10.3 Wahrnehmung in Medizin und Gesellschaft

Das Thema Klimawandel und Globalisierungsfragen der Gesundheit gewinnt erst langsam mehr Relevanz innerhalb des Fachgebiets Altersmedizin. Diesbezügliche Forschungsprojekte sind in den letzten fünf Jahren gestartet worden und durch die Beschlüsse des diesjährigen Ärztetags (2021) ist davon auszugehen, dass das Thema in den Fortbildungskatalog und die Weiterbildung aufgenommen wird. Entscheidend ist aber, ob das Thema in den nächsten Jahren Eingang in die tägliche Praxis und die antizipatorische Planung der Gesundheitsfachberufe findet. Innerhalb der Zielgruppe – nicht zuletzt der Babyboomerkohorte – besteht dabei eine große Offenheit für die Umgestaltung der Alltagshandlungen und eine nachhaltige Veränderung des Bewegungsverhaltens mit Nutzung physischer Mobilität anstelle von technisch unterstützter Mobilität. Ein Beispiel hierfür ist der Pedelec Boom. Ein weiteres potenziell erfolgreiches Modell ist ein gesellschaftlicher Diskurs zum „Decarbonizing" einschließlich der Reduktion von tierischen Nahrungsmitteln. Nach allgemeiner Einschätzung sind hier große Potenziale auf der personellen Handlungsebene vorhanden, die durch Maßnahmen auf der Meso- und Makroebene unterstützt werden sollten.

10.4 Bedrohungsszenario am Beispiel der COVID-19-Pandemie

Die Pandemie ist als beispielhaft dafür anzusehen, dass weltweite Trends wie Globalisierung und interkontinentales Reisen die rasche Ausbreitung eines hochgradig infektiösen Erregers begünstigen. Die COVID-19-Infektion hat dabei die Morbidität und Mortalität der älteren Bevölkerung in Deutschland und anderen europäischen Ländern wesentlich erhöht und ihre Lebensbedingungen möglicherweise auch bleibend verändert.

Anhand großer internationaler Datensätze konnte belegt werden, dass nicht nur das chronologische Alter von COVID-19-Patienten, sondern insbesondere deren biologisches Alter unabhängige Risikofaktoren für eine erhöhte Krankenhausmortalität sowie für eine gestiegene Pflegebedürftigkeit nach durchgemachter Erkrankung darstellen (Hewitt et al. 2020). Die Vulnerabilität der älteren Bevölkerung prädisponiert sie in besonderer Weise für eine ad vitam als auch hinsichtlich ihrer Funktionalität schlechte Prognose.

Zahlreiche Forscher erwarten gegenwärtig eine vierte, chronische „Pandemiewelle" auf der Basis der erheblichen psychischen und physischen Langzeitschäden. So leidet ein erheblicher Teil der Patienten anhaltend unter kognitiven und affektiven Störungen, wobei das Risiko für diese Folgeerkrankungen mit dem Alter und dem Vorliegen einer Multimorbidität steigt. Dies bedeutet, dass gerade auch im Kontext von Long-COVID geriatrische Patienten eine besondere Risikopopulation darstellen (Berlit et al. 2021).

Dass die vorgehaltenen Strukturen in einer Pandemie oftmals nicht ihren Erfordernissen entsprechen, zeigt das Beispiel der Einrichtungen für Geriatrische Rehabilitation. Obwohl während der Pandemie eine steigende Nachfrage nach stationärer und ambulanter geriatrischer Rehabilitation bestand, wurden zahlreiche Einrichtungen geschlossen, häufig, weil Personal in andere Klinikbereiche abgezogen wurde. Man bezeichnet diese Entwicklung als COVID-Rehabilitationsparadox. Zum gegenwärtigen Zeitpunkt ist unklar, ob sich hieraus auch längerfristige Strukturveränderungen in diesem Versorgungsbereich ergeben. Dieses Beispiel mag illustrieren, dass ein globales Krankheitsphänomen zu einer Verschlechterung der Versorgungssituation der ältesten in unserer Gesellschaft führen kann, obwohl basierend auf deren Bedürfnissen ein Mehr an Investitionen in diesen Bereich hätte erfolgen müssen.

Es sollte nicht versäumt werden, mit Hinblick auf zukünftige Pandemien sowohl präventive als auch therapeutische Konzepte weiterzuentwickeln, die den besonderen Bedürfnissen dieser Population gerecht werden. Ferner sollten in Zukunft ausgereifte Modelle für eine digitale Kommunikation und Beschäftigung zur Verfügung stehen, die es ermöglichen, im Falle eines erneuten Social Distancing die negativen Folgen der Isolation zu mindern. Auch in diesem Kontext wird es sich als notwendig erweisen, die vielerorts vorhandene Altersdiskriminierung zu bekämpfen, da sie sich als zusätzlich negativer Faktor in Bewältigung einer solchen Krisensituation erwiesen hat (Kornadt et al. 2021).

10.5 Vulnerabilität der älteren Bevölkerung und planetare Gesundheit

Die weltweit zu beobachtende Alterung der Bevölkerung mit einer deutlichen Zunahme insbesondere des Anteils der über 80-Jährigen stellt die Gesundheitssysteme vieler Länder und ihre Gesellschaften vor vielfältige Herausforderungen. Diese demografische Verschiebung zeigt in Industrie-, Schwellen- und Entwicklungsländern eine unterschiedliche Akzentuierung. Demzufolge treffen die besonderen Belange einer alternden Bevölkerung auf regional differierende Probleme des Umweltschutzes und hier insbesondere des Klimawandels. Die ältere Bevölkerung kann vor diesem Hintergrund allerdings nicht als eine homogene Gruppe angesehen werden. Ganz im Gegenteil unterscheiden sich Menschen im höheren Alter hinsichtlich ihrer Komorbiditäten, ihrer Funktionalität – hier insbesondere in den Bereichen Mobilität und Kognition – und in ihrer Resilienz in einem Umfang, wie dies in jüngeren Jahren nicht der Fall ist. Für die Bewertung aktueller sowie zukünftiger präventiver Strategien im Kontext der Planetary Health sollten zwei Problembereiche vordringlich bearbeitet werden, da sie große Bedeutung für die zukünftige Belastung des Gesundheitswesens sowie der Pflegestrukturen in Deutschland besitzen:

Eine vermehrte Umweltbelastung einschließlich der Folgen des Klimawandels führt zu einer vermehrten Vulnerabilität der älteren Bevölkerung. Negative gesundheitliche Folgen entstehen für den vulnerablen Anteil der älteren Bevölkerung vor allem für die Senioren mit bereits reduzierter Funktionalität und erhöhter Komorbidität.

Die Vulnerabilität des älteren Menschen lässt sich operationalisieren, sodass sie sowohl im Rahmen von Studien als auch im klinischen Alltag diagnostizierbar wird. Hier bietet das Frailty-Konzept den bislang vielversprechendsten Ansatz. Unter Frailty versteht man ein geriatrisches Syndrom, welches durch eine erhöhte Vulnerabilität, verminderte körperliche Reserven sowie eine erhöhte Wahrscheinlichkeit negativer Gesundheitsereignisse (Stürze, Pflegeheim- und Krankenhausaufnahme, Mortalität) gekennzeichnet ist. In seiner ursprünglichen Bedeutung war die Frailty-Konzeption multidimensional angelegt und umfasste neben physischen auch psychologische und soziologische Komponenten. Gegenwärtig wird in den meisten Arbeiten allerdings isoliert die physische Konzeption des Frailty-Begriffes favorisiert. Dabei wird Frailty als ein Äquivalent des biologischen Alters betrachtet. Die meist verbreiteten Diagnose-Tools sind die Kriterien nach Fried, der Frailty-Index nach Rockwood sowie die Clinical Frailty Scale. Letztere hat auch in der COVID-19-Pandemie große Verbreitung erfahren.

Neben konstitutionellen Eigenschaften sind Lifestyle-Faktoren und Komorbiditäten sowie Umweltfaktoren in der Pathogenese der Frailty zu berücksichtigen. Letztere bedürfen zukünftig einer stärkeren Berücksichtigung, da sie sowohl direkt als auch indirekt die Entstehung einer Frailty begünstigen, wobei letzteres über die Entstehung von Komorbiditäten erfolgen kann. So konnte eine 2017 publizierte US-Studie zeigen, dass höhere Feinstaubkonzentration (Partikelgröße < 2,5 µm) mit einer erhöhten Zahl von Krankenhausaufnahmen aufgrund von Osteoporose bedingten Frakturen assoziiert war (Prada et al. 2017). Ferner zeigte sich, dass höhere Konzentrationen von Rußpartikeln mit einem vermehrten Verlust an Knochendichte assoziiert war. Die Osteoporose an sich als auch Osteoporose-bedingte Frakturen sind wiederum Schrittmacher der Frailty-Entstehung, da sie die für den Erhalt der Funktionalität erforderliche körperliche Aktivität negativ beeinträchtigen.

Umweltschadstoffen kommt somit im Hinblick auf ein gutes Altern („Healthy Aging") wesentliche Bedeutung zu. In diesem Kontext bedarf auch deren Einfluss auf neurodegenerative Erkrankungen der Betrachtung, da auch diese Funktionalität und Lebensqualität im Alter wesentlich beeinträchtigen. Beispielhaft seien der Morbus Parkinson sowie die Alzheimer-Demenz genannt, die beide eine hohe Prävalenz im höheren Lebensalter aufweisen. Umweltschadstoffe können direkt zerebrale Schäden bewirken oder aber über die Beeinträchtigung anderer Organsysteme indirekte Schädigungen hervorrufen (Kritikos 2020). Schadstoffe, denen in diesem Zusammenhang eine besondere Bedeutung zuzukommen scheint, sind Schwermetalle wie Blei und Quecksilber, Aluminium, Lösemittel wie Toluol, Pestizide, Feinstaub, Bisphenol A. So gilt es, auch im Hinblick auf neurodegenerative Erkrankungen eine verantwortungsvolle Umweltpolitik zu gestalten, um deren Häufigkeit zu verringern oder die Schwere des Verlaufs abzuschwächen. Eine kürzlich veröffentlichte chinesische Arbeit zeigte bei Alzheimer-Patienten einen rascheren kognitiven Abbau in Regionen mit hoher Luftverschmutzung, wobei unter den Schadstoffen dem Schwefeldioxid die größte Bedeutung zukam (Lin 2021).

10.6 Fazit und Ausblick

Basierend auf den oben dargestellten Erkenntnissen sollten in den nächsten Jahren weitere wissenschaftliche Projekte realisiert werden, die es erlauben, die gegenwärtig noch erheblichen Wissenslücken mit Hinblick auf die ältere Bevölkerung zu schließen. Die bereits vorhandenen, ebenso wie zukünftige Erkenntnisse bedürfen der Vermittlung an Ärzte und andere Gesundheitsberufe, um eine angemessene Versorgung der älteren Bevölkerung auch im Kontext der Planetaren Gesundheit zu garantieren. Einen diesbezüglich bedeutsamen Schritt würde auch die Aufnahme entsprechender Inhalte in das Curriculum des Studiums der Humanmedizin darstellen. Da dies jedoch mit einer erheblichen zeitlichen Latenz verbunden sein wird, bietet sich alternativ die Einrichtung eines diesbezüglichen Tracks als Wahlpflichtfach (Beispiel Universität Würzburg) oder kurzfristig auch ein digitales freiwilliges hochkarätiges Angebot an. Letzteres könnte universitätsübergreifend entwickelt werden, wie dies auf dem Boden einer studentischen Initiative im Bereich der Ernährungsmedizin erfolgt ist (Iss Das! – Webinarreihe Ernährungsmedizin).

Im Kontext der Planetaren Gesundheit bedarf es der Berücksichtigung der gesamten Lebensspanne. Die Vulnerabilität der älteren Bevölkerung erfordert deren gesonderte Betrachtung und die Entwicklung spezifischer präventiver Konzepte. Auch wenn erste diesbezügliche Ansätze erkennbar sind, müssen die Anstrengungen intensiviert werden, um den erkennbar großen Herausforderungen der unmittelbaren Zukunft (u.a. Alterung der Baby-Boomer) gerecht werden zu können.

Danksagung

Wir bedanken uns bei Prof. Dr. Jochen Klenk, MPH, Prof. Dr. Kilian Rapp, MPH und Frau Frankenhauser-Mannuß für ihre Hilfe bei der Aufbereitung der Daten.

Literatur

An der Heiden M, Muthers S, Niemann H, Buchholz U, Grabenhenrich L, Matzarakis A (2019) Estimation of Heat-Related Deaths in Germany Between 2001 and 2015. Bundesgesundheitsblatt, Gesundheitsforschung, Gesundheitsschutz, 62(5), 571–579. DOI: 10.1007/s00103-019-02932-y

An der Heiden M, Muthers S, Niemann H, Buchholz U, Grabenhenrich L, Matzarakis A (2020) Hitzebedingte Mortalität. Dtsch Ärtzebl 117, 603–609

Becker C, Herrmann A, Haefeli WE, Rapp K, Lindemann U (2019) New Approaches in Preventing Health Risks and Excess Mortality of Older Persons During Extreme Heat. Bundesgesundheitsblatt, Gesundheitsforschung, Gesundheitsschutz, 62(5), 565–570. DOI: 10.1007/s00103-019-02927-9

Becker C, Klenk J, Frankenhauser-Mannuß J, Lindemann U, Rapp K (2021) Hitzewellen: neue Herausforderungen für die medizinische Versorgung von älteren Menschen. In: Günster C, Klauber J, Robra BP, Schmuker C, Schneider A (Hrsg.) Versorgungs-Report Klima und Gesundheit. 79–87. MWV Medizinisch Wissenschaftliche Verlagsgesellschaft Berlin. DOI: 10.32745/9783954666270-6

Benzinger P, Eidam A, Bauer JM (2021) Klinische Bedeutung der Erfassung von Frailty. Z Gerontol Geriatr 54(3), 285–296

Berlit P, Fröhlich L, Förstl H (2021) Die „vierte Welle"? COVID-19 und konsekutive kognitive Störungen. Dtsch Med Wochenschr 146(10), 671–676

Bonaccorsi G, Manzi F, Del Riccio M, Setola N, Naldi E, Milani C, Giorgetti D, Dellisanti C, Lorini C (2020) Impact of the Built Environment and the Neighborhood in Promoting the Physical Activity and the Healthy Aging in Older People: An Umbrella Review. Int J Environ Res Public Health 17(17), 6127

Bund/Länder Ad-hoc Arbeitsgruppe Gesundheitliche Anpassung an die Folgen des Klimawandels (GAK) (2017) Handlungsempfehlungen für die Erstellung von Hitzeaktionsplänen zum Schutz der menschlichen Gesundheit. Bundesgesundheitsblatt, Gesundheitsforschung, Gesundheitsschutz. DOI: 10.1007/s00103-017-2554-5

Geriatric Medicine Research Collaborative; COVID Collaborative, Welch C (2021) Age and Frailty are Independently Associated with Increased COVID-19 Mortality and Increased Care Needs in Survivors: Results of an International Multi-Centre Study. Age Ageing 50(3), 617–630

Grund S, Gordon AL, Bauer JM, Achterberg WP, Schols JMGA (2021) The COVID Rehabilitation Paradox: Why We Need to Protect and Develop Geriatric Rehabilitation Services in the Face of the Pandemic. Age Ageing 50(3), 605–607

Hahad O, Frenis K, Kuntic M, Daiber A, Münzel T (2021) Accelerated Aging and Age-Related Diseases (CVD and Neurological) Due to Air Pollution and Traffic Noise Exposure. Int J Mol Sci 22(5), 2419

Herrmann A, Haefeli WE, Lindemann U, Rapp K, Roigk P, Becker C (2019) Epidemiology and Prevention of Heat-Related Adverse Health Effects on Elderly People. Zeitschrift für Gerontologie und Geriatrie 52(5), 487–502. DOI: 10.1007/s00391-019-01594-4

Hewitt J, Carter B, Vilches-Moraga A, Quinn TJ, Braude P, Verduri A, Pearce L, Stechman M, Short R, Price A, Collins JT, Bruce E, Einarsson A, Rickard F, Mitchell E, Holloway M, Hesford J, Barlow-Pay F, Clini E, Myint PK, Moug SJ, McCarthy K; COPE Study Collaborators (2020) The Effect of Frailty on Survival in Patients with COVID-19 (COPE): A Multicentre, European, Observational Cohort Study. Lancet Public Health 5(8), e444-e451

Klenk J, Becker C, Rapp K (2010) Heat-Related Mortality in Residents of Nursing Homes. Age and Ageing 39(2), 245–252. DOI: 10.1093/ageing/afp248

Kornadt AE, Albert I, Hoffmann M, Murdock E, Nell J (2021) Ageism and Older People's Health and Well-Being During the COVID-19-Pandemic: the Moderating Role of Subjective Aging. Eur J Ageing 30, 1–12

Krampen R (2020) Klimaextreme – Handlungsempfehlungen für Pflegeheime und deren ordnungsrechtliche Überprüfung am Beispiel Hessen. Public Health Forum 28(1), 37–39. DOI: 10.1515/pubhef-2019-0126

Kritikos M, Gandy SE, Meliker JR, Luft BJ, Clouston SAP (2020) Acute Versus Chronic Exposures to Inhaled Particulate Matter and Neurocognitive Dysfunction: Pathways to Alzheimer's Disease or a Related Dementia. J Alzheimers Dis 78(3), 871–886

Lin FC, Chen CY, Lin CW, Wu MT, Chen HY, Huang P (2021) Air Pollution Is Associated with Cognitive Deterioration of Alzheimer's Disease. Gerontology 21, 1–9

Prada D, Zhong J, Colicino E, Zanobetti A, Schwartz J, Dagincourt N, Fang SC, Kloog I, Zmuda JM, Holick M, Herrera LA, Hou L, Dominici F, Bartali B, Baccarelli AA (2017) Association of Air Particulate Pollution with Bone Loss over Time and Bone Fracture Risk: Analysis of Data from Two Independent Studies. Lancet Planet Health 1(8), e337-e347

Robine JM, Cheung SLK, Le Roy S, Van Oyen H, Griffiths C, Michel JP, Herrmann FR (2008) Death Toll Exceeded 70,000 in Europe During the Summer of 2003. Comptes Rendus Biologies 331(2), 171–178. DOI: 10.1016/j.crvi.2007.12.001

Russo S, Sillmann J, Fischer EM (2015) Top Ten European Heatwaves Since 1950 and Their Occurrence in the Coming Decades. Environmental Research Letters 10(12), 124003

Todd N, Valleron AJ (2015) Space-Time Covariation of Mortality with Temperature: A Systematic Study of Deaths in France, 1968–2009. Environmental Health Perspectives 123(7), 659–664. DOI: 10.1289/ehp.1307771

United Nations (2015) Sendai Framework for Disaster Risk Reduction 2015–2030. URL: https://www.undrr.org/publication/sendai-framework-disaster-risk-reduction-2015-2030 (abgerufen am 21.05.2021)

Vicedo-Cabrera AM, Ragettli MS, Schindler C, Röösli M (2016) Excess Mortality During the Warm Summer of 2015 in Switzerland. Swiss Medical Weekly 146, w14379. DOI: 10.4414/smw.2016.14379

Wirth R, Becker C, Djukic M, Drebenstedt C, Heppner HJ, Jacobs AH, Meisel M, Michels G, Nau R, Pantel J, Bauer JM (2021) COVID-19 im Alter – Die geriatrische Perspektive [COVID-19 in old age-The geriatric perspective]. Z Gerontol Geriatr 54(2), 152–160

11 Gynäkologie und Geburtshilfe

Sara Y. Brucker und Elisabeth Simoes

11.1 Einführung

Eine Vielzahl von Einflüssen bedroht die Gesundheit einer Frau. Wie das gesellschaftliche Umfeld, in dessen Rahmen sie wirksam werden, unterliegen sie kontinuierlichem Wandel. Das Schädigungspotenzial bekannter Faktoren ist vor diesem Hintergrund nach Art und Intensität ständig neu zu bewerten, nicht zuletzt, da ein Teil kumulativ über die gesamte Lebenszeit wirksam wird, einige auch Gesundheit und Entwicklung der Neugeborenen und Kinder beeinflussen. Der transgenerationale Effekt bei maternaler Exposition, beispielsweise über die Induktion epigenetischer Veränderungen (Popovici u. Sonntag 2021), rückt zunehmend in den Fokus des Interesses. Die hinter der jeweiligen Gefährdung stehenden Mechanismen unterscheiden sich. Gleichzeitig zeigen sich Muster und in der Wirkweise Endstrecken, welche in besonderer Weise die Betroffenheit der Frauen präjudizieren. Dazu zählen Effekte, die sich aus biologischen Besonderheiten wie beispielsweise der hormonellen Konstitution ableiten. Neben eher dem biologischen Geschlecht (engl. sex) zugeordnete Faktoren treten weitere, die zudem in den soziokulturellen Bezügen der Frau („soziales Geschlecht", engl. gender) verankert sind. Die Betroffenheit der Frauengesundheit durch Einflussfaktoren aus Umfeld und Umwelt der Frau geht weit über die hier beispielhaft aufgegriffenen Erkrankungen und Gefährdungen hinaus. Wenngleich in den meisten Fällen nicht abschließend, erlaubt das bisherige Wissen doch Einblicke, die den Bedarf an weiterer Forschung aufzeigen, Sensibilität im Alltag wecken und in Ansätzen veranschaulichen, wie weitreichend „Health in all Policies" (WHO 2014) als strategische Ausrichtung in Zukunft zu denken und umzusetzen ist.

Es sind nicht nur die aufsehenerregenden Ereignisse wie Reaktorunfälle oder die weltweit beobachteten Klimawirkungen (Hamilton et al. 2021), die einen Imprint in der Frauengesundheit hinterlassen. Der vorliegende Beitrag wendet sich in besonderer Weise solchen Einflüssen zu, die alltäglich und oft unbemerkt wirksam werden und gerade dadurch einer weitreichenden Gefährdung Vorschub leisten. Obzwar einige wichtige Substanzgruppen eher gut analysiert sind (La Merrill et al. 2020), ist das Wissen zu deren Metaboliten, sich aus der Mischung verschiedener exogener Schadsubstanzen ergebenden Effekten (nonmonotoxicity) oder auch zu Dosiseffekten (low-dose effect, Dose-response-Kurven) sowie zum jeweiligen Einfluss beispielsweise auf die vielfältigen Hormonsysteme des Menschen (Gore et al. 2015) sehr begrenzt. Während manche langzeitig stabilen Substanzen sich über Jahre im Körper (z.B. Fettgewebe) anreichern können, haben andere, kurzlebige Stoffe einen starken Effekt, wenn sie auf eine kritische Entwicklungsphase treffen (Popovici u. Sonntag 2021; Main et al. 2009). Dies ist ein Wirkmechanismus, der besonders im Kontext der Frauengesundheit und eines generationenübergreifenden Horizonts zukünftige Beachtung verdient.

11.2 Umweltfaktoren und Hormonsystem der Frau

Veränderungen im Hormonstatus wirken sich lebenslang auf das Risiko bestimmter Erkrankung aus. Die Zeitspanne zwischen erster und letzter Menstruation (Menarche bis Menopause), während der der Hormonspiegel der Frau periodischen Schwankungen unterliegt, zählt zu den wichtigen den individuellen Hormonstatus prägenden Einflüssen. Dieser Zeitraum verlängert sich im Falle früher Menarche bzw. später Menopause. Die Menarche kommt seit einigen Jahrzehnten im Durchschnitt immer früher zu liegen, knapp die Hälfte der Mädchen hat inzwischen mit 12 Jahren die erste Regelblutung (Robert-Koch Institut 2020). Externe Faktoren, die endokrine Störungen hervorrufen, und Schadstoffe mit einem östrogenähnlichen Wirkmechanismus, können ihrerseits in den Hormonhaushalt eingreifen, z.B. mit der Hormonsynthese interagieren, Ausschüttung, Speicherung, Transport oder Rezeptorbindung beeinflussen. Werden umwelt- und arbeitsbezogene chemische Einflüsse vermutet, sind insbesondere solche Stoffe beteiligt, die hormonelle Wirkung haben oder hormonähnliche Wirkung zeigen (Engel et al. 2018). Die sogenannten endokrinen Disruptoren (auch: Umwelthormone, Xenohormone), Substanzen mit schädlichen Wirkungen auf das Hormonsystem, sind keine definierte Substanzgruppe (s. Kap. II.7). Dass sie auf das Hormonsystem Einfluss nehmen können, ist nur *eine* ihrer Eigenschaften (Bundesinstitut für Risikobewertung 2010). Die Europäische Union schreibt 320 von 575 Chemikalien das Potenzial oder eine bewiesene Wirkung als endokrine Disruptoren zu (Kahn et al. 2020). In der *Endocrine Disruptor Knowledge Base* (EDKB) der *Food and Drug Administration* (FDA; USA) sind mehr als 1.800 Chemikalien gelistet, die mindestens einen von drei hormonellen Signalwegen (Östrogene, Androgene oder Schilddrüse) beeinflussen (Ding et al. 2010). Zu potenziellen endokrinen Disruptoren gehören beispielsweise natürliche Bestandteile der Nahrung wie Phytohormone, aber auch Pestizide, bestimmte Konservierungsmittel, Bestandteile von Druckfarben und UV-Lichtschutzsubstanzen sowie Schwermetalle und Weichmacher, denen im alltäglichen Umgang begegnet wird. Phthalate, Parabene und Phenole, von denen vermutet wird, dass sie als endokrine Disruptoren wirksam mit dem weiblichen Hormonsystem interferieren, finden sich verbreitet in Pflegemitteln. Dort dienen sie beispielsweise als Konservierungsmittel und Träger für Duftstoffe (Witorsch u. Thomas 2010). Studien deuten auf einen Zusammenhang zwischen dem Gebrauch solcher Substanzen, dem immer früheren Eintritt der Menarche und u.a. einem erhöhten Risiko für Brustkrebs und Ovarialkarzinome hin (Harley et al. 2019). Als eine chemische Substanzgruppe mit lipophilen Eigenschaften lagern sich Dioxine, als endogene Disruptoren wirkend und aufgenommen über die Nahrungskette, im Fettgewebe ein. Sie werden mit früher Menarche, Pubertas praecox und Veränderungen des Menstruationszyklus (kürzere Zyklen und Zwischenblutungen) (Mendola et al. 1997) in Verbindung gebracht, wenngleich die Forschungsergebnisse nicht einheitlich ausfallen. Substanzen dieser Gruppe fallen u.a. in der Kunststoff- und Papierindustrie an. Beispielhaft für die Komplexität des Wirkungsgeflechts ausgelöst durch exogene Substanzen auf endokrin regulierte Systeme, ist etwa die weltweit und in einer Vielzahl von Gegenständen des täglichen Gebrauchs – wie Farben, Spielzeug oder auch in medizinischem Instrumentarium wie Infusionsschläuche oder Transfusionsbeutel (Halden 2010) – als Weichmacher eingesetzte Stoffgruppe der Phthalate. Von den beeinträchtigenden Wirkungen betroffen sind metabolische Prozesse, das geschlechtsspezifische Hormonsystem und dessen Einflussbereiche bis hin zu Effekten auf die kindliche Entwicklung, teils bereits intrauterin (s.u.) (Sonntag u. Emons 2021).

Epidemiologische Studien weisen auf eine Zunahme von Tumoren in Organen, die hormonell reguliert werden, hin.

Epidemiologische Studien weisen auf eine Zunahme von Tumoren in Organen, die hormonell reguliert werden, hin (Bundesinstitut für Risikobewertung 2010). Es mehren sich die Hinweise, dass Stoffe bzw. Einflüsse unterschiedlichster Art, denen gemeinsam ist, dass sie das Hormongleichgewicht stören oder beschädigen, hierfür die bedeutsame Rolle spielen, auch wenn die Zusammenhänge im Einzelnen und das jeweilige konkrete Schädigungspotenzial bislang nicht abschließend bekannt sind (Solecki et al. 2016). Forschungsdaten lassen zwar vermuten, dass Umwelteinflüsse, Nahrungsbestandteile und Genussgifte einen Einfluss auf die Entstehung und Progression des Mammakarzinoms und der Genitalkarzinome haben. Der wissenschaftliche Nachweis einer Kausalität ist hingegen schwierig, da die Exposition in verschiedenen Lebensphasen (intrauterin, Kindheit, Pubertät, Prä- und Postmenopause) unterschiedliche Effekte haben kann; auch die individuelle Vulnerabilität (z.B. genetisch bedingt) ist Teil des Zusammenwirkens (Hanf u. Emons 2021; Gibson u. Saunders 2014). Untersuchungen zu den Wirkmechanismen deuten auf eine besondere Bedeutung verschiedenartiger Rezeptoren bei Schädigungsprozessen durch endokrine Disruptoren hin (Hernandez-Silva et al. 2020; Waring u. Harris 2005).

Mit jährlich rund 69.000 Neuerkrankungen ist **Brustkrebs** die häufigste Krebserkrankung der Frau in Deutschland (Robert Koch Institut 2020).

Brustkrebs ist ein heterogenes Krankheitsgeschehen, zeigt jedoch in vielen Fällen eine Hormonabhängigkeit (Quinn et al. 2021). Das Durchschnittsalter, in dem Frauen an Brustkrebs erkranken, liegt niedriger als das für Krebs allgemein. Zu den Risikofaktoren, die nach den Ergebnissen umfangreicher Untersuchungen als gesichert gelten, zählen die hormonelle Situation, der reproduktive Status sowie Lebensstilfaktoren, neben weiteren wie Lebensalter und genetische Belastung. Es wird ein multifaktorielles Geschehen angenommen, das sich u.a. in einer hohen Varianz der Brustkrebsinzidenz zwischen unterschiedlichen Lebensräumen niederschlägt (s. http://science-review.silentspring.org/). Die Forschung fokussiert Einflüsse aus Umwelt-, Lebensstil- und Ernährungsfaktoren. Von den Tensiden, einer den endokrinen Disruptoren zugeordneten Gruppe oberflächenaktiver Substanzen, wie sie verbreitet in z.B. Waschmitteln, Lösungsmitteln oder Weichmachern vorkommen, ist beispielsweise seit Langem eine im Zusammenhang mit ihren östrogenähnlichen und antiandrogenen Eigenschaften stehende proliferationsfördernde Wirkung auf Brustkrebszellen in vitro bekannt (Sonnenschein et al. 1994). Eine Verbesserung der aktuellen auf klinische Relevanz und Operationalisierbarkeit ausgerichteten Datenlage steht an (Robert Koch Institut 2020). Die gesundheitsbelastende/-schädigende Exposition kann durch Substanzen wie die dargelegten definierten Schadstoffe in Lebens- und Arbeitswelt vermittelt werden, doch tragen auch *weitere* Bedingungen bei (s.u.).

Die Epidemiologie von Krebserkrankungen weist in Richtung einer Zunahme der Inzidenz *in jüngeren Jahren* für verschiedene die weiblichen Geschlechtsorgane betreffende Karzinome. Dies gilt beispielsweise für das **Vulvakarzinom**, aber auch das Mammakarzinom, das zudem in seiner prognostisch besonders ungünstigen, mit der Schwangerschaft assoziierten Form (Pregnancy-associated breast cancer, PABC) im Zunehmen begriffen ist (Simoes et al. 2018). Mit Bezug zum Vulvakarzinom scheinen das Rauchen wie auch HPV-Infektionen gerade bei jüngeren Frauen eine Rolle zu spielen (Lanneau et al. 2009). Auch wenn experimentelle Studien einen Zusammenhang zwischen Xenohormonen und Entstehung bzw. Progression eines **Endometriumkarzinoms** nahelegen, liegt bisher kein Beweis für eine Kausalität vor (Mallozzi et al. 2017). Ebenso fehlen epidemiologische Studien zu einer Assoziation mit **Ovarialkarzinomen** (Dumitrascu et al. 2020). Hinsichtlich des **Zervixkarzinoms** erscheinen Östrogene und xeno-östrogene Kofaktoren für die Induktion durch high risk HPV zu sein, wenngleich auch hierzu belastbare epidemiologische Studien ausstehen (Bronowicka-Kłys et al. 2016).

Eine gleichfalls hormonabhängige, obzwar gutartige, so doch die individuelle Lebensqualität sehr belastende Erkrankung der Frau im gebärfähigen Alter stellt die **Endometriose** dar. Ihre aktuelle Verbreitung ist nur unzureichend bekannt. Die Zahl der Krankenhausfälle mit dieser Diagnose hat in den letzten zehn Jahren zugenommen (Robert Koch Institut 2020). Ältere Zahlen gehen von einer Prävalenz von 5–15% der Frauen im gebärfähigen Alter aus (Vinatier et al. 2001). Bei letztlich ungeklärter Pathogenese ist auch der Einfluss von Ernährungsfaktoren in der Diskussion, wenngleich eine richtungsweisende Assoziation bislang nur für Alkohol und Transfette belegt erscheint (Helbig et al. 2021). Als Risikofaktoren für Endometriose scheinen neben familiärer Veranlagung vor allem eine frühe Menarche, starke Blutungen und kurze Menstruationszyklen eine Rolle zu spielen (Robert Koch Institut 2020). Untersuchungen bringen auch Dioxine mit der Prävalenz von Endometriose (Cano-Sancho et al. 2019) in Verbindung, wenngleich nicht mit einheitlicher Evidenz. Beim derzeitigen Kenntnisstand ist ein einzelner für solche Altersverschiebungen bzw. Zunahmen verantwortlicher Faktor nicht zu benennen. Jedoch leiten sich aus den dargelegten Assoziationen mit auf den Hormonstatus wirkenden Umgebungssubstanzen Hinweise ab, in welche Richtungen sich Aufgaben für die Forschung auftun, um diesen Entwicklungen zukünftig entgegentreten zu können.

11.3 Die Frau in einer sich wandelnden Gesellschaft und Arbeitswelt

Umwelt umfasst die Gesamtheit physikalischer, chemischer, biologischer, verhaltensbedingter und sozioökonomischer Faktoren und Verhältnisse, die den menschlichen Organismus umgeben (Köhn u. Schuppe 2016; Woodruff et al. 2008); auch geschlechtsspezifische Wirkungen aus Information und Kommunikation prägen das Umfeld (Simoes et al. 2021), werden in ihrer gesundheitsbezogenen Relevanz bislang jedoch kaum reflektiert. Zu den Faktoren, die auf hormonabhängige Prozesse Einfluss nehmen und Störungen bzw. Erkrankungen hervorrufen bzw. modullieren können, gehören neben Schadstoffen und Arbeitsumgebung (Weiderpass et al. 2011) u.a. auch die Arbeitszeitgestaltung und -situation. Die in eine Übersicht (Fenga 2016) eingeschlossenen Untersuchungen lassen erkennen, dass Expositionen gegenüber ionischer und nicht-ionischer Strahlung, Pestiziden, bestimmten polyzyklischen Kohlenwasserstoffen oder Metallen definierte umweltassoziierte Belastungen darstellen, von denen besonders für *Frauen in jungem Alter* ein Risiko für Brustkrebs ausgehen kann; bezüglich der Wirkmechanismen überwiegen (noch) die Hypothesen (Caplan et al. 2000; Petralia et al. 1998). *Wie* Einwirkungen auf den Hormonhaushalt einen wesentlichen Aspekt bei der Vermittlung eines erhöhten Risikos darstellen könnten, verdeutlicht ein Blick auf den vermuteten Wirkmechanismus für den Einfluss von **Nachtarbeit** auf das **Brustkrebsrisiko** (Exposition gegenüber Licht in der Nacht mit einer daraus resultierenden Suppression des Hormons Melatonin) (Megdal et al. 2005; Haim u. Zubidat 2015). Die sog. *Light-at-night-Hypothese* (LAN) postuliert eine Erhöhung von Sexualhormonen infolge einer Reduktion der nächtlichen Ausschüttung von Melatonin aufgrund von Licht in der Nacht, wodurch sich das Risiko für hormonsensible Tumoren erhöhen könnte (Stevens 2005). Dabei ist in Rechnung zu stellen, dass die Anwendung elektrischen Stroms für Licht des Nachts zu Störungen der Chronobiologie und der Neurosekretion mit biologischen und pathogenetischen Konsequenzen führt, deren Effekte kaum von den physikalischen Begleiterscheinungen der Stromanwendung (elektromagnetische Feldeinwirkung) unterscheidbar scheinen (Chen et al. 2013). Insgesamt steht die Risikobewertung der Exposition durch die Elektrifizierung der Umgebung noch aus (Hanf u. Körner 2010). Aufgrund der vielfältigen Wirkungen von Melatonin auf den Körper ist die LAN gleichzeitig eine der Kernhypothesen für einen Zusammenhang zwischen Schichtarbeit und Erkrankungen. Melatonin wird in denjenigen biologischen Prozessen eine Rolle zugeschrieben, die bei Krebszellen einer Dys-/Deregulation unterliegen (z.B. genomische Instabilität, Apoptose oder Entzündungsprozesse) (Rabstein et al. 2020). Wenngleich nicht einheitlich, so weist doch eine Vielzahl von Arbeiten in die Richtung eines erhöhten Brustkrebsrisikos bei Tätigkeiten in Nachtschicht bzw. bei Beeinträchtigung des circadianen Rhythmus, insbesondere in Zusammenhang mit einer langjährigen Exposition (Kamdar et al. 2013; Jia et al. 2013; Ijaz et al. 2013; Åkerstedt et al. 2015). Die *International Agency for Research on Cancer* (IARC) hat bereits 2007 Schichtarbeit mit circadianer Disruption beziehungsweise Chromodisruption als wahrscheinliches Humankarzinogen eingestuft (Gruppe-2A-Karzinogen) (Straif et al. 2007). 2019 bestätigte die IARC ihre Einschätzung und betrachtet Nachtarbeit als *wahrscheinlich krebserregend* (Rabstein et al. 2020). Flugbegleiterinnen sind eine in dieser Weise (und möglicherweise von zusätzlichen gefährdenden Expositionen) betroffene Berufsgruppe (Rafnsson et al. 2003). McNeely et al. zeigten ein erhöhtes Risiko u.a. für Brustkrebs, assoziiert mit beruflicher Tätigkeit in jüngeren Jahren (< 45J): OR = 1.39 (95% CI 1,06, 1,81) bei Flugbegleiterinnen mit drei und mehr Geburten, OR = 1.44 (95% CI 0,83, 2,49) bei Nullipara (McNeely et al. 2018). Während Dänemark Brustkrebs infolge von Nachtschichtarbeit, beispielsweise bei Krankenschwestern oder Flugbegleiterinnen mit langjähriger Exposition, als berufsbedingt anerkannt hat (Bonde et al. 2012), folgten andere Länder dieser Praxis nicht. Bei dieser Beurteilung spielen neben der Bewertung von Evidenz auch unterschiedliche Rechtslagen eine Rolle. In Deutschland gibt es bisher keine anerkannte Berufskrankheit aufgrund gesundheitlicher Folgen einer Tätigkeit in Schicht- oder Nachtarbeit (Rabstein et al. 2020). Ein Zusammenhang mit Licht in der Nacht bzw. Nachtschichtarbeiten zeigt sich für andere gynäkologische Karzinome nach der derzeitigen Studienlage als nicht belegt (Schwarz et al. 2018).

Für Gefährdungen, die aus Standort und Räumlichkeiten bei Bürotätigkeiten resultieren, kommen zunächst dort potenziell vorkommende Schadstoffe, Strahlung oder Immissionen in Betracht. Auch **Emissionen** durch Büromaschinen (u.a. durch Laserdrucker, Kopiergeräte) sind in diesem Zusammenhang ein Thema, das in Bezug zu gesundheitlichen Beeinträchtigungen allgemein und auch zum *Krebsrisiko* im Speziellen gebracht wird (Bundesanstalt für Arbeitsschutz und Arbeitsmedizin 2015). Schutzmaßnahmen bei der Arbeitsplatzgestaltung werden empfohlen (Bundesanstalt für Arbeitsschutz und Arbeitsmedizin 2017). Die unter den Bedingungen der COVID-19-Pandemie in rascher Zunahme begriffene **Home-Office** Situation ist (nicht zuletzt) in dieser Hinsicht nicht ausgeleuchtet.

Die Rolle der Frau in der Arbeitswelt verändert sich. Die Forschung zu den Auswirkungen neuartiger Belastungsmuster steckt in den Anfängen. Dass Stress und bio-psycho-soziale Belastungen sich körperlich auswirken und die Gesundheit beeinflussen können, ist in bestimmter Hinsicht bereits ausgewiesen (s. https://www.krebsinformationsdienst.de/). Stress kann sich aus übermäßiger Arbeitsbelastung ebenso ergeben wie aus problembehafteten Kommunikationsprozessen oder infolge einer diskriminierenden Arbeitssituation (Kupfer et al. 2007). Interpersonelle Erfahrungen wie soziale Isolation (Doane u. Adam 2010) und negative soziale Interaktionen führen zu Stress (Cacioppo et al. 2009). Eines der Hormone, die bei länger andauernden Belastungen eine besondere Rolle spielen, ist das Cortisol. Beruflicher Dauerstress, auch infolge der spezifischen Positionierung von Frauen im Berufsleben (Pudrovska 2013), hat möglicherweise über einen dauerhaft hohen Cortisol-Spiegel eine Mittlerrolle mit Bezug zu hormonabhängigen Erkrankung wie beispielsweise Brustkrebs (Antonova et al. 2011; McClintock et al. 2005; Hermes et al. 2009). Für Frauen in guter Position wird eine höhere Brustkrebsinzidenz verzeichnet (Dano et al. 2003; Larsen et al. 2011), die sich nicht gänzlich durch die bekannten Einflussfaktoren erklären lässt (Sprague et al. 2010). Genderaspekte rücken in den Focus, wenn durch das traditionelle Rollenbild (Eagly 2007; McLaughlin et al. 2012) Führungspositionen zu interpersonellen Stresssituationen führen (Korabik 1995). Den Modellen, die eine Einflussnahme auf das Hormonsystem ursächlich für die Risikoerhöhung sehen, stehen

Vermutungen gegenüber, die Zusammenhänge mit einer Wirkung auf das Immunsystem postulieren. Insgesamt umreißen die Beispiele ein weites Feld von sozialen Faktoren und Interaktionen, bei denen ein risikomodulierender Einfluss für eine hormonabhängige Erkrankung nicht in Abrede gestellt werden kann und der wissenschaftlichen Klärung bedarf.

11.4 Maternale Umweltbelastungen und Stillen – Implikationen für Mutter und Kind

Insgesamt mehren sich die Hinweise, welche die mütterliche Exposition gegenüber hormonell aktiven Substanzen, Umweltgiften und Veränderungen in der fetalen Entwicklung zueinander in Verbindung bringen. EU-weite Grenzwerte für viele solcher Chemikalien und Schadstoffe aus der alltäglichen Umgebung sollen sicherstellen, dass es möglichst zu keinen gesundheitsschädigenden Wirkungen bei den exponierten Personen kommt, wobei unterschiedliche Expositionsrouten (dermal, oral, Inhalation) und Übergang bzw. Anreicherung in verschiedenen Geweben und Körperflüssigkeiten, bis hin zur Amnionflüssigkeit, zu berücksichtigen sind (Kretschmer u. Zenclussen 2021). Für Deutschland zählen die Risikobewertung und -kommunikation zu den Aufgaben des *Bundesinstituts für Risikobewertung* (www.bfr.bund.de/). Noch nicht alle potenziellen Schadstoffe sind in ihren Wirkungen erfasst. Erschwerend kommt hinzu, dass Langzeitfolgen von niedrigen Dosierungen und/oder Analoga unerkannt bleiben können. Dies gilt beispielsweise für den in Alltagsprodukten verbreiteten, den Xenohormonen zuzuordnenden Stoff Bisphenol A, der auch in der Muttermilch europäischer Frauen nachweisbar ist (Deceuninck et al. 2015). Beim Blick auf die Frauengesundheit erweitert sich das Interesse auf die Auswirkungen, die ein Kind in seiner intrauterinen Entwicklung und darüber hinaus betreffen. Von Polyfluorierten Alkylverbindungen wurde beispielsweise eine umgekehrte Relation zwischen der Menge im Nabelschnurblut und Geburtsgewicht sowie Kopfumfang festgestellt (Apelberg et al. 2007). Epidemiologische Untersuchungen von Schwangeren und deren Nachkommen deuten an, dass eine pränatale Exposition gegenüber Bisphenol A das Risiko für asthmatische Erkrankungen, Allergien und ekzematöse Veränderungen erhöht (Robinson u. Miller 2015). Studien legen nahe, dass schon in utero epigenetische Veränderungen durch Umweltgifte, die über den mütterlichen Blutkreislauf die Plazenta und den Feten sowie dessen verschiedene Organsysteme erreichen, herbeigeführt werden können (Wang et al. 2018). Bereits geringe Schadstoffkonzentrationen können über diesen Weg Gesundheitsrelevanz (u.a. über eine Störung des Immunsystems und dessen Entwicklung) erreichen (Dietert 2014). Siehe auch Kapitel II.7 und II.29.

Stillen gilt als für Mutter und Kind gesundheitsförderlich (Prell u. Koletzko 2016). Zu den Vorteilen werden Aspekte des Bonding ebenso gezählt wie die Unterstützung der kindlichen Infekt-Resistenz. Die zwischen gesellschaftlichen Gruppen unterschiedliche Stillbereitschaft sind Anlass für Aktivitäten zur Gesundheitsförderung und Unterstützung der gesundheitlichen Chancengleichheit, beispielsweise durch Hebammen und Frauenärztinnen und -ärzte. Gleichzeitig mehren sich Hinweise, welche zum Nachdenken über die Qualität der Muttermilch vor dem Hintergrund der in diese übergehenden Substanzen aus Nahrung und Umwelt anregen.

Zur Veranschaulichung dieser Problematik wird die interdisziplinäre Auseinandersetzung mit einer Gruppe künstlich hergestellter chemischer Verbindungen herausgegriffen.

Per- und Polyfluoralkylsubstanzen (PFAS) sind industriell hergestellte organische Verbindungen, die aufgrund ihrer wasser- und fettabweisenden Eigenschaften in zahlreichen Branchen Verwendung finden (z.B. Textilien, Haushaltswaren, Brandbekämpfung, Autoindustrie, Lebensmittelverarbeitung, Bauwesen, Elektronik). Die Stoffe werden bei der Herstellung von Oberflächenbeschichtungen eingesetzt und finden sich daher in alltäglichen Gebrauchsgegenständen (z.B. Backpapier, wasserabweisende Textilien, antihaftbeschichtete Pfannen, Ski-Wachse, Feuerlöschschäume) (Bundesinstitut für Risikobewertung 2020, Nationale Stillkommission 2020).

PFAS werden hauptsächlich über Lebensmittel (z.B. Fisch, Obst, Eier und Eiprodukte) und das Trinkwasser aufgenommen, einige der Verbindungen nur sehr langsam wieder ausgeschieden, sodass diese sich im Körper anreichern (European Food Safety Authority 2020b). Die Bestimmung der Substanzmengen im Blut ergibt ein Maß für die interne Exposition („Body Burden"). PFAS gehen in die Muttermilch über, sodass es in Abhängigkeit von der Stilldauer zu einer Anreicherung der Verbindungen im Kind kommt. So wiesen bei einer Untersuchung in Bayern 2007/2009 gestillte Kinder im Alter von 6 und 19 Monaten durchschnittliche Plasmakonzentrationen auf, die deutlich höher waren als der durchschnittliche mütterliche Wert bei der Geburt (Fromme et al. 2010). Die Europäische Behörde für Lebensmittelsicherheit (EFSA) hat am 17.09.2020 eine neue Bewertung für PFAS vorgelegt (European Food Safety Authority 2020c). Für Kinder ist demnach bei der gegenwärtigen Datenlage eine verminderte Bildung von Impf-Antikörpern als kritischer Effekt anzusehen – ein Gesichtspunkt der beispielsweise in Verbindung mit der COVID-19-Pandemie zusätzliche Aktualität erhält. Gegenwärtig gelten ca. 20% der Frauen in Deutschland als so hoch exponiert, dass lange gestillte Kinder die von der EFSA abgeleiteten kritischen PFAS-Level im Blut erreichen können. Die PFAS-Spiegel bei Säuglingen sind hauptursächlich auf die Exposition während Schwangerschaft und Stillzeit zurückzuführen. Lange gestillte Kinder erreichen am Ende der Stillperiode eine für ihr Leben maximale interne Exposition (European Food Safety Authority 2020a). Diese Erkenntnisse veranlassten Anfang 2021 die deutsche Stillkommission zu einer Stellungnahme (Nationale Stillkommission 2021): nach Ansicht der Sachverständigen stellt die verminderte Immunantwort auf Impfungen die bedeutsamste Wirkung auf die Gesundheit des Menschen dar, die bei der *Bestimmung der tolerierbaren wöchentlichen Aufnahmemenge* führend zu berücksichtigen ist. In einem früheren PFAS-Gutachten der EFSA (2018) galt der erhöhte Cholesterinspiegel als schwerwiegendste Wirkung (European Food Safety Authority 2020c). Bei der Abwägung von Nutzen und Risiken sieht die Nationale Stillkommission derzeit (wie auch andere wissenschaftliche Gremien weltweit) keinen Grund, von der bestehenden Stillempfehlung abzuweichen (Nationale Stillkommission 2020). Der Sachverhalt weist jedoch einmal mehr auf die Notwendigkeit *kontinuierlicher* systematisierter *Nachbewertung* von Substanzen hin, deren Gefährdungspotenzial erkannt wurde, nicht zuletzt mit Blick auf multi- und transgenerationelle Effekte.

11.5 Ausblick

Von den in Deutschland zu erwartenden Krebsneuerkrankungen könnten mindestens 5% auf potenziell vermeidbare Infektionskrankheiten und Umweltfaktoren zurückzuführen sein, so eine Schätzung (Gredner et al. 2018). Eine abschließende Bewertung, welche Einflüsse aus der Umwelt zu den Risikofaktoren und Auslösern einer Brustkrebserkrankung – über die bislang bekannten hinaus – zählen, kann beim derzeitigen unzureichenden Wissenstand letztlich nur durch verstärkte Forschung in die Richtung potenzieller Zusammenhänge zwischen den als Gefährdung erkannten, *ganz unterschiedlichen* Umwelteinflüssen und dem Erkrankungsrisiko beantwortet werden (Franco 2013). EU-weite Bestrebungen, wie etwa der „*Green Deal*" der EU-Kommission, die auf einen neuen Umgang mit chemischen Schadstoffen abzielen, sind ein Schritt in diese Richtung (Europäische Kommission 2020). Der Klärung einer chronischen Schadstoff-Belastung mit Xeno-östrogenen aus der Umgebungsluft und ihrem Einfluss auf die Mammakarzinogenese ist beispielsweise die XENAIR-Studie gewidmet, deren Protokoll jüngst veröffentlicht wurde (Amadou et al. 2020).

Die hier exemplarisch vorgestellten Themenbereiche beziehen bisher weniger beachtete, in der Stellung der Frau in Gesellschaft und sich verändernden Arbeits- und Lebenswelten begründete Untersuchungsfelder ein. Weitere Risikofaktoren u.a. für hormonabhängige Erkrankungen zu erkennen und zu erfassen dient dem Ziel, zukünftig in die (rehabilitative) Versorgung bzw. die Gesundheitsprävention (Olver 2016) Aspekte aus kontinuierlich aktualisierten Erkenntnissen zu möglichen Gesundheitsbelastungen Eingang finden zu lassen, die sich auch und gerade aus alltäglichen Interaktionen mit dem Umfeld und der Umwelt herleiten. Der wissenschaftlichen, ärtzlichen (Simoes et al. 2016) und behördlichen Risikokommunikation kommt beim jetzigen Kenntnisstand eine wichtige Bedeutung zu, ebenso der individuellen Wachsamkeit gegenüber Konsumprodukten im Alltag. Die sich mehrenden Hinweise auf transgenerationale Effekte, einschließlich einer Beeinträchtigung der Fertilität an sich (Rhaban u. Nef 2020; Rattan u. Flaws 2019), wie sie für die unterschiedlichsten Umwelteinflüsse im Raum stehen, lenken den Blick auf die besondere Schutzbedürftigkeit von Frauen im gebärfähigen Alter und das Erfordernis neuer Bewertungskonzepte.

Literatur

Åkerstedt T, Knutsson A, Narusyte J, Svedberg P, Kecklund G, Alexanderson K (2015) Night Work and Breast Cancer in Women: A Swedish Cohort Study. BMJ Open 5, e008127

Amadou A, Coudon Th, Praud D et al. (2020) Chronic Low-Dose Exposure to Xenoestrogen, Ambient Air Pollutants and Breast Cancer Risk: XENAIR Protocol for a Case-Control Study Nested Within the French E3N Cohort. JMIR Res Protoc 9(9), e15167

Antonova L, Aronson K, Mueller CR (2011) Stress and Breast Cancer: From Epidemiology to Molecular Biology. Breast Cancer Research 13(2), 208

Apelberg BJ, Witter FR, Herbstman JB, Calafat AM, Halden RU, Needham LL et al. (2007) Cord Serum Concentrations of Perfluorooctane Sulfonate (FOS) and Perfluorooctanoate (PFOA) in Relation to Weight and Size at Birth. Environ Health Perspect 115, 1670–16761

Bonde JP, Hansen J, Kolstad HA et al. (2012) Work at Night and Breast Cancer – Report on Evidence Based Options for Preventive Actions. Scand J Work Environ Health 38(4), 380–390

Bronowicka-Kłys DE, Pawel ML, Jagodziński P (2016) The Role and Impact of Estrogens and Xenoestrogen on the Development of Cervical Cancer. Biomedicine & Pharmacotherapy 84, 1945–1953

Bundesanstalt für Arbeitsschutz und Arbeitsmedizin (2017) Drucker und Kopierer. Sicher bei der Arbeit nutzen. DOI: 10.21934/baua:praxiskompakt20170427. URL: https://www.baua.de/DE/Angebote/Publikationen/Praxis-kompakt/F43.html (abgerufen am 19.07.2021)

Bundesanstalt für Arbeitsschutz und Arbeitsmedizin (2015) Merkblatt „Tonerstaub und Emissionen von Druckern und Kopierern am Arbeitsplatz“ URL: https://www.baua.de/DE/Angebote/Publikationen/Fokus/artikel17.pdf?__blob=publicationFile&v=3 (abgerufen am 19.07.2021)

Bundesinstitut für Risikobewertung (BfR) (2020) Per- und Polyfluoralkylsubstanzen (PFAS): Neue Stellungnahme der Europäischen Behörde für Lebensmittelsicherheit. URL: https://www.bfr.bund.de/cm/343/per-und-polyfluoralkylsubstanzen-pfas-neue-stellungnahme-der-europaeischen-behoerde-fuer-lebensmittelsicherheit.pdf (abgerufen am 16.08.2021)

Cacioppo J, Fowler JH, Christakis NA (2009) Alone in the Crowd: The Structure and Spread of Loneliness in a Large Social Network. Journal of Personality and Social Psychology 97, 977–991

Cano-Sancho G, Ploteau S, Matta K et al. (2019) Human Epidemiological Evidence About Exposure to Organochlorine Chemicals and Endometriosis: Systematic Review and Meta-Analysis. Environ Int 123, 209–223

Caplan LS, Schoenfeld ER, O'Leary ES, Leske MC (2000) Breast Cancer and Electromagnetic Fields – A Review. Ann Epidemiol 10, 31–44

Chen Q, Lang L, Wu W et al. (2013) A Meta-Analysis on the Relationship between Exposure to ELF-EMFs and the Risk of Female Breast Cancer PLoS One 8(7), e69272. DOI: 10.1371/journal.pone.0069272

Dano H, Andersen O, Ewertz M, Petersen JH, Lynge E (2003) Socioeconomic Status and Breast Cancer in Denmark. International Journal of Epidemiology 32, 218–224

Deceuninck Y, Bichon E, Marchand P et al. (2015) Determinantion of Bisphenol A and Related Substitutes/Analogues in Human Breast Milk Using Gas Chromatography-Tandem Mass Spectrometry. Anal Bioanal Chem 407, 2485–2497

Dietert RR (2014) Developmental Immunotoxicity, Perinatal Programming, and Noncommunicable Diseases: Focus on Human Studies. Advances in Medicine 867805

Ding D, Xu L, Fang H et al. (2010) The EDKB: An Established Knowledge Base for Endocrine Disrutping Chemicals. BMC Bioinformatics 11, 5

Doane LD, Adam EK (2010) Loneliness and Cortisol: Momentary, Day-to-day, and Trait Associations. Psychoneuroendocrinology 35, 430–441

Dumitrascu MC, Mares C, Petca RC et al. (2020) Carcinogenic Effects of Bisphenol A in Breast and Ovarian Cancers. Oncol Lett 20, 282

Eagly AH (2007) Female Leadership Advantage and Disadvantage: Resolving Contradictions. Psychology of Women Quaterly 31, 1–12

Engel C, Rasanayagam MS, Gray JM, Rizzo J (2018) Work and Female Breast Cancer: The State of the Evidence, 2002–2017. New Solutions: A Journal of Environmental and Occupational Health Policy 28(1), 55–57

European Food Safety Authority – EFSA (2020a) Outcome of a Public Consultation on the Draft Risk Assessment of Perfluoroalkyl Substances in Food. EFSA supporting publication EN-1931, 202. DOI: 10.2903/sp.efsa.2020.EN-1931

European Food Safety Authority – EFSA (2020b) Panel on Contaminants in the Food Chain (EFSA CONTAM Panel). Risk to Human Health Related to the Presence of Perfluoroalkyl Substances in Food. EFSA Journal 18, 6223

European Food Safety Authority EFSA (2020c) PFAS in Lebensmitteln: Risikobewertung und Festlegung einer tolerierbaren Aufnahmemenge durch die EFSA. URL: https://www.efsa.europa.eu/de/news/pfas-food-efsa-assesses-risks-and-sets-tolerable-intake Letzter Zugang 11.08.2021

Europäische Kommission (2020) Green Deal: Commission Adopts New Chemicals Strategy Towards a Toxic-free Environment. Pressemitteilung, Brüssel 14.10.2020. URL: file:///C:/Users/konta/AppData/Local/Temp/Green_Deal__Commission_adopts_new_Chemicals_Strategy_towards_a_toxic-free_environment.pdf (abgerufen am 19.07.2021)

Fenga C (2016) Occupational Exposure and Risk of Breast Cancer. Biomed Rep 4, 282–292

Franco G (2013) Occupation and Breast Cancer: Fitness for Work is an Aspect that Needs to be Addressed. Med Lav 104, 87–92

Fromme H, Mosch C, Morovitz M (2010) Pre- and Postnatal Exposure to Perfluorinated Compounds (PFCs). Environ Sci Technol 44, 7123–7129

Gibson DA, Saunders PT (2014) Endocrine Disruption of Oestrogen Action and Female Reproductive Tract Cancers. Endocr Relat Cancer 21, T13–31

Gore AC, Chappell VA, Fenton SE et al. (2015) EDC-2: The Endocrine Society's Second Scientific Statement on Endocrine Disruption Chemicals. Endocr Rev 36, E1–150

Gredner T, Behrens G, Stock C, Brenner H, Mons U (2018) Cancers due to Infection and Selected Environmental Factors – Estimation of the Attributable Cancer Burden in Germany. Dtsch Arztebl Int 115, 586–593. DOI: 10.3238/arztebl.2018.0586

Haim A, Zubidat A (2015) Artificial Light at Night: Melatonin as a Mediator between the Environment and Epigenome. Philos Trans R Soc Lond B Biol Sci 5, 370(1667)

Halden RU (2010) Plastics and Health Risks. Annu Rev Public Health 31, 179–194

Hamilton I, Kennard H, McGushin A et al. (2021) The Public Health Implications of the Paris Agreement: A Modelling Study. Lancet Planet Health 5, e74–83

Hanf V, Emons G (2021) Umwelteinflüsse und gynäkologische Karzinome. Gynäkologe 54, 273–280

Hanf V, Körner W (2010) Mammakarzinom und Umweltfaktoren. In: Kreienberg R, Möbus V, Jonat W, Kühn T (Hrsg.) Mammakarzinom Interdisziplinär. 4. Aufl. 11–24. Springer Berlin, Heidelberg

Harley KG, Berger KP, Kogut K et al. (2019) Association of Phthalates, Parabens and Phenols Found in Personal Care Products with Pubertal Timing in Girls and Boys. Human Reproduction 34 (1), 109–117

Helbig M, Vesper AS, Beyer I, Fehm T (2021) Does Nutrition Affect Endometriosis? Geburtsh Frauenheilk 81, 191–199

Hermes G, Delgado B, Tretiakova M, Cavigelli S, Krausz T Conzen S, McClintock MK (2009) Social Isolation Dysregulates Endocrine and Behavioral Stress While Increasing Malignant Burden of Spontaneous Mammary Tumors. Proceedings of the National Academy of Sciences 106(52), 22393–22398

Hernandez-Silva CD, Villegas-Pineda JC, Pereira-Suarez AL (2020) Expression and Role of the G Protein-Coupled Estrogen Receptor in the Development and Immune Response in Female Reproductive Cancers. Front Endocrinol (Lausanne) 11, 544

Ijaz S, Verbeek J, Seidler A, Lindbohm ML, Ojajärvi A, Orsini N, Costa G, Neuvonen K (2013) Night-Shift Work and Breast Cancer – A Systematic Review and Meta-Analysis. Scand J Work Environ Health 39(5), 431–47

Jia Y, Lu Y, Wu K, Lin Q, Shen W, Zhu M, Huang S, Chen J (2013) Does Night Work Increase the Risk of Breast Cancer? A Systematic Review and Meta-Analysis of Epidemiological Studies. Cancer Epidemiol 37, 197–206

Kahn LG, Philippat C, Nakayama DF et al. (2020) Endocrine-Disrupting Chemicals: Implications for Human Health. Lancet Diabetes Endocrinol 8, 703–28

Kamdar BB, Tergas AI, Mateen FJ, Bhayani NH, Oh J (2013) Night-Shift Work and Risk of Breast Cancer: A Systematic Review and Meta-Analysis. Breast Cancer Res Treat 138(1), 291–301

Köhn FM, Schuppe HC (2016) Umweltfaktoren und männliche Fertilität. Urologe A 55, 877–82

Korabik K (1995) Gender, Social Support, and Coping with Work Stressors among Managers. Journal of Social Behavious and Personality 10, 135–148

Kretschmer T Zenclussen AC (2021) Maternale Schadstoffexposition und kindliche (intauterine) Entwicklung. Gynäkologe 54, 253–259

Kupfer H, Yang L, Theorell T, Weiderpass E (2007) Job Strain and Risk of Breast Cancer. Epidemiology 18,764–768

La Merrill MA, Vandenberg LN, Smith MT et al. (2020) Consensus on the Key Characteristics of Endocrine-Disrutping Chemicals as a Basis for Hazard Identification. Nat Rev Endocrinol 16, 45–57

Lanneau GS, Argenta PA, Lanneau MS et al. (2009) Vulvar Cancer in Young Women: Demographic Features and Outcome Evaluation. Am J Obstet Gynecol 200(6), 645.e1–5

Larsen S, Olsen A, Lynch J, Christensen J, Overvad K, Tjonneland A, Jphansen C, Dalton S (2011) Socioeconomic Position and Lifestyle in Relation to Breast Cancer Incidence Among Postmenopausal Women. Cancer Epidemiology 35, 438–441

Main KM, Skakkebaek NE, Toppari J (2009) Cryptorchidism as Part of the Testicular Dysgenesis Syndrome: The Environmental Connection. Endocr Dev 14, 167–173

Mallozzi M, Leone C, Manurita F et al. (2017) Endocrine Disrupting Chemicals and Endometrial Cancer: An Overview of Recent Laboratory Evidence and Epidemiological Studies. Int J Environ Res Public Health 14(3), 334

McClintock MK, Conzen S, Gehlert S, Masi C, Olopade F (2005) Mammary Cancer and Social Interactions: Identifying Multiple Environments that Regulate Gene Expression Throughout Life Span. Journal Gerontology: Social Sciences 60B(1), 32–41

McLaughlin H, Uggen C, Blackstone A (2012) Sexual Harassment, Workplace Authority, and the Paradox of Power. American Sociological Review 77, 625–647

McNeely E, Mordukhovich I, Staffa S et al. (2018) Cancer Prevalence Among Flight Attendants Compared to the General Population. Environmental Health 17(1), 49

Megdal SP, Kroenke CH, Laden F, Pukkala E, Schernhammer ES (2005) Night Work and Breast Cancer Risk: A Systematic Review and Meta-Analysis. Eur J Cancer 41, 2023–2032

Mendola P, Buck GM, Sever LE et al. (1997) Consumption of PCB-Contaminated Freshwater Fish and Shortened Menstrual Cycle Length. Am J Epidemiol 146, 55–60

Nationale Stillkommission (2021) Stellungnahme vom 28. Januar 2021. Per- und polyfluorierte Alkylsubstanzen (PFAS) und Stillen: Nutzen-Risiken-Abwägungen. Karlsruhe, Max Rubner – Institut. URL: https://www.mri.bund.de/fileadmin/MRI/Themen/Stillkommission/2021-01-28_Stellungnahme-NSK_PFAS.pdf (abgerufen am 19.07.2021)

Olver IN (2016) Prevention of Breast Cancer. Med J Aust 205, 475–479

Petralia SA, Chow WH, McLaughlin J, Jin F, Gao YT, Dosemeci M (1998) Occupational Risk Factors for Breast Cancer Among Women in Shanghai. Am J Ind Med 34, 477–483

Popovici RM, Sonntag B (2021) Umweltgifte und ihre hormonelle Wirkung. Gynäkologe 54, 246–252

Prell C, Koletzko B (2016) Breastfeeding and Complementary Feeding – Recommendations on Infant Nutrition. Dtsch Arztebl Int 113, 435–444

Pudrovska T (2013) Job Authority and Breast Cancer. Soc Forces 92, 1–24

Quinn HM, Vogel R, Popp O et al. (2021) YAP and β-Catenin Cooperate to Drive Oncogenesis in Basal Breast Cancer. Cancer Research. DOI: 10.1158/0008-5472.CAN-20-280

Rabstein S, Behrens T, Pallapies D et al. (2020) Schichtarbeit und Krebserkrankungen. Über zirkadiane Störungen, epidemiologische Evidenz und Berufskrankheiten-Kriterien. Zbl Arbeitsmed 70, 249–255

Rafnsson V, Sulem P, Tulinius H, Hrafnkelsson, J (2003) Breast Cancer Risk in Airline Cabin Attendants: A Nested Case Control Study in Iceland. Occup Environ Med 60, 807–809

Rahban R, Nef S (2020) Regional Difference in Semen Quality of Young Men: A Review on the Implications of Environmental and Lifestyle Factors During Fetal Life and Adulthood. Basic Clin Adrol 30, 16

Rattan S, Flaws JA (2019) The Epigenic Impacts of Endocrine Disruptors on Female Reproduction Across Generations. Biol Reprod 101, 635–644

Robert-Koch Institut (2020) Gesundheitliche Lage der Frauen in Deutschland. Gesundheitsberichterstattung des Bundes gemeinsam getragen von RKI und DESTATIS. Berlin

Robinson L, Miller R (2015) The Impact of Bisphenol A and Phthalates on Allergy, Asthma, and Immune Function: A Review of Latest Findings. Curr Environ Health Rep 2, 379–387

Schwarz C, Pedraza-Flechas AM, Lope V et al. (2018) Gynaecological Cancer and Night Shift Work: A Systematic Review. Maturitas 110, 21–28

Silent Spring Institute (o.D.) Researching the Environment and Women's Health. URL: http://sciencereview.silentspring.org/ (abgerufen am 19.07.2021)

Simoes E, Sokolov AN, Hahn M, Fallgatter AJ, Brucker SY, Wallwiener D, Pavlova MA (2021) How Negative is Negative Information? Frontiers in Neuroscience. Accepted for publication

Simoes E, GrafJ, Sokolov AN, Grischke EM, Hartkopf AD, Hahn M, Weiss M, Abele H, Seeger H, Brucker SY (2018) Pregnancy-Associated Breast Cancer: Maternal Breast Cancer Survival over 10 Years and Obstetrical Outcome at a University Centre of Women's Health. Archives of Gynecology and Obstetrics 298, 363–372

Simoes E, Tropitzsch, A, Gharabaghi A, Völter-Mahlknecht S, Brucker SY, Gostomzyk J (2016) Sozialmedizinische Aufgaben des Arztes. Deutsches Ärzteblatt 113, 31–32

Solecki R, Kortenkamp A, Bergman Å et al. (2016) Scientific Principles for the Identification of Endocrine-Disrupting Chemicals: A Consensus Statement. Arch Toxicol. DOI: 10.1007/s00204-016-1866-9

Sonnenschein C, Szelei J, Nye TL, Soto AM (1994) Control of Cell Proliferation of Human Breast MCF7 Cell; Serum and Estrogen Resistant Variants. Oncol Res 6, 373–381

Sonntag B, Emons G (2021) Umwelteinflüsse und Frauengesundheit. Gynäkologe 54, 244–245

Sprague BL, Trentham-Dietz A, Burnside ES (2010) Socioeconomic Disparities in the Decline in Invasive Breast Cancer Incidence. Breast Cancer Res Treat 122, 873–878

Stevens RG (2005) Circadian Disruption and Breast Cancer: From Melatonin to Clock Genes. Epidemiology 16(2), 254–258

Straif K, Baan R, Grosse Y et al. (2007) Carcinogenicity of Shift-Work, Painting, and Fire-Fighting. Lancet Oncol 8, 1065–1066

Vinatier D, Orazi G, Cosson M et al. (2001) Theories of Endometriosis. Eur J Obstet Gynecol Reprod Biol 96, 21–34

Wang T et al. (2018) The NIEHS TaRGET II Consortium and Environmental Epigenomics. Nat Biotechnnol 36, 225–227

Waring RH, Harris RM (2005) Endocrine Disrupters – A Human Risk? Mol Cell Endocrinol 244, 2–9

Weiderpass E, Meo M, Vainio H (2011) Risk Factors for Breast Cancer, Including Occupational Exposures. Saf Health Work 2, 1–18

WHO (2014) Health in all Policies: Helsinki Statement. Framework for Country Action. URL: https://apps.who.int/iris/bitstream/handle/10665/112636/9789241506908_eng.pdf;jsessionid=D17292F71673E0A2455C5F3CBCD94511?sequence= (abgerufen am 19.07.2021)

Witorsch RJ, Thomas JA (2010) Personal Care Products and Endocrine Disruption: A Critical Review of the Literature. Crit Rev Toxicol 40, 1–30

Woodruff TJ, Carlson A, Schwartz JM, Giudice LC (2008) Proceedings of the Summit on Environmental Challenges to Reproductive Health and Fertility: Executive Summary. Fertil Steril 89(2), 281–300

12 Hals-Nasen-Ohrenheilkunde, Kopf- und Halschirurgie

Achim G. Beule

Die Bezeichnung des HNO-Arztes als Praktiker der Sinne (https://www.hno-aerzte.de/) belegt die intensive Verbindung des Fachgebietes mit Natur und Umwelt und der Aufgabe der Bewahrung und Rehabilitation von Sinneswahrnehmungen. Vielfach sind Umwelteinflüsse auf die Erkrankungen des Fachgebietes nachgewiesen, wenn auch durchschnittlich auf geringem Evidenzniveau. Trotzdem ist Planetary Health als Konzept bislang in der Hals-Nasen-Ohrenheilkunde (HNO) nicht strukturell verankert. Die folgende Literaturanalyse soll daher einen Ausgangspunkt skizzieren für eine vertiefende wissenschaftliche Auseinandersetzung.

Vermehrte Umweltbelastungen, insbesondere die Luftverschmutzung mit deutlicher Zunahme der gering dimensionalen Schwebstoffe, die zunehmende Lärmbelastung, die Verdichtung der Arbeitsprozesse mit Zunahme von stressassoziierten Erkrankungen und Änderung der Immunabwehr führen zu einer Zunahme der Erkrankungen in unserem Fachgebiet. Bei der Berücksichtigung ökologischer Zusammenhänge stehen meist die Atemwegserkrankungen im Vordergrund. Die Bedeutung eines veränderten Mikrobioms als Ursache veränderter immunologischer Abläufe bis hin zur Onkogenese mit zunehmend häufigeren HPV(Humanes Papilloma Virus)-assoziierten Pharynxtumoren wird oft nicht angemessen berücksichtigt.

12.1 Auswirkungen von Klimawandel und Luftverschmutzung

Die Verbrennung von Treibstoffen (Schiff, Flugzeug), Kohle, Tabak, aber auch Holz („Lifestyle-Element“, Wildfeuer) führen in ihrer Summe zu einer gesundheitsgefährdenden Feinstaubbelastung durch Partikel im Nanometerbereich (Watts et al. 2021). Das respiratorische Epithel im Bereich von Nase, Nasennebenhöhlen, Kehlkopf und Luftröhre wird vor allem durch Luftpartikel mit einem Durchmesser von weniger als

15 µm belastet (Beule 2010). Dieser Feinstaub ist in der Lage, die Filterfunktion der Nase zu überwinden (Gudziol et al. 2009) und so Erkrankungen wie Rhinosinusitis, Pharyngitis und Laryngitis bis hin zu solchen im Bereich der unteren Atemwege zu begünstigen.

Spezifische Hinweise für Deutschland lassen sich aus einer europäischen Untersuchung zur Prävalenz der chronischen Rhinosinusitis in Europa ableiten (Hastan et al. 2011): Hier wurden bemerkenswerte Unterschiede der innerdeutschen Prävalenz der chronischen Rhinosinusitis für die Regionen Duisburg (14,1%; 95% CI 2,0–16,6) und Brandenburg (6,9%; 95% CI 5,8–8,2) nachgewiesen. Auch wenn die Aussagekraft der Untersuchung aufgrund der geringeren Beteiligungsrate eingeschränkt ist, liegt eine mögliche Erklärung darin, dass Duisburg als industriell ausgerichtete Stadt (Hafen, Eisen und Stahlindustrie) eine höhere Exposition von Noxen aufweist als das ländliche Brandenburg. Epidemiologische Untersuchung insbesondere aus Asien (China, Korea) weisen auf einen deutlichen Zusammenhang zwischen der Konzentration inhalierter Feinstoffpartikel und Schwefeldioxid und dem relativen Risiko der örtlichen Bevölkerung, an einer Erkrankung der oberen Atemwege zu erkranken (Park et al. 2019), hin. Vor dem Hintergrund der zunehmenden Luftbelastung auch in Deutschland bereiten diese Zusammenhänge Anlass zur Sorge.

Auch die zunehmend trockene Luft bzw. eine Minderung der Filterfunktion der Nase spielt eine Rolle für Erkrankungen im Bereich von Nase und Nasennebenhöhlen: 25–30% der Bevölkerung weisen Symptome wie eine behinderte Nasenatmung, ein Post-Nasal-Drip-Syndrom, eine Riechstörung, eine wiederkehrende nasale anteriore Sekretion oder lokale Missempfindungen wie Gesichtsdruck oder Kopfschmerzen auf. Diese Beschwerden werden durch so hochprävalente Erkrankungen wie die allergische (s. Kap. II.1) oder nicht-allergische Rhinitis, die akute oder chronische Rhinosinusitis sowie seltener gut- oder auch bösartiger Erkrankungen der Nase und Nasenebenhöhlen verursacht. Als Konsequenz sind Eingriffe im Bereich der Nasenscheidewand und der Nasenmuscheln unter den zehn häufigsten operativen Eingriffen in Deutschland zu finden. Sekundär kommt es zur geografisch heterogenen Häufigkeit von anderen Schleimhaut-assoziierten Erkrankungen wie der chronischen Tonsillitis mit entsprechend hohen direkten und indirekten Kosten.

Die multiple chemische Sensitivität (MCS) ist das wohl bekannteste Krankheitsbild, welches regelhaft durch Umwelteinflüsse zu unspezifischen Beschwerden wie einer Konzentrationsschwäche mit Erschöpfbarkeit und Atem- oder Magen-Darm-, aber auch Herzbeschwerden führen kann. Als Ursache wird unter anderem die Schädigung der zellulären und humoralen Immunität durch die Umwelt in Kombination mit psychologischen Stressfaktoren bzw. einer Konditionierung postuliert (Akdis 2021). Formaldehyd als Co-Faktor der MCS ist in Zigarettenrauch und Desinfektionsmitteln enthalten, wird aber auch aus Spanplatten, Klebern, Kunststoffbelägen oder Parkettböden freigesetzt. Die Folgen einer langjährigen, geringen Exposition sind noch völlig unklar. Stickoxide gelten als Co-Faktor in der Entwicklung einer allergischen Disposition gegenüber Pollen und Schimmelpilzsporen. Bei einer Schwefeldioxid-Exposition von mehr als 3 mg/m3 resultiert eine Bindehautreizung, bei mehr von 7 mg/m3 eine Reizung von Nase und Rachenschleimhaut sowie bei mehr als 25 mg/m3 eine nasale Irritation mit Tränenfluss und anteriorer und posteriorer Rhinorrhoe. Exposition mit Stickoxid und Ozon resultiert in histologisch vermehrten neutrophilen und eosinophilen Granulozyten.

12.2 Auswirkungen eines veränderten Mikrobioms

Die anatomischen Kompartimente des HNO-Fachgebiets zeichnen sich durch ein jeweils verschiedenes Mikrobiom aus (Beule 2018, s. Kap. II.14). In der Literatur diskutierte allgemeine Einflussfaktoren auf die Diversität des Mikrobiomes sind

- Geschlecht
- Alter
- geografische Region
- Klima
- Kultur und
- Lebensweise.

Für die HNO-Heilkunde wurden zusätzlich Veränderungen durch Ernährung, Rauchen, den Einsatz von Antibiotika und Impfungen beschrieben. Inwieweit die Veränderungen Ursache oder Folge sind, muss im Einzelfall (z.B. durch präbiotische Anwendungen) noch verifiziert werden.

Von besonderem Interesse ist die Karzinogenese der Kopf-Hals-Tumoren: Das Neuauftreten viraler Krankheitserreger (auch die COVID-19-Pandemie) wird als negative Folge der anthropogenen Schädigung der Ökosysteme angesehen. Die Infektion mit dem humanen Papilloma Virus geht mit einer Zunahme der Pharynxtumoren einher. Analog zu COVID ergibt sich durch die von der STIKO empfohlene HPV-Impfung eine präventive Option.

Veränderungen des Mikrobioms können, ggf. mit weiteren Risikofaktoren (Alkohol/Nikotinkonsum, ungenügende Mundgesundheit, Änderungen der lokalen Immunologie [z.B. der PD1-, PD-L1-Ligandenpaar-Expression]), die Karzinogenese begünstigen. Ursächlich wird hier einerseits der Wegfall schützender Faktoren wie protektiver mikrobieller Peptide angesehen und andererseits die Zunahme lokaler Toxine oder pathogener Erreger. So erklärt sich die Beobachtung eines 1,4-fach erhöhten Risikos einer Krebserkrankung bei häufigem Antibiotikagebrauch (Kilkkinen et al. 2008).

12.3 Prävention

Die hier dargestellten pathophysiologischen Zusammenhänge bieten derzeit nur begrenzte klinische Konsequenzen: Stark ausgeprägt ist ohne Frage der präventive Auftrag, auch im Hinblick der HNO-Erkrankungen, die politischen Mandatsträger für den Zusammenhang von Umwelt und Gesundheit zu sensibilisieren. Diagnostisch lassen sich basierend auf einer sorgfältigen Anamnese spezifische, stark ausgeprägte Unverträglichkeitsreaktionen im Rahmen von doppel-blind durchgeführten Provokationstestungen objektivieren, um so insbesondere organische Reaktionen von Erkrankungen des psychosomatischen Bereiches abzugrenzen. Die Therapie ist dabei rein symptomatisch bzw. rehabilitativ ausgerichtet und weist bislang keine Besonderheiten auf. Eine Ausnahme mag die Impfung gegen das Humane Papilloma Virus darstellen, sofern man die sich neu entwickelnden Viren als Folge einer unzureichenden planetaren Gesundheit ansieht und die onkologische Immuntherapie.

12.4 Konsequenzen für die HNO

Vor diesem Hintergrund zeigt sich eine besondere Verantwortung der HNO, das Konzept der Planetaren Gesundheit auch im Rahmen der gelebten klinischen Praxis umzusetzen. Dabei bieten sich vor allen Dingen zwei Ansatzpunkte:

Einsatz einer rationalen Hals-Nasen-Ohrenärztlichen Diagnostik

In den letzten 30 Jahren hat das Fachgebiet eine einzigartige Entwicklung hin zu komplexeren technischen Möglichkeiten mit der Entwicklung von starren und flexiblen Endoskopen (bis zum Chip on the Tip) erlebt. Als minimalinvasive Alternative ist die visuelle Darstellung unter Verwendung von vergrößernden Monitoren bis hin zur 4K-Technologie in der Lage, auch kleinste Veränderungen zuverlässig zu erfassen, einer digitalen Zweitbegutachtung per Telekonsil zuzuführen bzw. eine genauere Beurteilung im Verlauf zu ermöglichen. Sogar dreidimensionale Darstellungen sind möglich. Nichtsdestotrotz besteht weiterhin die Option mittels technisch einfacher, analoger Hilfsmittel wie dem Kehlkopfspiegel und dem Otoskop verlässliche diagnostische Informationen zu erreichen.

Der enorme Unterschied im technischen Aufwand der Herstellung und Aufbereitung, ebenso wie der Anteil von Einmalmaterial wirft vor dem Hintergrund der damit assoziierten Umweltbelastung die Frage auf, ob in jedem Fall das flexible Nasopharyngoskop das Untersuchungswerkzeug der Wahl darstellt. Gesetzgeber und Aufsichtsbehörden treiben unter Verweis von Daten zum Infektionsrisiko die Entwicklung von höherwertigen und aufwändigeren Reinigungsmechanismen voran (Kramer et al. 2015). Dass auf diesem Wege ein sicherer Schaden für die Umwelt aller Menschen resultiert, ist im politischen und gesellschaftlichen Bewusstsein nicht ausreichend präsent und bislang einer kritischen wissenschaftlichen ökologischen und ökonomischen Diskussion entgangen.

Strategien zur verbesserten Ausrichtung nach Gesichtspunkten der planetaren Gesundheit

In einer digital organisierten Gesellschaft besitzt auch der HNO-Arzt die Option, digitale Strategien zur Verbesserung der Nachhaltigkeit seiner Behandlung einzusetzen. Die HNO behandelt hochprävalente Erkrankungen, die zum Teil auch eine Beurteilung mittels Blickdiagnose ermöglichen. Um die Zahl der Patientenkontakte zu reduzieren und Mobilitäts-assoziierte Emissionen zu reduzieren, wurden verschiedene Strategien zur telemedizinischen Beurteilung inklusive therapeutischer Ansätze vorgestellt (Beule 2019). Auch eine zunehmende Verzahnung von Hausarzt und HNO-Arzt mit Verbesserung der Informationsweitergabe über digitale Arztbriefe und den Befundaustausch, wie er durch das eHealth-Gesetz eingeleitet ist, kann einen wertvollen Beitrag leisten.

Schließlich werden gerade im Bereich der HNO medizinische Applikationen (Rak et al. 2019) entwickelt, um durch Erinnerung an die Einnahme von Medikamenten, wiederholte Befragung typischer Symptome im Verlauf oder Erinnerung an Arzttermine die Compliance des Patienten zu steigern und die Behandlung von gerade chronischen Erkrankung wie zum Beispiel der nicht-allergischen Rhinitis oder der chronischen Rhinosinusitis, aber auch onkologischen Erkrankungen des Kopf-Hals-Gebietes zu optimieren. Teilaspekte dieses Bereiches umfassen auch die Kontrolle von Risikofaktoren wie chronischem Alkohol- und Nikotinabusus oder Komorbiditäten wie der depressiven Verstimmung bei chronischen Tinnitus oder Gleichgewichtserkrankungen. Schließlich besitzen medizinische Apps zur Stimulation auch eine unterstützende Wirkung zum Beispiel zur Demenzprävention bei Schwerhörigen.

Literatur

Akdis CA (2021) Does the Epithelial Barrier Hypothesis Explain the Increase in Allergy, Autoimmunity and Other Chronic Conditions? Nat Rev Immunol. DOI: 10.1038/s41577-021-00538-7

Beule AG (2010) Physiology and Pathophysiology of Respiratory Mucosa of the Nose and the Paranasal Sinuses. GMS Curr Top Otorhinolaryngol Head Neck Surg 9: Doc07

Beule AG (2018) The Microbiome – The Unscheduled Parameter for Future Therapies. Laryngorhinootologie 97(S 01), 279–311

Beule AG (2019) Telemedical Methods in Otorhinolaryngology. Laryngorhinootologie 98(S 01), 129–172

Gudziol H, Blau B, Stadeler M (2009) Investigations of Nasal Deposition Efficiency of Wheaten Flour and Corn Starch. Laryngorhinootologie 88(6), 398–404

Hastan D, Fokkens WJ, Bachert C, Newson RB, Bislimovska J, Bockelbrink A et al. (2011) Chronic Rhinosinusitis in Europe – An Underestimated Disease. A GA(2)LEN study. Allergy 66(9), 1216–1223

Kilkkinen A, Rissanen H, Klaukka T, Pukkala E, Heliovaara M, Huovinen P et al. (2008) Antibiotic Use Predicts an Increased Risk of Cancer. Int J Cancer 123(9), 2152–2155

Kramer A, Kohnen W, IsraelS, Ryll S, Hubner NO, Luckhaupt H, Hosemann W (2015) Principles of Infection Prevention and Reprocessing in ENT Endoscopy. GMS Curr Top Otorhinolaryngol Head Neck Surg 14: Doc10

Park M, Lee JS, Park MK (2019) The Effects of Air Pollutants on the Prevalence of Common Ear, Nose, and Throat Diseases in South Korea: A National Population-Based Study. Clin Exp Otorhinolaryngol 12(3), 294–300

Rak K, Volker J, Taeger J, Bahmer A, Hagen R, Albrecht UV (2019) Medical Apps in Oto-Rhino-Laryngology. Laryngorhinootologie 98(S 01), S253-S289

Watts N, Amann M, Arnell N, Ayeb-Karlsson S, Beagley J, Belesova K, Boykoff M, Byass P, Cai W et al. (2021) The 2020 Report of The Lancet Countdown on Health and Climate Change: Responding to Converging Crises. Lancet 397(10269), 129–170

13 Hepatologie

Carolin Victoria Schneider und Christian Trautwein

13.1 Evolution und Funktion der Darm-Leber-Achse

Die Darm-Leber-Achse ist existenziell für die menschliche Energiezufuhr. Die Lebensgemeinschaft des Organismus mit Bakterien, Pilzen und Viren im Darm spielt eine zentrale Rolle für die Nahrungsaufnahme und ihre Verarbeitung. Über Jahrtausende wurde dieses System optimiert, um möglichst viele Nährstoffe zu extrahieren. Der Darm bildet die größte Oberfläche des menschlichen Körpers (400–500 m^2 – Vergleich: Lunge 100–140 m^2) und damit Interaktionsfläche mit der Umwelt. Darm und Leber kommunizieren durch bidirektionale Verbindungen über Gallengänge, Portalvene und die Zirkulation (Schneider et al. 2018). Während Lebensmittelbestandteile im Darm absorbiert und über die Portalvene in die Leber transportiert werden, muss der Übertritt von bakteriellen Komponenten verhindert werden.

Dieses optimierte System besteht aus der Nahrungsverdauung in Grundbestandteile im Darm, deren Transport durch die Darmwand und die Abgabe in die Pfortader, um nach dem Transport in die Leber in die Leberzellen aufgenommen zu werden. Dort werden die Grundbestandteile gelagert und in Zeiten der fehlenden Nahrungsaufnahme ins Blut abgegeben. Da die tägliche Energiebilanz heutzutage oft mit einem Überschuss endet, ist dieses Gleichgewicht von Aufnahme und Abgabe von Energie in der Leber gestört.

Als erste Schaltstelle der Darm-Leber-Achse (s. Abb. 1) sind die Bakterien, die Pilze und Viren der Darmflora, also die Mikrobiota zu nennen (Ursell et al. 2012). In den letzten Jahren gab es große Fortschritte bei der Analyse des bakteriellen Mikrobioms und seiner Rolle für die Entstehung von Erkrankungen, insbesondere der Leber (Kolodziejczyk et al. 2019; s. Kap. II.14).

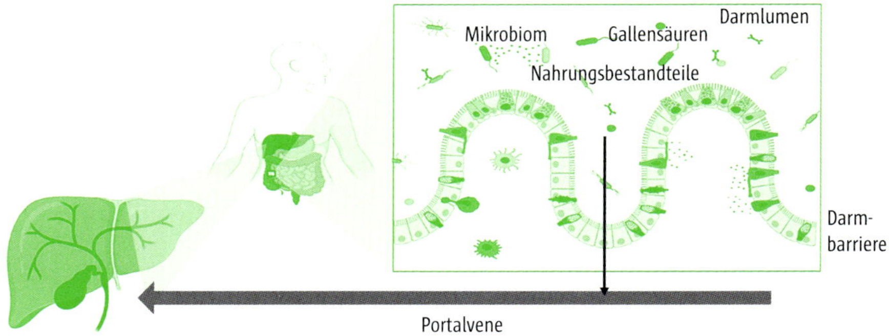

Abb. 1 Darstellung der Darm-Leber-Achse (erstellt mit BioRender.com)

Bakterien der Mikrobiota sind für viele Prozesse essenziell; dies betrifft neben dem Stoffwechsel auch den Einfluss auf das Immunsystem und möglicherweise noch weiterer bisher nicht bekannter Funktionen (Kolodziejczyk et al. 2019). Das Mikrobiom funktioniert wie ein zusätzliches Organ. In gesunden Individuen weist die Darmflora eine große Vielfalt – Diversität – auf, um seine Funktionen sinnvoll wahrnehmen zu können. Bildlich gesprochen entspricht dies einem gesunden Mischwald, der auf Umwelteinflüsse flexibel reagieren kann. Durch unterschiedliche Manipulationen, wie z.B. der Einnahme von Antibiotika verändert sich diese Vielfalt. Der Mischwald – die Mikrobiota – verliert einen Teil seiner Diversität und im Extremfall entsteht eine Monokultur.

Verändert sich die Vielfalt der Bakterien, kommt es zu einer sogenannten Dysbiose (Kolodziejczyk et al. 2019). Damit die Veränderung der Mikrobiota auch zu einer erhöhten Translokation von bakteriellen Bestandteilen in die Leber führen kann, muss noch ein weiterer wichtiger Mechanismus der Darm-Leber-Achse überwunden werden, nämlich die Darmbarriere (Thaiss et al. 2018). Die Voraussetzung für eine Translokation ist eine gestörte intestinale Barriere. Dieser Prozess spielt eine entscheidende Rolle bei der Entstehung chronischer Lebererkrankungen (Levy et al. 2017).

13.2 Zukünftige Entwicklungen in der Hepatologie unter Berücksichtigung von Klimawandel und gesellschaftlichen Veränderungen

Die Inzidenz von chronischen Lebererkrankungen nimmt kontinuierlich zu und belastet die Gesundheitssysteme schwer. Daher sind Strategien, um deren exponentielle Zunahme zu verhindern, von hoher medizinischer und ökonomischer Relevanz.

Klimawandel

Der Klimawandel wird die derzeitigen Herausforderungen im Hinblick auf die Bereitstellung angemessener Ernährung und den Zugang zu sauberem Wasser verschärfen. Eine Zunahme von Hochwasserereignissen, Überschwemmungen und Dürren kann mit einer Zunahme von Hepatitiden verbunden sein. Zusätzlich führt die zunehmende Luftverschmutzung zu einer Zunahme von Lebererkrankungen (Leddin u. Macrae 2020). Die Infrastruktur, die für die Behandlung der vielen Patienten mit chronischen Lebererkrankungen insbesondere im afrikanischen und asiatischen Raum erforderlich ist, ist anfällig für extreme Wetterereignisse, die häufiger werden. Hier werden neue Strategien z.B. durch eine telemedizinische Versorgung benötigt, um die Behandlung von Lebererkrankungen gewährleisten zu können.

Toxine

Steigende Temperaturen, die mit erhöhten CO_2-Emissionen einhergehen, schaffen geeignetere Lebensräume für Schimmelpilze, insbesondere Aspergillus flavus. A. flavus produziert starke Lebertoxine (Aflatoxine), die mit einer erhöhten Inzidenz von Leberkrebs verbunden sind. Die Exposition gegenüber dem Toxin erfolgt oft über den Verzehr infizierter Nüsse (Van der Fels-Klerx et al. 2019).

Rauchen

Eine zunehmende Luftverschmutzung und insbesondere Rauchen hat einen unmittelbar schädigenden Einfluss auf die Leber (Jung et al. 2019). So setzt Tabakrauch entzündliche Botenstoffe wie IL-1, IL-6 und TNF-α frei, die unmittelbar die Entzündungsreaktion verstärken und darüber die Fibrogenese, aber auch die Karzinogenese in der Leber. Zusätzlich setzt Rauchen Chemikalien mit onkogenem Potenzial frei. Dadurch erhöhen diese zusätzlich das onkogene Potenzial und damit das Risiko für ein Leberzellkarzinom (HCC). Darüber hinaus bewirkt Rauchen eine Unterdrückung der T-Zell-Reaktion und ist so mit einer verminderten Tumor-Surveillance assoziiert.

Alkohol

Die alkoholische Lebererkrankung (ALD) ist die älteste Form einer Lebererkrankung, die der Menschheit bekannt ist (O'shea et al. 2010). ALD deckt ein breites Spektrum von Leberschäden ab, die bei der einfachen Steatose beginnt, bis hin zu Leberzirrhose reicht und als Sonderform die alkoholische Hepatitis umfasst (Méndez-Sánchez et al. 2005). Bei Patienten mit Lebererkrankungen ist Alkoholkonsum oft ein wichtiger Kofaktor, der von geografischen, genetischen, aber auch soziodemografischen Faktoren abhängt. Krisen wie beispielsweise die COVID-19-Pandemie erhöhen den psychischen Stress und damit den Alkoholkonsum.

Virushepatitis

Die Virushepatitis ist eine bedeutende Belastung für die Gesundheitsversorgung weltweit und wird als Leberentzündung durch Viren definiert. Die mit A bis E bezeichneten Hepatitisviren sind die häufigsten Auslöser (Poovorawan et al. 2002). Die meisten Hepatitisformen verlaufen akut und selbstlimitierend, wobei die Hepatitis B, C und D chronisch verlaufen können (Spearman et al. 2019; Trépo et al. 2014). Hepatitis und ihre Komplikationen führen weltweit zu etwa 1–4 Millionen Todesfällen pro Jahr. Die überwiegende Mehrheit der Todesfälle wird durch Hepatitis B und C verursacht (Poovorawan et al. 2002). Eine durch den Klimawandel ausgelöste Zunahme von Überschwemmungen oder Dürren birgt die Gefahr einer Zunahme der Hepatitis A und E Infektionen, da diese durch verseuchtes Trinkwasser übertragen werden (Wang et al. 2015). Aufgrund der durch die Forschung getragenen erfolgreichen Entwicklung moderner Therapieformen gegen die Hepatitisviren hat die Weltgesundheitsorganisation reagiert und eine „Globalen Strategie für Virushepatitis" entwickelt (Brierley 2019). Hintergrund dieser Strategie ist, dass zum jetzigen Zeitpunkt die Krankheitslast durch Virushepatitiden in vielen Ländern noch sehr hoch ist und das jeweilige Gesundheitssystem belastet. Einer effektiven Anwendung der neuen Therapieansätze stehen jedoch im Wesentlichen zwei Punkte entgegen: die Awareness für die Virushepatitiden und die hohen Therapiekosten. Daher soll durch dieses Programm zukünftig erreicht werden, die Hepatitisviren analog zu anderen Viren (z.B. Masern) weltweit erfolgreich zu bekämpfen und möglichst zu eradizieren (Brierley 2019).

NAFLD

Die nicht-alkoholische Fettleber (NAFLD) ist bereits die häufigste Lebererkrankung weltweit (Younossi 2019). NAFLD ist häufig mit Adipositas und dem metabolischen Syndrom, einschließlich Diabetes mellitus, Bluthochdruck und systemischer Mikroentzündung assoziiert (Younossi et al. 2018). In den letzten Jahren nimmt die NAFLD massiv zu. Da die Leber das zentrale Organ für den Energiestoffwechsel des Körpers ist, spielt sie eine entscheidende Rolle für das Verständnis des metabolischen Syndroms in der westlichen Welt. Die Therapieoptionen der NAFLD sind aufgrund ihrer hohen individuellen Variabilität immer noch begrenzt. Zukünftige Therapien bei diesen in der Regel multimorbiden Patienten müssen daher verschiedene Facetten der weltweit zunehmenden Adipositas-Epidemie berücksichtigen.

Cholestatische Leberkrankungen

Bei cholestatischen Lebererkrankungen kommt es zu einer Zerstörung der Gallengänge, der Ansammlung von Gallensäuren (Cholestase) und einem Entzündungsprozess, der die Leber schädigt (Heathcote 2007). Unbehandelt führt die chronische Cholestase zur Zirrhose (Jansen et al. 2017). Die primäre biliäre Cholangitis (PBC) und die primäre sklerosierende Cholangitis (PSC) sind die beiden häufigsten chronischen cholestatischen Lebererkrankungen bei Erwachsenen und ihre Ursachen sind bisher unvollständig verstanden (Jansen et al. 2017). PSC ist die prototypische Erkrankung der Darm-Leber-Achse (Dyson et al. 2018). Patienten mit PSC haben eine andere Zusammensetzung des Mikrobioms als Kontrollpersonen (Liwinski et al. 2020). Forschungsergebnisse legen nahe, dass das Mikrobiom für das Fortschreiten der PSC relevant ist (Heathcote 2007). Interessanterweise wirken einige neue Medikamente auf das Gleichgewicht der Gallensäuren, welches die Darmflora positiv beeinflussen kann (Carey u. Lindor 2012). So könnten Mikrobiom-basierte Therapien für die PSC in absehbarer Zeit relevant werden.

Körperliche Bewegung und Lebergesundheit

Jüngste Arbeiten auf dem Gebiet der chronischen Lebererkrankungen konnten zeigen, dass körperliche Aktivität zur Abnahme von Lebererkrankungen führt, und zwar unabhängig von Ernährung und Adipositas (Schneider et al. 2021). 2.500 Schritte pro Tag korrelierten mit einer 38% bzw. 47% Reduktion von Lebererkrankungen bzw. NAFLD. Auch Patienten mit chronischen Lebererkrankungen profitieren von erhöhter körperlicher Aktivität und können ihr Mortalitätsrisiko durch zusätzliche Aktivität senken.

Soziale Determinanten der Lebergesundheit

Strategien zur Bekämpfung der Zunahme von chronischen Lebererkrankungen müssen auch die sozialen Determinanten der Gesundheit berücksichtigen. 2018 quantifizierte die WHO die Auswirkungen von Umweltfaktoren wie Umweltverschmutzung, Berufsrisiken, landwirtschaftlichen Methoden, Klimawandel und Lebensmittelkontamination auf die Krankheitslast (Prüss-Üstün et al. 2016). Obwohl Umweltfaktoren Auswirkungen auf chronische Lebererkrankungen haben, gibt es eine Lücke in unserem derzeitigen Wissen über die sozialen Determinanten, die diese beeinflussen. In diesem Zusammenhang können beispielsweise die Auswirkungen der Werbung für Lebensmittel, Freizeitaktivitäten und nicht zuletzt der „COVID-19-Lockdown“ (Tapper u. Asrani 2020) zusammen mit anderen Determinanten tiefgreifende Auswirkungen auf chronische Lebererkrankungen haben. Sie sollten daher in die umfassende Behandlungsstrategie einbezogen werden.

Die rasante Zunahme chronischer Lebererkrankungen im 21. Jahrhundert ist eine gesamtgesellschaftliche Herausforderung, die nur durch interdisziplinäre Zusammenarbeit, starke Präventionsstrategien und innovative Behandlungen bewältigt werden kann.

Literatur

Brierley R (2019) Elimination of Viral Hepatitis by 2030: Ambitious, but Achievable. Lancet Gastroenterol Hepatol 4, 88–89

Carey EJ, Lindor KD (2012) Current Pharmacotherapy for Cholestatic Liver Disease. Expert Opin Pharmacother 13, 2473–2484

Dyson JK, Beuers U, Jones DEJ, Lohse AW, Hudson M (2018) Primary Sclerosing Cholangitis. Lancet 391, 2547–2559

Heathcote EJ (2007) Diagnosis and Management of Cholestatic Liver Disease. Clin Gastroenterol Hepatol Off Clin Pract J Am Gastroenterol Assoc 5, 776–782

Jansen PLM, Ghallab A, Vartak N, Reif R, Schaap FG, Hampe J, Hengstler JG (2017) The Ascending Pathophysiology of Cholestatic Liver Disease. Hepatology 65, 722–738

Jung HS, Chang Y, Kwon MJ, Sung E, Yun KE, Cho YK, Shin H, Ryu S (2019) Smoking and the Risk of Non-Alcoholic Fatty Liver Disease: A Cohort Study. Am J Gastroenterol 114, 453–463

Kolodziejczyk AA, Zheng D, Shibolet O, Elinav E (2019) The Role of the Microbiome in NAFLD and NASH. EMBO Mol Med 11

Leddin D, Macrae F (2020) Climate Change: Implications for Gastrointestinal Health and Disease. J Clin Gastroenterol 54, 393–397

Levy M, Kolodziejczyk AA, Thaiss CA, Elinav E (2017) Dysbiosis and the immune System. Nat Rev Immunol 17, 219–232

Liwinski T, Zenouzi R, John C, Ehlken H, Rühlemann MC, Bang C, Groth S, Lieb W, Kantowski M, Andersen N et al. (2020) Alterations of the Bile Microbiome in Primary Sclerosing Cholangitis. Gut 69, 665–672

Méndez-Sánchez N, Almeda-Valdés P, Uribe M (2005) Alcoholic Liver Disease. An Update. Ann Hepatol 4, 32–42

O'shea RS, Dasarathy S, McCullough AJ, Practice Guideline Committee of the American Association for the Study of Liver Diseases; Practice Parameters Committee of the American College of Gastroenterology (2010) Alcoholic Liver Disease. Hepatology 51, 307–328

Pimpin L, Cortez-Pinto H, Negro F, Corbould E, Lazarus JV, Webber L, Sheron N (2018) Burden of Liver Disease in Europe: Epidemiology and Analysis of Risk Factors to Identify Prevention Policies. J Hepatol 69, 718–735

Poovorawan Y, Chatchatee P, Chongsrisawat V (2002) Epidemiology and Prophylaxis of Viral Hepatitis: A Global Perspective. J Gastroenterol Hepatol 17 Suppl, 155–66

Prüss-Üstün A, Wolf J, Corvalán CS, Bos R, Neira M. (2016) Preventing Disease through Healthy Environments: A Global Assessment of the Burden of Disease from Environmental Risks. World Health Organization. URL: file:///C:/Users/AnjaFaulenbach/Downloads/9789241565196_eng.pdf (abgerufen am 19.07.2021)

Schneider CV, Zandvakili I, Thaiss CA, Schneider KM (2021) Physical Activity is Associated with Reduced Risk of Liver Disease in the Prospective UK Biobank Cohort. JHEP Reports 100263

Schneider KM, Albers S, Trautwein C (2018) Role of Bile Acids in the Gut-Liver Axis. J Hepatol 68, 1083–1085

Spearman CW, Dusheiko GM, Hellard M, Sonderup M (2019) Hepatitis C. Lancet 394, 1451–1466

Tapper EB, Asrani SK (2020) The COVID-19 Pandemic Will Have a Long-Lasting Impact on the Quality of Cirrhosis Care. J Hepatol 73, 441–445

Thaiss CA, Levy M, Grosheva I, Zheng D, Soffer E, Blacher E, Braverman S, Tengeler AC, Barak O, Elazar M et al. (2018) Hyperglycemia Drives Intestinal Barrier Dysfunction and Risk for Enteric Infection. Science 359, 1376–1383

Trépo C, Chan HLY, Lok A (2014) Hepatitis B Virus Infection. Lancet 384, 2053–2063

Ursell LK, Metcalf JL, Parfrey LW, Knight R (2012) Defining the Human Microbiome. Nutr Rev 70 Suppl 1, 38–44

Van der Fels-Klerx HJ, Vermeulen LC, Gavai AK, Liu C (2019) Climate Change Impacts on Aflatoxin B1 in Maize and Aflatoxin M1 in Milk: A Case Study of Maize Grown in Eastern Europe and Imported to the Netherlands. PLoS One 14, e0218956

Wang Y, Rao Y, Wu X, Zhao H, Chen J (2015) A Method for Screening Climate Change-Sensitive Infectious Diseases. Int J Environ Res Public Health 12, 767–783

Younossi ZM (2019) Non-alcoholic Fatty Liver Disease – A Global Public Health Perspective. J Hepatol 70, 531–544

Younossi Z, Anstee QM, Marietti M, Hardy T, Henry L, Eslam M, George J, Bugianesi E (2018) Global Burden of NAFLD and NASH: Trends, Predictions, Risk Factors and Prevention. Nat Rev Gastroenterol Hepatol 15, 11–20

14 Immunologie

Andreas Diefenbach

Als Immunsystem bezeichnen wir im Allgemeinen die Gesamtheit aller Mechanismen unseres Körpers, die uns vor Mikroben und zu einem gewissen Maße auch vor Tumoren schützen (Janeway et al. 1999). Im engeren Sinne verstehen wir darunter ein komplexes System zirkulierender und Gewebe-ständiger Zellen, die darauf spezialisiert sind, Mikroben und Tumoren zu erkennen und diese gezielt zu eliminieren oder zu neutralisieren. Zentral für dieses Paradigma ist die „sensorische Rolle“ des Immunsystems, die es erlaubt „fremd“ von „selbst“ zu unterscheiden. Zu diesem Zweck sind Immunzellen mit einer Vielzahl von Sonden und Rezeptoren ausgestattet, die es ihnen ermöglichen, Fremd-Antigene, Bestandteile von Mikroben aber auch molekulare Signaturen der Zellschädigung bzw. des Zellstresses wahrzunehmen. Erkennung solcher „nicht-selbst“ Muster führt zur Aktivierung des Immunsystems mit dem Ziel, den Trigger zu beseitigen und Homöostase wiederherzustellen (Rankin u. Artis 2018).

Es wird zunehmend klar, dass das Immunsystem wichtige Rollen auch in der Abwesenheit von Infektionen und Tumoren spielt. Hier sind vor allem in den letzten 20 Jahren Interaktionen des Immunsystems mit Komponenten der Umwelt (Mikrobiom, Ernährung, Licht/Strahlung, Temperatur, etc.) in den Fokus gerückt (Rankin u. Artis 2018). Dieser quasi kontinuierliche „Informationsaustausch“ führt zur tonischen Aktivierung des Immunsystems mit Freisetzung von Signalen, die von zellulären Komponenten des Immunsystems ausgehen. Dieser Signal-Output des Immunsystems in Reaktion auf Input von Komponenten der Umwelt hat das Ziel, die Spezies Mensch besser an ihr Habitat zu adaptieren und mögliche Schädigungen von Organen bzw. des Gesamtorganismus durch Komponenten der Umwelt zu verhindern. Dieses Kapitel behandelt die Interaktionen des Immunsystems mit Komponenten der Umwelt, da Veränderungen in der „Gesundheit des Planeten“ auch zu Veränderungen der menschlichen Habitate führen und damit direkte Konsequenzen für den „Informationsaustausch“ mit dem Immunsystem haben.

14.1 Immunsystem und Adaptation

Es ist in den letzten Jahren zunehmend klargeworden, dass das Immunsystem Funktionen übernimmt, die weit über die Erkennung von Pathogenen und Tumoren hinausgeht (Rankin u. Artis 2018). Dies gilt vor allem für Grenzflächen mit der Umwelt (z.B. Darm, Haut, respiratorisches System), an denen das Immunsystem kontinuierlich mit Komponenten der Umwelt interagiert. Diese Einsichten, die sich erst in den letzten Jahren durchgesetzt haben, stellen einen Paradigmenwechsel dar. Das Immunsystem wurde in der Vergangenheit als ein System von zirkulierenden Zellen verstanden, das in der Abwesenheit von Infektionen und Tumoren in einem Ruhezustand ist. Daten der letzten 20 Jahre haben allerdings gezeigt, dass Immunzellen vor allem an Grenzflächen dauernd Signale aus der Umwelt wahrnehmen und ihrerseits mit Signalen beantworten, die die Funktionalität des Organs bzw. des Organismus sichern sollen. Im weiteren Sinne trägt das Immunsystem zu einer gelungenen Anpassung der Spezies Mensch an sein Habitat bei, ein Prozess, der Gesundheit und Fitness der Spezies steigern soll.

Diese neuen Erkenntnisse wurden durch wissenschaftliche und technologische Weiterentwicklungen ermöglicht. Auf der Seite des Immunsystems hat vor allem das Konzept von Gewebe-residenten Immunzellen und Gewebeimmunität prinzipiell neue Einsichten ermöglicht. Bei Gewebe-residenten Immunzellen handelt es sich vor allem um Komponenten des angeborenen Immunsystems, die oft schon während der Embryonalentwicklung in verschiedene Organe einwandern und dann quasi Teil des jeweiligen Organs werden (Gasteiger et al. 2015; Guilliams et al. 2020). Hierzu gehören vor allem Makrophagen (Okabe u. Medzhitov 2014) und die seit 2008 beschriebenen *innate lymphoid cells* (ILC) (Spits et al. 2013; Vivier et al. 2018). Eine weitere Schicht dieses Immunsystems in Geweben stellen sog. „*tissue-resident memory T-Zellen*" (T_{RM}) dar, die nach Immunaktivierung sekundär in Gewebe-residente Zellen differenzieren (Masopust u. Soerens 2019). Es wird zunehmend sichtbar, dass Gewebe-residente Immunzellen wichtige Aufgaben bei der Anpassung des Organismus an eine sich dynamisch verändernde Umwelt wahrnehmen.

Ein wichtiger Pfeiler dieser neuen Einsichten war ein vertieftes Verständnis der Komponenten der Umwelt, vor allem des Mikrobioms, d.i. die Gesamtheit aller Bakterien, Viren, Pilze und Parasiten, die die Körperoberflächen von Menschen und anderen Spezies besiedeln. Diese Erkenntnisse wurde vor allem durch Sequenziertechnologien ermöglicht, die eine unvorhergesehene Vielfalt an Bakterien vor allem im Dickdarm illustrierte (Kuczynski et al. 2011). Es ist jetzt weitestgehend akzeptiert, dass Menschen „Metaorganismen" sind (Bosch u. McFall-Ngai 2011). Die gemeinsame Kohabitation von Mensch und Mikroben hat zu einer Vielzahl von Interdependenzen geführt. Beispielsweise werden einige enzymatische Schritte zur Degradierung von Nahrungsstoffen von Bakterien durchgeführt und die entsprechenden Gene im menschlichen Genom sind im Laufe der Evolution verlorengegangen (Ley et al. 2008). Ein wichtiger Aspekt dabei ist, dass die gegenseitige Anpassung von Mensch und Mikroben sich auf einer evolutionären Zeitskala entwickelt hat.

Die medizinische Bedeutung dieser Anpassungsprozesse wurde durch die rapide Zunahme immun-mediierter Erkrankungen bzw. sog. „*non-communicable diseases*" der letzten 50–100 Jahre unterstrichen. Diese Erkrankungen machen heute einen großen

Teil der Krankheitslast in den Industrienationen aus und haben eine hohe sozioökonomische Bedeutung. Hierzu gehören:

- chronisch-entzündliche Erkrankungen (z.B. chronisch-entzündliche Darmerkrankungen, rheumatoide Arthritis)
- kardiovaskuläre Erkrankungen (z.B. Atherosklerose)
- neurologische Erkrankungen (z.B. Multiple Sklerose, Demenz)
- metabolische Erkrankungen (z.B. Typ-2-Diabetes, Adipositas)
- Allergien

Eine Vielzahl von Daten weist darauf hin, dass diese Krankheitstypen als gemeinsames Merkmal durch Entzündungsprozesse charakterisiert sind, die durch Störung der Anpassung (Maladaptation) an eine sich in den letzten 100 Jahren rasch verändernde Umwelt (veränderte Ernährung, reduzierte körperliche Aktivität, Rückgang von Infektionen und parasitärer Besiedlung) verursacht werden (Bach 2002; Sonnenburg u. Backhed 2016).

Vor dem Hintergrund einer zunehmend älter werdenden Gesellschaft werden chronisch-entzündliche und chronisch-degenerative Erkrankungen weiter zunehmen. Dies stellt eine Herausforderung für unsere Gesellschaft dar, die nach neuen Konzepten für den Umgang mit Krankheiten suchen muss.

14.2 Immunsystem und Mikrobiom

Ohne die kontinuierliche Exposition gegenüber dem Mikrobiom wären Menschen nicht lebensfähig. Das intestinale und vermutlich auch das kutane und pulmonale Mikrobiom kalibriert lokale aber auch systemische Immunantworten (Schaupp et al. 2020). In der Interaktion von lokalem Mikrobiom, Gewebe-residenten Immunzellen und organismischem Immunsystem findet sich der Schaltplan für zahlreiche adaptive, Gesundheits-bewahrende Signalwege.

An epithelialen Barrieren zwischen Umwelt und Mensch werden kontinuierlich Signale ausgetauscht, die eine Vielzahl physiologischer Prozesse regulieren. Allerdings fehlt bis heute ein detailliertes molekulares Verständnis dieser wichtigen Vorgänge. Analysen in Tiermodellen haben die Konsequenzen untersucht, wenn Erkennung von Mikroben durch Ausschalten eines zentralen Signalknotens der Mikrobenwahrnehmung durch intestinale Epithelzellen unterbrochen wird. Epithelzellen wie Immunzellen exprimieren eine Vielzahl von Sensoren für Mikroben, deren Signalleitung in der Aktivierung des Transkriptionsfaktors NF-κB kumuliert, der beispielsweise das transkriptionelle Programm der „Entzündung" in Immunzellen aktiviert. Wenn die Aktivierung von NF-κB in Epithelzellen des Darms selektiv ausgeschaltet wurde, kam es zu einem massiven Absterben von Epithelzellen und starker intestinaler Entzündung, die nicht mit dem Leben vereinbar war (Nenci et al. 2007; Zaph et al. 2007). Diese Daten zeigen, dass Erkennung von Komponenten des Mikrobioms durch Epithelzellen molekulare Signale generiert, die die Resilienz des Darmepithels gegenüber Mikroben sichern.

Besonders gut dokumentiert ist der Zusammenhang zwischen Veränderungen im Mikrobiom und der rapiden Zunahme von Allergien in den letzten 100 Jahren (Man et al. 2017). Kinder, die auf einem traditionellen Bauernhof aufwachsen, sind weitestgehend vor der Entwicklung von Allergien geschützt (von Mutius u. Vercelli 2010). Dieser Effekt wird durch den frühkindlichen Kontakt mit Tieren (vor allem Kühen) und ihren Mikroben erklärt. In einer vergleichenden Analyse von zwei amerikanischen Bevölkerungsgruppen (Amish und Hutterer), die beide von Agrikultur leben, konnte eine sehr interessante Beobachtung gemacht werden. Kinder von Amish Familien haben eine sehr niedrige Inzidenz von Asthma, während bei Hutterer Kindern eine hohe Inzidenz gefunden wurde. Amish Familien ahmen einen traditionellen Lebensstil nach (Einzelfarm, traditionelle Agrikultur), während Hutterer Familien Großfarmen mit modernem Gerät betreiben (Stein et al. 2016). In weitergehenden Studien konnte gezeigt werden, dass die Farm-Umgebung nicht der entscheidende Faktor war, sondern der fehlende frühkindliche Kontakt mit Tieren in den Hutterer Familien (Gozdz et al. 2016).

Lebensstilfaktoren und frühkindliche Formung der Mikrobiota haben einen entscheidenden Effekt auf das Immunsystem und seine Reaktionsweise.

Vom Mikrobiom ausgehende Signale wurden in den letzten Jahren auch für die Funktionsfähigkeit der Immunantwort des Gesamtorganismus impliziert. Es fiel auf, dass Mäuse, die in Abwesenheit von Mikroben gehalten wurden (sog. keimfreie Mäuse) oder deren Mikrobiom durch Antibiotika-Behandlung stark reduziert wurde, eine stark erniedrigte Immunantwort gegenüber Virusinfektionen zeigten (Abt et al. 2012; Erny et al. 2015; Ganal et al. 2012). Dies konnte auf einen Defekt mononukleärer Phagozyten (d.s. Makrophagen, Monozyten, dendritische Zellen) zurückgeführt werden, die nach Kontakt mit Pathogenen keine kraftvolle Immunantwort anstoßen konnten. Mikrobiom-Signale wurden benötigt, um Chromatinveränderungen in mononukleären Phagozyten zu bewirken, die die Transkription einer Batterie von Genen ermöglichen, die für die Initialisierung einer antimikrobiellen und antiviralen Immunantwort benötigt wird (Ganal et al. 2012). Interessanterweise waren diese Effekte auch in Organen zu finden, die nicht regelmäßig dem Mikrobiom ausgesetzt sind (ZNS, Milz). Dies warf die Frage auf, wie Signale des Mikrobioms an Grenzflächen systemische Wirksamkeit entfalten können. Studien der letzten Jahre haben erste Einsichten in diesen Prozess ermöglicht. Erkennung von Komponenten des Mikrobioms führt zur Aktivierung von sog. plasmazytoiden dendritischen Zellen (pDC), die Typ-I-Interferone produzieren, Zytokine, die vor allem für ihre Effekte bei der Immunantwort gegenüber Viren bekannt waren (Schaupp et al. 2020; Stefan et al. 2020). Ein Effekt während der Homöostase wurde schon seit einiger Zeit vermutet (Bocci 1985), da eine gewisse Grundexpression von Typ-I-Interferonen auch während der Homöostase (d.i. in der Abwesenheit von Infektionen) messbar ist. Neue Daten zeigen, dass tonisch-produzierte Typ-I-Interferone auf mononukleäre Phagozyten wirken und deren metabolische Funktion regulieren (Schaupp et al. 2020). Dendritische Zellen (DC) sind ein Subset von mononukleären Phagozyten, die eine wichtige Brückenfunktion zwischen angeborener und adaptiver Immunität darstellen. In Abwesenheit von Typ-I-Interferon Signalen sind diese nicht in der Lage, T-Zell Antworten zu initiieren. Diese Daten zeigen, dass Signale ausgehend von Komponenten des Mikrobioms zentral für die „Fitness" des angeborenen Immunsystems sind und deren Ansprechbarkeit regulieren. Epitheliale Oberflächen werden nach der Geburt mit einem komplexen Mikrobiom kolonisiert. Dieser Prozess ist ein wichtiger Checkpoint für die Funktion des Immunsystems. Die vorliegenden Daten legen nahe, dass die Menge von tonisch produzierten Typ-I-Interferonen abhängig von der Zusammensetzung des Mikrobioms ist. Die Funktion des Immunsystems könnte somit durch gezielte „Mikrobiom Veränderungen" manipuliert werden.

Diese Daten haben wichtige Implikationen für die Therapie von Entzündungs-getriebenen Erkrankungen. Die oben genannten Erkrankungen sind allesamt gekennzeichnet durch dysbiotische Veränderungen des intestinalen Mikrobioms, was die Funktion des Immunsystems verändert. Ein vertieftes Verständnis dieser Veränderungen könnte es ermöglichen, mit Mikrobiota-Therapien Entzündungsantworten gezielt zu unterdrücken. Typ-I-Interferone sind bei chronisch-entzündlichen Erkrankungen schon Jahre vor klinischer Manifestation der Erkrankung erhöht (Banchereau et al. 2016). Da die Menge tonisch produzierter Typ-I-Interferone abhängig vom Mikrobiom und dessen Zusammensetzung ist, wäre es denkbar, dass eine Modifikation von Komponenten des Mikrobioms therapeutisch genutzt werden könnte, um den „inflammatorischen Tonus" des Immunsystems zu senken und entzündliche Erkrankungen zu vermeiden.

Das Mikrobiom kann in der Tat auch Immunantworten unterdrücken, was im Kontext von Studien mit Patienten auffiel, die sog. Checkpoint-Inhibitoren zur Therapie von Krebserkrankungen erhalten (Ansaldo et al. 2019; Gopalakrishnan et al. 2018; Routy et al. 2018). Checkpoint-Inhibitoren sind Antikörper, die gezielt inhibitorische Rezeptoren (PD-1, CTLA-4) vor allem auf T-Zellen aber auch auf ILC und NK-Zellen blockieren, was zu einer verstärkten Attacke des Immunsystems auf den Tumor führt. In großen Studien fiel auf, dass ein Teil der Patient:innen nicht auf die Therapie antworteten, obwohl die entsprechenden molekularen Zielstrukturen in Immunsystem, Tumor und Tumorumgebung vorhanden waren. Eine weitergehende Analyse dieser Patientengruppe zeigte, dass „Non-Responder" im Vergleich zu „Respondern" eine andere Zusammensetzung des Mikrobioms aufwiesen. Transplantation des fäkalen Mikrobioms aus „Non-Respondern" in keimfreie Mäuse führte zu einer Unterdrückung von Anti-Tumorantworten und der Wirksamkeit der Checkpoint Blockade im Mausmodell.

Daten zeigen, dass das Mikrobiom eine wichtige Komponente zur Kalibrierung der Ansprechbarkeit unseres Immunsystems darstellt. Ein tieferes Verständnis dieser Prozesse wird benötigt, um die unterliegenden molekularen Signalnetzwerke zu dechiffrieren, um diese dann gezielt zu therapeutischen Zwecken zu nutzen.

14.3 Immunsystem und Ernährung

Die Zusammensetzung unserer Ernährung hat in den letzten 100 Jahren eine rasante Veränderung erfahren. Heute bestehen Nahrungsmittel in Industrienationen aus industriell gefertigten Nahrungsbestandteilen, die generell reich an Fett und Kohlenhydraten aber arm an Ballaststoffen und Mikronährstoffen sind (z.B. Phytochemikalien, Flavonoide, Polyphenole, Terpene, Stilbene) (Sonnenburg u. Backhed 2016).

Zudem prägen veränderte Lebensstilfaktoren die Ernährungsgewohnheiten in der westlichen Welt. Die meisten beruflichen Aktivitäten des postindustriellen Zeitalters sind relativ arm an körperlicher Belastung. Nahrung ist zudem ubiquitär verfügbar und Zeiten des Fastens, der jahreszeitlichen Rhythmizität von Nahrungsmitteln oder die Nicht-Verfügbarkeit bzw. Knappheit von Nahrung sind in der westlichen Welt weitgehend unbekannt. Die Auswirkungen von Nahrungskarenz auf das Immunsystem wurde in den letzten Jahren eindrücklich belegt (Collins et al. 2019; Jordan et al. 2019; Nagai et al. 2019). Fasten erhöhte die Zahl von T-Gedächtniszellen im Knochenmark und erniedrigte gleichzeitig die Zahl der zirkulierenden Monozyten, was zu einer signifikanten Reduktion von Entzündungssignalen beitrug. Die sich in einer relativ kurzen Zeitspanne ereignende Wandlung unserer Ernährungsgewohnheiten wird heute als einer der Treiber von immun-mediierten Entzündungserkrankungen und von metabolischen Erkrankungen gesehen. Es ist wichtig zu realisieren, dass die Art der Ernährung der dominante Faktor zur Formung des Mikrobioms ist, sodass Ernährung, Mikrobiom und Veränderungen des Immunsystems ein interdependentes Modul darstellen, dessen Komponenten in der Zusammenschau betrachtet werden müssen (Ley et al. 2008) (s. Kap. II.8).

Der Effekt von industrieller Ernährung auf die Adipositas-Pandemie ist weitestgehend Allgemeinwissen und wurde extensiv an anderen Stellen gewürdigt (Sonnenburg u. Backhed 2016) (s. Kap. II.8, II.28). Ein Aspekt, der jedoch unbedingt intensivere Ausleuchtung benötigt, ist, dass, neben dem kalorischen Aspekt der Nahrung, die Zusammensetzung der Nahrung und der Gehalt von Mikronährstoffen eine wichtige Rolle spielt. Beispielsweise führt eine Diät mit hohem Gehalt an Ballaststoffen zur Freisetzung von sog. kurzkettigen Fettsäuren (SCFA) durch Komponenten des Mikrobioms. SCFA werden generell positive, Gesundheits-bewahrende Effekte zugeschrieben (Garrett 2020). Phytochemikalien sind bioaktive Komponenten von Pflanzen, denen als sekundäre Metaboliten anti-entzündliche und andere Gesundheitsbewahrende Effekte zugeschrieben werden. Beispiele sind Pflanzen der Gattung *Brassica* (Broccoli, Rosenkohl etc.), die u.a. Indol-Glucosinolate (Senfölglykoside), Salicylate, Flavonoide und Carotinoide enthalten.

Indol-Glucosinolaten wurden entzündungshemmende und damit anti-tumorigene Effekte im Darm zugeschrieben (Kawajiri et al. 2009). In den letzten Jahren wurden die molekularen Programme, die solchen Effekten unterliegen, geklärt (Gronke et al. 2019; Metidji et al. 2018). Dabei wurden zwei nicht-exklusive Mechanismen postuliert. Bei beiden ist das zentrale Paradigma, dass Mikronährstoffe (hier: Glucosinolate) von einem zellulären Rezeptor in Wirtszellen erkannt werden können, dem Aryl-Hydrocarbon-Rezeptor (AhR). Der AhR ist ein evolutionär alter, konservierter Rezeptor-Transkriptionsfaktor, der in Abwesenheit von Liganden inaktiv im Zytosol vorliegt (McIntosh et al. 2010). Nach Bindung seines Liganden, beispielsweise Indol-Glucosinolate kann der AhR mit Partnermolekülen interagieren und transloziert in den Nukleus, wo er direkt die Transkription einer Batterie von Genen reguliert. Unter diesen Genen sind in Epithelzellen Regulatoren der WNT Aktivierung wie RNF43 und ZNRF3, zwei E3 Ubiquitin Ligasen, die WNT-β-Catenin Signale inhibieren und dadurch die Proliferation von epithelialen Stammzellen einschränken (Metidji et al. 2018). AhR Aktivierung führte zur verstärkten Expression von RNF43 und ZNRF3 und einer verminderten Inzidenz von Kolon-Tumoren im Tiermodell.

Andere Studien legten einen AhR-abhängigen Effekt auf das Darmepithel via Komponenten des Immunsystems nahe. Hier führt die Aktivierung von AhR Signalen in Darm-residenten Immunzellen (ILC und γδ T-Zellen) zur erhöhten Produktion von Interleukin (IL)-22, einem Zytokin, das selektiv auf Epithelzellen wirkt (Ouyang et al. 2011; Wolk et al. 2004). Aufnahme von Diäten im Tiermodell, die frei von Indol-Glukosinolaten sind, führte zur weitgehenden Abwesenheit von IL-22 im Darm (Gronke et al. 2019). Genomweite Genexpressionsanalysen in Epithelzellen zeigten, dass IL-22 ein äußerst wirksamer Regulator von Genen der DNA Damage Response (DDR) ist, einer hochkonservierten Signalkaskade, die den Organismus gegen DNA Schädigung schützt. Es wird angenommen, dass die Akkumulation von Tumor-fördernden Mutationen in intestinalen Stammzellen zur Pathogenese des Kolonkarzinoms beiträgt. Interessanterweise haben einige Glucosinolate selbst DNA-schädigende Eigenschaften und können zu Mutationen führen (Glatt et al. 2011). Dies legte einen Zusammenhang zwischen IL-22 Expression und Mutationsbelastung von Stammzellen des Darms nahe. In der Tat zeigten Mäuse, die genetisch defizient für IL-22 sind, eine erhöhte Entwicklung von Kolonkarzinomen. Dieser Effekt konnte mit der verminderten DDR und einer Zunahme von Tumor-fördernden Mutationen in intestinalen Stammzellen korreliert werden (Gronke et al. 2019).

Kollektiv zeigen diese Daten, dass die Bioaktivität von Phytochemikalien auf der Wahrnehmung durch Wirtsrezeptoren beruht, was zu einem Signal in der Wirtszelle führt, das eine Anpassung gegenüber Nahrungsbestandteilen mit potenziell schädigender Wirkung ermöglicht. Dies stößt eine molekulare Kaskade an, die zu Veränderungen von Wirtszellen führt mit dem Ziel, den potenziellen Schaden durch den Pflanzenfaktor abzuwenden. Solche Adaptationspfade sind prinzipiell als Zielstrukturen zur Prävention oder Therapie von Erkrankungen zugängig.

14.4 Umwelt und Toxine

Es wird angenommen, dass Umwelttoxine u.U. auch zur erhöhten Inzidenz von Autoimmunkrankheiten beitragen. Ähnlich wie Glucosinolate in der Nahrung können auch Umweltgifte, wie das Seveso Gift Dioxin als Agonist des AhR fungieren (Quintana et al. 2008; Veldhoen et al. 2008). Th17-Zellen sind eine Effektorpopulation von $CD4^+$ T-Zellen, die mit der Entwicklung von entzündlichen und Autoimmunerkrankungen im Zusammenhang steht. Stimulation von Th17-Zellen in der Anwesenheit von Dioxin führte zur verstärkten Freisetzung von IL-17, ein Prozess der AhR Signalleitung benötigte. In Tiermodellen der Multiplen Sklerose konnte gezeigt werden, dass AhR Stimulation zu Beginn der Krankheit den Krankheitsverlauf verschlimmert. Umweltgifte könnten daher Ko-faktoren bei der Entwicklung von Autoimmunerkrankungen und entzündlichen Erkrankungen darstellen.

Ein anderes Beispiel, das auf ähnlichen Design-Prinzipien beruht, ist die Wirkung von Perfluoroalkyl Substanzen (PFAS), die eine stetig wachsende Gruppe von Chemikalien darstellen, die breite Anwendung in alltäglichen Produkten finden. Beispielsweise werden sie eingesetzt, um das Kleben von Lebensmitteln in Töpfen und Pfannen zu verhindern, sie machen Kleidung flecken- und schmutzabweisend oder werden im Feuerlöschschaum eingesetzt. Eine häufig eingesetzte PFAS, Perfluorooctan sulfonate (PFOS) kann das AIM2 Inflammasome aktivieren und dadurch Entzündungsreaktionen verstärken. Im Tiermodell exazerbiert PFOS den Verlauf von Asthma, ein Effekt, der ein funktionales AIM2 Inflammasom benötigt (Wang et al. 2021).

Diese Daten zeigen, dass Chemikalien, die als Beiprodukte chemisch-industrieller Prozesse entstehen, als Liganden von Immunerkennungs-Rezeptoren wirken können und damit Immunreaktionen und immun-mediierte Erkrankungen beeinflussen können. Unsere Kenntnis dieser Mechanismen ist immer noch wenig konkret und bedarf weiterer Forschung für dieses sozietär sehr relevante Thema.

14.5 Ausblick

Es ist ein erstaunliches Paradox, dass unser Verständnis der Grundlagen von Gesundheit fast ausschließlich auf der Erforschung von Krankheiten basiert (Ayres 2020). Gesundheit wird weitestgehend als „Default" betrachtet oder als „Abwesenheit von Krankheit" definiert. Unser Verständnis von „Gesundheit" unterliegt derzeit einem Paradigmenwechsel. Gesundheit ist hierbei nicht mehr ein passiver „Standardzustand", sondern Resultat aktiver Prozesse basierend auf definierbaren, zellulären und molekularen Mechanismen, sog. *Hallmarks of Health* (Lopez-Otin u. Kroemer 2021). Diese führen zu erhöhter Resilienz und Toleranz gegenüber Krankheiten, ein präventives und therapeutisches Potential, das bisher völlig ungenutzt bleibt.

Eine Limitation der modernen Medizin ist ihre praktisch völlige Fokussierung auf das Verständnis von Krankheitsprozessen. Krankheiten werden so immer noch eher spät diagnostiziert, wenn bereits klinische Symptome eingetreten sind und manchmal bereits irreversible Organschäden vorliegen. Für eine akkurate Kartierung des gesamten Gesundheit-Krankheit-Kontinuums sind jetzt neue Technologien verfügbar, die eine Analyse von transkriptionellen, epigenetischen und metabolischen Veränderungen in einzelnen Zellen eines Organs zunehmend auch in räumlicher Auflösung ermöglichen (Stubbington et al. 2017). Diese neuartigen Technologien haben das Potenzial die molekularen Pfeiler des Zustands Gesundheit zu definieren und dann den Übergang von Gesundheit zur Krankheit so früh zu definieren, dass ein frühestmögliches Abfangen von Krankheiten möglich wird.

Hallmark-of-Health-Mechanismen sind oft das Ergebnis adaptiver Prozesse an Grenzflächen mit der Umwelt. Dort werden kontinuierlich Signale aus der Umwelt (Nährstoffe, Mikrobiom, etc.) von Komponenten des Wirts (z.B. durch das Immunsystem) wahrgenommen. Als Reaktion werden molekulare Kaskaden angeworfen, die Adaptation an unsere Umwelt fördern. *Hallmark-of-Health*-Mechanismen bieten ein derzeit ungehobenes Potenzial für neue Therapien zur Prävention von Krankheiten. Zudem liegen vielen „Zivilisationserkrankungen" maladaptive Prozesse auch durch Störungen in der planetaren Gesundheit zugrunde. Diese Prozesse zu verstehen und die Treiber dieser Erkrankungen kausal anzugehen, ist eine zentrale Herausforderung für die Medizin der nächsten 50 Jahre.

Literatur

Abt MC, Osborne LC, Monticelli LA, Doering TA, Alenghat T, Sonnenberg GF, Paley MA, Antenus M, Williams KL, Erikson J et al. (2012) Commensal Bacteria Calibrate the Activation Threshold of Innate Antiviral Immunity. Immunity 37, 158–170

Ansaldo E, Slayden LC, Ching KL, Koch MA, Wolf NK, Plichta DR, Brown EM, Graham DB, Xavier RJ, Moon JJ et al. (2019) Akkermansia Muciniphila Induces Intestinal Adaptive Immune Responses During Homeostasis. Science 364, 1179–1184

Ayres JS (2020) The Biology of Physiological Health. Cell 181, 250–269

Bach JF (2002) The Effect of Infections on Susceptibility to Autoimmune and Allergic Diseases. N Engl J Med 347, 911–920

Banchereau R, Hong S, Cantarel B, Baldwin N, Baisch J, Edens M, Cepika AM, Acs P, Turner J, Anguiano E et al. (2016) Personalized Immunomonitoring Uncovers Molecular Networks that Stratify Lupus Patients. Cell 165, 551–565

Bocci V (1985) The Physiological Interferon Response. Immunol Today 6, 7–9

Bosch TC, McFall-Ngai MJ (2011) Metaorganisms as the New Frontier. Zoology (Jena) 114, 185–190

Collin N, Han SJ, Enamorado M, Link VM, Huang B, Moseman EA, Kishton RJ, Shannon JP, Dixit D, Schwab SR et al. (2019) The Bone Marrow Protects and Optimizes Immunological Memory during Dietary Restriction. Cell 178, 1088–1101 e1015

Erny D, Hrabe de Angelis AL, Jaitin D, Wieghofer P, Staszewski O, David E, Keren-Shaul H, Mahlakoiv T, Jakobshagen K, Buch T et al. (2015) Host Microbiota Constantly Control Maturation and Function of Microglia in the CNS. Nat Neurosci 18, 965–977

Gana, SC, Sanos SL, Kallfass C, Oberle K, Johner C, Kirschning C, Lienenklaus S, Weiss S, Staeheli P, Aichele P et al. (2012) Priming of Natural Killer Cells by Nonmucosal Mononuclear Phagocytes Requires Instructive Signals from Commensal Microbiota. Immunity 37, 171–186

Garrett WS (2020) Immune Recognition of Microbial Metabolites. Nat Rev Immunol 20, 91–92

Gasteiger G, Fan X, Dikiy S, Lee SY, Rudensky AY (2015) Tissue Residency of Innate Lymphoid Cells in Lymphoid and Nonlymphoid Organs. Science 350, 981–985

Glatt H, Baasanjav-Gerber C, Schumacher F, Monien BH, Schreiner M, Frank H, Seidel A, Engst W (2011) 1-Methoxy-3-Indolylmethyl Glucosinolate; a Potent Genotoxicant in Bacterial and Mammalian Cells: Mechanisms of bioactivation. Chem Biol Interact 192, 81–86

Gopalakrishnan V, Spencer CN, Nezi L, Reuben A, Andrews MC, Karpinets TV, Prieto PA, Vicente D, Hoffman K, Wei SC et al. (2018) Gut Microbiome Modulates Response to Anti-PD-1 Immunotherapy in Melanoma Patients. Science 359, 97–103

Gozdz J, Ober C, Vercelli D (2016) Innate Immunity and Asthma Risk. N Engl J Med 375, 1898–1899

Gronke K, Hernandez PP, Zimmermann J, Klose CSN, Kofoed-Branzk M, Guendel F, Witkowski M, Tizian C, Amann L, Schumacher F et al. (2019) Interleukin-22 Protects Intestinal Stem Cells Against Genotoxic Stress. Nature 566, 249–253

Guilliams M, Thierry GR, Bonnardel J, Bajenoff M (2020) Establishment and Maintenance of the Macrophage Niche. Immunity 52, 434–451

Janeway CA, Travers P, Walport M, Capra JD (1999) Immunobiology: the Immune System in Health and Disease, 4th edn (London: Current Biology publications)

Jordan S, Tung N, Casanova-Acebes M, Chang C, Cantoni C, Zhang D, Wirtz TH, Naik S, Rose SA, Brocker CN et al. (2019) Dietary Intake Regulates the Circulating Inflammatory Monocyte Pool. Cell 178, 1102–1114 e1117

Kawajiri K, Kobayashi Y, Ohtake F, Ikuta T, Matsushima Y, Mimura J, Pettersson S, Pollenz RS, Sakaki T, Hirokawa T et al. (2009) Aryl Hydrocarbon Receptor Suppresses Intestinal Carcinogenesis in ApcMin/+ Mice with Natural Ligands. Proc Natl Acad Sci USA 106, 13481–13486

Kuczynski J, Lauber CL, Walters WA, Parfrey LW, Clemente JC, Gevers D, Knight R (2011) Experimental and Analytical Tools for Studying the Human Microbiome. Nat Rev Genet 13, 47–58

Ley RE, Lozupone CA, Hamady M, Knight R, Gordon JI (2008) Worlds within Worlds: Evolution of the Vertebrate Gut Microbiota. Nat Rev Microbiol 6, 776–788

Lopez-Otin C, Kroemer G (2021) Hallmarks of Health. Cell 184, 33–63

Man WH, de Steenhuijsen Piters WA, Bogaert D (2017) The Microbiota of the Respiratory Tract: Gatekeeper to Respiratory Health. Nat Rev Microbiol 15, 259–270

Masopust D, Soerens AG (2019) Tissue-Resident T Cells and Other Resident Leukocytes. Annu Rev Immunol 37, 521–546

McIntosh BE, Hogenesch JB, Bradfield CA (2010) Mammalian Per-Arnt-Sim Proteins in Evironmental Adaptation. Annu Rev Physiol 72, 625–645

Metidji A, Omenetti S, Crotta S, Li Y, Nye E, Ross E, Li V, Maradana MR, Schiering C, Stockinger B (2018) The Environmental Sensor AHR Protects from Inflammatory Damage by Maintaining Intestinal Stem Cell Homeostasis and Barrier Integrity. Immunity 49, 353–362 e355

Mutius E von, Vercelli D (2010) Farm Living: Effects on Childhood Asthma and Allergy. Nat Rev Immunol 10, 861–868

Nagai M, Noguchi R, Takahashi D, Morikawa T, Koshida K, Komiyama S, Ishihara N, Yamada T, Kawamura YI, Muroi K et al. (2019) Fasting-Refeeding Impacts Immune Cell Dynamics and Mucosal Immune Responses. Cell 178, 1072–1087 e1014

Nenci A, Becker C, Wullaert A, Gareus R, van Loo G, Danese S, Huth M, Nikolaev A, Neufert C, Madison B et al. (2007) Epithelial NEMO Links Innate Immunity to Chronic Intestinal Inflammation. Nature 446, 557–561

Okabe Y, Medzhitov R (2014) Tissue-Specific Signals Control Reversible Program of Localization and Functional Polarization of Macrophages. Cell 157, 832–844

Ouyang W, Rutz S, Crellin NK, Valdez PA, Hymowitz SG (2011) Regulation and Functions of the IL-10 Family of Cytokines in Inflammation and Disease. Annu Rev Immunol 29, 71–109

Quintana FJ, Basso AS, Iglesias AH, Korn T, Farez MF, Bettelli E, Caccamo M, Oukka M, Weiner HL (2008) Control of T(reg) and T(H)17 Cell Differentiation by the Aryl Hydrocarbon Receptor. Nature 453, 65–71

Rankin LC, Artis D (2018) Beyond Host Defense: Emerging Functions of the Immune System in Regulating Complex Tissue Physiology. Cell 173, 554–567

Routy B, Le Chatelier E, Derosa L, Duong CPM, Alou MT, Daillere R, Fluckiger A, Messaoudene M, Rauber C, Roberti MP et al. (2018) Gut Microbiome Influences Efficacy of PD-1-Based Immunotherapy against Epithelial Tumors. Science 359, 91–97

Schaupp L, Muth S, Rogell L, Kofoed-Branzk M, Melchior F, Lienenklaus S, Ganal-Vonarburg SC, Klein M, Guendel F, Hain T et al. (2020) Microbiota-Induced Type I Interferons Instruct a Poised Basal State of Dendritic Cells. Cell 181, 1080–1096 e1019

Sonnenburg JL, Backhed F (2016) Diet-Microbiota Interactions as Moderators of Human Metabolism. Nature 535, 56–64

Spits H, Artis D, Colonna M, Diefenbach A, Di Santo JP, Eberl G, Koyasu S, Locksley RM, McKenzie AN, Mebius, RE et al. (2013) Innate Lymphoid Cells – A Proposal for Uniform Nomenclature. Nat Rev Immunol 13, 145–149

Stefan KL, Kim MV, Iwasaki A, Kasper DL (2020) Commensal Microbiota Modulation of Natural Resistance to Virus Infection. Cell 183, 1312–1324 e1310

Stein MM, Hrusch CL, Gozdz J, Igartua C, Pivniouk V, Murray SE, Ledford JG, Marques Dos Santos M, Anderson RL, Metwali N et al. (2016) Innate Immunity and Asthma Risk in Amish and Hutterite Farm Children. N Engl J Med 375, 411–421

Stubbington MJT, Rozenblatt-Rosen O, Regev A, Teichmann SA (2017) Single-Cell Transcriptomics to Explore the Immune System in Health and Disease. Science 358, 58–63

Veldhoen M, Hirota K, Westendorf AM, Buer J, Dumoutier L, Renauld JC, Stockinger B (2008) The Aryl Hydrocarbon Receptor Links TH17-Cell-Mediated Autoimmunity to Environmental Toxins. Nature 453, 106–109

Vivier E, Artis D, Colonna M, Diefenbach A, Di Santo JP, Eberl G, Koyasu S, Locksley RM, McKenzie ANJ, Mebius RE et al. (2018) Innate Lymphoid Cells: 10 Years On. Cell 174, 1054–1066

Wang LQ, Liu T, Yang S, Sun L, Zhao ZY, Li LY, She YC, Zheng YY, Ye XY, Bao Q et al. (2021) Perfluoroalkyl Substance Pollutants Activate the Innate Immune System through the AIM2 Inflammasome. Nat Commun 12, 2915

Wolk K, Kunz S, Witte E, Friedrich M, Asadullah K, Sabat R (2004) IL-22 Increases the Innate Immunity of Tissues. Immunity 21, 241–254

Zaph C, Troy AE, Taylor BC, Berman-Booty LD, Guild KJ, Du Y, Yost EA, Gruber AD, May MJ, Greten FR et al. (2007) Epithelial-Cell-Intrinsic IKK-Beta Expression Regulates Intestinal Immune Homeostasis. Nature 446, 552–556

15 Infektiologie

Clarissa Prazeres da Costa

15.1 Einleitung

In den letzten 20 Jahren sind neue, uns bisher unbekannte wie auch bekannte Infektionskrankheiten (wieder) aufgetaucht und haben sich weltweit verbreitet. Neue Infektionskrankheiten tauchen auf, wenn Erreger ihre ökologische Nische (Reservoir) beispielsweise in (Wild-)Tieren verlassen, sich also ihr geografisches Verbreitungsgebiet (Biotop) verändert und sie eine „adaptive Emergenz" (genetische Veränderung) durchlaufen. Dies führt dazu, dass diese Erreger die Fähigkeit erlangen, Menschen zu infizieren und möglicherweise von Mensch zu Mensch übertragen zu werden. Genau dies hat zur HIV-Pandemie geführt, und dies erleben wir mutmaßlich mit der COVID-19-Pandemie. Infektionserkrankungen sind weltweit die zweithäufigste Todesursache. Diejenigen, die durch sogenannte Vektoren oder aufgrund starker Mensch-Tier-Interaktion übertragen werden (Zoonosen), sind besonders durch klimatische Bedingungen beeinflusst. Diese Umweltfaktoren beeinflussen Infektionserkrankungen des Menschen auf eine komplexe Art und Weise. Zentrale Akteure sind dabei Mensch-Tier-Umwelt:

1. Akteur Mensch: Häufigere Hitzetage können die Immunabwehr schwächen, was besonders in stark alternden Gesellschaften problematisch ist. Im Alter nimmt die Aktivität sowohl der zellulären als auch der humoralen Immunabwehr ab, und macht Menschen anfälliger für Infektionserkrankungen sowie weniger reaktiv auf Impfstoffe (Immunseneszenz). Weiterhin ändert sich klimabedingt das soziale Verhalten der Menschen, entweder hin zu verstärkten Outdoor- (Freizeit) oder Indoor-Aktivitäten (Freizeit, Beruf) oder allgemeiner Reduktion körperlicher Aktivität.

2. **Akteur Tiere:** Klimabedingt können sich Reservoir-Tierpopulationen verändern, beispielsweise massiv anwachsen und damit Übertragungswahrscheinlichkeiten erhöhen oder in neue Gebiete immigrieren und damit Infektionskrankheiten einschleppen.
3. **Akteur Umwelt:** klimatische Veränderungen von Temperatur und Feuchtigkeit beispielsweise durch Anstieg der Meeresspiegel und Überschwemmungen können die Ansiedlung, Vermehrung und Verbreitung von Erregern direkt beeinflussen oder indirekt, indem sie die Grundlage für die Vermehrung krankheitsübertragender Vektoren schaffen. So führen hohe Temperaturen zu starker Verdunstung und Austrocknung bereits verdichteter Böden, die im Falle von Starkregenereignissen bzw. starken Niederschlägen nur wenig Wasser aufnehmen können und damit Überschwemmungen begünstigen. Feuchte Stellen sind geeignete Brutstätten für Vektoren wie Mücken, und Brackwasser kann Algenwachstum fördern und damit von Algen produzierte Toxine, die über die Nahrungsmittelkette zu Vergiftungen führen können.

15.2 Klima, Infektionskrankheiten und Übertragungswege

Bei der Betrachtung des Zusammenhangs zwischen Klimawandel und Infektionserregern stehen vor allem die Übertragungswege als Schlüsselereignisse der Mensch-Tier-Umwelt-Interaktion im Vordergrund, und aus infektiologischer Perspektive ist der Beitrag des Immunsystems als zentrale Schaltstelle der Erregerabwehr und -elimination zu diskutieren. Erstaunlicherweise ist der direkte Einfluss von Temperaturveränderungen auf die Funktionalität des Immunsystems kaum krankheitsspezifisch untersucht. Die bisherige wissenschaftliche Evidenz beschränkt sich auf experimentelle Tiermodelle und hat bisher keine kohärente Datengrundlage geschaffen (Moriyama u. Ichinohe 2019).

15.2.1 Übertragungswege von Infektionskrankheiten

Im Folgenden werden mögliche Auswirkungen des Klimawandels auf die verschiedenen Übertragungswege von Infektionskrankheiten konkreter für einzelne Erkrankungen dargestellt. Pathogene werden entweder direkt – beispielsweise inhalativ, oral (Trinkwasser, Nahrungsmittel), perkutan, transplazentar – oder indirekt durch sogenannte Vektoren übertragen. Dabei ist der Mensch nicht immer der einzige Wirt, sondern infiziert sich mit Keimen aus der Umwelt oder solchen, die ihr Reservoir im Tierreich haben (sogenannte Zoonosen).

Aerogen übertragene Infektionen, Kontakt- und Schmierinfektion

Tuberkulose

Die Tuberkulose (Mycobacterium tuberculosis) ist eine der wichtigsten aerogen übertragenen Infektionserkrankungen und noch vor HIV/AIDS die häufigste infektionsbedingte Todesursache, unter anderem aufgrund der Zunahme von Antibiotikaresistenzen. In Deutschland sank zwar die Gesamtzahl der Fälle im Jahr 2019 im Vergleich zu den beiden Vorjahren, allerdings stieg in den letzten zehn Jahren der Anteil der

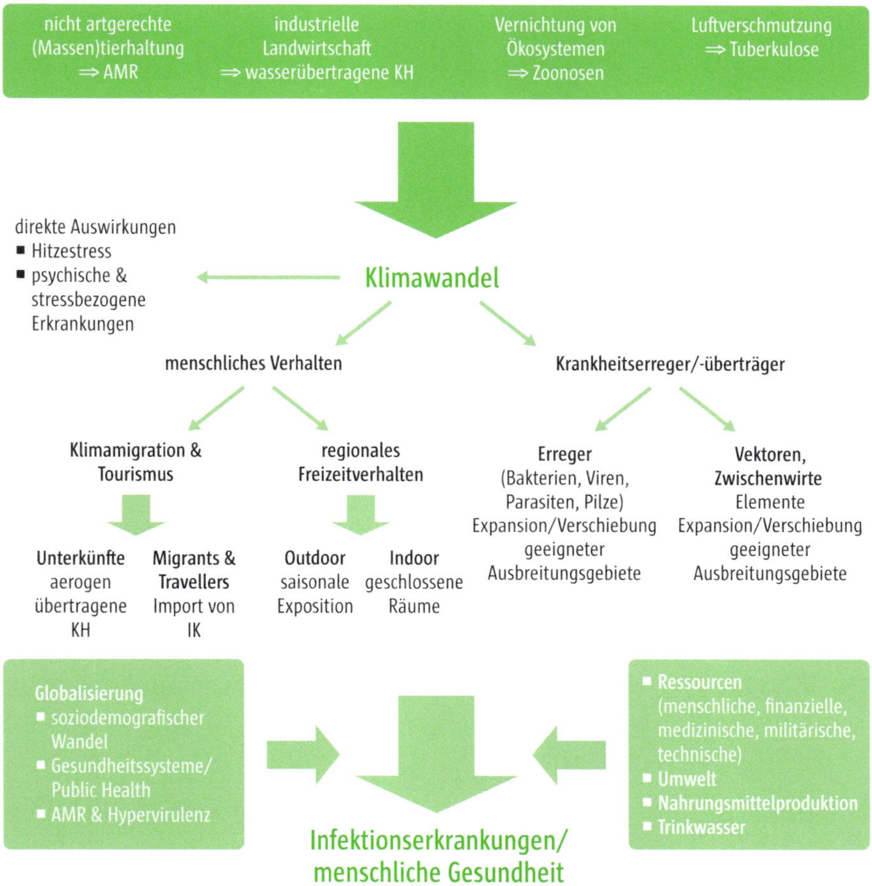

Abb. 1 Klimawandel, Infektionserkrankungen und menschliche Gesundheit (AMR = Antimikrobielle Resistenzen; KH = Krankheiten; IK = Infektionskrankheiten)

an Tuberkulose Erkrankten, die aus den WHO Regionen Afrika (v.a. Eritrea und Somalia) und Östliches Mittelmeer stammten, auf knapp 75% an. Studien aus den USA und China weisen auch auf einen Zusammenhang zwischen verschiedenen partikulären Luftschadstoffen und dem Auftreten von Tuberkuloseinfektionen vor allem in urbanen Ballungszentren, in denen fast 75% der Weltbevölkerung lebt, hin.

Hantavirus

Das Virus wird über Exkremente kleiner Nagetiere ausgeschieden und der Mensch infiziert sich durch Inhalation virushaltiger Aerosole beispielsweise bei Freizeitaktivitäten oder Arbeiten im ländlichen Bereich. Wärmere Winter und zunehmende Feuchtigkeit begünstigen Brutbedingungen der Nager (in Deutschland der Rötelmäuse) und das Vordringen des Hantavirus in nördliche Bereiche. Die meisten Verläufe sind asymptomatisch oder gehen mit unspezifischen, grippeähnlichen Symptomen einher, selten entwickelt sich ein hämorrhagisches Fieber mit renalem Syndrom (HFRS).

COVID-19 und andere respiratorische Viren

SARS-CoV2 Viren bevorzugen wie viele klassische Erkältungsviren kühle und trockene Luft und werden durch Aerosole, seltener durch Tröpfchen oder eventuell über Schmierinfektionen übertragen. Wenn sich Menschen durch erhöhte Außentemperaturen verstärkt in klimatisierten Innenräumen ohne Frischluftzufuhr aufhalten, können höhere Personendichte, geringere Durchlüftung sowie kühle und trockene Luft, die das Virus stabilisiert, das Infektionsrisiko erhöhen und die Ausbreitung erleichtern (Umweltbundesamt 2020a).

Candida auris und endemische Mykosen

Der Hefepilz C. auris, der gegen die meisten Antipilzmittel resistent ist, wurde 2009 als Erreger einer Otomykose in Japan identifiziert und trat kurze Zeit später auf drei verschiedenen Kontinenten als Verursacher schwerer, vor allem nosokomialer Infektionen bei Menschen auf. Experten diskutieren dieses Ereignis im Zusammenhang mit der globalen Erwärmung: Pilze wie auch Bakterien und Parasiten, die bisher aufgrund der durchweg hohen Körpertemperatur des Menschen (Endo- und Homöothermie) nicht gefährlich wurden, könnten nach Hitzetoleranz selektiert werden und dadurch in endothermen Wirten wie dem Menschen besser überleben (Casadevall 2020). Ausweitungen der endemischen Regionen und Erkrankungsausbrüche von endemischen Mykosen (z.B. Histoplasmose, Kryptokokkose) wie nach extremen Wetterbedingungen wurden bisher vor allem in den USA beobachtet (Pecl et al. 2017).

Leptospiren

Leptospiren (gramnegative Bakterien) sind Verursacher der Leptospirose, einer Zoonose, die durch Kontakt mit von Nagerurin kontaminiertem Wasser oder durch Umgang mit infizierten Nutztieren vor allem in der wärmeren Jahreszeit übertragen werden. Das klinische Bild reicht von grippeähnlichen Symptomen bis zu septischen Verläufen mit Todesfolge. Häufungen beobachtet man nach Überschwemmungen durch verunreinigtes Flusswasser („Erntefieber“, „Schlammfieber“, Morbus Weil). Warme Temperaturen und konstante Feuchtigkeit (Seen, Flüsse, feuchter Boden) fördern das Überleben der sehr umweltresistenten Bakterien (RKI 2020).

> *Prognostisch werden vor allem zoonotische Infektionen wie die Leptospirose zunehmen, da Fäkalien von Wild- und Nutztieren vermehrt in Flüsse gewaschen werden und sich der unterirdische Wasserfluss durch Dürren verändert.*

Bioaerosole durch Wildfeuer

Durch Wildfeuer scheinen sich Pilzen und Bakterien als sogenannte Bioaerosole (v.a. in USA, Brasilien und Australien) zu verbreiten. Sie überleben im Rauch („pyrogenic carbon“), da Wasserdampf und Feinstaub eine Lebensgrundlage bildet und sie vor UV-Strahlung abgeschirmt werden (Kobziar u. Thompson 2020). Tatsächlich kommt es in einigen Wildfeuergebieten verstärkt zu pulmonalen Mykosen (z.B. Aspergillose).

Lebensmittel- und wasserübertragene Krankheiten

Durch Lebensmittel übertragene Erkrankungen stellen eine erhebliche Belastung vor allem in LMIC dar. Auch in nördlichen Breitengraden kommt es regelmäßig zu Ausbrüchen mit Campylobacter jejuni, Salmonellen und pathogenen Escherichia coli. Bei Letzterem kam es 2011 aufgrund kontaminierter Sojasprossen aus Ägypten zu einem großen Ausbruch in Deutschland mit zum Teil Entwicklung eines hämolytisch-urämischen Syndroms. Dies zeigt, dass Klimawandel-Ereignisse in den nahrungsmittelproduzierenden Ländern durch den globalen Handel direkt Einfluss auch auf unsere Gesundheit nehmen können. Durch Überschwemmungen werden zudem organisches Material sowie Erreger, die von herkömmlichen Indikatoren für fäkale Verunreinigungen nicht angezeigt werden, in Flüsse gewaschen.

Vor allem in mediterranen Ländern werden zunehmende Überflutungen das Überlaufen der Kanalisation und damit die Verteilung von Fäkalkeimen begünstigen (Funari et al. 2012; Umweltbundesamt 2020b).

Campylobacter jejuni

C. jejuni ist der häufigste bakterielle Erreger einer meist selbstlimitierenden Gastroenteritis, vor allem durch Verzehr von Geflügel, seltener Rohmilch, kontaminiertes Trinkwasser oder Baden in kontaminierten Gewässern. Sie tritt gehäuft in der warmen Jahreszeit auf, vor allem nach stärkeren Niederschlägen (Kuhn et al. 2020). Im Norden Europas wird eine Verdopplung der Inzidenzraten bis 2100 erwartet, unter anderem weil längere Warmzeiten zur Zunahme von Fliegenpopulationen als Überträger in Geflügelmastbetrieben führen (Smith et al. 2019). Auch hier spielen zu erwartende Überflutungen eine Rolle, da sie durch Überlaufen der Kanalisation die Verteilung der Keime in die Umgebung begünstigen (Funari et al. 2012; Umweltbundesamt 2020b).

Vibrionen inklusive Cholera

Vibrionen sind gramnegative Bakterien, von denen V. cholerae die Cholera verursacht. Bei den Nicht-Cholera-Vibrionen führt V. vulnificus zu schweren Wundinfektionen und Gastroenteritiden, V. parahaemolyticus zu meeresfrüchteassoziierter akuter Gastroenteritis, mit septischen Verläufen bei Immunsupprimierten. Non-Cholera Vibrionen leben in salzhaltigem Wasser und gelten als „mikrobieller Barometer des Klimawandels“ (Baker-Austin et al. 2017). Die „Vibrio-Saison“ an den Küsten verlängert sich mit wärmeren Herbsttemperaturen und Überschwemmungen an den Küsten bieten gute Vermehrungsgrundlagen und begünstigen damit Mensch-Vibrionen-Interaktionen. Im Sommer 2014 wurden 89 Infektionen in Schweden und Finnland gemeldet (Froelich u. Daines 2020). Auch die Inzidenz von Cholera ist stark von klimatischen Umweltfaktoren beeinflusst. Zu Ausbrüchen kommt es vor allem in Küstenregionen v.a. von Bangladesch, Indien, Jemen, jedoch ist aufgrund guter sanitärer Verhältnisse nicht mit größeren Ausbrüchen in Europa zu rechnen.

Schistosomiasis (Bilharziose)

Die Bilharziose ist eine durch Schistosomen (Saugwürmer) hervorgerufene chronische Parasitose, die in den tropischen und subtropischen Regionen vor allem Subsahara-Afrikas endemisch ist. Je nach Erregerspezies sind entweder Darm und Leber (Schistosoma mansoni, S. japonicum) oder die ableitenden Harnwege und die Blase (S. haematobium) betroffen, wobei es vor allem zu fibrotischen Veränderungen (z.B. Leberzirrhose) oder sogar zum Blasenkarzinom kommen kann. Sie wird über Zerkarien (Schwimmlarven), die aus infizierten Süßwasserschnecken austreten, übertragen und rückt in Gebiete vor, die zuvor zu niedrige Temperaturen für eine Übertragung aufwiesen. Im Zeitraum von 2013 bis 2017 kam es zu 127 Fällen von Blasenbilharziose vor allem bei Touristen, die zuvor im südlichen Korsika in einem Flusslauf gebadet hatten. Eingeschleppt wurde dieser Parasit höchstwahrscheinlich durch Migration (Senegal).

> *Durch zunehmende Migration und Erwärmung können sich Erkrankungen aus den Tropen und Subtropen in Europa etablieren (De Leo et al. 2020).*

Cyanotoxine und andere Giftstoffe

Brackwasser fördert bei höherer Umgebungstemperatur und verstärkter Sonneneinstrahlung das Wachstum toxinproduzierender Blaualgen- und Dinoflagellaten (Pluskota et al. 2007; Werner u. Kampen 2015). Im Wattenmeer treten immer wieder höhere Zelldichten potenziell toxischer Dinophysis-Arten auf, und ihr Gift verursacht Durchfall und Erbrechen (DSP: diarrhetic shellfish poisoning). Weltweit ist Ciguatera eine der häufigsten Fischvergiftungen, verursacht durch das farb-, geruchs- und geschmackslose Ciguatoxin, ein hitzestabiles Stoffwechselprodukt von Mikroalgen, die Nahrungsgrundlage von kleinen Fischen sind. Spanien und Portugal melden seit 2008 Fälle, Deutschland seit 2012.

Vektorübertragene Krankheiten

Die wichtigste vektorübertragene Parasitose ist Malaria (Plasmodium spp.), mit weltweit fast 500.000 Todesfällen pro Jahr, davon mehr als 90% in Subsahara-Afrika, vor allem bei Kindern unter fünf Jahren. Trockenlegungen von Sumpfgebieten als natürliches Habitat des Vektors (Anopheles spp.) sowie gut funktionierende Gesundheitssysteme haben zur Kontrolle dieser Erkrankung in Europa geführt. Gleichwohl sind Anopheles-Mücken noch immer von Südschweden bis Portugal verbreitet und es kommt in einigen Regionen des Mittelmeerraums immer wieder zu kleineren Ausbrüchen (2016 Italien, 2017 Frankreich). Griechenland erlebt seit 2011 rezidivierend Ausbrüche durch Einschleppung der Malaria von Wanderarbeitskräften (Landwirtschaft), ein Beispiel für sozioökonomische Risikofaktoren für Infektionserkrankungen (Semenza u. Suk 2018). Im Jahr 2019 waren in Deutschland alle 993 gemeldeten Fälle importiert, zum großen Teil aus Subsahara-Afrika und zu 85% mit Plasmodium falciparum. Daher gilt: „Jedes Fieber eines Reiserückkehrers ist malariaverdächtig".

Mücken & Sandmücken

1979 wurde die Asiatische Tigermücke (Aedes albopictus) als effizienter Überträger von mehr als 20 pathogenen Viren und Dirofilarien (Herzwurmerkrankung des Hundes) mithilfe des internationalen Gebrauchtreifenhandels nach Albanien eingeschleppt und hast sich seither in mehr als 20 Ländern Europas angesiedelt, in Deutschland vor allem im oberrheinischen Graben, einer besonders geeigneten Brutstätte (steigende Temperaturen und Rheinnähe) (Pluskota et al. 2007; Werner u. Kampen 2015).

> *Globalisierung und Klimawandel befördern die weltweite Verteilung von Vektoren (Buth et al. 2015).*

West-Nil-Virus (WNV): Das Reservoir dieses Virus sind Stechmücken und Vögel. Menschen und Pferde erkranken, geben aber die Erkrankung nicht weiter (Fehlwirte). 20% der Fälle sind symptomatisch, vor allem mit Fieber, selten schwer mit neuroinvasivem Krankheitsbild und Letalität. Erstmals trat das Virus 1999 im Westen der USA auf und verbreitet sich seitdem in Europa. Temperaturanomalien, Feuchtgebiete und Standorte unter Zugvogelrouten sowie WNV in den Vorjahren stehen mit neuen Fällen in Zusammenhang (Tran et al. 2014). Das Virus kann in Deutschland überwintern und in 2020 erfolgten in Deutschland 70 Nachweise bei Zootieren, Wildvögeln und Pferden, v.a. in östlichen Bundesländern. Impfstoffe sind für Pferde zugelassen, nicht für Menschen (Bakonyi u. Haussig 2020).

Dengue- und Chikungunya-Virus: Dengue gilt weltweit als die häufigste von Mücken übertragene Viruserkrankung mit bis zu 400 Millionen Infektionen jährlich (Lillepold et al. 2019). Die Symptome reichen von leichten Beschwerden bis zu grippeähnlichen Symptomen mit hohem Fieber. Selten kommt es zu schweren Verläufen mit Blutungen (Dengue-hämorrhagisches Fieber). Übertragen werden Dengue-Viren von der Gelbfiebermücke (Aedes aegypti) als globalem Hauptvektor, der Menschen als Wirte bevorzugt. Zunehmend verbreitet sich auch die Asiatische Tigermücke (Aedes albopictus) in der nördlichen Hemisphäre. Diese ist adaptionsfähiger, ihre Eier überwintern und sie lebt von einer großen Wirtsvielfalt. 2010 wurde erstmals eine lokale Übertragung in Frankreich und Kroatien gemeldet und 2012 kam es zu einem Dengue-Ausbruch auf den Madeira-Inseln. Autochthone Fälle werden nun fast jährlich in vielen europäischen Ländern beobachtet. Chikungunya ist eine meist milde verlaufende fieberhafte Virusinfektion, die ebenfalls durch die Gelbfieber- oder Tigermücke übertragen wird und weltweit zunimmt. Das Virus hat sich über den indischen Kontinent auf weite Teile Asiens und Süd- und Mittelamerikas verbreitet. In Italien kam es 2007 und 2017 zu Ausbrüchen: Auslöser war in einem Fall ein eingereister und erkrankter Inder. Dieses Beispiel zeigt, wie internationale Reisetätigkeit die Eintragung in Gebiete, in denen sich zuvor ein permissiver Vektor ausgebreitet hat, ermöglicht (Rezza et al. 2007).

Leishmaniose: Die Leishmaniose ist vor allem in den Tropen und Subtropen verbreitet, aber auch im Mittelmeerraum endemisch. Diese Parasitose wird durch Schmetterlingsmücken übertragen, wobei Hunde das Hauptreservoir darstellen. Sie verursacht narbig abheilende Hautgeschwüre oder eine viszerale (systemische) Leishmaniose mit teils hohem Fieber, Anämie und Splenomegalie. Problematisch ist dies bei Patienten mit Immunsuppression. Einschleppungen durch Urlauber aus Italien und Spanien sind nicht selten und transplazentare Übertragungen sind berichtet. Da Temperatur und relative Luftfeuchtigkeit Überleben und Reproduktionsrate der Mücken beeinflussen, wird der Klimawandel ihren Lebensraum nach Zentraleuropa ausweiten (Semenza u. Suk 2018).

Zecken-übertragene Erkrankungen

Zecken-übertragene Infektionserkrankungen sind vor allem in Nordeuropa diejenigen, die am stärksten durch den Klimawandel zunehmen. Mildere Winter/warme Frühlinge führen zu früh suchenden Zecken. Die Verbreitung hat sich in den letzten Jahren verändert, wobei Ixodes ricinus beispielsweise in Bosnien-Herzegowina nun auch in höheren Lagen gefunden wird. Diese Zeckenart überträgt die virale Frühsommer-Meningoenzephalitis (FSME) und bakterielle Borreliose und kann unter verschiedensten klimatischen Bedingungen überleben. Hauptwirte sind vor allem kleine Nager, die Klimawandel-bedingt ihren Lebensraum nach Norden erweitern. Modellierungen legen nahe, dass Ixodes ricinus bis 2071–2100 in ganz Norwegen und Schweden verbreitet sein wird (Ostfeld u. Brunner 2015).

Die neu eingewanderte Tropische Riesenzecke (Hyalomma) stammt aus Asien, Afrika sowie Südosteuropa (Risikofaktor: Kontakt zu Nutztieren), wo es immer wieder zu Ausbrüchen des Krim-Kongo-hämorrhagischen Fiebers (CCHF-Virus) kommt. Dieses wird durch infizierte Hyalomma und durch direkten Kontakt mit Blut oder auch Aerosolen von Mensch zu Mensch übertragen. Das CCHF-Virus wurde 2016 erstmalig autochthon in Spanien übertragen (ECDC o.D.). Seit 2018 werden Hyalomma in Deutschland gefunden.

15.2.2 Klimamigration und Infektionskrankheiten

Migranten und Reisende vor allem aus den tropischen bzw. subtropischen Ländern bringen Infektionserkrankungen mit sich, die in Europa sehr selten sind oder (auch) gar nicht vorkommen. Kenntnisse der Migranten- und Tropenmedizin gewinnen deshalb zunehmend an Relevanz. Vor allem der Migrationsprozess selbst macht Migranten und Flüchtlinge anfälliger für übertragbare Erkrankungen. Prekäre Lebensbedingungen auf der Reise oder im Aufnahmeland fördern die Verbreitung von Infektionskrankheiten oder Aufflammen der Erkrankung (z.B. Tuberkulose). Entgegen der allgemein verbreiteten Meinung, infizieren sich Migranten und Flüchtlinge oft erst nach ihrer Ankunft (WHO 2019).

Klimabedingte Flucht wird laut UNHCR definitiv zunehmen, und daher gilt es, die Gesundheit von Migranten besser zu verstehen und zu fördern.

15.2.3 Antimikrobielle Resistenzen

Antimikrobielle Resistenzen (AMR) bzw. Infektionen mit resistenten Bakterien sind ein wichtiges infektiologisches Zukunftsthema und eine Bedrohung globalen Ausmaßes, hauptsächlich getriggert durch massiven Antibiotikaeinsatz bei Mensch und Tier. 80% des weltweiten Einsatzes erfolgt im Nutztierbereich. Daher müssen Nutztierbestände als Treiber des Klimawandels und mit ihnen die Aufrechterhaltung von Tiergesundheit immer mit in Betracht gezogen werden. Die Treiber von AMR sind multifaktoriell. O'Neill et al. (2016) prognostizieren eine „postantibiotische Ära", in der Antibiotika keine Therapieoption mehr darstellen und so könnten AMR im Jahr 2050 jährlich 10 Millionen Menschen das Leben kosten. Temperaturanstieg und Zunahme der Bevölkerungsdichte könnten zudem zur Verbreitung von Resistenzen beitragen (MacFadden et al. 2018).

15.3 Handlungsempfehlungen/Ausblick

Lebenszyklen und Übertragung vieler infektiöser Erreger sind untrennbar mit dem Klima verbunden, und somit betreffen uns in einer globalisierten Welt letztlich auch diejenigen Infektionserkrankungen, die nicht in Europa endemisch sind. Die Klimaerwärmung hat in den letzten Jahrzehnten zu teilweise profunden und komplexen Veränderungen der Prävalenz und des Schweregrads von Infektionserkrankungen geführt. Noch ist nicht absehbar, dass diese Entwicklung in nächster Zeit unterbrochen wird, wenn nicht zügig systemische, sozioökonomische Veränderungen durch die Politik eingeleitet werden. So werden zunächst bekannte Infektionskrankheiten einerseits und noch nicht entdeckte andererseits mit großer Wahrscheinlichkeit in den nächsten Jahrzehnten zunehmen.

Es gilt, Infektionsprävention auf verschiedenen Ebenen zu betreiben, von der konsequenten Aufklärung der Politik und Gesellschaft und an den Universitäten über die Auswirkungen des Klimawandels auf Infektionserkrankungen bis zur vorausschauenden und nachhaltigen Investition in die folgenden Bereiche:

1. Surveillance, Epidemiologie und Public Health Maßnahmen,
2. Entwicklung neuer antimikrobieller Substanzen und Vakzine,
3. Forschung im Bereich der Mechanismen mikrobieller Pathogenese unter dem Einfluss von Klimawandel.

Danksagung

Herzlich bedanken möchte ich mich bei Philipp Patzelt für die enorme Unterstützung, vor allem bei der Literaturrecherche und der Umsetzung dieses Kapitels.

Literatur

Baker-Austin C, Trinanes J, Gonzalez-Escalona N, Martinez-Urtaza J (2017) Non-Cholera Vibrios: The Microbial Barometer of Climate Change. Trends Microbiol 25(1), 76–84. DOI: 10.1016/j.tim.2016.09.008

Bakonyi T, Haussig JM (2020) West Nile Virus Keeps on Moving Up in Europe. Eurosurveillance 25(46), DOI: 10.2807/1560-7917.Es.2020.25.46.2001938

Buth M, Kahlenborn W, Savelsberg J, Becker N, Bubeck P et al. (2015) Vulnerabilität Deutschlands gegenüber dem Klimawandel. Bd. 24. Umweltbundesamt Dessau-Roßlau

Casadevall A (2020) Climate Change Brings the Specter of New Infectious Diseases. J Clin Investig 130(2), 553–555. DOI: 10.1172/JCI135003

De Leo GA, Stensgaard AS, Sokolow SH, N'Goran EK, Chamberlin AJ, Yang GJ, Utzinger J (2020) Schistosomiasis and Climate Change. BMJ 371. DOI: 10.1136/bmj.m4324

European Centre for Disease Prevention and Control (ECDC) (o.D.) Factsheet about Crimean-Congo Haemorrhagic Fever. European Centre for Disease Prevention and Control Solna. URL: https://www.ecdc.europa.eu/en/crimean-congo-haemorrhagic-fever/facts/factsheet (abgerufen am 25.06.2021)

Froelich BA, Daines DA (2020) In Hot Water: Effects of Climate Change on Vibrio-Human Interactions. Environ Microbiol 22(10), 4101–4111. DOI: 10.1111/1462-2920.14967

Funari E, Manganelli M, Sinisi L (2012) Impact of Climate Change on Waterborne Diseases. Ann Ist Super Sanita 48(4), 473–487. DOI: 10.4415/ann_12_04_13

Kuhn KG, Nygård KM, Guzman-Herrador B, Sunde LS, Rimhanen-Finne R et al. (2020) Campylobacter Infections Expected to Increase Due to Climate Change in Northern Europe. Scientific Reports 10(1). DOI: 10.1038/s41598-020-70593-y

Lillepold K, Rocklöv J, Liu-Helmersson J, Sewe M, Semenza JC (2019) More Arboviral Disease Outbreaks in Continental Europe Due to the Warming Climate? J Travel Med 26(5). DOI: 10.1093/jtm/taz017

MacFadden DR, McGough SF, Fisman D, Santillana M, Brownstein JS (2018) Antibiotic Resistance Increases with Local Temperature. Nat Clim Chang 8(6), 510–514. DOI: 10.1038/s41558-018-0161-6

Moriyama M, Ichinohe T (2019) High Ambient Temperature Dampens Adaptive Immune Responses to Influenza A Virus Infection. PNAS 116(8), 3118. DOI: 10.1073/pnas.1815029116

O'Neill J, Abdullahi M, Anderson J, Balasegeram M, Barder O, Borriello P, Boucher H, Woodford N (2016) Tackling Drug-Resistant Infections Globally: Final Report and Recommendations. URL: https://amr-review.org/sites/default/files/160518_Final%20paper_with%20cover.pdf (abgerufen am 25.06.2021)

Ostfeld RS, Brunner JL (2015) Climate Change and Ixodes Tick-Borne Diseases of Humans. Philos Trans R Soc Lond B Biol Sci 370(1665). DOI: 10.1098/rstb.2014.0051

Pecl Gt, Araújo MB, Bell JD, Blanchard J, Bonebrake TC et al. (2017) Biodiversity Redistribution under Climate Change: Impacts on Ecosystems and Human Well-Being. Science 355(6332). DOI: 10.1126/science.aai9214

Pluskota B, Storch V, Braunbeck T, Beck M, Becker N (2007) First Record of Stegomyia Albopicta (Skuse) (Diptera: Culicidae) in Germany. Eur Mosq Bull 26, 1–5

Rezza G, Nicoletti L, Angelini R, Romi R, Finarelli AC et al. (2007) Infection with Chikungunya Virus in Italy: An Outbreak in a Temperate Region. Lancet 370(9602), 1840–1846. DOI: 10.1016/s0140-6736(07)61779-6

Robert Koch Institut (RKI) (2020) Infektionsepideiologisches Jahrbuch meldepflichtiger Krankheiten für 2019. URL: https://www.rki.de/DE/Content/Infekt/Jahrbuch/jahrbuch_node.html (abgerufen am 25.06.2021)

Semenza JC, Suk JE (2018) Vector-Borne Diseases and Climate Change: A European Perspective. FEMS Microbiol Lett 365(2). DOI: 10.1093/femsle/fnx244

Smith BA, Meadows S, Meyers R, Parmley EJ, Fazil A (2019) Seasonality and Zoonotic Foodborne Pathogens in Canada: Relationships between Climate and Campylobacter, E. Coli and Salmonella in Meat Products. Epidemiol Infect 147. DOI: 10.1017/s0950268819000797

Umweltbundesamt (2020a) Coronaviren und Umwelt. Umweltbundesamt Dessau-Roßlau. URL: https://www.umweltbundesamt.de/coronaviren-umwelt (abgerufen am 25.06.2021)

Umweltbundesamt (2020b) Klimafolgen: Handlungsfeld Wasser, Hochwasser- und Küstenschutz. Umweltbundesamt Dessau-Roßlau. URL: https://www.umweltbundesamt.de/themen/klima-energie/klimafolgen-anpassung/folgen-des-klimawandels/klimafolgen-deutschland/klimafolgen-handlungsfeld-wasser-hochwasser#wasserverfugbarkeit- (abgerufen am 25.06.2021)

Werner D, Kampen H (2015) Aedes Albopictus Breeding in Southern Germany, 2014. Parasitol Res 114(3), 831–834. DOI: 10.1007/s00436-014-4244-7

World Health Organization (WHO) (2019) Erster Bericht der WHO über die Gesundheit vertriebener Personen in der Europäischen Region verdeutlicht: Migranten und Flüchtlinge tragen höheres Krankheitsrisiko als Bevölkerung der Aufnahmeländer. World Health Organization Genf. URL: https://www.euro.who.int/de/media-centre/sections/press-releases/2019/migrants-and-refugees-at-higher-risk-of-developing-ill-health-than-host-populations-reveals-first-ever-who-report-on-the-health-of-displaced-people-in-europe (abgerufen am 25.06.2021)

16 Integrative Medizin

Tobias Esch

Trotz enormer Erfolge bei der Bekämpfung vieler Infektionskrankheiten und in der Akutmedizin sind in den letzten Jahrzehnten die Limitationen der konventionellen Medizin offensichtlich geworden. Ihr auf einem pathogenetischen Verständnis basierender Ansatz kann den aktuellen Herausforderungen – der Versorgung einer wachsenden Weltbevölkerung wie auch der Zunahme an chronischen Erkrankungen – nicht mehr gerecht werden. Er ist zudem energieintensiv und kostenaufwändig. In den letzten Jahrzehnten hat sich die Medizin deshalb auch in Richtung einer ressourcenorientierten Integrativen Medizin (IM) entwickelt. Sie schont individuelle wie planetare Ressourcen, aktiviert und stärkt die Verantwortlichkeit – als Selbstfürsorge wie auch als wachsendes Bewusstsein für den notwendigen Schutz der Lebensgrundlagen.

16.1 Moderne Konzepte von Gesundheit und Krankheit

In der ersten Hälfte des 19. Jahrhunderts wurde die Medizin maßgeblich von der Annahme geprägt, dass jeder Krankheit eine Veränderung des organischen Substrats durch innere Bedingungen (z.B. genetische Codes) oder äußere Einwirkungen (Infektionen oder chemische-physikalische Einflüsse) zugrunde liegt. Der menschliche Körper wird als kybernetisches System gesehen, dessen Soll- und Ist-Werte miteinander abgeglichen und mithilfe von biomedizinischen Maßnahmen in Einklang gebracht werden sollen. Störungen müssen jeweils beseitigt werden, damit keine Krankheiten entstehen bzw. Gesundheit wiederhergestellt werden kann.

Bei dieser pathogenetischen Betrachtungsweise ist die Festlegung der Grenze zwischen „normalen" und „pathologischen Werten" jedoch problematisch, da die Dichotomisierung zwischen „gesund" und „krank" zu einem Reduktionismus des menschlichen Lebens führt. Auch werden zunehmend Referenzwerte für „gesunde" Merkmale (systolische Blutdruckwerte, Plasma-Lipidwerte etc.) weit außerhalb ihrer Normalverteilung definiert, was große Gruppen der Bevölkerung automatisch – per definitionem – zu „Kranken" macht.

In der zweiten Hälfte des 20. Jahrhunderts haben sich andere Gesundheitsmodelle entwickelt, die den Begriff der Gesundheit und nicht der Krankheit in den Mittelpunkt stellen (Franke 2012; Esch 2017). Diese „salutogenetischen Modelle" sind für die Entwicklung der Integrativen Medizin (IM) von größter Bedeutung (Brinkhaus u. Esch 2021). Der Begründer der Salutogenese, der Medizinsoziologe Aaron Antonovsky (Antonovsky 1996), stellt die Lehre bzw. Erforschung von Faktoren und Prozessen, die die Gesundheit erhalten und fördern, bewusst dem Begriff der Pathogenese gegenüber– der Lehre bzw. Erforschung von Faktoren und Prozessen, die die Krankheit erzeugen oder verlängern. Er weist darauf hin, dass beide in einer komplementären Beziehung stehen. Diese Annahme ist für die IM zentral.

Gesundheit und Krankheit bilden aus der salutogenetischen Perspektive zwei Pole eines Kontinuums, wobei die Gesundheit im Fokus steht und durch die Stärkung von Schutzfaktoren und Widerstandsressourcen wie auch die Minderung von Belastungen (Stressoren) aktiv unterstützt wird.

Analog hat sich auch das Resilienz-Modell etabliert, das die körperliche und psychische bzw. seelische Widerstandsfähigkeit des Menschen beschreibt. Dieser kann auf schwere Lebensereignisse reagieren und sich krankmachenden Prozessen entgegenzustellen (Ludolph et al. 2019; Esch 2020). Die Resilienzforschung sucht ebenfalls nach Faktoren, die dazu führen, dass der Mensch sich auf dem Gesundheit-Krankheits-Kontinuum im Bereich des Gesunden aufhält. Wie die Salutogenese (oder auch die Positive Psychologie) zielt es auf die Stärkung der Selbstheilungs- und Gesundheitspotenziale des Individuums ab (Esch 2002; Esch 2014; Esch 2017; Esch 2020). Gesundheit, Resilienz und Salutogenese sind, das ist entscheidend, keine rein psychologischen oder mentalen Phänomene, sondern im Wesen und in ihrer Umsetzung und Konsequenz immer auch körperlich (Esch 2020; Esch u. Esch 2021).

Das salutogenetische Modell und vergleichbare Ansätze führen letztlich zu der dringlich erwarteten Paradigmenerweiterung in der Medizin und den Gesundheitswissenschaften: Ressourcenorientiertes Denken adressiert das Selbsthilfe- und Selbstheilungspotenzial des Patienten (Esch 2018). So lautet auch eine aktuelle Definition der IM (vgl. Esch u. Brinkhaus 2020):

> **Die Integrative Medizin** „bekräftigt die Bedeutung der Beziehung zwischen Arzt und Patient, zielt auf die ganze Person ab, wird durch Evidenz informiert und bedient sich aller geeigneten therapeutischen, präventiven, gesundheitsfördernden oder Lifestyle-Ansätze, Fachkräfte und Disziplinen des Gesundheitswesens, um eine optimale Gesundheit und Heilung zu erreichen – Kunst und Wissenschaft des Heilens gleichermaßen hervorhebend. Sie basiert auf einer sozialen und demokratischen sowie natürlichen und gesunden Umwelt."

16.2 Integrative Medizin und Mind-Body-Medizin

Zentraler Teil der IM ist auch die Mind-Body-Medizin (MBM), wie sie vor allem in den USA geläufiger Bestandteil der primären Gesundheitsversorgung geworden ist. Als Oberbegriff einer Vielzahl von wirksamen Ansätzen im Kontext einer individuellen bzw. patientenzentrierten Gesundheitsfürsorge ist sie konzeptionell und praktisch anschlussfähig zu vielen aktuellen Strömungen und Disziplinen in der praktischen Medizin wie in Therapie- und Grundlagenforschung (Dobos et al. 2006; Esch et al. 2018; Esch 2020). Sie ergänzt die bis dahin vorrangig somatisch orientierte allgemeine Medizin um verhaltens- und lebensstilorientierte Aspekte im Sinne einer professionellen Stärkung von Selbsthilfe- und Selbstheilungskompetenzen. Im Rahmen von Planetary Health kann sie eine wertvolle Unterstützung sein.

Im Unterschied zur psychosomatischen Medizin ist der Einsatz der MBM nicht an eine (Psycho-)Pathologie oder das Vorliegen einer spezifischen psychosomatischen Störung gekoppelt. MBM-Techniken können zwar auch störungsspezifisch und indikationsbezogen eingesetzt werden. Im Gegensatz zur (tiefenpsychologischen) Psychotherapie aber ist das primäre Ziel nicht die Aufdeckung und Klärung eines (intra-) psychischen Konfliktes o.ä., auch werden in der Regel keine psychodynamischen Erklärungen für ein Verhalten gesucht, das als defizitär eingeordnet wird (Paul u. Altner 2019). MBM-Interventionen zielen stattdessen auf die Entwicklung gesundheitsfördernder Haltungen und Verhaltensweisen im Alltag ab.

16.3 Das BERN-Prinzip einer ressourcenorientierten Medizin

Die MBM knüpft an der allgemeinen Idee der Selbstwirksamkeit und ihrer gezielten Trainierbarkeit an. Häufig wird auch von der Auto- oder Selbstregulation gesprochen (Esch 2014).

Als MBM-Methoden sind Interventionsstrategien etabliert, die dem sog. „*BERN-Prinzip*" folgen – dieses sind Maßnahmen, die entweder auf das Verhalten (*Behavior*), insbesondere das kognitive Denkverhalten (Handlungsbewusstsein), und/oder die Bewegungs- (*Exercise*) bzw. Entspannungspotenziale (*Relaxation*) und/oder eine gesunde Ernährung (*Nutrition*) abzielen (vgl. Esch u. Esch 2015).

Das BERN-Prinzip

- B: Behavior
- E: Exercise
- R: Relaxation
- N: Nutrition

BERN ist kein definiertes Programm, sondern beschreibt als Akronym den Bezugs- und Handlungsrahmen, das „Framework", der verschiedenen Mind-Body-Interventionen. Wichtiger Bestandteil dieses multifaktoriellen Ansatzes sind auch soziale Unterstützung (i.d.R. als Teil der Verhaltenssäule aufgefasst) sowie Spiritualität, Glaube und Meditations- bzw. Achtsamkeitstechniken (i.d.R. als Teil der Entspannungssäule).

16.4 Integrative Medizin: Nachhaltigkeit und planetare Gesundheit

Im präventiven und gesundheitsfördernden Ansatz der Integrativen Medizin kommt dem selbstverantwortlichen und aktiven Patienten sowie dem empathischen und an einem partizipativen Dialog interessierten Behandelnden (Ärzt:in, Therapeut:in sowie anderen Gesundheitsberufen) besondere Bedeutung zu. Dieses auf Wandel gerichtete Handeln hat transformatives Potenzial – auch für soziale, politische und ökologische Veränderungen. Die Planetare Gesundheit wird nun als erweiterter Bezugsrahmen stärker Berücksichtigung finden (Brinkhaus u. Esch 2021). Die Ressourcen nicht nur im Gesundheitswesen sind endlich – sie müssen beachtet und geschont werden.

Literatur

Antonovsky A (1996) The Salutogenic Model as a Theory to Guide Health Promotion. Health Promot Internat 11, 11–18

Brinkhaus B, Esch T (Hrsg) (2021) Integrative Medizin und Gesundheit. Medizinisch Wissenschaftliche Verlagsgesellschaft Berlin

Dobos G, Altner N, Lange S, Musial F, Langhorst J, Michalsen A, Paul A (2006) Mind-Body Medicine als Bestandteil der Integrativen Medizin. Bundesgesundheitsblatt 49, 723–728

Esch T (2002) Gesund im Stress: Der Wandel des Stresskonzeptes und seine Bedeutung für Prävention, Gesundheit und Lebensstil. Gesundheitswesen 64, 73–81

Esch T (2014) Selbstregulation: Selbstheilung als Teil der Medizin. Ein medizinisch-kultureller Blick auf die moderne Autoregulationsforschung. Dtsch Arztebl 111, A2214–2220

Esch T, Esch SM (2015) Stressbewältigung. Mind-Body-Medizin, Achtsamkeit, Selbstfürsorge. 2. Aufl. Medizinisch Wissenschaftliche Verlagsgesellschaft Berlin

Esch T (2017) Die Neurobiologie des Glücks – Wie die Positive Psychologie die Medizin verändert. 3. Aufl. Thieme Stuttgart

Esch T (2018) Der Selbstheilungscode: Die Neurobiologie von Gesundheit und Zufriedenheit. Goldmann Verlag

Esch T, Kream RM, Stefano GB (2018) Chromosomal Processes in Mind-Body Medicine: Chronic Stress, Cell Aging, and Telomere Length. Med Sci Monit Basic Res 24, 134–140

Esch T (2020) Der Nutzen von Selbstheilungspotenzialen in der professionellen Gesundheitsfürsorge am Beispiel der Mind-Body-Medizin. Bundesgesundheitsblatt 63, 577–585

Esch T, Brinkhaus B (2020) Neue Definitionen der Integrativen Medizin: Alter Wein in neuen Schläuchen? Complementary Medicine Research 27, 69–71

Esch T, Esch SM (2021) Stressbewältigung. Mind-Body-Medizin, Achtsamkeit, Resilienz. 3. Aufl. Medizinisch Wissenschaftliche Verlagsgesellschaft Berlin

Franke A (2012) Modelle von Gesundheit und Krankheit. Hogrefe AG

Laux G, Kühlein T, Gutscher A, Szecsenyi J (Hrsg) (2010) Versorgungsforschung in der Hausarztpraxis. Ergebnisse aus dem CONTENT-Projekt 2006–2009. Springer München

Ludolph P, Kunzler A, Stoffers-Winterling J, Helmreich I, Lieb K (2019) Interventions to Promote Resilience in Cancer Patients. Dtsch Arztebl Int 116, 865–872

Paul A, Altner N (2019) Grundlagen der Mind-Body-Medizin: Historische Entwicklung und moderne Perspektiven. In: Dobos G, Paul A (Hrsg). Mind-Body-Medizin. 2. Aufl. Elsevier München

WHO (2006) Constitution of the World Health Organization. URL: https://www.who.int/governance/eb/who_constitution_en.pdf (abgerufen am 12.08.2021)

17 Kardiologie

Thomas Münzel und Omar Hahad

„Eines Tages wird der Mensch den Lärm ebenso unerbittlich bekämpfen müssen wie die Pest und die Cholera", waren die Worte des Nobelpreisträgers Robert Koch aus dem Jahre 1910. In den letzten Jahrzehnten konnte eine Verschiebung des Krankheitsspektrums beobachtet werden, sodass heute vor allem nicht übertragbare, häufig chronische Erkrankungen wie Herz-Kreislauf-Erkrankungen einen großen Teil der globalen Krankheitslast ausmachen, wie die **Global Burden of Disease** (GBD) Studie verdeutlicht (Lim et al. 2012). Das folgende Kapitel fokussiert sich auf die Beteiligung der Umweltstressoren Verkehrslärm und Luftverschmutzung bei der Entstehung von Herz-Kreislauf-Erkrankungen (Munzel et al. 2017a, 2017b). Immer mehr klinische Studien zeigen, dass Verkehrslärmexposition mit erhöhter kardiovaskulärer Morbidität und Mortalität assoziiert ist (Munzel et al. 2014, 2021a; Babisch 2011; Heritier et al. 2018). Gemäß den neuesten Leitlinien der Weltgesundheitsorganisation (WHO), erhöht sich das kombinierte relative Risiko einer Herzkrankheit um 8% pro 10 dB(A) (Dezibel, dB[A]) zusätzlicher Lärmbelastung (Kempen et al. 2018). Die WHO gibt weiter an, dass in Westeuropa jährlich verkehrslärmbedingt ein Verlust von über einer Million gesunder Lebensjahre resultiert, vor allem durch Schlafstörungen und Lärmbelästigung (Basner et al. 2014; WHO 2012) (s. Abb. 1A). Ähnliches gilt für den Umweltrisikofaktor Luftverschmutzung. Die GBD ergab, dass die Außenluftverschmutzung durch Feinstaub (Partikelgröße < 2,5 µm; $PM_{2,5}$) den fünftwichtigsten Risikofaktor für die globale Sterblichkeit im Jahr 2015 darstellt (Cohen et al. 2017). Zudem war Feinstaub für jährlich 4,2 Millionen Todesfälle weltweit verantwortlich, wobei der Anteil der Todesfälle durch Herz-Kreislauf-Erkrankungen stetig zunimmt (s. Abb. 1B) (Cohen et al. 2017) und 2015 mit 2,43 Millionen pro Jahr beziffert wurde (Munzel et al. 2018a).

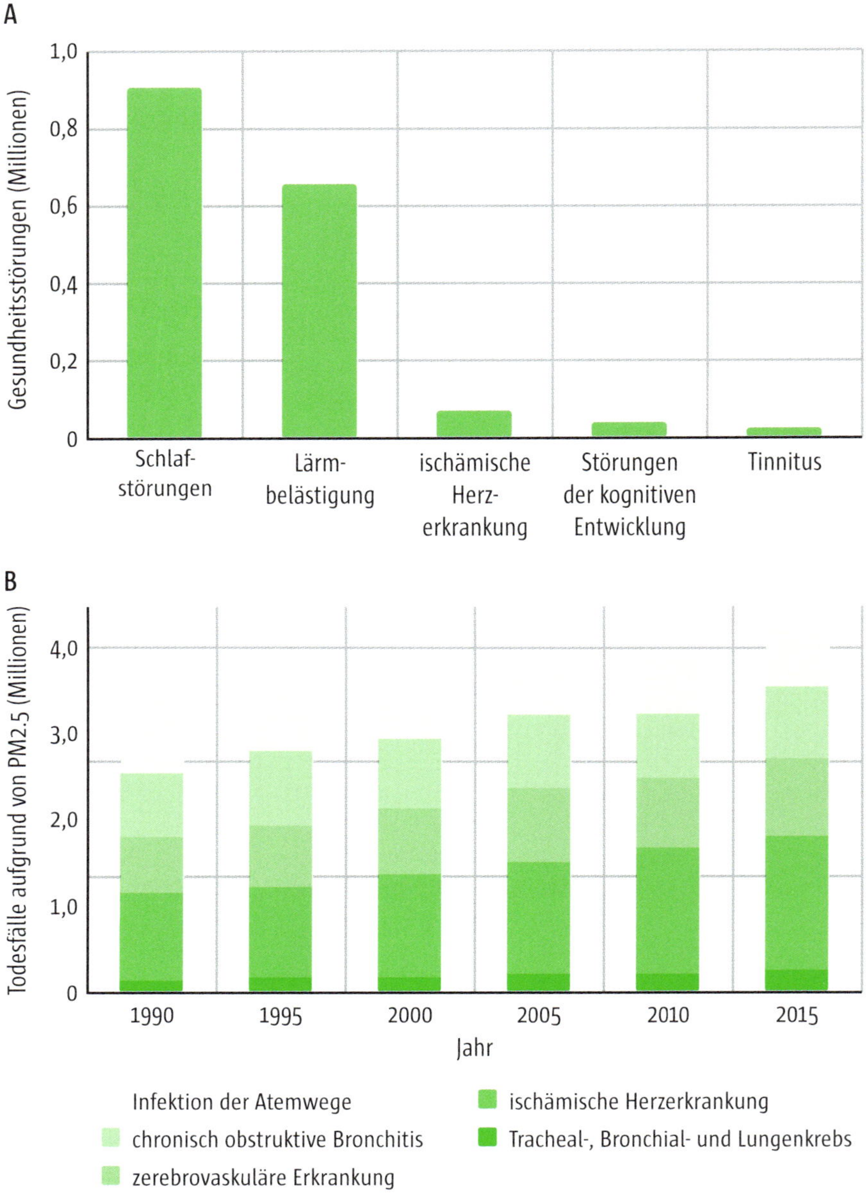

Abb. 1 **Gesundheitseffekte von Lärm und Luftverschmutzung. (A)** Verlust von gesunden Lebensjahren (DALYs) durch Umgebungslärm (Basner et al. 2014; WHO 2012). **(B)** Feinstaubbedingte Todesfälle pro Jahr aufgeteilt nach Ursachen (Munzel et al. 2018a) auf Basis von Daten aus Cohen et al. 2017. Creative Commons Attribution License (CC BY, https://creativecommons.org/licenses/by/4.0/).

17.1 Lärm und Luftschadstoffe: Komponenten und Quellen

Lärm verursacht unerwünschte Effekte durch direkte, auditive Wirkungen wie z.B. Verlust des Hörvermögens bei extrem lauten Geräuschen (> 95) oder indirekt durch Auslösung einer Belästigungsreaktion (im englischen Annoyance) (Munzel et al. 2018b), z.B. durch Störung der Nachtruhe, der Konzentration und Kommunikation (Munzel et al. 2018c). Der Einfluss von Lärm auf physiologische Funktionen und psychische Prozesse hängt von seinen Eigenschaften, Intensität und Natur ab. Lärmbelästigung entsteht in den meisten städtischen Umgebungen durch Verkehr (Flugzeug, Auto, Eisenbahn), kann aber auch von Lautsprechern, Sirenen, Autohupen und Maschinen aus der Industrie stammen (Beutel et al. 2016). Mittlere Lärmpegel von > 55 dB(A) gehen nach einer Definition der WHO mit einer deutlichen Erhöhung des Risikos für Herz-Kreislauf-Erkrankungen einher (Kempen et al. 2018), wobei rund ein Drittel der europäischen Bevölkerung dauerhaft höheren Schallpegeln als 55 dB(A) ausgesetzt ist (WHO, http://www.euro.who.int/en/health-topics/environment-and-health/noise/data-and-statistics)

Luftverschmutzung resultiert aus der komplexen Interaktion von verschiedenen Emissionen und chemischen Reaktionen. Aus gesundheitlicher Sicht sind die wichtigsten Bestandteile die gasförmigen Schadstoffe wie Ozon (O_3), Stickstoffdioxid (NO_2), flüchtige organische Verbindungen (einschließlich Benzol), Kohlenmonoxid (CO), Schwefel (SO_2), Kohlendioxid (CO_2) sowie feste Bestandteile wie der Feinstaub (Munzel et al. 2018a). Feinstaub besteht aus Partikeln aus einer Vielzahl von Quellen, die sich in Größe und Zusammensetzung unterscheiden. Partikel werden nach ihrer Größe klassifiziert: grobe Partikel (Durchmesser < 10 und ≥ 2,5 µm), feine Partikel (Durchmesser < 2,5 und ≥ 0,1 µm), und Ultrafeine Partikel (< 0,1 µm). Grundsätzlich sind kleinere Partikel mit einer erhöhten kardiovaskulären Toxizität verbunden, da kleinere Partikel leichter die Lungen durchdringen können und damit auch leichter in die Blutbahn gelangen (Brook et al. 2010) und hier den atherosklerotischen Prozess (Prozess der Gefäßverkalkung) initiieren bzw. dessen Fortschreiten fördern (Sun et al. 2005).

17.2 Epidemiologische Evidenz zum Zusammenhang zwischen Lärm, Luftverschmutzung und Herz-Kreislauf-Erkrankungen

In Bezug auf den Lärm konnte nachgewiesen werden, dass Verkehrslärm zu einer signifikanten Zunahme von koronaren Herzerkrankungen führt (Vienneau et al. 2015; Babisch 2014). Weitere Kohortenstudien mit umfassender Kontrolle für Störvariablen wie Luftverschmutzung, den sozioökonomischen Status und Einflüsse durch den Lebensstil konnten einen signifikanten Zusammenhang zwischen Straßenverkehrslärm und dem Auftreten von koronaren Herzerkrankungen bzw. Herzinfarkt bestätigen (Roswall et al. 2017; Selander et al. 2009a). Dabei erhöht Straßenverkehrslärm das Risiko einer inzidenten koronaren Herzerkrankung um 8% und das Risiko für die Entwicklung eines Schlagfanfalls um 14% pro Zunahme von 10 dB(A) (Sorensen et al. 2011). Eine weitere groß angelegte Studie mit Einschluss von 3,6 Millionen Bewohnern rund um den Flughafen London Heathrow zeigte, dass Fluglärm tagsüber (7–23 Uhr) und in den Nachstunden (23–7 Uhr) dosisabhängig mit zunehmender Hospitalisierung durch Schlaganfall assoziiert war, wobei ein höheres Hospitalisierungsrisiko für den Nachtfluglärm als für den Tagfluglärm bestand (Hansell et al. 2013). Die NORAH-Studie (Noise-Related Annoyance, Cognition, and Health) zeigte anhand einer Untersuchung von 1.026.658 Bewohnern des Rhein-Main-Gebietes, dass Verkehrslärm mit einem erhöhten Risiko für Herzinsuffizienz oder hypertensiver Herzkrankheit einhergeht (Seidler et al. 2016a, 2016b). Zusammenfassend kann festgehalten werden, dass insbesondere eine zu kurze Nacht bzw. eine häufige Fragmentierung des Schlafs mit nachfolgender Störung der zirkadianen Rhythmik einen der wichtigsten Risikofaktoren für die Entstehung von Herz-Kreislauf-Erkrankungen darstellt (Munzel et al. 2020).

In Bezug auf die **Luftverschmutzung** liefert die Literatur überzeugende Hinweise, dass eine erhöhte Luftverschmutzung zu einer deutlichen Steigerung der kardiovaskulären Gesamtmortalität führt. Ein Anstieg um 10 µg/m3 von $PM_{2,5}$ ist mit einer Zunahme von 6% (95% Konfidenzintervall: 4–8%) der Gesamtmortalität und von 11% (95% Konfidenzintervall: 5–16%) der kardiovaskulären Mortalität assoziiert (Cesaroni et al. 2014). Die meisten Luftschadstoffe ($PM_{2,5}$, NO_2, CO und SO_2) mit Ausnahme von O_3 sind mit einer kurzfristigen Zunahme (1–5%) des Risikos für einen akuten Herzinfarkt assoziiert (Mustafic et al. 2012). Eine kurzfristige Exposition mit Straßenverkehr wurde als Auslöser für einen Herzinfarkt ermittelt (Peters et al. 2004). Luftverschmutzung führt ebenfalls zu einer vermehrten Ausprägung von Herz-Kreislauf-Risikofaktoren wie Bluthochdruck, Insulinresistenz, Diabetes mellitus und Übergewicht (Rajagopalan et al. 2018). Exemplarisch war in einer großen Kohorte von Nicht-Hypertonikern eine Steigerung um 10 µg/m3 von $PM_{2,5}$ mit einer erhöhten Inzidenz für die Entwicklung eines Bluthochdruckes und einer Erhöhung des Blutdrucks um 1–3 mmHg assoziiert (Rajagopalan et al. 2018).

17.3 Pathophysiologie von Lärm und Luftverschmutzung

Die indirekte Lärmwirkung ist verbunden mit mentalen Stressreaktionen als Folge von anhaltenden Störungen von Schlaf, Kommunikation und Leistung, die zur Lärmbelästigung führen (Babisch 2002, 2003; Selander et al. 2009b). Die Stressreaktion ist charakterisiert durch eine erhöhte Sympathikusaktivität bzw. erhöhte Stresshormonspiegel. Diese kann dann innerhalb sehr kurzer Zeitspannen zu Gefäßfunktionsstörungen (endotheliale Dysfunktion) führen. So konnten wir in zwei Feldstudien mit simuliertem Nachtfluglärm nachweisen, dass 30–60 Überflüge pro Nacht mit maximalen Schallpegeln von 60 dB(A) und mittleren Schallpegeln von 43 bzw. 46 dB(A) die Gefäßfunktion negativ beeinflussen. Diese Expositionsprotokolle führten bei gesunden Probanden innerhalb von einer Nacht dosisabhängig zu einer endothelialen Dysfunktion (gemessen anhand der flussabhängigen Dilatation) (Schmidt et al. 2013). Die endotheliale Dysfunktion konnte durch die Akutgabe von Vitamin C (p.o.) korrigiert werden, was auf erhöhten oxidativen Stress in der Gefäßwand hindeutet. Eine anschließende Studie bei Patienten mit einer bestehenden koronaren Herzerkrankung ergab, dass Nachtfluglärm (60 Überflüge/Nacht) zu einer deutlich stärkeren Beeinträchtigung der Gefäßfunktion führte als bei den gesunden Probanden und daneben mit der Entwicklung eines Bluthochdrucks und einer deutlichen Verschlechterung der Schlafqualität verbunden war (Schmidt et al. 2015). Passend hierzu, beobachteten Saucy und Mitarbeiter zwei Stunden nach einem Nachtfluglärmereignis erhöhte Risiken für plötzliche Todesfälle bedingt durch Herz-Kreislauf-Erkrankungen, die möglicherweise auf Plaquerupturen zurückzuführen sind (Munzel et al. 2021b).

In Bezug auf die Auswirkungen von Luftverschmutzung, hier in erster Linie Feinstaub, wurden die meisten Daten von den Arbeitsgruppen von David Newby, Robert Brook bzw. Sanjay Rajagopalan erhoben. Brook und Mitarbeiter konnten nachweisen, dass Luft, die eine hohe Konzentrationen an Feinstaub enthält, zu einer Konstriktion von arteriellen Leitungsgefäßen führt, vermutlich aufgrund einer verminderten NO Bioverfügbarkeit in den Gefäßen durch Erhöhung des oxidativen Stresses (Brook et al. 2002). Eine Arbeitsgruppe von Newby konnte zudem anhand von unterschiedlich großen inhalierten Goldpartikeln nachweisen, dass vor allem die kleinsten Partikel zu den stärksten Gefäßveränderungen führten (Miller et al. 2017). Für das pathophysiologische Konzept von Feinstaub und Gefäßerkrankungen bedeutet dies, dass insbesondere der Ultrafeinstaub die Lunge schnell durchdringen und in die Gefäße eindringen kann, um dort Entzündungsprozesse hervorzurufen, die den Prozess der Atherosklerose initiieren bzw. beschleunigen (Miller et al. 2017).

17.4 Neubewertung der Gesundheitsrisiken von Luftverschmutzung

Ein Wissenschaftlerteam des Max-Planck-Instituts Mainz und des Zentrums für Kardiologie der Universitätsmedizin Mainz konnte anhand eines aktualisierten Schätzmodells feststellen, dass allein in Europa jährlich knapp 800.000 Menschen an den Folgen von Luftverschmutzung sterben (Lelieveld et al. 2019). Zudem verringert sich die durchschnittliche Lebenserwartung der Europäer um 2,2 Jahre (Lelieveld et al. 2019). In mindestens der Hälfte der Fälle sind koronare Herzerkrankungen die Todesursache. Unter den EU-28 Staaten nimmt Deutschland mit 155 Todesfällen pro 100.000 Einwohner eine Spitzenstellung ein. Anhand von Daten der Global Burden of Disease (GBD) ging man bis vor Kurzem von einer globalen Sterblichkeit durch Luftverschmutzung von rund 4,5 Millionen Menschen pro Jahr aus. In der Neuberechnung kommen die Forscherteams auf eine globale Sterberate von knapp 8,8 Millionen (Lelieveld et al. 2019). Im Vergleich dazu geht die WHO von einer Mortalitätsrate durch Tabakkonsum von 7,2 Millionen Menschen pro Jahr aus (inklusive Passivrauchen). Neuere Daten der Arbeitsgruppe um A. Pozzer und J. Lelieveld belegen, dass eine hohe Luftverschmutzung signifikant zu einer erhöhten Mortalität im Rahmen von COVID-19-Infektionen beiträgt (Pozzer et al. 2020).

Zusammenfassend bedeutet dies, dass die Forschung in diesem Bereich deutlich intensiviert werden muss und die Grenzwerte für Feinstaub drastisch reduziert werden müssen.

Die Ergebnisse der Studie zeigten außerdem, dass der Europäische Grenzwert für Feinstaub, der für den Jahresdurchschnitt bei 25 Mikrogramm pro Kubikmeter Luft liegt, viel zu hoch ist. Er liegt damit weit über der Richtlinie der WHO von 10 Mikrogramm pro Kubikmeter.

Da der überwiegende Teil von Feinstaub und anderen Luftschadstoffen aus der Verbrennung fossiler Brennstoffe stammt, muss man einen Ersatz fossiler Energieträger zur Energiegewinnung fördern. Wenn saubere, erneuerbare Energien eingesetzt werden, werden nicht nur die in Paris getroffenen Vereinbarungen zur Eindämmung der Folgen des Klimawandels eingehalten, sondern gleichzeitig auch die von Luftverschmutzung verursachte Sterberate in Europa um mehr als die Hälfte verringert werden. Zudem müssen die individuellen Maßnahmen, um die Folgen von Luftverschmutzung abzuschwächen, deutlich intensiviert werden (s. Abb. 2) (Rajagopalan et al. 2020).

Abb. 2 Reduktion der persönlichen Exposition durch Hilfsmittel und Änderung des Verhaltens.

- *Epidemiologische Studien zeigen, dass Verkehrslärm und die Luftverschmutzung das Risiko für Herz-Kreislauf-Erkrankungen wie* koronare Herzerkrankungen, Schlaganfall, Herzinfarkt, Herzrhythmusstörungen *erhöhen.*
- *Dauerhafter Lärm und Luftverschmutzung lösen* Stressreaktionen *aus, die eine Aktivierung des autonomen und endokrinen Systems bewirken, sodass per se eine vermehrte Ausbildung von Herz-Kreislauf-Risikofaktoren in Gang gesetzt wird.*
- *In Bezug auf die Prozesse, die zu Gefäßschäden führen, ist besonders der* nächtliche Verkehrslärm *zu berücksichtigen, der die vermehrte Bildung freier Radikale und auch Entzündungsreaktionen in den Gefäßen (sowie im Gehirn) fördert und die langfristig zu einer verstärkten Verkalkung der Gefäße und zu einem Bluthochdruck führen.*
- *In Bezug auf die Luftverschmutzung ist* Feinstaub *in der Größe 2,5 µm am stärksten gesundheitsschädigend durch eine Verursachung von zusätzlichen Sterbefällen allein in Europa von 800.000. Knapp 50% davon werden ausgelöst durch Herz-Kreislauf-Erkrankungen wie chronisch koronare Herzerkrankung, Herzinfarkt, Bluthochdruck, Diabetes und Schlaganfall.*
- Transportlärm und Luftverschmutzung *sind somit bedeutsame Risikofaktoren für die Entstehung von Herz-Kreislauf-Erkrankungen, die nicht*

von Patienten bzw. Ärzten behandelt werden können, sondern nur von Politikern durch eine Festlegung von tolerierbaren Grenzwerten für Lärm und Feinstaub.

Literatur

Babisch W (2002) The Noise/Stress Concept, Risk Assessment and Research Needs. Noise Health 4(16), 1–11

Babisch W (2003) Stress Hormones in the Research on Cardiovascular Effects of Noise. Noise Health 5(18), 1–11

Babisch W (2011) Cardiovascular Effects of Noise. Noise Health 13(52), 201–4

Babisch W (2014) Updated Exposure-Response Relationship Between Road Traffic Noise and Coronary Heart Diseases: A Meta-Analysis. Noise Health 16(68), 1–9

Basner M, Babisch W, Davis A, Brink M, Clark C, Janssen S (2014) Auditory and Non-Auditory Effects of Noise on Health. Lancet 383(9925), 1325–32

Beutel ME, Junger C, Klein EM, Wild P, Lackner K, Blettner M (2016) Noise Annoyance Is Associated with Depression and Anxiety in the General Population – The Contribution of Aircraft Noise. PloS one 11(5), e0155357

Brook RD, Brook JR, Urch B, Vincent R, Rajagopalan S, Silverman F (2002) Inhalation of Fine Particulate Air Pollution and Ozone Causes Acute Arterial Vasoconstriction in Healthy Adults. Circulation 105(13), 1534–6

Brook RD, Rajagopalan S, Pope CA, 3rd, Brook JR, Bhatnagar A, Diez-Roux AV (2010) Particulate Matter Air Pollution and Cardiovascular Disease: An Update to the Scientific Statement from the American Heart Association. Circulation 121(21), 2331–78

Cesaroni G, Forastiere F, Stafoggia M, Andersen ZJ, Badaloni C, Beelen R (2014) Long Term Exposure to Ambient Air Pollution and Incidence of Acute Coronary Events: Prospective Cohort Study and Meta-Analysis in 11 European Cohorts from the ESCAPE Project. BMJ 348, f7412

Cohen AJ, Brauer M, Burnett R, Anderson HR, Frostad J, Estep K (2017) Estimates and 25-Year Trends of the Global Burden of Disease Attributable to Ambient Air Pollution: An Analysis of Data from the Global Burden of Diseases Study 2015. Lancet 389(10082), 1907–18

Hansell AL, Blangiardo M, Fortunato L, Floud S, de Hoogh K, Fecht D (2013) Aircraft Noise and Cardiovascular Disease near Heathrow Airport in London: Small Area Study. BMJ 347, f5432

Heritier H, Vienneau D, Foraster M, Eze IC, Schaffner E, Thiesse L (2018) Diurnal Variability of Transportation Noise Exposure and Cardiovascular Mortality: A Nationwide Cohort Study from Switzerland. Int J Hyg Environ Health 221(3), 556–63

Kempen EV, Casas M, Pershagen G, Foraster M (2018) WHO Environmental Noise Guidelines for the European Region: A Systematic Review on Environmental Noise and Cardiovascular and Metabolic Effects: A Summary. Int J Environ Res Public Health 15(2), 379

Lelieveld J, Klingmuller K, Pozzer A, Poschl U, Fnais M, Daiber A (2019) Cardiovascular Disease Burden from Ambient Air Pollution in Europe Reassessed Using Novel Hazard Ratio Functions. European Heart Journal 40(20), 1590–6

Lim SS, Vos T, Flaxman AD, Danaei G, Shibuya K, Adair-Rohani H (2012) A Comparative Risk Assessment of Burden of Disease and Injury Attributable to 67 Risk Factors and Risk Factor Clusters in 21 Regions, 1990–2010: A Systematic Analysis for the Global Burden of Disease Study 2010. Lancet 380(9859), 2224–60

Miller MR, Raftis JB, Langrish JP, McLean SG, Samutrtai P, Connell SP (2017) Inhaled Nanoparticles Accumulate at Sites of Vascular Disease. ACS Nano 11(5), 4542–52

Munzel T, Gori T, Babisch W, Basner M (2014) Cardiovascular Effects of Environmental Noise Exposure. European Heart Journal 35(13), 829–36

Munzel T, Sorensen M, Gori T, Schmidt FP, Rao X et al. (2017a) Environmental Stressors and Cardio-Metabolic Disease: Part I – Epidemiologic Evidence Supporting A Role for Noise and Air Pollution and Effects of Mitigation Strategies. European Heart Journal 8(8), 550–6

Munzel T, Sorensen M, Gori T, Schmidt FP, Rao X et al. (2017b) Environmental Stressors and Cardio-Metabolic Disease: Part II – Mechanistic Insights. European Heart Journal 38(8), 557–64

Munzel T, Gori T, Al-Kindi S, Deanfield J, Lelieveld J, Daiber A (2018a) Effects of Gaseous and Solid Constituents of Air Pollution on Endothelial Function. European Heart Journal 39(38), 3543–50

Munzel T, Sorensen M, Schmidt F, Schmidt E, Steven S, Kroller-Schon S (2018b) The Adverse Effects of Environmental Noise Exposure on Oxidative Stress and Cardiovascular Risk. Antioxid Redox Signal 28(9), 873–908

Munzel T, Schmidt FP, Steven S, Herzog J, Daiber A, Sorensen M (2018c) Environmental Noise and the Cardiovascular System. J Am Coll Cardiol 71(6), 688–97

Munzel T, Kroller-Schon S, Oelze M, Gori T, Schmidt FP, Steven S (2020) Adverse Cardiovascular Effects of Traffic Noise with a Focus on Nighttime Noise and the New WHO Noise Guidelines. Annu Rev Public Health 41, 309–28

Munzel T, Sørensen M, Daiber A (2021a) Transportation Noise Pollution and Cardiovascular Disease. Nat Rev Cardiol. DOI: 10.1038/s41569-021-00532-5

Munzel T, Steven S, Hahad O, Daiber A (2021b) Noise and Cardiovascular Risk: Nighttime Aircraft Noise Acutely Triggers Cardiovascular Death. European Heart Journal 42(8), 844–6

Mustafic H, Jabre P, Caussin C, Murad MH, Escolano S, Tafflet M (2012) Main Air Pollutants and Myocardial Infarction: A Systematic Review and Meta-Analysis. JAMA 307(7), 713–21

Peters A, von Klot S, Heier M, Trentinaglia I, Hormann A, Wichmann HE (2004) Exposure to Traffic and the Onset of Myocardial Infarction. N Engl J Med 351(17), 1721–30

Pozzer A, Dominici F, Haines A, Witt C, Munzel T, Lelieveld J (2020) Regional and Global Contributions of Air Pollution to Risk of Death from COVID-19. Cardiovasc Res 116(14), 2247–53

Rajagopalan S, Al-Kindi SG, Brook RD (2018) Air Pollution and Cardiovascular Disease: JACC State-of-the-Art Review. J Am Coll Cardiol 72(17), 2054–70

Rajagopalan S, Brauer M, Bhatnagar A, Bhatt DL, Brook JR, Huang W (2020) Personal-Level Protective Actions Against Particulate Matter Air Pollution Exposure: A Scientific Statement From the American Heart Association. Circulation 142(23), e411–e31

Roswall N, Raaschou-Nielsen O, Ketzel M, Gammelmark A, Overvad K, Olsen A (2017) Long-Term Residential Road Traffic Noise and NO_2 Exposure in Relation to Risk of Incident Myocardial Infarction – A Danish Cohort Study. Environmental Research 156, 80–6

Schmidt F, Kolle K, Kreuder K, Schnorbus B, Wild P, Hechtner M (2015) Nighttime Aircraft Noise Impairs Endothelial Function and Increases Blood Pressure in Patients with or at High Risk for Coronary Artery Disease. Clinical Research in Cardiology: Official Journal of the German Cardiac Society 104(1), 23–30

Schmidt FP, Basner M, Kroger G, Weck S, Schnorbus B, Muttray A (2013) Effect of Nighttime Aircraft Noise Exposure on Endothelial Function and Stress Hormone Release in Healthy Adults. European Heart Journal 34(45), 3508–14a

Seidler A, Wagner M, Schubert M, Droge P, Pons-Kuhnemann J, Swart E (2016a) Myocardial Infarction Risk Due to Aircraft, Road, and Rail Traffic Noise. Dtsch Ärztebl Int 113(24), 407–14

Seidler A, Wagner M, Schubert M, Droge P, Romer K, Pons-Kuhnemann J (2016b) Aircraft, Road and Railway Traffic Noise as Risk Factors for Heart Failure and Hypertensive Heart Disease – A Case-Control Study Based on Secondary Data. Int J Hyg Environ Health 219(8), 749–58

Selander J, Nilsson ME, Bluhm G, Rosenlund M, Lindqvist M, Nise G (2009a) Long-Term Exposure to Road Traffic Noise and Myocardial Infarction. Epidemiology 20(2), 272–9

Selander J, Bluhm G, Theorell T, Pershagen G, Babisch W, Seiffert I (2009b) Saliva Cortisol and Exposure to Aircraft Noise in six European Countries. Environ Health Perspect 117(11), 1713–7

Sorensen M, Hvidberg M, Andersen ZJ, Nordsborg RB, Lillelund KG, Jakobsen J (2011) Road Traffic Noise and Stroke: A Prospective Cohort Study. European Heart Journal 32(6), 737–44

Sun Q, Wang A, Jin X, Natanzon A, Duquaine D, Brook RD (2005) Long-Term Air Pollution Exposure and Acceleration of Atherosclerosis and Vascular Inflammation in an Animal Model. JAMA 294(23), 3003–10

Vienneau D, Schindler C, Perez L, Probst-Hensch N, Roosli M (2015) The Relationship Between Transportation Noise Exposure and Ischemic Heart Disease: A Meta-analysis. Environmental Research 138, 372–80

WHO (2012) WHO and JRC Release New Guidance to Calculate the Impact of Noise on People's Health in Europe. URL: https://www.euro.who.int/en/health-topics/environment-and-health/noise/news/news/2012/12/who-and-jrc-release-new-guidance-to-calculate-the-impact-of-noise-on-peoples-health-in-europe

18 Katastrophenmedizin

Stefan Gromer, Christine Karg, Hanjo Lorenz und Johannes Samuel Schad

18.1 Einführung

Unter dem Begriff der Katastrophenmedizin werden alle medizinischen Maßnahmen subsumiert, welche sich an Patient:innen und Betroffene im Rahmen einer Katastrophe richten. Dabei kann die Katastrophe als ein Geschehen unterschiedlich definiert werden, je nach Ausmaß und Örtlichkeit, als Gefährdung oder Schädigung von Gesundheit oder Leben einer Vielzahl von Menschen, oder Zerstörung der natürlichen Lebensgrundlagen oder von bedeutenden Sachwerten. Das Ausmaß ist dabei so ungewöhnlich, dass vorrübergehend die bestehenden Ressourcen und Coping-Mechanismen residenter Strukturen überlastet werden.

Dazu bedarf es hierzulande formell nicht a priori einer medizinischen Einschätzung, sondern der behördlichen Feststellung einer Katastrophe durch einen/eine Landrät:in oder Oberbürgermeister:in, sodass die im Katastrophenschutz mitwirkenden Behörden, Organisationen und Einrichtungen unter Leitung der Katastrophenschutzbehörde zur Gefahrenabwehr tätig werden. Es kann zu einem temporären Ausfall der hierzulande weitgehend optimalen individual-medizinischen Versorgung kommen. In der Konsequenz kann eine nur deutlich bescheidenere medizinische Basisbehandlung gewährleistet werden. Auch kann dabei die sogenannte Triage zum Einsatz kommen. Das dahinterstehende Grundprinzip ist das im Englischen formulierte utilitaristische Prinzip „to do the best for the most“. Letztliches Ziel der Katastrophenmedizin ist die schnellstmögliche Beendigung dieses Ausnahmezustandes und Wiederherstellung des Status quo ante. Sie ist daher kein Selbstzweck, sondern nur ein Mittel, eine außergewöhnliche Lage zügig abzuarbeiten.

Außerdem kann die Katastrophenmedizin einen substanziellen Beitrag für den Bereich der medizinischen Prävention liefern, indem sie im Zusammenspiel mit anderen Partnern verschiedentliche Szenarien im Hinblick auf die kritischen Infrastrukturen simuliert, die einen Einfluss auf die öffentliche Gesundheit haben könnten. Insofern haben die Fachbereiche Public Health, das Rettungswesen und der öffentliche Gesundheitsdienst enge Schnittstellen zur Katastrophenmedizin.

Durch den drastischen und rasend schnellen Wandel der Ökosysteme und den damit verknüpften Auswirkungen auf die globalen Gesundheitssysteme sowie die Zunahme extremer Wetterereignisse wird das Fachgebiet der Katastrophenmedizin zukünftig einen höheren Stellenwert einnehmen. Da sie auch im Einsatzfall per se keine ökonomische Basis hat, ist sie strukturell auf staatliche Unterstützung in der akademischen Lehre und Forschung direkt angewiesen. In Deutschland finden sich diesbezüglich kaum entsprechende Strukturen auf Bundes- oder Länderebene.

18.2 Direkte und indirekte Folgen des Klimawandels

Der rasante Wandel der Ökosysteme ist die größte Herausforderung und Bedrohung für die Gesundheit der Menschheit. Die abnehmende Verfügbarkeit von Wasser, die globale Erwärmung, die Häufung extremer Wetterereignisse, Vulkanausbrüche, das Auftreten von endemischer oder pandemischer Erkrankungen wie Ebola bzw. COVID-19, Erdbeben und Tsunamis in zunehmend dicht besiedelten Regionen, bis hin zum Grad der Industrialisierung mit einem komplexen Müllentsorgungssystem oder der Bereitstellung von Energie durch den Bau von Staudämmen oder Kernkraftwerken, all das hat direkte und indirekte Folgen auf die Gesundheit der Menschheit.

Beispielsweise sind Anzahl und Intensität der Taifune und extremer Niederschläge als Folge der Pazifik-Erwärmung stetig ansteigend. Im Zusammenspiel mit einem gravierenden Siedlungsdruck in fluss- und küstennahen Gebieten, welche bis dato als „exponierte Gefahrenlagen" genau aus diesem Grund traditionell gemieden wurden, entstehen dadurch besonders vulnerable Bevölkerungsstrukturen, die meist ohnehin einen limitierten Zugang zu einer basismedizinischen Versorgung haben. Bereits kleinere Schadensereignisse führen die Betroffenen schnell in eine prekäre Lage. Regional kann es so zu einem oft monatelangen Ausfall der medizinischen und kritischen Infrastruktur kommen. Solch eine Taifun-Lage ist nur noch mit überregionaler, nationaler oder sogar internationaler Hilfe zu bewältigen. In Bezug auf das Schadensausmaß sind es meist anthropogene Faktoren, die bestimmen, ob ein Naturereignis wie ein Taifun zur Naturkatastrophe wird oder ein Naturereignis bleibt (Dikau et al. 2020).

In Europa und speziell auch in Deutschland führte etwa die sommerliche Hitzewelle von 2003 zu einer Übersterblichkeit von ca. 70.000 zusätzlichen Toten in 12 europäischen Staaten (Robine et al. 2007). Allerdings war dieses Ereignis in der öffentlichen und medialen Wahrnehmung kaum von Relevanz, da u.a. die Gesundheitsdaten der Übersterblichkeit erst mit deutlicher Verzögerung erfasst und teils erst Monate später bundesweit eine Übersicht erstellt werden konnte. Dies kann für eine laufende Einsatzgestaltung und entsprechende Mittelfreigabe zur Gegensteuerung erhebliche Probleme bereiten.

Die indirekten Folgen hängen davon ab, wie die örtlichen Begebenheiten und Strukturen mit Katastrophensituationen zurechtkommen, welche Ressourcen und Kompensationsmechanismen bestehen und aufgebaut werden können, inwiefern Vorbereitungen getroffen worden sind und ob Hilfe überhaupt zeitnah vor Ort gebracht werden kann.

18.3 Vorbereitung auf den Ernstfall

Die Wahrnehmung aber auch Stärke der Fachdisziplin Katastrophenmedizin ist global äußert unterschiedlich: In den asiatischen Ländern, entlang etwa des Pazifischen Feuerringes aber auch in den panamerikanischen Ländern, hat diese Profession durch die starken Naturexpositionen eine beachtliche fachliche Eigenständigkeit. Für die gemäßigten Breiten Kontinentaleuropas trifft das kaum zu und die Fachdisziplin wird daher kaum gelehrt oder in universitären Curricula systematisch geschult. Doch auch in bisher gemäßigten Regionen häufen sich sogenannte meteorologische Jahrhundertereignisse in immer kürzeren Abständen. Die infrastrukturellen Voraussetzungen für eine erfolgreiche Bewältigung dieser Ereignisse sind meist nicht gegeben.

Im Nachgang einer Länderübergreifenden Influenza-Pandemie-Übung (LÜKEX) wurden 2007 beispielsweise erhebliche Management-Schwachstellen detektiert und Handlungsempfehlungen erarbeitet. Letztlich wurden diese aber nicht weiter umgesetzt. Insofern traf die COVID-19-Pandemie trotz der hinlänglich bekannten Probleme auf eine unzureichend vorbereitete staatliche und private Organisationsstruktur.

Trotz vieler operativer und wissenschaftlicher Analysen beispielsweise in Bezug auf Hitzewellen, finden konkrete baurechtliche Vorgaben, etwa zur Schaffung eines kühlbaren Gruppenraumes auf 22 Grad Celsius, keinen Eingang in Bauverordnungen und -genehmigungen von Alten- und Pflegeheimen. Anders als für Krankenhäuser sind auch weitere Sicherungssysteme wie Notstrom-Aggregatoren nicht vorgeschrieben. Bei in solchen Pflegeeinrichtungen lebendenden beatmeten Menschen bleibt beim flächenhaften Stromausfall daher nur ein kleines Zeitfenster zur Rettung. D.h. trotz bekannter Handlungsempfehlungen findet letztlich keine mit überschaubarem technischem Aufwand mögliche Anpassung statt.

Je nach Land, Entwicklung, Kultur bis hin zur politischen Führung ist eine Redundanz der Sicherungssysteme wie etwa Strom-Erzeugungs-Optionen oder die Nahrungs- und Wassersicherheit vorhanden und Störungen in diesen Systemen können über einen kürzeren oder längeren Zeitraum kompensiert werden. Allerdings wird selbst bei einer drohenden Dekompensation oder gar dem Kollaps des jeweiligen Systems nicht von jedem Land oder jeder Regierung fremde Hilfe angefordert oder gar angenommen. Denn das staatliche Eingeständnis, dass der Schutz und die Versorgung der eigenen Bürger:innen nicht mehr zu gewährleisten ist, kann das souveräne Selbstverständnis erheblich kompromittieren.

> Die heutzutage sehr komplexe Versorgung mittels lebenswichtiger Medikamente, wozu vor allem auch Antibiotika zählen, kann sehr schnell und dauerhaft gestört werden. Wie wir anhand einer „Verunreinigung" im Herstellungsprozess von meh-

reren Medikamenten unlängst erfahren mussten, kann aufgrund der Fokussierung auf nur wenige Produktionsstandorte sehr schnell ein globaler Engpass entstehen. Aus deutscher Sicht ist dringend zu fordern und auch mit politischem und rechtlichem Druck zu unterstreichen, dass es Produktionsstätten mit ausreichend Ressourcen und Lagerbeständen in Deutschland oder zumindest innerhalb der EU geben muss, da man sich nicht auf die Zulieferung aus dem Ausland verlassen kann. Und dies betrifft nicht nur Deutschland oder die EU, sondern ist ein globales Problem, da die Arzneimittelindustrie nahezu ausschließlich billig in den sogenannten Dritte-Welt-Ländern produzieren lässt.

18.4 Katastrophenmedizin als wichtige Ressource zur Prävention

Aus den gravierenden Katastrophen wie etwa dem Tsunami 2004 oder dem haitianischen Erdbeben 2010 und ihren teils nur semi-professionellen Bewältigungsstrategien hat die Weltgemeinschaft schmerzliche Lehren gezogen und sich deshalb Reformen verordnet. Das harte Ringen um gemeinsame Standards gipfelte in den UN-Sustainable-Development-Goals/Agenda 2030 und ihren Vorläufer-Programmen.

Auch auf der Ebene der Katastrophenvorsorge konnte die UN mit dem Hyogo-Framework for Action 2005–2015 und später mit dem Sendai-Abkommen der Katastrophenvorsorge 2015–2030 wichtige Ergebnisse erzielen. Ziel war und ist es, dass die Teilnehmer-Staaten ihren Verpflichtungen zu entsprechend definierten Vorsorge-Zielen nachkommen. Dies geschieht aufgrund von Indikatoren und regelmäßigen Berichten. Im Kern sollen mit diesen Programmen bis auf die dörfliche Ebene hinab das Risikobewusstsein durch potenzielle Gefahren geschärft und im Zusammenspiel von staatlichem und privatem Handeln die lokale Resilienz gegenüber potenziellen Katastrophen gestärkt werden. Dabei kommt der lokalen Programm-Teilnahme („community engagement and ownership“) etwa durch Komitees eine wichtige Rolle zu.

Eine Vielzahl der aktuellen UN-Sustainable-Development-Goals beinhalten Aspekte mit gesundheitlichen Fragen: HIV/AIDS, Tbc, Malaria-Bekämpfung, Kinder- und Müttersterblichkeit, um nur die Wesentlichen zu erwähnen, finden darin die notwendige Aufmerksamkeit. Durch entsprechende Anstrengungen und Aufforderungen konnten die Vertragsstaaten ermahnt werden, mehr Energie und Investitionen im Gesundheitssektor zu tätigen. Die Kinder- und Müttersterblichkeit konnte daraufhin in vielen Staaten erheblich abgesenkt werden. Durch die demografische Entwicklung stehen Gesundheitssysteme weltweit jedoch weiterhin unter großem Druck. Erschwerend kommt dazu, dass die globale oft langjährige und teure Ausbildung von medizinischem Fachpersonal mit dieser Entwicklung nicht mithalten kann. Sollte dieser Entwicklung etwa durch erhebliche Investitionen in den Lehr- und Ausbildungssektor nicht gegengesteuert werden, kann auch die basismedizinische Versorgung in vielen Ländern Afrikas und Asiens kaum mehr gewährleistet werden.

Mit der Schaffung standardisierter medizinischer UN-Nothilfe-Teams, den sog. EMTs (Emergency Medical Teams) oder dem European Medical Corps, konnte eine wesentliche Verbesserung der Soforthilfe erzielt werden. Dazu können bei Katastrophen internationale medizinische Einsatzteams verschiedener Größe angefordert werden, die nach einheitlichen Standards und Vorgaben arbeiten und durch das UN-OCHA-

Büro, in Zusammenarbeit mit dem Gesundheitsministerium des betroffenen Landes, koordiniert werden.

Das Deutsche Institut für Katastrophenmedizin führt seit über zehn Jahren im Rahmen einer einwöchigen „Sommerakademie Katastrophenmedizin und Humanitäre Hilfe" ein intensives theoretisches und praktisches Training durch, in dem die wesentlichen Inhalte für Nachwuchsmediziner:innen auf nationaler wie internationaler Ebene vermittelt werden (www.soak-km.de).

Vor allem im internationalen Vergleich wird die Ressource Katastrophenmedizin in Deutschland eher unterschätzt. Dabei kann sie durch entsprechende Vorsorgeprogramme (Disaster Preparedness) unter anderem mithilfe von Aufklärungskampagnen einen wesentlichen Beitrag zur Abschwächung (Mitigation) potenzieller Risiken und Katastrophenfolgen leisten. Zentrales Element ist dabei die Bewusstseinsschärfung durch die Erstellung von systematischen Risikoanalysen kritischer Infrastrukturen auf lokaler Ebene und Simulationen außergewöhnlicher Schadensereignisse. Insofern ist die Katastrophenmedizin eine wichtige Säule bei der Folgenabschätzung. Voraussetzung dafür ist allerdings die Bereitschaft lokaler Behörden, in einem vertraulichen Rahmen auch Mängel offenzulegen. Im Rahmen einer ehrlichen Risikokommunikation kann die Tragweite und Konsequenz von Handeln oder Nicht-Handeln im Ereignisfall, hier v.a. im Hinblick auf die Gesundheitsfolgen, dargestellt werden. Nur so kann die potenziell betroffene Bevölkerung Risiken gegen Nutzen abwägen und sich insbesondere vor dem Kostenhintergrund für ein akzeptables Restrisiko entscheiden.

Auf Kreisebene kann die Hinzuziehung von Mediziner:innen nach der Absolvierung von entsprechenden Kursen, etwa an der Akademie für Notfallplanung und Zivilschutz (AKNZ) des Bundesamtes für Bevölkerungsschutz und Katastrophenhilfe, einen spürbaren Mehrwert bedeuten bei der Erstellung von Risikoanalysen von kritischen Infrastrukturen. Dabei kommt der Berücksichtigung der örtlichen medizinischen Schnittstellen eine zentrale Bedeutung zu.

Weiter bedarf es des dringenden Ausbaus von medizinischen Teams auf ziviler Ebene, die im Umgang mit sogenannten CBRN-Lagen (chemisch, biologisch, radiologisch und nuklear) vertraut sind. Außerhalb des Militärs gibt es derzeit kaum geschulte Gruppierungen, die national wie auch international eingesetzt werden können.

Mit dem Entstehen und der Verbreitung etwa der chemischen Industrie in den Entwicklungs- und Schwellenländern, steigen die Anforderungen an die Medizin deutlich. Bedingt durch den Kostendruck mit daraus resultierender schlechter Wartung oder Qualitätsmängeln findet die Produktion oftmals in einem Kontext statt, der viele Gefahren birgt. Ein unerwartetes Ereignis ist dann kaum noch durch lokale Einsatzkräfte zu bewältigen.

Katastrophenmediziner:innen halten daher eine stärkere Verankerung dieser Schulungselemente in den ärztlichen und assoziierten Heilberufen in Aus-, Fort und Weiterbildung für notwendig. Auch durch eine Intensivierung der zivil-militärischen Zusammenarbeit kann ein enormer gegenseitiger Zuwachs an medizinischem Know-how generiert werden. Dies hat sich beim Ebola-Ausbruch 2014 bewährt, etwaige Hemmungen abzubauen und zu einer konstruktiven Kooperation zu wechseln. Insofern war es kaum verwunderlich, das dem Heeres-Sanitätsdienst der Bundeswehr von Anfang an eine wichtige gesellschaftlich akzeptierte Rolle bei der COVID-19-Bekämpfung zukam.

Die staatliche Zusammenarbeit und Koordination des Gesundheitsmanagements über die nationalen Grenzen hinweg, wie etwa in den International Health Regulations (IHR) gefordert, konnte im Rahmen der Pandemie insbesondere bei der Behandlung von Intensiv- und Beatmungspatient:innen intensiviert werden. Hierzu hat auch die EU eine wichtige Rolle des integrierten Managements vorgelegt und gefördert. Diese Entwicklung bedarf aber insbesondere in grenznahen Regionen des zusätzlichen Ausbaus.

Global betrachtet ist zur primären Prävention die Sicherstellung der elementaren Grundversorgung (Wasser, Lebensmittel und Wohnraum) sowie der medizinischen Versorgung notwendig. Dies sollte im Idealfall regelhaft durch lokale Strukturen möglich sein. Ist dies mit lokalen Mitteln nicht möglich, so muss der uneingeschränkte Zugang zu überregionaler oder ausländischer Hilfe und Unterstützung jederzeit gegeben sein. Weiter muss jederzeit die Sicherheit dieser Hilfen gewährleistet sein. Die Geschichte und leider auch die aktuellen weltweit verteilten Konflikte zeigen uns jedoch, dass hier noch sehr viel Arbeit notwendig ist, um diese Ziele zu erreichen. Angesichts der Entwicklungen in den kommenden Dekaden ist es von herausragender Bedeutung, bereits jetzt die notwendige Resilienz der Versorgungsstrukturen gegen äußere Einflüsse mitzudenken.

18.5 Forschungsansätze für die KM

In der Katastrophenmedizin sind kontrollierte oder randomisierte prospektive Studien nicht möglich. Bei der Vertiefung des Forschungsansatzes, z.B. beim Studiengang „European Master of Disaster Medicine", müssen daher qualitative Methoden eingesetzt werden.

Im Fachmagazin „Prehospital and Disaster Medicine" wird versucht, wichtige Forschungserkenntnisse an internationale Fachkräfte zu vermitteln. Auch findet ein intensiver fachlicher Austausch, etwa durch die WADEM (World Association for Disaster Medicine) oder ihr europäisches Pendant, die EUSEM, statt. In Deutschland ist die Deutsche Gesellschaft für Katastrophenmedizin (DGKM) dafür der Sammelpunkt.

Literatur

Boden TA, Andres RJ et al. (2017) Global, Regional, and National Fossil-Fuel CO_2 Emissions (1751–2014). Oak Ridge National Laboratory, Oak Ridge, TN, USA. DOI: 10.3334/CDIAC/00001_V2017

Dikau R, Weichselgartner J, Hufschmidt G (2020) Gefahren – Risiken – Katastrophen. In: Gebhardt H, Glaser R, Radtke U, Reuber P, Vött A (Hrsg.) Geographie. Physische Geographie und Humangeographie. 3. Aufl. 1101–1142. Springer Heidelberg

Maibach E, Frumkin H, Ahdoot S (2021) Health Professionals and the Climate Crisis: Trusted Voices, Essential Roles. DOI: 10.1002/wmh3.421

Horton R, Beaglehole R, Bonita R, Raeburn J, McKee M (2014) From Public to Planetary Health: A Manifesto. In: The Lancet 383, 9920. DOI: 10.1016/s0140-6736(14)60409-8

Pearson L, Pelling M (2015) The UN Sendai Framework for Disaster Risk Reduction 2015–2030: Negotiation Process and Prospects for Science and Practice. Journal of Extreme Events 2(01), 1571001

Rehman K, Shah AA, Ahmed K (2018) E-Government Identification to Accomplish Sustainable Development Goals (UN 2030 Agenda) A Case Study of Pakistan. In: 2018 IEEE Global Humanitarian Technology Conference (GHTC), San Jose, CA, USA. 1–6. DOI: 10.1109/GHTC.2018.8601890

Robine JM, Cheung K, Roy S, Oyen H, Herrmann F (2007) Report on Excess Mortality in Europe during Summer 2003. EU Community Action Programme for Public Health, Grant Agreement

Steffen W (2015) Planetary Boundaries: Guiding Human Development on a Changing Planet. Science 347(13). DOI: 10.1126/science.1259855

Trump BD, Florin MV, Linkov I (Hrsg.) (2018) IRGC Resource Guide on Resilience (vol. 2): Domains of Resilience for Complex Interconnected Systems. EPFL International Risk Governance Center (IRGC) Lausanne. DOI: 10.5075/epfl-irgc-262527

World Meteorological Organization (WMO) (2021) WMO Statement on the State of the Global Climate in 2020. WMO-No. 1264

19 Neonatologie und Pädiatrie

Thomas Lob-Corzilius und Edda Weimann

Der kindliche Organismus befindet sich noch in der Entwicklung und kann empfindlicher auf äußere Einflüsse oder Schadstoffe reagieren. Eine intakte Umwelt ist für die gesunde Entwicklung eines Kindes eine wesentliche Grundlage und Kinder werden vermutlich am stärksten von den Folgen des Klimawandels und der Umweltverschmutzung betroffen sein. Einige der gesundheitlichen Gefahren sind nachfolgend aufgezeigt.

19.1 Geburtsrisiken und Fehlbildungen

Kinder können bereits vor Geburt schwere Schäden durch Hitze und Umweltverschmutzung davontragen. In der Forschung zu klimawandel- und umweltbedingten, gesundheitlichen Auswirkungen sind Schwangere sowie Geburtsveränderungen und angeborene Fehlbildungen erst in den letzten zehn Jahren verstärkt in den Fokus gelangt. Publizierte Studien sind daher überschaubar und überwiegend in hochentwickelten Ländern durchgeführt worden, die über genügend epidemiologische sowie Gesundheits- und Klimadaten verfügen. Angesichts der komplexen Gründe für Früh-, Mangel- und Totgeburten sowie angeborener Fehlbildungen ist es zudem schwierig, einzelne Faktoren ursächlich als besonders bedeutsam zu identifizieren, zumal die zeitlichen Verzögerungen z.B. zwischen Hitzewellen in der Frühschwangerschaft und der Geburt Monate später verschleiernd wirken können.

In den meisten europäischen Hitzeschutzplänen sind besonders vulnerable Gruppen benannt, bislang aber nicht Schwangere und Neugeborene. Dabei ist die Fähigkeit von Schwangeren zur Thermoregulation eingeschränkt und birgt die Gefahr von Schwangerschafts- und Geburtsanomalitäten. Eine große Meta-Analyse kam 2020 zu dem Ergebnis, dass ein Anstieg der Durchschnittstemperatur > 1°C das Risiko einer Frühgeburt mit Todesfolge um 5% erhöht (OR 1,05) sowie das Risiko von Frühgeburtlichkeit bei Hitzewellen um 16% steigt (OR 1,16). Zudem begünstigt Hitze eine vaginale B-Streptokokken-Besiedlung mit Zunahme von Frühgeburt und postpartaler Sepsis, dies insbesondere in Ländern des globalen Südens (Chersich et al. 2020).

Eine weitere Meta-Analyse (68 US-amerikanische Studien) zeigte, dass Auswirkungen von Hitze bei zusätzlicher Belastung durch Ozon und Feinstaub ($PM_{2,5}$) mit statistisch signifikant erhöhtem Risiko für Frühgeburten, niedrigem Geburtsgewicht sowie Tendenz zu vermehrten Totgeburten einhergehen. Feinstaub und Ozon gelangen über die mütterliche Lunge ins Blut und von dort über die Plazenta in den Fetus. Sie wirken entzündlich, verändern die plazentare bzw. fetale Genexpression und behindern den Sauerstofftransport mit der Folge von Mangelversorgung der sich entwickelnden Organe. Ferner verändert Hitze die Blutviskosität und damit die Plazentadurchblutung. Afroamerikanerinnen waren davon häufiger betroffen, und zwar in Abhängigkeit der Entfernung ihres Wohnorts zu Verkehr und Industrieanlagen (Bekkar et al. 2020).

Mehrere Studien weisen auf eine Assoziation zwischen Hitze im ersten Trimenon der Schwangerschaft und angeborenen Herzfehlern hin. In der kanadischen Provinz Quebec lag die Prävalenz angeborener Herzfehler um 11% höher bei 10 Hitzetagen ≥ 30°C als ohne Hitzetage (Auger et al. 2017). Je länger die Hitzeperiode dauerte, desto häufiger wurden Kinder mit einem Vorhofseptumdefekt geboren. Pathophysiologisch werden ein direkter Hitzeeffekt mit Zelltod oder eine Beeinflussung temperaturabhängiger Proteinmediatoren diskutiert. Auch nach mütterlichen Fieberphasen in der Frühschwangerschaft kommt es häufiger zu Herzfehlern. Ein möglicher Confounder ist Luftverschmutzung. Auch eine bevölkerungsbasierte US Fall-Kontroll-Studie (Shin et al. 2018) zeigte nach Hitzetagen während der Frühschwangerschaft häufiger Herzfehler bei Neugeborenen. So erhöhten 3 bis 11 Hitzetage das Risiko für ventrikuläre Septumdefekte um 117% bis 224% und extreme Hitzetage (Südstaaten) waren mit einem 23% bis 78% Anstieg konotrunkaler Defekte (Fallotsche Tetralogie, Pulmonalatresie, Aortenbogendefekt) und ventrikulärer Septumdefekte assoziiert.

19.2 Luftschadstoffe – eine unterschätzte Gefahr für die kindliche Lunge und Entwicklung

Kinder reagieren besonders empfindlich auf Luftschadstoffe. Neugeborene und Kinder atmen im Vergleich zu Erwachsenen pro kg Körpergewicht mehr Luftschadstoffe ein, da sie eine höhere Atemfrequenz haben, mehr Zeit draußen verbringen und sich aufgrund ihrer Körpergröße näher am Boden befinden (z.B. Auspuffrohre von Fahrzeugen). Während bakteriengroße Feinstaubpartikel bis zu 2,5 µm ($PM_{2,5}$) bis in die terminalen Bronchien und Alveolen inhaliert werden können, werden virengroße Ultrafeine Partikel (UFP) bis zu 0,1 µm ($PM_{0,1}$) über das alveokapilläre Interstitium in die Blutbahn aufgenommen, über den Kreislauf verteilt und wirken systemisch. Letztere überwinden auch die Blut-Hirn-Schranke und es gibt Hinweise darauf, dass sie über den Tractus olfactorius direkt ins Rhinencephalon gelangen können (Sharma u. Kumar 2018).

Im Jahr 2016 atmeten weltweit 93% aller Kinder unter 15 Jahren – davon 630 Mio. unter fünf Jahren – ständig verunreinigte Luft mit Feinstaubkonzentrationen $PM_{2,5}$ oder kleiner ein, die die von der WHO formulierten Grenzwerte für Luftqualität mitunter bis zu 100-fach überschritten (WHO 2018).

In Entwicklungs- oder Schwellenländern betrifft die Luftverschmutzung 98% aller Kinder unter fünf Jahre, in hochentwickelten Ländern immerhin noch 52%. In Summe atmet ca. eine Milliarde Kinder unter 15 Jahre v.a. in Afrika und Asien (indischer Subkontinent, Südostasien, China) belastete Luft ein, die im Haushalt durch Kochen, Heizen, offene Verfeuerung von Holz, Bioabfällen, Kohle oder durch die Verbrennung von Treibstoff und Heizöl (wie z.B. Kerosin oder Parafin) entsteht. Zusammen mit der äußeren Luftverschmutzung führte diese Belastung 2016 zu mehr als 600.000 Todesfällen von Kindern unter 15 Jahren. Davon starben 13% aller Kinder unter fünf Jahren an einer Pneumonie und jede zweite akute Infektion des unteren Atemtrakts war in Entwicklungs- oder Schwellenländern durch Luftverschmutzung bedingt.

Es ist zu beachten, dass die gemessenen oder in Rechenmodellen verwendeten Luftschadstoffkonzentrationen nicht immer die tatsächliche Belastung widerspiegeln. So kann die Luftschadstoffbelastung von Babys und Kleinkindern bis zu 60% erhöht sein, wenn sie im Kinderwagen entlang von Verkehrsstraßen geschoben werden. Die Auspuffgase sind im ersten Meter über der Fahrbahn besonders konzentriert und damit im Bereich der Atemzone der Babys (Sharma u. Kumar 2018).

Das Lungenwachstum bei Kindern, die innerhalb von 500 m an einer Hauptverkehrsstraße leben, ist im Vergleich zu jenen, die mindestens 1.500 m davon entfernt leben, vermindert (Gauderman et al. 2007). Epidemiologen kommen zu dem Schluss, dass jährlich weltweit 4 Millionen neu aufgetretene Asthmaerkrankungen bei Kindern einer NO_2-Belastung zuzuordnen sind, davon zwei Drittel in Ballungsgebieten. Diese Belastung macht 13% der globalen Asthma-Inzidenz aus (Lancet Planetary Health 2019). Dabei gibt es regionale bzw. kontinentale Unterschiede mit hohen Inzidenzraten in den lateinamerikanischen Andenstaaten (340 pro 100.000 Kinder), in Nordamerika (310) oder den „reichen" Staaten im asiatisch-pazifischen Raum (300). In 8 US-amerikanischen Ballungsgebieten liegen die Inzidenzraten > 400, Spitzenreiter ist das kanadische Toronto mit > 500. In Europa liegt London bei > 400, Paris knapp darunter, gefolgt von Madrid und Manchester. Die Stadt Köln liegt bei 250 pro 100.000 Kinder. Geschätzte 92% der NO_2 zuzuordnenden Asthmafälle traten in Gebieten auf, die unterhalb des WHO-Grenzwerts von 21 ppb entsprechend 40 $\mu g/m^3$ NO_2 lagen, was für zukünftige Grenzwertdiskussionen relevant ist. Die in Kalifornien gesetzlich herbeigeführte Verbesserung der Luftqualität über die letzten 20 Jahre hat zu einer NO_2-Reduktion von 65%, einer PM_{10}-Reduktion von 21% und $PM_{2,5}$-Verminderung von 15% geführt, trotz einer 38% Steigerung der mit Autos gefahrenen Verkehrsmeilen. Diese positive Veränderung ging einher mit einer verbesserten kindlichen Lungenfunktion, einem Rückgang von Bronchitis-Symptomen bei sonst pulmonal gesunden wie auch bei asthmabetroffenen Kindern. 2019 wurde gezeigt, dass der Rückgang von NO_2 und $PM_{2,5}$ zu einer signifikanten Abnahme der Asthmainzidenz geführt hat (Garcia et al. 2019).

Langer Sonnenschein und Hitzeperioden können die Symptome des kindlichen Asthmas verschlimmern, da UV-Strahlung einen deutlichen Anstieg der Ozonkonzentration verursacht, sofern gleichzeitig NO_2 (verkehrsbedingt) anwesend ist. Ozon (O_3) zählt wie Feinstaub und Stickstoffdioxid (NO_2) zu den wichtigsten Luftschadstoffen. Ozon entsteht in verkehrsreichen Städten und wird durch Luftströmung und Wind in die ländliche Umgebung verweht. Beim abendlichen Berufsverkehr in der Stadt reagiert Ozon dann wieder mit Stickoxid (NO), das ebenfalls durch den Verkehr produziert wird, sodass wieder NO_2 und Sauerstoff (O_2) entstehen. Da auf dem Lande weniger Verkehr ist, fehlt dort NO, um Ozon wieder in Sauerstoff und NO_2 zu reduzieren. Dies erklärt das scheinbare Paradoxon, dass die durchschnittlichen Ozonkonzentrationen in ländlichen Gebieten Deutschlands seit mehr als 30 Jahren mit 57 $\mu g/m^3$ deutlich über denen in Stadtgebieten mit 42 $\mu g/m^3$ liegen (Umweltbundesamt 2019). Bei Konzentrationen über 120 $\mu g/m^3$ Ozon kann es zu akuten Atembeschwerden kommen, da O_3 als reaktives Reizgas tief in die Luftwege eintritt und eine akute Schleimhautreizung bzw. -entzündung verursacht. Dies geht mit Husten und Atemnot bis zum akuten Asthmaanfall einher (Lee et al. 2019). Dauerhafte Ozonbelastung, auch unter 120 $\mu g/m^3$, führt zu chronischen Schäden des Lungengewebes mit eingeschränkter Lungenfunktion und bei Kindern bis zur Pubertät zu vermindertem Lungenwachstum.

Luftschadstoffe führen nicht nur zu Lungenerkrankungen, sondern Feinstaub scheint auch die neurologische Entwicklung zu beeinflussen, wie aus den 2016 publizierten Daten der beiden deutschen Geburtskohortenstudien GINIplus and LISAplus hervorgeht. Bei 10- bis 15-jährigen Kindern bzw. Jugendlichen wurde eine positive Assoziation (14%ige Erhöhung) zwischen einem Hyperaktivitäts- und Aufmerksamkeitsdefizit-Syndrom (ADHS) und einer $PM_{2,5}$-Absorption an Geburts- und Wohnort festgestellt (Fuertes et al. 2016).

19.3 Extremwetterbedingte posttraumatische Belastungsstörung

Extremwetterereignisse wie Starkniederschlag und Überschwemmungen können als „Trigger-Ereignisse" zu posttraumatischen Belastungsstörungen führen. Kinder sind besonders anfällig, da sie über weniger Bewältigungsstrategien verfügen als Erwachsene. Das Erlebnis einer Naturkatastrophe vor dem fünften Lebensjahr erhöht die Wahrscheinlichkeit um 15%, im Leben an Angstzuständen und Stimmungsschwankungen zu leiden, und kann zu Substanzmissbrauch führen (Mambrey et al. 2019).

19.4 Neue Gesundheitsrisiken: Pollenallergie und Infektionskrankheiten

Langfristig werden auch die indirekten Folgen durch neue Infektionskrankheiten und nicht-übertragbare Erkrankungen wie Pollenallergien im Mittelpunkt stehen. Fremde Tier- und Pflanzenarten werden klimabedingt zunehmend heimisch und lösen neue Krankheiten oder Allergien aus. So erleben Krankheitsträger wie Zecken, Sandfliegen und Mücken (z.B. Asiatische Tigermücke) derzeit eine rasche Ausbreitung (Umweltbundesamt 2019, s. Kap. II.15). Auch ist zukünftig mit mehr Pollenallergien zu rechnen, weil beispielsweise frühblühende Pflanzen wie Hasel wegen steigender Temperaturen schon ab Weihnachten mit der Blüte beginnen. Das hat vor allem für das reifende, kindliche Immunsystem Folgen. Wenn mehr windbestäubende Allergene in der Luft sind, werden sich mehr Kinder sensibilisieren und Allergien wie z.B. Heuschnupfen entwickeln. Durch längere Blütephasen, verbessertes Pflanzenwachstum bei höherem atmosphärischen CO_2-Gehalt und regionale Pollenverschiebungen droht ein ganzjähriger Pollenflug. Eine weitere Gefährdung stellt die zunehmende Verbreitung der hoch allergenen Ambrosiapollen dar, die nicht nur rasch sensibilisieren, sondern im Verlauf auch bei niedrigen Pollenkonzentrationen schnell zu Asthma führen (Buters et al. 2015). Siehe auch Kapitel II.1 und II.14.

19.5 Klimawandel und Luftverschmutzung als Trigger für Typ-1-Diabetes

Diabetes mellitus Typ I ist die häufigste Stoffwechselerkrankung im Kindesalter. Die Neuerkrankungsrate steigt pro Jahr um 3–4% (Ziegler u. Neu 2018). Kinder und Jugendliche mit Diabetes mellitus sind von Auswirkungen des Klimawandels besonders gefährdet. Extremwetterereignisse, Hitze und Kälte begünstigen Dehydratation, Elektrolyt- und Thermoregulationsstörungen und lassen den Blutzucker leichter entgleisen. Auch wird durch Hitze der Blutfluss beschleunigt, wodurch gespritztes Insulin schneller in den Körperkreislauf gelangt und wirkt. Dies führt zu vermehrten Notfällen, Krankenhausaufenthalten und Todesfällen. In Entwicklungsländern und im „Globalen Süden“ tragen Kinder mit Diabetes mellitus eine besondere Last durch ungünstigere Umgebungsbedingungen und schlechte Erreichbarkeit von Diabetes-Betreuungszentren. Derzeitige Publikationen haben meist den Fokus auf Diabetiker über 18 Jahre: Daher muss zukünftig vermehrt der Blick auf Kinder und Jugendliche gerichtet werden. Bei Kindern ist der HbA1c-Spiegel in den Wintermonaten am schlechtesten und im Sommer besser, was umgekehrt zur körperlichen Aktivität korreliert: Kinder bewegen sich im Sommer mehr als im Winter (Eze et al. 2014). Erhöht sich allerdings die Außentemperatur und kommt es zu Hitzewellen, halten sich Kinder und Jugendliche seltener draußen auf und bewegen sich weniger. Diese klimatischen Änderungen haben ebenfalls Auswirkungen in gemäßigteren Klimazonen wie z.B. in Deutschland und Zentraleuropa, da auch hier der Klimawandel zunehmend spürbar ist. Für die Insulinmedikation muss eine Kühlkette eingehalten werden, was in Entwicklungsländern sowie im globalen Süden nur vermindert möglich ist. Aufgrund der hohen Kosten und geringeren IT Kompetenz sind Kinder und Jugendliche dort seltener mit Insulinpumpen versorgt.

Luftverschmutzung verursacht eine erhöhte Prävalenz von Diabetes mellitus (Vallianou et al. 2020) und hohe Ultrafeinstaub- ($PM_{0,1}$) und Stickstoffdioxidbelastung führen zu einer früheren Manifestation des Typ-1-Diabetes bei Kleinkindern (DiMelli 2013; DÄB2015). Kleinkinder, die in einem Wohnumfeld mit hoher Schadstoffbelastung aufwachsen, entwickeln im Schnitt drei Jahre früher einen Typ-1-Diabetes als Kinder derselben Altersstufe aus Gegenden mit geringer Belastung. Auch neuere Studien weisen auf eine Assoziation von Luftverschmutzung und Diabetes mellitus hin (Xu et al. 2019). Die erhöhte Exposition mit Luftschadstoffen wie No_2 und $PM_{2,5}$ ist mit erniedrigter Insulinsensitivität, ß-Zelldysfunktion und erhöhten Fettzelldepots assoziiert. Auch Ozon (O_3) und CO_2 führen zu einem erhöhten Diabetesrisiko. Insbesondere innerstädtischer Autoverkehr, Industrie-Emissionen und Verbrennung von Biomasse, Heizöl oder Holz tragen dazu bei. Diese Partikel verursachen Entzündungen und die Auswirkungen sind für Kinder besonders gravierend, da ihre Atemwege kleiner und anfälliger sind, und sie sich näher an Verschmutzungsquellen aufhalten.

19.6 Klimawandel und Entwicklung von Adipositas

Adipositas ist neben dem Klimawandel und der Mangelernährung in ressourcenarmen Gebieten eine der drei Pandemien (Globale Syndemie), die weltweit stark zunehmen (Swinburn et al. 2019). Sowohl zu niedrige als auch zu hohe Außentemperaturen verringern deutlich die körperliche Aktivität (s. Abb. 2). Durch Temperaturerhöhung über dem Komfortbereich halten sich beispielsweise Kinder und Jugendliche immer seltener im Freien auf, was zu Bewegungsmangel, Essen aus Langeweile, Übergewicht, erhöhten Medienkonsum sowie erniedrigten Vitamin-D-Spiegeln führt, die substituiert werden müssen, um Knochenveränderungen vorzubeugen. Adipositas ist wiederum mit erhöhten Co-Morbiditäten verbunden (Swinburn et al. 2019). Eine erhöhte mittlere Umgebungstemperatur hat einen unabhängigen Effekt auf den BMI (Trentinaglia et al. 2021): In Entwicklungsländern führt eine Temperaturerhöhung um 1°C zu einem 5-%-Anstieg des BMI bei Mädchen und 2-%-Anstieg bei Frauen.

Das Bruttoinlandsprodukt (GDP), die zunehmende Urbanisierung und die Globalisierung sind positiv mit dem Übergewicht einer Bevölkerung korreliert. Diese Transition der Ernährung von einem „zu wenig“ zu einem ungesunden „zu viel“ an Zucker und gesättigter Fette erhöht die Rate an Wohlstandserkrankungen (*non-communicable diseases, NCD*) und Typ-2-Diabetes in der frühen Kindheit (s. Abb. 1). Die Ursachen des erhöhten Körpergewichts, hoher Medienkonsum, hochkalorische Ernährung und Fast Food heizen wiederum sowohl den Klimawandel durch die Verringerung von Natur und naturnahen Lebensräumen sowie erhöhte Treibhausemissionen an, als auch Wohlstandserkrankungen. Zur Lösung dieser sich selbst verstärkenden Interaktionen bedarf es eines systemischen Ansatzes (s. Abb. 2).

Die daraus resultierenden Empfehlungen zur Prävention (Diabetes, Adipositas und Klimawandel) und von Pandemien bei Kindern und Jugendlichen sind in Abbildung 2 dargestellt.

19.7 Umweltverschmutzung – unsichtbare Gefahren für die Gesundheit von Kindern

Kinder und Jugendliche sind besonders durch Umweltverschmutzung und Reduzierung von Natur als Erholungsraum gefährdet. Abwässer werden weltweit häufig ungefiltert in Flüsse, Seen und Meere geleitet. Vielerorts (UK, Südafrika) dient solches Wasser Kindern als Spielumgebung. Das Ableiten von Abwasser in das Meer, das weltweit praktiziert wird und thalassogene, d.h. durch Abwasser verursachte Erkrankungen nach sich zieht, hat gesundheitliche Konsequenzen für Kinder (Weimann 2018). Auch Medikamente und Hormone gelangen ungefiltert ins Abwasser und so in unser Trinkwasser (Petrik et al. 2017). Diese Rückstände wirken in bereits

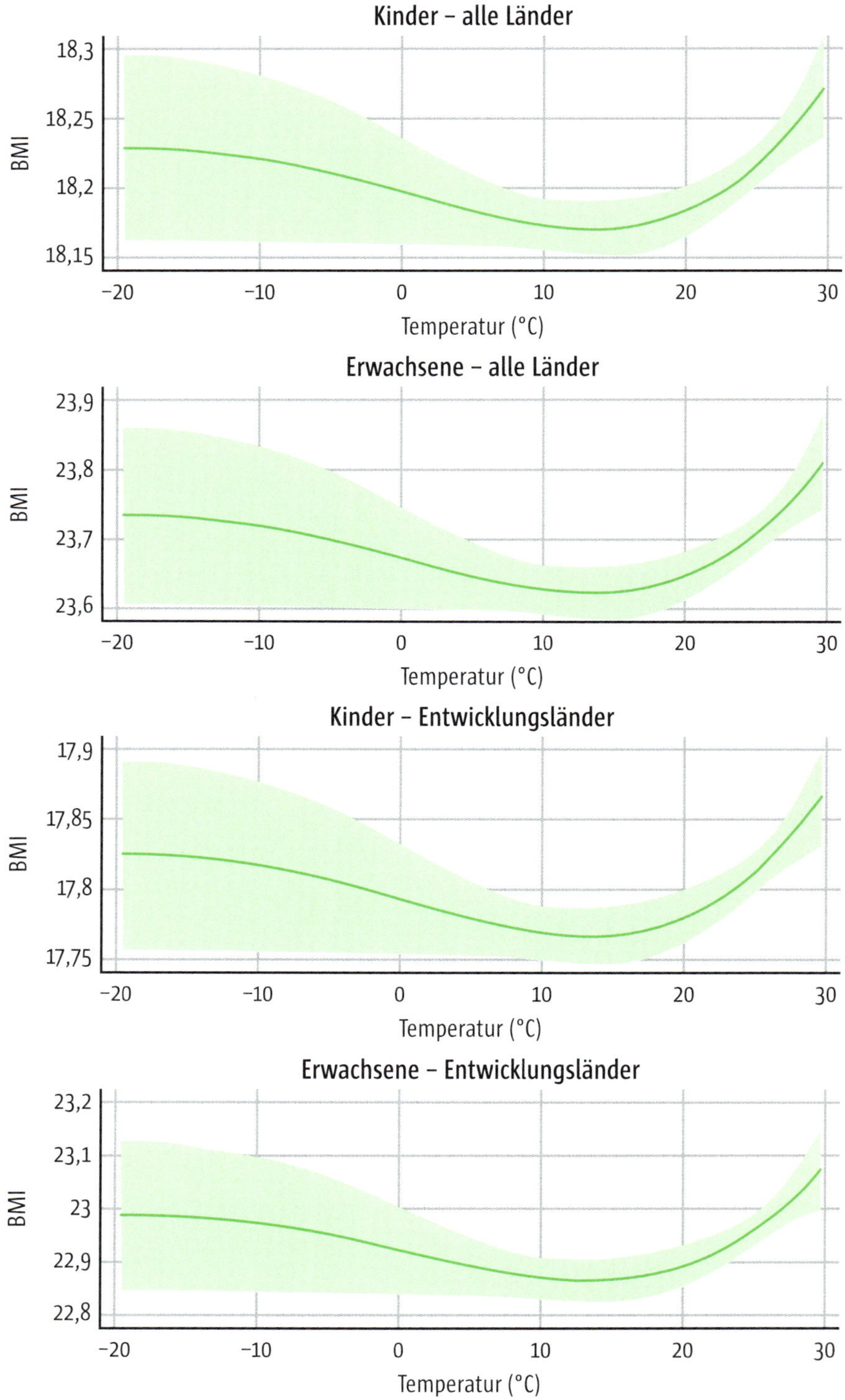

Abb. 1 Korrelation zwischen der Umgebungstemperatur und dem BMI in Industrie- und Entwicklungsländern bei Kindern und Erwachsenen (Trentinaglia et al. 2021)

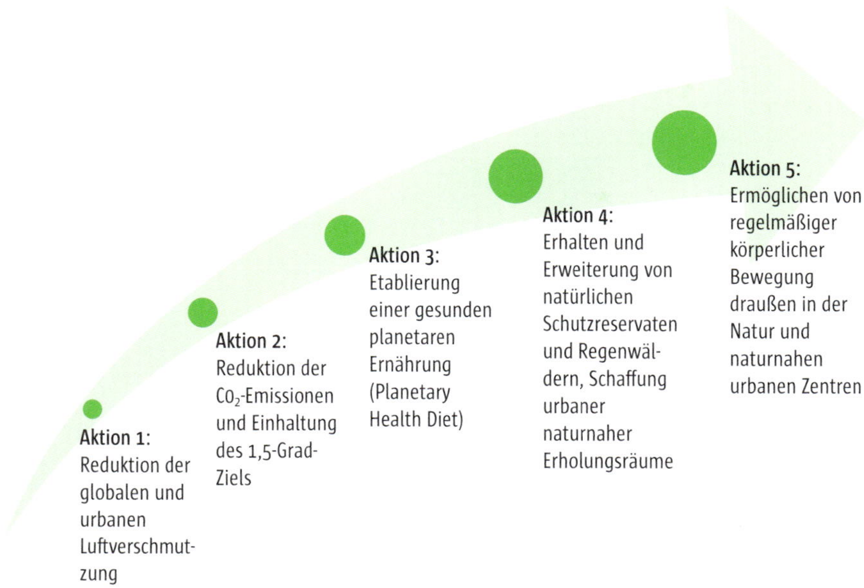

Abb. 2 **Aktion 1:** Reduktion der globalen und urbanen Luftverschmutzung ist besonders für Kinder aufgrund der vulnerableren Atemwege essenziell; **Aktion 2:** Reduktion der CO_2-Emissionen mit Einhaltung des 1,5-Grad-Ziels (Sicherung des Überlebens zukünftiger Generationen); **Aktion 3:** Etablierung einer gesunden planetaren Ernährung; **Aktion 4:** Erhalten und Erweiterung von natürlichen Schutzreservaten und Regenwäldern, Schaffung urbaner naturnaher Erholungs- und Aktivitätsräume für Kinder und Familien; **Aktion 5:** Ermöglichen von regelmäßiger körperlicher Bewegung draußen in der Natur und naturnahen urbanen Zentren

kleinsten Mengen, haben auf Entwicklung und Fortpflanzung von Tier und Mensch erhebliche Auswirkungen und führen zu einer Abnahme der Spermienzahlen bei Männern (Baolian et al. 2021; Di Nisio u. Foresta 2019). Eine weitere unsichtbare Gefahr sind Weichmacher, die sich in vielen Alltagsprodukten befinden, wie u.a. in Kinderspielzeug und -geschirr, Bodenbelägen bis hin zu Tapeten, und als endokrine Disruptoren wirken (s. Kap. II.7, II.29). Weichmacher können über Lebensmittel, Innenraumluft, Hausstaub und Schleim und Hautkontakt in den Körper der Kinder gelangen. Wichtige Expositionsquelle sind Lebensmittel, in die sie über Produktion oder Verpackung gelangen. Eine weitere Belastung von Umwelt, Luft und Wasser sind Plastikabfälle, die als Mikroplastik inhalativ und ingestiv auch von Kindern aufgenommen werden. Ein Beispiel ist der durch Mikroplastik belastete Chiemsee in Oberbayern, verursacht durch Plastikabfälle sowie Autoreifenabtrieb der nahverlaufende A8 (Kollmann 2019). Mikroplastikpartikel werden beim Baden mit dem Wasser von Kindern aufgenommen.

19.8 Fazit

Nahezu alle Organsysteme von Kindern und Jugendlichen sind durch den zunehmenden Klimawandel gefährdet. Besonders die Langzeitwirkungen fallen ins Gewicht. Derzeit sind nur wenige Studien publiziert, die die Folgen des Klimawandels bei Heranwachsenden untersuchen. Daher sind hier sowohl weiterführende Forschungen, aber auch eine besondere Protektion von Kindern und Jugendlichen von den Auswirkungen des Klimawandels und der Vermeidung des weiteren Fortschreitens von dem Gesetzgeber, dem Staat, den medizinischen Fachgesellschaften, dem Gesundheitssystem und der Gesellschaft dringend notwendig. Die Entscheidung des Bundesverfassungsgerichts vom 29. April 2021 [BVerfG, Az.: 1 BvR 2656/18] zur Verfassungswidrigkeit des Klimaschutzgesetzes (KSG) von 2019 darf dafür zu Recht als bahnbrechend für den Klimaschutz sowie den Schutz der Freiheitsrechte jüngerer Generationen bezeichnet werden. Das BVerfG formuliert damit einen eindeutigen Handlungsauftrag an den Gesetzgeber, konkrete und differenzierte Reduktionsmaßgaben für Treibhausgasemissionen rechtzeitig auch für die Zeit nach 2030 zu erlassen. Diese Verpflichtung führt notwendigerweise zur Festlegung deutlich ehrgeiziger Reduktionen von CO_2-Emissionen auch im Zeitraum bis 2030, da die nachfolgenden Generationen keiner „radikalen Reduktionslast" ausgesetzt werden dürfen.

Literatur

Auger N, Fraser WD, Sauve R et al. (2017) Risk of Congenital Heart Defects after Ambient Heat Exposure Early in Pregnancy. Environmental Health Perspectives 125(1), 8–14. DOI: 10.1289/ehp171

Baolian H, Fangyi W, Tao L, Zhiping W (2021) Reproductive Toxicity of Polystyrene Microplastics: In Vivo Experimental Study on Testicular Toxicity in Mice. Journal of Hazardous Materials 405, 124028. DOI: 10.1016/j.jhazmat.2020.124028

Bekkar B, Pacheco S, Basu R et al. (2020) Association of Air Pollution and Heat Exposure with Preterm Birth, Low Birth Weight, and Stillbirth in the US: A Systematic Review. JAMA Netw Open 3(6), e208243. DOI: 10.1001/jamanetworkopen.2020.8243

Buters J, Alberternst B, Nawrath S et al. (2015) Ambrosia Artemisiifolie (ragweed) in Germany – Current Presence, Allergological Relevance and Containment Procedures. Allergo J Int 24, 108–120

Chersich MF, Pham MD, Areal A et al. (2020) Associations between High Temperatures in Pregnancy and Risk of Preterm Birth, Low Birth Weight, and Stillbirths: Systematic Review and Meta-Analysis. BMJ 371, m3811. DOI: 10.1136/bmj.m3811

Di Nisio A, Foresta C (2019) Water and Soil Pollution as Determinant of Water and Food Quality/Contamination and its Impact on Male Fertility. Reprod Biol Endocrinol 17, 4. DOI: 10.1186/s12958-018-0449-4

Eze IC, Schaffner E, Fischer E et al. (2014) Long-term Air Pollution Exposure and Diabetes in a Population-Based Swiss Cohort. Environment International 70, 95–105. DOI: 10.1016/j.envint.2014.05.014

Fuertes E, Standl M, Forns J et al. (2016) Traffic-Related Air Pollution and Hyperactivity/Inattention, Dyslexia and Dyscalculia in Adolescents of the German GINIplus and LISAplus Birth Cohorts. Environment International 97, 85–92

Garcia E, Berhane K, Islam T et al. (2019) Association of Changes in Air Quality with Incident Asthma in Children in California 1993–2014. JAMA 321(19), 1906–1915

Gauderman J, Vora H, McConnell R et al. (2007) Effect of Exposure to Traffic on Lung Development from 10 to 18 Years of Age: A Cohort Study. Lancet 369(9561), 571–577. DOI: 10.1016/S0140-6736(07)60037-3

Kollmann J (2019) Stillgewässer. In: Kollmann J (Hrsg.) Renaturierungsökologie. Springer Spektrum Berlin, Heidelberg. DOI: 10.1007/978-3-662-54913-1_10

Lee S, Yon D, James C et al. (2019) Short-term Effects of Multiple Outdoor Environmental Factors on Risk of Asthma Exacerbations. J Allergy Clin Immunol 144(6), 1542–1550.e1. DOI: 10.1016/j.jaci. 2019.08.037)

Mambrey V, Wermuth I, Böse-O'Reilly S (2019) Auswirkungen von Extremwetterereignissen auf die psychische Gesundheit von Kindern und Jugendlichen. Bundesgesundheitsblatt – Gesundheitsforschung – Gesundheitsschutz, 62(5), 599–604. DOI:10.1007/s00103-019-02937-7

Petrik L, Green L, Abegunde AP et al. (2017) Desalination and Seawater Quality at Green Point, Cape Town: A Study on the Effects of Marine Sewage Outfalls. S Afr J Sci 113(11/12)

Sharma A, Kumar P (2018) A Review of Factors Surrounding the Air Pollution Exposure to In-Pram Babies and Mitigation Strategies. Environment International 120, 262–278

Shin S, Ziqiang L, Yanqiu O et al. (2018) Maternal Ambient Heat Exposure During Early Pregnancy in Summer and Spring and congenital heart defects – A Large US Population-based Case-Control Study. Environ Int 118, 211–221

Swinburn BA et al. (2019) The Global Syndemic of Obesity, Undernutrition, and Climate Change: The Lancet Commission report. Lancet 393(10173),791–846. DOI: 10.1016/S0140-6736(18)32822-8

Trentinaglia MT, Parolini M, Donzelli F et al. (2021) Climate Change and Obesity: A Global Analysis. Global Food Security 29, 1–14. DOI: 10.1016/j.gfs.2021.100539

Umweltbundesamt (2019) Beurteilung der Luftqualität in Deutschland: Ozonsituation Sommer 2019. URL: https://www.umweltbundesamt.de/sites/default/files/medien/4640/dokumente/ozberi19.pdf (abgerufen am 21.07.2021)

Vallianou NG, Geladari EV, Kounatidis D, Geladari CV, Stratigou T, Dourakis SP, Andreadis EA, Dalamaga M (2020) Diabetes Mellitus in the Era of Climate Change. DOI: 10.1016/j.diabet.2020.10.003

Weimann E (2018) Citizen Research Highlights: Blue Flag Beach Is not a Reliable Eco-Label to Protect Bathers in Cape Town. Journal of Environment and Ecology 9(2), 1. DOI: 10.5296/jee.v9i2.13478

WHO (2018) WHO-Study: Air Pollution and Child Health: Prescribing Clean Air. URL: https://www.who.int/publications/i/item/air-pollution-and-child-health (abgerufen am 21.07.2021)

Xu R, Zhao Q, Coelho M, et al. (2019) Association between Heat Exposure and Hospitalization for Diabetes in Brazil during 2000–2015: A Nationwide Case-Crossover Study. Environmental Health Perspectives 127, 11 m. DOI: 10.1289/EHP5688

Ziegler R, Neu A (2018) Diabetes Mellitus im Kindes- und Jugendalter. Leitliniengerechte Diagnostik, Therapie und Langzeitbetreuung Dtsch Arztebl Int 115, 146–56. DOI: 10.3238/arztebl.2018.0146

20 Nephrologie und Dialyse

Martin K. Kuhlmann und Wolfram J. Jabs

Zwischen Umwelt und Nierenerkrankungen besteht eine bidirektionale Beziehung. Auf der einen Seite führen zunehmende Umweltverschmutzung und Umweltveränderungen, wie die globale Erwärmung, zu einem vermehrten Auftreten von chronischen Nierenerkrankungen (CKD, chronic kidney disease) und damit assoziierten Komplikationen wie dialysepflichtiger Niereninsuffizienz (ESKD, end-stage kidney disease) und Todesfällen. Auf der anderen Seite sind die weltweit verfügbaren Dialyseverfahren für die Behandlung chronisch Nierenkranker, Hämodialyse (HD) und Peritonealdialyse (PD) verantwortlich für überproportional hohe Treibhausgas-Emissionen und exzessiven Ressourcen-Verbrauch. Die Nephrologie und ihre industriellen Partner sollten daher Planetary Health weiter in den Fokus ihrer Aktivitäten rücken.

20.1 Einfluss von Umweltveränderungen auf Nierenerkrankungen

20.1.1 Nierenschädigung durch Umweltgifte

Umweltgifte tragen zur Entstehung der CKD bei, vor allem in Entwicklungsländern. Es bestehen eindeutige Beziehungen zwischen der Urin-Ausscheidung giftiger Substanzen oder deren Metaboliten und dem Auftreten von CKD. Umweltgifte werden über Trinkwasser und Nahrungsmittel, über die Haut oder die Lunge aufgenommen und zum großen Teil über den Urin ausgeschieden. Aufgrund der physiologisch starken Konzentrierung des Urins in der Niere manifestieren sich zytotoxische Wirkungen von Umweltgiften bevorzugt in Form chronischer Nierenschäden.

Aus nephrologischer Sicht relevant sind Herbizide, Pestizide, Schwermetalle und Stoffe der Plastikverarbeitung (Tsai et al. 2021):

- Pestizide, wie Paraquat, Glyphosat und Insektenvernichtungsmittel auf der Basis sogenannter Pyrethroide dringen über Haut und Atemwege in den Körper ein und können zu fortscheitender Nierenschädigung mit relativ raschem Verlust der Nierenfunktion führen.
- Schwermetalle, wie Arsen, Cadmium, Blei, Quecksilber, Uran, Kupfer, Gold, Eisen, Wismut und Chrom, sind oft in belasteten Böden, Trinkwasser und Lebensmitteln zu finden. Typische Folgen einer Exposition sind meist interstitielle oder seltener glomeruläre Nierenschäden. Beides führt langfristig zu einem progredienten Verlust an Nierenfunktion.
- Stoffe der Plastikverarbeitung, wie Phthalate, Melamin und Bisphenol A sind mit chronischer Nierenschädigung und eingeschränkter Nierenfunktion assoziiert. Melamin schädigt die Niere durch Kristallisation und Bildung von Nierensteinen. Bei dem Chinesischen Milchskandal von 2008 kam es durch Verwendung Melamin-haltiger Säuglingsnahrung bei etwa 300.000 Babys zu akuten Nierenschäden und massivem Nierenversagen sowie einigen Todesfällen. Der Weichmacher Bisphenol A ist u.a. in Lebensmittelverpackungen und Plastikspielzeug enthalten und mit dem Auftreten von CKD assoziiert.

20.1.2 Global Warming als Ursache akuter und chronischer Nierenschäden

Unter extremer Hitze, bei Hitzewellen oder in Ländern mit starken klimatischen Veränderungen, wie Mittelamerika oder Asien, steigt der Wasser- und Salzverlust über Schweiß und Verdunstung. Dies führt bei vulnerablen Populationen wie älteren Menschen oder solchen mit eingeschränkter Nierenfunktion und unzureichender Flüssigkeitszufuhr zu akutem Nierenversagen, CKD oder der Bildung von Nierensteinen (Nephrolithiasis).

Die Nieren spielen eine zentrale Rolle im Organismus bei der Regulation des Wasser- und Salzhaushalts und somit beim Schutz vor Hitze und Austrocknung. Darüber hinaus werden die meisten exogen zugeführten Gifte in der Niere filtriert und über den Urin ausgeschieden. Mit zunehmendem Alter und bei Menschen mit CKD ist die Filtrationsleistung der Nieren vermindert, wodurch die Fähigkeit des Organismus, sich an veränderte Umweltbedingungen, wie Hitze, Trockenheit oder Umweltgifte anzupassen, einschränkt ist.

Hitze-assoziierte akute Nierenschäden

Bei der letzten schweren Hitzewelle in Europa, als 2003 nach Schätzungen mehr als 70.000 Menschen zu Tode kamen, wurden schwere Nierenschäden als eine der häufigsten Todesursachen angegeben, insbesondere bei älteren und zerebral verwirrten Menschen (Conti et al. 2007). Das akute Nierenversagen wird wie bei einem Schock durch eine Minderperfusion der Nieren ausgelöst und ist oft begleitet von Störungen des Elektrolythaushalts. Darüber hinaus wurden in Hitzeperioden bei älteren Dialysepatienten eine erhöhte Rate an Krankenhauseinweisungen sowie eine gesteigerte Mortalität beobachtet (Remigio et al. 2019).

Global Warming-assoziierte chronische Nierenschäden

Eine regelmäßige und anhaltende Exposition gegenüber großer Hitze bei gleichzeitig schwerer körperlicher Arbeit scheint das Risiko für die CKD-Entwicklung bis hin zu ESKD deutlich zu erhöhen. Initiale Untersuchungen zeigten eine hohe CKD- Prävalenz bei mittelamerikanischen Feldarbeitern im Zuckerrohranbau, die nicht mit herkömmlichen Risikofaktoren, wie Bluthochdruck oder Diabetes erklärt werden konnte. Diese Erkrankung wurde zunächst rein deskriptiv als *„Global Warming Nephropathy“* oder *„Mesoamerikanische Nephropathie“* bezeichnet, inzwischen hat sich die Bezeichnung *„Chronic Interstitial Nephritis in Agricultural Communities (CINAC)“* durchgesetzt (Wilke et al. 2019). Als Auslöser werden neben dem Hitzestress zusätzliche toxische Schädigungen verantwortlich gemacht, zum Beispiel durch die Exposition zu Umweltgiften, deren Nephrotoxizität durch die ungünstigen Umwelt- und Arbeitsbedingungen und einen extrem konzentrierten Urin gesteigert wird (Vervaet et al. 2020; Gunatilake et al. 2019). Folgen dieser Erkrankung sind eine zunehmende Arbeitsunfähigkeit mit den entsprechenden sozialen Folgen sowie eine hohe Sterblichkeit dieser meist jungen Feldarbeiter, für die im Falle einer fortgeschrittenen Niereninsuffizienz keine Möglichkeiten einer Nierenersatztherapie zur Verfügung stehen. Der Klimawandel wird das Auftreten dieser Erkrankungen mit all seinen gesellschaftlichen Folgen weiter steigern.

Hitze-assoziierte Nephrolithiasis

Unter Bedingungen eines unzureichend gedeckten Flüssigkeitsverlustes ist der Organismus bestrebt, durch maximale Urinkonzentrierung jegliche unnötige Wasserausscheidung einzuschränken. Dies steigert das Kristallisationsrisiko für im Urin enthaltene Salze mit der Folge der Entstehung von Nierensteinen. Bei anhaltender globaler Erwärmung ist in besonders betroffenen Regionen mit einer starken Zunahme an Nierensteinerkrankungen zu rechnen.

20.1.3 Nierenschäden durch Luftverschmutzung

Inhalierte Aerosole (CO, NO_2) und Feinstaub-Mikropartikel ($PM_{2,5}$, PM_{10}) können über die Lunge in die Zirkulation aufgenommen werden und so mit Nierengewebe in direkten Kontakt kommen. Im Tierversuch lösen Dieselabgase strukturelle Nierenschäden aus. Bei langfristig erhöhter Exposition zu Feinstaub, NO_2 und CO besteht ein deutlich erhöhtes Risiko für CKD, ESKD und Tod durch Nierenerkrankung (Bowe 2017). Es wird geschätzt, dass weltweit 17–20% aller CKD-Fälle in ätiologischem Zusammenhang mit Luftverschmutzung stehen, insbesondere in Ländern mit niedrigen oder mittleren Einkommen (Ziyad et al. 2020). Die globale CKD-Inzidenz, die allein auf Luftverschmutzung ($PM_{2,5}$) zurückzuführen ist, lag in 2016 bei 6,9 Millionen Fällen, was 94 Fällen pro 100.000 Population und einem Verlust von 11,4 Millionen an gesunden Lebensjahren (disability adjusted life years) entspricht (Bowe et al. 2019). Bislang wurden chronische Nierenerkrankungen als Folge von Luftverschmutzung von internationalen Organisationen weitgehend ignoriert.

Aktuelle Daten sollten Anlass geben, Nierenerkrankungen auf die globale Health-Agenda zu nehmen.

Die nahezu lineare Assoziation zwischen Feinstaub-Exposition und CKD-Risiko legt nahe, dass eine erfolgreiche Reduktion der Luftverschmutzung mit einer Senkung des CKD-Risikos einhergehen dürfte.

20.2 Ökologischer Fußabdruck der Dialyse

Unter den Therapieformen der modernen Medizin sticht die Dialyse durch enormen Ressourcenverbrauch und exzessive Abfallentstehung hervor. Von weltweit 3,4 Mio. Dialysepatienten werden 3 Mio. mit HD und 0,4 Mio. mit PD behandelt. Allein im Rahmen der HD-Programme werden jährlich > 230 Milliarden Liter sauberes Wasser verwendet und > 1,3 Milliarden Tonnen an Plastikabfällen generiert (Stenvinkel et al. 2020). Pro HD werden zwischen 6 und 19 kWh Strom verbraucht, die Wasseraufbereitung trägt mehr als 50% zum Gesamt-Stromverbrauch bei. Die Abfallentstehung aus HD-Verbrauchsmitteln verteilt sich auf infektiösen Abfall, der verbrannt oder chemisch entsorgt wird, allgemeinen Abfall, der auf Müllhalden landet und zum geringsten Anteil auf wiederaufbereitbare Materialien. Abhängig von verwendeten Dialysemaschinen und Dialyseverfahren werden pro HD-Behandlung 1,5–8 kg an Abfall produziert, davon im Mittel etwa 2,5 kg an infektiösen Abfällen, wovon wiederum 35% auf Plastikmaterialien entfallen (Barraclough u. Agar 2020).

Der ökologische Fußabdruck der HD liegt laut einer Studie aus UK bei etwa 3,8 t CO_2-Äquivalent pro Patient und Jahr (Connor et al. 2011). Für die PD und Heim-HD dürfte der CO_2-Fußabdruck aufgrund der höheren Behandlungsfrequenz und der großen Mengen plastikhaltiger Verbrauchs- und Verpackungsmaterialien sogar noch höher sein.

Die Nephrologie ist zusammen mit der kooperierenden Industrie dazu aufgerufen, Maßnahmen zur Verbesserung der Umweltbilanz der Dialyseverfahren zu ergreifen. Diese sollten mindestens umfassen:

- die Entwicklung neuer und Verwendung bereits existierender Technologien zur Senkung des immensen Wasserverbrauchs,
- eine Reduktion des Stromverbrauchs und die Nutzung umweltfreundlicher Entwicklungen zur lokalen Energieerzeugung sowie
- eine drastische Verminderung des Abfalls, ein vermehrtes Abfall-Recycling und weitgehenden Verzicht auf umweltschädliche Plastikmaterialien.

Das Bewusstsein für Planetary Health und der Wille, sich dieser Problematik aktiv anzunehmen, ist unter Nephrologen in den letzten Jahren deutlich gewachsen (Barraclough u. Agar 2020; Johnson et al. 2019). Insbesondere die industriellen Partner im Bereich der Hämo- und Peritonealdialyse werden sich in Zukunft an der Übernahme einer globalen Umwelt-Verantwortung messen lassen müssen.

Literatur

Barraclough KA, Agar JWM (2020) Green Nephrology. Nat Rev Nephrol 16(5), 257–268

Bowe B, Xie Y, Li T et al. (2019) Estimates of the 2016 Global Burden of Kidney Disease Attributable to Ambient Fine Particulate Matter Air Pollution. BMJ Open 9, e022450

Bowe B, Xie Y, Li T et al. (2017) Associations of Ambient Coarse Particulate Matter, Nitrogen Dioxide, and Carbon Monoxide with the Risk of Kidney Disease: A Cohort Study. Lancet Planet Health 1(7), e267–e276

Connor A, Lillywhite R, Cooke MW et al. (2011) The Carbon Footprints of Home and In-Center Maintenance Hemodialysis in the United Kingdom. Hemodial Int 15, 39–51

Conti S, Masocco M, Meli P et al. (2007) General and Specific Mortality Among the Elderly During the 2003 Heat Wave in Genoa (Italy). Environ Res 103, 267–274

Gunatilake S, Seneff S, Orlando L (2019) Glyphosate's Synergistic Toxicity in Combination with Other Factors as a Cause of Chronic Kidney Disease of Unknown Origin. Int J Environ Res Public Health 16, 2734–2740

Johnson RJ, Sánchez-Lozaba LG, Newman LS et al. (2019) Climate Change and the Kidney. Ann Nutr Metab 74[suppl 3], 38–44

Remigio RV, Jiang C, Raimann J et al. (2019) Association of Extreme Heat Events With Hospital Admission or Mortality Among Patients With End-Stage Renal Disease. JAMA Netw Open 2, e198904

Stenvinkel P, Shiels PG, Painer J et al. (2020) A Planetary Health Perspective for Kidney Disease. Kidney Int 98, 261–265

Tsai HJ, Wu PY, Huang JC, Chen SC (2021) Environmental Pollution and Chronic Kidney Disease. Int J Med Sci 18, 1121–1129

Vervaet BA, Nast CC, Jayasumana C et al. (2020) Chronic Interstitial Nephritis in Agricultural Communities is a Toxin-Induced Proximal Tubular Nephropathy. Kidney Int 97, 350–369

Wilke RA, Qamar M, Lupu R et al. (2019) Chronic Kidney Disease in Agricultural Communities. Am J Med 132, e727–e732

Ziyad AA, Bowe B (2020) Air Pollution and Kidney Disease. Clin J Am Soc Nephrol 15, 301–303

21 Neurologie

Andrea S. Winkler und Erica Westenberg

Neurologische Erkrankungen sind weltweit Hauptursache für Morbidität, vor allem in Form von Behinderung, und zweithäufigste Todesursache. Eine von drei Personen wird im Laufe ihres Lebens an einer neurologischen Erkrankung leiden. Die Spitzenreiter sind hierbei Schlaganfall, Migräne und Demenz. Neurologische Erkrankungen sind bei weitem nicht nur auf Länder mit höherem Einkommen beschränkt; in der Tat liegt 80% der Krankheitslast bei Ländern mit mittlerem und niedrigem Einkommen (Feigin et al. 2019, 2020; Knauss et al. 2019). Die Tendenz neurologischer Erkrankungen ist durch die weltweite Überalterung wie auch die negative Veränderung des Lebensstils mit Zunahme von u.a. kardiovaskulären Risikofaktoren steigend und muss somit in allen Gesundheitssystemen dieser Welt an vorderster Front inter-, bzw. transdisziplinär in den unterschiedlichen Lebensphasen und über die Sektoren hinweg mitgedacht werden. Die Gesundheit unserer Umwelt gewinnt auch bei neurologischen Erkrankungen zunehmend an Bedeutung.

21.1 Auswirkungen des Temperaturanstiegs

Hitzestress und Hyperthermie im Rahmen des Klimawandels wirken in komplexer Weise auf das Nervensystem. Unter anderem können beeinträchtigte Neurotransmission, reduzierte zerebrale Durchblutung, oxidativer Stress sowie neuroinflammatorische und neurodegenerative Prozesse zu epileptischen Anfällen, Schlaganfällen und kognitiven Defiziten führen (Ruszkiewicz et al. 2019). Mit dem weltweiten Anstieg der Temperaturen und vermehrt aufkommenden Hitzewellen wird auch eine Zunahme von Hitzschlägen erwartet. Neben kurzfristigen neurologischen Defiziten kann ein Hitzschlag auch bei jungen, gesunden Personen zu langfristigen neurologischen Defiziten führen, einschließlich motorischer und kognitiver Beeinträchtigungen und insbesondere zerebellärer Dysfunktion (Lawton et al. 2019). Migräneattacken treten häufiger während Temperaturschwankungen auf und Änderungen des Luftdrucks sind mit einer höheren Inzidenz von primär spontanen intrazerebralen Blutungen verbunden (Ruszkiewicz et al. 2019). Menschen mit Multiple Sklerose (MS) sind bei Hitze besonders gefährdet. Hitze beeinträchtigt die neurale Funktion von bereits durch Demyelinisierung veränderten Axonen, was zur Ermüdung der Patient:innen und zur Verschlechterung der klinischen Symptomatik führen kann (Davis et al. 2010). Generell ist anzumerken, dass besonders ältere Menschen mit vorbestehenden neurologischen Erkrankungen bei heißem Wetter wegen Dehydrierung und potenzieller Elektrolytentgleisung gefährdet sind. Einerseits kann es zu einer Exazerbation vorbestehender Krankheitssymptome kommen, anderseits kann Verwirrtheit bis hin zum manifesten Delir auftreten, was oft eine stationäre Behandlung nötig macht.

Durch die wärmeren Temperaturen in Regionen wie Mitteleuropa dehnen viele Krankheitsüberträger wie Stechmücken und Zecken ihre Lebensräume in Gebiete aus, in denen sie zuvor unbekannt oder weniger verbreitet waren. Da sich Stechmücken bei wärmeren Temperaturen schneller vermehren und Zecken in wärmeren und feuchteren Wintern gedeihen, werden Krankheiten, die von diesen Vektoren übertragen werden, in Zukunft in Europa wahrscheinlich häufiger auftreten. Im Rahmen der von Stechmücken der Gattung Aedes (hierzu gehört auch die bekannte Tigermücke) übertragenen Krankheiten wie Dengue-, Chikungunya- und Zika-Fieber können akut und chronisch neurologische Erkrankungen auftreten, oder sogar das Bild bestimmen (Hemmer et al. 2018; Ruszkiewicz et al. 2019). Obwohl sich diese Vektoren weltweit ausdehnen und auch bereits in Europa und Deutschland Einzug gehalten haben, wurde eine autochthone Übertragung der entsprechenden Erkrankungen in Europa derzeit nur vereinzelt beschrieben (Emmanouil et al. 2020). Bis dato wurden bei diesen Erregern in Deutschland noch keine autochthonen Übertragungen gemeldet. Deutlich zugenommen haben jedoch die Fälle von am West-Nil-Virus Erkrankten; 2019 wurde die erste autochthone Übertragung in Deutschland beschrieben, seither wurden weitere Fälle gemeldet (Pietsch et al. 2020). Das West-Nil-Fieber, das durch Stechmücken der Gattung Culex übertragen wird und auch Tiere, vor allem Vögel und Pferde, befällt, verläuft beim Menschen in ca. 20% der Fälle symptomatisch mit Grippe-ähnlichen Beschwerden, wobei es bei weniger als 1% der Erkrankten zu Meningitis bzw. Meningoenzephalitis mit potenziellen Defektzuständen und letalem Ausgang kommen kann (Petersen et al. 2013; Hart et al. 2014). Zusätzlich sind Fälle von durch Zecken übertragenen Krankheiten wie die Frühsommer-Meningoenzephalitis (FSME) und Lyme-Borreliose auf dem Vormarsch. Insbesondere FSME Fälle sind kürzlich erneut im Nordosten Deutschlands aufgetreten, nachdem dort viele Jahre keine Fälle gemeldet wurden (Hemmer et al. 2018).

21.2 Auswirkungen von Luftverschmutzung

Studien zur Auswirkung von Luftverschmutzung auf neurologische Erkrankungen sind zu unterschiedlichen Ergebnissen gekommen. Die meisten Studien haben sich auf das Schlaganfallrisiko konzentriert. Obwohl einige Studien keinen Zusammenhang zwischen Luftverschmutzung und Schlaganfallrisiko gefunden haben, zeigen wiederum andere, dass kurz- und langfristige Exposition gegenüber Feinstaub oder in verschmutzter Luft enthaltenden reaktiven Gasen mit einem erhöhten Risiko für Schlaganfall und erhöhter Mortalität einhergeht (Hahad et al. 2020).

Metastudie: Luftverschmutzung und Schlaganfallrisiko

Eine Meta-Analyse fand, dass pro 10 µg/m³ Erhöhung von Feinstaub mit einem Durchmesser von ≤ 2,5 µm ($PM_{2,5}$) das Schlaganfallrisiko (gemessen am Anstieg der Krankenhauseinweisungen und der Mortalität) um 1,2% zunahm. Bei den in verschmutzter Luft enthaltenen Gasen war die Zunahme des Schlaganfallrisikos wie folgt: pro 1 parts per million (ppm) Erhöhung von Kohlenmonoxid (CO, Entstehung bei unvollständiger Verbrennung fossiler Brennstoffe oder Biomasse) 2,96% und pro 10 parts per billion (ppb) Erhöhung von Schwefeldioxid (SO_2, Entstehung bei Verbrennung fossiler Energieträger), Stickstoffdioxid (NO_2, Verwendung vor allem in Düngemitteln) und Ozon (O_3) jeweils 1,53%, 2,24% und 2,45% (Hahad et al. 2020).

Die Assoziation war hierbei stärker für ischämische Schlaganfälle, bestand jedoch auch für hämorrhagische Schlaganfälle. Als Ursachen werden Koagulopathien, oxidativer Stress und Neuroinflammation vermutet, letztere angetrieben durch pro-inflammatorische Mediatoren, die die Entstehung von Arteriosklerose beschleunigen können. Bei der hämorrhagischen Variante des Schlaganfalls wird Vasokonstriktion und Blutdruckerhöhung als verursachend angenommen (Huang et al. 2019; Hahad et al. 2020). Insgesamt sind Umweltrisiken wie Luftverschmutzung für 28.1% der mit „Schlaganfall gelebten Jahren" (Disability Adjusted Life Years, DALYs) verantwortlich (Feigin et al 2020).

Zudem wurde gezeigt, dass Luftverschmutzung neuroinflammatorische und neurodegenerative Erkrankungen verschlimmern oder gar auslösen kann. Kurzfristige Exposition gegenüber einzelnen Luftschadstoffen wie Feinstaub mit einem Durchmesser von ≤ 10 µm (PM_{10}), NO_2 und O_3 ist mit MS-Schüben assoziiert. Interessanterweise bestand der Zusammenhang mit PM_{10} und NO_2 vor allem für die kalte Jahreszeit, der mit Ozon vor allem für die heißen Tage. Nachdem jedoch die Effekte aller Luftschadstoffe verrechnet wurden, war nur mehr die Assoziation mit Ozon und MS signifikant (Jeanjean et al. 2018).

Die langfristige Exposition gegenüber Feinstaub mit einem Durchmesser von ≤ 2,5 µm ($PM_{2,5}$) wurde mit einem erhöhten Gesamtrisiko für Demenz, vor allem Alzheimer-Demenz, in Verbindung gebracht (Chin-Chan et al. 2015; Hahad et al. 2020). Darüber, ob Luftverschmutzung die Parkinsonerkrankung (Parkinson's Disease, PD) auslösen kann, besteht noch kein wissenschaftlicher Konsens. Allerdings haben einige Studien ein leicht erhöhtes Risiko bei Exposition mit $PM_{2,5}$, NO_2, O_3 und Kohlenmonoxid festgestellt (Chin-Chan et al. 2015; Hahad et al. 2020). Ein Zusammenhang zwischen der Menge an Mangan, das durch Fahrzeug- und Industrieemissionen freigesetzt wird, und der Häufigkeit von PD-Diagnosen scheint wahrscheinlicher (Block u. Calderón-Garcidueñas 2009). Schon lange ist bekannt, dass chronische Mangan-Exposition, auch als Manganismus bekannt, zu motorischen und kognitiven Beeinträchtigungen ähnlich dem PD-Krankheitsbild führen kann. Der Mechanismus der Neurotoxizität ist nicht endgültig geklärt, es gibt jedoch Hinweise, dass oxidativer Stress, mitochondriale Dysfunktion und Proteinaggregation eine Rolle spielen (Bornhorst 2016).

Weitere neurologische Erkrankungen, die durch erhöhte Konzentrationen an Luftschadstoffen verschlimmert oder ausgelöst werden können, sind

- epileptische Anfälle,
- Kopfschmerzen, vor allem Migräne,
- kognitive Einschränkungen sowie
- prä- und perinatale neurologische Entwicklungsstörungen (Hahad et al. 2020).

21.3 Auswirkungen von intensivierter Landwirtschaft

Die Zunahme landwirtschaftlicher und industrieller Aktivitäten hat zu einer Anreicherung von deren Abfallprodukten, insbesondere Phosphor und Stickstoff, im Grund- wie auch Quellwasser geführt. Dies führt, zusammen mit dem wärmeren Klima, zu einem vermehrten Wachstum von Cyanobakterien, die Neurotoxine produzieren, welche in unsere Nahrungsmittel gelangen können. Dies kann zu unterschiedlicher neurologischer Symptomatik führen, einschließlich sensorischer Defizite, Lähmungen, epileptischer Anfälle und neurodegenerativer Erkrankungen. Die von Cyanobakterien produzierten Toxine können auch die Entwicklung des Nervensystems im Mutterleib beeinträchtigen (Abeysiriwardena et al. 2018). Das vermehrte Auftreten dieser Neurotoxine, zu denen auch die Aminosäure β-N-methylamino-L-alanine (BMAA) gehört, wurde mit einem erhöhten Risiko für PD und amyotropher Lateralsklerose (ALS) in Verbindung gebracht (Abeysiriwardena et al. 2018). Zudem fand eine Studie, dass die Cyanobakterienkonzentration den von der Weltgesundheitsorganisation empfohlenen Schwellenwert in fast der Hälfte der untersuchten Seen in Deutschland überschritt (Carvalho et al. 2013). Gewässer sollten somit sorgfältig überwacht und die Einwohner in betroffenen Regionen davor gewarnt werden, in diesen Gewässern zu baden oder von ihnen zu trinken, wenn Algenblüte ist.

Zudem kommt es auch zur Anhäufung von Schwermetallen und Pestiziden. Verstärkte Niederschläge und extreme Wetterereignisse erhöhen die Wahrscheinlichkeit, dass diese Schadstoffe Gewässer kontaminieren oder sich in Nahrungsmitteln wie Meeresfrüchten anreichern. Dies wurde vor allem bei PD-Patient:innen untersucht, wo schon früh die Theorie aufgestellt wurde, dass Exposition mit Schwermetallen zu oxidativem Stress und einer Störung der Neurotransmission, insbesondere in den Basalganglien, führen kann. Bestimmte Pestizide können auch direkt in das dopaminerge System eingreifen und zu PD-ähnlicher Symptomatik führen (Ball et al. 2019).

21.4 Diagnose, Therapie und Prävention

Diagnose und Therapie der oben diskutierten Krankheitsbilder weichen nicht von der üblich ärztlichen Herangehensweise ab und sind in den medizinischen Standardwerken zu finden. Es ist jedoch ratsam, bei Verdacht auf vermehrte Aufnahme von Schadstoffen sich mit Umwelt- bzw. Arbeitsmediziner:innen in Verbindung zu setzen und eine entsprechende Diagnostik einzuleiten. Zudem scheint es wichtig, das eigene Bewusstsein gegenüber der vom Klimawandel ausgehenden Gefahren für neurologische Patient:innen zu schärfen und gefährdete Patient:innen und deren Angehörige hiervon zu unterrichten. Meidung entsprechender Schadstoffe, wie auch Prophylaxe durch z.B. FSME-Impfung, sind zu empfehlen.

Zusammenfassend ist festzuhalten, dass unterschiedliche Faktoren, die zum Klimawandel beitragen oder daraus resultieren, mit neurologischen Symptomen und Erkrankungen in Verbindung stehen und sicherlich die Krankheitslast in Deutschland in den kommenden Jahren beeinflussen werden. Die Beweislage für einige dieser Zusammenhänge ist noch dürftig und sollte somit durch großangelegte, gern auch länderübergreifende Studien untermauert werden.

Literatur

Abeysiriwardena NM, Gascoigne SJL, Anandappa A (2018) Algal Bloom Expansion Increases Cyanotoxin Risk in Food. Yale J Biol Med 91, 129–142

Ball N, Teo WP, Chandra S, Chapman J (2019) Parkinson's Disease and the Environment. Front Neurol 10, 218

Block ML, Calderón-Garcidueñas L (2009) Air Pollution: Mechanisms of Neuroinflammation and CNS Disease. Trends Neurosci 32(9), 506–516

Bornhorst J (2016) Mangan – essenzielles Spurenelement und neurotoxische Substanz. BIOspektrum 22, 540

Carvalho L, McDonald C, de Hoyos C, Mischke U, Phillips G et al. (2013) Sustaining Recreational Quality of European Lakes: Minimizing the Health Risks from Algal Blooms through Phosphorus Control. J Appl Ecol 50, 315–323

Chin-Chan M, Navarro-Yepes J, Quintanilla-Vega B (2015) Environmental Pollutants as Risk Factors for Neurodegenerative Disorders: Alzheimer and Parkinson Diseases. Front Cell Neurosci 9, 1–22

Davis SL, Wilson TE, White AT, Frohman EM (2010) Thermoregulation in Multiple Sclerosis. J Appl Physiol 109(5), 1531–1537

Emmanouil M, Evangelidou M, Papa A, Mentis A (2020) Importation of Dengue, Zika and Chikungunya Infections in Europe: The Current Situation in Greece. New Microbe and New Infect 235, 100663

Feigin VL, Vos T (2019) Global Burden of Neurological Disorders: From Global Burden of Disease Estimates to Actions. Neuroepidemiology 52, 1–2

Feigin VL, Vos T, Nichols E, Owolabi MO, Carroll WM et al. (2020) The Global Burden of Neurological Disorders: Translating Evidence into Policy. Lancet Neurol 19, 255–265

Hahad O, Lelieveld J, Birklein F, Lieb K, Daiber A, Münzel T (2020) Ambient Air Pollution Increases the Risk of Cerebrovascular and Neuropsychiatric Disorders through Induction of Inflammation and Oxidative Stress. Int J Mol Sci 21, 4306

Hart Jr. J, Tillman G, Kraut MA, Chiang HS, Strain JF, Li Y, Agrawal AG, Jester P, Gnann Jr. JW, Whitley RJ, NIAID Collaborative Antiviral Study Group West Nile Virus 210 Protocol Team (2014) West Nile Virus Neuroinvasive Disease: Neurological Manifestations and Prospective Longitudinal Outcomes. BMC Infect Dis 14, 248

Hemmer CJ, Emmerich P, Loebermann M, Frimmel S, Reisinger EC (2018) Mücken und Zecken als Krankheitsvektoren: der Einfluss der Klimaerwärmung. Dtsch Med Wochenschr 143, 1714–1722

Huang K, Liang F, Yang X, Liu F, Li J et al. (2019) Long Term Exposure to Ambient Fine Particulate Matter and Incidence of Stroke: Prospective Cohort Study from the China-PAR Project. BMJ 367, l6720

Jeanjean M, Bind MA, Roux J, Ongagna JC, de Sèze J, Bard D, Leray E (2018) Ozone, NO_2 and PM10 are Associated with the Occurrence of Multiple Sclerosis Relapses. Evidence from Seasonal Multi-Pollutant Analyses. Environ Res 163, 43–52

Knauss S, Stelzle D, Emmrich JV, Korsnes MS, Sejvar JJ, Winkler AS (2019) An Emphasis on Neurology in Low and Middle-Income Countries. Lancet Neurol 18(12), 1078–1079

Lawton EM, Pearce H, Gabb GM (2019) Environmental Heatstroke and Long-Term Clinical Neurological Outcomes: A Literature Review of Case Reports and Case Series 2000–2016. Emerg Med Australas 31(2), 163–173

Petersen LR, Brault AC, Nasci RS (2013) West Nile Virus: Review of the Literature. JAMA 310(3), 308–315

Pietsch C, Michalski D, Münch J, Petros S, Bergs S, Trawinski H, Lübbert C, Liebert UG (2020) Autochthonous West Nile Virus Infection Outbreak in Humans, Leipzig, Germany, August To September 2020. Eurosurveillance 25(46), 1–6

Ruszkiewicz JA, Tinkov AA, Skalny AV, Siokas V, Dardiotis E et al. (2019) Brain Diseases in Changing Climate. Environ Res 177, 108637

22 Onkologie

Joachim Schüz, Sabine Rohrmann und Martin Röösli

22.1 Einführung und Kontext

Etwa die Hälfte der deutschen Bevölkerung erkrankt Zeit ihres Lebens an Krebs, was mehr als einer halben Million neuer Krebsfälle pro Jahr entspricht. Krebsursachen sind vielfältig und unterschiedlich für jede Krebsform; man schätzt, dass fast die Hälfte der Ursachen für alle Krebserkrankungen identifiziert ist. Dies sind vor allem Einflüsse des individuellen Lebensstils, auch biologische Einflüsse (z.B. Onkoviren) und Umwelteinflüsse, sodass mit stringenter Primärprävention mehr als 40% aller Krebserkrankungen vermeidbar wären. Dies bedeutet aber auch, dass man für etwa die Hälfte der Krebserkrankungen die Ursachen noch nicht kennt und die Forschung intensivieren muss.

Aufgrund der Krebshäufigkeit ist es wichtig, das Zusammenspiel zwischen planetarer Gesundheit und Krebsgeschehen zu verstehen, um darauf zu reagieren. Umweltmedizin hat hier eine traditionelle und sehr erfolgreiche Rolle. Schon Ende des 18. Jahrhunderts wurde erstmals ein Zusammenhang zwischen Krebs und einer beruflichen (Umwelt-)Noxe identifiziert, nämlich das vermehrte Auftreten von Hodenkrebs bei Schornsteinfegern aufgrund ihrer Rußexposition. Bereits Ende des 19. Jahrhunderts galt der Zusammenhang zwischen der Kohlestaubexposition bei Bergleuten und dem erhöhten Lungenkrebsrisiko als etabliert. Dies war der Anfang kontinuierlich zunehmender Evidenz, dass vor allem Lungenkrebs im beruflichen Umfeld und durch Umwelteinflüsse verursacht werden kann, wenn krebserregende Substanzen inhaliert werden.

Chemikalien und andere Noxen in der Umwelt scheinen in Europa auf den ersten Blick eine geringe Rolle bei den Krebsursachen zu haben, weil auf bisheriger wissenschaftlicher Evidenz nur etwa einer von Hundert Krebsfällen auf Umweltexpositionen zurückgeführt wird. Doch dieser Eindruck täuscht möglicherweise. Aufgrund geografischer Muster in der Krebsverteilung vermutet man, dass Umwelteinflüsse einen größeren Einfluss auf das Krebsgeschehen haben könnten, als bisher nachgewiesen. Zum einen kann die Latenzzeit zwischen Exposition und den ersten Symptomen insbesondere bei den Karzinomen ein bis mehrere Jahrzehnte dauern. Deshalb reflektiert das Krebsgeschehen von heute die Lebensumstände und Umwelteinflüsse Ende des letzten bis Anfang dieses Jahrhunderts, nicht die heutigen. Zudem gilt für viele als krebserregend bekannte Chemikalien und Substanzen, dass ihr schädigender Effekt bei hohen Expositionen, speziell im beruflichen Umfeld, gesichert ist, aber nicht, ob sie auch bei viel niedrigeren Expositionen wie in der Umwelt vorkommend Krebs auslösen können. Es ist mit epidemiologischen Studien sehr langwierig und schwierig, solche Zusammenhänge nachzuweisen.

22.2 Krebsprävention: Stand, Erfolge, Herausforderungen

22.2.1 Krebsgeschehen heute und zukünftige Entwicklungen

Kontinuierliches Monitoring des Krebsgeschehens ist wichtig, um auf Veränderungen schnellstmöglichst reagieren zu können. Das weltweite Krebsgeschehen wird von der Internationalen Krebsagentur der Weltgesundheitsorganisation (IARC/WHO) zusammengefasst und im „Global Cancer Observatory (http://gco.iarc.fr)“ bereitgestellt (Sung et al. 2021). Krebsregistrierung erfolgt regional unterschiedlich, sodass dies eher eine Schätzung als Zählung ist. Weltweit erkrankten in 2020 18 Millionen Menschen neu an Krebs, etwas mehr Männer (9,3 Millionen) als Frauen (8,8 Millionen). Weltweit wird ein Anstieg der jährlichen Krebserkrankungen bis 2040 um knapp 55% projiziert, davon 61% bei Männern und 49% bei Frauen. Dieser Anstieg ist Resultat des Bevölkerungsanstiegs sowie der weltweit ansteigenden Lebenserwartung, da Krebs mit zunehmendem Alter immer häufiger auftritt. Daher ist die Projektion für 2040 kein „Worst Case“, sondern realistischste Erwartung von mehr als 500 Millionen neuen Patienten in den nächsten 20–25 Jahren. Das unterstreicht, dass man viel stärker auf Primärprävention setzen muss (Schüz et al. 2019). Die Entwicklungen für Deutschland, Österreich und die Schweiz zeigt Tabelle 1.

Die Anzahl Neuerkrankungen in der Bevölkerung (Inzidenz) ist eine wichtige Kenngröße zur Ressourcenplanung und wird als Inzidenzrate (Krebserkrankungen pro

Tab. 1 Krebsgeschehen in Deutschland, Österreich und Schweiz in 2020 und geschätzt für 2040 („Global Cancer Observatory“ der Internationalen Krebsagentur der WHO, Krebs ohne nichtmelanozytären Hautkrebs)

	Bevölkerung 2020	Bevölkerung 2040 (Prognose)	Krebsfälle 2020	Krebsfälle 2040 (Projektion)	Veränderung Krebsfälle in %
Deutschland	83.783.945	82.003.619	538.140	627.799	16,7
Österreich	9.006.400	9.211.788	44.294	56.074	26,6
Schweiz	8.654.618	9.551.354	47.711	65.361	37,0
Welt	7.794.798.548	9.198.847.400	18.094.716	28.026.148	54,9

100.000 Bevölkerung) angegeben. Das „Global Cancer Observatory" weist für Deutschland für 2020 eine Inzidenz von 538.140 Fällen und eine Inzidenzrate für Krebs von 642 Fällen pro 100.000 Einwohner aus. Brustkrebs mit jährlich etwa 70.000 neuen Fällen (fast ausschließlich Frauen), Prostatakrebs und Lungenkrebs mit etwa 65.000 und Darmkrebs mit knapp 60.000 sind die häufigsten Krebsformen in Deutschland, wobei Lungenkrebs mit Abstand die häufigste Krebstodesursache ist, gefolgt von Darmkrebs.

Für geografische Vergleiche und zeitliche Trends ist es wichtig die Inzidenzraten im Kontext der zugrundeliegenden Altersverteilung zu berechnen, weil diese Trends sonst stärker durch Änderungen in der Bezugsbevölkerung oder ihrer Altersverteilung beeinflusst werden als durch Änderungen im Krebsgeschehen. Bei der Altersstandardisierung der Inzidenzraten werden die Inzidenzraten auf eine einheitliche Altersstruktur umgerechnet. Die am häufigsten verwendete ist die Weltstandardbevölkerung (WHO). Die daraus resultierende altersstandardisierte Inzidenzrate für Deutschland liegt bei 282 pro 100.000, also erheblich niedriger als die oben erwähnte „rohe" Inzidenzrate, weil im internationalen Vergleich die Bevölkerung Deutschlands deutlich älter ist als die Weltbevölkerung und damit die hohen Krebsraten unter den Älteren vergleichsweise weniger stark gewichtet werden. In Abbildung 1 ist das Krebsgeschehen über die Zeit dargestellt. Datenbasis sind nordische Länder, die weltweit die längste Historie an qualitativ verlässlichen Inzidenzraten bieten und vergleichbare Verläufe mit Deutschland, Österreich und der Schweiz zeigen.

Der zeitliche Trend zeigt bei Männern einen Anstieg von etwa 24%, der weitestgehend auf Prostatakrebs zurückzuführen ist (ansonsten nur 7%). Bei den Frauen ist der Anstieg etwa 25%, und wäre fast gleich hoch, etwa 22%, ohne Berücksichtigung des Anstiegs durch Brustkrebs. Schaut man auf die Neuerkrankungsfälle so zeigt sich bei den Männern ein Anstieg um 80%, bei Frauen um 60%. Besonders deutlich wird dies beim Verlauf von Lungenkrebs bei Männern: hier ist die altersstandardisierte Inzidenzrate von 1988 auf 2016 um 31% gesunken, während die Anzahl neuer Fälle im gleichen Zeitraum um 12% zunahm. Der offensichtliche Präventionserfolg vor allem der Tabakprävention war also nicht ausreichend, um ein Anwachsen jährlich neuer Fälle zu kompensieren.

22.3 Ursachen von Krebs und deren Prävention

Die Europäische Kommission publiziert in regelmäßigen Abständen seit 1987 den Europäischen Kodex zur Krebsbekämpfung („European Code against Cancer [ECAC]", https://cancer-code-europe.iarc.fr) (Schüz et al. 2015). Der ECAC umfasst zwölf Empfehlungen, um sein Krebsrisiko zu verringern. Hierzu müssen nicht nur die Krebsursachen identifiziert sein, sondern auch deren Relevanz auf Bevölkerungsebene sowie erfolgreiche Interventionen zu ihrer Eliminierung oder Reduzierung sowie deren Implementierung (Puska 2021).

Folgend sind die zwölf Empfehlungen aufgeführt sowie ihre Bedeutsamkeit in Europa.

1. **Aktiver Tabakkonsum:** Rauchen ist immer noch für fast 20% aller Krebsfälle (fast die Hälfte aller vermeidbaren Krebsfälle) in Europa verantwortlich, weil entsprechende (nachgewiesen erfolgreiche) Präventionsmaßnahmen nicht rigoros umgesetzt werden.
2. **Passiver Tabakkonsum:** Der Kode empfiehlt ein rauchfreies Zuhause und rauchfreie Arbeitsplätze.

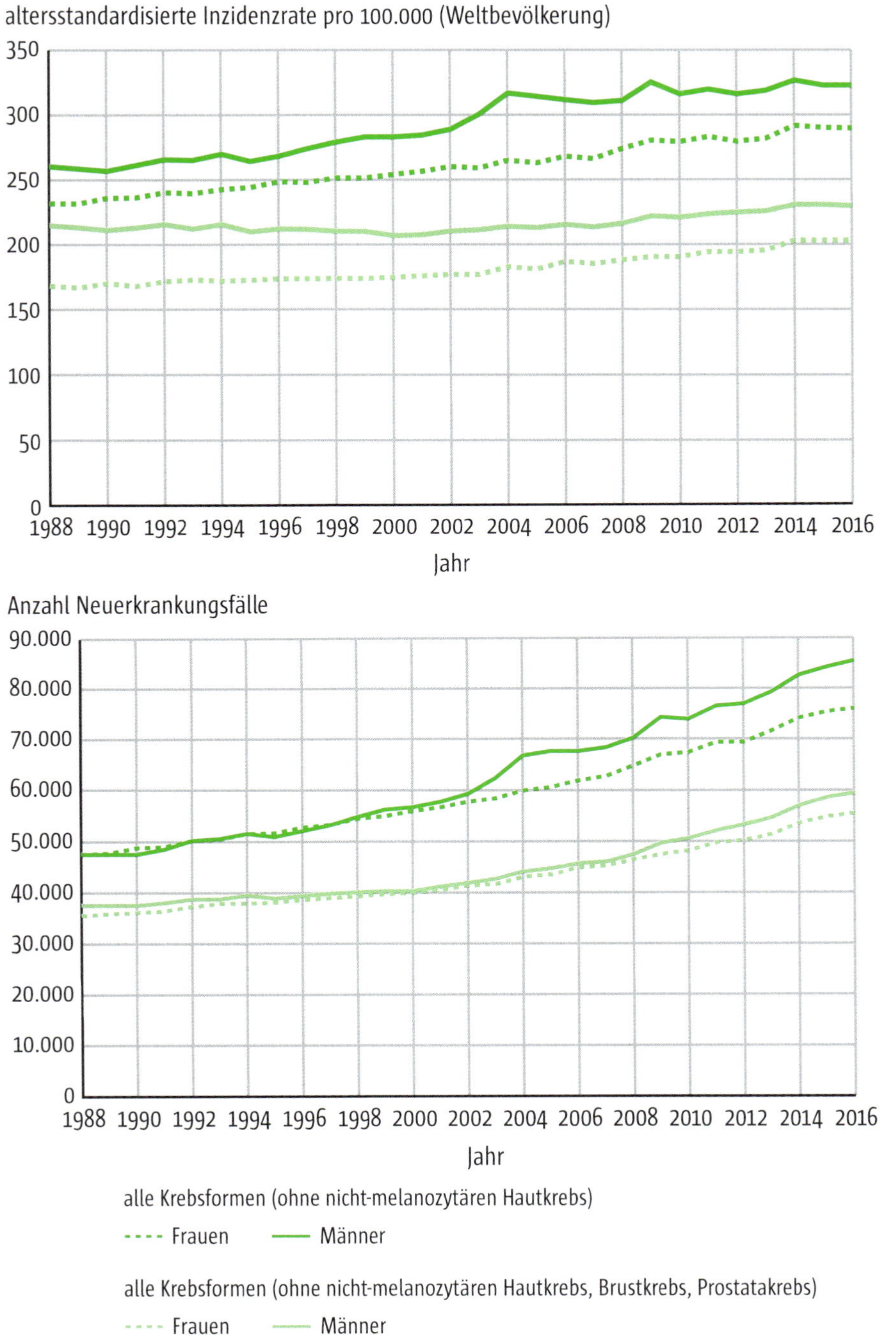

Abb. 1 Krebsgeschehen in nordischen Ländern (Dänemark, Finnland, Island, Norwegen und Schweden) von 1988 bis 2016, als altersstandardisierte Inzidenzrate (Weltbevölkerung) und Anzahl an Neuerkrankungen, für alle Krebsformen (ohne nicht-melanozytären Hautkrebs) und alle Krebsformen ohne nicht-melanozytären Hautkrebs, Brustkrebs und Prostatakrebs, getrennt für Männer und für Frauen

3. Gesundes Körpergewicht: Übergewicht und Fettleibigkeit sind Risikofaktoren für Krebs sowie viele weitere chronische Erkrankungen und nehmen besorgniserregend zu.
4. Mangel an Bewegung: Zu wenig bekannt ist, dass man nicht nur durch Sport, sondern auch moderate Bewegung (regelmäßiges Laufen, Treppe statt Aufzug) einen Benefit erzielt.
5. Gesunde Ernährung: Dies beinhaltet häufigen Konsum von Vollkornprodukten, Hülsenfrüchten, Obst und Gemüse, bei gleichzeitiger Einschränkung energiereicher Ernährung inklusive zuckerhaltiger Getränke. Ebenso sollten rotes Fleisch und salzreiche Lebensmittel weniger gegessen werden, auf industriell verarbeitetes Fleisch sollte verzichtet werden. Übergewicht, Bewegungsmangel und Ernährung sind für etwa 15% aller Krebsfälle verantwortlich.
6. Alkohol: Zu Wenigen ist bekannt, dass Alkoholkonsum Krebs verursacht, dies ist schon ab geringen Mengen möglich. Alkohol verursacht etwa 5% der Krebsfälle in Europa (jedoch landesabhängig).
7. Ultraviolette Strahlung (UV): Etwa 2–3% der Krebsfälle sind darauf zurückzuführen. Man sollte sich und besonders Kinder vor zu viel Sonnenstrahlung schützen. Solarien sind zu vermeiden.
8. Arbeitsplatz und Umwelt (generell): Am Arbeitsplatz sind Sicherheitsvorschriften Folge zu leisten. Etwa 3–4% der Krebsfälle gehen auf krebserregende Stoffe am Arbeitsplatz oder in der Umwelt zurück.
9. Arbeitsplatz und Umwelt (Strahlung): Radon kommt natürlich vor, kann sich aber in Häusern anreichern, sodass man sich mit entsprechenden Maßnahmen schützen kann. Ionisierende Strahlung verursacht insgesamt etwa 2% aller Krebsfälle, davon entfallen 1% auf Radon und 1% auf medizinische Anwendungen, auf die jedoch in Diagnostik und Therapie nicht verzichtet werden kann.
10. Für Frauen gilt, dass Hormonersatztherapien nur wirklich dann in Anspruch genommen werden sollten, wenn medizinisch indiziert. Kinder zu stillen, senkt das Krebsrisiko bei Müttern.
11. Impfungen: Etwa 5–6% der Krebsfälle sind auf Infektionen zurückzuführen. Der Kodex empfiehlt Impfprogramme für HPV bei Mädchen und Hepatitis-B-Impfungen bei Neugeborenen als erfolgreich nachgewiesene Präventionsprogramme.
12. Krebsfrüherkennung: Empfohlen ist die Teilnahme an organisierten Programmen zu Darm-, Brust- und Gebärmutterhalskrebs.

Mit dem Monografie-Programm der Internationalen Krebsagentur der WHO werden potenziell krebserregende Substanzen auf ihre Karzinogenität evaluiert, indem experimentelle und epidemiologische Studien systematisch ausgewertet werden (Cogliano et al. 2011). Anfang 2021 sind von über tausend evaluierten Substanzen 121 als krebserregend beim Menschen eingestuft. Dazu gehören neben vielen beruflichen Expositionen wie Asbest, Chrom VI, Quarz und Nickel viele Umwelt- oder Innenraumschadstoffe wie Benzol oder Formaldehyd sowie Luftschadstoffe einschließlich Feinstaub oder Dieselabgase. Neben den 121 erwiesen kanzerogenen Stoffen werden 66 Stoffe als wahrscheinlich und 285 Stoffe als möglicherweise kanzerogen erachtet.

22.4 Luft und Klima

Luftschadstoffe sind ein Gemisch zahlreicher Substanzen aus unterschiedlichen Emissionsquellen. Daher wird die Luftqualität mit Leitschadstoffen gemessen wie zum Beispiel Feinstaub (z.B. PM_{10} und $PM_{2,5}$). Quellen von Feinstaub sind Verbrennungen (Ruß) in Verkehr, Industrie und Heizungen, Landwirtschaft, natürliche Emissionen von Pflanzen und Mikroorganismen, Meeresgischt und mechanisch generierte Partikel vom Bau, Industrie oder Erosionspartikel.

Es besteht eine enge Wechselwirkung zwischen Luftschadstoffen und planetarer Gesundheit. So entstehen bei der Verbrennung von fossilen Energieträgern neben Luftschadstoffen auch Treibhausgase, welche zur Klimaveränderung führen. Dies hat wiederum Auswirkungen auf die Konzentration von Luftschadstoffen. Erhöhte Temperaturen und intensive Sonneneinstrahlung beeinflussen die sekundäre Bildung von Feinstaub und begünstigen insbesondere die Bildung von bodennahem Ozon, welches durch fotochemische Prozesse aus Vorläuferschadstoffen (überwiegend Stickoxide aus Verbrennungen und flüchtige organische Verbindungen) entsteht. Die verschiedenen Luftschadstoffe haben eine Vielzahl biologischer Auswirkungen zur Folge, unter anderem oxidativer Stress und Entzündungen, genomische Veränderungen und Mutationen, epigenetische Veränderungen und mitochondriale Dysfunktionen (Peters et al. 2021). Dies führt zu Atemwegs-, Herz-/Kreislauf- Krebs- und Stoffwechselerkrankungen sowie Auswirkungen auf das Immun- und Nervensystem. Weltweit wurden im Jahr 2019 über 6,5 Millionen vorzeitige Todesfälle der Luftschadstoffbelastung zugeschrieben (GBD 2020). Für Deutschland sind das 27.000 vorzeitige Todesfälle wegen Feinstaub und 2.400 Todesfälle wegen Ozon. Davon betreffen 4.300 Todesfälle Lungenkrebs.

Der Zusammenhang zwischen Luftschadstoffen und Lungenkrebs gilt als ursächlich etabliert (Loomis et al. 2013). Zusammenhänge sind auch mit Blasenkrebs beobachtet worden. Die Untersuchung des Zusammenhanges zwischen Luftschadstoffen und Krebserkrankungen ist komplex, da eine Vielzahl möglich kanzerogener Schadstoffe involviert sind und die Wirkung erst nach langer Latenzzeit auftritt. In Studien an Zellen und Nagetieren wurde beobachtet, dass Extrakte oder Suspensionen von Feinstaub aus der Außenluft Mutationen und zytogenetische Effekte inklusive DNA-Strangbrüche erzeugt haben. Bei Menschen, welche gegenüber Luftschadstoffen exponierten waren, wurden im Urin kanzerogene Schadstoffe sowie deren Metabolyten nachgewiesen (z.B. polyzyklische aromatische Kohlenwasserstoffe [PAK], Hämoglobin-Addukte von Nitro-PAKs und niedermolekulare Alkene), aber auch erhöhte Werte von DNA-Addukten und Methylierungen. Schlussendlich wurde in großen epidemiologischen Kohortenstudien Zusammenhänge zwischen Feinstaub und Lungenkrebs beobachtet. Eine 2021 publizierte Analyse von sieben europäischen prospektiven Kohortenstudien, einschließlich einer deutschen Studie fand eine Zunahme des Erkrankungsrisikos um 13% pro 5 $\mu g/m^3$ Zunahme der $PM_{2,5}$-Feinstaubbelastung am Wohnort (Hvidtfeldt et al. 2021). Dabei wurden für primäre und sekundäre Verkehrsemissionen stärkere Zusammenhänge mit Lungenkrebs festgestellt als mit nicht abgasbedingten Feinstäuben.

Im Umweltbereich ist Verhältnisprävention meist effektiver als Verhaltensprävention. Das zeigt sich am Beispiel der Luftreinhaltungspolitik der letzten 30 Jahre für Deutschland (s. Abb. 2). Die Emissionen der meisten Luftschadstoffe sind in den

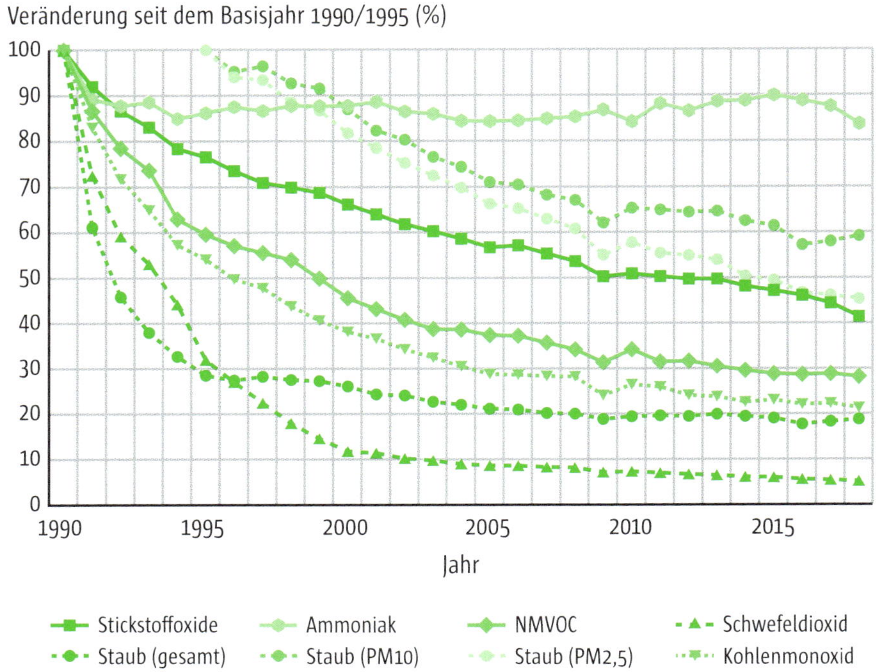

Abb. 2 Veränderung der Emissionen verschiedener Luftschadstoffe in Deutschland seit 1990 (Umweltbundesamt)

letzten 30–40 Jahren zurückgegangen. Am deutlichsten war dies bei den Schwefeldioxiden, bei denen man mit verhältnismäßig einfacher Entschwefelung der fossilen Brennstoffe eine große Wirkung erzielen konnte. Weitere Maßnahmen beim Verkehr, Heizung und Industrie führten zu einem deutlichen Rückgang von Stickoxiden, Kohlenmonoxid, flüchtigen Kohlenwasserstoffen und Feinstaub, obwohl sich die Bevölkerung und Verkehrsmenge in den letzten Jahren erhöht hat. Kaum Maßnahmen wurden in der Landwirtschaft getroffen und entsprechend haben sich die Emissionen von Ammoniak, eine Vorläufersubstanz für Feinstaub wenig verändert. In China ist bei den meisten Luftschadstoffen ein Rückgang der Emissionen seit 2010 zu beobachten (McDuffie et al. 2020), während sie in anderen Weltregionen größtenteils immer noch zunehmen.

Klimawandel sowie ressourcenintensiver Lebensstil haben auch auf andere Umweltfaktoren Auswirkungen. Wie sich das auf Krebserkrankungen auswirkt ist noch wenig verstanden. So kann der Klimawandel die UV- oder Sonnenstrahlung verändern beziehungsweise das Verhalten der Menschen und damit ihre Strahlenexposition. Als Folge des industriellen Lebensstils wurden seit 1950 mehr als 140.000 neue Chemikalien und Pestizide synthetisiert (Landrigan et al. 2018). Davon wurden rund 5.000 in großen Mengen produziert und sind in der Umwelt weit verbreitet. Weniger als die Hälfte dieser Chemikalien wurden auf Toxizität geprüft. Klimaveränderungen könnten sich beispielsweise auf den Verbrauch von Pestiziden auswirken, von denen bisher wenige als kanzerogen gesichert gelten (z.B. Lindan), aber manche als wahrscheinlich (z.B. Malathion, Diazinon, Glyphosat) oder möglicherweise (z.B. Parathion und Tetrachlorvinphos) kanzerogen eingestuft sind. Indirekte Auswirkungen sind auch denkbar über biologische Noxen, auf die sich der Klimawandel auswirken könnte; so wie die Krebs erregenden Darmwürmer (Schisostoma haematobium), Saugwürmer (Opistorchis viverrini) oder Schimmelpilze (über Aflatoxine). Eine Übersicht an Möglichkeiten diskutieren Vineis und Kollegen (Vineis et al. 2021).

22.5 Ernährung und nachhaltige Nahrungsproduktion

„Eine sinnvoll zusammengestellte Ernährung ist für die Gesundheit eine wichtige Voraussetzung“ (von Koerber et al. 1994).

In Deutschland entwickelte sich aus der Überlegung, dass eine Ernährung sowohl die Bedürfnisse aller Menschen wie auch die Anforderungen an eine intakte Umwelt erfüllen muss, in den 1980er-Jahren der Begriff der Ernährungsökologie. Ziel waren Ernährungskonzepte, die sich durch hohe Gesundheits-, Umwelt- und Sozialverträglichkeit auszeichneten. Daraus entstand das Konzept der „Vollwerternährung“ (von Koerber et al. 1994). Die Welternährungsorganisation (FAO) beschrieb 2010 eine nachhaltige Ernährung als eine Ernährung mit geringen Umweltauswirkungen, die zur Lebensmittel- und Ernährungssicherheit sowie gesunden Leben für heutige und zukünftige Generationen beiträgt (Burlingame 2010). Ergänzend hat im Jahr 2018 die EAT-Lancet-Kommission die „Planetary Health Diet“ publiziert (Willett et al. 2019, s. Kap. II.8). In Deutschland wurde im Juni 2020 das Gutachten „Politik für eine nach-

Tab. 2 Kohortenstudien zu Ernährung im Kontext von planetarer Gesundheit und Krebs

Untersuchte Faktoren	Studie	Ergebnis
Ernährungsassoziierte Treibhausgase, Landnutzung	Niederlande (Teil der European Prospective Investigation into Cancer and Nutrition; Biesbroek et al. 2014)	Keine Assoziation mit der Krebsmortalität
Häufiger Verzehr organisch produzierter Lebensmittel	Großbritannien (UK Million Women Study; Bradbury et al. 2014)	Keine Assoziation mit der Krebsinzidenz
Hoher „Organic Food Score“	Frankreich (NutriNet-Santé-Kohorte, Baudry et al. 2018)	Inverse Assoziation mit der Krebsinzidenz; Schätzung: etwa 7% aller Krebsfälle durch hohen „Organic Food Score“ vermeidbar
„Sustainable Diet Index“	Frankreich (NutriNet-Santé-Kohorte, Seconda et al. 2020)	Inverse Assoziation mit der Krebsinzidenz; speziell auch mit Brustkrebs, aber nicht mit tabak-assoziierten Krebsformen
Biodiversität in der Ernährung	International (European Prospective Investigation into Cancer and Nutrition; Hanley-Cook et al. 2021)	Abnehmende Krebsmortalität mit zunehmender Biodiversität in Ernährung; etwa 10% je zehn Spezies

haltigere Ernährung“ vom Wissenschaftlichen Beirat für Agrarpolitik, Ernährung und gesundheitlichen Verbraucherschutz vorgestellt (WBAE 2020). Darin vorgeschlagen wird eine integrierte Ernährungspolitik mit dem Ziel Gesundheit, Umwelt und Klima zu schützen, Ernährungsarmut zurückzudrängen, soziale Mindeststandards einzuhalten und das Tierwohl zu erhöhen. Eine neuere Schweizer Studie zeigt, dass eine durchschnittliche Ernährung zu Treibhausgasemissionen von 1,8 t CO_2-Äquivalente pro Person und Jahr bezogen auf eine Energieaufnahme von 2.000 kcal führt, während dies bei einer vegetarischen Ernährung 1,1 t und für eine vegane Ernährung gar nur 0,9 t CO_2 Äquivalente pro Person und Jahr sind (Ernstoff et al. 2020).

Eine Schätzung für Deutschland kommt zum Schluss, dass von im Jahr 2018 aufgetretenen Krebsfällen etwa 8% auf Ernährungsfaktoren zurückzuführen sind (geringe Ballaststoff-, Obst- und Gemüsezufuhr, hoher Konsum von Wurst, rotem Fleisch und Salz; Behrens et al. 2018). Da diese Faktoren durch nachhaltige Ernährung positiv verändert werden, ist zu vermuten, dass eine nachhaltige Ernährung auch mit einem niedrigeren Krebsrisiko einhergeht. Bislang gibt es hierzu erst wenige Studien (s. Tab. 2).

Abgesehen vom direkten Zusammenhang zwischen dem Verzehr von nachhaltig produzierten Lebensmitteln und dem Krebsrisiko, hat möglicherweise der Anbau, der Transport und die Verarbeitung von Lebensmitteln einen Einfluss auf das Krankheitsrisiko (Vineis et al. 2021).

22.6 Planetare Gesundheit und Krebs: Aussichten

Das Konzept der planetaren Gesundheit ist eine neue Art der Betrachtung von Gesundheit und Wohlbefinden und verlangt für die Prävention eine inter- und transdisziplinäre Herangehensweise, sodass traditionelle Grenzen zwischen Disziplinen verwischen. Idealerweise verknüpfen Gesundheits- und Umweltfachleute ihre Konzepte miteinander und fokussieren darauf, wie sich verschiedene Systeme und Handlungen gegenseitig beeinflussen.

Viele Umwelt- und Klimaschutzmaßnahmen gehen mit erheblichen gesundheitlichen Vorteilen einher.

Förderung nachhaltiger Mobilität reduziert die Emission von Luftschadstoffen und Treibhausgasen. Gleichzeitig tragen Radfahren und zu Fuß gehen zur Steigerung der körperlichen Aktivität bei. Saubere Luft und mehr Bewegung verhindern Krebs und andere Krankheiten wie Diabetes, Herz-Kreislauf-Erkrankungen und chronische Atemwegserkrankungen. So zeigten Pendler, die zu Fuß oder mit der Bahn pendeln ein geringeres Krebsrisiko als Pendler mit dem Auto (Patterson et al. 2020). Ein anderes Beispiel ist der Verzicht von energieintensiver Düngung in der Landwirtschaft, was zu einem Rückgang von Nitrat (krebserregend) im Trinkwasser führt.

Auch wenn man Menschen ermutigen kann, die planetare Gesundheit in ihrem Alltag zu berücksichtigen, ist die Verhaltensprävention im Umweltbereich häufig ineffizient, da ohne entsprechende Rahmenbedingungen Anreize fehlen oder Handlungsalternativen nicht möglich sind, wie am Beispiel Luftreinhaltung gezeigt (s. Abb. 2). Gleiches gilt für die Ernährung, und so legt das WBAE-Gutachten einen Schwerpunkt auf die Ernährungsumgebung, die das Konsum- und Essverhalten entscheidend prägt (WBAE 2020). Unter anderem wird festgestellt, dass der Einfluss von Ernährungsumgebungen in der öffentlichen wie auch politischen Diskussion unterschätzt, während die individuelle Handlungskontrolle häufig überschätzt wird.

Auch wenn noch viel Forschungsbedarf besteht: klar ist, dass Maßnahmen zur Verbesserung der planetaren Gesundheit sich positiv auf die Gesundheit beim Menschen und positiv auf das Krebsaufkommen auswirken (Watts et al. 2020). Nicht zu vergessen, Behandlung von Krankheiten braucht auch Ressourcen und insofern ist der Erhalt der Gesundheit auch eine Klima-Mitigationsmaßnahme.

Literatur

Baudry J, Assmann KE, Touvier M, Allès B, Seconda L, Latino-Martel P, Ezzedine K, Galan P, Hercberg S, Lairon D, Kesse-Guyot E (2018) Association of Frequency of Organic Food Consumption With Cancer Risk: Findings From the NutriNet-Santé Prospective Cohort Study. JAMA Intern Med 178(12), 1597–1606. DOI: 10.1001/jamainternmed.2018.4357

Behrens G, Gredner T, Stock C, Leitzmann MF, Brenner H, Mons U (2018) Cancers Due to Excess Weight, Low Physical Activity, and Unhealthy Diet. Dtsch Arztebl Int 115(35–36), 578–585. DOI: 10.3238/arztebl.2018.0578

Biesbroek S, Bueno-de-Mesquita HB, Peeters PH, Verschuren WM, van der Schouw YT, Kramer GF, Tyszler M, Temme EH (2014) Reducing Our Environmental Footprint and Improving our Health: Greenhouse Gas Emission and Land Use of Usual Diet and Mortality in EPIC-NL: a prospective cohort study. Environ Health 13(1), 27. DOI: 10.1186/1476-069X-13-27

Bradbury KE, Balkwill A, Spencer EA, Roddam AW, Reeves GK, Green J, Key TJ, Beral V, Pirie K; Million Women Study Collaborators (2014) Organic Food Consumption and the Incidence of Cancer in a Large Prospective Study of Women in the United Kingdom. Br J Cancer 110(9), 2321–6. DOI: 10.1038/bjc.2014.148

Burlingame B, Dernini S, Nutrition and Consumer Protection Division (Hrsg.) (2010) Sustainable Diets and Biodiversity – Directions and Solutions for Policy, Research and Action. Proceedings of the International Scientific Symposium BIODIVERSITY AND SUSTAINABLE DIETS AGAINST HUNGER. FAO Headquarters, Rome, 3–5 November. URL: http://www.fao.org/3/i3004e/i3004e.pdf (abgerufen am 16.07.2021)

Cogliano VJ, Baan R, Straif K, Grosse Y, Lauby-Secretan B, El Ghissassi F, Bouvard V, Benbrahim-Tallaa L, Guha N, Freeman C, Galichet L, Wild CP (2011) Preventable Exposures Associated with Human Cancers. J Natl Cancer Inst 103(24), 1827–39. DOI: 10.1093/jnci/djr483

Ernstoff A, Stylianou KS, Sahakian M, Godin L, Dauriat A, Humbert S, Erkman S, Jolliet O (2020) Towards Win-Win Policies for Healthy and Sustainable Diets in Switzerland. Nutrients 12(9), 2745. DOI: 10.3390/nu12092745

GBD 2019 Risk Factors Collaborators (2020) Global Burden of 87 Risk Factors in 204 Countries and Territories, 1990–2019: A Systematic Analysis for the Global Burden of Disease Study 2019. Lancet 396(10258), 1223–1249. DOI: 10.1016/S0140-6736(20)30752-2

Hanley-Cook et al. (2021) (under review) – Personal Communication Paolo Vineis

Hvidtfeldt UA, Severi G, Andersen ZJ, Atkinson R, Bauwelinck M, Bellander T, Boutron-Ruault MC, Brandt J, Brunekreef B, Cesaroni G, Chen J, Concin H, Forastiere F, van Gils CH, Gulliver J, Hertel O, Hoek G, Hoffmann B, de Hoogh K, Janssen N, Jöckel KH, Jørgensen JT, Katsouyanni K, Ketzel M, Klompmaker JO, Krog NH, Lang A, Leander K, Liu S, Ljungman PLS, Magnusson PKE, Mehta AJ, Nagel G, Oftedal B, Pershagen G, Peter RS, Peters A, Renzi M, Rizzuto D, Rodopoulou S, Samoli E, Schwarze PE, Sigsgaard T, Simonsen MK, Stafoggia M, Strak M, Vienneau D, Weinmayr G, Wolf K, Raaschou-Nielsen O, Fecht D (2021) Long-Term Low-Level Ambient Air Pollution Exposure and Risk of Lung Cancer – A Pooled Analysis of 7 European Cohorts. Environ Int 146:106249. DOI: 10.1016/j.envint.2020.106249

Landrigan PJ, Fuller R, Acosta NJR, Adeyi O, Arnold R, Basu NN, Baldé AB, Bertollini R, Bose-O'Reilly S, Boufford JI, Breysse PN, Chiles T, Mahidol C, Coll-Seck AM, Cropper ML, Fobil J, Fuster V, Greenstone M, et al.

(2018) The Lancet Commission on Pollution and Health. Lancet 391(10119), 462–512. DOI: 10.1016/S0140-6736(17)32345-0

Loomis D, Grosse Y, Lauby-Secretan B, El Ghissassi F, Bouvard V, Benbrahim-Tallaa L, Guha N, Baan R, Mattock H, Straif K; International Agency for Research on Cancer Monograph Working Group IARC (2013) The Carcinogenicity of Outdoor Air Pollution. Lancet Oncol 14(13), 1262–3. DOI: 10.1016/s1470-2045(13)70487-x

McDuffie EE, Smith SJ, O'Rourke P, Tibrewal K, Venkataraman C, Marais EA, Zheng B, Crippa M, Brauer M, Martin RV (2020) A Global Anthropogenic Emission Inventory of Atmospheric Pollutants from Sector- and Fuel-Specific Sources (1970–2017), An Application of the Community Emissions Data System (CEDS). Earth Syst Sci Data 12(4), 3413–3442

Patterson R, Panter J, Vamos EP, Cummins S, Millett C, Laverty AA (2020) Associations Between Commute Mode and Cardiovascular Disease, Cancer, and All-Cause Mortality, and Cancer Incidence, Using Linked Census Data Over 25 Years in England and Wales: A Cohort Study. Lancet Planet Health 4(5), e186-e194. DOI: 10.1016/S2542-5196(20)30079-6

Peters A, Nawrot TS, Baccarelli AA (2021) Hallmarks of Environmental Insults. Cell 184(6), 1455–1468. DOI: 10.1016/j.cell.2021.01.043

Puska P (2021) How to Make Better Use of Scientific Knowledge for Cancer Prevention. Mol Oncol 15(3), 809–813. DOI: 10.1002/1878–0261.12858

Schüz J, Espina C, Villain P, Herrero R, Leon ME, Minozzi S, Romieu I, Segnan N, Wardle J, Wiseman M, Belardelli F, Bettcher D, Cavalli F, Galea G, Lenoir G, Martin-Moreno JM, Nicula FA, Olsen JH, Patnick J, Primic-Zakelj M, Puska P, van Leeuwen FE, Wiestler O, Zatonski W; Working Groups of Scientific Experts (2015) European Code Against Cancer 4th Edition: 12 Ways to Reduce your Cancer Risk. Cancer Epidemiol 39 Suppl 1:S1–10. DOI: 10.1016/j.canep.2015.05.009

Schüz J, Espina C, Wild CP (2019) Primary Prevention: A Need for Concerted Action. Mol Oncol 13(3), 567–578. DOI: 10.1002/1878-0261.12432

Seconda L, Baudry J, Allès B, Touvier M, Hercberg S, Pointereau P, Lairon D, Kesse-Guyot E (2020) Prospective Associations Between Sustainable Dietary Pattern Assessed with the Sustainable Diet Index (SDI) and Risk of Cancer and Cardiovascular Diseases in the French NutriNet-Santé Cohort. Eur J Epidemiol 35(5), 471–481. DOI: 10.1007/s10654-020-00619-2

Sung H, Ferlay J, Siegel RL, Laversanne M, Soerjomataram I, Jemal A, Bray F (2021) Global Cancer Statistics 2020: GLOBOCAN Estimates of Incidence and Mortality Worldwide for 36 Cancers in 185 Countries. CA Cancer J Clin 71(3):209–249. DOI: 10.3322/caac.21660

Vineis P, Huybrechts I, Millett C, Weiderpass E (2021) Climate Change and Cancer: Converging Policies. Mol Oncol 15(3), 764–769. DOI: 10.1002/1878-0261.12781

Von Koerber K, Männle T, Leitzmann C (1994) Vollwert-Ernährung. Konzeption einer zeitgemäßen Ernährungsweise. 8. überarbeitete Auflage. Karls F. Haug Verlag Heidelberg

Watts N, Amann M, Arnell N, Ayeb-Karlsson S, Beagley J, Belesova K, Boykoff M, Byass P, Cai W, Campbell-Lendrum D, Capstick S, Chambers J, Coleman S, Dalin C, Daly M, Dasandi N, Dasgupta S, Davies M, Di Napoli C et al. (2021) The 2020 Report of The Lancet Countdown on Health and Climate Change: Responding to Converging Crises. Lancet 397(10269), 129–170. DOI: 10.1016/S0140-6736(20)32290-X

WBAE – Wissenschaftlicher Beirat für Agrarpolitik, Ernährung und gesundheitlichen Verbraucherschutz beim BMEL (Bundesministerium für Ernährung und Landwirtschaft) (2020) Politik für eine nachhaltigere Ernährung: Eine integrierte Ernährungspolitik entwickeln und faire Ernährungsumgebungen gestalten. Kurzfassung des Gutachtens, Berlin

Willett W, Rockström J, Loken B, Springmann M, Lang T, Vermeulen S, Garnett T, Tilman D, DeClerck F, Wood A, Jonell M, Clark M, Gordon LJ, Fanzo J, Hawkes C, Zurayk R, Rivera JA, De Vries W, Majele Sibanda L, Afshin A, Chaudhary A, Herrero M, Agustina R, Branca F, Lartey A, Fan S, Crona B, Fox E, Bignet V, Troell M, Lindahl T, Singh S, Cornell SE, Srinath Reddy K, Narain S, Nishtar S, Murray CJL (2019) Food in the Anthropocene: the EAT-Lancet Commission on Healthy Diets from Sustainable Food Systems. Lancet 393(10170), 447–492. DOI: 10.1016/S0140-6736(18)31788-4

23

Öffentlicher Gesundheitsdienst (ÖGD) – Klimawandel als neue Priorität

Maylin Meincke und Julia Kuhn

Der anthropogen verursachte Klimawandel und andere Umweltveränderungen sind nicht nur ein umweltpolitisches, sondern wegen ihrer indirekten und direkten Auswirkungen auf die Bevölkerungsgesundheit auch eine der größten gesundheitspolitischen Herausforderungen unser Zeit (WHO 2014). Zur Bekämpfung des Klimawandels wie auch der Prävention seiner gesundheitlichen Folgen ist eine gesundheitsorientierte Gesamtpolitik („Health in All Policies") nötig. Dem ÖGD kann in seiner Steuerungs- und Koordinierungsfunktion eine wichtige Rolle zukommen (Gerlinger 2013).

Von der Allgemeinheit oft unbemerkt trägt der ÖGD maßgeblich zum Schutz und zur Förderung der Gesundheit aller bei und ist ein unverzichtbarer Teil eines modernen Sozialstaats (GMK 2018). Neben den traditionellen Aufgaben des Gesundheitsschutzes, der -fürsorge und -förderung, gehören vermehrt koordinative, partizipative und planerische Aufgaben wie Politikberatung, Gesundheitsberichterstattung, Gesundheitsplanung, Gesundheitskonferenzen oder auch Öffentlichkeitsarbeit zu den Aufgaben des ÖGD. Sie orientieren sich an lokalen, aber auch globalen gesundheitlichen Herausforderungen und sind ohne kommerzielles Interesse gemeinwohlorientiert (GMK 2018).

Die Aufgaben des ÖGDs werden neben Einrichtungen auf Bundes- und Länderebene, allen voran auf kommunaler Ebene von den rund 400 unteren Gesundheitsbehörden (Gesundheitsämtern) wahrgenommen. Mit dem Ziel, gesundheitliche Chancengleichheit und bestmögliche Gesundheit für alle zu ermöglichen, arbeiten die verschiedenen staatlichen Ebenen des ÖGDs eng miteinander zusammen und nutzen ihre Schnittstellen zu anderen Ressorts und Sektoren aus beispielsweise Landwirtschaft, Verkehr, Soziales und Umwelt (GMK 2018).

23.1 Wie passt sich der ÖGD den Klimawandel-bedingten Herausforderungen an? – Ansätze und Potenziale

Die Anpassung an den Klimawandel im öffentlichen Gesundheitssektor ist eine komplexe Angelegenheit. Zum einen handelt es sich um ein Querschnittthema, das ressortübergreifend von verschiedenen Ministerien und Fachabteilungen bearbeitet wird. Zum anderen ist der Politikprozess zur Klimaanpassung in Deutschland eng verzahnt mit den europäischen und internationalen Strategieprozessen. Hinzu kommen die innerdeutschen föderalen Strukturen: Während der Bund den Rahmen vorgibt, obliegt es den Bundesländern, eigene Strategien und Pläne zu entwickeln. Die eigentliche Umsetzung der Klima- und Gesundheitspolitik aber findet auf kommunaler Ebene statt.

Im Rahmen der EU Governance-Verordnung und der Klimarahmenkonvention der Vereinten Nationen (englisch: UNFCC) – insbesondere des Pariser Klimaabkommens – ist Deutschland verpflichtet, regelmäßig Berichte über Anpassungspläne und -strategien und deren Umsetzung auf nationaler Ebene sowie im Gesamtkontext der EU vorzulegen (Deutscher Bundestag 2020b). In Deutschland gibt die Deutsche Anpassungsstrategie an den Klimawandel (DAS) von 2008 als strategisches Dokument den Rahmen vor (Deutscher Bundestag 2008). Die menschliche Gesundheit stellt dabei eines der 15 Handlungsfelder dar. Entsprechend der Auswirkungen des Klimawandels auf die Gesundheit wurden auf Bundesebene beispielsweise die Meldepflicht des Nachweises von Arbovirosen (z.B. West-Nil-Virus und Zika) im Rahmen des Infektionsschutzgesetzes eingeführt, „Handlungsempfehlungen für Hitzeaktionspläne zum Schutz der Gesundheit“ entwickelt und zahlreiche Forschungsvorhaben gefördert (BMU 2017). 2020 wurde eine neue Arbeitseinheit im Bundesministerium für Gesundheit (BMG) eingerichtet, die sich schwerpunktmäßig mit Fragen von Klimawandel und Gesundheit in Zusammenarbeit mit dem RKI und der Bundeszentrale für gesundheitliche Aufklärung (BZgA) beschäftigt. Seit 2007 ist im Bundesministerium für Umwelt, Naturschutz und nukleare Sicherheit (BMU) ein Referat zu Klimawandel und Gesundheit angesiedelt, welches sich insbesondere mit Unterstützung vom Umweltbundesamt (UBA) dem Thema widmet. Abstimmungen erfolgen zwischen den beteiligten Bundesministerien, -fachabteilungen und den Ländern im Rahmen der Bund-Länder-Arbeitsgruppe „Klimawandel und Gesundheit“ (Deutscher Bundestag 2020a).

Die menschliche Gesundheit findet sich nicht in allen Landesanpassungsstrategien und -plänen im selben Ausmaß wieder, da diese von den Ländern auf Basis landesspezifischer Besonderheiten und Anpassungsbedarfe ausgerichtet sind (Deutscher Bundestag 2020b). So ist insbesondere im Nordosten und Süddeutschland mit vermehrter Dauer und Häufigkeit von Hitzeereignissen auszugehen, während in den Regionen entlang der Flüsse Donau, Rhein und Weser mit Überschwemmung zu rechnen ist (Eis et al. 2010). Für südliche Bundesländer spielen die Verbreitung und Etablierung von potenziellen Überträgern von Infektionskrankheiten (z.B. Ae. albopictus) eine Rolle, für nördliche Bundesländer mit Zugang zur Ost- und Nordsee die Vibrionen. Die Umsetzung innerhalb des ÖGD ist daher auch von Bundesland zu Bundesland verschieden. Hessen unterstützte beispielsweise schon in 2014 die Entwicklung eines Hitzemonitorings (Siebert et al. 2019), Baden-Württemberg ein klimatisches und infrastrukturelles Risikoeinschätzungstool für kommunale Maßnahmen in Bezug auf die Etablierung von Ae. albopictus in Baden-Württemberg (Landtag Baden-Württemberg 2015), welches auch Gesundheitsämtern auf kommunaler Ebene zugutekommen kann. Denn neben Anpassungsstrategien auf Bundes- und Länderebene ist allen voran die Umsetzung der Maßnahmen auf kommunaler und regionaler Ebene erforderlich.

Die Notwendigkeit, aber auch das Potenzial einer Vernetzung der Gesundheitsvorsorge mit anderen Bereichen, wie dem Bau- und Sozialwesen oder ärztlichen und medizinischen Personal sowie anderen zivilgesellschaftlichen Akteur:innen, wird im kleinräumigen Kontext besonders deutlich. Beispielsweise kann im Rahmen kommunaler oder regionaler Gesundheitskonferenzen, wie sie bereits in einigen Bundesländern eingerichtet sind (z.B. Bayern, Baden-Württemberg, Nordrhein-Westfalen, Hessen, Sachsen), der gesundheitspolitische Fokus der jeweiligen Kommune gesetzt werden.

Unter der Leitung des ÖGDs können relevante Akteur:innen aus verschiedenen Ressorts der kommunalen Verwaltung (wie Verkehr und Stadtplanung), der medizinischen Versorgung, Krankenkassen und Wohlfahrtsverbände entlang des „Public-Health-Action-Cycle" (dt. Gesundheitspolitischer Aktionszyklus) gemeinsam Hochrisikogruppen (z.B. ältere Menschen) und -gebiete (z.B. Stadtteile) identifizieren, konkrete Strategien zur Prävention klimabedingter Gesundheitsschäden planen und implementieren.

23.2 Der Beitrag der ÖGD zum Klimaschutz

Als Teil der öffentlichen Verwaltung kommt dem ÖGD beim Klimaschutz eine wichtige Vorbildfunktion zu. Mit dem Bundes-Klimaschutzgesetz (KSG) 2019 und vergleichbaren Gesetzen in den meisten Bundesländern haben das Ziel einer treibhausgasneutralen Verwaltung und die Vorbildfunktion der öffentlichen Hand Gesetzesrang erhalten. In der 93. Gesundheitsministerkonferenz 2020 haben Bund und Länder einen wegweisenden Leitantrag zum Klimawandel und seine Auswirkungen auf das deutsche Gesundheitssystem verabschiedet, inklusive Minderungsziele. Auf diese Weise sollen die öffentlichen Gesundheitsbehörden in den Ländern ihren Beitrag zum Klimaschutz leisten und Handeln klimafreundlich ausrichten (GMK 2020). Andererseits kann auch die kommunale Gesundheitsförderung des ÖGDs zum Klimaschutz beitragen. Wie im Bericht Lancet Countdown 2020 konstatiert, bestehen wichtige Synergien (Co-Benefits) von Klimaschutzmaßnahmen und Gesundheitsförderung (Watts et al. 2021).

23.3 Klimakrise als Public-Health-Notfall begreifen

Der ÖGD leistet jetzt schon einen wichtigen Beitrag, den Auswirkungen des Klimawandels auf die Gesundheit entgegenzutreten. Auf Bundes- und Landesebene wurden entsprechende Rahmenbedingungen für Anpassungs- und Minderungsmaßnahmen geschaffen. Die Potenziale der Klimaanpassung und -minderung vor allem auf kommunaler Ebene sind aber noch nicht voll ausgeschöpft. Die Klimakrise sollte als Public-Health-Notfall begriffen werden. Die COVID-19-Pandemie hat gezeigt, welche wichtigen Aufgaben der ÖGD in Notfallsituationen übernehmen muss.

Um auch zukünftig die Gesundheit der Bevölkerung schützen zu können, wird ab 2021 über den Pakt für den Öffentlichen Gesundheitsdienst der Bundes- und Länderregierungen der ÖGD strukturell und personell gestärkt (BMG 2020). Dennoch muss der ÖGD sein Krisenmanagement weiterhin verbessern und sowohl auf die gesundheitlichen Folgen des Klimawandels und andere anthropogene Umweltveränderungen reagieren, als auch seinen Beitrag zum Klimaschutz leisten. Denn Klimaschutz ist die weltweit größte Chance für die Gesundheit.

Links zu Lehre, Fort- und Weiterbildung

- Strukturierte Curriculäre Fortbildung Umweltmedizin der Sozial- und Arbeitsmedizinische Akademie Baden-Württemberg e.V. (SAMA). URL: https://www.sama.de/fortbildungsangebote/umweltmedizin/kurs/strukturierte-curriculaere-fortbildung-umweltmedizin (abgerufen am 14.07.2021)
- Podcast der Akademie für Öffentliches Gesundheitswesen „Wissen, News und Tipps für den ÖGD"; Folge S2-E12, S2-E13, S2-E17 „Klimawandel und Zoonosen". URL: https://oegd.gmp-podcast.de/episoden/tag/zoonosen/ (abgerufen am 14.07.2021)
- Zentrum für öffentliches Gesundheitswesen und Versorgungsforschung Tübingen (ZÖGV). URL: https://www.medizin.uni-tuebingen.de/de/das-klinikum/einrichtungen/zentren/gesundheitswesen-und-versorgungsforschung (abgerufen am 14.07.2021)
- Planetary Health Vorlesungsreihe für Auszubildende und alle weiteren Interessierten in den Gesundheitsberufen. URL: https://www.klimawandel-gesundheit.de/aktivitaeten/planetary-health-academy/ (abgerufen am 14.07.2021)

Die hier dargestellten Ansichten stammen von den Verfasserinnen und müssen nicht die Ansichten des Landesgesundheitsamtes Baden-Württembergs widerspiegeln.

Literatur

Bundesministerium für Gesundheit (BMG) (2020) Packt für den Öffentlichen Gesundheitsdienst. Bundesministerium für Gesundheit Berlin. URL: https://www.bundesgesundheitsministerium.de/fileadmin/Dateien/3_Downloads/O/OEGD/Pakt_fuer_den_OEGD.pdf (abgerufen am 14.07.2021)

Bundesministerium für Umwelt, Naturschutz und nukleare Sicherheit (BMU) (2017) Handlungsempfehlungen für die Erstellung von Hitzeaktionsplänen zum Schutz der menschlichen Gesundheit. Bundesministerium für Umwelt, Naturschutz und nukleare Sicherheit Bonn. URL: https://www.bmu.de/fileadmin/Daten_BMU/Download_PDF/Klimaschutz/hap_handlungsempfehlungen_bf.pdf (abgerufen am 14.07.2021)

Deutscher Bundestag (2008) Unterrichtung durch die Bundesregierung: Deutsche Anpassungsstrategie an den Klimawandel. Berlin: Deutscher Bundestag. URL: https://www.bmu.de/download/deutsche-anpassungsstrategie-an-den-klimawandel/ (abgerufen am 14.07.2021)

Deutscher Bundestag (2020a) Klimawandel und das Gesundheitssystem. Antwort der Bundesregierung auf die Kleine Anfrage der Abgeordneten Dr. Andrew Ullmann, Michael Theurer, Renata Alt, weiterer Abgeordneter und der Fraktion der FDP. Drucksache 19/23623. URL: https://dip21.bundestag.de/dip21/btd/19/241/1924168.pdf (abgerufen am 14.07.2021)

Deutscher Bundestag (2020b) Unterrichtung durch die Bundesregierung: Zweiter Fortschrittsbericht der Bundesregierung zur Deutschen Anpassungsstrategie an den Klimawandel. Drucksache 19/23671. URL: https://dip21.bundestag.de/dip21/btd/19/236/1923671.pdf (abgerufen am 14.07.2021)

Eis D, Helm D, Laußmann D, Klaus S (2010) Klimawandeln und Gesundheit – Ein Sachstandsbericht. Robert Koch-Institut Berlin

Gerlinger T (2013) Klimawandel und Gesundheitssystem: Über die Schwierigkeiten der Anpassung an neue Herausforderungen. In: Jahn H, Krämer A, Wörmann T (Hrsg.) Klimawandel und Gesundheit. 113–122. Springer Spektrum Berlin, Heidelberg

Gesundheitsministerkonferenz (GMK) (2018) Beschlüsse der 91. GMK (2018). TOP: 10.21 Leitbild für einen modernen Öffentlichen Gesundheitsdienst (ÖGD) – „Der ÖGD. Public Health vor Ort“. URL: https://www.gmkonline.de/Beschluesse.html?id=730&jahr=2018 (abgerufen am 14.07.2021)

Gesundheitsministerkonferenz (GMK) (2020) Beschlüsse der 93. GMK (2020). Top: 5.1. Der Klimawandel – eine Herausforderung für das deutsche Gesundheitswesen. URL: https://www.gmkonline.de/Beschluesse.html?id=1018&jahr=2020 (abgerufen am 14.07.2021)

Landtag von Baden-Württemberg (2015) Stellungnahme des Ministeriums für Arbeit und Sozialordnung, Familie, Frauen und Senioren: Gefahr der Ausbreitung exotischer Stechmücken als potenzielle Überträger von Erregern tropischer Krankheiten in Baden-Württemberg. Drucksache 15/7249. URL: https://www.landtag-bw.de/files/live/sites/LTBW/files/dokumente/WP15/Drucksachen/7000/15_7249_D.pdf (abgerufen am 14.07.2021)

Siebert H, Uphoff H, Grewe HA (2019) Monitoring hitzebedingter Sterblichkeit in Hessen. Bundesgesundheitsblatt Gesundheitsforschung Gesundheitsschutz 62(5), 580–8

Watts N et al. (2021) The 2020 Report of The Lancet Countdown on Health and Climate Change: Responding to Converging Crises. The Lancet 397(10269), 129–170. DOI: 10.1016/S0140-6736(20)32290-X

World Health Organization (WHO) (2014) Helsinki Statement Framework for Country Action. URL: https://apps.who.int/iris/bitstream/handle/10665/112636/9789241506908_eng.pdf (abgerufen am 14.07.2021)

24 Orthopädie und Unfallchirurgie

Koroush Kabir

Der Einfluss von Umwelteinflüssen auf internistische Erkrankungen ist relativ bekannt. Weitaus weniger gut untersucht sind die Einflüsse speziell auf orthopädische, unfallchirurgische und sportmedizinische Erkrankungen und sich daraus ergebende Einschränkungen im Alltag. Dazu existieren bislang praktisch keine Übersichtsarbeiten. Dennoch sind auch hier einige Zusammenhänge untersucht und dargelegt worden.

24.1 Trauma und Wetter

Extreme Wetterereignisse können nicht nur eine Zerstörung der Infrastruktur mit sich bringen, sondern auch zu einer mitunter großen Zahl an Verletzten und Todesfällen führen (s. Kap. II.18). Es ist bekannt, dass die Anzahl der Aufnahmen in den Krankenhäusern durch Unfälle mit den örtlichen Wetterbedingungen zusammenhängt. In einer Registerstudie aus Deutschland konnte gezeigt werden, dass eine signifikante Verbindung zwischen dem Aufkommen der Föhnwinde und den Aufnahmen von Patienten mit schweren Traumata in den Traumazentren des Traumanetzwerks DGU besteht (Greve et al. 2020).

Parsons et al. analysierten die Beziehung zwischen den täglichen unfallbedingten Aufnahmen und den lokalen Wetterverhältnissen in Großbritannien über einen Zeitraum von zehn Jahren (Parsons et al. 2011). Jeder Anstieg der maximalen Tagestemperatur um 5°C oder jede weitere 2-stündige Sonneneinstrahlung führten zu einem Anstieg der Traumaaufnahmen von erwachsenen Patienten um ca. 2%. Die Auswirkungen in der pädiatrischen Gruppe waren erheblich größer, wobei ähnliche Temperaturerhöhungen und Sonnenstunden zu einem Anstieg der Traumaaufnahmen um bis zu 10% führten. Jeder Abfall der täglichen Mindesttemperatur um 5°C, z.B. aufgrund eines starken Nachtfrosts, führte zu einem Anstieg der Traumaaufnahmen bei Erwachsenen um 3,2%. Auch Schnee erhöhte die Traumaaufnahmen bei Erwachsenen um 7,9%. Ähnliche Daten bestätigten die Beobachtungen aus England auch für USA (Rising et al. 2006), Irland (Masterson et al. 1993), Norwegen (Røislien et al. 2018) und Russland (Unguryanu et al. 2020). In einer weiteren Übersichtsarbeit waren eine niedrigere Umgebungstemperatur, das Vorhandensein einer Schneedecke, saisonale Faktoren, die Tageszeit oder der Ort des Sturzes mit einem erhöhten Auftreten und Schweregrad der Traumata assoziiert (Chow et al. 2018).

Insgesamt zeigen die Studien, dass extreme Wetterereignisse, aber auch bestimmte normale Konstellationen wie warme und sonnige Tage, starke Regenfälle oder Kälteeinbrüche, mit der Zunahme von Unfallverletzten assoziiert sind. Die tagesaktuellen Wetterverhältnisse gelten daher als Prädiktor für das Traumaaufnahmevolumen. Sie sind daher ein entscheidender Faktor für die Arbeitsbelastung des Personals in Traumazentren.

Meteorologische Vorhersagen können nützlich sein, um wetterabhängig den Personalbedarf und die Ressourcenzuweisung zu planen.

24.2 Wetterabhängigkeit von Symptomen bei chronischen Erkrankungen des muskuloskelettalen Systems

In einem japanischen Kollektiv wurde gezeigt, dass Gelenkschmerzen mit der Temperatur und der Luftfeuchtigkeit in Räumen assoziiert waren und diskutiert, Klimaanlagen und Luftentfeuchter einzusetzen, um die Symptome positiv zu beeinflussen (Lee et al. 2018). Andere Autoren stellten Assoziationen zwischen alltäglichen Wetteränderungen und Schmerzen (Timmermans et al. 2015) oder Schüben einer rheumatoiden Arthritis (Savage et al. 2015) her. Park et al. schlussfolgerten nach einer Analyse von 10 Studien, dass sich die akute Gichtarthropathie häufiger in der Zeit entwickelt, in der die Temperatur über aufeinanderfolgende Tage signifikant ansteigt (Park et al. 2017). In einer brasilianischen monozentrischen Studie wurde die saisonale Verteilung des Karpaltunnelsyndroms festgestellt, die einen signifikanten Zusammenhang mit den Wintermonaten zeigt (Gomes et al. 2004). Ähnliche Ergebnisse zeigen weitere Kohorten aus Pakistan (Saeed u. Irshad 2010) und den USA (Warrender et al. 2018). Mehrere andere Studien ergaben keine oder nur schwache Hinweise auf einen Zusammenhang zwischen Wetterkonstellationen und chronischen Gelenk- oder Rückenschmerzen (Jena et al. 2017; Ferreira et al. 2016; Dorleijn et al. 2014).

Im Moment gibt es keine klare Evidenz für einen direkten kausalen Zusammenhang zwischen Wetterverhältnissen und muskuloskelettalen Schmerzen. Die Schwächen der bisherigen Studien sind kleine Stichprobengrößen, kurze Studiendauer, die fehlende einheitliche Klassifikation der Exposition bei bestimmten Wetterlagen aber auch methodische Probleme (Beukenhorst et al. 2020). Oft ist es auch eine wetterbedingte Zunahme an sich erwünschter physikalischer Aktivität wahrscheinliche Ursache für Schmerzen und Überlastung (Telfer u. Obradovich 2017). Allerdings werfen diese Daten die Frage auf, ob zum Beispiel durch die Häufung von Hitzeperioden eine Abnahme der physikalischen Aktivität insbesondere bei älteren Menschen sekundäre Komplikationen (wie z.B. Inaktivität-Osteoporose und hieraus entstehende osteoporotische Frakturen) begünstigen kann.

24.3 Zusammenfassung und Ausschau

Die tagesaktuellen Wetterverhältnisse sind nicht nur mit Symptomen chronischer muskuloskelettaler Erkrankung verknüpft, sondern beeinflussen auch die Häufigkeit von Verletzungen. Bislang sind die meisten Studien retrospektiv, beinhalten nur eine kleine Anzahl von Patienten und haben einen regionalen Fokus. Da die Klimakrise nicht nur mit einer Häufung extremer Wetterereignisse, sondern auch veränderten Wetterkonstellationen einhergeht, entstehen dadurch völlig neue epidemiologische Fragestellungen im Zusammenhang mit unfallchirurgischen und orthopädischen Krankheitsbildern. Prospektive Studien mit einer orthopädisch-unfallchirurgischen Fragestellung sind unentbehrlich, wie z.B. die Häufung von Hitzeperioden, die eine Abnahme der physikalischen Aktivität mit sich bringen und als Folge insbesondere bei älteren Menschen sekundäre orthopädisch-unfallchirurgischen Komplikationen wie Inaktivität-Osteoporose und hieraus entstehende osteoporotische Frakturen herbeiführen können, damit auch Orthopädie und Unfallchirurgie besser auf die veränderten Wetterkonstellationen und daraus resultierenden Krankheitsaufkommen vorbereitet wird.

Literatur

Beukenhorst AL et al. (2020) Are Weather Conditions Associated with Chronic Musculoskeletal Pain? Review of Results and Methodologies. Pain 161(4), 668–683. DOI: 10.1097/j.pain.0000000000001776

Chow KP et al. (2018) Meteorological Factors to Fall: A Systematic Review. Int J Biometeorol 62(12), 2073–2088. DOI: 10.1007/s00484-018-1627-y

Dorleijn DMJ et al. (2014) Associations between Weather Conditions and Clinical Symptoms in Patients with Hip Osteoarthritis: A 2-Year Cohort Study. Pain 155(4), 808–813. DOI: 10.1016/j.pain.2014.01.018

Ferreira ML et al. (2016) The Influence of Weather on the Risk of Pain Exacerbation in Patients with Knee Osteoarthritis – A Case-Crossover Study. Osteoarthritis and Cartilage 24(12), 2042–2047. DOI: 10.1016/j.joca.2016.07.016

Gomes I et al. (2004) Seasonal Distribution and Demographical Characteristics of Carpal Tunnel Syndrome in 1039 Patients. Arquivos De Neuro-Psiquiatria 62(3A), 596–599. DOI: 10.1590/s0004-282x2004000400006

Greve F et al. (2020) The Influence of Foehn Winds on the Incidence of Severe Injuries in Southern Bavaria – An Analysis of the TraumaRegister DGU®. BMC Musculoskeletal Disorders 21. DOI: 10.1186/s12891-020-03572-z

Jena AB et al. (2017) Association between Rainfall and Diagnoses of Joint or Back Pain: Retrospective Claims Analysis. BMJ (Clinical research ed.) 359, j5326. DOI: 10.1136/bmj.j5326

Lee M et al. (2018) Weather and Health Symptoms. Int J Environ Res Public Health 15(8). DOI: 10.3390/ijerph15081670

Masterson E, Borton D, O'Brien T (1993) Victims of our Climate. Injury 24(4), 247–248. DOI: 10.1016/0020-1383(93)90179-a

Park KY et al. (2017) Association between Acute Gouty Arthritis and Meteorological Factors: An Ecological Study Using a Systematic Review and Meta-Analysis. Seminars in Arthritis and Rheumatism 47(3), 369–375. DOI: 10.1016/j.semarthrit.2017.05.006

Parsons N et al. (2011) Modelling the Effects of the Weather on Admissions to UK Trauma Units: A Cross-Sectional Study. Emergency medicine journal: EMJ 28(10), 851–855. DOI: 10.1136/emj.2010.091058

Rising WR, O'Daniel JA, Roberts CS (2006) Correlating Weather and Trauma Admissions at a Level I Trauma Center. The Journal of Trauma 60(5), 1096–1100. DOI: 10.1097/01.ta.0000197435.82141.27

Røislien J, Søvik S, Eken T (2018) Seasonality in Trauma Admissions – Are Daylight and Weather Variables Better Predictors than General Cyclic Effects? PLoS ONE 13(2). DOI: 10.1371/journal.pone.0192568

Saeed MA, Irshad M (2010) Seasonal Variation and Demographical Characteristics of Carpal Tunnel Syndrome in a Pakistani Population. J Coll Physicians Surg Pak 20(12), 798–801. DOI: 12.2010/JCPSP.798801

Savage EM et al. (2015) Does Rheumatoid Arthritis Disease Activity Correlate with Weather Conditions? Rheumatology International 35(5), 887–890. DOI: 10.1007/s00296-014-3161-5

Telfer S, Obradovich N (2017) Local Weather is Associated with Rates of Online Searches for Musculoskeletal Pain Symptoms. PloS One 12(8), e0181266. DOI: 10.1371/journal.pone.0181266

Timmermans EJ et al. (2015) The Influence of Weather Conditions on Joint Pain in Older People with Osteoarthritis: Results from the European Project on OSteoArthritis. The Journal of Rheumatology 42(10), 1885–1892. DOI: 10.3899/jrheum.141594

Unguryanu TN et al. (2020) Weather Conditions and Outdoor Fall Injuries in Northwestern Russia. Int J Environ Res Public Health 17(17). DOI: 10.3390/ijerph17176096

Warrender WJ et al. (2018) Seasonal Variation in the Prevalence of Common Orthopaedic Upper Extremity Conditions. Journal of Wrist Surgery 7(3), 232–236. DOI: 10.1055/s-0037-1612637

25 Psychische Belastung und mentale Gesundheit

Christoph Nikendei

„Es gibt kein richtiges Leben im falschen." – *Theodor W. Adorno*

In seinem Bericht zur Lage der Menschheit mahnte der „Club of Rome" bereits 1972 eindringlich vor den Grenzen des globalen Wachstums und dem bevorstehenden Kollaps unserer Wirtschafts- und Ökosysteme. Heute übersteigt das Gewicht aller vom Menschen produzierten Objekte erstmals dasjenige der gesamten auf der Erde befindlichen Biomasse (Elhacham et al. 2020). Der „earth overshoot day" – also derjenige Tag, an dem bereits alle die für das laufende Jahr zur Verfügung stehenden Ressourcen aufgebraucht sind – fiel im Jahr 2020 auf den 22. August; bezogen auf den Ressourcenverbrauch in Deutschland im Jahr 2019 auf den 3. Mai. Wie kann es sein, dass wir die Erde auf diese Weise ausbeuten? Ihr mehr entnehmen, als jedem einzelnen von uns zusteht? Und sogar bereit dazu sind, so weit zu gehen, dass wir mit diesem unserem Handeln unsere eigene Existenz gefährden?

25.1 Klimawandel – (k)eine existenzielle Bedrohung

Die Kluft zwischen Wissen und Handeln. Sechs Jahre, acht Monate, 17 Tage verbleiben uns laut der CO_2-Uhr; dann haben wir – gleichbleibende CO_2-Emissionsraten vorausgesetzt – die Möglichkeit der Einhaltung des 1,5°C-Ziels verstreichen lassen (Stand 13.04.2021). Dabei ist die wissenschaftliche Evidenz für die Zunahme der mittleren globalen Temperatur erdrückend (Nikendei et al. 2020). Die Konsequenzen der Erderwärmung – Hitzewellen und Hitzetode, unbewohnbare Landstriche, Dürre, Hungersnot, der Anstieg des Meeresspiegels, der Verlust der Artenvielfalt, eine nie zuvor gekannte Welle an Klimageflüchteten – sind fatal und mit funktionierenden Zivilisationsstrukturen, wie wir sie kennen, nicht vereinbar (Nikendei et al. 2020). So ist es wenig erstaunlich, dass die Weltgesundheitsorganisation WHO (World Health Organisation) die globale Erwärmung als die größte Bedrohung für unsere Zivilisation proklamiert hat (WHO 2021). Und dennoch: Der Klimawandel steht lediglich an der elften Stelle der zentralen Ängste der Deutschen (Umfrage der R+V-Versicherung); nur 55% der amerikanischen und 35% der britischen Bevölkerung pflichten dem Sachverhalt der anthropogenen Genese der globalen Erwärmung bei (Nikendei, im Druck). Wie kann es aber sein, dass wir den Klimawandel nur bedingt als Bedrohung wahrnehmen und nicht der Bedrohung entsprechend angemessen handeln? Wie kommt es zu diesem „Value-Action-Gap" – der Kluft zwischen unserem eigentlichen Wissen und unserem tatsächlichen Handeln?

Evolutionsbiologische Aspekte. Evolutionsbiologisch reagiert der Mensch auf existenzielle Gefahren mit „Kampf", „Flucht" oder „Erstarren" (Bracha 2004). Um mit Aktivität und Kampf auf eine zentrale Bedrohung reagieren zu können, muss eben diese Bedrohung unmittelbar, konkret und unstrittig sein. Wenngleich der Klimawandel eine existenzielle Gefahr darstellt, vollzieht er sich schleichend, ist oftmals nicht direkt spürbar und von hoher Komplexität und damit wenig erfass- und greifbar. Mit anderen Worten: unser evolutionsbiologisches Sensorium besitzt die denkbar schlechteste Ausstattung, um die aktuelle Existenzgefährdung als solche zu erkennen.

Kognitionspsychologische und soziologische Gesichtspunkte. In Bezug auf die Wahrnehmung der aktuellen Bedrohungslage kommt es zu fundamentalen kognitiven Verzerrungen, von welchen eine Auswahl in Tabelle 1 erläutert wird (Clayton et al. 2015; Nikendei 2020). Erschwerend kommt hinzu, dass wir die Komplexität der globalen Erwärmung mit den uns zur Verfügung stehenden kognitiven Ressourcen nur ungenügend erfassen können („bounded rationality", Simon 1990) und zudem nur eine begrenzte innere Kapazität für belastende Themen zur Verfügung stellen können („finite pool of worry"). Der Klimawandel konstituiert darüber hinaus ein sogenanntes „vertracktes Problem" („wicked Problem"), für dessen Lösung keine einfachen unidimensionalen Ansätze bestehen, sondern Lösungsversuche sogar neue Schwierigkeiten und Problemkonstellationen hervorrufen.

Tiefenpsychologische Modelle. Tiefenpsychologische Modelle gehen davon aus, dass unser Umgang mit der Natur-Umwelt und unsere Beteiligung an dem aktuellen Desaster mit tiefgreifenden Gefühlen von Angst, Verzweiflung und Schuld behaftet ist. Diese Gefühle sind von einer solchen Unerträglichkeit, dass sie aus dem Bewusstsein verbannt werden müssen. Dies bedeutet, dass die vollumfängliche Realisierung der Katastrophe und die Anerkennung unserer Mitverantwortung und der hieraus resultierende innere psychische Untergang für uns unerträglicher wäre als der äußere Untergang. Um hierfür die aversiven Affekte bewusstseinsfern zu halten, bedienen wir uns unterschiedlicher Abwehrmechanismen, die in Tabelle 1 dargestellt werden (Nikendei 2020; Nikendei, im Druck).

25.2 Direkte Wärmeeffekte auf die Psyche und soziale Interaktion

Wärmeeinflüsse auf die Psyche. Die Erhöhung der mittleren Erdtemperatur hat aufgrund der Wärmeeinwirkung auch ganz direkte und unmittelbare Auswirkungen auf unsere psychische Entwicklung, unsere psychische Verfassung und das hieraus resultierende Verhalten.

Tab. 1 Kognitive Verzerrungen und Abwehrmechanismen im Rahmen der Wahrnehmung und Verarbeitung der Klimakrise (Beispiele nach Nikendei et al. 2020 und Nikendei, im Druck)

Kognitive Verzerrungen	
„interpretation bias"/ Interpretations-Bias	Faktische Informationen (z.B. zum wissenschaftlichen Hintergrund des Klimawandels) werden je nach sozialer Gruppenzugehörigkeit und Grundeinstellung unterschiedlich interpretiert und eingeordnet.
„single action bias"/ „Alibihandlung"	Einzelne umweltbezogene Handlungen verleiten dazu, unser Gesamtverhalten als zu positiv einzuschätzen (z.B. „green washing" im Rahmen des Supermarkteinkaufs).
„availability bias"/ Verfügbarkeits-Bias	Ereignisse, mit denen wir keine persönliche Erfahrung haben und die für uns weniger verfügbar sind (z.B. das Auftreten von Orkanen und Tornados), werden hinsichtlich der Wahrscheinlichkeit ihres Auftretens und deren Bedrohlichkeit falsch eingeschätzt.
Abwehrmechanismen	
Verleugnung	Alles, was nicht zum eigenen Weltbild und zur eigenen Weltanschauung passt, wird ignoriert (z.B. die Behauptung, dass es Kalt- und Warmzeiten schon immer gegeben hat und wir deshalb nicht beunruhigt sein müssen).
Projektion	Eigene Impulse, Fehlverhalten und Wünsche werden anderen unterstellt, um innerlich entlastet zu werden (z.B. der Vorwurf an die „Generation Greta", dass diese doch scheinheilig sei, da sie konsumiere wie keine Generation zuvor).
Rationalisierung	Ein scheinbar rationaler Grund wird angeführt, um ein nicht umweltförderliches Verhalten vor sich selbst und Anderen zu rechtfertigen (z.B. ein Interkontinentalflug für einen Urlaub, den man sich wegen der anstrengenden Zeit im Beruf verdient hat).

Persönlichkeitszüge. Persönlichkeitszüge werden durch die regionale Umgebungstemperatur mit beeinflusst. Umfangreiche epidemiologische Studien in den USA und China zeigen, dass mildere Umgebungstemperaturen mit sozial verträglicheren und stabileren Persönlichkeitseigenschaften sowie mit einer stärker ausgeprägten Offenheit und Extravertiertheit einhergehen (Wei et al. 2017).

Fremdaggressivität und kriminelles Verhalten. Eine Zunahme der Umgebungstemperatur beeinflusst auch das delinquente Verhalten von Menschen nachhaltig. Als ursächlich für diesen Zusammenhang wird der antizipierte Erfolg eines Verbrechens (z.B. bessere Fluchtmöglichkeiten bei wärmeren Umgebungsbedingungen), die wärmeinduzierte Steigerung der Aggressivität und des wärmebedingten Impulskontrollverlusts sowie die Zunahme der sozialen Interaktionen, in deren Folge es zur Anbahnung krimineller Handlungen kommt, gesehen. Allein für die USA wird prädiziert, dass bis 2099 zusätzliche 3,2 Millionen Einbrüche, 1,4 Millionen Fälle schwerer Körperverletzung, 200.000 Vergewaltigungen und 30.000 Ermordungen auftreten werden (Ranson 2014).

Psychosen, demenzielle Erkrankungen und Substanzmissbrauch. Psychosen, demenzielle Erkrankungen und Substanzmissbrauch zeigen je Temperaturzunahme um einen Grad eine Zunahme der Sterblichkeit um beinahe 5%. Hierfür werden sowohl biologische (z.B.

verstärkter Substanzmissbrauch) als auch soziale Faktoren (z.B. unzureichende sozialpsychiatrische Versorgung) angenommen (Page et al. 2012).

Suizidalität. In einer epidemiologischen Studie in Deutschland konnte gezeigt werden, dass die Gefahr eines Suizides nach einem am Vortag erfolgten Temperaturanstieg um 5°C im Vergleich zu Kontrolltagen um 5,7% erhöht ist. Angenommen werden temperaturbedingte Dysbalancen im Melatonin- und im Serotonin-Stoffwechsel (Schneider et al. 2020).

25.3 Traumatisierung im Rahmen von Extremwetterereignissen

Trauma und Traumafolgestörungen. Im psychotraumatologischen Verständnis handelt sich dabei dann um ein Traumaereignis, wenn die körperliche Integrität des Betroffenen gefährdet ist und die traumatische Situation mit Gefühlen von Hilflosigkeit und Entsetzen einhergeht. Tritt solch ein Traumaereignis auf, können infolge krankheitswertige Traumafolgestörungen resultieren, deren bekanntester Vertreter die Posttraumatische Belastungsstörung (ICD-10 F43.1) ist. Initial kann sich eine akute Belastungsreaktion entwickeln (ICD-10 F43.0), die psychopathologisch durch ganz unterschiedliche Auffälligkeiten (z.B. Weglaufen, Verstummen, Schreien, Agitation usw.) gekennzeichnet sein kann und nach der Distanzierung aus der Bedrohungssituation meist innerhalb von 72 h deutlich abebbt. Nicht nach jedem Traumaereignis entwickelt sich jedoch zwingend eine Posttraumatische Belastungsstörung. Die charakteristischen Symptome der Posttraumatischen Belastungsstörung sind:

- **Intrusionen:** Intrusionen sind einschießende, plötzlich auftretende Sinneseindrücke, die die Physiologie der traumatischen Situation repräsentieren. Oftmals sind die Intrusionen optischer Natur, können jedoch auch jede andere Sinnesqualität umschließen.
- **Flashbacks:** Flashbacks stellen eine spezifische Ausformung von Intrusionen dar. Definiert sind Flashbacks als ein „szenisches Wiedererleben" der traumatischen Situation.
- **Albträume:** Albträume sind Träume, die von Angstgefühlen und Paniksymptomen begleitet werden.
- **Vermeidungsverhalten:** Traumatisierte Patient:innen vermeiden Situationen, die sie an die traumatische Situation erinnern bzw. im Sinne von „Triggern" Intrusionen provozieren. Um intrusive Erinnerungen zu vermeiden werden Triggersituationen umgangen (Intrusions-Abwehr-Dynamik; Nikendei et al. 2017).

Einschneidende Lebensereignisse, wie z.B. das Niederbrennen des eigenen Hauses bei einem Buschfeuer oder die finanzielle Krise eines Landwirtes bei ausbleibenden Ernteerträgen, können sehr belastend sein, erfüllen jedoch nicht zwingend die Kriterien eines Traumas. In der Reaktion auf solche Erlebnisse muss der Mensch eine Adaptation und Neuorientierung leisten, die häufig zu psychischen Verarbeitungsproblemen und damit einhergehenden Gefühlen der Ängstlichkeit und Depressivität führen – diagnostisch spricht man dann von einer Anpassungsstörung (ICD-10 F 43.2).

Posttraumatische Belastungsstörung nach Extremwetterereignissen. Extremwetterereignisse können eine akute Gefahr für das Leben von Menschen darstellen. 15% der Frauen und 19% der Männer erleben im Laufe ihres Lebens eine potenziell lebensbedrohliche Naturkatastrophe. Im Falle von Traumaereignissen im Rahmen von Naturkatastrophen resultiert in circa 5% der Fälle eine PTBS. Die mit am häufigsten untersuchten Extremwetterereignisse sind Stürme und Überschwemmungen. Nach Überschwemmungen ist bei 20% der betroffenen Erwachsenen eine PTBS nachzuweisen, bei Kindern und Jugendlichen in 18% der Fälle. Typischerweise geht eine PTBS mit komorbiden psychischen Störungen, vor allem depressiven Störungen (ICD-10 F32.-) und Angsterkrankungen (ICD-10 F40.- und F41.-) einher (Mambrey et al. 2019).

25.4 Spannungsfeld zwischen Bewusstwerdung, psychischer Belastung und Handlungsfähigkeit

Der Prozess der Bewusstwerdung. Normalisieren sich kognitive Verzerrungen und werden Abwehrkonstellationen labilisiert, so dringt die Wahrnehmung über den tatsächlichen Zustand unserer Welt und unsere Beteiligung an diesem Desaster zunehmend in unser Bewusstsein. Diese Erkenntnisse beanspruchen unsere psychischen Verarbeitungskapazitäten, um dieses Verstehen mit unserem Bild über uns selbst, unserem Selbstverständnis und unserem Wertesystem in Einklang zu bringen – also kohärent zu machen. Dies fordert uns nicht nur auf besondere Weise heraus, sondern kann unseren psychischen Apparat auch überfordern. Diese Überforderung resultiert in eine erhöhte intrapsychische Spannung und führt ggf. zu der Entwicklung von psychischen Symptomen. Resultierende ängstliche und depressive Symptome können in Anbetracht der Massivität der realen Bedrohung also erst einmal als eine der Situation angemessene, beinahe unabdingbare und adaptive Reaktion angesehen werden.

Psychischer Widerstand, Klimakommunikation und die Rolle von Informationen und Regeln. Wie „befördert“ man nun aber die möglichst vollumfängliche Wahrnehmung und das Wissen um unsere Verantwortung in unser Bewusstsein, ohne dass wir darüber psychisch krank werden? Erst einmal ist die Bewusstwerdung ein gewünschter und notwendiger Prozess, um unser aktuelles Verhalten gegenüber der äußeren Umwelt-Natur zu modifizieren und zu korrigieren. Dieser Bewusstwerdungsprozess und die dafür notwendige Reduktion des psychischen Widerstands sollten durch eine gelungene Klimakommunikation unterstützt werden. Diese sollte zielgruppenorientiert und emotional getönt sein, den wissenschaftlichen Konsens benennen, Vorurteile antizipierend aufgreifen und realistische (Teil-)Zielsetzungen adressieren, um das Gefühl der Selbstwirksamkeit zu erhöhen und Veränderungsprozesse zu stimulieren (Deutscher Wetterdienst 2018). Allerdings ist davon auszugehen, dass die notwendigen Veränderungsprozesse so tiefgreifend sind, dass wir einerseits unweigerlich mit unseren psychischen Grenzen konfrontiert, andererseits die kognitiven Verzerrungen und Abwehrmuster inklusive umweltdestruktiver Impulse zum Teil so umfassend sind, dass es unweigerlich unterstützender (zusätzlicher) Regel- und Gesetzesvorgaben bedarf (Nikendei, im Druck).

Klima-Angst und Umwelt-Melancholie und die Frage der Krankheitswertigkeit. Die im Rahmen des Verarbeitungsprozesses möglicherweise auftretende Überforderung unseres psychischen Apparates kann die Entwicklung von psychischen Symptomen und Symptomkomplexen nach sich ziehen, die häufig angst- oder depressionsgetönt sind. Bevölkerungsrepräsentative Umfragen in unterschiedlichen Bevölkerungsgruppen verdeutlichen, dass die klima- und umweltbezogenen Ängste – insbesondere bei der Gruppe der Jugendlichen und jungen Erwachsenen – sehr stark ausgeprägt sind (s. Tab. 2). Angstsymptome und depressive Symptome stellen dabei zumeist ein weitgehend normales Begleitphänomen dar, das die Betrachtung unseres bisherigen Verhaltens im Sinne einer „Bilanzierung", den Abschied von zwar liebgewonnenen, jedoch umweltschädlichen Verhaltensweisen und eine handlungsbezogene Neuorientierung mit sich bringt. Relevante Syndrome der klimabezogenen Ängste und depressiven Belastungen, die in der Literatur beschrieben sind, werden in Tabelle 3 dargestellt.

Tab. 2 Repräsentative Umfragen zum Erleben des Klimawandels

Studie (N)	Relevante Befunde
Forsa-Studie (n = 800) (Bundesministerium für Umwelt, Naturschutz und nukleare Sicherheit 2009)	84% der Kinder und Jugendlichen im Alter von 10 bis 14 Jahren machen sich Sorgen um die Entwicklung des Weltklimas.
R + V (n > 2.000) (R+V 2020)	41% der Befragten gab an, Angst davor zu haben, „dass der Klimawandel dramatische Folgen für die Menschheit hat".
Shell-Studie (n = 2.572) (Shell Jugendstudie 2019)	65% der deutschen Jugendlichen im Alter von 12 bis 25 Jahren haben Angst vor dem Klimawandel.
Sinus (n = 1.102) (Sinus-Institut 2019)	Zwei Drittel der 14 bis 24-Jährigen sagten, dass ihnen „der Klimawandel große Angst macht".
SOS-Studie (n = 400) (SOS Kinderdorf 2020)	85% der Kinder und Jugendlichen haben Angst, dass wir die Erde zerstören.
WHO-Studie (n = 1,2 Mio.) (Flynn et al. 2021)	Zwei Drittel der interviewten Menschen sehen die Klimakrise als globalen Notfall an.

Tab. 3 Formen psychischer Belastung im Rahmen des Klimawandels

Belastungsform	Charakteristik
„climate grief" (Cunsolo u. Ellis 2018)	klimabezogene Trauer als primär situationsadäquate Trauer im Sinne einer Antwort auf die Realisierung der allumfassenden Zerstörung unserer Lebensvoraussetzungen
„climate despair" (Fritze et al. 2008)	durchdringende Verzweiflung und Ohnmacht, welche aus der klimabezogenen Trauer resultiert
„environmental melancholia" (Lertzman 2015)	Form der unverarbeiteten, zur Überforderung führenden Trauer über die Umweltzerstörung, deren (subjektiv erlebte) Unüberwindbarkeit eine Eigendynamik entfaltet und damit im Zentrum der Problematik steht
„eco anxiety" (Searle u. Gow 2010)	Umwelt-Angst, die sich in Form von umweltbezogenen Ängsten im Kontext der globalen Erwärmung manifestiert
Sostalgie (Albrecht 2005)	physisches und psychisches Stresserleben, welches durch die bestehenden Umweltveränderungen hervorgerufen wird

Behandlung von klimabezogenen Belastungen und Umgang mit dem therapeutischen Raum. Erlebte Belastungen im Rahmen der klimatischen Veränderungen können mit anderen psychosozialen Herausforderungen und Schwierigkeiten interagieren und von einer psychotherapeutischen Begleitung profitieren. Das Vorliegen einer eigenständigen, krankheitswertigen Störung lässt sich nicht an einem einzelnen Merkmal festmachen. Falls die klimabezogenen Ängste oder klimabezogenen depressiven Symptome sehr stark ausgeprägt sind, lang andauern und in eine Chronifizierung übergehen und die beruflichen und familiären psychosozialen Rollen nicht mehr wahrgenommen werden können, ist von einer krankheitswertigen manifesten Angststörung und/oder depressiven Episode auszugehen und sehr wahrscheinlich professionelle Hilfe vonnöten. Diagnostisch würden diese psychischen Belastungen dann am ehesten bei im Vordergrund stehender depressiver Symptomatik als depressive Episode (ICD-10 F32.-) bzw. je nach Charakteristik des Angstsyndroms z.B. als Panikstörung (ICD-10 F41.0), generalisierte Angststörung (ICD-10 F41.1) oder Angst und depressive Störung, gemischt (ICD-10 F41.2) gefasst werden. Wie bei Patient:innen, die aus einem anderen Anlass eine psychotherapeutische Behandlung in Anspruch nehmen und deren umweltschädigendes Verhalten vor- oder unbewusst ist, ein klimaschädliches Verhalten in den therapeutischen Raum integriert werden kann, ist noch Gegenstand aktueller Diskussionen (Chmielewski 2019). Unter anderem wird vorgeschlagen, den Umweltbezug und klimabezogene Einstellungen vor Beginn zu eruieren und anzukündigen, dass diese Teil der Mensch-Mensch-Natur-Interaktion sind und in der Therapie thematisiert werden.

25.5 Klimaresilienz

Resilienz ist ein Ausdruck für die psychische Widerstandsfähigkeit des Menschen. „Klimaresilienz" umschreibt dabei die psychische Widerstandsfähigkeit im Umgang mit der Klimakatastrophe im engeren Sinne. Menschen mit einer guten Widerstandsfähigkeit können belastende Lebensereignisse und Traumaerfahrungen besser aufnehmen, verarbeiten und integrieren (Dohm u. Klar 2020). Wichtige bekannte Resilienzfaktoren, die die Gefahr einer psychischen Belastung nach einschneidenden Lebensereignissen und Extremereignissen reduzieren, sind unter anderem in einer vorhandenen sozialen Unterstützung, existierender Bindungssicherheit und einem ausgeprägten Kohärenzsinn zu sehen. Klimaresilienz kann in der Auseinandersetzung mit dem Thema Klimawandel die Entwicklung depressiver und ängstlich getönter Syndrome unterbinden.

Manche Resilienzfaktoren, wie z.B. die Bindungssicherheit, haben sich lebensgeschichtlich entwickelt und überdauern über lange Zeit als sogenannte State-Variablen (Zustands-Variablen). Ein resilientes Verhalten kann jedoch auch aktiv gefördert werden, um Belastungen und depressive, sowie ängstliche Zustände im Zusammenhang mit dem Umgang mit den klimatischen Veränderungen zu verhindern oder zu reduzieren (Dohm u. Klar 2020).

Protektive Verhaltensweisen sind unter anderem:

- der achtsame, akzeptierende Umgang mit belastenden Gefühlen,
- Gespräche und ein gemeinsames Klima-Engagement mit Freunden und Gleichgesinnten,

- Selbstfürsorge,
- eine flexible Abgrenzungsfähigkeit,
- die Akzeptanz der eigenen Grenzen sowie
- eine Dialektik der Hoffnung und Hoffnungsfreiheit statt Hoffnungslosigkeit und ängstlicher Abwehr.

25.6 „Emotional Reflective Methods“

Therapienahe Ansätze, die das Ziel verfolgen, wieder einen näheren Bezug zu unserer inneren Natur und zu unserer äußeren Natur-Umwelt zu erlangen, beinhalten oft achtsamkeits- und ressourcenbasierte Ansätze. Im Zentrum der „emotional reflective methods“ (ERM) stehen entsprechend die achtsame Wahrnehmung von sich selbst, den Mitmenschen und der nicht-menschlichen Umwelt, die emotionale Begleitung dieser Wahrnehmungsprozesse und die emotionale Begleitung einer umweltförderlichen Veränderungsbereitschaft und einer umweltbezogenen Handlungskompetenz. Diese vorrangig in Gruppen durchgeführten Initiativen werden zum Teil von Umweltnetzwerken oder kommunalen und therapeutischen Verbänden angeboten (Übersicht bei Hoggett 2019).

25.7 Fazit

Die Herausforderungen in Hinblick auf die Wahrnehmung, den Umgang und die psychische Integration des Klimawandels sind für uns Menschen enorm. Unsere Fähigkeiten, die globale Erwärmung in ihrer Komplexität zu erfassen, die bestehende Bedrohungslage als solche wahrzunehmen und die Notwendigkeit, Handlungskompetenzen zu erwerben und zu erhalten, bringen uns an die Grenzen unserer kognitiven und emotionalen Verarbeitungsmöglichkeiten. Die überlebensnotwendigen tiefgreifenden Umstellungen in unserer Lebensführung, unserem Konsumverhalten und unseren Wertehaltungen sind zeitgleich von hoher zeitlicher Dringlichkeit und fordern uns in extremer Weise auf individueller, gesamtgesellschaftlicher und weltpolitischer Ebene. Die dabei notwendigen Bewusstwerdungsprozesse sind fast unweigerlich mit Gefühlen von Angst, Trauer und Wut verbunden, die erst einmal ein normales Phänomen eines adäquaten Verarbeitungsprozesses darstellen und keine Krankheitswertigkeit erlangen müssen.

Die Massivität der zu meisternden Herausforderungen und das erforderliche Tempo bei der Durch- und Umsetzung bedürfen neben einer gelungenen Klimakommunikation auch Regelwerken und juristischer Vorgaben und – zuweilen – auch zivilen Ungehorsams (Bennett et al. 2020). Neben all den Überforderungen bietet die Klimakrise jedoch auch die Chance, einen neuen Bezug zur eigenen inneren Natur und zur äußeren Natur-Umwelt herzustellen und die Chance einer neuen, weltumspannenden Solidarität (Orange 2017). Und: die Chance auf „ein richtiges Leben im richtigen“.

Literatur

Albrecht G (2005) Solastalgia: A New Concept in Human Health and Identity. PAN 2005(3), 41–55

Bark N (1998) Deaths of Psychiatric Patients during Heatwaves. Psychiatr Serv 49(8), 1088–1090

Bennett H, Macmillan A, Jones R, Blaiklock A, McMillan J (2020) Should Health Professionals Participate in Civil Disobedience in Response to the Climate Change Health Emergency? Lancet 395, 304–308

Bracha, HS (2004) Freeze, Flight, Fight, Fright, Faint: Adaptationist Perspectives on the Acute Stress Response Spectrum. CNS Spectr 9(9), 679–685

Bundesministerium für Umwelt, Naturschutz und nukleare Sicherheit (2009) Forsa-Umfrage: Jugendliche in Sorge um Weltklima. URL: https://www.bmu.de/pressemitteilung/forsa-umfrage-jugendliche-in-sorge-um-weltklima/ (abgerufen am 21.06.2021)

Chmielewski F (2019) Die Verleugnung der Apokalypse – der Umgang mit der Klimakrise aus der Perspektive der existenziellen Psychotherapie. Psychotherapeutenjournal 3, 253–260

Clayton S, Devine-Wright P, Stern PC, Whitmarsh L, Carrico A, Steg L, Swim J, Bonnes M (2015) Psychological Research and Global Climate Change. Nat Clim Chang 5(7), 640–646

Cunsolo A, Ellis NR (2018) Ecological Grief as a Mental Health Response to Climate Change-Related Loss. Nature Climate Change 8(4), 275–281

Deutscher Wetterdienst (2018) Promet – metereologische Fortbildung: Klimakommunikation. Deutscher Wetterdienst Fachinformationsdienst. Deutsche Meterologische Bibliothek Verlag Offenbach

Dohm L, Klar M (2020) Klimakrise und Klimaresilienz. psychosozial 43(3), 99–114

Elhacham E, Ben-Uri L, Grozovski J, Bar-On YM, Milo R (2020) Global Human-Made Mass Exceeds all Living Biomass. Nature 588, 442–444

Flynn C, Yamasumi E, Fisher S, Snow D, Grant Z, Kirby M, Browning P, Rommerskirchen M, Russell I (2021) People's Climate Vote. UNDP u. University of Oxford. URL: https://www.undp.org/content/undp/en/home/librarypage/climate-and-disaster-resilience-/The-Peoples-Climate-Vote-Results.html (abgerufen am 21.06.2021)

Fritze JG, Blashki GA, Burke S, Wiseman J (2008) Hope, Despair and Transformation: Climate Change and the Promotion of Mental Health and Wellbeing. Int J Ment Health Syst 2(1), 1–10

Hoggett P (2019) Climate Psychology: On Indifference to Disaster. Springer Heidelberg

Lertzman R (2015) Environmental Melancholia: Psychoanalytic Dimensions of Engagement. Routledge London, New York

Mambrey V, Wermuth I, Böse-O'Reilly S (2019) Auswirkungen von Extremwetterereignissen auf die psychische Gesundheit von Kindern und Jugendlichen [Extreme Weather Events and their Impact on the Mental Health of Children and Adolescents]. Bundesgesundheitsblatt Gesundheitsforschung Gesundheitsschutz 62(5), 599–604

Nikendei C (2020) Klima, Psyche und Psychotherapie. Psychotherapeut 65(1), 3–13

Nikendei C (im Druck). Warum das OffenSICHTliche unSICHTbar bleibt: ein Modell zur konflikt- und strukturdynamischen Betrachtung einer globalen Katastrophe. Vanderhoeck & Ruprecht Göttingen

Nikendei C, Bugaj TJ, Nikendei F, Kühl SJ, Kühl M (2020) Klimawandel: Ursachen, Folgen, Lösungsansätze und Implikationen für das Gesundheitswesen. ZEFQ 156–157, 59–67

Nikendei C, Greinacher A, Sack M (2017) Traumafolgestörungen und psychische Komorbidität: Konzeption und Diagnostik. In: Borcsa M, Nikendei C (Hrsg.) Psychotherapie nach Flucht und Vertreibung: eine interprofessionelle Perspektive auf die Hilfe für Flüchtlinge. 73–86. Thieme Verlag Stuttgart

Orange DM (2017) Climate Crisis, Psychoanalysis, and Radical Ethics. Routledge New York

Page L, Hajat S, Kovats R, Howard L (2012) Temperature-Related Deaths in People with Psychosis, Dementia and Substance Misuse. Br J Psychiatry 200(6), 485–490

Ranson M (2014) Crime, Weather and Climate Change. J Environ Econ Manage 67(3), 274–302

R+V (2020) R+V-Studie: Die Ängste der Deutschen. URL: https://www.ruv.de/presse/aengste-der-deutschen (abgerufen am 21.06.2021)

Schneider A, Hampel R, Ladwig K, Baumert J, Lukaschek K, Peters A, Breitner S (2020) Impact of Meteorological Parameters on Suicide Mortality Rates: A Case-Crossover Analysis in Southern Germany (1990–2006). Sci. Total Environ 707, 136053

Searle K, Gow K (2010) Do Concerns about Climate Change Lead to Distress? Int J Clim Chang Strateg Manag 2(4), 362–379

Shell Jugendstudie (2019) 18. Shell Jugendstudie. Eine Generation meldet sich zu Wort. URL: https://www.shell.de/ueber-uns/shell-jugendstudie.html (abgerufen am 21.06.2021)

Simon HA (1990) Mechanism for Social Selection and Successful Altruism. Science 250(4988), 1665–1668

Sinus-Institut (2019) Klimaschutz-Umfrage: Die Jugend fühlt sich im Stich gelassen. URL: https://www.sinus-institut.de/veroeffentlichungen/meldungen/detail/news/klimaschutz-umfrage-die-jugend-fuehlt-sich-im-stich-gelassen/news-a/show/news-c/NewsItem/ (abgerufen am 21.06.2021)

SOS Kinderdorf (2020) Zukunftsangst und Ohnmacht: Sorgen der Kinder und Jugendlichen zum Klimawandel. URL: https://www.sos-kinderdorf.at/so-hilft-sos/einsatz-fur-kinderrechte/ein-besseres-klima-fur-kinder/studie (abgerufen am 21.06.2021)

Wei W, Lu JG, Galinsky AD, Wu H, Gosling SD et al. (2017) Regional Ambient Temperature is Associated with Human Personality. Nat Hum Behav 1(12), 890–895

World Health Organization (2015) WHO Calls for Urgent Action to Protect Health from Climate Change – Sign the Call. URL: https://www.who.int/news/item/06-10-2015-who-calls-for-urgent-action-to-protect-health-from-climate-change-sign-the-call (abgerufen am 21.06.2021)

26 Physiologie

Hanns-Christian Gunga, Martina A. Maggioni und Camilla Kienast

26.1 Physiologische Grundlagen

Der Mensch gehört zu den endothermen Organismen (Säugetiere, Vögel), die im Gegensatz zu wechselwarmen Lebewesen, z.B. Reptilien, nicht von der Umgebungstemperatur abhängig sind. Diese Organismen haben einen hohen Energieumsatz und können ihre Temperatur im Körperkern innerhalb eines weiten Bereichs unterschiedlicher Umgebungstemperaturen konstant halten; allerdings werden Abweichungen nur in einem sehr geringen Schwankungsbereich toleriert (Gunga 2021). Diese sogenannte Normaltemperatur im Körperkern liegt beim Menschen zwischen 36,4 und 37,4°C. Unter Grundumsatzbedingungen wird die Körperkerntemperatur durch die sehr stoffwechselaktiven Organe in der Schädel-, Brust- und Bauchhöhle aufrechterhalten. In Ruhe werden rund 80% der Wärme in den inneren Organen gebildet, während die übrigen Körperteile nur etwa 20% dazu beitragen. Bei körperlicher Arbeit ändern sich die Anteile der Wärmebildung grundsätzlich. Unter diesen Bedingungen sind bis zu 90% der gesamten Wärmebildung auf die arbeitende Muskulatur zurückzuführen, und die Gewebetemperaturen in der arbeitenden Muskulatur können dann deutlich über der Körperkerntemperatur liegen. Für den Wärmeabtransport vom Körperkern zur Körperschale (Haut) und von dort an die Umgebung stehen physikalisch vier Mechanismen zur Verfügung (Parsons 2003):

1. Konvektion,
2. Konduktion,
3. Evaporation (Schweiß) und
4. Strahlung, in Form von elektromagnetischer Infrarotstrahlung (s. Abb. 1).

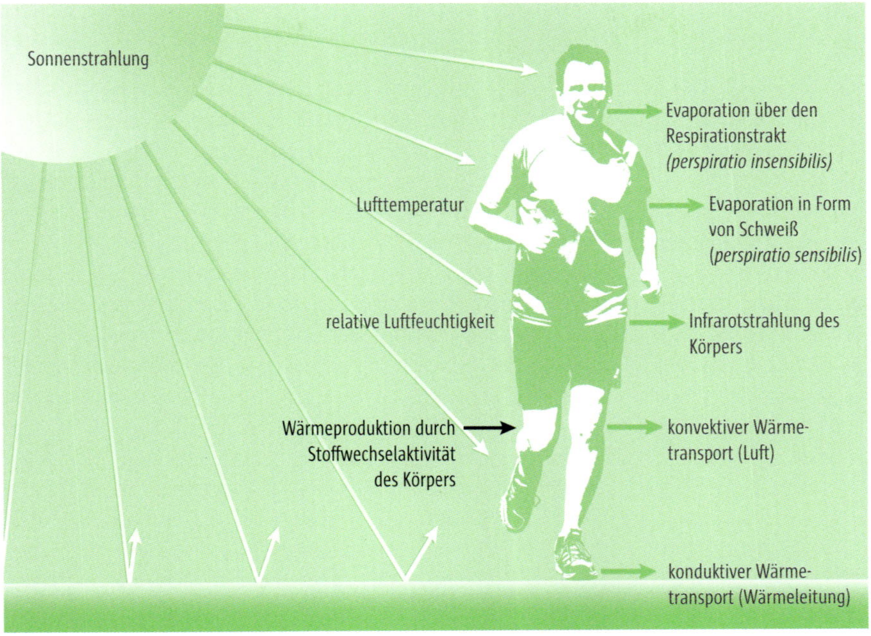

Abb. 1 Formen der Wärmezufuhr und Wärmeabgabe beim Menschen

Unter Ruhebedingungen bei moderater Außentemperatur (20°C) und geringer Windbewegung überwiegen die Wärmeverluste durch Strahlung (60%). Wärmeverluste durch Evaporation (20%) sowie Konvektion und Konduktion (20%) spielen eine untergeordnete Rolle (Kenefick u. Leon 2012). Unter wärmeren Umgebungstemperaturen (28°C) ist der Organismus zunehmend auf die Verdunstung von Schweiß angewiesen. Die produzierten Schweißmengen bei gesunden, gut trainierten Männern können bis über 3 Liter pro Stunde betragen. Dabei können mithilfe vollständiger Evaporation pro Liter Schweiß dem Körper 560 kcal an Wärme entzogen werden, ein dadurch äußerst effektiver Mechanismus. Hinzu kommt, dass unter Wärmebelastung sich gleichzeitig der Bereich der Körperkerntemperatur vergrößert und der der Körperschale (Haut) verringert (Pandolf et al. 1988). Es ist in diesem Zusammenhang wichtig die thermische Neutralzone (25–30°C) von einer Indifferenztemperatur zu unterscheiden.

Die **thermische Neutralzone** ist der Temperaturbereich, in dem durch die Anpassung der Hautdurchblutung eine ausgeglichene Wärmebilanz des Organismus erzielt werden kann.

Weitere Parameter wie Luftdruck, Luftfeuchtigkeit, Windgeschwindigkeit und Strahlungstemperaturen wie auch die Art der Bekleidung beeinflussen zusätzlich das „Mikroklima“ in unmittelbarer Nähe der Haut. Die Indifferenztemperatur ist der Bereich, der als behaglich empfunden wird, und entspricht für den gesunden, unbekleideten und ruhenden Erwachsenen unter Grundumsatzbedingungen, bei einer relativen Luftfeuchtigkeit von 50% und nahezu unbewegter Luft (Windgeschwindigkeit 0,1 m/s) einer Lufttemperatur von 27–31°C und liegt damit an der oberen Grenze der thermischen Neutralzone (Gunga u. Steinach 2019).

Bei schwerer körperlicher Arbeit, vor allem unter feuchtheißen Umgebungsbedingungen, verschiebt sich die thermische Neutralzone zu tieferen Temperaturen, der Grenzwert wird also früher überschritten. Denn je höher der Wasserdampfdruck in der Atmosphäre ist (schwüle Luft, Tropenklima, Regenzeit) und je geringer die Luftbewegungen sind, umso schwieriger wird die Wärmeabgabe durch Evaporation. Die sogenannte Feuchtkugel-Globustemperatur (*Wet-Bulb-Globe-Temperature – WBGT*) berücksichtigt diesen Zusammenhang zwischen Lufttemperatur, Luftfeuchte und Windgeschwindigkeit und erfasst darüber hinaus auch noch die Strahlungstemperaturen. Die WBGT ist aus diesem Grund wesentlich besser geeignet, die physiologische Belastung für den Körper zu erfassen, als die reine Angabe der Lufttemperatur. Ist die relative Luftfeuchtigkeit gering (Wüstenklima, Trockenzeit), kann der Mensch durchaus kurzfristig hohe Lufttemperaturen tolerieren. Ein feuchtheißes Klima führt zwar gleichfalls zur Bildung großer Schweißmengen, diese sammeln sich aber nur auf der Hautoberfläche und tropfen zu Boden oder durchfeuchten die Kleidung. Die Verdampfung bleibt aus und damit auch die Kühlung der Körperschale. Da die Muskulatur im Wesentlichen in den Extremitäten liegt, kann ein Teil der anfallenden Wärmemenge vorzugsweise gleich vor Ort an die Umgebung abgegeben werden. Die hohe Durchblutung des arbeitenden Muskels dient dabei sowohl dem An- und Abtransport von Stoffwechselprodukten als auch dem Transport von überschüssiger Wärme. Einen wichtigen Beitrag hierzu liefert vor allem die Öffnung von zahlreichen arteriovenösen Anastomosen in der Haut und den Akren („*thermal windows*"), die den Wärmetransport von der verbliebenen dünnen Körperschale an die Umgebung beschleunigen (Parsons 2003). Allerdings führt diese Öffnung der arteriovenösen Anastomosen zu einer weiteren Verlagerung des Blutvolumens in die Peripherie (Haut) und unter Umständen zu einer bedrohlichen Abnahme des zentralen Blutvolumens, was die physische Leistungsfähigkeit einschränkt und das Auftreten von Herz-Kreislauf-Beschwerden begünstigt. Zusätzlich führen die Flüssigkeitsverluste durch eine gesteigerte Schweißdrüsenaktivität zu einem verminderten Blutvolumen, was die Herz-Kreislauf-Belastung unter Hitzebelastung verschärft (Gunga u. Steinach 2019). Abbildung 2 fasst schematisch die gesundheitlichen Belastungen des Individuums als auch deren Auswirkungen auf die Gesellschaft zusammen. Im folgenden Abschnitt soll exemplarisch am Beispiel der Region Sub-Sahara verdeutlicht werden, mit welchen dramatischen Auswirkungen bei einer Temperaturerhöhung der WBGT um nur zwei Grad zu rechnen ist.

26.2 Die Auswirkungen des Klimawandels in der Sub-Sahara (SSA)

Steigende Temperaturen und Hitzewellen sind Folgen des Klimawandels. Das Ausmaß der Erwärmung ist jedoch je nach geografischer Lage global sehr unterschiedlich. Je näher am Äquator, je höher und je mehr von Land umgeben, desto höher sind die projizierten Temperaturen (Kjellstrom et al. 2016). In Subsahara-Afrika (SSA) stellt eine übermäßige Hitzeexposition bereits ein wichtiges Gesundheitsrisiko dar und ist dort tödlicher als in anderen Teilen der Welt (Smith et al. 2014; Woodward et al. 2014). Tatsächlich schätzen einige Forscher die Belastung des Klimawandels in Abhängigkeit von den verschiedenen Szenarien im Vergleich zu früheren Perioden um ein Vielfaches höher als in früheren Jahrzehnten (Scott et al. 2017).

Wir haben es in den äquatorialen Gebieten der SSA nach aktuellen Klimamodellen in den nächsten Jahrzehnten zumindest mit einem Anstieg von etwa 1–2°C zu tun (Smith et al. 2014). Selbst geringfügige Abweichungen (± 1,5°C) können die physiologischen Funktionen stark beeinträchtigen und zu erheblichen Veränderungen der körperlichen und geistigen Leistungsfähigkeit führen, während größere Abweichungen (> 4°C) u.U. lebensbedrohlich sind (Pandolf et al. 1988; Kenefick u. Leon 2012). Jede weitere

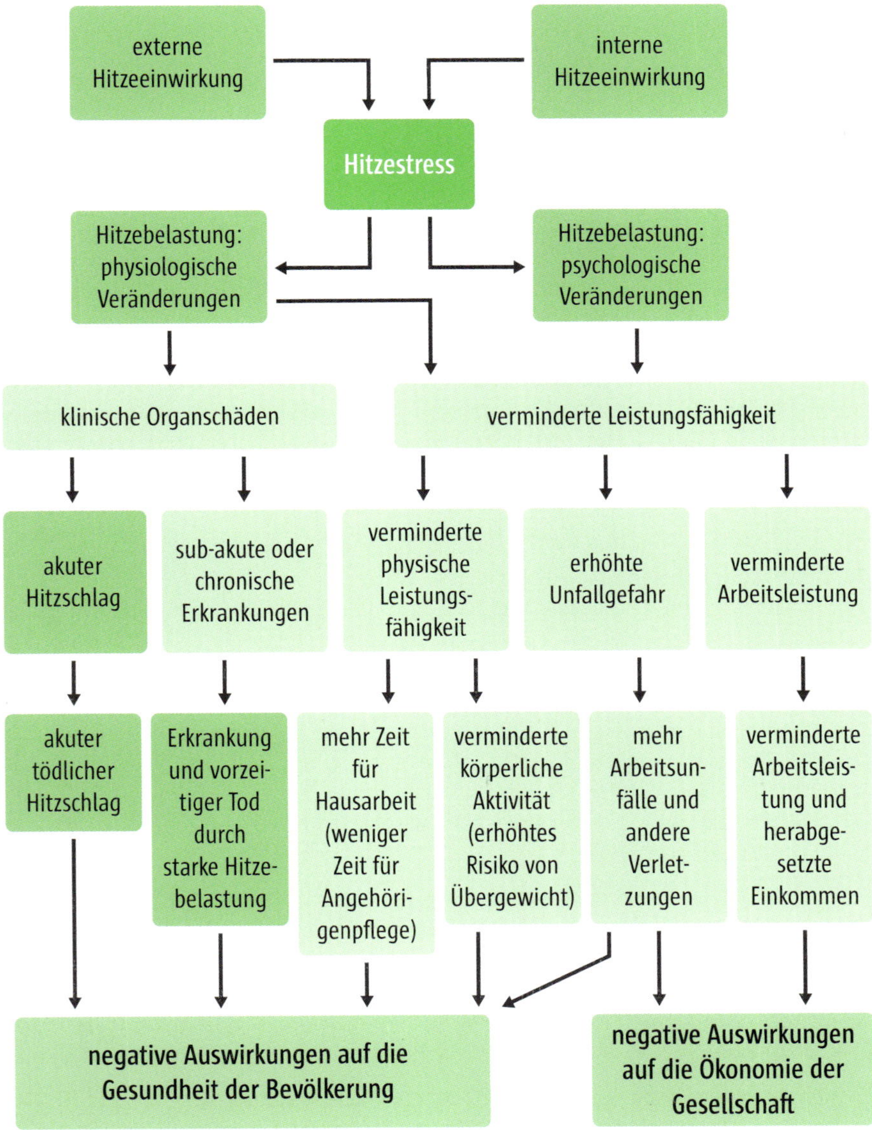

Abb. 2 Vereinfachte Darstellung der kausalen Zusammenhänge zwischen Hitzebelastung und den Auswirkungen auf das Individuum sowie die Gesellschaft (verändert nach Kjellstrom et al. 2016 mit freundlicher Genehmigung von Annual Review of Public Health, Volume 37 © 2016 by Annual Reviews, http://www.annualreviews.org)

Wärmebelastung kann nur für einen sehr begrenzten Zeitraum toleriert werden, hauptsächlich weil die Evaporation als effektivstes Kühlsystem bei hohen Umgebungstemperaturen, hoher relativer Luftfeuchtigkeit und Strahlung immer ineffizienter wird. Daher wirkt selbst ein geringfügiger kontinuierlicher Anstieg der Umgebungstemperaturen in SSA sich direkt auf die Gesundheit aus und verursacht verschiedene Hitzeerkrankungen, die von Dehydration, kardiovaskulärem Hitzestress, körperlichen und geistigen Beeinträchtigungen, Erschöpfung bis hin zum Hitzschlag reichen können. Darüber hinaus ist eine erhebliche Verringerung der Arbeitsfähigkeit und der damit verbundenen Arbeitsproduktivität zu erwarten. Dieses Problem wurde bereits in der Vergangenheit von mehreren Forschungsteams angesprochen (Dunne et al. 2013; Lundgren et al. 2013; Kjellstrom et al. 2016; Sahu et al. 2013; Smith et al. 2014; WHO 2014; Liu et al. 2017).

Mehreren Studien zufolge kann die weltweite Zahl der durch den Klimawandel verursachten Todesfälle durch Hitzschlag am Arbeitsplatz im Jahr 2030 zwischen 12.000–30.000 und im Jahr 2050 vermutlich bereits zwischen 26.000–54.000 liegen; nicht tödlich verlaufende Hitzeschläge werden im Jahr 2030 zwischen 35.000–65.000 Fälle betragen und im Jahr 2050 auf 40.000–73.000 ansteigen. Auch die Anzahl der Hitze-Erschöpfungen soll in den kommenden Jahren steigen. Aufgrund des Klimawandels wird im Jahr 2030 weltweit mit mehr als 20 Millionen Fällen gerechnet, möglicherweise mit 40 Millionen Fällen im Jahr 2050. Dies würde abhängig vom verwendeten Klimamodell 2030 zu einem weltweiten Verlust der Arbeitskraft von 1,0 bis 1,7% und im Jahr 2050 von 1,7–2,4% führen (Berry et al. 2010; Kjellstrom et al. 2007, 2016; Kjellstrom 2012, 2016). Die Angaben dieser Autoren mögen wie kleine Veränderungen aussehen, aber in den schlimmsten betroffenen Regionen, Südasien und Westafrika, liegen die geschätzten jährlichen Arbeitskraftverluste mindestens doppelt so hoch.

Um die Leistungseinbußen bei unterschiedlichen Klimabedingungen beurteilen zu können, wurden in den zurückliegenden 50 Jahren zahlreiche physiologische Indizes entwickelt. Die WBGT berücksichtigt, wie geschildert, alle oben genannten Umweltfaktoren und summiert sie zu einem einzigen Index. Er ist der am häufigsten verwendete Index zur Beurteilung von Hitzestress beim Menschen und zur Empfehlung von Ruhe-Arbeits-Zyklen bei unterschiedlichen körperlichen Arbeitsintensitäten, insbesondere unter heißen und feuchten Bedingungen. Dementsprechend verwendet auch die internationale Organisation für Normung ISO 7243: 2017 diesen Index als Screening-Methode zur Bewertung der Wärmebelastung, der eine Person (jeglichen Geschlechts) im Innen- und Außenbereich während eines regulären Arbeitstags von acht Stunden ausgesetzt ist.

Frühere Studien konnten zeigen, dass, wenn die stündliche WBGT 26°C überschreitet, die stündliche Arbeitsfähigkeit bei schweren Arbeiten verringert wird und über 32°C jede Arbeitsfähigkeit beeinträchtigt ist; individuell kann die stündliche Arbeitsfähigkeit je nach Alter, Geschlecht, Flüssigkeitszufuhr und Fitnessniveau sogar noch niedriger sein (Bar-Or 1998; Gunga 2021; Havenith et al. 2008; Shapiro et al. 1981; Larose et al. 2013; Pandolf et al. 1988; ISO 2017; Sawka et al. 2011; Sen u. Nag 2019).

Dementsprechend kann in den heißen, äquatorialen Regionen dieser Erde (z.B. SSA) insbesondere in den Sommermonaten schwere körperliche Arbeit (> 300 Watt) nur noch eingeschränkt oder mit größeren Ruhepausen durchgeführt werden (Berry et al. 2010; Bröde et al. 2018; Gunga 2021; Parsons 2003; Smith et al. 2014). Es ist offensichtlich, dass das Ausmaß des Verlusts der Arbeitsfähigkeit von der Art der Arbeit, der Arbeitsintensität sowie von der Umgebung abhängt.

Eine Analyse der Herzfrequenz unter Ruhe und Arbeit sowie eine parallele Erfassung der Körpertemperatur könnte zur Beurteilung der Belastung herangezogen werden. Nach aktuellem Kenntnisstand wurde bisher keine einzige Studie dieser Art in SSA durchgeführt. Im Rahmen des DFG-FOR_2936 *Klimawandel und Gesundheit in Afrika südlich der Sahara: Teilprojekt P4. „Climate change, heat stress and its impact on health and work capacity"* soll u.a. genau dies untersucht werden. Eine entsprechende Datenaufnahme hat in Burkina Faso gerade begonnen. Kontinuierlich, über zwei Jahre, werden dabei mit Datenloggern Aktivitäts- und Ruhephasen erfasst sowie monatlich kardiovaskuläre Parameter und die Körperkerntemperatur von Männern und Frauen gemessen.

Bekanntlich betreibt ein Großteil der Menschen in SSA Subsistenzlandwirtschaft, während laut Agra-Bericht nur ein geringer Teil der landwirtschaftlichen Produkte für kleine lokale Marktunternehmen verwendet werden kann, manchmal weniger als 10% (AGRA 2017). Laut diesem jüngsten Bericht sind „Subsistenzlandwirte in der Regel am stärksten gefährdet und anfällig für Klimarisiken". Das ist ein zentraler Punkt: Jede weitere Verringerung der Arbeitsfähigkeit durch den Klimawandel hat vielfältige Auswirkungen auf die wirtschaftliche, soziale Lage und nicht zuletzt auf die Gesundheit. Diese Entwicklung in der SSA ist exemplarisch für andere Regionen im äquatorialen Bereich, wie in Abbildung 3 dargestellt. Wassermangel, Nahrungsmangel, zunehmende gesellschaftliche Instabilität und Migrationsbewegungen

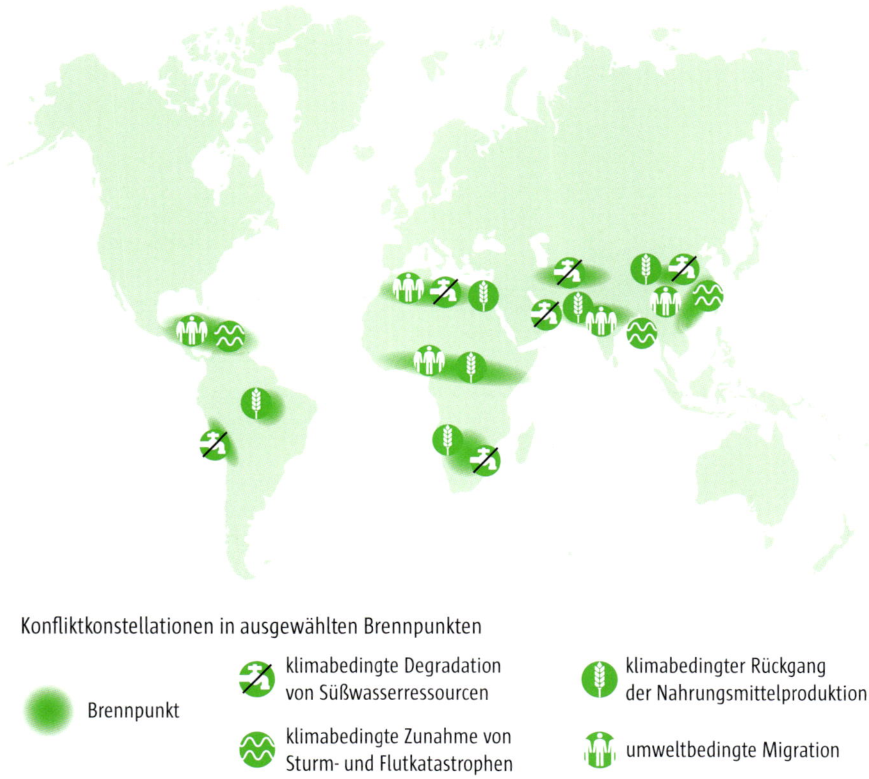

Abb. 3 Auswirkungen des Klimawandels in der Sub-Sahara und anderen äquatorialen Regionen (adaptiert nach WBGU 2007, mit freundlicher Genehmigung des WBGU)

werden die Folge sein. Da in SSA traditionell Frauen die Feldarbeit betreiben, anders als in Nordafrika, Europa und Asien (Deutscher Bundestag 2019), werden sie folglich durch den Klimawandel stärker gesundheitlich gefährdet sein als Männer.

Literatur

Alliance for a Green Revolution in Africa (AGRA) (2017) Africa Agriculture Status Report: The Business of Smallholder Agriculture in Sub-Saharan Africa (Issue 5). Nairobi, Kenya

Bar-Or O (1998) Effects of Age and Gender on Sweating Pattern During Exercise. Int J Sports Med 19(2), 106–107

Berry HL, Bowen K, Kjellstrom T (2010) Climate Change and Mental Health: A Causal Pathway. Framework. Int J Public Health 55(2), 123–132

Bröde P, Fiala D, Lemke B, Kjellstrom T (2018) Estimated Work Ability in Warm Outdoor Environments Depends on the Chosen Heat Stress Assessment Metric. Int J Biometeorol 62(3), 331–345

Deutscher Bundestag (2019) Wissenschaftliche Dienste. Demografische Entwicklungen auf dem afrikanischen Kontinent, WD 2–3000–059/19

Dunne JP, Stouffer RJ, John JG (2013) Reductions in Labour Capacity from Heat Stress Under Climate Warming. Nat Clim Change 3(6), 563–566

Gunga HC, Steinach M (2019) Wärmehaushalt und Temperaturregulation. In: Speckmann EJ, Hescheler J, Köhling R (Hrsg.) Physiologie. 7. Aufl. 625–650. Elsevier, Urban & Fischer

Gunga, HC (2021) Human Physiology in Extreme Environments. Elsevier Science Amsterdam

Havenith G, Fogarty A, Bartlett R, Smith CJ, Ventenat V (2008) Male and Female Upper Body Sweat Distribution During Running Measured with Technical Absorbents. Eur J Appl Physiol 104(2), 245–255

ISO 7243 (2017) (Preview) Ergonomics of the Thermal Environment – Assessment of Heat Stress Using the WBGT (Wet Bulb Globe Temperature) Index. International Organization for Standardization. URL: https://www.iso.org/standard/67188.html (abgerufen am 22.07.2021)

Kenefick RW, Leon LR (2012) Pathophysiology of Heat-Related Illnesses. In: Auerbach PS (Hrsg.) Wilderness Medicine. 215–231. Elsevier Philadelphia

Kjellstrom T, Friel S, Dixon J, Corvalan C, Rehfuess E, Campbell-Lendrum D, Gore F, Bartram J (2007) Urban Environmental Health Hazards and Health Equity. J Urban Health 84(3 Suppl), i86–97

Kjellstrom T (Hrsg.) (2012) Climate Change Exposures, Chronic Diseases and Mental Health in Urban Populations: A Threat to Health Security, Particularly for the Poor and Disadvantaged. WHO Centre for Health Development Kobe/Japan

Kjellstrom T, Briggs D, Freyberg, Lemke B, Otto M, Hyatt O3 (2016) Heat, Human Performance, and Occupational Health: A Key Issue for the Assessment of Global Climate Change Impacts. Annu Rev Public Health 37, 97–112

Kjellstrom T (2016) Impact of Climate Conditions on Occupational Health and Related Economic Losses: A New Feature of Global and Urban Health in the Context of Climate Change. Asia Pac J Public Health 28(2 Suppl), 28–37

Kjellstrom T, Freyberg C, Lemke B et al. (2018) Estimating Population Heat Exposure and Impacts on Working People in Conjunction with Climate Change. Int J Biometeorol 62, 291–306. DOI: 10.1007/s00484-017-1407-0

Larose J, Boulay P, Sigal RJ, Wright HE, Kenny GP (2013) Age-Related Decrements in Heat Dissipation During Physical Activity Occur as Early as the Age of 40. PLoS One 8(12), e83148

Liu Z, Anderson B, Yan K, Dong W, Liao H, Shi P (2017) Global and Regional Changes in Exposure to Extreme Heat and the Relative Contributions of Climate and Population Change. Sci Rep 7, 43909

Lundgren K, Kuklane K, Gao C, Holmér I (2013) Effects of Heat Stress on Working Populations When Facing Climate Change. Industrial Health 51, 3–15

Pandolf KB, Sawka MN, Gonzalez RR (1988) Human Performance Physiology and Environmental Medicine at Terrestrial Extremes. Benchmark Press Indianapolis

Parsons K (2003) Human Thermal Environments. Taylor & Francis London

Sahu S, Maity SG, Moitra S, Sett M, Haldar P (2013) Cardiovascular Load During Summer Work of two Age Groups of Van-Rickshaw Pullers in West Bengal, India. Int J Occup Saf Ergon 19(4), 657–665

Sawka MN, Wenger CB, Pandolf KB (2011) Thermoregulatory Responses to Acute Exercise Heat Stress and Heat Acclimation. Compr Physiol 14, Handbook of Physiology, Environmental Physiology, 157–185

Scott AA, Misiani H, Okoth J, Jordan A, Gohlke J, Ouma G, Arrighi J, Zaitchik BF, Jjemba E, Verjee S, Waugh DW (2017) Temperature and Heat in Informal Settlements in Nairobi. PLoS One 12(11), e0187300. DOI: 10.1371

Sen J, Nag PK (2019) Human Susceptibility to Outdoor Hot Environment. Sci Total Environ 649, 866–875

Shapiro Y, Pandolf KB, Avellini BA, Pimental NA, Goldman RF (1981) Heat Balance and Transfer in Men and Women Exercising in Hot-Dry and Hot-Wet Conditions. Ergonomics 24(5), 375–386

Smith KR, Woodward A, Campbell-Lendrum D, Chadee DD, Honda Y, Liu Q, lwoch JM, Revich B, Sauerborn R (2014) Human Health: Impacts, Adaptation, and Co-Benefits. In: Climate Change 2014: Impacts, Adaptation, and Vulnerability. Part A: Global and Sectoral Aspects. Contribution of Working Group II to the Fifth Assessment Report of the Intergovernmental Panel on Climate Change. 709–754. Cambridge University Press Cambridge

Wissenschaftlicher Beirat der Bundesregierung Globale Umweltveränderungen WBGU (2007) Welt im Wandel: Sicherheitsrisiko Klimawandel. Springer Berlin Heidelberg New York

WHO (2014) Quantitative Risk Assessment of the Effects of Climate Change on Selected Causes of Death, 2030s and 2050s. World Health Organization

Woodward A, Smith K, Campbell-Lendrum D, Chadee D, Honda Y, Liu Q, Olwoch J, Revich B, Sauerborn R, Chafe Z, Haines A (2014) Climate Change and Health – The Latest Report from the IPCC. The Lancet 283, 1185–1189

27 Pneumologie

Christian Witt und Uta Liebers

Als Grenzorgan zur Umwelt kommt der Lunge im Kontext des Klimawandels eine Portalfunktion zu, denn im Rahmen des Klimawandels wird sich unsere Atemluft verändern, nicht nur hinsichtlich ihrer Temperatur, sondern auch in ihrer Belastung mit Feinstäuben, Stickoxiden, Ozon und Allergenen (s. Abb. 1). Bereits 2007 hat der Weltklimarat vorhergesehen, dass eine Temperaturerhöhung von mehr als 2°C zu mehr Morbidität und Mortalität bei Patienten mit chronischen kardio-respiratorischen Erkrankungen in den entwickelten Ländern der Nordhalbkugel führen wird. Prognostiziert wird eine abnehmende Luftqualität wegen erhöhter Feinstaub- und Ozonbelastung aus natürlichen Quellen (Trockenheit, Waldbrand) und mehr noch aus anthropogener Emission (BMU 2018). Diese Luftbelastung triggert entzündliche Prozesse in der Bronchialschleimhaut, die zu einer höheren Symptomlast und auch Krankheitsprogression bei Menschen mit chronischen Atemwegskrankheiten, einer wachsenden vulnerablen Gruppe, führen. Die reduzierte adaptive Kapazität der chronisch kranken Patienten gegenüber Hitzestress verstärkt die Krankheitslast mit Minderung der Leistungsfähigkeit, Produktivität und sozialen Teilhabe. Deshalb werden Krankenhausaufnahmen wegen akuter Verschlechterungen chronischer Lungenkrankheiten wie z.B. COPD und Asthma zunehmen und am Ende auch die Mortalität (Haines u. Ebi 2019).

Folglich werden als Adaptationsmaßnahmen sowohl die Hitzeprotektion als auch die Luftreinhaltung für diese vulnerable Gruppe an Bedeutung zunehmen. Dazu zählen Konzepte der klinischen Klimafolgenforschung wie das Klima-adaptierte urbane Hospital (z.B. smarte Krankenzimmer-Klimatisierung, Fassadenbegrünung), die Klima-adaptierte Arzneimitteltherapie und spezifische Frühwarnsysteme für die jeweiligen Patientengruppen.

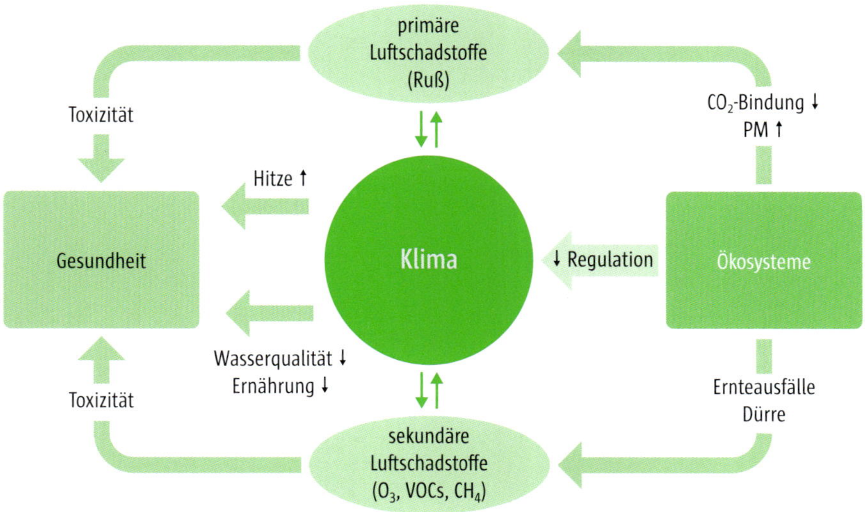

Abb. 1 Komplex von Hitze- und Luftbelastung für vulnerable Patientenguppen mit chronischen Krankheiten. Adaptiert nach Orru et al.

27.1 Klinische Folgen der Hitzeexposition auf Patienten mit Lungenkrankheiten

Patienten mit chronischen Atemwegskrankheiten sind besonders vulnerabel und stellen wegen der hohen Inzidenz eine große Bevölkerungsgruppe dar. Weltweit ist die chronisch obstruktive Bronchitis (COPD) bereits jetzt die dritthäufigste Todesursache, in Deutschland sind ca. 8 Millionen Menschen betroffen, mit steigender Inzidenz.

Bei der Annahme von nur 1°C Erwärmung steigt die Gesamtmortalität an respiratorischen Erkrankungen um 3–6% in europäischen Regionen nördlich der Alpen, besonders bei Älteren, über 80-Jährigen und meist multimorbiden Patienten (Baccini et al. 2008). Damit wird sich der Bedarf an stationären Behandlungen von Patienten mit COPD während Hitzeperioden deutlich erhöhen. So wurde für den Bundesstaat New York bei einer Klimaerwärmung von 1,5° eine Zunahme der Notfallaufnahmen von bis zu 600 Fällen pro Tag extrapoliert (Lin et al. 2012). Dazu zeigt eine Untersuchung für die gesamte USA, dass bei einem Temperaturanstieg von 10°F die Hospitalisierungsrate um 4,3% bei respiratorischen Patienten zunimmt (Abel et al. 2018). Es bestehen jedoch regionale Unterschiede zwischen den Klimazonen in den USA. Danach ist im kälteren Alaska die Resilienz gegen Hitze schwächer ausgeprägt als im wärmeren Texas, wo diesbezüglich bereits mehr Adaptation erworben wurde (Abel et al. 2018). In Deutschland stiegen während der Hitzewelle im Juli 2015 die stationären Aufnahmen um sogar 22% (Mücke u. Litvinovitch 2020).

Im Vergleich dazu zeigte unsere eigene Meta-Analyse zur Morbidität und Mortalität von COPD-Patienten bei Hitzewellen eine zusätzliche Mortalität zwischen 1% und 9%. Das tägliche Mortalitätsrisiko steigt für COPD-Patienten bei einem Anstieg der mittleren Sommertemperatur um 1°C weltweit um 0,4% bis 3,4% (Witt et al. 2015). Konsistent dazu konnte in wichtigen Tierversuchen an Mäusen gezeigt werden, dass der

Aufenthalt in einer aufgeheizten Umgebung von 42°C zu einer Schädigung des Alveolarepithels, interstitiellem Ödem und Hämorrhargien in der Lunge bis hin zum Strukturverlust der Alveolarsepten führt, die unter kühleren Temperaturen rückläufig waren (Liu et al. 2011).

Daher ist die Identifizierung vulnerabler Gruppen besonders wichtig, um gezielte Schutzprogramme zu entwickeln (Haines u. Ebi 2019).

27.2 Vulnerabilität – Verständnis des Basismechanismus

Unter **Vulnerabilität** versteht man die Fähigkeit einer Population oder eines Individuums, eine Gefahr vorherzusehen, wahrzunehmen und ihr zu widerstehen, beziehungsweise ihre Auswirkungen abzumildern. Die Vulnerabilität eines Menschen gegenüber einer Gefahr wie Hitze- und Luftschadstoffbelastung hängt von 3 Faktoren ab:

- dem Ausmaß der Belastung,
- der individuellen Suszeptibilität und
- der adaptiven Kapazität.

Einer besonders großen Hitzebelastung sind Personen ausgesetzt, die ungeschützt im Freien körperliche Arbeit verrichten, wie Straßenarbeiten, Landwirtschaft, Lieferdienste usw. (Havenith u. Fiala 2015). Bei Personen, die sich vorwiegend in Innenräumen aufhalten, spielt das Raumklima der Wohn- und Arbeitsräume die entscheidende Rolle (McCormack et al. 2016). Besonders heizen sich sonnige Räume im Dachgeschoss auf, auch bei dichter Bebauung und fehlender Luftzirkulation im Innenstadtbereich steigen die Temperaturen außen und innen. Das Risiko einer synchronen Belastung durch Hitzestress und Luftverschmutzung ist in den Metropolenregionen besonders hoch (Schuster et al. 2014).

Im Rahmen der klinischen Klimafolgenforschung besteht höchste Suszeptibilität gegenüber Hitzestress bei chronisch kranken, multimorbiden, mit mehreren Medikamenten behandelten, älteren Patienten. Dies hängt mit der Physiologie der Thermoregulation zusammen, welche Reserven für Steigerung der Hautdurchblutung, Evaporation, sowie Erhöhung von Herz- und Atemfrequenz erfordert, um Hitze aus dem Körper abzuleiten. Die Suszeptivität wird zusätzlich durch die medikamentöse Dauermedikation der Grundkrankheit erhöht. Im Bereich der Atemwegskrankheiten deutet sich an, dass der Einsatz von Betamimetika, bei allem therapeutischen Benefit der Bronchodilatation für den Patienten, zu einer Vulnerablitätserhöhung unter Hitzebelastung führen kann (Leyk et al. 2019).

Die adaptive Kapazität umfasst zum einen die physiologischen Regulationsreserven, sich der Hitze anzupassen, welche individuell unterschiedlich und besonders bei suszeptiven Personen limitiert ist. Sie wird aber auch von der Fähigkeit der Betroffenen bestimmt, die Hitzewelle als Gefahr zu antizipieren und ihr Verhalten anzupassen, z.B. die physische Aktivität zu vermeiden oder in kühlere Tageszeiten zu verlagern (Havenith u. Fiala 2015). Adaptation umfasst darüber hinaus mechanische und bauliche Maßnahmen oder temporäre Migration, früher als Sommerfrische bezeichnet.

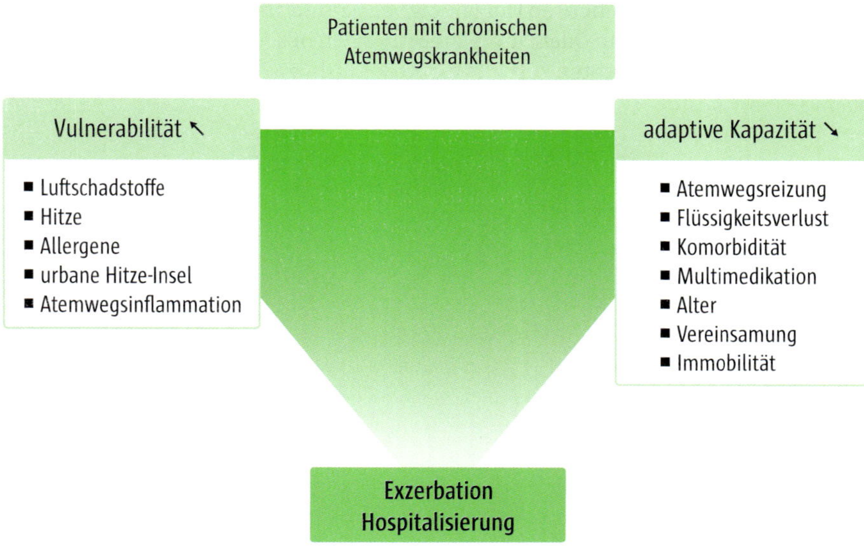

Abb. 2 Vulnerabilitätsmodell bei Patienten mit chronischen Atemwegskrankheiten sowie Multimorbidität

Klinisch führt die Risikosteigerung zu mehr Instabilität des Krankheitsverlaufes, bei mangelnden Adaptationsmöglichkeiten schließlich zu Exazerbationen der Grundkrankheit bzw. Dekompensationen und Krankhausaufnahme. Folglich kommen auf das Gesundheitswesen Belastungen zu, die sich in höherem Medikamentenverbrauch, mehr Krankschriften, Arztkonsultationen bzw. Notfallrettungseinsätzen und Hospitalisierungen schon jetzt während der Hitzewellen zeigen.

27.3 Metropolenregionen im Klimawandel – Urbane Hitzeinseln

Infolge der Urbanisierung sind mehr Menschen den Folgen des Klimawandels und der Luftverschmutzung in den Städten ausgesetzt. Nach Prognose der Vereinten Nationen wird die Zahl der Weltbevölkerung, die in Städten lebt, von 54% im Jahr 2014 auf 66% im Jahr 2050 ansteigen. Folglich wird die Synergie aus Hitze- und Luftbelastung in den Metropolen zunehmend zum gesundheitlichen Risiko werden. Zusätzlich kommt es im urbanen Raum zu Hitzeinseleffekten.

Am Beispiel Berlins beträgt der Temperaturunterschied zwischen dem ruralen Umland in Brandenburg und den innerstädtischen Hitzeinseln bis zu 8°C, in Megacities wie New York bis zu 11°C (Schuster et al. 2014).

So zeigten eigene Studien an urbanen Berliner Krankenhäusern innerhalb des S-Bahnrings eine Zunahme stationäre Aufnahme wegen einer Exazerbation der COPD, wenn die nächtlichen Temperaturen nicht mehr unter 18°C sinken (Hoffmann et al. 2018). In der Metropolenregion Berlin wurde von 2001 bis 2010 eine Exzess-Mortalität durch Hitzewellen von 5% ermittelt, besonders betroffen waren demografisch die älteren Personen (> 65 Jahre) und geografisch die Bewohner dicht besiedelter Stadtbezirke. Die altersbereinigten täglichen Mortalitätsraten wurden bis auf Straßenebene aufgelöst und zeigten große Unterschiede in der Mortalität zwischen den Wohngebieten. Während der Hitzewellen im Juli 2006 und 2010 stieg das monatliche Mortalitätsrisiko in Berlin durchschnittlich auf 132% gegenüber den Jahren ohne anhalten Hitzeperioden an, in einigen dicht besiedelten Gebieten der Innenstadt sogar bis auf 450% (Scherer et al. 2014). Aggravierend wirkt sich die höhere Schadstoffbelastung der Luft an heißen Tagen aus, die Gründe hierfür sind multifaktoriell.

Meteorologisch besteht an heißen Tagen eine geringe Luftzirkulation, daher können die in den Städten erzeugte Luftschadstoffe nicht hinreichend abgeführt werden. Zusätzlich steigt die Hintergrundkonzentration von Feinstaub aus der ländlichen Umgebung durch die Trockenheit und evtl. Waldbrände an. Abgase der Hochhäuser gelangen von den Dächern durch Fallwinde und Luftverwirbelungen in Bodennähe und bewirken lokale Schadstoff-Hotspots in den angrenzenden Straßen. Der erhöhte Energieverbrauch für Kühlung und Transport erzeugt vermehrt Feinstaubpartikel ($PM_{2,5}$) und Stickoxide, die sich ebenfalls in der Stadtluft anreichern (Lelieveld 2017). Dabei wird die bodennahe Ozonkonzentration durch die Reaktion von Stickoxiden und Wasser weiter erhöht, als Resultat einer durch Sonneneinstrahlung induzierten chemischen Reaktion. Vornehmlich aus der Landwirtschaft stammende organische Substanzen (volatile organic compounds, z.B. Ammoniakverbindungen) z.B. aus Düngemittel und Gülle der Tierhaltung gelangen während trocken-heißer Witterung vermehrt in die Atmosphäre und werden im Sonnenlicht ebenfalls in Ozon und oxidative Radikale umgewandelt (Lelieveld 2017). In wässriger Lösung, z.B. im menschlichen Respirationstrakt, wirken diese Aerosole durch oxidativen Stress und Irritationen toxisch auf die Schleimhaut der Atemwege und induzieren eine Entzündungsreaktion. So interagieren NO_2 und Ozon im flüssigen Milieu der Atemwegsschleimhaut mit Eiweißsubstraten, deren Reaktionsprodukte chemotaktische Signale auf inflammatorische Zellen aussenden, die eine Expression proinflammatorischer Zytokine sowie von Adhäsionsmolekülen und TNF-alpha triggern. Korpuskuläre Schadstoffe wie Feinstaub gelangen in Anhängigkeit von der Partikelgröße bis in die Alveolen oder passieren bei einer Größe unter 2,5 µm sogar die Luft-Blutschranke und schädigen das Endothel der Blutgefäße (Schulz et al. 2019). Darüber hinaus modifiziert Ozon Proteine der organischen Stäube zu allergenen Substanzen und kann so zu erhöhten Allergenbelastungen beitragen (Schulz et al. 2019).

Deshalb löst die Synergie von Hitze und Schadstoffbelastung pulmonalen Symptomatik wie Kurzatmigkeit, Bronchospasmus bis hin zum Lungenödem aus, besonders bei Patienten mit vorbestehender Lungenkrankheit wie Asthma und COPD. Auch in Berlin deckt sich die geografische Lage der Wohngebiete mit der größten Hitzebelastung mit denen der stärksten Luftbelastung.

Folglich sind vulnerable Gruppen wie Patienten mit Atemwegs- und Herz-Kreislauf-Erkrankungen in urbanen Hitzeinseln besonders gefährdet. Dabei fungieren die Umweltfaktoren vor allem als Katalysatoren vorbestehender physischer Imbalancen oder gesundheitlicher Störungen durch die Grundkrankheit (McCormack et al. 2016). So wurde jüngst auch mit unserer Mitwirkung gesehen, dass die Mortalität bei COVID-19 in Regionen mit höherer Luftbelastung steigt. Deswegen sollte ein sogenanntes Risk-Assessment der vulnerablen Patientengruppen zur klinischen Arbeit der versorgenden Haus- und Fachärzte gehören (Pozzer et al. 2020).

27.4 Adaptationsstrategien

Innerhalb der nächsten Jahre wird der Anteil vulnerablen Bevölkerung infolge des Klima- und des demografischen Wandels im Gebiet der Lungenheilkunde (Lunge als Portalorgan) wachsen (Haines u. Ebi 2019). Die Vulnerabilität gegenüber Hitze ist in Europa höher als in Südostasien und Afrika, was mit dem hohen Anteil älterer Menschen (42% älter als 65 Jahre) und den höheren Urbanisierungsgrad von 77% in Europa erklärt wird (Mücke u. Litvinovitch 2020). Folglich ist die Entwicklung adaptiver Ansätze für Prävention und Therapie der Patienten mit chronischen Lungenkrankheiten erforderlich. Die Identifikation vulnerabler Gruppen stellt in diesem Zusammenhang einen zu priorisierenden Forschungsansatz dar (Haines u. Ebi 2019).

27.4.1 Gefahrenbewusstsein und adaptive Lebensführung

Bereits 2011 wurde in Deutschland ein Adaptationsplan eingeführt, der Förderungen für Konzeptentwicklung, Implementation und Erforschung von Adaptationsstrategien in Landwirtschaft, Wasserwirtschaft Energie, Transport, Infrastruktur Industrie, Tourismus und Gesundheitswesen vorsieht. Ein wichtiges Ergebnis ist die Implementierung eines Hitze-Warnsystems mit dem Deutschen Wetterdienst, das neben Vorhersagen und Warnstufen auch konkrete Ratschläge zum Verhalten einschließt. Darüber hinaus wurden In Deutschland, Großbritannien, Frankreich und Italien Hitze-Aktionspläne entwickelt, um durch erhöhte öffentliche Aufmerksamkeit und harmonisierte protektive Maßnahmen gesundheitliche Schäden zu reduzieren (BMU 2018). Einen wesentlichen Einfluss auf die adaptive Kapazität der Patienten hat ihre Eigenkompetenz im Umgang mit Symptomen, Handling der Bedarfsmedikation, Flüssigkeitsmanagement, Atemtechnik und Verhaltensregeln einschließlich Mobilität. Eine telemedizinische Betreuung zeigte bei unseren Untersuchungen bereits 2013 einen protektiven Effekt hinsichtlich Reduktion von Exazerbationen und Verbesserung der Morbidität von Patienten mit COPD während der heißen Jahreszeit (Jehn et al. 2013). Mit der digitalen Entwicklung und künstlicher Intelligenz während der Pandemie-Zeit eröffnen sich dafür neue Perspektiven. Unabhängig von der Grundkrankheit hat die Eigenkompetenz im Umgang mit Symptomen, Handling der Bedarfsmedikation, Atemtechnik und Verhaltensregeln, körperlicher Trainingszustand, Ernährungszustand einen wesentlichen Einfluss auf adaptive Kapazität (Havenith u. Fiala 2015).

27.4.2 Patientenzimmer

Mit der Zunahme der Häufigkeit und Dauer von Hitzeperioden werden mechanische und bauliche Maßnahmen zur Innenraumkühlung auch in Mitteleuropa notwendig werden.

Während in Großbritannien mit 26°C eine Obergrenze der Zimmertemperatur für die Patientensicherheit festgelegt wurde, gibt es in Deutschland bisher keine Vorgaben. Die Krankenhäuser in Deutschland verfügen bis auf OP-Bereiche und Intensivstationen nicht über eine Klimatisierung, sodass auch bei innenliegendem Sonnenschutz und Isolierverglasung Temperaturen in Krankenzimmern über 28°C nicht selten vorkommen.

Eigene Studien zeigten, dass Patienten mit Hitze-assoziierten Exazerbationen ihrer chronischen Lungenkrankheiten von einer konvektionsfreien Innenraumkühlung im Krankenhaus profitieren, sich schneller mobilisieren und bis zu einem Tag früher entlassen werden können. Physiologische Erklärung für die verzögerte Rekonvaleszenz ist eine geringe oder fehlende nächtliche Reduktion von Herz- und Atemfrequenz durch Hitzebelastung in nicht gekühlten Patientenzimmern (Hoffmann et al. 2018).

27.4.3 Klima-adaptierte Arzneimitteltherapie

Medikamente, die physiologische Stellschrauben der Thermoregulation beeinträchtigen, wie z.B. Betamimetika, Anticholinergika und Diuretika, beeinflussen Herzfrequenz, Hautdurchblutung sowie Schweißproduktion und reduzieren so die adaptive Kapazität der Patienten. Folglich kann die krankheitsspezifische Dauermedikation selbst Exazerbationen einer COPD unter Hitzestress begünstigen (Leyk et al. 2019). In unserer eigenen Studie an über 500 Patienten, die während der Sommermonate mit einer akuten Exazerbation der COPD in pneumologische Abteilungen Berliner Krankenhäuser aufgenommen wurden, deutet sich die Einnahme von inhalativen Betamimetika als vulnerablitätsrelevant an.

27.4.4 Adaptation in Metropolenregionen

Modellrechnungen prognostizieren für Nordamerika Mitte des Jahrhunderts einen Anstieg der $PM_{2,5}$-Konzentration von 58,6% und Ozon von 14,9% durch den Klimawandel und den erhöhten Energiebedarf für die Klimatisierung. Infolge dieser erhöhten Luftschadstoffbelastung aus den Adaptationsmaßnahmen würde sich die Mortalität um 5–9% erhöhen (Abel et al. 2018). Deshalb ist zur Verminderung gesundheitsschädlicher Effekte des Klimawandels der Umstieg auf schadstofffreie Energieträger gerade in den Metropolen dringend geboten. Positive Effekte einer innerstädtischen Begrünung sowohl für eine Senkung der Temperatur als auch der Schadstoffkonzentration sind gut belegt. Mittels Big-Data-Analysen mit hoher Raumauflösung des Baumbestandes und der Schadstoffbelastung in London zeigten, dass eine dichte innerstädtische Vegetation, besonders Bäume, die Schadstoffbelastung und CO_2-Konzentration signifikant senken und erhöhter Emission entgegenwirken (Babu Saheer et al. 2020).

27.5 Forschungsfragen für zukünftige Entwicklungen

Ein Schwerpunkt zukünftiger Forschung sollte in der bedarfsangepassten und energiesparenden Innenraumklimatisierung für vulnerable Gruppen liegen. Neben der technischen Innovation sind auch neue medizinische Behandlungskonzepte zu entwickeln, welche die klimaadaptierte Arzneimitteltherapie mit einbeziehen und die Eigenkompetenz chronisch kranker Patienten erhöhen.

Empfehlungen für die klinische Klimafolgenforschung

- *Klima-adaptiertes urbanes Hospital bauliche Maßnahmen (Klimatisierung, passiver Hitzeschutz).*
- *Hitzeschutzpläne*
- *Mehr Aus- und Fortbildung zu klinischen Folgen des Klimawandels und Luftschadstoffen*
- *Patientenführung: Aufklärung über Schutzmaßnahmen bei Hitze und hoher Schadstoffbelastung durch angepasstes Verhalten*
- *Stärkung der Eigenkompetenz und des Selbstmanagements der Patienten durch Entwicklung digitaler Hilfsmittel in Kooperation von ambulanten Ärzten, Kliniken und Krankenkassen (z.B. Telemedizin, interaktive digitale Trainer, klimaadaptierte Arzneimitteltherapie).*

Literatur

Abel DW, Holloway T, Harkey M, Meier P, Ahl D, Limaye VS, Patz JA (2018) Air-Quality-Related Health Impacts from Climate Change and from Adaptation of Cooling Demand for Buildings in the Eastern United States: An Interdisciplinary Modeling Study. PLoS Med 15(7), e1002599. DOI: 10.1371/journal.pmed.1002599

Anderson GB, Dominici F, Wang Y et al. (2013) Heat-Related Emergency Hospitalizations for Respiratory Diseases in the Medicare Population. Am J Respir Crit Care Med 187(10), 1098–103. DOI: 10.1164/rccm.201211-1969OC

Babu Saheer L, Shahawy M, Zarrin J (2020) Mining and Analysis of Air Quality Data to Aid Climate Change. In: Maglogiannis I, Iliadis L, Pimenidis E (Hrsg.) Artificial Intelligence Applications and Innovations. AIAI 2020 IFIP WG 12.5 International Workshops. AIAI 2020. IFIP Advances in Information and Communication Technology, vol 585. Springer Cham. DOI: 10.1007/978-3-030-49190-1_21

Baccini M, Biggeri A, Accetta G, Kosatsky T, Katsouyanni K, Analitis A, Anderson HR, Bisanti L, D'Ippoliti D, Danova J, Forsberg B, Medina S, Paldy A, Rabczenko D, Schindler C, Michelozzi P (2008) Heat Effects on Mortality in 15 European Cities. Epidemiology 19(5),711–9. DOI: 10.1097/EDE.0b013e318176bfcd

Schuster C, Burkart K, Lakes T (2014) Heat Mortality in Berlin – Spatial Variability at the Neighborhood Scale. Urban Climate 10(1), 134–147. DOI: 10.1016/j.uclim.2014.10.008

BMU (2018) Climate Action Report 2018 on the Federal Government's Climate Action Programme 2020. URL: https://www.bmu.de/fileadmin/Daten_BMU/Pools/Broschueren/klimaschutzbericht_2018_en_bf.pdf (abgerufen am 24.08.2021)

Haines A, Ebi K (2019) The Imperative for Climate Action to Protect Health. N Engl J Med 380(3), 263–273. DOI: 10.1056/NEJMra1807873

Havenith G, Fiala D (2015) Thermal Indices and Thermophysiological Modeling for Heat Stress. Compr Physiol 6(1), 255–302. DOI: 10.1002/cphy.c140051. Erratum in: Compr Physiol 2016 6(2), 1134

Hoffmann C, Hanisch M, Heinsohn JB, Dostal V, Jehn M, Liebers U, Pankow W, Donaldson GC, Witt C (2018) Increased Vulnerability of COPD Patient Groups to Urban Climate in View of Global Warming. Int J Chron Obstruct Pulmon Dis 13, 3493–3501. DOI: 10.2147/COPD.S174148

Jehn M, Donaldson G, Kiran B, Liebers U, Mueller K, Scherer D, Endlicher W, Witt C (2013) Tele-Monitoring Reduces Exacerbation of COPD in the Context of Climate Change – A Randomized Controlled Trial. Environ Health 12, 99. DOI: 10.1186/1476-069X-12-99

Lelieveld J (2017) Clean Air in the Anthropocene. Faraday Discuss 200, 693–703. DOI: 10.1039/c7fd90032e

Leyk D, Hoitz J, Becker C, Glitz KJ, Nestler K, Piekarski C (2019) Health Risks and Interventions in Exertional Heat Stress. Dtsch Arztebl Int 116(31–32), 537–544. DOI: 10.3238/arztebl.2019.0537

Lin S, Hsu WH, Van Zutphen AR, Saha S, Luber G, Hwang SA (2012) Excessive Heat and Respiratory Hospitalizations in New York State: Estimating Current and Future Public Health Burden Related to Climate Change. Environ Health Perspect 120(11), 1571–7. DOI: 10.1289/ehp.1104728

Liu ZF, Li BL, Tong HS, Tang YQ, Xu QL, Guo JQ, Su L (2011) Pathological Changes in the Lung and Brain of Mice During Heat Stress and Cooling Treatment. World J Emerg Med 2(1), 50–3. DOI: 10.5847/wjem.j.1920-8642.2011.01.009

McCormack MC, Belli AJ, Waugh D, Matsui EC, Peng RD, Williams DL, Paulin L, Saha A, Aloe CM, Diette GB, Breysse PN, Hansel NN (2016) Respiratory Effects of Indoor Heat and the Interaction with Air Pollution in Chronic Obstructive Pulmonary Disease. Ann Am Thorac Soc 13(12), 2125–2131. DOI: 10.1513/AnnalsATS.201605-329OC

Mücke HG, Litvinovitch JM (2020) Heat Extremes, Public Health Impacts, and Adaptation Policy in Germany. Int J Environ Res Public Health 17(21), 7862. DOI: 10.3390/ijerph17217862

Orru H, Ebi KL, Forsberg B (2017) The Interplay of Climate Change and Air Pollution on Health. Curr Environ Health Rep 4(4), 504–513. DOI: 10.1007/s40572-017-0168-6

Pozzer A, Dominici F, Haines A, Witt C, Münzel T, Lelieveld J (2020) Regional and Global Contributions of Air Pollution to Risk of Death from COVID-19. Cardiovasc Res 116(14), 2247–2253. DOI: 10.1093/cvr/cvaa288

Scherer D, Fehrenbach U, Lakes T, Lauf S, Meier F, Schuster C (2014) Quantification of Heat-Stress Related Mortality Hazard, Vulnerability and Risk in Berlin, Germany. DIE ERDE – Journal of the Geographical Society of Berlin 144(3–4), 238–259. DOI:10.12854/erde-144-17

Schulz H, Karrasch S, Bölke et al. (2019) Atmen: Luftschadstoffe und Gesundheit – Teil I–III [Breathing: Ambient Air Pollution and Health – Part I]. Pneumologie 73(5), 288–429. DOI: 10.1055/a-0882-9366

Witt C, Schubert AJ, Jehn M, Holzgreve A, Liebers U, Endlicher W, Scherer D (2015) The Effects of Climate Change on Patients With Chronic Lung Disease. A Systematic Literature Review. Dtsch Arztebl Int 21, 112(51–52), 878–83. DOI: 10.3238/arztebl.2015.0878

28 Stoffwechselerkrankungen

Matthias Blüher und Annette Peters

28.1 Hintergrund

Die Auswirkungen des Überschreitens planetarer Grenzen durch den Menschen wird am Beispiel der sich pandemisch ausbreitenden „Zivilisationskrankheiten" besonders deutlich. Auch wenn der Begriff Zivilisationskrankheit keine Erkrankung im medizinischen Sinne definiert, so veranschaulicht er den Zusammenhang zwischen den sich weltweit ausbreitenden Wohlstands-Lebensstilen, Verhaltensweisen und Umweltfaktoren und der Zunahme an Krankheiten wie Adipositas, Typ-2-Diabetes, Bluthochdruck, Herz- und Gefäß-Erkrankungen, Allergien, Depression, Essstörungen, Karies bis hin zu bestimmten Arten von Krebserkrankungen. Die Entstehung dieser Erkrankungen ist wahrscheinlich nicht auf die Wirkung einzelner Faktoren zurückzuführen, sondern hat ihren Ursprung in der Wechselwirkung zwischen genetischen, Verhaltens- und Umweltfaktoren. Dabei gelten unter anderem als Risikofaktoren für die Entstehung der Wohlstands-assoziierten Krankheiten

- hoher Zuckerkonsum,
- Fehl- und Überernährung,
- Bewegungsmangel,
- Suchtmittel- und Drogenkonsum,
- Umweltgifte,
- Lärmbelastung,
- soziale Faktoren und Normen,
- übermäßige Hygiene sowie
- mediale Reizüberflutung.

Diese Erkrankungen breiten sich seit der Mitte des 20. Jahrhunderts auf der ganzen Welt aus, treten heute in fast allen Ländern sehr häufig auf und stellen in den meisten Ländern die häufigsten Todesursachen dar. Mehr als 70% der frühzeitigen Todesfälle und die Mehrheit der körperlichen Einschränkungen stehen im Zusammenhang mit nichtübertragbaren Krankheiten, vor allem Herz- und Gefäßkrankheiten, Krebs und Diabetes. Adipositas ist einer der wesentlichen Risikofaktoren für nichtübertragbare Krankheiten und führt in Abhängigkeit vom Schweregrad zu einer 5–20 Jahre verringerten Lebenserwartung (Prospective Studies Collaboration 2009).

Im Gegensatz zur teilweise rasanten Ausbreitung von Infektionskrankheiten, die uns aktuell durch die COVID-19-Pandemie verdeutlicht wird, sind die meisten Zivilisationskrankheiten Pandemien in Zeitlupe.

Zivilisationskrankheiten wie Adipositas und damit verbundene Stoffwechsel- und kardiovaskuläre Erkrankungen gehören zu den größten Herausforderungen des 21. Jahrhunderts.

Die Zukunft der menschlichen Zivilisation ist auch davon abhängig, wie wir unser Wissen um die Zusammenhänge von Gesundheit und den politischen, ökologischen, ökonomischen und sozialen Systemen nutzen, um geeignete Strategien zur Abmilderung der Folgen von Zivilisationskrankheiten zu entwickeln und in praktische Handlungen umzusetzen. In diesem Kapitel soll am Beispiel der Erkrankung Adipositas und damit vergesellschafteter Stoffwechselerkrankungen wie Typ-2-Diabetes, Fettlebererkrankung, Gicht und anderen dargestellt werden, was die Überschreitung planetarer Grenzen und die Überflussgesellschaft für den Einzelnen und für unsere Gesellschaft bedeuten.

28.2 Adipositas als globale Herausforderung

Adipositas ist ein Beispiel dafür, wie die raumgreifende Lebensweise der Menschheit einen negativen Einfluss sowohl auf die Ökosysteme als auch auf unsere Gesundheit hat. In der Gesellschaft wird Adipositas zunehmend als Krankheit verstanden, die zu einer Vielzahl von schwerwiegenden Krankheiten führt (WHO 2021).

Ab einem Body-Mass-Index (BMI) von 30 kg/m² wird in der klinischen Praxis die Diagnose Adipositas gestellt.

Obwohl Empfehlungen zur reduzierten Energieaufnahme und erhöhtem Energieverbrauch bei Menschen mit bereits krankhaft erhöhtem Körpergewicht wenig aussichtsreich sind, so können diese Maßnahmen auf gesellschaftlicher Ebene entscheidend zur Prävention der Adipositas und deren Begleiterkrankungen führen.

Die Prävalenz der Adipositas hat in den letzten Jahrzehnten pandemisch zugenommen und ist für Gesellschaften, Gesundheitssysteme und nicht zuletzt die Betroffenen eine bedeutende gesundheitliche Herausforderung (NCD Risk Factor Collaboration 2017). Adipositas erhöht das Risiko für über 60 Krankheiten wie Typ-2-Diabetes, Bluthochdruck, Herz-Kreislauf-Erkrankungen, Krankheiten des Stütz- und Bewegungsapparates, Krankheiten des Atemsystems, Demenz, Depression und einige Krebserkrankungen. Dadurch haben Menschen mit Adipositas häufig eine verringerte Lebensqualität und Lebenserwartung (Blüher 2019). Auch ist Adipositas eng mit Arbeitslosigkeit, Benachteiligung beim Zugang zu Bildung, sozialer Isolation, Langzeitpflege-Bedarf, geringerer körperlicher Leistungsfähigkeit, Fortpflanzungsrate und sozioökonomischer Produktivität verknüpft. Bereits jetzt liegt die Häufigkeit von Adipositas in Deutschland bei mehr als 23% und die Folgen von Übergewicht belasten Deutschland mit über 16 Milliarden Euro pro Jahr (Yates et al. 2016).

28.3 Komplexe Ursachen der Adipositas

Die grundlegende Ursache von Adipositas ist eine längerfristige positive Energiebilanz, die durch zu hohe Energieaufnahme mit der Nahrung und zu niedrigen Energieverbrauch durch geringe körperliche Aktivität und einen niedrigen Grundumsatz bedingt ist. Aus evolutionärer Perspektive sind biologische Mechanismen, die Energiesparen, Überernährung und effiziente Energieaufnahme und -speicherung fördern sehr sinnvoll, um Zeiten von Nahrungsmangel und erhöhtem Energiebedarf überleben zu können. So konnten sich beim Menschen Genotypen und Verhaltensmuster durchsetzen, die in Zeiten von Nahrungsknappheit einen Überlebensvorteil darstellten. Erst seit den 1960er-Jahren, in denen Überernährung zum global größeren Problem als Unterernährung wurde, stellte sich diese Selektion als gesundheitlicher Nachteil heraus (Swinburn et al. 2011).

Zwillingsstudien haben gezeigt, dass Adipositas zu 40–70% auf vererbte Faktoren zurückzuführen sei. Allerdings sind monogene Adipositas-Ursachen sehr selten und erklären weniger als 1% der Fälle. Deshalb wird heute davon ausgegangen, dass ein komplexes Zusammenspiel (poly-)genetischer und Umweltfaktoren zur Ausprägung von Adipositas führt. Mit der Entdeckung, dass Mäuse, denen das Sättigungshormon Leptin aus dem Fettgewebe fehlt, ungebremst essen und extreme Adipositas entwickeln (Zhang et al. 1994), wurde klar, dass unser Hirn über komplexe und feinregulierte Regelkreise im Hypothalamus Appetit und Sättigung steuert und dass diese Regulationsmechanismen von Signalen aus dem Fettgewebe, dem Darm und anderen Geweben stehen.

Auf der Basis der Erkenntnisse aus der biomedizinischen Forschung könnte man argumentieren, dass Adipositas die physiologische Reaktion eines Organismus auf eine „adipogene“ Umwelt ist, die durch ständige Verfügbarkeit energiedichter, zucker- und fettreicher Nahrung, geringem Bedarf an körperlicher Aktivität in den modernen Arbeitswelten und geringem Energieverbrauch durch geheizte oder klimatisierte Lebensräume, Urbanisierung und motorisierte Transportformen gekennzeichnet ist (Swinburn et al. 2011).

In diesem Zusammenhang kann Adipositas nicht nur als Symptom der chronisch positiven Energiebilanz, sondern auch als individuelle Ausprägung des gesellschaftlichen Phänomens der Überschreitung planetarer Grenzen angesehen werden. Die Ursachen der Adipositas sind komplex und umfassen biologische, gesellschaftliche, Verhaltens-, Umwelt-, lebensmittelmarktabhängige-, ökonomische und andere Faktoren, die in Wechselwirkung stehen (s. Abb. 1).

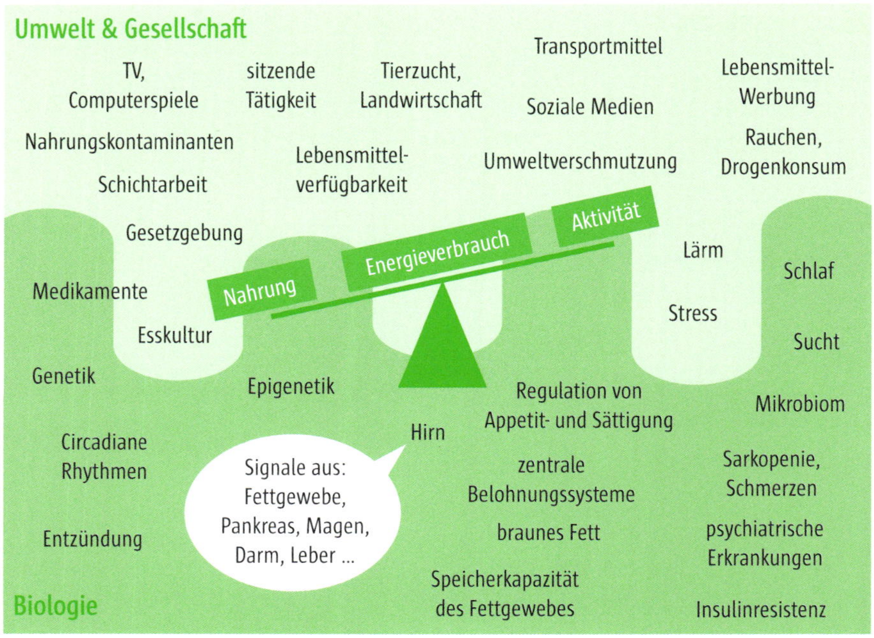

Abb. 1 Komplexe Faktoren in der Adipositas-Entstehung

Die großen Unterschiede im Körpergewicht zwischen Menschen, die unter ähnlichen Bedingungen leben, lassen vermuten, dass individuelle Faktoren die entscheidende Rolle in der Gewichtsregulation spielen. Interessanterweise sind aber individuelle Verhaltensinterventionen langfristig selten erfolgreich. Möglicherweise setzen individuelle Therapiestrategien nicht an den Kausalfaktoren an oder adressieren nur einen Teil der Adipositas-Mechanismen. Für einen komplexeren Ansatz in der Adipositastherapie spricht, dass die derzeit erfolgreichste Strategie zur längerfristigen Gewichtsreduktion in der chirurgischen Adipositastherapie (Schlauchmagen, Magenbypass) besteht, wodurch parallel die Nahrungszufuhr limitiert und hormonelle Regelkreise der Energiehomöostase verändert werden.

Demgegenüber steht das schwerer systematisch überprüfbare Konzept, dass eine Verhältnisprävention entscheidend zur Verbesserung von Adipositas beitragen kann. Für diesen Ansatz sprechen die komplexen Wechselwirkungen zwischen Biologie und Umwelt sowie die auslösenden gesellschaftlichen Faktoren, die kaum durch eine personalisierte Therapie oder Prävention zu verändern sind (s. Abb. 1). Eine Änderung der adipogenen Umwelt würde auch der These besser gerecht, dass sich kaum ein Mensch aktiv für Adipositas „entscheidet“ und sich deshalb im Falle eines hohen genetischen Risikos nur mit sehr hohem Aufwand gegen die Gewichtszunahme wehren kann.

- *Adipositas ist eine chronisch fortschreitende nicht heilbare Erkrankung, die bei kurzfristigen Therapieansätzen häufig zu Rückfällen führt.*
- *Adipositas ist individuell behandelbar.*
- *Die Prävention der Adipositas erfordert gesellschaftliche Anstrengungen.*

28.4 Gesellschaftliche Triebkräfte der Adipositas-Pandemie

Unsere Lebenswelten werden sowohl im privaten Alltag als auch im Berufsleben zunehmend adipogen (Swinburn et al. 2011). Die Adipositas-fördernde Umgebung beeinflusst unser Verhalten. Es ist bemerkenswert, dass die Zunahme von Adipositas und deren Begleiterkrankungen mit Veränderungen einhergeht, die durchaus einzeln oder in Kombination, Adipositas als gesellschaftliches Phänomen erklären könnten. In den letzten ~70 Jahren wird weniger Essen am häuslichen Herd selbst gekocht, der Verzehr von Fertigprodukten hat zugenommen, Fastfood ist zu einem Lebensstil geworden, Familien treffen sich weniger am Esstisch, gegessen wird „unterwegs". Der Snack zwischendurch ersetzt häufig die Mahlzeit. Zusätzlich hat die Verbreitung von motorisierten Transportmitteln, Klimaanlagen, sitzender Tätigkeit sowie passiver Freizeitbeschäftigung (Fernsehen, Computerspiele, Zeit in sozialen Medien) stark zugenommen.

> *Änderungen der globalen Nahrungsmittelmärkte, ständige Verfügbarkeit energiedichter, zucker- und fettreicher Lebensmittel zusammen mit Bewegungsmangel im Alltag und in den Arbeitswelten werden als wesentliche Ursachen des weltweiten Anstiegs von Adipositas-Erkrankungen angesehen.*

Sicher gibt es starke ökonomische Treiber, die zu Adipositas-Erkrankungen beitragen. Die Nahrungsmittelindustrie hat – wie andere Industriezweige auch – das Ziel, Gewinne zu maximieren (Swinburn et al. 2011). Bei der Nahrungsaufnahme gelingt Gewinnoptimierung dadurch, dass menschliche Bedürfnisse befriedigt werden: Portionsgrößen haben zugenommen, man denke nur an literweise Softdrinks und Eimer voller Popcorn, die zu jedem Kinobesuch zu gehören scheinen. Auch die zielgerichtete Werbung für Nahrungsmittel, vor allem die an Kinder gerichtete, führt zu veränderten Verhaltensweisen, fördert die Aufnahme ungesunder, energiedichter Lebensmittel und das Snacking-Verhalten. Süßigkeiten, Softdrinks und Fastfood sind Teil unseres Alltags geworden (Cutler et al. 2003). Dieser Lebensstil wird „westlicher Lebensstil" genannt und häufig als Gegensatz zu traditionellen Lebensweisen angesehen. Gesellschaften, wie Inselstaaten im Südpazifik oder Angehörige des Pima-Stammes in den USA, die diesen Lebensstil (zu) schnell übernommen haben, sind besonders stark vom sprunghaften Adipositas-Anstieg betroffen (NCD Risk Factor Collaboration 2017; Schulz et al. 2006). Die großen regionalen Unterschiede in der Adipositas-Prävalenz sprechen dafür, dass lokale Mechanismen eine wichtige Rolle spielen und globale Treiber der Adipositas-Pandemie Gesellschaften unterschiedlich stark treffen.

28.5 Ungleichverteilung von Ressourcen

Die Häufigkeit von Adipositas hat in einigen Inselstaaten im Pazifik wie Nauru und den Cook-Inseln viermal so schnell zugenommen wie im Rest der Welt (NCD Risk Factor Collaboration 2017). Diese Länder haben mit ~80% die höchste Adipositasprävalenz. Mögliche Ursache sind besonders schneller Wechsel traditioneller zu westlicher Lebensweise, genetische Prädisposition, „übergewichtiges" Schönheitsideal, geografische Isolation und starke Abhängigkeit von den globalen Nahrungsmittelmärkten und preiswerten Fertigprodukten. Auch sind kleinere, stärker verbundene Gemeinschaften anfälliger gegenüber sozialen Veränderungen, dem Lebensmittel-Marketing und den Märkten der Nahrungsmittelindustrie (McLennan u. Ulijaszek 2015).

Das lokale Umfeld kann das individuelle Risiko für die Manifestation von Adipositas entscheidend bestimmen (Swinburn et al. 2011). Städtebauliche Struktur, Dichte von Fastfood Restaurants, Fuß- und Radwege, Sport- und Spielplätze und Anschluss an öffentliche Verkehrsnetze wurden als regionale Determinanten des Risikos für Zivilisationskrankheiten identifiziert. Über diese Infrastruktur haben Kommunen Werkzeuge zur lokalen Adipositas-Prävention.

Mit Blick auf die gesamte Gesellschaft scheint soziale Ungleichheit zu einem erhöhten Adipositasrisiko beizutragen (Wilkinson u. Pickett 2009). Länder mit höherer sozialer Gerechtigkeit wie Staaten in Skandinavien oder Japan haben weniger Krankheitslast durch Adipositas als Länder mit größeren Unterschieden zwischen Arm und Reich (z.B. Saudi-Arabien, Portugal).

Ein wichtiger, durch politische Entscheidungen modifizierbarer Risikofaktor für Adipositas ist die vor allem an Kinder gerichtete Lebensmittelwerbung. Das kritische Alter für die Entstehung von Adipositas ist zwischen 3–6 Jahren. Kinder die in diesem Alter bereits ein deutlich zu hohes Körpergewicht hatten, wurden mit einer Wahrscheinlichkeit von 90% zu Erwachsenen mit Adipositas (Geserick et al. 2018). Es ist gut belegt, dass Werbung für ungesunde Lebensmittel bei Kindern zu erhöhter Aufnahme von energiedichten, zucker- und fettreichen Nahrungsmitteln kurz nach dem Werbekonsum geführt hat (Blüher 2019).

Gesellschaften mit großer sozialer Ungleichheit sind stärker von Adipositas betroffen.

Weltweit, insbesondere in Ländern mit hohem Einkommen hat die technologische Revolution des letzten Jahrhunderts zu Mechanisierung, neuen Transportmodalitäten, Computerisierung und sinkendem Bedarf für Energieverbrauch des einzelnen Menschen geführt. Da diese Entwicklungen bereits seit 1900 begannen, die Adipositas-Pandemie aber erst in den 1970er-Jahren die Welt erfasste, wird davon ausgegangen, dass es einen zusätzlichen Wendepunkt im Zusammenhang mit der Energiebilanz des Menschen gab. Dieser Wendepunkt wurde wahrscheinlich von Ländern mit hohen Einkommen, wie den USA, eingeleitet als die billige Massenproduktion von Lebensmitteln einschließlich zuckerreicher Softdrinks begann und raffinierte Kohlenhydrate und Fette zur Nahrungsgrundlage wurden (Swinburn et al. 2011). Die Politik und Gesetzgebung spielten in diesem Zusammenhang eine große Rolle, denn ein Teil der Veränderungen geschah als Reaktion auf die White House Conference on Food, Nutrition and Health 1969, die zum Ziel hatte, Auswirkungen von Hunger und Unterernährung zu bekämpfen (McGinnis u. Nestle 1989). Jetzt ist es Zeit, politische Entscheidungen zu fordern, die die über das Ziel hinausschießenden Folgen dieser Veränderungen in der Landwirtschaft, Tierhaltung, Nahrungsmittel-Industrie, Verteilung von Lebensmitteln rückgängig machen.

Im Zusammenhang mit der zunehmenden Überschreitung planetarer Grenzen durch den Menschen spielt dieser Wendepunkt eine entscheidende Rolle. Seit dieser Zeit haben nicht nur Zivilisationskrankheiten stark zugenommen, sondern auch drastisch Nahrungsmittelabfälle, die unsere Umwelt belasten. Es wird geschätzt, dass jeder Mensch in den USA täglich ~1.400 kcal solcher Abfälle produziert. Ein weiterer Beleg dafür wie der Wandel der Ökosysteme die Gesundheit der Menschheit ungünstig beeinflusst und unsere Zivilisation gefährdet. Es ist deshalb eine wichtige politische Aufgabe, Nahrungsmittelmärkte und andere Sektoren dahingehend zu regulieren, dass die Ursachen von Adipositas gezielt bekämpft werden.

28.6 Strategien zur Umkehr der Adipositas-Pandemie

Die WHO hat im „Global Action Plan for the Prevention and Control of NCDs" Strategien definiert, wie die Adipositas-Pandemie gestoppt werden könnte (WHO 2013). Bisher ist es keinem Land gelungen, wirksame Maßnahmen langfristig zu implementieren. Die WHO empfiehlt zur Adipositas-Prävention neben der Verhältnisprävention auch Maßnahmen, die dazu führen sollen, dass Menschen sich einfacher für eine gesunde Lebensweise entscheiden können, weil sie die preiswertere und am leichtesten zugängliche Alternative darstellen.

Dass solche Veränderungen zu einer Reduktion der Krankheitslast von Adipositas-Erkrankungen führen kann, belegt ein ungewolltes soziales „Experiment" in Kuba. Mitte der 1990er-Jahre litt Kuba unter einer ökonomischen Krise, die zu Engpässen in raffinierten, energiedichten Lebensmitteln und Benzin geführt hat (Franco et al. 2013). Dadurch wurden viele Einwohner Kubas in eine gesündere „Lebensweise" gezwungen, die im Mittel zu 5 kg Gewichtsverlust und in der Folge zu einer signifikanten Reduktion von Diabetes, Herz- und Kreislauf-Erkrankungen auch noch Jahre nach Überwinden der Krise geführt hat (Franco et al. 2013). Dass kurz nach der Krise das mittlere Körpergewicht wieder auf Werte vor der Krise anstieg und die positiven Gesundheitseffekte damit langfristig verloren gingen, belegt außerdem, dass eine chronisch fortschreitende und wiederkehrende Erkrankung wie Adipositas nicht durch kurzfristige Maßnahmen unter Kontrolle zu bringen ist.

Können politische Maßnahmen, wie eine „Zuckersteuer" auf Softdrinks, Verbot von Lebensmittelwerbung oder Automaten mit ungesunden Nahrungsmitteln an Schulen die gewünschten Erfolge erzielen? Die notwendigen politischen Entscheidungen werden kontrovers diskutiert und in Deutschland bleibt es meist der freiwilligen Selbstkontrolle von Industrieunternehmen vorbehalten zur gesünderen Lebensweise beizutragen. Zur Gesunderhaltung, aber auch zur Vermeidung von Lebensmittelabfällen wäre es wünschenswert, die tägliche Energieaufnahme vor allem energiedichter Nahrungsmittel auf ein gesundes Maß zu reduzieren, den Anteil an Früchten, Gemüse und ballaststoffreichen Lebensmitteln zu erhöhen und die gezielte körperliche Aktivität (60 min pro Tag für Kinder bzw. 150 min pro Woche für Erwachsene) zu steigern. Wie motiviere ich Menschen und Gesellschaften zu gesundheitsförderlichem Verhalten? Welche Rolle spielen Verbote und darf die Politik soweit in die Freiheiten des Einzelnen eingreifen? Bisher sind dies Fragen, die nicht nur nicht beantwortet sind, sie spielen im öffentlichen Diskurs auch eine untergeordnete Rolle. Noch ist es nicht zu spät, durch kluges Handeln – sei es durch individuelles Verhalten oder gesellschaftspolitische Entscheidungen – die stattgefundene Überschreitung planetarer Grenzen durch den Menschen zu begrenzen.

Literatur

Blüher M (2019) Obesity: Global Epidemiology and Pathogenesis. Nat Rev Endocrinol 15, 288–298

Cutler DM, Glaeser EL, Shapiro JM (2003) Why Have Americans Become More Obese? J Econ Perspect 17, 93–118

Franco M, Bilal U, Orduñez P, Benet M, Morejón A, Caballero B, Kennelly JF, Cooper RS (2013) Population-wide Weight Loss and Regain in Relation to Diabetes Burden and Cardiovascular Mortality in Cuba 1980–2010: Repeated Cross Sectional Surveys and Ecological Comparison of Secular Trends. BMJ 346, f1515b

Geserick M, Vogel M, Gausche R, Lipek T, Spielau U, Keller E, Pfäffle R, Kiess W, Körner A (2018) Acceleration of BMI in Early Childhood and Risk of Sustained Obesity. N Engl J Med 379, 1303–1312

McGinnis JM, Nestle M (1989) The Surgeon General's Report on Nutrition and Health: Policy Implications and Implementation Strategies. Am J Clin Nutr 49, 23–28

McLennan AK, Ulijaszek SJ (2015) Obesity Emergence in the Pacific Islands: Why Understanding Colonial History and Social Change Is Important. Public Health Nutr 18, 1499–1505

NCD Risk Factor Collaboration (NCD-RisC) (2017) Worldwide Trends in Body-Mass Index, Underweight, Overweight, and Obesity From 1975 to 2016: A Pooled Analysis of 2416 Population-Based Measurement Studies in 128·9 Million Children, Adolescents, and Adults. Lancet 390, 2627–2642

Prospective Studies Collaboration (2009) Body-Mass Index and Cause-Specific Mortality in 900.000 Adults: Collaborative Analyses of 57 Prospective Studies. Lancet 373, 1083–1096

Schulz LO, Bennett PH, Ravussin E, Kidd JR, Kidd KK, Esparza J, Valencia ME (2006) Effects of Traditional and Western Environments on Prevalence of Type 2 Diabetes in Pima Indians in Mexico and the U.S. Diabetes Care 29, 1866–1871

Swinburn BA, Sacks G, Hall KD, McPherson K, Finegood DT, Moodie ML, Gortmaker SL (2011) The Global Obesity Pandemic: Shaped by Global Drivers and Local Environments. Lancet 378, 804–814

Wilkinson RG, Pickett K (2009) The Spirit Level: Why More Equal Societies Almost Always Do Better. Bloomsbury Press London

World Health Organization (WHO) (2013) Global Action Plan for the Prevention and Control of NCDs 2013–2020. URL: https://www.who.int/publications/i/item/9789241506236 (abgerufen am 14.07.2021)

World Health Organization (WHO) (2021) Obesity and Overweight. URL: https://www.who.int/news-room/fact-sheets/detail/obesity-and-overweight (abgerufen am 14.07.2021)

Yates N, Teuner CM, Hunger M, Holle R, Stark R, Laxy M, Hauner H, Peters A, Wolfenstetter SB (2016) The Economic Burden of Obesity in Germany: Results from the Population-Based KORA Studies. Obes Facts 9, 397–409

Zhang Y, Proenca R, Maffei M, Barone M, Leopold L, Friedman JM (1994) Positional Cloning of the Mouse Obese Gene and its Human Homologue. Nature 372, 425–432

29 Umweltmedizin im Anthropozän

Babette Simon und Claudia Traidl-Hoffmann

Die Umweltmedizin stellt ein transdisziplinäres Feld dar, das Medizin, Epidemiologie und Umweltwissenschaften verbindet. Die Wechselwirkungen zwischen Umwelt und Mensch zu untersuchen und zu verstehen, welche Rolle die Umwelt bei der Vorbeugung oder Milderung, bei der Verursachung oder Verstärkung von Krankheiten spielt und wie man sie behandeln kann, ist der Hauptbereich der Umweltgesundheitsforschung.

Forschung im Bereich der Umweltmedizin ist daher eine wichtige Investition in die Zukunft, die nicht nur auf eine gesündere Bevölkerung mit erhöhter Lebensqualität und ein verbessertes Leben im Einklang mit der Natur abzielt, sondern langfristig auch zu einer deutlichen Reduzierung der Gesundheitskosten und einer Optimierung der Wirtschaftlichkeit in verschiedenen Bereichen des täglichen Lebens führen kann.

Die WHO schätzt, dass etwa 70% aller Todesursachen weltweit umweltbedingt ausgelöst, zumindest getriggert werden (Landrigan et al. 2018; WHO 2020). Der Anstieg der umweltbedingten Krankheiten wird laut WHO durch fünf Hauptrisikofaktoren vorangetrieben: Tabakkonsum, Bewegungsmangel, schädlicher Alkoholkonsum, ungesunde Ernährung und Umweltverschmutzung. In Zukunft werden wichtige globale Trends wie die fortschreitende Erderwärmung, die globale Umweltzerstörung und die Zersiedelung der Landschaft enorme Auswirkungen auf die öffentliche Gesundheit auf allen Kontinenten haben (Fuller et al. 2018). Die sozioökonomischen Kosten, die mit umweltbedingten Krankheiten verbunden sind, machen die Vorbeugung und Kontrolle dieser Krankheiten zu einem wichtigen Entwicklungsimperativ für das 21. Jahrhundert (Markandya et al. 2018) und deuten auf die Notwendigkeit hin, ein klinisches Zentrum innerhalb einer medizinischen Fakultät zu bilden, um die Flut an umweltbedingten Krankheiten einzudämmen. Die häufigsten umweltbedingten Krankheiten sind Herz-Kreislauf-Erkrankungen, z.B. Herzinfarkt und Schlaganfall, Krebs, chronische Atemwegserkrankungen, z.B. chronisch obstruktive Lungenerkrankung und Asthma, Diabetes und Allergien; zusammenfassend als nichtübertragbare Krankheiten bezeichnet.

29.1 Schlüsselrolle der Umweltmedizin in der „Klimamedizin"

„Umwelt" umfasst alles, was man nicht selbst ist, und alles das was einen lebenslang umgibt; in der Wohnung, auf dem Weg zur Schule, bei der Arbeit, in der Freizeit, die soziale und soziokulturelle Umwelt, und auch alle Dinge, die wir konsumieren. Unsere Gesundheit und unser Wohlbefinden hängen in erheblichem Umfang von der Qualität unserer Umwelt ab und ungünstige Umwelteinflüsse oder eine als ungeeignet empfundene Umwelt können uns krank machen (RKI 2020; Heuson u. Traidl-Hoffmann 2018).

Auf Alexander von Humboldt geht die Einsicht von „Alles ist Wechselwirkung" in der Natur zurück. Nichts in der Natur steht für sich allein, alle Menschen sind untrennbar mit ihrer Umwelt verbunden (Humboldt 2018). Und genau hier setzt die Umweltmedizin an. Sie befasst sich mit den komplexen Wechselbeziehungen zwischen Umwelt und Mensch mit dem Ziel der Prävention. Daher kommt der Umweltmedizin auch eine Schlüsselrolle bei dem Verständnis und der Bewältigung der Auswirkungen des Klimawandels zu. Der Klimawandel ist im Begriff, die Umwelt und unsere Lebensgrundlagen tiefgreifend zu verändern, mit vielfältigen gesundheitlichen Auswirkungen auf sowohl unsere physische als auch psychische Gesundheit (Watts et al. 2021; Huber 2021) (s. Kap. II.1, II.15 und II.27).

29.2 Gesundheitsrisiken durch Umweltverschmutzung

Gesundheitsrisiken durch Umweltfaktoren sind vielfältig, und können auftreten durch

- chemische Belastungen (Schadstoffe in Luft, Wasser, Boden, Nahrungskette, Alltagsprodukte, Abfälle, neue Stoffe z.B. Nanomaterialien),
- physikalische Stressoren (Lärm, Licht, Partikel, Strahlung),
- biologische Belastungen (Schimmelpilze, Viren, Bakterien, Blaualgen, Aerosole) oder
- Störfälle in Betrieben mit nachfolgend regionaler Belastung.

Erschwerend kommt hinzu, dass sich Umweltfaktoren gegenseitig in ihrer Wirkung verstärken können, additive und summative Effekte, die schwer auseinander zu dividieren sind – weder bei epidemiologischen Studien noch bei in vitro-Analysen.

Luft- und Wasserverschmutzung sowie Belastungen durch Chemikalien sind die größten Gesundheitsrisiken, Lärm ist ein weiterer wichtiger Faktor (Heuson u. Traidl-Hoffmann 2018, s. Kap. II.7, II.17 und II.27). Bewohner städtischer Gebiete (> 90%) sind Luftschadstoffkonzentrationen jenseits der Richtwerte der WHO ausgesetzt (UBA 2021; Birmili et al. 2018) und starke Luftverschmutzung wiederum erhöht Krankenhauseinweisungen aufgrund von Atemwegs- und Herz-Kreislauf-Beschwerden. Luftverschmutzung in Innenräumen kann ebenso zu gesundheitlichen Schäden führen z.B. durch Ausgasung von flüchtigen organischen Materialien (Paterson et al. 2021).

Das Spektrum von Chemikalien mit Einfluss auf die Gesundheit ist groß und wird immer größer.

Umweltchemikalien können Konsumgüter und Nahrungsketten über Erde, Wasser oder Atmosphäre belasten, mit teilweise irreversiblen Gefahren und Folgekosten (WHO Europe 2017). Weltweit gingen im Jahr 2019 ca. 2 Mio. Menschenleben und ca. 53 Mio. behinderungsbereinigte Lebensjahre (DALY) infolge der Exposition gegenüber Chemikalien verloren (WHO 2021). Dies ist mit hohen Belastungen des Gesundheitssystems verbunden: allein die Kosten der auf Endokrine Disruptoren (EDCs) zurückzuführende Krankheitslast wird in Europa auf 163 Mrd. Euro pro Jahr geschätzt (Paunovic 2018)(s. Kap. II.7).

Häufig machen sich negative Umwelteinflüsse erst zeitverzögert bemerkbar. So unterschätzen viele ihre Auswirkungen, wie beispielsweise von Feinstaub, Umweltchemikalien, Lärm, Abgasen oder Klimaveränderung. Gegenstand wissenschaftlicher Diskussionen ist weiterhin, zu welcher Zeit der menschliche Organismus bzw. das Immunsystem für schädigende Umweltfaktoren empfindlich ist. Gleichzeitig stellt sich die Frage, wann schützende Faktoren einwirken können. Wie plastisch ist unser Immunsystem zu welcher Zeit im Leben? Diese Fragen sollten Antworten finden, weil diese wiederum für die Prävention und Intervention Weichen stellen (s. Kap. II.14).

29.3 Vererbung umweltbedingter Gesundheitsrisiken

Unser Erbgut mag unsere Prädisposition für Krankheiten und Lebensspanne bestimmen, aber unsere Umwelt hat einen ebenso großen Einfluss darauf, und zwar über epigenetische Markierungen, die die Aktivität von Genen beeinflussen, ohne die DNA zu verändern. Ereignisse wie Hungerperioden oder traumatische Erlebnisse können solche epigenetischen Markierungen hervorrufen, die über Generationen hinweg stabil sind (Xavier et al. 2019). Epigenetische Markierungen können auch durch chemische oder physikalische Umweltfaktoren, wie beispielsweise Benzol, Bisphenol A oder Feinstaub verursacht werden. Kinder, die im Mutterleib vermehrt Weichmachern (Phtalate) ausgesetzt sind, haben ein deutlich erhöhtes Risiko für allergisches Asthma durch epigenetische Veränderungen an immunregulatorischen Genen (Jahreis 2018). Epigenetische Veränderungen können sich über Jahre anhäufen und erst in Kombination eine Krankheit auslösen (Xavier et al. 2019; Hochberg et al. 2011). Für viele Umweltnoxen sind zwar epigenetische Veränderungen beschrieben, doch nur von wenigen ist bekannt, wie sie an der Krankheitsentstehung beteiligt sind. Daher ist die Ausweitung der Forschung in diesem Bereich von großer Relevanz, denn eine präzisere und individuelle Risikobewertung würde die Entwicklung individueller Präventions- und Behandlungsoptionen deutlich voranbringen.

29.4 Umweltmedizin ist Präventionsmedizin

Weltweit wird ein Viertel aller Todes- und Krankheitsfälle durch Umweltverschmutzung und -zerstörung verursacht (McGlade u. Landrigan 2019), über zwei Drittel aller Todesfälle sind durch nichtübertragbare Erkrankungen bedingt (Landrigan 2018). Daraus ergibt sich der dringende Auftrag, dass diese Krankheitslast durch Früherkennung oder Prävention reduziert, abgemildert oder vermieden wird. Dazu müssen potenziell krankmachende Umweltfaktoren erkannt, deren Wirkweise sowie deren Einfluss auf die Gesundheit des Menschen verstanden und dann ggfls. geeignete Richt-, Grenz- und Leitwerte zum Gesundheitsschutz abgeleitet werden.

Ein zentraler Aspekt ist hierbei die Forschung, da sie die Grundlage für die Ableitung von Präventions- und Schutzmaßnahmen bietet. Auch der zunehmend wirtschaftliche Schaden durch die umweltbedingten Erkrankungen (Kosten des Nichthandelns) geben zwingende Argumente zur Intensivierung von Investitionen in die Präventionsforschung. Noch sind die meisten Zusammenhänge in Bezug auf umweltbedingte Erkrankungen nicht oder kaum verstanden.

Umfang und Ausprägung von umwelt- und klimawandelbedingten Gesundheitsfolgen sind abhängig von

- *(Prä-)Disposition,*
- *Resilienz,*
- *Verhalten und*
- *Anpassungsleistungen des individuellen Menschen (Bunz u. Mücke 2017).*

Oft ist es im Einzelfall auch schwierig vorherzusagen, wie stark ein einzelner Umweltfaktor wirken wird, weil Menschen unterschiedlich reagieren können.

Die Entwicklung individueller Präventions- und Behandlungsstrategien würde die Versorgungsqualität und damit die Lebensqualität Betroffener deutlich verbessern. Angesichts der hohen Komplexität des Beziehungsgefüges Mensch-Umwelt sowie der sehr anspruchsvollen Analysen wären eine integrative Herangehensweise sowie transdisziplinäre und translationale Forschungsansätze entscheidend, um neue Lösungswege für Betroffene entwickeln zu können. Dazu gehört auch, die Entwicklung von Tools, Wearables oder Warn-Apps, um Prävention im täglichen Leben zu vereinfachen. Ein „Comprehensive Environmental Health Center“ (analog zum Comprehensive Cancer Center) könnte eine geeignete Plattform sein, diese entscheidende Integration umzusetzen, um so umweltmedizinische Forschung, Diagnostik und Prävention auf eine neue Stufe zu stellen.

Umsetzung von Prävention kann durch Förderung von Resilienz durch effektive Anpassungsmaßnahmen erfolgen, so durch spezifische Aktionspläne (z.B. Hitzepläne). KI-gestützte Technologien versprechen einen deutlichen Fortschritt in Zukunft. Auch Behandlungsangebote, wie Immuntherapien (SIT, Hyposensibiliserung) bei Allergien und Asthma können Allergien abmildern oder heilen und damit präventiv eingesetzt werden. Pollenflugvorhersagen aber vor allem Lebensstilanpassungen sind zur Vorbeugung bedeutend. Auch ein klimafreundliches Verhalten bringt gesundheitliche Vorteile (sog. Co-Benefits) mit sich (Heuson u. Traidl-Hoffmann 2018). Eckpfeiler ist und bleibt das eigene Verhalten und es ist immer wieder wichtig aufzuzeigen, was Betroffene selbst präventiv beitragen können. Dabei könnten Klimasprechstunden unterstützen (s. Kap. III.4).

29.5 Big-Data-Techniken und Entschlüsselung komplexer Zusammenhänge

Der Einsatz von Big-Data-Techniken sowie Echtzeit-Analysen als Werkzeuge um Umwelt-Mensch-Interaktionen besser zu verstehen ist aktuell einer der wichtigsten

Trends in der Umweltmedizin. Big-Data-Analysen bzw. Künstlichen Intelligenz (KI) kommen dabei zum Einsatz, um komplexe Zusammenhänge als Ursache für Erkrankungen zu entschlüsseln. Das Aufkommen riesiger Datenberge und das Interesse, daraus neuartige Informationen zu gewinnen, ist groß. Es stehen reichlich Messdaten aus den Klima-, Umwelt- und Geowissenschaften (z.B. Luftverschmutzung, Atmosphäre, boden- und geowissenschaftliche Daten), medizinische Daten, Daten auf Bevölkerungsebene (Ernährungsfaktoren, soziale und bebaute Umwelt, Klima, weitere Variablen) sowie Daten zu vielen tausenden umweltchemischen und biologischen Substanzen zur Verfügung. Die Medizinischen Datensätze sind meist aus unterschiedlichen Quellen und teilweise schwach strukturiert und müssen vorab informationstechnisch verarbeitet werden (Medizininformatik). Die Integration dieser vielfältigen Datenströme stellt eine neue Komplexitätsstufe dar.

> **Geospatial artificial intelligence (geoAI)** ist eine junge Disziplin und ermöglicht es, eine hochaufgelöste Modellierung von Umweltexpositionen durchzuführen, was zur genaueren Bewertung von Umweltfaktoren und damit zukünftig zu einem besseren Verständnis des Zusammenhangs von Umweltexpositionen und Krankheiten führen würde. Durch KI und maschinelles Sehen werden verlässlichere (Wetter-)Vorhersagen und Frühwarnungen bei Unwettern (z.B. Zyklon) möglich (VoPham et al. 2018).

Die Entwicklung von Wearables oder Warn-Apps in Bezug auf gesundheitsbezogene Umwelt- und Klimafaktoren werden die Forschungsmöglichkeiten sowie die präventive Versorgung deutlich erweitern. Big-Data-Analysen in Echtzeit werden dazu beitragen, die vielfältigen Wechselbeziehungen zwischen Mensch und Umwelt noch besser zu verstehen.

Voraussetzung, um diese Innovationen umzusetzen, ist der Aufbau neuer Forschungsdaten-Infrastrukturen, die speziell auf die Speicherung, Nutzung und Analyse von sehr großen Datenmengen ausgerichtet sind (siehe https://www.bmbf.de/de/nationale-forschungsdateninfrastruktur-8299.html)

29.6 Bio- und Umwelt-Monitoring durch mobile Technologien in Echtzeit

Diagnostische Verfahren in der Umweltmedizin umfassen *Human-Biomonitoring* (HBM) sowie *Umwelt-Monitoring* (UM). Mittels HBM können sowohl die innere Exposition mit Schadstoffen (Belastungsmonitoring, Blut, Muttermilch, Urin, Haare), als auch die biologischen Effekte bei Einzelpersonen oder Bevölkerungsgruppen (Effektmonitoring) beurteilt werden. Die Bewertung erfolgt auf Basis u.a. von Referenzwert (vergleichen) oder HBM-Werten (Wichmann 2019). Zur Beurteilung der individuellen Belastung oder von Bevölkerungsgruppen leistet HBM eine erheblich größere Aussagekraft als die mengenmäßige Erfassung von Umwelt-Messdaten, da dort die Schadstoffe aus unterschiedlichen Quellen stammen können (Wasser, Boden, Luft etc.) und individuelle Besonderheiten einer Person hinsichtlich Aufnahme, Stoffwechsel, Ausscheidung oder Lebensgewohnheiten unmittelbar in das Untersuchungsergebnis eingehen. HBM ist auch wichtig, um zeitliche und räumliche Trends in der Exposition von Bevölkerungsgruppen gegenüber Umweltschadstoffen zu bewerten und zu verfolgen, oder politische Maßnahmen zu überwachen.

Deutschland war Vorreiter auf dem Gebiet des automatischen Pollenmonitorings. Polleninformationsnetzwerke liefern online Auskunft über Pollenflug, sodass Symptome in Echtzeit mit dem lokalen Pollenflug in Beziehung gebracht werden können (Oteros 2019). Die Zukunft gehört dem persönlichen Monitoring, um dann auch persönliche „Thresholds" berechnen zu können. Das ermöglicht eine präzise Pollenbelastungsvorhersage und Verhaltensanpassung, auch im Hinblick auf Medikamenteneinnahme – die personalisierte Prävention.

Mobile Umweltsensoren bieten heute die Möglichkeit, in Echtzeit Umweltdaten abzubilden, um ein besseres Bild der täglichen Umweltverschmutzung, z.B. Schadstoffe aus Fahrzeugabgasen (Stickstoffdioxid, Feinstaub, Schwefeldioxid) zu liefern. *AirBeam* ist bspw. ein mobiler Luftmonitor, der Feinstaubbelastungen in Echtzeit über eine Open-Source-Plattform („Aircasting") abbildet. Die Daten werden von Benutzern über Crowdsourcing gesammelt, um besorgniserregende Bereiche aufzuzeigen (siehe https://www.habitatmap.org/aircasting).

Smartphones haben bereits über mobile Biosensoren Bezug zu unserer Gesundheit und ermöglichen die Ansammlung biometrischer Echtzeitdaten (vom Schrittzähler bis zum Schlafmonitor). Smartphones könnten zukünftig auch als Umweltsensoren wirken. Die aus der mobilen Technologie abgerufenen Informationen haben das Potenzial, die Art und Weise, wie Forschung zukünftig stattfindet, zu revolutionieren (Munos et al. 2016) und das betrifft im Besonderen auch die Umweltmedizin. Die mobilen Technologien sind nicht einfach nur neue Werkzeuge, sondern sie sind Disruptoren. Sie werden zukünftig die Erfassung riesiger Mengen personenbezogener Daten (Physiologie, Verhalten und Umwelt) auf nie da gewesene Weise ermöglichen. Einzelpersonen werden dabei zunehmend in die Erhebung von Daten über sich selbst involviert. Einzelpersonen können wiederum auf Daten aus einer breiten Palette zugreifen und diese analysieren. Damit die Datenflut von mobilen Geräten auch zu maximalem Erkenntnisgewinn in der Wissenschaft führen kann, sind Investitionen in Forschungsinfrastrukturen für den Aufbau von Systemen zum Sammeln, Verwalten, Teilen und Auswerten dieser Daten unabdingbar, am zweckmäßigsten in enger Anbindung an ein „Comprehensive Environmental Health Center". Herausforderung bleiben

- der Umgang mit biometrischen Big Data,
- die Sicherung und Qualität der mobilen Daten,
- Vermeidung von Fehlanwendung,
- Zuverlässigkeit und Validierung sowie
- Datenschutz.

Zudem dürfen mobile Geräte keine Kostenhürde und Hemmnis für Partizipation sein. Die Nutzung von Wearables zur positiven Wirkung kann nur dann funktionieren, wenn Entwickler alle Gemeinschaften und nicht nur Verbraucher, die es sich leisten können, teure Technologie zu kaufen, in den Mittelpunkt ihrer Entwicklungsbemühungen stellen (Moldenhauer u. Sackey 2016).

29.7 Neue Konzepte zur Aus- Fort- und Weiterbildung

Die Umweltmedizin ist ein interdisziplinäres Querschnittsfach und gesundheits-wissenschaftliche Bezugsdisziplin. Dies kommt auch dadurch zum Ausdruck, dass die Umweltmedizin von den unterschiedlichen Fachgesellschaften explizit oder implizit vertreten wird (RKI 2020). Im Medizinstudium wurde 2003 das Querschnittsfach Umweltmedizin eingeführt, gleichzeitig fiel die Zusatzbezeichnung Umweltmedizin in der Weiterbildungsordnung weg. Eine flächendeckende umweltmedizinische Versorgung gibt es bis heute nicht. Es fehlt an strukturierten Weiterbildungskonzepten und somit an Grundwissen bei verschiedenen Fachdisziplinen. Auch das im Studium erworbene Wissen reicht zur umweltmedizinischen Patientenversorgung nicht aus. Das wirft weiterhin die Frage nach den Vorteilen einer Zusatz-Weiterbildung „Klinische Umweltmedizin" auf, um die komplexe Thematik systematisch zu bündeln. Um zukünftig ausreichend Nachwuchs für die Umweltmedizin gewinnen zu können, muss die ärztliche Zusatzbezeichnung Facharzt für Umweltmedizin neu geregelt werden, sowie Weiterbildungs-Curricula aller betroffenen Fachdisziplinen mit speziellen umweltmedizinischen Inhalten an die neuen Entwicklungen und Bedarfe angepasst werden.

Die Auswirkung menschlichen Handelns auf die planetare Umwelt erfordert ein Gesundheitskonzept, das diesen veränderten globalen Verhältnissen und deren Bedeutung für Prävention, Krankheit, Therapie und Epidemiologie im Rahmen interdisziplinärer Ansätze Rechnung trägt (Müller et al. 2018). Das Konzept der „Planetaren Gesundheit" befasst sich mit den Zusammenhängen zwischen der menschlichen Gesundheit und den politischen, ökonomischen und sozialen Systemen, sowie den natürlichen Systemen unseres Planeten, von denen die Existenz der menschlichen Zivilisation abhängt (Müller et al. 2018). Die Entstehung des Konzeptes Planetary Health ist eine notwendige Reaktion auf neue Herausforderungen für die nationale und globale Gesundheit, die auch und insbesondere alle Ärzt:innen und Gesundheitswissenschaftler betreffen. Es ist daher notwendig, curriculare Fortbildungen im Bereich Umweltmedizin um den Fokus Planetary Health zu erweitern und anzubieten. Ebenso sollten die Inhalte des Querschnittfachs Umweltmedizin im Medizinstudium, ebenso in der Aus- und Fortbildung aller Gesundheitsfachberufe, um Aspekte von Planetary Health ergänzt und weiterentwickelt werden. Dabei geht es nicht nur um Stärkung des Umweltbewusstseins, sondern darum, Haltung und Verhalten zu formen.

Um das Potenzial der immer größeren Verfügbarkeit von Daten und Big Data Technologien in der Umweltmedizin und seiner Forschung zur Anwendung bringen zu können, ist es unerlässlich, auch geeignete Aus-, Weiterbildungs- und Fortbildungsangebote in Datenwissenschaften mit dem klaren Fokus auf Umweltmedizin anzubieten, auch um die Verfügbarkeit entsprechend qualifizierten Nachwuchses sicherzustellen. Mobile Technologien und Big Data haben ein sehr großes Potenzial für die Umweltmedizin und können für Prävention, Therapiemanagement und Vorhersagemodelle herangezogen werden. Maßnahmen, die im Lichte der durch den Klimawandel bedingten Gesundheitsgefahren das zentrale Werkzeug der Klimaresilienz darstellen.

Literatur

Birmili W et al. (2018) Indoor Air Pollution – Current Fields of Action. Bundesgesundheitsblatt Gesundheitsforschung Gesundheitsschutz 61(6), 656–666

Bunz M, Mücke HG (2017) Climate Change – Physical and Mental Consequences. Bundesgesundheitsblatt Gesundheitsforschung Gesundheitsschutz 60(6), 632–639

Fuller R et al. (2018) Pollution and Non-Communicable Disease: Time to End the Neglect. Lancet Planet Health 2(3), e96-e98

Heuson C, Traidl-Hoffmann C (2018) The Significance of Climate and Environment Protection for Health under Special Consideration of Skin Barrier Damages and Allergic Sequelae. Bundesgesundheitsblatt Gesundheitsforschung Gesundheitsschutz 61(6), 684–696

Hochberg Z et al. (2011) Child Health, Developmental Plasticity, and Epigenetic Programming. Endocr Rev 32(2), 159–224

Huber V (2021) Der Anthropogene Klimawandel und seine Folgen: Wie sich Umwelt- und Lebensbedingungen in Deutschland verändern. In: Günster C, Klauber J, Robra BP, Schmuker C, Schneider A (Hrsg.) Versorgungs-Report Klima und Gesundheit. 9–21. MWV Medizinisch Wissenschaftliche Verlagsgesellschaft Berlin

von Humboldt A (2018) Das Buch der Begegnungen. Menschen-Kulturen-Geschichten aus dem Amerikanischen Reisetagebüchern. Manesse Verlag München

Jahreis S et al. (2018) Maternal Phthalate Exposure Promotes Allergic Airway Inflammation over 2 Generations through Epigenetic Modifications. J Allergy Clin Immunol 141(2), 741–753

Landrigan PJ et al. (2018) The Lancet Commission on Pollution and Health. Lancet 391(10119), 462–512

Markandya A et al. (2018) Health Co-Benefits from Air Pollution and Mitigation Costs of the Paris Agreement: A Modelling Study. Lancet Planet Health 2(3), e126-e133

McGlade J, Landrigan PJ (2019) Five National Academies Call for Global Compact on Air Pollution and Health. Lancet 394(10192), 23

Moldenhauer JA, Sackey D (2016) Transdisciplinarity, Community-Based Participatory Research, and User-Based Information Design Research

Müller O, Jahn A, Gabrysch S (2018) Planetary Health: Ein umfassendes Gesundheitskonzept. Dtsch Arztebl 115

Munos B et al. (2016) Mobile Health: the Power of Wearables, Sensors, and Apps to Transform Clinical Trials. Ann N Y Acad Sci 1375(1), 3–18

Oteros J et al. (2019) Building an Automatic Pollen Monitoring Network (ePIN): Selection of Optimal Sites by Clustering Pollen Stations. Sci Total Environ 688, 1263–1274

Paterson CA et al. (2021) Indoor PM2.5, VOCs and Asthma Outcomes: A Systematic Review in Adults and their Home Environments. Environ Res 202, 111631

Paunovic E (2018) Gesunde Umwelt für Gesündere Menschen. URL: www.euro.who.int/__data/assets/pdf_file/0009/367191/eceh-ger.pdf (abgerufen am 13.08.2021)

RKI (2020) Umweltmedizinische Versorgungssituation von Patientinnen und Patienten in Deutschland: Stellungnahme der Kommission Umweltmedizin und Environmental Public Health. Bundesgesundheitsblatt Gesundheitsforschung Gesundheitsschutz 63, 242–250

Umweltbundesamt UBA (2021) Umweltindikatoren. URL: https://www.umweltbundesamt.de/daten/umweltindikatoren/indikator-luftqualitaet-in-ballungsraeumen#die-wichtigsten-fakten (abgerufen am 13.08.2021)

VoPham T et al. (2018) Emerging Trends in Geospatial Artificial Intelligence (geoAI): Potential Applications for Environmental Epidemiology. Environ Health 17(1), 40

Watts N et al. (2021) The 2020 Report of The Lancet Countdown on Health and Climate Change: Responding to Converging Crises. Lancet 397(10269), 129–170

WHO (2020) The Impact of the COVID-19 Pandemic on Noncummounicable Disease Resources and Services: Results of a Rapid Assessment. URL: https://www.who.int/publications/i/item/9789240010291 (abgerufen am 13.08.2021)

WHO (2021) The Public Health Impact of Chemicals: Knowns and Unknowns – 2021 Data Addendum

WHO Europe (2017) Hazardous Chemicals. URL: https://www.euro.who.int/__data/assets/pdf_file/0007/352249/3.9-Fact-sheet-SDG-Hazardous-chemicals-26-10-2017.pdf (abgerufen am 13.08.2021)

Wichmann HE, Fromme H (2019) Handbuch der Umweltmedizin. Ecomed

Xavier MJ et al. (2019) Transgenerational Inheritance: How Impacts to the Epigenetic and Genetic Information of Parents Affect Offspring Health. Hum Reprod Update 25(5), 518–540

30 Urologie

Steffen Rausch

Die hochprävalente, alimentäre Urolithiasis und das durch Umweltkanzerogene verursachte Urothelkarzinom sind zwei wichtige urologische Krankheitsbilder, die direkt mit der Funktionalität lokaler Ökosysteme assoziiert sind. Die Endourologie und die für hochgradig standarisierte Operationen eingesetzte Robotertechnik stellen medizinische Bereiche mit sehr hohem technischen und apparativen Aufwand dar. Hier wird neben der Frage nach der Wirtschaftlichkeit inzwischen auch diejenige nach der gesundheitsökologischen Relevanz gestellt. Die Urologie nimmt in diesen technisch innovativen Bereichen derzeit eine Vorreiterrolle ein.

30.1 Bedeutung umweltassoziierter urologischer Erkrankungen

30.1.1 Harnsteinerkrankungen

Dass Umwelt auf Gesundheit einwirkt, lässt sich beispielhaft an der großen Variabilität in der weltweiten regionalen Inzidenz von Nierensteinerkrankungen aufzeigen. Diese wird nicht ausschließlich durch ethnische oder genetische Faktoren erklärt, sondern insbesondere auch nutritionalen und Umweltfaktoren sowie sozialpolitischen und ökonomischen Variablen zugeschrieben.

Die Lebenszeitinzidenz für Nierensteine ist hoch und liegt bezogen auf die Gesamtpopulation bei 12–15% (Pak et al. 1997). Neben den für die Steinprophylaxe und Metaphylaxe existierenden Empfehlungen zur Risikoreduktion im Hinblick auf Stress, Gewicht, Ernährung, Trinkverhalten oder spezifischen medikamentösen Empfehlungen abhängig von der Steindiathese, tragen Umweltfaktoren wesentlich zur Lithogenese bei. Temperatursteigerung, heißes Klima und Exposition mit Sonnenlicht sind als signifikante Risikofaktoren für die Steinentstehung und die Inzidenz von Nierenkoliken beschrieben (Fakheri u. Goldfarb 2011). Zudem beschreiben populationsbasierte Studien Faktoren der Wasserzusammensetzung, wie z.B. einen erhöhten Kaliumgehalt und Wasserhärte als positive Korrelationsfaktoren mit einer höheren regionalen Steininzidenz.

Computermodelle schätzen eine Zunahme der Steinerkrankungen von bis zu 10% über die kommenden 50 Jahre als Effekt der globalen Erderwärmung, einhergehend mit einer 25%igen Steigerung der Gesundheitsausgaben (Fakheri u. Goldfarb 2011).

Der Prävention der Urolithiasis kommt somit auch im gesundheitsökomischen Sinne eine hohe Bedeutung zu. Es wird angenommen, dass allein die Anpassung der empfohlenen täglichen Wasserzufuhr zur Steinprävention in der Bevölkerung eine Kostenreduktion von 273 Millionen Euro für das Gesundheitswesen zur Folge hätte und ca. 9.000 Steinereignisse vermieden werden könnten (auf Basis einer Kostensimulation für das Französische Gesundheitssystem [Lotan et al. 2012]).

30.1.2 Urotheltumore durch Arsenexposition

Eine Vielzahl epidemiologischer Studien hat sich mit der Frage nach dem Zusammenhang von Umwelteinflüssen und dem Auftreten von Karzinomen des Harntraktes auseinandergesetzt. Neben dem Zigarettenrauchen und der zumeist beruflichen Exposition mit aromatischen Aminen (2-Naphthylamine, 4-Aminobiphenyl und Benzidine) in der chemischen Industrie, ist die Exposition gegenüber arsenbelastetem Trinkwasser (> 300 µg/l) der wesentliche umweltabhängige Risikofaktor für das Auftreten von Urothelkarzinomen. Arsenbelastung kann zudem zum Teil auch in Nahrungsmitteln, Tabakprodukten und der Atemluft nachgewiesen werden (Letasiova et al. 2012).

In Regionen intensiven Kupfer- oder Bleiabbaus kann Arsen in erhöhter Menge in das Trinkwasser und die Luft freigesetzt werden. Insbesondere in sehr trockenen Gebieten (z.B. im Norden Chiles) werden hierdurch hohe Konzentrationen in Trinkwasser und Erdreich erreicht. Dies kann in der Folge lokale Populationen systemisch belasten. Weltweit sind vor allem in Entwicklungs- und Schwellenländern durch die stetig zunehmenden Umweltbelastungen durch die Kupfer- und Schwermetallindustrie für das Ökosystem relevante Arsenbelastungen verzeichnet worden, die inzwischen auch im Langzeitverlauf wissenschaftlich dokumentiert sind. Eine chinesische Arbeitsgruppe berichtet hier beispielsweise von einem 13,9 bzw. 21,4-fachen Anstieg der Arsenexposition in zwei kontaminierten Seen innerhalb eines Zeitraums von 50 Jahren, die mit einem Verlust von Zooplankton und einem Anstieg Schwermetalltoleranter Algenstämme einhergingen (Chen et al. 2015). Auch in westlichen Nationen wird eine regional gehäufte Inzidenz von Harnblasentumoren mit der Nähe zu Industriebezirken epidemiologisch beschrieben. Bezüglich der Diagnostik und Therapie der Arsen-assoziierten Harnblasenkarzinome bestehen keine Unterschiede zum nicht-Arsen-assoziierten Urothelcarcinom. Allerdings beschreiben Studiendaten aus chilenischen Endemiegebieten eine im Vergleich höhere Inzidenz lokal fortgeschrittener Tumore. Analog zu den erforderlichen umweltmedizinschen und gesundheitspolitischen Ansätzen um die Arsenexposition und Verunreinigung der Risikogebiete einzudämmen, muss auch die Notwendigkeit adaptierter urologischer Screeningprogramme zur Tumorfrüherkennung für diese Regionen diskutiert werden (Fernandez et al. 2020).

30.2 Technische Innovationen der minimalinvasiven Chirurgie und Endoskopie – Differenzierte Betrachtung zur Reduktion des CO_2-Fußabdruckes

30.2.1 Laparoskopie und robotisch-assistierte Laparoskopie

Als chirurgisches Fach mit einer hohen Dynamik in der Weiterentwicklung technischer Innovationen im minimal-invasiven und endoskopischen Bereich nimmt die Urologie eine Vorreiterrolle bei der Integration neuer Entwicklungen in der Medizin ein.

Beispielhaft kann hier die inzwischen breite Implementierung des DaVinci© Operationssystems zur robotisch-unterstützten minimal-invasiven Chirurgie der Prostata genannt werden, ebenso stellen optische Entwicklungen bei der Endoskopie ein wichtiges Feld der wissenschaftlichen und industriellen Kooperation in der Urologie dar, mit zuletzt erfolgreicher klinischer Adaption in die Praxis (Deininger et al. 2018). Erwartungsgemäß sind die technischen Anpassungen in der Regel mit einem höheren, zumindest hochwertigeren apparativen Aufwand verbunden, was unter dem Aspekt des Kostendruckes im Gesundheitssystem zu einer regen Diskussion im Hinblick auf die gesundheitsökomische Relevanz dieser Innovationen geführt hat. Bezogen auf die Roboter-assistierte Radikale Prostatektomie haben hier ausführliche Berechnungen stattgefunden. Die Verwendung eines OP-Roboters im Vergleich zur offenen RP verursacht pro Fall Mehrkosten von 1.740 US-Dollar, im Vergleich zur laparoskopischen Prostatektomie sogar von 2.504 US-Dollar (bei einer Fallzahl von 130 Patienten/Jahr und einer Lebensdauer des OP-Systems von sieben Jahren) (Bolenz et al. 2010). Die Bearbeitung der Fragestellung der ökologischen Relevanz durch ein robotisches Verfahren mit höherem intraoperativen Materialbedarf (OP-Abdeckungen, Einweginstrumente), Herstellungs- und Wartungskosten für das robotische OP-System (ca. 1,2 Millionen US-Dollar Anschaffungspreis) wurde bislang nur auf der Ebene der für die Laparoskopie erforderlichen intraoperativen Gasinsufflation mit CO_2-Gas diskutiert (Power et al. 2012).

Anhand einer Analyse von ca. 2,5 Millionen minimal-invasiver laparoskopischer und robotischer Eingriffe im Jahr 2009 wurden direkte (intraoperative CO_2-Applikation) und indirekte (Transport, operatives Einwegmaterial, Müll) Umweltfaktoren erhoben. Insgesamt wurden durch die OP-assoziierte CO_2 Gasapplikation 303 Tonnen CO_2 emittiert. Beeindruckend und um den Faktor 1.000 höher war hier im Vergleich die mit 355.661 Tonnen CO_2 beobachtete CO_2-Freisetzung durch die indirekten Faktoren

(Produktion, Transport, Logistik, Entsorgung) der minimal-invasiven Chirurgie (Power et al. 2012).

Zur Veranschaulichung sei hier genannt, dass die minimal-invasive Chirurgie somit 0.1% der jährlichen Gesamtemission des Gesundheitssektors verursacht (Chung u. Meltzer 2009). Im vergleichenden Kontext entspricht dies allerdings immerhin 645.000 Langstreckenflügen zwischen London und New York. Das Beispiel illustriert klar, dass die Ansätze zur Emissionsreduktion im globalen Gesundheitswesen somit insbesondere auch im sekundären Sektor zu suchen sind.

30.2.2 Verwendung von Einweg-Endoskopen

Ein weiteres, bezüglich der Verursachung gesundheitsökonomischer Relevanz in den Fokus genommenes Feld technischer Innovation im Bereich der Endo-Urologie ist die klinische Implementierung von Einweggeräten (in der Regel mit digitaler Optik) für die Spiegelung von Harnblase und Harnleiter. Für die Ureterorenoskopie zur Steinentfernung postulieren nicht-systematische wissenschaftliche Vergleichsstudien einen Vorteil für die Verwendung der Einmalgeräte durch Reduktion des Risikos für eine hygienische Kontamination und die technisch störungsfreie Funktionalität der jeweils fabrikneuen Geräte. Auch hier sind die wirtschaftlichen Kosten-Effektivitäts-Analysen der Diskussion um die ökologische Relevanz vorangegangen.

Im Vergleich dazu ist die Wirtschaftlichkeit sterilisierbarer Geräten maßgeblich von deren Reparatur- und wartungsfreier Einsatzfrequenz abhängig. Die durchschnittlichen Reparaturkosten liegen bei etwa 780 Euro pro Gerät (Collins et al. 2004), wesentliche Einflussfaktoren auf die Lebensdauer der empfindlichen flexiblen Geräte sind die operative Erfahrung des Chirurgen, die Anwendungsdauer und der Sterilisationsprozess, ebenso wie die Erfahrung des assistierenden Personals (Abraham et al. 2007; Deininger et al. 2018). Die Variabilität der Einsatzzeit bis zur Reparation ist hierdurch hoch, was zu institutionell individuellen Effektivitätsschwellen bezüglich der Wirtschaftlichkeit führt. Während einige Arbeitsgruppen von bis zu 29 bzw. 59 Einsätzen bis zur 1. und 2. Reparatur berichten, liegt die untere Grenze zum Teil bei 6–15 Einsätzen (Afane et al. 2000). Zudem besteht bei Nachweis von Kontamination von flexiblen Ureterorenoskopen mit mikrobiologischem Wachstum, Adenosintriphosphat, Hämoglobin und Proteinrückständen nach erfolgter Sterilisation in einigen Arbeiten auch die Frage nach der grundsätzlichen biologischen Qualität des Sterilisationsprozesses und der damit begründeten Notwendigkeit, hier aus hygienischen Gründen auf Einwegendoskope auszuweichen (Ofstead et al. 2017). Die klinische Relevanz dieser Ergebnisse jedoch ist noch unklar.

Eine Pilotstudie von Davies et al. aus dem Jahr 2018 beschäftigte sich erstmals mit Einweg- und Mehrwegendoskopen in Bezug auf deren ökologischen Fußabdruck in der systematischen Verwendung für die Ureterorenoskopie. Die in der Studie verwendeten Geräte bestanden im Wesentlichen aus Plastik (90%), Stahl (4%), Elektronik (4%) und Gummi (2%). Das Single-use-Ureterorenoskop (LithoVue™, Boston Scientific) wurde mit dem sterilisierbaren, wiederverwendbaren Olympus Flexible Video Ureteroscope (URV-F) verglichen und hier Daten zur Herstellung, Gebrauch, Wiederaufbereitung, Reparatur und Austausch/Verwertung beider Instrumente generiert. Die Bezugsgrößen zu Energieverbrauch (kWh), generierten festen Abfällen (kg) konnten in die Äquivalenzmasse CO_2 umgerechnet werden (s. Tab. 1).

Tab. 1 Analysen zur CO_2-Bilanz von Einweg- und Mehrwegendoskopen zur flexiblen Ureterorenoskopie (Davis et al. 2018)

Prozess	CO_2-Bilanz (kg CO_2)
Single-Use Gerät	
Herstellungskosten	3,83
Feststoffabfall	0,3
Sterilisation	0,3
Gesamt/Fall	**4,43**
Re-Sterilisierbares Ureterorenoskop*	
Herstellungskosten	0,06
Reinigung und Sterilisation	3,95
sterile Verpackung	< 0,005
Reparaturkosten	0,45
Feststoffabfall	0.005
Gesamt/Fall	**4,47**
*Lebenszyklus von 180 Verwendungen und 11 Reparaturen	

Zusammengefasst zeigen nach dem vorgegebenen Modell die Single-use- und sterilisierbaren Geräte vergleichbare Werte (Davis et al. 2018). Auf der Ebene der Einsatzdauer, Reparaturaufwendungen und des Sterilisationsprotokolles, in Abhängigkeit von der Qualität des Produktes und seiner Materialeigenschaften sowie der Intensität des Gebrauchs besteht eine Variabilität, die die CO_2-Bilanz jeweils positiv oder negativ im Vergleich zum Einwegendoskop beeinflussen kann.

Detaillierte Analysen des oft international Standort-übergreifenden Produktfertigungs- und Transportweges sowie der Transportaufwendungen für Rohstoff oder Materialzulieferungswege sollten in weiteren Studien illustriert und zusätzlich integriert werden, um den Einfluss des sekundären Sektors differenzierter abbilden zu können und hier Wege zur Optimierung der Ökobilanz aufzeigen zu können.

Die Arbeiten zur flexiblen urologischen Endoskopie sollten als methodisches Beispiel für Analysen in anderen Bereichen der Medizin herangezogen werden. Gerade in technologisch innovativen operativen und interventionellen Sektoren und Fächern macht die Integration der ökologischen Bilanz zusätzlich zu den, oft bereits im Innovationsprozess erfolgenden gesundheitsökonomischen Analysen Sinn.

30.3 Ausblick

Neben der Diskussion um Einweg- oder wiederverwertbare Systeme bei urologischen Interventionen und Operationen sowie der Prävention klima- und umweltassoziierter Erkrankungen bestehen im urologischen Fachgebiet weitere Aspekte und offene Fragen zum Thema Planetary Health. Hier kann beispielsweise das Problem der z.T. ungezielten oder zu breit indizierten Antibiotikatherapie und die resultierenden Auswirkungen auf das Ökosystem, der Frage einer Validierung der Wahl anästhesiologischer Verfahren für urologische Eingriffe zur Reduktion der CO_2-Emission, die Implementierung digitaler Sprechstundenangebote und ärztlicher Weiterbildungsangebote zur Emissionsreduktion durch Sprechstundenbesuche oder die Diskussion alternativer Therapieverfahren auch unter dem Aspekt behandlungsassoziierter Umweltfaktoren genannt werden (Edison et al. 2020; Misrai et al. 2020). Eine Erweiterung multidisziplinärer Forschungsaktivitäten ist hierfür dringend anzustreben.

Literatur

Abraham JB, Abdelshehid CS, Lee HJ, Box GN, Deane LA (2007) Rapid Communication: Effects of Steris 1 Sterilization and Cidex Ortho-Phthalaldehyde High-Level Disinfection on Durability of New-Generation Flexible Ureteroscopes. J Endourol 21(9), 985–992

Afane JS, Olweny EO, Bercowsky E, Sundaram CP, Dunn MD et al. (2000) Flexible Ureteroscopes: A Single Center Evaluation of the Durability and Function of the New Endoscopes Smaller than 9 Fr. J Urol 164(4), 1164–1168

Bolenz C, Gupta A, Hotze T, Ho R, Cadeddu JA, Roehrborn CG, Lotan Y (2010) Cost Comparison of Robotic, Laparoscopic, and Open Radical Prostatectomy for Prostate Cancer. Eur Urol 57(3), 453–458

Chen G, Shi H, Tao J, Chen L, Liu Y, Lei G, Liu X, Smol JP (2015) Industrial Arsenic Contamination Causes Catastrophic Changes in Freshwater Ecosystems. Sci Rep 5, 17419

Chung JW, Meltzer DO (2009) Estimate of the Carbon Footprint of the US Health Care Sector. JAMA 302(18), 1970–1972

Collins JW, Keeley Jr. FX, Timoney A (2004) Cost Analysis of Flexible Ureterorenoscopy. BJU Int 93(7), 1023–1026

Davis NF, McGrath S, Quinlan M, Jack G, Lawrentschuk N, Bolton DM (2018) Carbon Footprint in Flexible Ureteroscopy: A Comparative Study on the Environmental Impact of Reusable and Single-Use Ureteroscopes. J Endourol 32(3), 214–217

Deininger S, Haberstock L, Kruck S, Neumann E, da Costa IA et al. (2018) Single-Use versus Reusable Ureterorenoscopes for Retrograde Intrarenal Surgery (RIRS): Systematic Comparative Analysis of Physical and Optical Properties in Three Different Devices. World J Urol 36(12), 2059–2063

Edison MA, Connor MJ, Miah S, El-Husseiny T, Winkler M, Dasgupta R, Ahmed HU, Hrouda D (2020) Understanding Virtual Urology Clinics: A Systematic Review. BJU Int 126(5), 536–546

Fakheri RJ, Goldfarb DS (2011) Ambient Temperature as a Contributor to Kidney Stone Formation: Implications of Global Warming. Kidney Int 79(11), 1178–1185

Fernandez MI, Valdebenito P, Delgado I, Segebre J, Chaparro E, Fuentealba D, Castillo M, Vial C, Barroso JP, Ziegler A, Bustamante A (2020) Impact of Arsenic Exposure on Clinicopathological Characteristics of Bladder Cancer: A Comparative Study Between Patients from an Arsenic-Exposed Region and Nonexposed Reference Sites. Urol Oncol 38(2), 40 e41–40 e47

Letasiova S, Medve'ova A, Sovcikova A, Dusinska M, Volkovova K, Mosoiu C, Bartonova A (2012) Bladder Cancer, a Review of the Environmental Risk Factors. Environ Health 11 Suppl 1, 11

Lotan Y, Buendia Jimenez I, Lenoir-Wijnkoop I, Daudon M, Molinier L, Tack I, Nuijten MJ (2012) Primary Prevention of Nephrolithiasis is Cost-Effective for a National Healthcare System. BJU Int 110(11 Pt C), E1060–1067

Misrai V, Taille A, Zorn KC, Marrauld L, Pon D, Shariat SF, Roupret M (2020) A Plea for the Evaluation of the Carbon Footprint of New Mini-invasive Surgical Technologies in Urology. Eur Urol 78(3), 474–476

Ofstead CL, Heymann OL, Quick MR, Johnson EA, Eiland JE, Wetzler HP (2017) The Effectiveness of Sterilization for Flexible Ureteroscopes: A Real-World Study. Am J Infect Control 45(8), 888–895

Pak CY, Resnick MI, Preminger GM (1997) Ethnic and Geographic Diversity of Stone Disease. Urology 50(4), 504–507

Power NE, Silberstein JL, Ghoneim TP, Guillonneau B, Touijer KA (2012) Environmental Impact of Minimally Invasive Surgery in the United States: An Estimate of the Carbon Dioxide Footprint. J Endourol 26(12), 1639–1644

31 Zahnmedizin

Meike Stiesch und Moritz Kebschull

31.1 Einfluss von Umweltveränderungen auf die Zahnmedizin

Die Zahnmedizin befasst sich mit Erkrankungen der Zähne, des Mundes und des Kiefers. Die beiden häufigsten Ursachen für Zahnverlust, die Parodontitis und Karies, gehören zu den am weitesten verbreiteten chronischen Erkrankungen weltweit und sind gemäß der *Global-Burden-of-Disease*-Studie zusammen für mehr „Jahre mit Beeinträchtigungen“ verantwortlich als jede andere Erkrankung des Menschen (James et al. 2018). Beide Erkrankungen weisen eine unterschiedliche Pathophysiologie, jedoch gemeinsame Risikofaktoren auf (Chapple et al. 2017).

Parodontitis ist eine der prävalentesten chronischen Entzündungserkrankungen des Menschen (Papapanou et al. 2018). Während bei parodontaler Gesundheit eine Symbiose zwischen dem Biofilm, einer auf der Zahnoberfläche anheftenden komplex strukturierten Gemeinschaft von Mikroorganismen, und einer angemessenen immuninflammatorischen Wirtsantwort vorherrscht, entsteht Parodontitis als Folge der Entwicklung einer Dysbiose, einer ins Ungleichgewicht geratenen mikrobiellen Gemeinschaft, die mit einer Dysregulation der immunentzündlichen Antwort des Wirtes einhergeht. Unbehandelt führt Parodontitis zum Verlust von zahntragenden Geweben und schließlich zum Zahnverlust. Darüber hinaus gilt Parodontitis als unabhängiger Risikofaktor für Allgemeinerkrankungen wie Atherosklerose (Eberhard et al. 2013) und Diabetes mellitus (Wernicke et al. 2018).

Durch die derzeitigen Veränderungen der Umwelt und der Lebensbedingungen weltweit kommt es zu gut dokumentierten direkten und indirekten Effekten auf die Häufigkeit und den Schweregrad von Parodontitis: Direkte Effekte des Klimawandels und der sich verändernden Lebensumstände manifestieren sich im Wesentlichen durch eine Modulation der bei der Parodontitis dysregulierten Immunantwort auf den dysbiotischen Biofilm: Die Entzündungsreaktion des Körpers wird überproportional verstärkt und führt indirekt wiederum zu ökologischen Veränderungen im polymikrobiellen Biofilm. Dieses Verstärken der Dysbiose triggert nun eine nochmals verstärkte Immunantwort im Sinne eines sich selbst verstärkenden pathophysiologischen Kreislaufs. Typische postulierte Signalwege sind hier eine Exazerbation der parodontalen Entzündungsantwort, verursacht durch Mikropartikel (Badran et al. 2015), durch Veränderungen des lokalen Klimas (Saho et al. 2019) oder durch vermehrten oxidativen Stress (Vo et al. 2020).

Parodontitis kann weiterhin durch Allgemeinerkrankungen, die zu einem signifikanten Anstieg der systemischen Inflammation führen, exazerbiert werden. Daher können die gut dokumentierten Effekte des Klimawandels auf diese Allgemeinerkrankungen auch indirekt die Entwicklung einer Parodontitis fördern. Die *Syndemie* (Def.: Synergie von Epidemien) von Klimawandel, Adipositas und Mangelernährung weltweit ist in der Literatur gut dokumentiert (Swinburn et al. 2019). Im *Lancet Commission Report: The Global Syndemic of Obesity, Undernutrition and Climate Change* werden die weitreichenden gesundheitlichen Auswirkungen des Klimawandels auf Übergewicht und Mangelernährung sowie daraus resultierende zukünftige Herausforderungen beschrieben. Übergewicht führt zudem über die systemische Inflammation unabhängig von Confoundern wie Diabetes mellitus sekundär zu einer erhöhten Inzidenz von parodontalen Erkrankungen (Gaio et al. 2016). Auch die im Zusammenhang der *Syndemie* zu betrachtende Mangelernährung ist mit verstärktem Auftreten parodontaler Entzündungsprozesse assoziiert (Dommisch et al. 2018). Weiterhin führt der Klimawandel zu einer Einschränkung und Veränderung der Muster körperlicher Aktivität (Bernard et al. 2021), einem ebenfalls wesentlichen Risikofaktor im Zusammenhang mit parodontalen Erkrankungen (Eberhard et al. 2014; Wernicke et al. 2021; Ramseier et al. 2020). Auch andere, direkt mit Veränderungen unserer Lebensumstände kausal verbundene Allgemeinerkrankungen wie Atherosklerose und ihre Folgeerkrankungen führen zu vermehrter systemischer Inflammation, die wiederum kausal mit mehr Parodontitis assoziiert ist. Darüber hinaus können Klimawandel und daraus resultierende erschwerte Lebensbedingungen, u.a. in den Ländern der Sahelzone und in Zentralafrika, möglicherweise über klimabedingte Migrationsbewegungen sekundär zu einer Verschiebung von Faktoren, die in die Pathophysiologie der Parodontitis eingreifen, führen. So treten im oralen Mikrobiom regional unterschiedliche Varianten von mit Parodontitis assoziierten Mikroorganismen auf. Der JP2 Klon, eine durch besondere Zytotoxizität gekennzeichnete Variante des Bakteriums *Aggregatibacter actinomycetemcomitans*, wurde beispielsweise bisher nahezu ausschließlich in Nordafrika nachgewiesen und wurde in einer prospektiven Kohortenstudie (Haubek et al. 2008) kausal mit Parodontalerkrankungen verknüpft. Ebenso besteht auf der Wirtsseite eine im internationalen Vergleich unterschiedliche Prävalenz von früh beginnenden, stark progredienten oder häufiger mit systemischen Erkrankungen assoziierten Formen von Parodontitis (Demmer u. Papapanou 2010).

Karies gehört ebenfalls zu den häufigsten chronischen Erkrankungen des Menschen und wird durch die Produktion von Säure als Stoffwechselprodukt eines polymikrobiellen Biofilms verursacht. Die *Kariogenität* dieses Biofilms – also die Fähigkeit zur Produktion und zur Toleranz von Säuren – wird ökologisch durch häufige Episoden der Zufuhr von niedermolekularen Kohlenhydraten gesteuert, die zu einer Anreicherung von Bakterien führen, die sowohl effektiv Säure produzieren als auch in der resultierenden sehr sauren Umgebung überleben können. Weitere wesentliche Risikofaktoren sind einerseits mit einer Verstärkung des kariogenen Angriffs, andererseits mit einer unterschiedlichen Säureresistenz der oralen Hartgewebe verknüpft.

Als direkte Folge von Umwelteinflüssen werden Veränderungen der Zahnstrukturen, insbesondere des Zahnschmelzes, durch Belastungen infolge einer Exposition mit Plastikkomponenten/Mikroplastik wie Bisphenol A (Li et al. 2021) diskutiert. Diese Veränderungen der Zahnhartgewebe stellen wiederum einen wesentlichen Risikofaktor für die Kariesentstehung dar. Ebenso wie bereits bei der Parodontitis beschrieben kann auch Migration mit einer Verschiebung von Krankheitsbildern, insbesondere im Hinblick auf Kariesinzidenz und damit verbundene Komplikationen, verbunden sein (Al-Ani et al. 2021).

Auch Craniomandibuläre Dysfunktionen können indirekt mit Klimaveränderungen bzw. Veränderungen der Lebensumstände assoziiert sein. So wird bei CMD eine Abhängigkeit sowohl von Veränderungen des lokalen Klimas (Edefonti et al. 2012) als auch von psychischem Stress (Sójka et al. 2019) postuliert.

Craniomandibuläre Dysfunktionen (CMD) sind schmerzhafte Funktionsstörungen der Kiefergelenke und des Kausystems und stellen mit einer Prävalenz von ca. 10% in der erwachsenen Allgemeinbevölkerung ein wesentliches Public-Health-Problem dar (LeResche 2001). Häufige Symptome sind Schmerzen in den genannten Regionen, Einschränkungen der Unterkieferbeweglichkeit sowie Kiefergelenkgeräusche.

Zusammenfassend kann also festgestellt werden, dass die häufigsten Krankheitsbilder in der Zahnmedizin, die Parodontitis, Karies und Craniomandibuläre Dysfunktionen, sowohl über direkte pathophysiologische Veränderungen als auch indirekt über systemische Erkrankungen wesentlichen Herausforderungen durch die sich verändernde Welt ausgesetzt sind (s. Abb. 1).

31.2 Beitrag der Zahnmedizin zu Nachhaltigkeit und Planetary Health

Wie oben dargestellt, beeinträchtigen Klimawandel und Luftverschmutzung unsere allgemeine und orale Gesundheit und dennoch werden jährlich mehrere Millionen Tonnen kohlenstoffäquivalente Emissionen durch das Gesundheitswesen verursacht, z.B. durch Verwendung von Stickoxiden und Schwefeldioxid sowie durch Verfahren

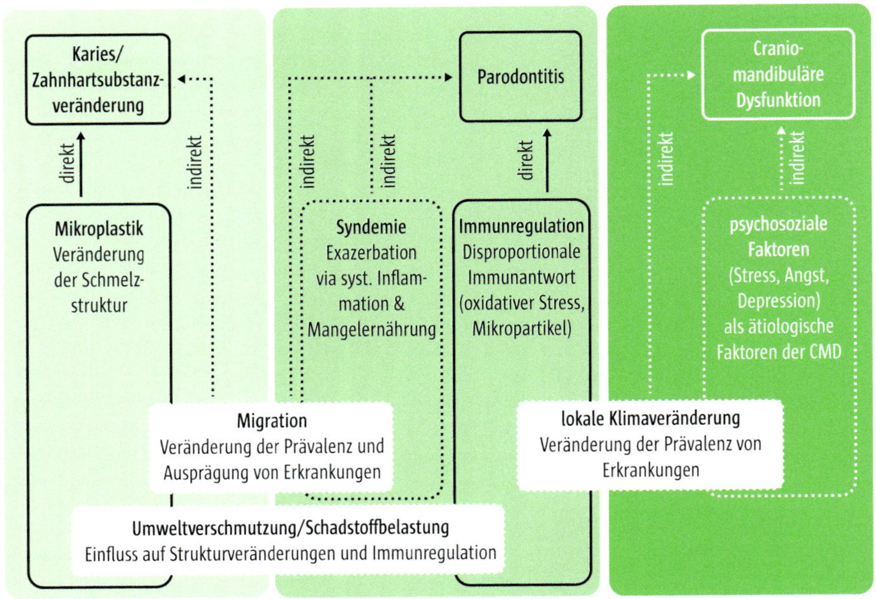

Abb. 1 Einfluss einer sich verändernden Umwelt auf die drei großen zahnmedizinischen Erkrankungen

der Dekontamination. Für die Zahnmedizin konnte berechnet werden, dass der CO_2-Fußabdruck etwa 3% des gesamten Kohlenstoff-Fußabdrucks des Gesundheitswesens ausmacht (Duane et al. 2019). Es wird somit zunehmend notwendig, in der Zahnmedizin – ebenso wie in anderen medizinischen Disziplinen – das Bewusstsein für Nachhaltigkeit und Planetary Health zu stärken und nachhaltige Entwicklungsziele in die tägliche Praxis zu integrieren (s. Tab. 1).

Den in der Zahnmedizin wissenschaftlich validierten und in der zahnmedizinischen Praxis etablierten **Konzepten der oralen Prävention** kommt im Zusammenhang mit Planetary Health ein besonderer Stellenwert zu. Die Förderung der oralen Prävention verbunden mit dem Zugang aller Menschen zur Gesundheitsversorgung tragen nicht nur zu einem gesünderen Leben der Bevölkerungen weltweit, sondern sekundär, über eine verminderte Behandlungsnotwendigkeit und -frequenz, auch zur Erreichung von Umweltzielen bei. In Deutschland hat die vermehrte Einführung präventiver Maßnahmen, wie z.B. der Individual- und Gruppenprophylaxe, in den vergangenen Jahren zu einer erheblichen Abnahme der Kariesinzidenz geführt. Während die Karieserfahrung (Gesamtheit der durch Karies oder Kariesfolgen wie Füllungen oder Zahnverluste betroffenen Zähne) bei der ersten Deutschen Mundgesundheitsstudie 1989 bei 13/14-jährigen Jugendlichen noch bei durchschnittlich 4,9 Zähnen pro Gebiss lag, ist diese in der aktuellen Fünften Deutschen Mundgesundheitsstudie (DMS V) auf 0,5 Zähne gesunken (Jordan et al. 2019).

Wissenschaftlich evaluierte Zusammenhänge zwischen parodontalen Erkrankungen und ernährungsbedingten systemischen Veränderungen, wie Adipositas, metabolisches Syndrom oder Mangelernährung (Gaio et al. 2016; Dommisch et al. 2018) machen zudem die Bedeutung einer **zahngesunden Ernährung** deutlich. Zahnmedizinische Ernährungskonzepte beinhalten u.a. den Verzehr von Vitamin-C- und ballast-

Tab. 1 Maßnahmen für eine nachhaltige Zahnmedizin

Faktor	Aktionsplan
1 Prävention	Förderung eines gesunden Lebensstils durch orale Prävention
2 Ernährung	Motivation einer zahngesunden Ernährung mit regional angebautem Obst und Gemüse
3 Biomaterialien	Intensivierung von Materialforschung (z.B. Kompositwerkstoffe) sowie gezielte Materialentsorgung (z.B. Amalgam)
4 Narkose	Vermeidung/Reduktion der Nutzung von Narkosegasen wie N_2O
5 Mobilität	Verminderung der Anzahl notwendiger Fahrten durch Terminmanagement, Telezahnmedizin etc.
6 Energieverbrauch	Reduktion des Energieverbrauchs durch Sensoren, LED etc.
7 Beschaffung	Auswahl nachhaltiger Produkte für die zahnmedizinische Versorgung, Herstellung von Produkten im Hinblick auf Nachhaltigkeit prüfen
8 Abfall	Reduktion (z.B. digitales Röntgen, digitale Abformung, papierlose Kommunikation), Kategorisierung, Recycling
9 Biodiversität	Außenbereiche für die Erhöhung der Biodiversität, Gründächer und senkrechte begrünte Flächen (Verbesserung der Luft- und Wasserqualität)
10 Ausbildung für Nachhaltigkeit	Implementierung von Planetary Health in die zahnmedizinische studentische und postgraduale Lehre sowie die Ausbildung von zahnmedizinischem Fachpersonal

stoffreichen Nahrungsmitteln (Obst, Gemüse, Vollkornprodukte) sowie die Reduktion von prozessierten und zuckerhaltigen Nahrungsmitteln. Neben dem Effekt einer solchen Ernährung auf die Zahn- und Allgemeingesundheit und damit sekundär auf Aspekte von Planetary Health, leistet der Bezug regional angebauter Obst- und Gemüsesorten auch einen direkten Beitrag zu Umweltschutz und Nachhaltigkeit (s. Kap. II.8).

Auch die in der Zahnmedizin verwendeten **Materialien** müssen im Hinblick auf Planetary Health betrachtet werden. So wurde die Verwendung von **Amalgam** aufgrund europäischer Vorschriften aus Umweltgesichtspunkten weiter eingeschränkt (European Union Regulation EU 2017/852. 20179). Aus diesem Grund, aber auch aufgrund ihrer ästhetischen und funktionellen Eigenschaften hat die Verwendung zahnfarbener **Kompositmaterialien** für zahnmedizinische Restaurationen in den letzten Jahren stetig zugenommen. So werden pro Jahr in Deutschland mehr als 50 Millionen Kompositfüllungen gelegt. Dentale Kompositmaterialien bestehen aus einer organischen Matrix aus Methacrylatmonomeren und silanisierten anorganischen Füllkörpern. Bei unvollständiger Polymerisation können nicht umgesetzte Monomere sowie die nanoskalierten Füllpartikel in der Mundhöhle freigesetzt werden. Zudem werden durch das Beschleifen und die Verarbeitung verschiedenster Restaurationsmaterialien, Partikel im Nano- und Mikrometerbereich freigesetzt, welche in die Atemluft von Patient:innen und zahnärztlichem Personal (Cokic et al. 2020) sowie in das Abwasser der Behandlungseinheiten (Polydorou et al. 2020) aufgenommen werden können. Hier besteht für die Zukunft weiterer Forschungsbedarf, um mögliche Gesundheitsrisiken sowie die Auswirkungen auf das ökologische System vergleichend zu evaluieren. Ein weiterer bedeutender Faktor ist die **Inhalationssedierung mit Distickstoffmonooxid** (**N_2O**), einem Treibhausgas, das rund 300-mal so klimaschädlich ist wie Kohlendioxid (CO_2). Neben dem grundsätzlichen Bestreben der Reduktion der NO_2-Nutzung durch Ausweichen auf andere Anästhesieformen und sekundär durch verbesserte Prävention, besteht darüber hinaus die Möglichkeit das Gas während seiner Verwendung abzufangen und zu neutralisieren.

Die Zahnmedizin unterscheidet sich von anderen Bereichen des Gesundheitssystems dadurch, dass über fünfzig Prozent der Kohlenstoffemissionen durch Mobilität entstehen (Duane et al. 2019).

Dies ist ein mehr als vierfach höherer Anteil als in anderen medizinischen Disziplinen und beinhaltet sowohl Fahrten des Personals zum Arbeitsplatz als auch Fahrten der Patienten zur zahnmedizinischen Behandlung. Der Straßenverkehr beeinflusst die Luftqualität, und jährlich werden viele Tonnen Stickoxide und Feinstaub allein durch zahnärztliches Verkehrsaufkommen freigesetzt. Die veränderte Luftqualität hat wiederum Auswirkungen auf die allgemeine Gesundheit, da sie mit der Häufigkeit von Asthma oder chronisch obstruktiven Lungenerkrankung (COPD) korreliert ist. Bei der der Entwicklung von Strategien für eine nachhaltige Zahnmedizin ist zu beachten, dass zahnärztliche Eingriffe, die kürzere Terminzeiten erfordern, überproportional höhere Emissionen durch den Patientenverkehr hervorrufen. Das zahnärztliche Team kann die Termine und damit Fahrten jedoch reduzieren, indem Besuche für Familienmitglieder zusammengelegt, operative Verfahren kombiniert oder Terminhäufigkeiten je nach Patientenrisiko reduziert werden. Kommunale Mundgesundheits- und Präventionsprogramme reduzieren darüber hinaus die durch Fahrten verursachten Emissionen. Die Anzahl physischer Zahnarzttermine kann darüber hinaus zukünftig durch den Einsatz von Informationstechnologie wie Telemedizin und Telekonferenzen reduziert werden. Die Übermittlung röntgenologischer und über intraorale Kameras erhobener Daten für Spezialistenkonsultationen sowie über Informationstechnologien durchgeführte Patientenaufklärung und Präventionsprogramme können zukünftig einen wertvollen Beitrag zur Reduktion notwendiger Fahrten leisten.

Neben den genannten Faktoren entfällt etwa ein Viertel des Kohlenstoff-Fußabdrucks der Zahnmedizin auf die Faktoren **Energieverbrauch** und **Beschaffung** (Duane et al. 2019). Hier sollten neben einem bewussten Umgang mit Energieressourcen zukünftig vermehrt nachhaltige Produkte und Materialien in der zahnmedizinischen Behandlung Verwendung finden und Unternehmen identifiziert werden, der bereits bei der Produktherstellung einen nachhaltigen Ansatz verfolgen. Darüber hinaus muss für eine umweltfreundliche Zahnmedizin auch die anfallende **Entsorgung** von Materialien Berücksichtigung finden, wobei Studien gezeigt haben, dass Papier und Nitrilhandschuhe dabei den größten Anteil darstellen. Hier besteht die Notwendigkeit einer zunehmenden Reduktion (u.a. durch papierlose Dokumentation und Kommunikation), einer Kategorisierung sowie eines Recyclings des Abfallaufkommens. Die Zunahme **digitaler Technologien** (digitales Röntgen, digitale Abformung, digitale Restaurationsplanung) in der Zahnmedizin wird einen weiteren Beitrag zur Reduktion der Materialentsorgung leisten. Darüber hinaus kann in zahnmedizinischen Behandlungszentren ebenso wie anderen Bereichen des Gesundheitswesens Einfluss auf die **Biodiversität** genommen werden, indem begrünte Außenbereiche geschaffen oder Gebäudestrukturen wie Gründächer und senkrechte begrünte Flächen angelegt werden, die für eine Erhöhung der biologischen Vielfalt, verbunden mit einer verbesserten Luft- und Wasserqualität sorgen. Für die zuletzt genannten gesundheitssystemübergreifenden Themen kann zudem auf die entsprechenden Querschnittskapitel verwiesen werden.

In der Zahnmedizin nimmt das Bewusstsein für Planetary Health und Probleme, die mit der globalen Erwärmung verbunden sind, zu. Für eine wirkungsvolle Implementierung entsprechender Konzepte in die zahnärztliche Tätigkeit ist die umfassende Kenntnis konkreter Strategien für die Verbesserung der ökologischen Nachhaltigkeit von Bedeutung. Aus diesem Grund sind die Autoren der Überzeugung, dass das Thema **Planetary Health** zukünftig in die **zahnmedizinische Lehre**, und zwar sowohl in das Grundstudium und die postgraduale zahnmedizinische Ausbildung als auch in zahnmedizinische Ausbildungsberufe, Eingang finden muss.

Literatur

Al-Ani A, Takriti M, Schmoeckel J, Alkilzy M, Splieth CH (2021) National Oral Health Survey on Refugees in Germany 2016/2017: Caries and Subsequent Complications. Clin Oral Investig 25(4), 2399–2405. DOI: 10.1007/s00784-020-03563-3

Badran Z, Struillou X, Verner C, Clee T, Rakic M, Martinez MC, Soueidan A (2015) Periodontitis as a Risk Factor for Systemic Disease: Are Microparticles the Missing Link? Med Hypotheses 84(6), 555–556. DOI: 10.1016/j.mehy.2015.02.013

Bernard P, Chevance G, Kingsbury C, Baillot A, Romain AJ, Molinier V, Gadais T, Dancause KN (2021) Climate Change, Physical Activity and Sport: A Systematic Review. Sports Med 51(5), 1041–1059. DOI: 10.1007/s40279-021-01439-4

Chapple IL, Bouchard P, Cagetti MG, Campus G, Carra MC, Cocco F, Nibali L, Hujoel P, Laine ML, Lingström P, Manton DJ, Montero E, Pitts N, Rangé H, Schlueter N, Teughels W, Twetman S, Van Loveren C, Van der Weijden F, Vieira AR, Schulte AG (2017) Interaction of Lifestyle, Behaviour or Systemic Diseases with Dental Caries and Periodontal Diseases: Consensus Report of Group 2 of the Joint EFP/ORCA Workshop on the Boundaries between Caries and Periodontal Diseases. J Clin Periodontol 44, 39–51. DOI: 10.1111/jcpe.12685

Cokic SM, Ghosh M, Hoet P, Godderis L, Van Meerbeek B, Van Landuyt KL (2020) Cytotoxic and Genotoxic Potential of Respirable Fraction of Composite Dust on Human Bronchial Cells. Dent Mater 36, 270–283. DOI: 10.1016/j.dental.2019.11.009

Demmer RT, Papapanou PN (2010) Epidemiologic Patterns of Chronic and Aggressive Periodontitis. Periodontol 2000 53, 28–44. DOI: 10.1111/j.1600-0757.2009.00326.x

Dommisch H, Kuzmanova D, Jönsson D, Grant M, Chapple I (2018) Effect of Micronutrient Malnutrition on Periodontal Disease and Periodontal Therapy. Periodontol 2000 78(1), 129–153. DOI: 10.1111/prd.12233

Duane B, Harford S, Ramasubbu D, Stancliffe R, Pasdeki-Clewer E, Lomax R, Steinbach I (2019) Environmentally Sustainable Dentistry: A Brief Introduction to Sustainable Concepts within the Dental Practice. Br Dent J 226, 292–295

Eberhard J, Grote K, Luchtefeld M, Heuer W, Schuett H, Divchev D, Scherer R, Schmitz-Streit R, Langfeldt D, Stumpp N, Staufenbiel I, Schieffer B, Stiesch M (2013) Experimental Gingivitis Induces Systemic Inflammatory Markers in Young Healthy Individuals: A Single-Subject Interventional Study. Plos One 8, e55265. DOI: 10.1371

Eberhard J, Stiesch M, Kerling A, Bara C, Eulert C, Hilfiker-Kleiner D, Hilfiker A, Budde E, Bauersachs J, Kück M, Haverich A, Melk A, Tegtbur U (2014) Moderate and Severe Periodontitis are Independent Risk Factors Associated with Low Cardiorespiratory Fitness in Sedentary Non-Smoking Men Aged Between 45 and 65 Years. J Clin Periodontol 41, 31–37. DOI: 10.1111/jcpe.12183

Edefonti V, Bravi F, Cioffi I, Capuozzo R, Ammendola L, Abate G, Decarli A, Ferraroni M, Farella M, Michelotti A (2012) Chronic Pain and Weather Conditions in Patients Suffering from Temporomandibular Disorders: A Pilot Study. Community Dent Oral Epidemiol 40, 56–64. DOI: 10.1111/j.1600-0528.2011.00667.x

Gaio EJ, Haas AN, Rosing CK, Oppermann RV, Albandar JM, Susin C (2016) Effect of Obesity on Periodontal Attachment Loss Progression: A 5-Year Population-based Prospective Study. J Clin Periodontol 43(7), 557–565. DOI: 10.1111/jcpe.12544

Haubek D, Ennibi OK, Poulsen K, Vaeth M, Poulsen S, Kilian M (2008) Risk of Aggressive Periodontitis in Adolescent Carriers of the JP2 Clone of Aggregatibacter (Actinobacillus) Actinomycetemcomitans in Morocco: A Prospective Longitudinal Cohort Study. Lancet 371, 237–242. DOI: 10.1016/S0140-6736(08)60135-X

James SL, Abate D et al. (2018) Global, Regional, and National Incidence, Prevalence, and Years Lived with Disability for 354 Diseases and Injuries for 195 Countries and Territories, 1990–2017: A Systematic Analysis for the Global Burden of Disease Study 2017. Lancet 392, 1789–1858. DOI: 10.1016/s0140-6736(18)32279-7

Jordan RA, Krois J, Schiffner U, Micheelis W, Schwendicke F (2019) Trends in Caries Experience in the Permanent Dentition in Germany 1997–2014, and Projection to 2030: Morbidity Shifts in an Aging Society. Sci Rep 9(1), 5534. DOI: 10.1038/s41598-019-41207-z

LeResche L (2001) Epidemiology of Orofacial Pain. In: Lund JP, Lavigne GJ, Dubner R, Sessle BJ (Hrsg.) Orofacial Pain from Basic Science to Clinical Management. The Transfer of Knowledge in Pain from Research to Education. 15–25. Quintessence Chicago

Li H, Cui D, Zheng L, Zhou Y, Gan L, Liu Y, Pan Y, Zhou X, Wan M (2021) Bisphenol A Exposure Disrupts Enamel Formation via EZH2-Mediated H3K27me3. J Dent Res 100(8), 847–857. DOI: 10.1177/0022034521995798

Papapanou PN, Sanz M, Buduneli N, Dietrich T, Feres M, Fine DH, Tonetti MS (2018) Periodontitis: Consensus Report of Workgroup 2 of the 2017 World Workshop on the Classification of Periodontal and Peri-Implant Diseases and Conditions. J Clin Periodontol 45, 162–170. DOI: 10.1111/jcpe.12946

Polydorou O, Schmidt OC, Spraul M, Vach K, Schulz SD, König A, Hellwig E, Gminski R (2020) Detection of Bisphenol A in Dental Wastewater after Grinding of Dental Resin Composites. Dent Mater 36(8), 1009–1018. DOI: 10.1016/j.dental.2020.04.025

Ramseier C, Woelber J, Kitzmann J, Detzen L, Carra M, Bouchard P (2020) Impact of Risk Factor Control Interventions for Smoking Cessation and Promotion of Healthy Lifestyles in Patients with Periodontal Disease: A Systematic Review. J Clin Periodontol 47, 90–106. DOI: 10.1111/jcpe.13240

Saho H, Takeuchi N, Ekuni D, Morita M (2019) Incidence of the Acute Symptom of Chronic Periodontal Disease in Patients Undergoing Supportive Periodontal Therapy: A 5-Year Study Evaluating Climate Variables. Int J Environ Res Public Health 16(17). DOI: 10.3390/ijerph16173070

Sójka A, Stelcer B, Roy M, Mojs E, Pryliński M (2019) Is there a Relationship between Psychological Factors and TMD? Brain Behav 9. DOI: 10.1002/brb3.1360

Swinburn BA, Kraak VI, Allender S, Atkins VJ, Baker PI, Bogard JR, Dietz WH (2019) The Global Syndemic of Obesity, Undernutrition, and Climate Change: The Lancet Commission Report. The Lancet 393, 791–846. DOI: 10.1016/S0140-6736(18)32822-8

Vo TTT, Wu CZ, Lee IT (2020) Potential Effects of Noxious Chemical-containing Fine Particulate Matter on Oral Health through Reactive Oxygen Species-mediated Oxidative Stress: Promising Clues. Biochem Pharmacol 182. DOI: 10.1016/j.bcp.2020.114286

Wernicke K, Zeissler S, Mooren FC, Frech T, Hellmann S, Stiesch M, Grischke J, Linnenweber S, Schmidt B, Menne J, Melk A, Bauer P, Hillebrecht A, Eberhard J (2018) Probing Depth is an Independent Risk Factor for HbA1c Levels in Diabetic Patients Under Physical Training: A Cross-sectional Pilot-Study. BMC Oral Health 1, 46

Wernicke K, Grischke J, Stiesch M, Zeissler S, Krüger K, Bauer P, Hillebrecht A, Eberhard J (2021) Influence of Physical Activity on Periodontal Health in Patients with Type 2 Diabetes mellitus. A Blinded, Randomized, Controlled Trial. Clin Oral Investig. DOI: 10.1007/s00784-021-03908-6

III

Vom Wissen zum Handeln

1 Medizinisches Ethos im 21. Jahrhundert: Werte und Werthaltungen für planetare Gesundheit

Katharina Wabnitz, Karin Hutflötz und Martin Herrmann

1.1 Einleitung

Die Erhebung und Dissemination von wissenschaftlichen Fakten allein haben über Jahrzehnte hinweg nicht den notwendigen tiefgreifenden gesellschaftlichen Wandel hervorgerufen, um Klima- und andere Umweltkrisen adäquat zu adressieren. Potvin und Jones schreiben in ihrem Artikel zum Wandel von (öffentlichen) Gesundheitssystemen hin zu mehr Gesundheitsförderung:

> *„Es besteht eine Tendenz zu ignorieren, dass wissenschaftliche Fakten allein nicht [notwendigerweise] zum Handeln führen; letztendlich müssen wissenschaftliche Fakten durch eine normative Brille betrachtet werden, damit Handeln erfolgt.“ (Potvin u. Jones 2011, eigene Übersetzung).*

Damit die sogenannte „Große Transformation“ hin zur Nachhaltigkeit aller relevanten gesellschaftlichen Systeme (u.a. Energie-, Ernährungs-, Transportsysteme), und damit zu planetarer Gesundheit gelingen kann (Göpel 2016), muss sie von Vorstellungen und Werthaltungen eines guten und gelungenen Lebens getragen werden, die „weit verbreitet und attraktiv sind“ (Wissenschaftlicher Beirat der Bundesregierung 2020).

Die vorherrschende Vorstellung dessen, was „ein gutes Leben“ sei, ist in den meisten modernen Gesellschaften geprägt von individueller Nutzenmaximierung und dem Ziel materiellen Wohlstandes. Die globale Gesellschaftsordnung hat einen Prozess der Ökonomisierung durchlaufen, in dem „rationale Kosten-Nutzen-Kalküle zum handlungsprägenden Deutungsmuster der Gesellschaft insgesamt“ geworden sind

(Wissenschaftlicher Beirat der Bundesregierung 2020). Diese Kalküle drücken sich in Preisen, also dem finanziellen Wert von Gegenständen oder Dienstleistungen aus. Diese Wertebildung durch die Marktwirtschaft steht jedoch im Widerspruch zu dem, was für „ein gutes Leben" im Sinne von planetarer Gesundheit fundamental wichtig ist. „Humanity is waging war on nature. This is suicidal." (United Nations Secretary-General 2020). Damit brachte UN-Generalsekretär Antonio Guterres diesen Konflikt auf den Punkt. Er drückt sich beispielsweise darin aus, dass Externalitäten wie Luftverschmutzung durch Abgase und Reifenabrieb nicht im Preis für Autos widergespiegelt sind. Saubere Luft ist jedoch – insbesondere aus der Perspektive von Mediziner:innen und anderen Gesundheitsberufen – essenziell für „ein gutes Leben".

Werte und Werthaltungen von Menschen spiegeln sich im Denken und Handeln wider und sind das Ergebnis biografischer, familiärer und kultureller Sozialisierung (Joas 2006). Aus der „Erfahrung des Lebens" und im Austrag von Interessen- und Ideenkonflikten über die Zeit entwickeln sich anerkannte Werte, die identitätsstiftend sind und daher meist institutionalisiert und symbolisch repräsentiert erhalten werden wollen (Joffe 2003). Werte und Werthaltungen sind dennoch stets im Wandel und können sich in ihrer Deutung und Gewichtung stark verändern, wenn ein kontinuierlicher Austausch von Vorstellungen und Ideen darüber, was gemeinsam wichtig und wertvoll ist, stattfindet. Dies geschieht in und aus Konflikten heraus, im Dialog, sowie durch die Interaktion mit Vorbildern, die über ihre werthaften Erfahrungen und Ideale kommunizieren (Frey et al. 2016).

> *Wenn neue Ziele und Ideale handlungsleitend werden, verändern sich entsprechend auch Werte und Werthaltungen. Das kann wiederum katalytisch auf transformative Prozesse des politischen und sozialen Lebens einwirken.*

Otto et al. beschreiben eine Veränderung des Normen- und Wertesystems einer relevanten Anzahl von Personen als „social tipping element" (Otto et al. 2020), also einem „sozialen Kippen" (s. Kap. III.2). Sie zeigen, wie und in welchem Maß eine neue Werteausrichtung zu tiefgreifenden gesellschaftlichen Veränderungen beitragen kann. Um planetare Gesundheit, also „ein gutes Leben" von Menschen und anderen Lebewesen innerhalb ökologischer Grenzen, aber auf einem sozial umfassenden und gerechten Fundament zu ermöglichen (Raworth 2017), ist also ein (globaler) Prozess gemeinsamer Wertebildung und normativer Neuausrichtung nötig. Planetare Gesundheit ist hier nicht nur als utopische Zielvorstellung, sondern auch als ein Narrativ für die nötigen transformativen Prozesse der Gesellschaft zu verstehen (Wabnitz u. Mayhew 2020).

Welche Werthaltungen könnten für das Ziel planetarer Gesundheit sowie den Weg dorthin wichtig sein? Wie interdisziplinäre Forschung belegt, entstehen Werte durch Dialog über Ziele und Ideale, im Austrag von Konflikten und mehr noch im gemeinsamen (Vorbild-)Handeln statt in diskursiver *Ver*handlung, also in einem Prozess der Werte*bildung* und Reflexion darüber, was uns allen ein gutes Leben" bedeutet (Frey et al. 2016; Verwiebe 2019). Daher kann jeglicher Versuch einer Auflistung und Begründung nötiger Werthaltungen für tiefgreifenden Wandel und eines grundlegend anderen Mensch-Natur-Verhältnisses nur unvollständig sein und nicht direkt zu einer

Wertetransformation beitragen. Im Folgenden wird der Versuch gemacht, mögliche Schlüsseldimensionen von Werten und Werthaltungen für den Weg und das Ziel der planetaren Gesundheit zu beschreiben, die es erst möglich machen, einem – um ökologische und intergenerationale Verantwortung erweiterten – medizinischen Ethos, im Handeln gerecht zu werden.

1.2 Beziehungen: Zur Wertschätzung von Vernetzungsdynamik und Responsivität

Wie verstehen wir die Beziehung zu unseren Mitmenschen und zur Natur? Sehen wir uns als autonome, abgeschlossene Einheit, die vernunftgesteuert die Beziehungen zu ihrer Umwelt regelt? Oder verstehen wir uns als hochkomplexe, durch und durch relationale und soziale Wesen, die jeweils nur eine begrenzte Kontrolle über die komplexen Prozesse des Lebens haben? Ein Beispiel sind Eltern und ihr neugeborenes Kind. Mutter und Vater haben sich gut vorbereitet und sind doch überrascht, wie stark die Eigenheiten des Kindes ihre Ziele und Vorstellungen beeinflussen. Wer erzieht und formt dann eigentlich wen? Es sind sowohl die Eltern, die ihr Kind und seine Entwicklung formen, als auch sie selbst, die sich durch die Interaktion mit dem Neugeborenen verändern. Dies gilt auch allgemein: alles, was ist und geschieht, ist auf Andere und Anderes angewiesen, ist von vielen Anderen mitgetragen, für Anderes da, mit Anderem in wechselseitigem Bezug und „kommunikativem Handeln" (Arendt 1997).

Dies als bloße Abhängigkeit und Einschränkung persönlicher Freiheiten zu deuten (im Sinne eines Angewiesen-Seins auf Andere oder auf begrenzte natürliche Ressourcen) ist ein von Misstrauen gegenüber der Natur und dem sozialen Miteinander geprägter Standpunkt. Die Einzelne und den Einzelnen als selbstbestimmtes Individuum zu verstehen, bedeutet nicht, sie oder ihn als abgeschlossene Einheit (den Homo Clausus, siehe Norbert Elias et al. 1971) zu sehen, auch wenn das lange ein bestimmendes Bild in vielen Wissenschaften war und noch heute eine beliebte Annahme bei ökonomischen oder medizinischen Modellierungen ist. Ein solches Modell ist atomistisch, abstrahiert vom ständigen Austausch und individuellen Zusammenspiel von Menschen und Umwelt im sozioökologischen Kontext. Jede:r Einzelne ist vielmehr als ein offenes, dynamisches System des wechselseitigen In-Beziehung-Seins mit der eigenen Umwelt zu verstehen, was sich nicht nur im physischen Stoffaustausch zeigt, sondern auch im Sozialen, das heißt: im stets responsiven Umweltbezug und Interagieren mit Anderen. Auch der Patientenstatus ist demnach nicht nur an der Symptomatik oder dem Befinden einer Person festzumachen, sondern auch an den sozioökologischen Umweltauswirkungen, die diese (wenn auch nicht linear-kausal) mit verursacht (Hutflötz 2013). Das Zusammenspiel des komplexen und damit nicht linearen Bestimmens und gleichzeitig bestimmt Werdens spielen dabei eine zentrale Rolle.

Nur aus diesem Verständnis heraus kann es gelingen, unsere tiefe Verbundenheit mit Naturprozessen adäquat wahrzunehmen und unsere soziale Natur nicht als Schwäche oder Abhängigkeit, sondern als Stärke und wesentliche Ressource transformativen Handelns zu erkennen. Wir können gestalten und Neues anfangen, während wir gleichzeitig in vielfältigen Bezügen mit Umwelt und Natur verwoben sind und dadurch bestimmt werden. Das maßgebliche Bild hierzu ist die oder der Einzelne als „Mitspieler:in in der die Zeiten und Generationen umfassenden Symphonie des Lebens". Ein Bild, welches die Notwendigkeit zeigt, wechselseitig aufeinander einzugehen und Verantwortung für den eigenen Part zu übernehmen, egal an welcher Stelle und mit welcher Stimme man im Orchester verortet ist. Auf diese Weise müssen wir in Zukunft unser Angewiesen-Sein aufeinander und auf Natur- und Umweltprozesse nicht mehr als Abhängigkeit und bloße Beschränkung individueller Freiheiten deuten.

Indem wir unser dynamisches Eingebettet-Sein in das stimmige Gesamtgeschehen (daher: Symphonie) der Natur verstehen und annehmen, können wir planetare Gesundheit erst im Handeln befördern.

1.3 Wert der Zeit: Respekt vor Eigenzeit und zeitlicher Vielfalt

Was ist Ihnen mehr wert: Heute 100 Euro zu bekommen oder in einem Jahr 105 Euro? Regelmäßig eine gute Zigarre zu rauchen oder dem Laster zu entsagen, um ihre Lungen vor potenziellem zukünftigem Schaden zu bewahren? Menschen haben die Tendenz, die direkte Möglichkeit des Genusses oder Erwerbs von (scheinbar) wertvollen Besitztümern im „Jetzt" zu wählen anstatt der potenziellen Chance auf dieselben oder sogar bessere Aussichten in der Zukunft. Das liegt an der mit steigender Zukunftsferne größeren Unsicherheit, das jeweilige Objekt der Begierde zu erhalten, sowie in der Unfähigkeit, sich mit dem eigenen oder anderen zukünftigen „Ichs" (also noch ungeborenen Menschen) zu identifizieren oder zu solidarisieren. Dieser „Gegenwarts-Bias" wird durch die steigende Verdichtung unserer Zeit, in der (ökonomischer) Wert durch immer mehr Produktion und Konsum pro Zeiteinheit in der Gegenwart generiert wird, verstärkt.

Der Fokus liegt also nicht auf Langlebigkeit und Erhalt, sondern auf kurzfristigem Verbrauch und dann Ersatz mit Neuem. Daraus folgt ein entsprechend beschleunigter Ressourcenverbrauch. Nachhaltig zu wirtschaften bedeutet jedoch, nur jeweils so viel zu verbrauchen, dass eine Regeneration von Ressourcen möglich ist. Die hierfür benötigte Zeit ist die „Eigenzeit" der jeweiligen Ressource. Diese beträgt beispielsweise für Bäume Jahrzehnte bis Jahrhunderte. Durch die Missachtung der Eigenzeiten natürlicher Ressourcen und Systeme sowie einer (wirtschafts-)systemimmanenten Fokussierung auf Kurzfristigkeit und Beschleunigung zur Wertschöpfung (Lesch et al. 2021), rauben wir uns selbst und unseren Nachkommen die essenziellen Grundlagen für „ein gutes Leben".

Den verschiedenen Qualitäten von Zeit ebenso Respekt zu zollen wie den allen Dingen und Lebewesen inhärenten Rhythmen und Eigenzeiten (Kümmerer 1995), ist ebenso ein grundlegendes Prinzip einer Ethik planetarer Gesundheit wie der noch nicht erlebten Zeit (der Zukunft) als zentraler Perspektive für intergenerationale Gerechtigkeit, Wert zuzuschreiben. Eine gelebte Werthaltung gegenüber der Vielfalt und Eigendynamik von Zeit, ist die zentrale Prämisse einer nachhaltigen, im Einklang mit den eigenen Bedürfnissen und denen der uns umgebenden Systeme, lebenden Gesellschaft.

1.4 Ehrfurcht vor dem Leben und dem Lebensraum Erde

Albert Schweitzers Philosophie der „Ehrfurcht vor dem Leben" impliziert eine Haltung allem Leben gegenüber, die diesem eine intrinsische Werthaftigkeit zuspricht (Schweitzer 2014). Nicht umsonst widmete Rachel Carson ihm ihr erstes Buch „Der stumme Frühling" (1962), das heute als maßgeblicher Impuls für den Beginn der Umweltbewegung gilt. Diese Haltung muss heute, wie Bruno Latour mit seinen Vorträgen zum Klimaregime im Anthropozän zeigt, erweitert gedacht werden: um das Wissen um und die Ehrfurcht vor der Einzigartigkeit des Lebens*raums*, der Leben überhaupt erst möglich macht – dem Planeten Erde. Die Erde ist nicht als reines Rohstoff-Reservoir zu betrachten, sondern als komplexer, sich selbst organisierender Organismus (Latour 2017). Dies erlaubt ein neues Verhältnis von Menschen und Natur, das für die Große Transformation unabdingbar ist.

> *Nur in dem Maß, in dem wir die Lebendigkeit und Eigendynamik der Erde im Ganzen anerkennen, lassen wir ab von einer verdinglichenden Sicht auf sie (und das auf und aus ihr erwachsende Leben) als Objekt menschlicher Ausbeutung und Willkür, und nehmen sie wahr als den Menschen systemisch und dynamisch umfassend und erhaltend – eine Sicht und Werthaltung, die das Empfinden von Staunen und Ehrfurcht epistemisch erst ermöglicht.*

Die menschliche Spezies ist ebenso einzigartig, wie sie nur einen Teil des gesamten Ökosystems Erde ausmacht und von dessen Integrität abhängig ist (Lovelock 2000). Ehrfurcht und Staunen über die nicht replizierbare Komplexität und die Einzigartigkeit dieses Planeten und aller Formen des Lebens, die auf ihm gedeihen können, ist Teil einer Werthaltung, die diese aufgrund ihres intrinsischen, nicht aufgrund eines berechenbaren Wertes, zu erhalten sucht. Schon Kant verwies darauf, dass alles „entweder einen Preis, oder eine Würde" habe:

> *„Was einen Preis hat, an dessen Stelle kann auch etwas Anderes, als Äquivalent, gesetzt werden; was dagegen über allen Preis erhaben ist, mithin kein Äquivalent verstattet, das hat eine Würde." (Kant 1870).*

Bei Kant steht diese Überlegung nur im Kontext der Begründung der Menschenwürde, zu deren Erhaltung alle Mittel für die Gesundheit des Einzelnen aufzubringen sind – so die grundlegende Werthaltung heutiger Medizinethik. Eine Ausrichtung auf planetare Gesundheit verlangt aber auch hier eine Erweiterung: Systemtheoretisch müssen wir davon ausgehen, dass das Ganze mehr ist als die Summe seiner Teile, und es gilt daher, die Elemente des Erdsystems in ihrer Gesamtheit zu bewahren.

Ziel ist daher eine unbedingte Werthaltung gegenüber dem Lebensraum Erde, zu der wir uns im westlichen, anthropozentrierten Denken erst in den letzten Jahrzehnten des wachsenden, ökologischen Bewusstseins durchringen. In vielfältigen Formen afrikanischer, buddhistischer und indigener Denktraditionen sind die hier angemahnte Wertschätzung des Lebens und des Lebensraums Erde seit langem tief verankert und durch Erfahrungswissen fundiert. Davon zeugen exemplarisch die

Ethiken afrikanischer Traditionen, die trotz aller Unterschiede das Grundprinzip einer absoluten Ehrfurcht vor dem Leben und ein unbedingtes Vertrauen auf die All-Verbundenheit mit der Natur vertreten (Kimmerle 2014) – und daraus zeitgemäße Modelle und Werthaltungen für den ökologischen Wandel formulieren (Udeani 2013). Ganz ähnlich spricht der Dalai Lama von einer sozioökologischen Verantwortung für die Erde und der Ehrfurcht vor allem Lebendigen und erachtet diese Werte als religionsübergreifend zentral (Baatz 2013). Bis heute aber noch immer zu wenig im Blick im Ringen um ein neues (medizinisches) Berufs- und Handlungsethos, sind diverse indigene Ethiken (Redvers 2018), wenn sie auch inzwischen Sichtbarkeit erlangen. Auch sie zeichnen sich aus durch eine unbedingte Anerkennung des In-Beziehung-seins mit der Natur, der Achtung von Eigenzeiten sowie Ehrfurcht vor allem Leben. Um diese Werthaltungen im Denken und Handeln zugunsten planetarer Gesundheit global zu verankern, braucht es den trans- und interkulturellen Dialog mehr denn je.

Welche Rolle können Ärzt:innen und weitere Angehörige des Gesundheitssystems spielen, um hierzu beizutragen? Gerade Vertreter:innen der Gesundheitsberufe genießen kontinuierlich hohes Vertrauen in Gesellschaften (Ipsos MORI 2020). Sie können basierend auf der Erkenntnis agieren, dass menschliche Gesundheit unmittelbar vom Erhalt der natürlichen Lebensgrundlagen, also der Bewohnbarkeit des Planeten Erde, abhängt. Dafür können sie durch ihre zahlreichen individuellen Interaktionen mit Menschen aus unterschiedlichsten Lebensbereichen mit situationsangepasster Kommunikation Bewusstsein schaffen. Weiterhin können sie eine Vorbildfunktion hinsichtlich ihrer eigenen Werthaltungen und des entsprechenden Handelns im Sinne planetarer Gesundheit einnehmen (s. Kap. III.3). Außerdem können sie mit ihrer berufsständischen Stimme politische Anwaltschaft übernehmen und aus einer Position der evidenzbasierten Wissenschaftlichkeit heraus die Gefahren und Chancen für Gesundheit im Anthropozän an Entscheidungsträger:innen kommunizieren (Haines et al. 2009).

Ärzt:innen und andere Gesundheitsberufe sind daher als Gesundheitsfürsprecher:innen im umfassenden, planetaren Sinne und Kommunikator:innen auf allen gesellschaftlichen Ebenen in einer idealen Position der Multiplikation von Werten und Werthaltungen, die es für die gesellschaftliche Transformation hin zu planetarer Gesundheit braucht. Der erste Schritt auf diesem Weg ist eine Reflexion über die eigenen und berufsständischen Werte – und das Gespräch mit anderen, um einen Begegnungs-, Reflexions- und Erfahrungsraum zu kreieren, in dem diese Werteentwicklung beginnt.

Literatur

Arendt H (1997) Vita activa oder Vom tätigen Leben. 24–26. Piper München

Baatz U (2013) Buddhas Natur: Ökologiebewegung und Buddhismus. polylog 29. URL: http://www.polylog.net/fileadmin/docs/polylog/29_thema_baatz.pdf (abgerufen am 18.06.2021)

Elias N, Blomert R, Treibel A (1971) Was ist Soziologie? Juventa Verlag Weinheim und München

Frey D, Graupmann V, Fladerer MP (2016) Zum Problem der Wertevermittlung und der Umsetzung in Verhalten. Psychologie der Werte, 307–20

Göpel M (2016) The Great Mindshift: How a New Economic Paradigm and Sustainability Transformations Go Hand in Hand. Springer Nature

Haines A, McMichael AJ, Smith KR et al. (2009) Public Health Benefits of Strategies to Reduce Greenhouse-Gas Emissions: Overview and Implications for Policy Makers. The Lancet 374(9707), 2104–14. DOI: 10.1016/S0140-6736(09)61759-1

Hutflötz K (2013) What Does It Mean to Be an Individual? The Patient as a Vague Object in Medicine and Research. In: Seising R, Tabacchi M (Hrsg.) Fuzziness and Medicine: Philosophical Reflections and Application Systems in Health Care. 109–21. Springer Heidelberg

Ipsos MORI (2020) Ipsos MORI Veracity Index 2020. URL: https://www.ipsos.com/ipsos-mori/en-uk/ipsos-mori-veracity-index-2020-trust-in-professions (abgerufen am 18.06.2021)

Joas H (2006) Wie entstehen Werte? Wertebildung und Wertevermittlung in pluralistischen Gesellschaften. Paper Presented at Gute Werte, schlechte Werte Gesellschaftliche Ethik und die Rolle der Medien. URL: https://fsf.de/publikationen/medienarchiv/beitrag/heft/wie-entstehen-werte/ (abgerufen am 18.06.2021)

Joffe H (2003) Risk: From Perception to Social Representation. Br J Soc Psychol 42, 55–73

Kant I (1870) Grundlegung zur metaphysik der sitten. L. Heimann Berlin

Kimmerle H (2014) Ethik in afrikanischen Traditionen. In: Yousefi H, Seubert H (Hrsg.) Ethik im Weltkontext. 21–28. Springer Wiesbaden

Kümmerer K (1995) Rhythmen in der Natur. Die Bedeutung von Eigenzeiten und Systemzeiten. In: Held M, Geissler KA (Hrsg.) Von Rhythmen und Eigenzeiten. 97–118. S. Hirzel Wissenschaftliche Verlagsgesellschaft Stuttgart

Latour B (2017) Kampf um Gaia: acht Vorträge über das neue Klimaregime. Suhrkamp Berlin

Lesch H, Geißler KA, Geißler J (2021) Alles eine Frage der Zeit – Warum die „Zeit ist Geld"-Logik Mensch und Natur teuer zu stehen kommt. 272. oekom München

Lovelock J (2000) Gaia: A New Look At Life On Earth. Oxford Paperbacks Oxford

Otto IM, Donges JF, Cremades R et al. (2020) Social Tipping Dynamics for Stabilizing Earth's Climate by 2050. Proceedings of the National Academy of Sciences 117(5), 2354. DOI: 10.1073/pnas.1900577117

Potvin L, Jones CM (2011) Twenty-five Years After the Ottawa Charter: The Critical Role of Health Promotion for Public Health. Can J Public Health 102(4), 244–8. DOI: 10.1007/bf03404041

Raworth K (2017) A Doughnut for the Anthropocene: Humanity's Compass in the 21st Century. Lancet Planet 1(2), e48–e49. DOI: 10.1016/S2542-5196(17)30028-1

Redvers N (2018) The Value of Global Indigenous Knowledge in Planetary Health. Challenges 9(2). DOI: 10.3390/challe9020030

Schweitzer A (2014) A Treasury of Albert Schweitzer. Open Road Media New York

Udeani C (2013) Afrikanische Wertetraditionen im 21. Jahrhundert. In: Münnix G (Hrsg.) Wertetraditionen und Wertekonflikte – Ethik in Zeiten der Globalisierung. Verlag Traugott Bautz Nordhausen

United Nations Secretary-General (2020) Secretary-General's Address at Columbia University: "The State of the Planet" URL: https://www.un.org/sg/en/content/sg/statement/2020-12-02/secretary-generals-address-columbia-university-the-state-of-the-planet-scroll-down-for-language-versions (abgerufen am 18.06.2021)

Verwiebe R (2019) Werte und Wertebildung aus interdisziplinärer Perspektive. Springer Heidelberg

Wabnitz K, Mayhew S (2020) Disruption as an Opportunity: Giving Rise to a Global Ethos for Planetary Health. BMJ GH Blogs. URL: https://blogs.bmj.com/bmjgh/2020/05/13/disruption-as-an-opportunity-giving-rise-to-a-global-ethos-for-planetary-health/ (abgerufen am 18.06.2021)

Wissenschaftlicher Beirat der Bundesregierung Globale Umweltveränderungen (WBGU) (2011) Welt im Wandel. Gesellschaftsvertrag für eine Große Transformation. URL: https://issuu.com/wbgu/docs/wbgu_jg2011?e=37591641/69400318 (abgerufen am 18.06.2021)

2

Soziale Kipppunkte – Ein neues Prinzip zum Verständnis transformativen Wandels

Ilona M. Otto und Martin Herrmann

Die Sozialwissenschaften in der zweiten Hälfte des 20. und frühen 21. Jahrhunderts beschäftigten sich überwiegend mit langsam verlaufenden Veränderungsprozessen. So gehen die meisten statistischen Modelle zur Analyse sozioökonomischer Daten davon aus, dass Änderungen schrittweise und linear erfolgen. Die aktuellen Entwicklungen haben gezeigt, dass diese lineare Betrachtung vielleicht ihre Grenzen erreicht hat, weil wir sozioökonomische Phänomene untersuchen müssen, die sich schneller als je zuvor ändern und in eine ungewisse Richtung entwickeln. Einige werden global von anderen als menschlichen Kräften angetrieben (zum Beispiel durch Pandemien), andere sind die Folge gezielter Eingriffe des Menschen. Um letztere geht es in unserer Studie (Otto et al. 2020), die soziale Kipppunkte – „Social Tipping Points" – untersucht – virale Prozesse der raschen Verbreitung neuer Technologien, Verhaltensweisen und sozialer Normen, die einen strukturellen Umbau unserer globalen Gesellschaft ermöglichen können.

Umfangreiche und abrupte Veränderungen sind nötig, um die ehrgeizigen klimapolitischen Ziele zu erreichen. Die Begrenzung der globalen Erwärmung auf 1,5°C gemäß dem Pariser Klimaabkommen impliziert, dass die weltweiten Energie- und Verkehrssysteme, die industrielle Fertigung und die Landnutzung bis Mitte dieses Jahrhunderts kein CO_2 mehr in die Atmosphäre abgeben. Die Kohlenstoffemissionen, die 2019 noch um bis zu 2% pro Jahr zunahmen und Prognosen zufolge immer noch weiterwachsen, müssten schlagartig um mindestens 7% pro Jahr sinken. Die kurzfristige Erholung durch die COVID-19-Pandemie wird nicht anhalten. Die dringende Notwendigkeit drastischer Veränderungen bleibt und erfordert ein besseres Verständnis der sozialen Kipppunkte. Soziale „Tipping Points" beziehen sich auf kleine Veränderungen oder Eingriffe, die dennoch globale und dauerhafte sozioökonomische Auswirkungen haben können.

Für unsere Studie machten über 130 internationale Experten mehr als 200 verschiedene Vorschläge für soziale Kipppunkte. Diese Liste wurde schließlich auf sechs Interventionen kondensiert, für deren Kipp-Potenzial es Evidenz gibt und die geeignet scheinen, zu einem raschen Rückgang der globalen Kohlenstoffemissionen beizutragen. Diese sind:

1. Abschaffung der Subventionen für fossile Brennstoffe und Förderung der dezentralen Energieerzeugung,
2. Schaffung klimaneutraler Städte,
3. Divestment aus Vermögenswerten, die auf fossilen Brennstoffen beruhen,
4. Aufzeigen der moralischen Implikationen fossiler Brennstoffe,
5. Mehr Aufklärung und Engagement bezüglich des Klimas,
6. Offenlegung aller Treibhausgasemissionen.

Dies sind keine „Silver Bullets". Es ist eine erste Auswahl von Konzepten, Perspektiven und Dimensionen, die bei der Entwicklung und Umsetzung schneller sozioökonomischer Transformationspfade vielleicht als Katalysator wirken könnten. Ihr Verständnis könnte entscheidend sein für strategisches Handeln in Zeiten, in denen wir einen tiefgreifenden Wandel innerhalb und zwischen allen Regionen und Sektoren einleiten müssen. Auch wirken diese sozialen Kipppunkte auf unterschiedlichen Zeitskalen. Einige Entwicklungen, wie Kursänderungen an den Börsen, könnten sehr schnell eintreten, während institutionelle Veränderungen mehr Zeit erfordern. Der Umbau öffentlicher Subventionen und Steuersysteme wie auch die Klimabildung erfordern ebenfalls mehr Zeit, sind aber erforderlich, um den Systemwandel zu stabilisieren.

Der Schlüssel dieser Sichtweise ist die Hypothese, dass eine relativ kleine Minderheit von Menschen soziale Kipppunkte auslösen und dadurch das Verhalten der Mehrheit ändern kann. Die Politologin Erica Chenoweth von der Harvard University zeigte in ihren Forschungsarbeiten über gewaltfreie Bestrebungen, Wandel herbeizuführen, dass Kampagnen, die von mindestens 3,5% der Bevölkerung unterstützt werden, erfolgreich sind. Bei vielen davon reicht noch weniger (Chenoweth u. Stephan 2011). Es gibt dokumentierte Fälle von Technologiewandel und normativen Veränderungen, bei denen zehn bis 25% der Bevölkerung ausreichten, um eine nachhaltige Wende auszulösen. Für solche plötzlich entstehenden sozialen Bewegungen ist es notwendig, dass gut vernetzte und einflussreiche Personen „infiziert" werden, Trendsetter und Meinungsbildner, auch sind neue Narrative und Bilder nötig. Ein Beispiel dafür sind Greta Thunberg und ihre „Fridays for Future"-Bewegung. Unsere Modelle zeigen auch, dass etwa 10% umweltbewusster Finanzinvestoren ein Kippen der Finanzmärkte auslösen können, was zu einer raschen Wertminderung von Vermögenswerten aus fossilen Brennstoffen führt.

Jedes dieser beschriebenen sozialen Kipppunkt-Elemente existiert in der realen Welt in unterschiedlicher Verteilung, an unterschiedlichen Orten und in unterschiedlichem Ausmaß und hat das Potenzial, die Reduzierung der globalen Kohlenstoffemissionen zu beschleunigen. Es ist aber nicht möglich, genau vorherzusagen, wann und wo Kipppunkte erreicht werden. Systeme können jedoch in ihre Richtung gesteuert werden, wenn auch nicht zielsicher, so lassen sich doch wünschenswerte Bedingungen und Umfänge anstreben. Die meisten der genannten sozialen Kipppunkte gehen über die Erreichung der Treibhausgasreduzierung hinaus und können möglicherweise mit anderen globalen politischen Zielen verknüpft werden.

Außerdem brauchen wir generell einen Paradigmenwechsel in den Wirtschafts- und Sozialwissenschaften. Es sind neue Erklärungsansätze erforderlich, die über rationale Willensbildung und diverse Gleichgewichtsparadigmen hinausgehen. Sie müssen in der Lage sein, Entwicklungspfade von Systemen, deren Übergänge, Wendepunkte und Kipppunkt-Auslöser zu erklären und aufzuzeigen. Dabei sollten auch menschliche Handlungen einbezogen werden, die unter den Bedingungen von Ressourcenknappheit, Informationskakophonie und Interessenkonflikten stattfinden, und auf Entscheidungen beruhen, die mit hohem Risiko und Unsicherheiten verbunden sind. Das Studium und die Anwendung des Konzepts sozialer Kipppunkt-Elemente könnte eine soziale Innovation sein, die zu einem neuen Paradigma führt.

Aus der Perspektive planetarer Gesundheit wird das Konzept sozialer Kipppunkte noch überzeugender. Angehörige der Gesundheitsberufe können durch gemeinsames Handeln Kipppunkte auslösen. Durch die Diagnose des globalen Gesundheitsnotstands werden entschlossenes Handeln zu einer Notwendigkeit und Zaudern zum Kunstfehler. Dieses Narrativ erreicht Menschen und Entscheidungsträger und kann damit zum Game Changer werden. Johan Rockström hat das in seinem Vortrag bei der Vorlesung „Transformatives Handeln Teil 3" der Planetary Health Academy vom 14.7.2020 auf den Punkt gebracht:

> *„Ich bin sehr davon überzeugt, dass der Übergang zu einem stabilen Erdsystem in Zukunft nicht mehr allein aus Umweltperspektive betrachtet werden kann. Es zählen Sicherheit, Gesundheit, Frieden und bessere Lebensbedingungen für alle und Sie (die Gesundheitsberufe) haben hier eine Schlüsselposition." (https://www.youtube.com/watch?v=k9WISq44rBM ab 1:08:47, eigene Übersetzung).*

Literatur

Chenoweth E, Stephan MJ (2011) Why Civil Resistance Works: The Strategic Logic of Nonviolent Conflict, Columbia U Pr

Otto IM, Donges JF, Cremades R, Bhowmik A, Lucht W, Rockström J, Allerberger F, Doe S, Hewitt R, Lenferna A, McCaffrey M, Moran M, van Vuuren DP, Schellnhuber HJ (2020) Social Tipping Dynamics for Stabilizing Earth's Climate by 2050. Proceeding of the National Academy of Sciences of the United States of America (PNAS). DOI: 10.1073/pnas.1900577117

3 Klimakommunikation für die Gesundheitsberufe – Vertrauen eröffnet Zugang

Christopher Schrader

Rotes Kreuz, blaues Licht, weißer Kittel, grüne OP-Kleidung. Fieberthermometer, Stethoskop, Rezeptblock, Infusionsständer – die oft klischeehaften Hilfsmittel und Symbole der Gesundheitsberufe wirken wie geschaffen, in der Kommunikation der Klimakrise als Metaphern zu dienen. Die Erde hat Fieber; ihr Puls rast; ihr Herz stolpert; sie ist so schwach, dass sie im Rollstuhl sitzt; der Erde wird eine Kur verschrieben; sie wird von Rettungsassistenten und einer Notärztin ins Krankenhaus eingeliefert. Jede:r weiß sofort, was gemeint ist. All das hat man schon in der Zeitung gelesen, in den TV-Nachrichten gesehen, als Social-Media-Post geliked oder auf einer Demonstration erlebt.

Zum Beispiel bei der Mahnwache vor dem Deutschen Ärztetag 2019 in Münster. Dort hatte eine Gruppe von aktiven Mitgliedern der Deutschen Allianz Klimawandel und Gesundheit (KLUG), die teilweise gleichzeitig Delegierte des Ärztetages waren, einen aufblasbaren Wasserball mit aufgedruckten Kontinenten auf eine Liege platziert und angemessene medizinische Hilfsmittel darum drapiert. Wer das Kongresszentrum in der Halle Münsterland betrat, darunter Gesundheitsminister Jens Spahn, kam an dem Schauspiel vorbei. Es sollte vor allem symbolisch wirken; weitere Informationen, Statistiken oder Fakten gab es dort nur auf explizite Nachfrage, erzählt der pensionierte Berliner Internist Ludwig Brügmann, der zu den Mitgründern von KLUG und Health4Future (H4F) gehört: „Die Erde ist krank, sie hat sehr hohes Fieber, es handelt sich um einen ernsten Notfall und wir müssen sofort handeln: Das verstanden die Besucher angesichts der Inszenierung sofort, und viele haben beim Vorbeigehen den Daumen hochgehalten."

Aber war das mehr als eine Showeinlage? Zu den Möglichkeiten, als Vertreter:in der Gesundheitsberufe auch die *Planetary Health* zum Thema zu machen, sind mehrere Fragen zu diskutieren.

3.1 Sollen Ärztinnen und Pfleger, Hebammen und Apotheker über die Klimakrise reden?

Ja. Längst ist in der Ärzteschaft sowie in den anderen Gesundheitsberufen angekommen, dass sie beim Thema Klimakrise mitreden müssen – und mitreden können. „Wir sind Influencer im analogen Sinne", sagt die Ärztin Sylvia Hartmann, stellvertretende Vorsitzende der Initiative KLUG, „wir können die Menschen sensibilisieren für die Zusammenhänge."

Das ist eine globale Einsicht: Die *World Medical Association* (WMA 2017) wie die *World Health Organisation* (WHO 2018) haben sich dazu geäußert. Die Fachzeitschrift *The Lancet* veröffentlicht seit 2015 jedes Jahr einen dicken Report anerkannter Fachleute (Watts et al. 2020). In einer internationalen Umfrage äußerten sich im Herbst 2020 *health professionals* aus mindestens elf Staaten, darunter Uruguay, Südafrika, Kuwait, Indien und Neuseeland (Kotcher et al. 2021). Tenor ist stets: Die Klimakrise selbst ist eine ernste Gefahr für die Gesundheit, und mit den Maßnahmen gegen die weitere Erderhitzung gehen zusätzliche Vorteile für die Gesundheit, sogenannte Co-Benefits, einher.

Auch nationale Fach- und Standesgesellschaften warnen und bekräftigen zugleich, dass das Sprechen über die Klimakrise Teil des ärztlichen Handelns ist. Neben den USA (AMA 2019), Großbritannien (BMA 2020) oder Frankreich (CNOM 2016) äußern sich auch Organisationen in deutschsprachigen Ländern: zaghaft und stockend in der Schweiz (VSAO 2020) klar und kräftig in Österreich (ÖÄK 2019) und Deutschland (BÄK 2019). Dort erklärte zum Beispiel der Ärztetag 2019, womöglich unter dem Eindruck der Mahnwache:

> *„Angesichts der wohl größten Krise der Menschheit können wir nicht schweigen, wenn Regierungen nicht das Notwendige tun, um die Gesundheit ihrer Bürgerinnen und Bürger vor den Gefahren der Klimakrise und der Umweltzerstörung zu schützen."* (BÄK 2019)

Lothar Wieler, Präsident des Robert-Koch-Instituts, sagte im April 2021 bei der Pressekonferenz zum Internistenkongress: „Wir sollten denjenigen im politischen Umfeld, die an eine Transformation in Richtung einer nachhaltigen Wirtschaft denken, unsere Stimmen geben." (https://www.youtube.com/watch?v=DBoRuH1c8mU). Auch wenn er das nicht als Aufruf für einzelne Parteien verstanden wissen wollte – es war für den Chef einer nachgeordneten Bundesbehörde ein bemerkenswertes politisches Statement, Transformation zu fordern, nicht nur zum Beispiel ein Einhalten der Temperaturgrenzen nach dem Pariser Abkommen.

„Der Klimawandel hat nun einmal starke Auswirkungen auf die Gesundheit von Menschen", bekräftigte die Augsburger Medizin-Ethikerin Verina Wild bei gleicher Gelegenheit, „und wir haben es doch längst hinter uns gelassen, dass der Arzt erst aktiv wird, wenn die Krankheit akut ausbricht." Es gehe ja auch keinesfalls um die politische Meinung von Ärztinnen und Ärzten als Privatpersonen, wenn diese über die Klimakrise sprechen. „Es ist ethisch geboten, sich mit dem Thema auseinander zu setzen und vielmehr eine Verletzung ethischer Prinzipien, wenn man es nicht tut."

3.2 Können Menschen aus den Gesundheitsberufen über die Klimakrise reden?

Ärzt:innen und andere *health professionals* gelten als besonders wichtige Stimmen in der Klimadebatte. Sie könnten mit dem Fokus Gesundheit eine breitere Gruppe von Menschen erreichen als wenn die Erderhitzung ein Umweltthema bliebe (Weathers et al. 2017).

Zugleich sind Menschen aus den Gesundheitsberufen auch besonders befähigt, wenn es um die Kommunikation zur Klimakrise geht. Dabei spielen etliche der in der wissenschaftlichen Grundlagen diskutierten Konzepte eine wichtige Rolle: vertrauenswürdige Themenbotschafter:innen, *Framing*, das Wechselspiel von Gewinn und Verlust, der begrenzte Vorrat an Sorgen sowie Co-Benefits.

Die augenfälligste Rolle ist dabei sicherlich die der *trusted messenger*, der vertrauenswürdigen Vermittler (Marshall 2014). Vermutlich gibt es wenige Berufsgruppen, denen allgemein mehr Vertrauen entgegengebracht wird als Menschen aus dem Gesundheitssektor. Darauf könne man bauen, ist der Kabarettist, Fernsehmoderator – und Arzt – Eckart von Hirschhausen überzeugt (Schrader 2021), der die Initiative KLUG unterstützt. „Aus dem Mund einer Pflegefachkraft, der in den Hitzewellen die Bewohner wegsterben, ist ‚Klima' nichts Abstraktes mehr, sondern bekommt ein Gesicht, eine Geschichte, eine konkrete Betroffenheit."

Damit werden gleich mehrere gängige Hindernisse in der Klimakommunikation übersprungen:

- Das Problem wird aus der üblichen psychologischen Distanz („Das betrifft Eisbären und Südseebewohner") in die Gegenwart und Nähe geholt (Uzzell 2000).
- Zweifel an Relevanz und Zuverlässigkeit der wissenschaftlichen Belege zum Klimawandel verflüchtigen sich, wenn eine Person von Vertrauen (Luhmann 2014) und Autorität sagt: Ich habe mir das angeschaut und es ist wirklich ernst.
- In der Hierarchie der Probleme liegt das Klima meist unter „ferner liefen". Es gehört nicht zur kleinen Zahl, dem begrenzten Vorrat an Sorgen, denen man wirkliche Aufmerksamkeit schenkt (Linville u. Fisher 1991). Die Klimakrise rückt aber viele Stellen nach oben, sobald sie mit der eigenen Gesundheit und dem Wohlergehen der Liebsten verknüpft ist.
- Menschen fassen Hinweise zur Gesundheit wirklich als Stärkung des Arguments für Klimaschutz auf. Das ist zum Beispiel anders, wenn man für eine Maßnahme damit wirbt, dass sie die Umwelt schützt *und* dem Einzelnen Geld spart. Die Kombination kann den motivierenden Effekt verdünnen, weil sich die Angesprochenen zwar gern als „grün" wahrnehmen, aber nicht auch noch als „gierig" (Bolderdijk et al. 2013). Tritt jedoch „gesund" neben „grün", entfällt die negative Wechselwirkung.
- In der Medizin sind die Menschen als Patient:innen daran gewöhnt, mit unvollständigem Wissen und „Unsicherheit" umzugehen und trotzdem Entscheidungen zu treffen. Das zeigte sich zum Beispiel auch in der COVID-19-Pandemie 2020/21. Das nötige Vertrauen müssen Mediziner:innen vorher aufbauen und halten (Siegrist u. Zingg 2014). Die Kommunikation zum Klima sollte darum genauso transparent sein, kann aber auch auf bewährte Begriffe und Konzepte wie Vorsorge, Diagnose oder Therapie setzen.

Dieser Hinweis auf das Vokabular belegt schon, dass die sprachliche Darstellung der Probleme und Lösungsansätze in der Klimakrise sehr wichtig ist, neudeutsch: das Framing.

> **Framing** meint die Bedeutungsrahmen, die Begriffe mitbringen. Sie wecken im Geist des Publikums unweigerlich Assoziationen. Diese können die gewünschte Botschaft unterstützen oder konterkarieren (Wehling 2016). Von einer „Flüchtlingswelle" zu sprechen, stellt zum Beispiel die Ankunft vieler schutzbedürftiger Menschen als bedrohliche Naturgewalt dar, vor der man sich selbst schützen muss. Und „Klimakrise" statt „Klimawandel" zu sagen macht klar, dass es sich nicht um eine neutral zu bewertende Veränderung handelt, sondern sie Gefahren birgt und Entscheidungen verlangt.

Ein wichtiger Bereich des *Framing* betrifft das Wechselspiel von Verlust und Gewinn. Generell gilt in der Psychologie durch die Experimente zur *Prospect Theory* von Daniel Kahneman und Amos Tversky, dass Menschen Verluste stärker vermeiden wollen als sie Gewinne erstreben (Kahneman u. Tversky 1979). 100 Euro zu gewinnen und dann 50 Euro zu verlieren, kann die emotionale Bilanz von Freude und Ärger ausgleichen, obwohl man noch 50 Euro im Plus ist. Auch erscheint Versuchspersonen eine Operation eher akzeptabel, wenn die Überlebenschance 90 Prozent beträgt, als wenn als Risiko des Todes zehn Prozent angegeben werden.

Doch in der Gesundheitspsychologie haben Studien wichtige Differenzierungen vorgenommen (Edwards et al. 2001). Demnach lässt sich Verhalten, das als riskant gilt, leichter ändern, wenn man über die möglichen Verluste spricht, die damit einhergehen. Aber Verhalten, das Menschen als normal und damit als sicher ansehen, braucht ein Gewinn-*Framing*: Was kann man zusätzlich erreichen, wenn man es ändert? Das dürfte vielen Ärzt:innen mindestens intuitiv bewusst sein, die mit ihren Patient:innen über deren Lebensstil sprechen: Selbst großes Übergewicht und Rauchen betrachten viele ja nicht als wirkliche Probleme. Das gilt in ähnlicher Weise für Autofahren und übermäßiges Fleischessen und deren Beitrag zur Klimakrise.

Studien zeigen auf dieser Basis, dass das Betonen der Vorteile von Klimaschutzmaßnahmen eher als das Warnen vor Gefahren dazu beiträgt, dass Versuchspersonen Maßnahmen zur Emissionsreduktion unterstützen (Spence u. Pidgeon 2010). Für die Gesundheitsberufe bedeutet das, nicht nur vor den Gesundheitsgefahren der Klimakrise zu warnen, sondern besonders die möglichen Gesundheitsvorteile von Klimapolitik und einer neuen Lebensweise zu unterstreichen, also die sogenannten Co-Benefits.

> *Generell empfehlen Fachleute drei zentrale Punkte der Kommunikation:* einfache Botschaften *über die Klimarisiken und die Möglichkeiten, sie einzudämmen, die von einer* Reihe *vertrauensvoller Botschafter:innen* häufig wiederholt *werden (Weathers et al. 2017).*

3.3 An wen sollen sich die Klimabotschaften mit Gesundheitsinhalten richten?

Generell kommen drei mögliche Adressaten infrage: die Öffentlichkeit, der Gesundheitssektor und die eigene Patientenschaft.

Der Öffentlichkeit gegenüber macht besonders die Tatsache Eindruck, dass Menschen aus den Gesundheitsberufen sich neben dem arbeitsreichen Alltag Zeit nehmen, für eine ehrgeizige Klimapolitik zu werben. Darum sind hier die – klischeereichen, aber auffälligen – Symbole der medizinischen Berufe wie Weißkittel besonders hilfreich. Dann zu erklären, das Engagement diene dazu, Patient:innen Leid zu ersparen, steigert diesen Effekt noch einmal deutlich.

Im eigenen Sektor können Ärztinnen und Pfleger, Hebammen und Apotheker zunächst Mitstreiter gewinnen. Außerdem sind auch Krankenhäuser, Praxen oder pharmazeutische Betriebe Quellen von vermeidbaren Treibhausgasen. Nach Schätzungen gehen in Deutschland fünf Prozent der Emissionen auf den Gesundheitssektor zurück. Nachdem im Herbst 2020 der britische *National Health Service* angekündigt hatte (NHS 2020), bei den eigenen Emissionen bis 2040 klimaneutral zu werden, mahnte die Initiative KLUG, ein solches Programm auch in Deutschland voranzutreiben (KLUG 2020).

Ein weiterer Schwerpunkt ist es, Klimakrise und Klimaschutz in der medizinischen Aus- und Weiterbildung zu verankern. Spätestens 2025 werde das Thema in allen Hochschulen zum Curriculum und in die Prüfungen gehören, erwartet zum Beispiel Sylvia Hartmann. Schon jetzt sei die Zahl der Universitäten, die Gesundheit und Klimawandel auf dem Lehrplan haben, von zwei auf acht gewachsen. Daneben gibt es freiwillige Angebote wie die von KLUG initiierte *Planetary Health Academy*.

Die Klimakrise gegenüber Patient:innen zu erwähnen, sehen viele zurückhaltend. So erklärte der Vorsitzende der Deutschen Gesellschaft für Innere Medizin, Sebastian Schellong, Ärzte sollten zu gesellschaftlichen Fragen rund um den Klimawandel Stellung nehmen, „wenn wir das ärztliche Gespräch verlassen haben".

Anderen genügt das nicht. So hat der niedergelassene Allgemein-Mediziner Ralph Krolewski aus Gummersbach das Konzept der „Klima-Sprechstunde" entwickelt und gibt es in vielen ärztlichen Fortbildungen weiter, zuletzt beim deutschen Internistenkongress. Dabei handelt es sich nicht um eigens vereinbarte Termine, sondern um „eine Grundhaltung in meiner Arbeitsroutine", erklärte Krolewski in der *taz* (Schwarz 2021).

„Wenn sich herausstellt, dass der von Rückenschmerzen geplagte Patient auch für kurze Strecken ins Auto steigt, empfehle ich, stattdessen zu laufen oder mit dem Rad zu fahren", so der Hausarzt. „Ich spreche an, dass das die Gesundheit verbessern und gleichzeitig den Planeten schonen würde." Das funktioniere allerdings nur, wenn Patient:innen selbst etwas an ihrem Leben ändern wollen und dann mit dem Arzt zusammen nach Möglichkeiten dafür suchen. Evidenzbasierte Informationen, wie das auch klimaschonend gelingt, gibt es wegen der viele Daten über Co-Benefits genug.

Literatur

American Medical Association (2019) Global Climate Change and Human Health. URL: https://policysearch.ama-assn.org/policyfinder/detail/H-135.938?uri=%2FAMADoc%2FHOD.xml-0-309.xml (abgerufen am 20.07.2021)

Bolderdijk JW et al. (2013) Comparing the Effectivesness of Monetary versus Moral Motives in Environmental Campaigning. Nat Clim Chang 3, 413–16. DOI: 10.1038/nclimate1767

British Medical Association (2020) Climate Change and Air Pollution. URL: https://www.bma.org.uk/what-we-do/population-health/drivers-of-ill-health/climate-change-and-air-pollution (abgerufen am 20.07.2021)

Bundesärztekammer (2019) Beschlussprotokoll des 122. Ärztetages in Münster vom 28. bis 31.05.2019. TOP Ib:183. URL: https://www.bundesaerztekammer.de/aerztetag/aerztetage-der-vorjahre/122-deutscher-aerztetag-2019/beschlussprotokoll/ (abgerufen am 20.07.2021)

Conseil national de l'Ordre des médicins (2016) Le changement climatique, une question de santé publique. URL: https://www.conseil-national.medecin.fr/publications/communiques-presse/changement-climatique-question-sante-publique (abgerufen am 20.07.2021)

Edwards A et al. (2001) Presenting Risk Information – A Review of the Effects of Framing and other Manipulations on Patient Outcomes. J Health Commun 6, 61–82. DOI: 10.1080/10810730150501413

Kahneman D, Tversky A (1979) Prospect Theory: An Analysis of Decision under Risk. Econometria 47(2), 263–292. DOI: 10.2307/1914185

KLUG (2020) Deutsche Allianz Klima und Gesundheit Pressemeldung – Blauer Himmel bald auch über Deutschlands Kliniken? URL: https://www.klimawandel-gesundheit.de/blauer-himmel-bald-auch-ueber-deutschlands-kliniken/ (abgerufen am 20.07.2021)

Kotcher J et al. (2021) Views of Health Professionals on Climate Change and Health: A Multinational Survey Study. Lancet Planet Health 5, e316–23. DOI: 10.1016/S2542-5196(21)00053-X

Linville P, Fischer G (1991) Preferences for Separating or Combing Events. J Pers Soc Psychol 60(1), 5–23. DOI: 10.1037/0022-3514.60.1.5

Luhmann N (2014) Vertrauen – Ein Mechanismus der Reduktion sozialer Komplexität. UTB Stuttgart

Marshall G (2014) Don't even think about it. Ch 22: Communicator Trust. Bloomsbury London

NHS (2020) Delivering a 'Net Zero'. National Health Service. URL: https://www.england.nhs.uk/greenernhs/wp-content/uploads/sites/51/2020/10/delivering-a-net-zero-national-health-service.pdf (abgerufen am 20.07.2021)

Österreichische Ärztekammer (2019) Forderungskatalog an die Bundesregierung. URL: https://www.aerztekammer.at/forderungskatalog (abgerufen am 20.07.2021)

Schrader C (2021) Suche wirkungsvolle Themen Botschafter:innen. In: Handbuch Klimakommunikation. URL: https://klimakommunikation.klimafakten.de/vorbereiten/kapitel-7-suche-wirkungsvolle-themen-botschafter/ (abgerufen am 20.07.2021)

Schwarz S (2020) Klimaschutz ist Prävention. Die Tageszeitung. URL: https://taz.de/Arzt-ueber-seine-Klimasprechstunde/!5702580/ (abgerufen am 20.07.2021)

Siegrist M, Zingg A (2014) The Role of Public Trust During Pandemics. Eur Psychol 19(1), 23–32. DOI: 10.1027/1016-9040/a000169

Spence A, Pidgeon N (2010) Framing and Communicating Climate Change: The Effects of Distance and Outcome Frame Manipulations. Glob Environ Change 20(4), 656–67. DOI: 10.1016/j.gloenvcha.2010.07.002

Uzzell D (2000) The Psycho-Spatial Dimension of Global Environmental Problems. J Environ Psychol 20(4), 307–18. DOI: 10.1006/jevp.2000.0175

VSAO, SWIMSA (2020) Medienmitteilung – Ärzte setzen Zeichen gegen Klimawandel. URL: https://vsao.ch/wp-content/uploads/2020/11/MM_Aerzteschaft-und-Klimawandel_DE_20201124_V01.00.pdf (abgerufen am 20.07.2021)

Watts N et al. (2020) The 2020 Report of The Lancet Countdown on Health and Climate Change: Responding to Converging Crises. Lancet 10269, 129–70. DOI: 10.1016/S0140-6736(20)32290-X

Weathers M et al. (2017) Communicating the Public Health Risks of Climate Change. In: Oxford Research Encyclopedia on Climate Change. DOI: 10.1093/acrefore/9780190228620.013.428. URL: https://oxfordre.

com/view/10.1093/acrefore/9780190228620.001.0001/acrefore-9780190228620-e-428 (abgerufen am 20.07.2021)

Wehling E (2016) Politisches Framing – Wie eine Nation sich ihr Denken einredet – und daraus Politik macht. Herbert von Halem Verlag Köln

WHO (2018) Climate Change and Health – Key Facts. URL: https://www.who.int/en/news-room/fact-sheets/detail/climate-change-and-health (abgerufen am 20.07.2021)

WMA (2017) WMA Declaration of Delhi on Health and Climate Change, adopted October 2009, amended October 2017. URL: https://www.wma.net/policies-post/wma-declaration-of-delhi-on-health-and-climate-change/ (abgerufen am 20.07.2021)

4

Gesundheitsberatung im Kontext von Planetary Health

Alina Herrmann und Ralph Krolewski

Ärzt:innen weltweit warnen zunehmend vor den gesundheitlichen Risiken der Klimakrise und anderer globaler Umweltveränderungen. Neben der öffentlichen Stellungnahme können sie auch im direkten Kontakt mit Patient:innen eine wichtige Rolle zur Aufklärung über umweltbedingte Gesundheitsrisiken sowie der Begleitung hin zu klimafreundlichen und gesunden Lebensstilen übernehmen (Butler u. Harley 2010; Capon et al. 2018). Bei einer US-amerikanischen Befragung von Ärzt:innen in der Primärversorgung sagten jedoch nur 17% der Befragten, dass Sie sich wohl dabei fühlten, Ihre Patient:innen zu Themen im Bereich Klimawandel und Gesundheit zu beraten (Boland u. Temte 2019). Die Autoren der Studie führen dies auf die mangelnde diesbezügliche Ausbildung zurück und auf das Fehlen allgemeingültiger Leitlinien zur Beratung (2019). Basierend auf einem Konzept, welches in Teilen der deutschen Ärzteschaft schon unter dem Namen „Klimasprechstunde“ bekannt ist, versucht dieses Kapitel erste Ansätze zu einer Gesundheitsberatung zu vermitteln, die den Kontext von Planetary Health aufgreift.

4.1 Vorbemerkung zu Synergien zwischen Gesundheits- und Klimaschutz

In der wissenschaftlichen Literatur werden Synergien zwischen Klimaschutz und Gesundheit meist aus der Klimawandel-Perspektive betrachtet. Die gesundheitlichen Vorteile von Klimaschutzmaßnahmen gelten damit als positive Nebeneffekte, Co-Benefits (Woodward et al. 2014). Aufgrund seiner großen gesundheitlichen Co-Benefits wurde der weltweite Klimaschutz sogar als größte Chance für die globale Gesundheit im 21. Jahrhundert bezeichnet (Lancet Commission 2015). Häufig angeführt werden hier die positiven gesundheitlichen Effekte einer reduzierten Luftverschmutzung durch den Ausbau erneuerbarer Energien und die Reduktion der Luftschafstoffemissionen aus den Sektoren Verkehr und Landwirtschaft. Während gesundheitliche Effekte in diesem Bereich nur eintreten, wenn Maßnahmen auf Bevölkerungsebene ergriffen werden, gibt es auch viele gesundheitliche Co-Benefits von Klimaschutzmaßnahmen, die Individuen direkt zugänglich sind, insbesondere in den Bereichen aktive Fortbewegung und Ernährung.

Aus Perspektive von Ärzt:innen und Patient:innen könnte man den Klimaschutz, der mit gesunden Lebensstilen einhergeht, auch umgekehrt als Co-Benefit der Gesundheitsmaßnahme verstehen. Während gesunde Lebensstile mit Vorteilen für viele Bereiche der Umwelt einhergehen, sind die Synergien mit dem Klimaschutz besonders gut untersucht (Friel et al. 2009; Jarrett 2012; Quam et al. 2017; Hamilton et al. 2021). Eine pflanzenbasierte Ernährungsweise wirkt sich nicht nur positiv auf das Klima, sondern auch auf den Stickstoffeintrag und je nach Anbaumethode auch auf die Biodiversität, sowie die Boden- und Wasserqualität aus.

4.2 Die Bedeutung von Gesundheitsberatung im Kontext von Planetary Health

Primäres Ziel ärztlichen Handelns ist es, die Gesundheit zu erhalten und zu verbessern. Auch im Kontext von Planetary Health steht die Gesundheit der Patient:innen im Vordergrund, wird jedoch vor dem Hintergrund von Umweltveränderungen betrachtet. Die Patient:innen müssen sich dieser Betrachtungsweise nicht bewusst sein, doch die Ärzt:innen sind dafür sensibilisiert und berücksichtigen diesen Kontext in Anamnese, Diagnostik und Therapie. Hierbei ist die gute Beziehung zu den Patient:innen und ein ehrliches Interesse an ihren Problemen essenziell.

Im Folgenden soll anhand einer einfachen Struktur dargelegt werden, wie eine Gesundheitsberatung im Kontext von Planetary Health gelingen kann. Zunächst wird auf häufige Anlässe einer ärztlichen Konsultation eingegangen, die besonders gut als Einstieg in das Thema geeignet sind. Daraufhin werden die Planetary-Health-relevanten Themen vertieft, die in diesem Rahmen besprochen werden können. Zuletzt werden hilfreiche Techniken und Grundhaltungen beschrieben.

4.2.1 Anlässe und Anamnese

Einen guten Einstieg in eine Gesundheitsberatung im Rahmen von Planetary Health ermöglichen kardiovaskuläre, endokrinologische, psychische und muskuloskelettale Erkrankungen. Bei ihnen haben Lebensstil und Kontextfaktoren einen bedeutsamen Einfluss auf Krankheitsentstehung und -verlauf. Auch ein „Check-Up" in Form einer Gesundheitsuntersuchung nach § 25 SGB V bietet sich als Gesprächsanlass an, da dieser gerade solchen Erkrankungen vorbeugen soll. Das gleiche gilt für digitale Entscheidungshilfen wie das Arriba-Programm. Auch Untersuchungsergebnisse, beispielsweise erhöhte Cholesterinwerte, können als Anlass genutzt werden, um über Lebensstilaspekte wie Ernährung zu sprechen.

Ausgehend vom Beschwerdebild werden in der Anamnese neben den wichtigen medizinischen, sozialen und psychischen Faktoren auch explizit umweltbezogene Aspekte erfragt:

- **Ernährung:** Wie ernährt sich der/die Patient:in? Wie hoch ist der Anteil tierischer Produkte? Wäre es denkbar, die Menge zu reduzieren?
- **Bewegung:** Wie bewegt sich der/die Patient:in fort? Welche Wegstrecken werden mit dem Auto zurückgelegt? Was könnte man leicht zu Fuß, mit dem Fahrrad oder dem ÖPNV erreichen?
- **Psychische Gesundheit:** Was tut dem/der Patient:in gut? Hält er sich gern in der Natur auf?

Auch generelle Gespräche zur Lage der Umwelt, zu Sorgen über die beobachteten Veränderungen durch Dürre, Waldsterben, Veränderungen der Vegetation und Rückgang der Ernten können einen thematischen Bogen zwischen individueller Gesundheit und Planetary Health schlagen. Zudem sind gesundheitliche Auswirkungen des Klimawandels wie Hitzewellen und eine verlängerte Allergiesaison geeignet, um über den Klimawandel und andere globale Umweltveränderungen ins Gespräch zu kommen.

4.2.2 Themen und Therapieplanung

Um die Patient:innen ausgehend von den oben beschriebenen Anlässen adäquat beraten zu können, ist es notwendig, grundlegende Zusammenhänge zwischen Klimawandel und Gesundheit zu kennen. Da konkrete Interventionen zu klimafreundlichen und gesunden Lebensstilen vor allem in den Bereichen Ernährung, Bewegung und mentale Gesundheit möglich sind, werden zunächst wichtige Zusammenhänge zu diesen Themen dargestellt:

- **Ernährung:** Im umfangreichen EAT-Lancet-Report (2019) kommen die Autor:innen zu der Feststellung, dass unter Berücksichtigung der Belastbarkeiten der natürlichen Erdsysteme und für eine gesunde Ernährung von 10 Milliarden Menschen im Jahr 2050 eine deutlich fleischreduzierte und pflanzenreiche Ernährung erforderlich ist und schlagen exemplarisch eine „Planetary Health Diet" vor (Willett et a. 2019, s. Kap. II.8). Zu beachten ist, dass der Ersatz von tierischen Eiweißen durch pflanzliche Eiweiße nicht nur Treibhausgasemissionen, Landnutzung und Wasserverbrauch reduziert, sondern auch das Risiko für Herz-Kreislauf-Erkrankungen, kolorektale Karzinome und andere Krebsarten (Milner et al. 2015; Siri-Tarino et al. 2015; Behrens et al. 2018). Neben der Viehwirtschaft ist auch die Verarbeitung, Verpackung und der Transport von Lebensmitteln treibhausgasintensiv (Tilman u. Clark 2014). Gleichzeitig ist der häufige Konsum von hochverarbeiteten Lebensmitteln auch mit Erkrankungen wie Bluthochdruck und Diabetes vergesellschaftet (Elizabeth et al. 2020), sodass der Verzehr von frischen, regionalen und wenig verarbeiteten Produkten zu empfehlen ist.
- **Bewegung:** Der Verkehrssektor in Deutschland ist der einzige Sektor, in dem in den vergangenen Jahrzenten trotz verbesserter Technologien keine deutliche Emissionsreduktion erreicht werden konnte. Die Reduktion von Emissionen durch vermehrte Nutzung aktiver Mobilitätsformen auf Kurzstrecken ist hier vielversprechend (Maizlish et al. 2013). Körperliche Betätigung durch einen Wechsel vom Auto- zum Fahrradfahren oder Laufen beugt zudem kardiovaskulären Erkrankungen, Diabetes, Demenz und einigen Krebserkrankungen vor (Jarrett 2012). Für das Pendeln mit dem Fahrrad wurden wiederholt die Vortei-

le für die körperliche Gesundheit und das Wohlbefinden nachgewiesen (Cloutier et al. 2017). Die psychische Gesundheit profitiert vor allem, wenn der Weg durch eine natürliche Umgebung führt (Zijlema et al. 2018). Durch die kurzen Wege zu den Haltestellen, wirkt sich nachweislich auch die regelmäßige Nutzung von Bus und Bahn positiv auf die Gesundheit aus (Rissel et al. 2012).
- Psychische Gesundheit: Die Literatur zeigt, dass der Kontakt zur Natur, beispielsweise durch Spaziergänge im Wald oder in Parks, Stress und das Risiko für psychische Erkrankungen reduziert (Bratman et al. 2019). Vielerorts erhalten „neue" Formen naturbezogener Therapien wie „Waldbaden" eine erhöhte Aufmerksamkeit. Solche Therapieformen bieten wichtige Ansätze im psychotherapeutischen Setting. Gleichzeitig gibt es Anzeichen dafür, dass der achtsame Kontakt zur Natur umweltfreundliches Verhalten fördert (Barbaro u. Pickett 2016).

Die Therapieplanung in diesen Themenbereichen richtet sich weiterhin ganz auf den Beratungsanlass der Patient:innen aus. Mit dem oben beschriebenen (und möglicherweise noch weitreichenderem) Hintergrundwissen können bewusst Lösungen mit den Patient:innen gesucht werden, die einen Vorteil für die Gesundheit bieten und die planetaren Grenzen beachten. Beispiele für solche Lösungsansätze sind in Tabelle 1 dargestellt. Ob Ärzt:innen die Verknüpfungen zum Klimawandel, Biodiversität oder anderen ökologischen Themen explizit ansprechen, bleibt der jeweiligen Situation überlassen. Mit beiläufigen Bemerkungen zu den positiven Auswirkungen für die Umwelt oder den Klimaschutz kann Patient:innen signalisiert werden, dass Ärzt:innen diese Themen als relevant einstufen.

4.2.3 Methoden und Techniken

Gesundheitsberatung im Kontext von Planetary Health orientiert sich an bekannten Methoden. Zum einen ist sie salutogenetisch ausgerichtet, das heißt, dass nicht die Krankheit und ihre Geschichte im Zentrum steht, sondern die Förderung der Gesundheit mit den eigenen körperlichen und seelischen Ressourcen der Patient:innen (Faltermaier 2020). Wichtig ist außerdem die partizipative Entscheidungsfindung: Patient:innen sollten dazu ermutigt werden, Ansichten und Fragen zu ihrem Gesundheitsproblem zu äußern, und Ärzt:innen sollten in passender Sprache Gesundheitsinformationen bereitstellen und weitere Ressourcen zu zielgerichteten Hilfsangeboten wie Gesundheitskursen an die Hand geben (Salzburg Global Seminar 2021).

Insbesondere bei konkreter Beratung im Bereich der Lebensführung können zudem Grundzüge der motivationalen Gesprächsführung („Motivational Interviewing") hilfreich sein, welches ursprünglich für die Gesundheitsberatung von Suchtkranken entwickelt wurde. Hierbei wird zunächst in einer Atmosphäre der Akzeptanz herausgearbeitet, welche Verhaltensweisen der/die Patient:in selbst schon als widersprüchlich zu den eigenen Werten und Lebensvorstellungen erkannt hat. Ausgehend von der persönlichen Änderungsbereitschaft werden dann Wege zur Verhaltensänderung gefördert. Der Hintergrund für diese Vorgehensweise ist, dass ärztliche Ratschläge, die an der persönlichen Änderungsbereitschaft des/der Patient:in vorbeigehen, häufig als Angriff auf die persönliche Freiheit wahrgenommen werden. Im Sinne der Reaktanz-Theorie führt dies nicht zum Befolgen des ärztlichen Rats, sondern eher zu einer „Jetzt erst recht"-Haltung (Steindl et al. 2015). In der motivationalen Gesprächs-

Tab. 1 Beispiele für Planetary-Health-sensible Gesundheitsberatung

Anlass der Konsultation	Geäußerte Änderungsbereitschaft/Anknüpfungspunkt im Gespräch	Ärztliche „Intervention"
56-jähriger übergewichtiger Patient mit Kniebeschwerden und leichtem Diabetes. Er will Gewicht reduzieren.	Der Patient fragt nach gesunder Ernährung.	Gesundheitliche Vorteile einer gesunden, vielseitigen, pflanzenreichen Ernährung werden in den Vordergrund gestellt (s.o.). Konkrete Ratschläge: ■ selbst kochen mit frischen, wenig verarbeiteten Lebensmitteln ■ abwechslungsreich essen, v.a. Gemüse, Obst, Vollkornprodukte ■ Fleisch nicht täglich, mit Tipps für pflanzliche Eiweißquellen: Hülsenfrüchte in Eintöpfen, Pilze, Nüsse, Tofu etc. Schaubilder und Infomaterialien helfen bei der Veranschaulichung*. Auch klassische Ernährungsregeln bedeuten häufig schon eine Annäherung an die Planetary Health Diet, z.B. die 10 Regeln der DGE, auch in leichter Sprache**.
61-jähriger Patient mit Hypertonie und gonarthrotischen Gelenkbeschwerden nach dem Belastungs-EKG.	Der Patient sagt: „Diese Radfahrbewegung tut meinen Knien richtig gut. Ich fahre regemäßig Fahrrad und die jetzt ausgebauten Radwege kommen mir entgegen."	Positiv verstärken: ■ interessiert nachfragen, welche Wege genau schon mit dem Fahrrad zurückgelegt werden. Ausloten, ob noch weitere Möglichkeiten zum Ersatz von Autofahrten durch Fahrradfahrten bestehen. ■ bei Interesse darauf hinweisen, dass man den vermehrten Ausbau von Radwegen auch in Vereinen (ADFC etc., mögliche lokale Aktivitäten – Radentscheid etc.) fördern kann.
Ein 43-jähriger Patient kommt zu einem Abstinenzkontroll-programm. Er hat den Führerschein wegen Alkohol- und Cannabiskonsum abgeben müssen.	Der Patient sagt: „Ohne Führerschein komme ich ganz gut zurecht. Ich mache eine Umschulung und erreiche den Ausbildungsplatz zu Fuß. Eine spätere Arbeitsstelle möchte ich mir auch in der Nähe suchen."	Positive verstärken: ■ erklären, dass Alltagsbewegung sich positiv auf die psychische und physische Gesundheit auswirkt ■ das Verhalten in einen größeren Zusammenhang stellen: darauf hinweisen, dass er so auch etwas für die Gesellschaft und zukünftige Generationen tut
82-jährige Patientin nach Krankenhausaufenthalt wegen hypertensiver Krise nach heftigem Wetterumschwung im April	Die Patientin äußert ihre Unsicherheit bezüglich der Einnahme von Bluthochdruckmedikamenten. Sie ist besorgt wegen anstehender „Wetterkapriolen".	■ bezüglich gesundheitlicher Auswirkungen von Hitzewellen beraten und Infomaterial anbieten (s. Kap. II.3) ■ über den Zusammenhang zwischen Klimawandel und Hitzewellen aufklären (Im konkreten Fall entspann sich daraufhin ein positives Gespräch über die „Fridays-for-Future-Bewegung").

Anlass der Konsultation	Geäußerte Änderungsbereitschaft/Anknüpfungspunkt im Gespräch	Ärztliche „Intervention“
61-jährige Patientin beginnt ambulante Reha wegen Alkoholabhängigkeit. Hoher Leistungsdruck auf der Arbeit. Sie ist seit drei Monaten trocken. Selbstreflexion gut ausgebildet.	Die Patientin sagt: „Immer mehr Leistungsdruck bei der Arbeit und um uns herum verändert sich die Welt durch den Klimawandel, die Wälder hier sterben durch Trockenheit. Mir bereitet das Sorge ... Seit der Kündigung und dem Entzug geht es mir besser. Die Gartenarbeit tut mir gut, ich sehe, wie alles wächst.“	▪ Verständnis für Sorge zu Umweltveränderungen zeigen und Ecological Grief in Zusammenhang stellen („Du bist nicht allein.“) ▪ Anerkennen des positiven Selbstwirksamkeitserlebens (Gartenarbeit) und Naturverbundenheit fördern ▪ Darstellen, dass auch die Vereinten Nationen die Veränderungen mit Sorge betrachten und etwas dagegen tun, Verweis auf nachhaltige Entwicklungsziele und Paris-Abkommen ▪ Bestätigung der Bedeutung einer auf den Erhalt der Lebensgrundlagen ausgerichteten Gesellschaft. Ermutigung zur Suchen nach „Verbündeten“ und Engagement in diesem Bereich

*https://www.bzfe.de/nachhaltiger-konsum/lagern-kochen-essen-teilen/planetary-health-diet/; https://www.canada.ca/en/health-canada/services/canada-food-guide/resources/snapshot/languages/german-allemand.html (abgerufen am 18.06.2021).
**https://www.dge.de/index.php?id=52; https://www.dge.de/ernaehrungspraxis/vollwertige-ernaehrung/10-regeln-der-dge/leichte-sprache/?L=0 (abgerufen am 18.06.2021).

führung werden fünf „Interventionstechniken“ als besonders hilfreich zur Unterstützung der Umsetzung von Verhaltensänderung angesehen:

1. offene Fragen
2. aktives Zuhören
3. Zusammenfassen von Patientenaussagen zur Herausarbeitung des Patientenwunsches
4. Lob für Änderungsbereitschaft
5. Förderung selbstmotivierender Aussagen

Für Details zu motivierender Gesprächsführung siehe z.B. Bischof et al. (2021).

Von der Klimakommunikation wissen wir, dass die Einbindung von Verhaltensempfehlungen in positive Narrative für die Gesundheit der Patient:innen selbst und für die Gesellschaft als Ganzes wichtig sind (Myers et al. 2012; van der Linden et al. 2015). Den Patient:innen kann auch weiterführendes Material mit Grafiken gezeigt oder mitgegeben werden, um die Eigenverantwortung zu unterstützen (s. Tab. 1). Es kann hilfreich sein, machbare Ziele zu erarbeiten und Patient:innen wiedereinzubestellen, um die Umsetzung der Ziele zu besprechen.

Eine tragfähige und vertrauensvolle Arzt-Patienten-Beziehung spielt hier eine herausragende Rolle. Dafür gibt es mehrere Gründe: Für Ärzt:innen ist es einfacher auch Planetary Health Aspekte in ein Gespräch mit einfließen zu lassen, wenn sie die Patient:innen kennen. So können sie besser einschätzen, wie diese Themen aufgenommen werden. Mögliche, wenn auch selten zu erwartende negative Reaktion von Patient:innen können in einer tragfähigen Beziehung besser abgepuffert werden. Zudem wirkt sich eine gute Arzt-Patienten-Beziehung nachweislich auf den Behandlungserfolg aus. Auch die Authentizität der jeweiligen Ärztin oder des Arztes spielt eine wichtige Rolle. Wenn der Arzt oder die Ärztin selbst Erfahrungen im Bereich der pflanzenbasierten Ernährung oder bei der Umstellung vom Autofahren auf das Radfahren gemacht hat, können diese Erfahrungen geteilt und damit eine größere Glaubwürdigkeit erlangt werden. Ärzt:innen können hier Vorbilder für ihre Patient:innen sein.

4.3 Gesundheitsberatung im Kontext von Planetary Health – Eine Frage der Haltung

Was macht also eine Gesundheitsberatung im Kontext von Planetary Health aus? Das Konzept Planetary Health weist Ärzt:innen darauf hin, dass der Zustand der natürlichen Erdsysteme maßgeblich die Gesundheit und Krankheit von Menschen beeinflusst. Mit einem ausreichenden Wissen zu diesen Zusammenhängen und vor allem der notwendigen Sensibilität („planetary awareness") können Ärzt:innen in ihrer Gesundheitsberatung viele Anknüpfungspunkte an Planetary-Health-Themen finden. Dabei geht es auch darum, das Bild der Dichotomie des Menschen und der Umwelt aufzuweichen. Eine solche integrierte Betrachtungsweise findet sich in der medizinischen Lehre seit den hippokratischen Schriften bis in unsere Zeit hinein, wird jedoch in der modernen Medizin oft vernachlässigt (Thomas et al. 2019; Prescott et al. 2018).

Neben Sensibilität für Planetary-Health-Themen, ist aber auch die Sensibilität für Patient:innen essenziell. Was hilft meinem Gegenüber im Moment der Beratung wirklich weiter? Ist es für einen/eine Patient:in hilfreicher, wenn das Gespräch ganz auf die individuelle Gesundheit fokussiert ist? Oder fühlt sich ein/eine Patient:in sogar bestärkt, wenn man globale Zusammenhänge bewusst macht und den Beitrag zum Klimaschutz als zusätzliche Motivation für die diskutierte Lebensstiländerung einbringt?

> *Im Kern geht es darum, die Beziehung des Menschen zur Umwelt, aber auch die Beziehung von Mensch zu Mensch (und von Ärzt:innen zu Patient:innen) wieder bewusster wahr- und ernst zu nehmen. Dazu braucht es auch eine entsprechende Haltung: Denn bezogen auf die Planetare Gesundheit sind Ärzt:innen nicht nur Aufklärer:innen, sondern auch selbst Aufgeklärte. Ihr persönliches Beispiel kann motivierend und leitend sein – in der Sprechstunde und darüber hinaus.*

Literatur

Barbaro N, Pickett SM (2016) Mindfully Green: Examining the Effect of Connectedness to Nature on the Relationship Between Mindfulness and Engagement in Pro-Environmental Behavior. Pers Individ Differ 93, 137–142

Behrens G, Gredner T, Stock C, Leitzmann MF, Brenner H, Mons U (2018) Cancers Due to Excess Weight, Low Physica Activity, and Unhealthy Diet: Estimation of the Attributable Cancer Burden in Germany. Dtsch Ärztebl Int 115

Bischof G, Bischof A, Rumpf HJ (2021) Motivierende Gesprächsführung: Ein evidenzbasierter Ansatz für die ärztliche Praxis. Dtsch Ärztebl Int 118(7), 109–115

Boland TM, Temte JL (2019) Family Medicine Patient and Physician Attitudes Toward Climate Change and Health in Wisconsin. WEM 30(4), 386–393

Bratman GN, Anderson CB, Berman MG, Cochran B, de Vries S et al. (2019) Nature and Mental Health: An Ecosystem Service Perspective. Science Advances 5(7), eaax0903

Butler CD, Harley D (2010) Primary, Secondary and Tertiary Effects of Eco-Climatic Change: The Medical Response. J Postgrad Medical Inst 86(1014), 230–234

Capon AG, Talley Ac NJ, Horton RC (2018) Planetary Health: What Is It and What Should Doctors Do? Med J Aust 208(7), 296–297

Elizabeth L, Machado P, Zinöcker M, Baker P, Lawrence M (2020) Ultra-Processed Foods and Health Outcomes: A Narrative Review. Nutrients 12(7), 1955

Friel S, Dangour AD, Garnett T, Lock K, Chalabi Z et al. (2009) Public Health Benefits of Strategies to Reduce Greenhouse-Gas Emissions: Food and Agriculture. Lancet 374(9706), 2016–2025

Hamilton I, Kennard H, McGushin A, Höglund-Isaksson L, Kiesewetter G et al. (2021) The Public Health Implications of the Paris Agreement: A Modelling Study. Lancet Planet 5(2), e74–e83

Jarrett J, Woodcock J, Griffiths UK, Chalabi Z, Edwards P, Roberts I, Haines A (2012) Effect of Increasing Active Travel in Urban England and Wales on Costs to the National Health Service. Lancet (379), 2198–2205

Milner J, Green R, Dangour AD, Haines A, Chalabi Z, Spadaro J, Markandya A, Wilkinson P (2015) Health Effects of Adopting Low Greenhouse Gas Emission Diets in the UK. BMJ Open 5(4), e007364

Myers TA, Nisbet MC, Maibach EW, Leiserowitz AA (2012) A Public Health Frame Arouses Hopeful Emotions About Climate Change. Climatic Change 113(3–4), 1105–1112

Prescott SL, Logan AC, Albrecht G, Campbell DE, Crane J et al. (2018) O.B.o.i.P.H.o.t.W.U.N. The Canmore Declaration: Statement of Principles for Planetary Health. Challenges 9(31). DOI: 10.3390/challe9020031

Quam VGM, Rocklov J, Quam MBM, Lucas RAI (2017) Assessing Greenhouse Gas Emissions and Health Co-Benefits: A Structured Review of Lifestyle-Related Climate Change Mitigation Strategies. Int J Environ Res Public Health 14(5)

Siri-Tarino PW, Chiu S, Bergeron N, Krauss RM (2015) Saturated Fats Versus Polyunsaturated Fats Versus Carbohydrates for Cardiovascular Disease Prevention and Treatment. Annu Rev Nutr 35(1), 517–543

Steindl C, Jonas E, Sittenthaler S, Traut-Mattausch E, Greenberg J (2015) Understanding Psychological Reactance. Z Psychol 223(4), 205–214

Tilman D, Clark M (2014) Global Diets Link Environmental Sustainability and Human Health. Nature 515(7528), 518–522

Thomas JM, Cooney LM, Fried TR (2019) Prognosis Reconsidered in Light of Ancient Insights—From Hippocrates to Modern Medicine. JAMA Intern Med 179(6), 820–823. DOI: 10.1001/jamainternmed.2019.0302

van der Linden S, Maibach E, Leiserowitz A (2015) Improving Public Engagement With Climate Change: Five “Best Practice” Insights From Psychological Science. Perspect Psychol Sci 10(6), 758–763

Willett W, Rockström J, Loken B, Springmann M, Lang T, Vermeulen S et al. (2019) Food in the Anthropocene: The EAT–Lancet Commission On Healthy Diets From Sustainable Food Systems. Lancet 393(10170), 447–492

Woodward A, Smith KR, Campbell-Lendrum D, Chadee DD, Honda Y et al. (2014) Climate Change and Health: On the Latest IPCC Report. Lancet 383(9924), 1185–1189

Faltermaier T (2020) Salutogenese. In: Bundeszentrale für gesundheitliche Aufklärung (Hrsg.) Leitbegriffe der Prävention (letzte Aktualisierung am 26.03.2020). URL: https://www.leitbegriffe.bzga.de/alphabetisches-verzeichnis/salutogenese/ (abgerufen am 18.06.2021). DOI: 10.17623/BZGA:224-i104-2.0

5 Lehre zu planetarer Gesundheit: Wie Menschen in Gesundheitsberufen zu Akteur:innen des transformativen Wandels werden

Eva-Maria Schwienhorst-Stich, Katharina Wabnitz und Michael Eichinger

Die vorangegangenen Kapitel des Lehrbuchs haben verdeutlicht, dass menschliches Handeln maßgeblich zur Klima- und Umweltkrise beiträgt und dass Gesundheit und Wohlergehen dadurch unmittelbar bedroht sind. Um die Bewohnbarkeit des Planeten und damit die Lebenschancen für Menschen und andere Lebewesen langfristig zu erhalten, müssen weitreichende Veränderungsprozesse in allen gesellschaftlichen Sektoren umgesetzt werden. Menschen in Gesundheitsberufen können basierend auf ihrem beruflichen Ethos und ihrer gesellschaftlichen Position einen wichtigen Beitrag dazu leisten.

Damit Fachkräfte des Gesundheitswesens ihrer Rolle als Schlüsselfiguren transformativen Wandels gerecht werden können, ist es maßgeblich, dass sie neben dem dafür notwendigen Wissen über entsprechende Werte, Haltungen, Fertigkeiten und Selbstvertrauen verfügen. Aktuelle Aus-, Fort-, und Weiterbildungsformate fokussieren nach wie vor überwiegend auf die Vermittlung von Wissen und greifen die anderen Aspekte nur unzureichend auf. Dieses Kapitel beleuchtet, wie Menschen in Gesundheitsberufen dazu befähigt werden können, zu Akteur:innen transformativen Wandels zu werden und wie transformative Lehre zu planetarer Gesundheit praktisch gestaltet werden kann.

5.1 Menschen in Gesundheitsberufen als Schlüsselfiguren transformativer Veränderungsprozesse

Pflegende, Ärzt:innen, Psycho-, Physio-, Ergotherapeut:innen, weitere medizinische Berufsgruppen sowie Fachkräfte des Öffentlichen Gesundheitswesens haben großes Potenzial, zu Gestalter:innen des notwendigen transformativen Wandels zu werden (*change agents*) und damit den Übergang unserer Gesellschaft zu planetarer Gesundheit zu unterstützen. Eine besondere Rolle kommt ihnen basierend auf folgenden Überlegungen zu:

- Menschen in Gesundheitsberufen tragen aufgrund ihres berufsständischen Ethos eine besondere Verantwortung für das Wohlergehen sowohl ihrer Patient:innen und Klient:innen als auch der gesamten Bevölkerung (s. unten „Ethos und berufsständische Positionierung").
- Pflegenden und Ärzt:innen wird anhaltend hohes Vertrauen entgegengebracht (Ipsos MORI 2020; Chen et al. 2018).
- Menschen in Gesundheitsberufen richten ihre professionellen Aktivitäten am aktuellen wissenschaftlichen Erkenntnisstand aus und haben die Kompetenz, gesundheitsfördernde und zugleich nachhaltige Maßnahmen in die Lebensrealität der Menschen zu übersetzen (Maibach et al. 2021).

Ethos und berufsständische Positionierung von Fachkräften des Gesundheitswesens

Verhaltenskodizes für Fachkräfte des Gesundheitswesens umfassen die Pflicht, Schaden von Individuen abzuwenden und Gesundheit zu bewahren (International Council of Nurses 2012; Public Health Leadership Society 2002; Parsa-Parsi 2017).

In § 1 der Musterberufsordnung für Ärzt:innen in Deutschland findet sich die Verpflichtung zum Erhalt der natürlichen Lebensgrundlagen als wesentliche Aufgabe, um Gesundheit zu bewahren (Bundesärztekammer 2018).

Berufsständische Organisationen haben angesichts der gesundheitlichen Bedrohungen durch die Klima- und Umweltkrise zum Handeln aufgerufen (World Medical Association 2020; European Federation of Nurses Associations 2020).

Als Schlüsselfiguren transformativer Veränderungsprozesse ergeben sich für Menschen in Gesundheitsberufen vielfältige Handlungsspielräume.

1. **Auf Mikroebene** können Fachkräfte des Gesundheitswesens im Rahmen ihrer Interaktion mit Patient:innen und Klient:innen zu Lebensstiländerungen beitragen, die sowohl der individuellen Gesundheit als auch dem Klima- und Umweltschutz dienen. Zu diesen Win-Win-Lösungen (sog. Maßnahmen mit *Co-Benefits*) zählen u.a. die Umstellung auf nachhaltige, vollwertige pflanzenbasierte Ernährungsformen mit Fokus auf saisonalen und regional angebauten Nahrungsmitteln oder die Nutzung nachhaltiger Mobilitätsformen mit Fokus auf aktivem Transport (Zufußgehen, Fahrradfahren) und öffentlichen Verkehrsmitteln anstelle des motorisierten Individualverkehrs, der auf der Verbrennung fossiler Energien basiert (Haines et al. 2009).
2. **Auf Mesoebene** sind Fachkräfte des Gesundheitswesens in verschiedenen Institutionen wie Kliniken, Kommunalverwaltungen, Berufsverbänden oder Versorgungswerken beruflich tätig bzw. erfüllen in diesen berufspolitische Aufgaben. Innerhalb dieser Institutionen können sie transformative Veränderungsprozesse anstoßen und umsetzen (z.B. nachhaltige Energieversorgung, klimaschonende Mobilität, gesunde und nachhaltige Gemeinschaftsverpflegung in Kantinen, Abfallvermeidung, Divestment). Besonders effektiv sind sie als Gestalter:innen des Wandels, wenn sie in Netzwerken Gleichgesinnter tätig werden.

3. **Auf Makroebene** können sie durch eigenes politisches Engagement, im Rahmen von Anhörungen als Expert:innen oder durch nationale Vernetzungsarbeit (z.B. Deutsche Allianz Klimawandel und Gesundheit, Health For Future) auf politische Entscheidungen Einfluss nehmen.

5.2 Nationale Rahmenbedingungen für Lehre zu planetarer Gesundheit

Auf nationaler Ebene unterstützt die Bundesärztekammer im *Lancet Countdown Policy Brief für Deutschland 2019* die Forderung nach „rasche[r] Einbeziehung von Klimawandel und ‚Planetary Health' in die Lehrpläne aller Gesundheits- und medizinischen Fakultäten, sowie in die Aus-, Fort- und Weiterbildung aller Gesundheitsberufe" (Matthies-Wiesler et al. 2019). Seit dem Jahr 2021 gibt es im Rahmen des Nationalen Kompetenzbasierten Lernzielkatalog Medizin (NKLM) einen **nicht verpflichtenden** kapitel- und themenübergreifenden Fachkatalog *Planetare und Globale Gesundheit*. Die darin festgeschriebenen Kompetenzen und Lernziele können als Grundlage für die Weiterentwicklung der curricularen Lehre und die Etablierung von Schwerpunkt- und Vertiefungsbereichen zu planetarer Gesundheit genutzt werden. Zudem können sie als Anregung für die Entwicklung einschlägiger Lernziele für die Aus-, Weiter- und Fortbildung weiterer Gesundheitsberufe dienen. Das Institut für medizinische und pharmazeutische Prüfungsfragen (IMPP) hat darüber hinaus beschlossen, Inhalte zu planetarer Gesundheit mittelfristig in die Staatsexamina für Humanmediziner:innen, Psychotherapeut:innen und Zahnmediziner:innen aufzunehmen und hat dazu die Arbeitsgruppe *Klima, Umwelt und gesundheitliche Folgenabschätzung* eingesetzt.

5.3 Veränderte Anforderungen an Lehre zu planetarer Gesundheit

> *"Education for sustainable healthcare needs to ensure a health workforce that is informed about the interdependence of the ecosystems and health, possesses the skills, values and capabilities to drive change and is mobilized and motivated to foster change" – Association of Medical Education in Europe (AMEE) Consensus Statement: Planetary health and education for sustainable healthcare (Shaw et al. 2021)*

Während klassische Lehr-/Lernformate ihren Fokus auf die Vermittlung von Fakten- und Begründungswissen legen, zeichnet sich Lehre zu planetarer Gesundheit durch eine Schwerpunkterweiterung von Fertigkeiten und Einstellungen aus. Lehre zu planetarer Gesundheit sollte zum einen den klassischen Dreischritt aus Vermittlung von Wissen (*knowledge*), Entwicklung von Fertigkeiten (*skills*) und Reflexion von Einstellungen (*attitudes*) abdecken. Damit Menschen in Gesundheitsberufen als Schlüsselfiguren des Wandels wirksam werden können, muss Lehre jedoch zudem transformativ wirken (Frenk et al. 2010). Dazu ist es notwendig, dass (Führungs-)Kompetenzen für gesellschaftlichen Wandel (*competence*) entwickelt und das Selbstvertrauen, diesen Wandel anstoßen und gestalten zu können (*confidence*), aufgebaut werden (Shaw et al. 2021).

Lehre zu planetarer Gesundheit sollte Inhalte aufgreifen, die bisher in Aus-, Weiter- und Fortbildung nicht oder nicht ausreichend adressiert wurden. Hierzu zählen u.a.

Handlungsspielräume in den Bereichen Adaptation und insbesondere Mitigation, soziale und ethische Dimensionen der Klima- und Umweltkrise, Aspekte der *Governance*, systemtheoretische Methoden oder der Aufbau sozialer Bewegungen und transdisziplinärer Kooperationen (Stone et al. 2018). Eine wichtige inhaltliche Grundlage bilden die Ziele für nachhaltige Entwicklung der Vereinten Nationen (*Sustainable Development Goals, SDGs*), da sie als Übersetzung des theoretischen Konzepts der planetaren Gesundheit in konkret umsetzbare Ziele verstanden werden können (Wabnitz et al. 2021). Wichtigen Stellenwert haben zudem interdisziplinäre sowie interprofessionelle Lehr-/Lernformate, in denen Medizinstudierende, Pflegeschüler:innen sowie Studierende und Auszubildende weiterer Fachgruppen zusammenkommen und gemeinsam lernen.

Mitigation	**Adaptation**
Klima-, Umwelt- und daraus resultierender Gesundheitsschutz (oft nur ‚Klimaschutz')	**Anpassung an die gesundheitsbezogenen Folgen der Klima- und Umweltkrise (oft nur ‚Klimafolgenanpassung')**
„Prevent the unmanageable"	**„Manage the unpreventable"**

Lehre zur Klima- und Umweltkrise, die wissenschaftlich fundierte beängstigende Zukunftsszenarien beinhaltet, muss gleichzeitig die Resilienz der Lernenden fördern. Dies lässt sich u.a. erreichen, indem konkrete Handlungsspielräume aufgezeigt und z.B. im Rahmen von Praxisprojekten Möglichkeiten zum Erfahren von Selbstwirksamkeit geschaffen werden. Durch die umgesetzten Projekte entsteht einerseits gesellschaftliche Transformation v.a. auf Mikro- und Mesoebene. Zugleich erfahren Menschen in Gesundheitsberufen eine Steigerung ihrer Resilienz und werden dadurch in ihrer Rolle als Schlüsselfiguren des Wandels gestärkt.

5.4 Transformative Lehre: Von der Theorie zur Praxis

Constructive Alignment

Das didaktische Prinzip des *constructive alignments* besagt, dass Lernziele, Lehr-/Lerninhalte, Lehr-/Lernmethoden und Prüfungsformate/Assessments aufeinander abgestimmt sein sollten, um den Lernerfolg sicherzustellen (Biggs 1996). Beispielsweise kann eine praktische oder kommunikative Fertigkeit nicht ausschließlich durch einen Frontalvortrag gelehrt und mit einer Multiple-Choice-Frage geprüft werden. Stattdessen könnten solche Fertigkeiten mittels Rollenspiel oder Kommunikationstraining gelehrt und in einem OSCE/OSPE (Objective Structured Clinical/Practical Examination) oder einem Mini-CEX (Clinical Examination Exercise) als arbeitsplatzbasiertem Assessment geprüft werden.

In Tabelle 1 sind Beispiele für Lehr-/Lernmethoden inklusive möglicher Lehr-/Lerninhalte und Prüfungsformate/Assessments dargestellt, die sich für die Ausbildung

Tab. 1 Lehr-/Lernmethoden zur Reflexion von Einstellungen, Entwicklung von Fertigkeiten und Führungskompetenzen und Stärkung der Selbstwirksamkeit sowie Beispiele für passende Lehr-/Lerninhalte und Prüfungsformate/Assessments*

Lehr-/Lernmethoden	Beispiele für Lehr-/Lerninhalte	Mögliche Prüfungsformate/ Assessments
Vorlesungsreihen zu den Zusammenhängen zwischen Klima, Umwelt und Gesundheit mit Vorstellung von Praxisbeispielen zum Klima- und Umweltschutz und Anregung zum Engagement	■ eigene Lebensstiländerungen bezüglich Ernährung und Transport ■ lokale Engagementmöglichkeiten wie Health For Future-Lokalgruppen oder andere lokale Initiativen	■ MC-Fragen zum Grundlagenwissen ■ schriftliche Ausarbeitung inkl. Reflexion eigener Handlungsspielräume und Generierung von Projektideen
Nutzung frei zugänglicher Aufzeichnungen von Vorträgen und Einbindung der Referent:innen per Videokonferenz für Fragen und Diskussion	■ alle Inhalte	■ in Videos integrierte Quizfragen, die zum Betrachten des nächsten Videoabschnittes richtig beantwortet werden müssen
Recherche zu lokalen Umwelt- und Klimaschutzmaßnahmen	■ Klimaschutzkonzept der eigenen Kommune ■ Hitzeaktionsplan der eigenen Einrichtung	■ Vorstellung des Konzepts durch Referate mit Identifikation eigener Handlungsspielräume ■ schriftliche oder mündliche Reflexion
Problembaumanalyse zur Identifikation von Problembereichen mit gemeinsamen Ursachen und Auswirkungen	■ Medikamente und Medizinprodukte mit gemeinsamen negativen Auswirkungen auf Umwelt und Klima (z.B. Einwegartikel, Narkosegase, Asthmamedikamente)	■ (grafische) Präsentation der Problembaumanalyse ■ formatives Feedback
Nutzung frei zugänglicher Online-Ressourcen, um inhaltliche Aspekte an der eigenen Lebensrealität orientiert zu bearbeiten	■ Berechnung des (eigenen) ökologischen Fußabdrucks ■ Reflexion des Verhältnisses von Fußabdruck zu Handabdruck (Anstoßen von Klima-/Umweltschutzmaßnahmen bei anderen Menschen oder auf Systemebene)	■ Vorstellung durch Referate mit Identifikation eigener Handlungsspielräume ■ schriftliche oder mündliche Reflexion
Anamnesetraining	■ strukturierte Erhebung von Umweltfaktoren (z.B. Exposition gegenüber Luftverschmutzung oder Hitze)	■ MC-Fragen zum Grundlagenwissen ■ OSCE zu praktischen Fertigkeiten

Lehr-/Lernmethoden	Beispiele für Lehr-/Lerninhalte	Mögliche Prüfungsformate/ Assessments
Kommunikationstraining zu Beratungsgesprächen	■ Aufgreifen von Lebensstiländerungen mit Co-Benefits in Beratungsgesprächen (sogen. „Klimasprechstunde“; z.B. aktive Mobilität oder nachhaltige Ernährungsformen mit positiven Effekten auf Klima und Gesundheit)	■ MC-Fragen zum Grundlagenwissen ■ OSCE zu praktischen Fertigkeiten ■ Mini-CEX z.B. im Rahmen von Blockpraktika in hausärztlichen Praxen
„Elevator Pitches“ (Kommunikationstraining zur Übermittlung kondensierter Botschaften in 2 Minuten)	■ alle Inhalte ■ Integration in die Planung von Praxisprojekten zur Vorbereitung auf Gespräche mit Entscheidungsträger:innen	■ Präsentation des eigenen „Elevator Pitch“ in Seminareinheiten ■ formatives Feedback
Rollenspiel zur Reflexion von Kommunikationsstrategien von Klimawandelleugner:innen (sog. prebunking)	■ alle Inhalte	■ Selbstreflexion ■ formatives Feedback
Real durchgeführte Interviews mit Entscheidungsträger:innen in Hochschule/Einrichtung/ Klinikum	■ Maßnahmen zur nachhaltigen und klimagerechten Umgestaltung der Institution	■ Bewertung der strukturierten Vorbereitung, Durchführung und Selbstreflektion ■ formatives Feedback
Konzeption von Praxisprojekten auf Mikro- und Mesoebene und Durchführung in (interdisziplinären und -professionellen) Kleingruppen	■ Begrünung von Campusflächen ■ Anlegen eines Lehrgartens ■ Einführung von Mehrweggeschirr in Mensen/ Kantinen ■ Identifikation von Energiesparpotenzialen (z.B. LED, Bewegungsmelder, richtiges Lüften/ Heizen)	■ Entwicklung eines schriftlichen Projektkonzeptes ■ Präsentation des Konzeptes in Seminareinheiten ■ Anfertigung einer schriftlichen Reflexionsarbeit
Simulationen und Planspiele	■ CO_2-Verteilungsgerechtigkeit auf nationaler und internationaler Ebene inkl. politischer Handlungsspielräume	■ Reflexion in Kleingruppen ■ formatives Feedback

*Die Lehr-/Lernmethoden und Prüfungsformate zur Ausbildung von Fachkräften im Gesundheitswesen basieren auf dem AMEE Consensus Statement (Shaw et al. 2021) und wurden inhaltlich erweitert und an die nationalen Rahmenbedingungen angepasst. In adaptierter Form lassen sich die Formate auch in Weiter- und Fortbildung einsetzen. MC = Multiple Choice; Mini-CEX = Mini-Clinical Examination Exercise; OSCE = Objective Structured Clinical Examination von Fachkräften im Gesundheitswesen eignen und v.a. auf die Reflexion von Einstellungen, die Entwicklung von Fertigkeiten und Führungskompetenzen und die Stärkung der Selbstwirksamkeit fokussieren. In adaptierter Form können die Lehr-/Lernmethoden auch in Weiter- und Fortbildung eingesetzt werden. Anders als in der klassischen Lehre, in der summative Prüfungen dominieren, sollte in der Lehre zu planetarer Gesundheit formativen Prüfungen eine besondere Bedeutung zukommen. Formativ bedeutet hierbei z.B. wiederholtes Feedback zum Stand der Lernenden, sodass diese sich kontinuierlich weiterentwickeln können. Summativ bedeutet hingegen eine Überprüfung der Kompetenzen am Ende der Lehr-/Lerneinheit.

Die Beteiligung von Studierenden und die Digitalisierung spielen bei der Konzeption und Umsetzung von Lehre zu planetarer Gesundheit eine wichtige Rolle. Häufig geht die Etablierung von einschlägigen Lehr-/Lernformaten auf studentische Initiativen zurück (Wabnitz et al. 2021). Zudem wirken Studierende oft erfolgreich als Dozierende an Lehrveranstaltungen mit (*peer teaching*) (Tun et al. 2020). Im Bereich der Digitalisierung kann in *Blended-Learning*-Formaten der Erwerb von Faktenwissen durch Selbststudium von z.B. Videos oder bereitgestellter Literatur in die Vorbereitungszeit ausgelagert werden. Die Präsenzphasen fokussieren aufbauend auf dem vorab erworbenen Wissen auf Diskussion, Reflexion, Erarbeitung von Lösungsstrategien und weitere interaktive Elemente. Bei fehlender lokaler Expertise können mittels Videokonferenzen bedarfsweise Fachexpert:innen in Lehrveranstaltungen eingebunden werden (Tolks et al. 2020).

- *Angesichts der globalen Klima-, Umwelt- und Gesundheitskrise ist eine flächendeckende Etablierung von Lehr-/Lernformaten zu planetarer Gesundheit dringend geboten.*
- *Lehre zu planetarer Gesundheit hat das Ziel, Menschen in Gesundheitsberufen bei der Aneignung von Wissen und der Entwicklung von Fertigkeiten, Werthaltungen, Selbstvertrauen und Selbstwirksamkeit zu begleiten und dadurch Veränderungsprozesse in allen gesellschaftlichen Sektoren zu unterstützen.*
- *Damit Lernende gemeinsam mit anderen Berufsgruppen rasch vom Wissen ins Handeln kommen können, braucht es eine Verschiebung von klassischen hin zu innovativen Lehr-/Lernmethoden und Prüfungsformaten (z.B. Durchführung von Praxisprojekten oder Planspielen).*
- *Die Einbindung von Studierenden in Konzeption und Durchführung der Lehre sowie die Nutzung digitaler Lehrmethoden bieten hierfür gute Möglichkeiten.*

Literatur

Biggs J (1996) Enhancing Teaching Through Constructive Alignment. Higher Education 32, 347–64

Bundesärztekammer (2018) (Muster-)Berufsordnung für die in Deutschland tätigen Ärztinnen und Ärzte. URL: https://www.bundesaerztekammer.de/fileadmin/user_upload/downloads/pdf-Ordner/MBO/MBO-AE.pdf (abgerufen am 18.06.2021)

Chen L, Vasudev G, Szeto A, Cheung WY (2018) Trust in Doctors and Non-Doctor Sources for Health and Medical Information. ASCO 36, 15_suppl, 10086–10086

European Federation of Nurses Associations (2020) EFN Policy Statement on the Nurses Contribution to Tackle Climate Change. URL: http://www.efnweb.be/wp-content/uploads/EFN-Policy-Statement-on-Nurses-Contribution-to-Tackle-Climate-Change-Oct.2020.pdf (abgerufen am 18.06.2021)

Frenk J, Chen L, Bhutta ZA, Cohen J, Crisp N et al. (2010) Health Professionals for a New Century: Transforming Education to Strengthen Health Systems in an Interdependent World. The Lancet 376, 1923–58

Haines A, McMichael AJ, Smith KR, Roberts I, Woodcock J (2009) Public Health Benefits of Strategies to Reduce Greenhouse-Gas Emissions: Overview and Implications for Policy Makers. The Lancet 374, 2104–14

International Council of Nurses (2012) The ICN Code of Ethics for Nurses. International Council of Nurses (ICN) Geneva, Switzerland

Ipsos MORI (2020) Ipsos MORI Veracity Index 2020. URL: https://www.ipsos.com/ipsos-mori/en-uk/ipsos-mori-veracity-index-2020-trust-in-professions (abgerufen am 18.06.2021)

Maibach E, Frumkin H, Ahdoot S (2021) Health Professionals and the Climate Crisis: Trusted Voices, Essential Roles. World Med Health Policy 13, 137–45

Matthies-Wiesler F, Gabrysch S, Peters A, Herrmann M, Meincke M (2019) Lancet Countdown Policy Brief for Germany. URL: https://www.bundesaerztekammer.de/fileadmin/user_upload/downloads/pdf-Ordner/Pressemitteilungen/20191114_Klimawandel/3_Lancet_Countdown_Policy_brief_for_Germany_German_v01b.pdf (abgerufen am 18.06.2021)

Parsa-Parsi RW (2017) The Revised Declaration of Geneva: A Modern-Day Physician's Pledge. JAMA 318, 1971–72

Public Health Leadership Society (2002) Principles of the Ethical Practice of Public Health. URL: https://www.apha.org/-/media/files/pdf/membergroups/ethics/ethics_brochure.ashx (abgerufen am 18.06.2021)

Shaw E, Walpole S, McLean M, Alvarez-Nieto C, Barna S et al. (2021) AMEE Consensus Statement: Planetary Health and Education for Sustainable Healthcare. Medical Teacher 43(3), 1–15

Stone SB, Myers SS, Golden CD (2018) Cross-Cutting Principles for Planetary Health Education. Lancet Planet. Health 2, e192-e93

Tolks D, Kuhn S, Kaap-Fröhlich S (2020) Teaching in Times of COVID-19. Challenges and Opportunities for Digital Teaching. GMS J Med Educ 37(7), Doc103

Tun SYM, Wellbery C, Teherani A (2020) Faculty Development and Partnership With Students to Integrate Sustainable Healthcare Into Health Professions Education. Medical Teacher 42, 1112–18

Wabnitz K, Galle S, Hegge L, Masztalerz O, Schwienhorst-Stich EM, Eichinger M (2021) Planetare Gesundheit – transformative Lehr- und Lernformate zur Klima- und Nachhaltigkeitskrise für Gesundheitsberufe. Bundesgesundheitsblatt – Gesundheitsforschung – Gesundheitsschutz 64, 378–383

World Medical Association (2020) WMA Resolution on Protecting the Future Generation's Right to Live in a Healthy Environment. URL: https://www.wma.net/policies-post/wma-resolution-on-protecting-the-future-generations-right-to-live-in-a-healthy-environment/ (abgerufen am 18.06.2021)

6 Nachhaltigkeit im Gesundheitssektor – Mitigation

Koroush Kabir und Christian M. Schulz

In Deutschland verursacht der Gesundheitssektor ca. 5% der Treibhausgasemissionen (Lenzen et al. 2020; Ostertag et al. 2021; Health Care Without Harm 2019). Während Teil II dieses Buchs vor allem beschreibt, wie sich das Gesundheitssystem an ein sich veränderndes Krankheitsspektrum anpassen muss (Adaptation), wird in diesem Abschnitt auf Maßnahmen eingegangen, die die Klimakrise abschwächen und den Ressourcenverbrauch verringern (Mitigation) (WHO o.D.).

Das Ziel muss sein, Gesundheitsversorgung ohne Einbußen an die Qualität innerhalb planetarer Grenzen zu leisten. Eine besondere Rolle gewinnt der Gesundheitssektor dadurch, dass er zentral in der Gesellschaft verankert ist. Derzeit arbeiten etwa 5,6 Millionen Menschen im deutschen Gesundheitswesen. Der Gesundheitssektor hat damit das Potenzial, allein über die Zahl der dort Beschäftigten eine große Hebelwirkung in die Gesellschaft zu entfalten und damit zu einem Motor der Transformation zu werden.

Die Deutsche Allianz Klimawandel und Gesundheit e.V. hat 2021 in dem Rahmenwerk Klimagerechte Gesundheitseinrichtungen die wichtigsten Handlungsfelder zusammengefasst (Dickhoff et al. 2021) und Gesundheitseinrichtungen aufgerufen, an der Initiative Klimaneutraler Gesundheitssektor 2035 teilzunehmen (www.gesundheit-braucht-klimaschutz.de).

Im internationalen Vergleich vor allem mit skandinavischen Ländern und Großbritannien liegt Deutschland um Jahre zurück. Der National Health Service (NHS) in Großbritannien beispielsweise analysiert fortlaufend seinen eigenen CO_2-Fußabdruck und hat einen detaillierten Fahrplan zum Erreichen der CO_2-Neutralität aufgestellt (NHS 2020). Auch wenn diese Analysen für Deutschland nicht vorliegen, darf sich der Beginn der Transformation zu einer emissionsfreien Gesundheitsversorgung nicht verzögern. Aus methodischer Sicht kann dazu eine Unterteilung in drei zu adressierende sogenannte Scopes erfolgen. Scope 1 umschreibt direkte Emissionen durch Fahrzeuge und Gebäude (17%), Scope II umfasst indirekte Emissionen durch den Bezug externer Energie für Elektrizität, Dampf, Kälte, Wärme (12%) und Scope III alle anderen indirekten Emissionen durch Ernährung, Bau, Lieferketten, Mobilität, Gütertransport, Abfall, Wasser und Dosieraerosole (71%) (Health Care Without Harm 2019).

Aktuelle Analysen des NHS kalkulieren, dass mit 62% der weitaus größte Teil der Emissionen in den Lieferketten entsteht, 24% in den Einrichtungen selbst und 10% von den Fahrten zu den Gesundheitseinrichtungen durch Besucher, Patienten und Mitarbeitende entsteht. Bisher sind keine Instrumente etabliert, die den CO_2-Fußabdruck einzelner Einrichtungen quantifizieren und nach Handlungsfeldern aufschlüsseln. Die Priorisierung der durchzuführenden Maßnahmen muss sich daher an allgemeingültigen Tatsachen und Wissen zu der klimaschädlichen Wirkung einzelner Maßnahmen (wie z.B. Desfluran-Narkosen) orientieren und dabei die personenabhängige Bereitschaft auf der Entscheiderebene berücksichtigen. Im Folgenden wird auf die einzelnen Handlungsfelder eingegangen.

6.1 Immobilien

Energieeinsparungen durch eine größere Energieeffizienz und der Übergang zur Nutzung der erneuerbaren Energien durch Sonne und Wind reduziert die Treibhausgasemissionen und Luftverschmutzung wesentlich und ist damit eine tragende Säule der Prävention von Krankheiten. Krankenhäuser haben einen immensen Energiebedarf zur Bereitstellung von warmem Wasser, Hitze, Kälte, Dampf, Lüftungs- und Klimaanlagen, Beleuchtung und zur Versorgung einer Unmenge technischer Geräte. Die Bereitstellung der Energie ist kostenintensiv und verbunden mit der Emission großer Mengen CO_2. Dem NHS gelang seit 1990 eine Reduktion der Treibhausgasemissionen um 26%. Den wesentlichen Anteil daran trägt die Dekarbonisierung der Energieerzeugung (Tennison et al. 2021). In Bezug auf den Footprint der Immobilien sind neben der Energie noch Wasser und Baumaterialien von Bedeutung, auf die im Folgenden kurz eingegangen wird.

In Deutschland verursacht allein der Betrieb von Gebäuden 30% der Emissionen. Krankenhäuser zählen zu den komplexesten Bauten die es gibt. Das Ziel emissionsfreies Krankenhaus bzw. Passivhausstandard ist nur zu erreichen, wenn alle Bereiche des Krankenhauses mit einbezogen und mitbedacht werden. Dafür muss der ganze Lebenszyklus der Bauten berücksichtigt werden: die Wahl des Standorts in Bezug auf den sich dorthin ergebenden Verkehr und die dort zur Verfügung stehenden Energieressourcen, die Herstellung und der Transport der Baumaterialien, die Errichtung des Gebäudes, sein Betrieb, die Flexibilität in der Nutzung sowie die Entsorgung am Lebensende des Gebäudes. Jeder dieser Faktoren geht mit CO_2-Emissionen einher. Grundsätzlich kann der Betrieb auch CO_2-Emissionen kompensieren, die beim Bau entstanden sind. Letzteres bezeichnet man als „graue Energie". Beton als Baumaterial setzt sehr viel CO_2 frei, Holz hat demgegenüber Vorteile (Churkina et al. 2020). Die Deutsche Gesellschaft für Nachhaltiges Bauen unterscheidet zwischen jeweils fünf Handlungsfeldern (s. Tab. 1).

Wichtig ist, bereits jetzt auch Klimaresilienz als eigenständiges Ziel in der Planung zu verankern. Für die konkrete Umsetzung hat die DGNB e.V. eine Toolbox zur Verfügung gestellt sowie ein umfassendes Rahmenwerk veröffentlicht (Braune et al. 2020). Beide (oder vergleichbare Kriterien anlegende Instrumente) sollten bei der

Tab. 1 Handlungsfelder – klimaneutrales Bauen/Gebäudebetrieb, nach DGNB e.V. (2020)

Handlungsfelder	
Bestandsbauten	Neubauten
Kontext – Berücksichtigung der städtebaulichen Situation	Hohe Flächensuffizienz – Optimierung der für die Nutzung benötigten Flächen sowie Mehrfachnutzung von Flächen
Gebäudeenergie – Optimierung der Gebäudehülle für minimalen Energiebedarf	Kreislauffähige Konstruktion – Optimierung der Rückführbarkeit der verbauten Werkstoffe in Kreisläufe
Nutzerenergie – Optimierung des Nutzerstroms für minimalen Nutzerenergiebedarf	Flexible Nutzung – Optimierung der Anpassbarkeit an andere Gebäudenutzungen sowie Auslegung der Lebensdauer von Bauteilen auf die Nutzung
Versorgungssysteme – Optimierung der Versorgungssysteme für hohe Effizienz der Anlagentechnik	Geringer Materialverbrauch – Optimierung und Reduktion der benötigten Materialmassen aus Lebenszyklusperspektive
Erneuerbare Energie – Optimierung der Energieerzeugung am Standort (Deckung von Bedarf und Bezug)	Niedriger CO_2-Fußabdruck der Materialien – Optimierung und Reduktion der CO_2-Intensität der Bauteile und Materialien

Konzeption und Durchführung von Instandhaltungsmaßnahmen, Erweiterungs- und Neubauten zur Anwendung kommen.

Allein durch Energiesparmaßnahmen lassen sich die Betriebskosten um 20–30% reduzieren. Die wichtigsten Maßnahmen dafür sind die Erstellung eines Energiemanagementplans, die Erfassung des Energieverbrauchs unter Auflösung jahreszeitlicher oder tageszeitlicher Schwankungen, die Reduktion des Energieverbrauchs für Heiz-, Lüftungs-, und Klimatechnik, moderne Beleuchtungsmethoden und Reduktion der Bereitstellung warmen Wassers.

Moderne Krankenhäuser sollten weniger als 320 kwh/m² verbrauchen.

Energie, die von außen zugeführt werden muss, sollte aus erneuerbaren Quellen, vorzugsweise aus Sonne- oder Windkraft, erzeugt werden. Darüber hinaus kann Energie auch lokal erzeugt und verbraucht werden, z.B. durch Nutzung der Dachflächen für Photovoltaik. Die Investitionskosten müssen nicht zwingend durch den Träger vorfinanziert werden, gleichsam kommen Leasingmodelle in Betracht oder die Beteiligung und Bindung von Mitarbeitenden im Rahmen von Finanzprodukten.

Zu den wassersparenden Strategien gehört die Installation wassersparender Sanitäranlagen, die routinemäßige Kontrolle der Leitungen und Anschlüsse zur Vermeidung von Leckagen, die Vermeidung von Dichtungs- und Kühlwasser an medizinischen Luftkompressions- und Vakuumsystemen. Darüber hinaus gilt es zu vermeiden, Trinkwasser für Bewässerung einzusetzen und Kühlsysteme ohne Wasserrückgewinnung einzusetzen. Letztere spielen bei Magnetresonanztomografen eine Rolle. Weitere positive Effekte entstehen durch die Wiederverwendung von Grauwasser, Auffangen von Regenwasser und Bezug aus lokalen Quellen (Health Care Without Harm 2019).

6.2 Mobilität

In England stehen ca. 3,5% der Emissionen im Straßenverkehr im Zusammenhang mit dem NHS, die gemeinsam rund 14% der Emissionen des Gesundheitssystems ausmachen. Davon entfallen 4% auf Dienstreisen und die Fahrzeugflotte, 5% auf Patienten, 4% auf die Pendler und 1% auf Besucher (NHS 2020). Für Deutschland gibt es keine Analysen. Mehrere Maßnahmen führen zur Reduktion: die Elektrifizierung der Fahrzeugflotte, die Beschränkung von Dienstreisen auf das Notwendigste und auf die Auswahl eines geeigneten Verkehrsmittels, die Schaffung von Anreizen zur Nutzung des ÖPNV und des Fahrrads durch Mitarbeiter (z.B. durch steuerlich geförderte Leasingmodelle für Fahrräder).

6.3 Lebensmittel, Catering und Ernährung

Da ungesunde Ernährung ein maßgeblicher Risikofaktor ist für Krankheit und vorzeitige Todesfälle, sollte sowohl für die Mitarbeiter als auch für die Patienten möglichst gesunde Ernährung gewährleistet werden. Die derzeitige Nahrungsmittelproduktion verursacht rund ein Viertel der globalen Treibhausgasemissionen. Auch der jüngste Lancet Policy Brief für Deutschland begründet darauf eine Handlungsempfehlung für Maßnahmen (https://klimagesund.de/wp-content/uploads/2020/12/Lancet-Countdown-Policy-Brief-Germany_DEU.pdf). Eine Berücksichtigung ist trotz der Ökonomisierung dringend geboten, allein um die unethische und ungesunde Externalisierung von Folgekosten zu verringern. Zur behutsamen Umstellung auf eine pflanzenbasierte Kost kann z.B. auf einen Wegweiser der Provita BKK zurückgegriffen (BKK 2020).

6.4 Lieferketten

Rund zwei Drittel der Emissionen des Gesundheitssektors entsteht in den Lieferketten, also außerhalb der Krankenhäuser selbst. Der wichtigste Hebel der Einflussnahme ist die Festlegung von Nachhaltigkeitskriterien. Der Umsetzung entgegen steht ein politisch gewollter Kostendruck, der dazu führt, dass oft das billigste Produkt ausgewählt wird. Das betrifft Verbrauchsmaterial aber auch Investitionen in Großgeräte, weil es durch die Externalisierung von Folgekosten dazu beiträgt, kurzfristig Bilanzen zu entlasten. Das wichtigste ist zunächst, die Möglichkeiten im Rahmen der derzeitigen Gesetzgebung besser auszuschöpfen, parallel dazu müssen zur Umsetzung auch Reformen der Gesundheitsfinanzierung angestoßen werden. In anderen Ländern wird bereits viel mehr Aufwand für eine nachhaltige Beschaffung gerade auch im Gesundheitswesen betrieben wird. Das Ziel muss sein, CO_2-Footprints, Recyclebarkeit, Reparierbarkeit, das Ziel der Kreislaufwirtschaft, Produktionsbedingungen, Transportwege und Life-Cycle-Assessments bei allen Produktentscheidungen zu berücksichtigen. Hinweise dazu finden sich bei Health Care Without Harm (https://www.greenhospitals.net/guidance-documents/) darüber hinaus aber gibt es Leitfäden des Umweltbundesamts, des Bundesverbands Materialwirtschaft, Einkauf und Logistik e.V. (BME), und viele weitere.

6.5 Abfall und Recycling

Der beste Abfall ist der, der gar nicht erst entsteht. Das bedeutet, dass bereits im Einkauf ein wesentlicher Teil der Abfallvermeidung umgesetzt werden kann. Auch hier ist es wichtig, dass ein Abfall- bzw. Entsorgungsmanager sich im Organigramm nah genug an den Entscheidern wiederfindet, um die Voraussetzungen für eine erfolgreiche Implementierung von Maßnahmen zu haben. Dafür müssen auch entsprechende Mittel bereitgestellt werden. Eine Voraussetzung für eine erfolgreiche Reduktion ist ein Monitoring der Art, Menge und Kosten der Abfallentsorgung. Eine Trennung nach Wertstoffen ist Voraussetzung für Recyclebarkeit und erfordert an vielen Stellen auch Schulungen und Sensibilisierung. Ein Monitoring vom Einkauf über die Verwendung, Trennung und Entsorgung bis zur Wiederverwertung ist wichtigste Voraussetzung zur Identifikation der besten Strategie zur weiteren Reduktion.

6.6 Digitalisierung

Der nächste Schritt ist der Digitalisierung im Gesundheitssystem heißt Medizin 4.0 (Beerheide 2016), die Verbesserung und Verknüpfung der medizinischen Versorgung mittels Informations- und Kommunikationstechnik. In Deutschland wird dies gesetzlich durch das E-Health-Gesetz (Gesetz für sichere digitale Kommunikation und Anwendungen im Gesundheitswesen) reguliert (Bundesgesundheitsministerium 2021). Verschiedene Schwerpunkte werden hier gesetzt: Einführung und Nutzung medizinischer Anwendungen (z.B. digitale Daten, elektronischer Arztbrief), Verbesserung der Kommunikation verschiedener IT-Systeme im Gesundheitswesen und Einführung von Telematik-Infrastruktur und Förderung telemedizinischer Leistungen. Neben Verbesserung und Optimierung des Informationsaustausches sollen schrittweise die Ablösung bislang papierbasierter Prozesse durch IT-gestützte Systeme unterstützt werden.

Seit Beginn der COVID-19-Pandemie nimmt der Einsatz der Telemedizin in Deutschland deutlich zu. Neben finanziellen Vorteilen konnte in verschiedenen Untersuchungen nachgewiesen werden, dass die Telemedizin den CO_2-Fußabdruck im Gesundheitssystem verringert. Dies ist vor allem auf die Verringerung von Fahrten zu den Gesundheitseinrichtungen durch Patienten und Besucher zurückzuführen. Die Einsparungen liegen zwischen 0,70 und 372 kg CO_2e pro telemedizinischer Beratung (Purohit et al. 2021). Die meisten dieser Arbeiten berücksichtigen allerdings nicht den Ressourcenbedarf durch die Digitalisierung selbst.

6.7 Zusammenfassung

Eine einzelne Einrichtung kann sehr viele Maßnahmen zur Erreichung der Klimaschutzziele umsetzen. Viele davon sind geringinvestiv und gehen mit Kosteneinsparungen einher. Aufgrund der Komplexität des deutschen Gesundheitssystems kann aber keine Einrichtung allein den Weg bis zur Klimaneutralität schaffen. Die Landesregierungen verfügen über Planungskompetenz, Regulierungshoheit, sind selbst oder durch die Kommunen und Bezirke Träger von Krankenhäusern und des Öffentlichen Gesundheitsdiensts. Die Einrichtung einer neuen Abteilung für Gesundheitssicherheit, Gesundheitsschutz, Nachhaltigkeit im Bundesgesundheitsministerium 2020 ist ein wichtiger Schritt. Bislang existiert aber weder auf Bundes- noch auf Landesebene ein durchgreifendes Konzept für effektive Maßnahmen zur Mitigation der Klimakrise. Auch der vorliegende „Gesetzentwurf der Bundesregierung zur Weiterentwicklung der Gesundheitsversorgung“ vom Dezember 2020 enthält keinen Plan zur Bewältigung der Klimakrise (Bundesgesundheitsministerium 2020).

Literatur

Beerheide R (2016) Medizin 4.0: Digitale Faszination. Dtsch Arztebl International 113(24), A-1129-A-1129

BKK (2020) Pflanzlich. Nachhaltig. Gesund. Der Wegweiser für Krankenhäuser und andere Gesundheitseinrichtungen. URL: https://bkk-provita.de/wp-content/uploads/2020/10/2020_Wegweiser_pflanzenbasierte_Ernaehrung_KH_GE.pdf (abgerufen am 13.07.2021)

Braune A, Lemaitre C, Geiselmann D et al. (2020) Rahmenwerk für klimaneutrale Gebäude und Standorte. Deutsche Gesellschaft für nachhaltiges Bauen e.V. Stuttgart

Bundesgesundheitsministerium (2021) E-Health-Gesetz. URL: https://www.bundesgesundheitsministerium.de/service/begriffe-von-a-z/e/e-health-gesetz.html (abgerufen am 13.07.2021)

Bundesgesundheitsministerium (2020) Entwurf eines Gesetzes zur Weiterentwicklung der Gesundheitsversorgung. URL: https://www.bundesgesundheitsministerium.de/fileadmin/Dateien/3_Downloads/Gesetze_und_Verordnungen/GuV/G/20-12-16_GVWG_Kabinett.pdf (abgerufen am 13.07.2021)

Churkina G, Organschi A, Reyer CPO et al. (2020) Buildings as a Global Carbon Sink. Nature Sustainability 3(4), 269–276. DOI: 10.1038/s41893-019-0462-4

DGNB e.V. (2020) Klimapositiv: Jetzt! URL: https://issuu.com/dgnb1/docs/dgnb_broschuere_klimapositiv_issue (abgerufen am 14.07.2021)

Dickhoff A, Grah C, Schulz CM, Weimann E (2021) Klimagerechte Gesundheitseinrichtungen – Rahmenwerk (Version 1). Klimagerechte Gesundheitseinrichtungen – Rahmenwerk. KLUG Deutsche Allianz Klimawandel und gesundheit e.V. Berlin. URL: 10.5281/zenodo.5024577 (abgerufen am 15.07.2021)

Hahn U, Herrmann M, Traidl-Hoffmann C et al. (2021) Für eine klimagerechte Gesundheitsversorgung in Deutschland. URL: https://zenodo.org/record/4610637 (abgerufen am 13.07.2021)

Health Care Without Harm (2019) Health Care's Climate Footprint. URL: https://noharm-global.org/sites/default/files/documents-files/5961/HealthCaresClimateFootprint_092319.pdf (abgerufen am 13.07.2021)

Lenzen M, Malik A, Li M et al. (2020) The Environmental Footprint of Health Care: A Global Assessment. The Lancet Planetary Health 4(7), e271-e279. DOI: 10.1016/S2542-5196(20)30121-2

NHS (2020) Delivering a 'Net Zero' National Health Service. URL: https://www.england.nhs.uk/greenernhs/wp-content/uploads/sites/51/2020/10/delivering-a-net-zero-national-health-service.pdf (abgerufen am 15.07.2021)

Ostertag K, Bratan T, Gandenberger C et al. (2021) Ressourcenschonung im Gesundheitssektor – Erschließung von Synergien zwischen den Politikfeldern Ressourcenschonung und Gesundheit. URL: https://www.umweltbundesamt.de/sites/default/files/medien/5750/publikationen/2021-01-25_texte_15-2021_ressourcenschonung_gesundheitssektor.pdf (abgerufen am 13.07.2021)

Purohit A, Smith J, Hibble A (2021) Does Telemedicine Reduce the Carbon Footprint of Healthcare? A Systematic Review. Future Healthcare Journal 8(1), e85-e91. DOI: 10.7861/fhj.2020-0080

Tennison I, Roschnik S, Ashby B et al. (2021) Health Care's Response to Climate Change: A Carbon Footprint Assessment of the NHS in England. The Lancet Planetary Health 5(2), e84-e92. DOI: 10.1016/S2542-5196(20)30271-0

WHO (o.D.) About Mitigation and Adaptation. URL: https://www.euro.who.int/en/health-topics/environment-and-health/Climate-change/activities/integrating-health-in-policies-for-mitigation-of-and-adaptation-to-climate-change/about-mitigation-and-adaptation (abgerufen am 13.07.2021)

7 Grünes Kapital – Eine Investition in die Gesundheit

Dieter Lehmkuhl und Christian M. Schulz

Die Mitglieder der Heilberufe setzen sich zunehmend kritisch mit der Wirkung der Kapitalanlagen auseinander. Das gilt insbesondere für Kapitalanlagen, die im Zusammenhang stehen mit dem Gesundheitssystem, der eigenen Altersvorsorge oder der privaten Vermögensanlage. Oft findet diese Debatte Ausdruck in einem Aufruf zu Divestment.

> Unter **Divestment** versteht man den partiellen oder vollständigen Abzug von Kapital – in Form von Aktien, Anleihen oder Investmentfonds u.a. – aus Unternehmen bzw. einem Industriezweig, weil diese der Gesundheit schaden oder weil deren Geschäftspraktiken in anderer Weise unethisch sind.

Divestment wird weithin – auch von wichtigen Akteuren im Gesundheitswesen (s.u.) – als ein wichtiges Mittel gesehen, die Transformation zu einer Post-Kohlenstoff-Ökonomie zu beschleunigen. Dem Finanzsektor kommt eine Schlüsselrolle dabei zu, das Erdklima zu stabilisieren (Otto et al. 2020).

Bereits 2015 veröffentlichten fünf britische Gesundheitsorganisationen einen Bericht zu den ethischen und finanziellen Gründen für Divestment im und durch den Gesundheitssektor und gaben Empfehlungen zur Vorgehensweise (Climate and Health Council et al. 2015). Bisher haben sich unter anderem die nationalen Ärzteverbände Großbritanniens (BMA), Kanadas (CMA) der USA (AMA) zu Divestment verpflichtet bzw. unterstützen es. Anfang 2020 startete das British Medical Journal seine Kampagne „Investing in Humanity“ mit dem Aufruf „Health Professionals and medical organisations must act now“ (Abassi u. Godlee 2020).

7.1 Divestment im deutschen Gesundheitssektor

In Deutschland haben sich zu Divestment als Handlungsfeld bisher mehrere Gesundheitsorganisationen geäußert (DPGG 2015; bvmd 2019 und DEGAM 2020), zuletzt das Bündnis Junge Ärzte für eine Medizin mit Zukunft (2021) und die Deutsche Allianz Klimawandel und Gesundheit (KLUG e.V. 2021). Auch die Gesundheitsministerkonferenz befürwortet eine kritische Auseinandersetzung mit den gesundheitlichen Aspekten der Kapitalanalagen (GMK 2020). Über die weithin größten Rücklagen im deutschen Gesundheitssektor verfügen mit mehr als 350 Milliarden Euro die privaten Krankenkassen. Danach folgen die Versorgungswerke der Ärzte mit zirka 110 Milliarden Euro. Seit einigen Jahren werden die Kriterien für die Auswahl der Kapitalanlagen und insbesondere die mangelnde Transparenz zunehmend hinterfragt (Lehmkuhl 2018; Schulz et al. 2019; Schulz 2021; Kritische Mediziner:innen 2021).

7.2 Kriterien für die Auswahl einer Kapitalanlage

Divestment allein ist eine starke Vereinfachung und wird der Komplexität bei der Auswahl von Kapitalanlagen nicht gerecht. Kapitalanlagen müssen grundsätzlich entsprechend der Situation der Anleger in den voneinander abhängigen Dimensionen Rendite, Risiko, Verfügbarkeit und Nachhaltigkeit bewertet werden. Nachhaltigkeit berücksichtigt durch die Anwendung sogenannter ESG-Kriterien. ESG steht für **e**nvironmental, **s**ocial und **g**overnance (Unternehmensführung). Für deren Auslegung existiert kein Goldstandard. Um ESG-Kriterien anzuwenden, gibt es verschiedene Strategien. Sie reichen vom Ausschluss der schädlichsten Geschäftsmodelle über die Auswahl der besten Unternehmen innerhalb ihrer Sektoren bis hin zum Impact Investing, bei dem durch die Investitionen ganz bestimmte positive Ziele (z.B. Investitionen in Solarenergie und Windkraftanlagen) verfolgt werden. Für Ausschlusskriterien werden oft noch sogenannte Schwellenwerte festgelegt. Damit werden nur Unternehmen ausgeschlossen, wenn sie mehr als einen Teil ihres Umsatzes, z.B. 20%, durch dieses Geschäftsmodell erzielen (z.B. Förderung und Vertrieb von Erdöl). Ein weiterer Ansatz ist das sogenannte Engagement. Er entfaltet seine Wirkung, indem Anleger auf den Aktionärsversammlungen ihre Stimmrechte wahrnehmen und so versuchen, das Unternehmen zu einer nachhaltigeren Geschäftsstrategie zu bewegen. Welcher Ansatz oder welche Kombination von Ansätzen zum Einsatz kommt, hängt von den Ambitionen der Anleger ab.

Um also eine Kapitalanlage hinsichtlich ihrer Nachhaltigkeit zu bewerten, muss zunächst die Frage gestellt werden, ob ESG-Kriterien zum Einsatz kommen und, noch viel wichtiger, wie streng sie vom Verwalter der Kapitalanlage ausgelegt werden. Hinzu kommen mittlerweile immer mehr Instrumente, die den CO_2-Fußabdruck einer Kapitalanlage auch quantifizieren (climate impact analysis). In Bezug auf die Überschreitung der planetaren Grenzen müssen Finanzdienstleister aufzeigen, wieviel CO_2 durch das Portfolio emittiert wird und welche Zwischenziele terminiert werden auf dem Weg zu netto null oder gar negativen Emissionen.

7.3 Gründe für die Berücksichtigung von ESG-Kriterien

Da die Verbrennung fossiler Energieträger, der Einsatz von Pestiziden, ressourcenintensive Landwirtschaft, der Einsatz von Waffen, Tabak und Alkohol ungesund sind oder den Ökosystemen erheblichen Schaden zufügen, muss eine Debatte darüber stattfinden, ob Investitionen in solche Industriezweige mit dem Grundsatz „primum non nocere" der Ethik der Heilberufe zu vereinbaren sind. Zuletzt erzwingen aber auch ökonomische Erwägungen immer häufiger die Berücksichtigung von ESG-Kriterien. Denn durch das Erreichen erster Kipppunkte bei Ökosystemen und bereits deutlich spürbare negative Folgen unternehmen Regierungen inzwischen immer stärkere Anstrengungen, die negativen Folgen zu begrenzen. Um die globale Erwärmung auf weniger als 2°C zu begrenzen, müssen etwa 80% der derzeit bekannten Kohle, Öl- und Gasreserven im Boden bleiben. Obwohl viele dieser Unternehmen seit langem um die Auswirkungen der Verbrennung fossiler Energieträger auf das Klima und die Gesundheit wissen, wurden Zweifel gestreut und die Wissenschaft manipuliert, um staatlichen Klimaschutz zu verhindern (Oreskes u. Conway 2010; Keane 2020; Milman 2021). Dadurch, dass die Reserven in den Bilanzen und Aktiennotierungen der Unternehmen schon eingepreist sind, droht mit einer effektiven Klimapolitik und einem gegenüber Klimafolgen sensiblen Investorenverhalten, dass die bilanzierten Werte abgeschrieben und zu „stranded assets" werden, d.h. ihren Wert verlieren. Experten prognostizieren, dass es mit dem Platzen dieser „carbon bubble" zu einer Destabilisierung des Finanzsystems – ähnlich der Finanzkrise von 2008 – kommen könnte (FSB 2020).

7.4 Nachhaltige Investments schneiden meist besser ab

Im internationalen Finanzsektor zeichnet sich eine zunehmende Dynamik ab. Um es an einem Beispiel zu verdeutlichen: Die Net-Zero Asset Owner Alliance (AOA) ist ein Bündnis klimaorientierter Anleger, das große Pensionsfonds, Versicherungsunternehmen und Institutionelle Investoren umfasst. Die Mitglieder der Gruppe verpflichten sich, die CO_2-Emissionen ihrer Anlageportfolios konform mit dem Pariser Klimaschutzabkommen bis spätestens 2050 auf Netto-Null zu reduzieren und alle fünf Jahre neue Zwischenziele zu definieren. Die Allianz zählt inzwischen über 70 Mitglieder mit einem verwalteten Vermögen von 73 Billionen US-Dollar. Ende März 2021 sind mit Blackrock und der Vanguard Group die zwei größten privaten Vermögensverwalter weltweit der Allianz beigetreten (AOA 2021). Im Mai folgte als erste deutsche Pensionskasse die Bayerische Versorgungskammer.

Die Signalwirkung dadurch ist beträchtlich: Rendite (und Wohlstand) wird es langfristig nur geben, wenn die Dekarbonisierung rasch gelingt. Bereits jetzt zeigt sich: Die Rendite nachhaltiger Investments ist inzwischen meist höher als bei Investitionen in konventionelle Anlagen. Dazu passend nennt das Weltwirtschaftsforum Davos (WEF 2021) als die fünf größten Risiken für die wirtschaftliche Entwicklung

1. Extremwetterereignisse,
2. die Klimakrise,
3. Artensterben,
4. anthropogene Umweltverschmutzung und
5. Infektionskrankheiten (Pandemien).

7.5 Konkrete Handlungsfelder

Jeder einzelne hat an vielen Stellen die Möglichkeit, Einfluss zu nehmen. Das beginnt bei der Auswahl einer nach ökologischen, sozialen und ethischen Kriterien operierenden Bank, sowohl für den geschäftlichen als auch den privaten Bereich. Von dort aus sind die Schritte zur nachhaltigen Kapitalanlage einfach. Darüber hinaus sollten Nachhaltigkeitskriterien bei der Auswahl des Anbieters für die private Altersvorsorge oder des Krankenversicherers Anwendung finden.

Die ärztlichen Versorgungswerke sind den Landesärztekammern angegliedert und durch ihre Gremien verwaltet. Das bedeutet, dass auch hier die Entscheidung über die Anwendung von ESG-Kriterien und ihre Auslegung durch Ärztinnen und Ärzte in den entsprechenden Gremien verantwortet werden.

Literatur

Abassi K, Godlee F (2020) Investing in Humanity: The BMJ's divestment campaign, BMJ 368, January 23. DOI: 10.1136/bmj.m167

AOA (2021) Net Zero Asset Managers Initiative Triples in Assets under Management as 43 New Asset Managers Commit to Net Zero Emissions goal. URL: https://www.netzeroassetmanagers.org/net-zero-asset-managers-initiative-triples-in-assets-under-management-as-43-new-asset-managers-commit-to-net-zero-emissions-goal (abgerufen am 16.07.2021)

Bündnis Junge Ärzte (2021) Positionspapier zu Nachhaltigkeit im Gesundheitswesen und globalem Gesundheitsschutz. URL: https://www.buendnisjungeaerzte.org/fileadmin/user_upload/PDF/2021_01_Positionspapier_Klima_Gesundheit.pdf (abgerufen am 16.07.2021)

Bundesvertretung der Medizinstudierenden in Deutschland (bvmd) (2018) Positionspapier Klimawandel und Gesundheit. URL: https://www.bvmd.de/fileadmin/user_upload/Grundsatzentscheidung_2018-11_Klimawandel_und_Gesundheit.pdf (abgerufen am 16.07.2021)

Climate and Health Council, Healthy Planet, UK, Medact, Centre for Sustainable Health, Medsin (2015) Unhealthy Investments – Fossil Fuel Investment and the UK Health Community, Report. URL: http://www.unhealthyinvestments.uk/uploads/1/3/1/5/13150249/unhealthy_investments_final.pdf (abgerufen am 16.07.2021)

Deutsche Gesellschaft für Allgemeinmedizin und Familienmedizin (DEGAM) (2020) Der Klimawandel ist die größte Bedrohung für die globale Gesundheit im 21. Jhd. – Hausärzt*innen sind gefragt! Positionspapier der AG Klimawandel und Gesundheit der DEGAM. URL: https://www.degam.de/files/Inhalte/Degam-Inhalte/Ueber_uns/Positionspapiere/Positionspapier_Klimawandel_Gesundheit_final.pdf (abgerufen am 15.07.2021)

Deutsche Plattform Globale Gesundheit – DPGG (2015) Klimawandel und Gesundheit – Ein Weck- und Aufruf für den Gesundheitssektor. Positionspapier der DPGG, 8. Dezember 2015. URL: https://www.plattformglobale-gesundheit.de/klimawandel-und-gesundheit/ (abgerufen am 15.07.2021)

Financial Stability Board (FSB) (2020) The Implications of Climate Change for Financial Stability. URL: https://www.fsb.org/wp-content/uploads/P231120.pdf (abgerufen am 15.07.2021)

Gesundheitsministerkonferenz – GMK (2020) Beschlüsse der 93. GMK, TOP: 5.1 Der Klimawandel – eine Herausforderung für das deutsche Gesundheitswesen. URL: https://www.gmkonline.de/Beschluesse.html?id=1018&jahr=2020 (abgerufen am 15.07.2021)

Keane P (2020) How the Oil Industry Made us Doubt Climate Change, BBC News, 20. Sept. URL: https://www.bbc.com/news/stories-53640382 (abgerufen am 15.07.2021)

KLUG e.V. (Hrsg.) Schmiemann G, Steuber C, Gogolewska J, Lehmkuhl D, Herrmann M, Schulz CM (2021) Ärztliche Verantwortung in der Klimakrise – zwischen Ethik und Monetik – Divestment im und durch den Gesundheitssektor. DOI: 10.26092/elib/483

Kritische Mediziner*innen (2021) Wohin mit der ganzen Kohle? Divestment im Gesundheitswesen. Ein Positionspapier der Aktionsgruppe Gesundes Klima des Netzwerkes kritischer Mediziner*innen. URL: https://aktionsgruppe-gesundes-klima.org/wp-content/uploads/2021/04/Positionspapier_Divestment_1.0.2_Erstunterzeichner-innen_07.04.21.pdf (abgerufen am 15.07.2021)

Lehmkuhl D (2018) Divestment – Ein Mittel zum Klimaschutz. Gesundheit braucht Politik, Zeitschrift für eine soziale Medizin 3, 22–23

Milman O (2021) Oil Firms Knew Decades Ago Fossil Fuels Posed Grave Health Risks, Files Reveal. The Guardian, 18 Mar. URL: https://www.theguardian.com/environment/2021/mar/18/oil-industry-fossil-fuels-air-pollution-documents (abgerufen am 15.07.2021)

Oreskes N, Conway EM (2010) Merchants of Doubt. How a Handful of Scientists Obscured the Truth on Issues from Tobacco Smoke to Global Warming. Bloomsburry London (Deutsch: Die Machiavellis der Wissenschaft. Das Netzwerk des Leugnens. Wileys VCH 2014)

Otto IM, Donges JF, Cremades R, Bhowmik A, Hewitt RJ, Lucht W, Rockström J, Allerberger F, McCaffrey M, Doe SSP, Lenferna A, Morán N, van Vuuren DP, Schellnhuber HJ (2020) Social Tipping Dynamics for Stabilizing Earth's Climate by 2050. PNAS 117, 2354–2365. DOI: 10.1073/pnas.1900577117

Schulz CM, Ahrend KM, Schneider G, Hohendorf G, Schellnhuber HJ, Reinhard Busse R (2019) Medical Ethics in the Anthropocene: How are €100 Billion of German Physicians' Pension Funds Invested? Lancet Planetary Health 3, e405-e406. DOI: 10.1016/S2542-5196(19)30189-5

Münchener Ärztliche Anzeigen – MÄA, Schulz CM (2021) Divestment in der Ärzteversorgung, In Klimaschutz investieren, Heft Nr. 4. URL: https://www.aerztliche-anzeigen.de/leitartikel/divestment-der-aerzteversorgung-klimaschutz-investieren (abgerufen am 15.07.2021)

World Economic Forum WEF (2021) World Risk Report, 16th Edition. URL: http://www3.weforum.org/docs/WEF_The_Global_Risks_Report_2021.pdf (abgerufen am 15.07.2021)

8 Mutig handeln

Martin Herrmann

Es ist Zeit zu handeln, mutig zu handeln. Ärztinnen und Ärzte sind das eigentlich gewohnt: in kritischen Situationen Entscheidungen treffen zu müssen, um Leben zu retten. Aber wie handeln wir, wenn die Wirkzusammenhänge noch komplexer sind als auf der Intensivstation oder an einem Unfallort, wenn es plötzlich nicht mehr nur um einzelne Leben geht, sondern um Bevölkerungsgruppen, Arten, Biotope, die Zukunft von Kindern, die noch gar nicht geboren sind?

Im Anthropozän muss die Medizin zum Teil einer historisch gesehen einmaligen Transformation werden: der Rettung der Welt.

Dieses Kapitel entstand im Frühjahr 2021, wenige Tage nachdem per Verfassungsklage festgestellt wurde, dass wir nicht die Lasten unserer verfehlten Klimapolitik, etwa die notwendigen drastischen Emissionsreduktionen, an die nächste Generation weitergeben können. Denn das, so das Bundesverfassungsgericht, schränke deren Freiheitsrechte unwiederbringlich ein (Bundesverfassungsgericht 2021). Dieses Urteil könnte der folgenschwere i-Punkt auf einer Entwicklung sein, die seit Ende des vergangenen Jahrzehnts immer mehr Fahrt aufnimmt. Länder, Städte, Regionen und gesellschaftliche Gruppierungen haben bereits den Klimanotstand ausgerufen. An vielen Punkten der Welt, in Wirtschaft, Politik, Kultur und Gesellschaft, wird plötzlich realisiert, dass wir kurz davor sind, unsere eigenen Lebensgrundlagen zu zerstören – langfristig und über die Grenzen des Planeten hinaus. Leben zu retten bedeutet unter diesen Bedingungen, dass es nicht mehr ausreicht, zum Beispiel individualisierte Medizin zu betreiben. Denn das Überleben jedes Einzelnen ist nur gesichert, wenn wir gleichzeitig an die gesamte Menschheit denken, an den Planeten.

Als Gesundheitsberufe haben wir eine besondere Rolle. Gesundheit ist für die meisten Menschen das höchste Gut, und sie vertrauen uns in vielen Fällen ihr Leben an. Das muss für uns Auftrag sein, mutig zu handeln und den notwendigen Wandel mitzugestalten und zu beschleunigen, wo immer wir können.

Wichtig ist zu entscheiden, wo und wie ich anfange, etwas gegen die Klimakrise zu tun. Wir stellen die aus unserer Sicht wichtigsten Handlungsfelder und -prinzipien vor. Das kann aber nur eine Anregung sein und kein Rezept. In komplexen Kontexten gibt es keinen fertigen Weg, es geht darum, ins Offene hinein zu handeln, und die Bereitschaft zu haben, aus Fehlern zu lernen. Zwar müssen wir uns auch selbst klarwerden, was wir tun wollen. Vielleicht am wichtigsten aber für mutiges Handeln ist es, sich mit anderen zusammentun, einander anzuregen, zu unterstützen, aber auch herausfordern. Wir sind soziale Wesen und brauchen einander, besonders, wenn wir etwas Neues beginnen.

Dabei ist es hilfreich, einige Dimensionen des Handelns zu berücksichtigen:

Neu anfangen können

Jeder Mensch ist in seinem Lebenskontext, seiner Geschichte und seiner möglichen Zukunft einzigartig. Das verbindet uns und macht uns zu einzigartig Gleichen. Da wir durch und durch soziale Wesen und komplex sind, ist nicht vorhersagbar, wie wir handeln und was wir gemeinsam mit anderen gestalten können. Wir haben die Begabung, in schwierigsten Situationen Neues zu beginnen und damit andere und uns selbst zu überraschen.

Klein, aber wirkmächtig: die 3,5%-Regel

Große Veränderungen kommen, wenn eine Minderheit von Menschen im Veränderungsfeld handelt. Die Politikwissenschaftlerin Erica Chenoweth von der Harvard University hat sich viele große, erfolgreiche Reformbewegungen in der Welt angesehen und festgestellt: Wenn sich 3,5 Prozent einer Bevölkerung auf den Weg machen, kann das ausreichen, um echte Veränderungen zu initiieren und mit der Zeit die Mehrheit zu gewinnen (Chenoweth 2011). Dabei geht es darum, wirklich aktiv zu werden: auf die Straße gehen, Leute im Gespräch überzeugen, Projekte initiieren, Vorträge halten, Aktionen initiieren, durchaus auch zivilen Ungehorsam, am besten alle kreativen Handlungsmöglichkeiten gemeinsam ausschöpfen. Die das tun, das sind mutige Vorreiter:innen, die sich von Ablehnung nicht beirren lassen, sondern ihre Projekte verfolgen und Impulse setzen. Das überzeugt, und mehr und mehr Menschen fangen an, sich zu beteiligen.

Soziale Kippdynamiken

Ähnlich wie die Naturwissenschaften in biophysikalischen Systemen beschreiben nun auch die Sozialwissenschaften das Phänomen der Kipppunkte: Sie werden erreicht, wenn marginale gesellschaftliche Entwicklungen dazu führen, dass Systeme sich nicht weiter linear, sondern grundlegend verändern. Kleine quantitative Veränderungen – zum Beispiel Gruppen klimaaktiver, engagierter Bürger – können zu großen qualitativen Veränderungen führen (s. Kap. III.2).

Kontinuität und Transformation, radikaler schrittweiser Wandel (Göpel 2016)

Leben besteht aus einem Nebeneinander von Kontinuität und Veränderung, von geplanten und überraschenden, großen und kleinsten Veränderungen. Es geht also bei der großen Transformation nicht um eine Idealisierung von Veränderung, sondern um eine neue Perspektive darauf, was es zu erhalten gilt, was wir hinter uns lassen können und was wir initiieren, gestalten und umsetzen wollen. Dabei können z.B. wichtige Traditionen und Werte aus der Geschichte neu entdeckt und belebt werden. Das bedeutet auch ein Nebeneinander von radikalen Schritten – „Notoperationen" und unscheinbaren Kleinsttransformationen. Das heißt: Die „große" Transformation ist eigentlich dieses kreative Nebeneinander von intentionalen und zufälligen kleinen und radikalen Schritten. Ob und wann angestrebte Veränderungen gelingen ist dabei oft über lange Zeiten nicht absehbar (Stacey u. Mowles 2016).

Ein neues Verständnis von Macht – vom Glück gemeinsam zu handeln

Transformative Veränderungen erfordern von Change Agents den Mut, sich in die gegenwärtigen Krisen-, Spannungs- und Konfliktfelder hineinzubegeben und dabei den Blick und Sinn für Möglichkeitshorizonte offen zu halten. Das schließt ein ganz anderes Verständnis von Macht mit ein. Für die meisten Menschen ist Macht negativ besetzt. Macht als Herrschaft und Gewalt ist die häufigste Verknüpfung auch in der politischen Theorie. Ganz anders ist das Verständnis von Macht als Machtpotenzial bei Hannah Arendt: „Macht besitzt eigentlich niemand, sie entsteht zwischen Menschen, wenn sie zusammen handeln." (Ahrendt 1981). In ihrer Vita Activa untersucht sie menschliches Handeln in den Themen, die sich einfacher Kontrolle und instrumentellem Denken entziehen. Im Freien mit den ganz konkreten und komplexen Themen einer Gemeinschaft bzw. Gesellschaft umzugehen, schafft den Raum, in dem Macht zwischen den Menschen entsteht. Nur wenn wir uns nachhaltig um die gemeinsamen Institutionen kümmern, bleibt der öffentliche Raum lebendig und floriert. Mit diesem Verständnis von Macht – als Macht zwischen den Menschen – können wir Möglichkeitsräume schaffen, die uns erlauben, uns strategisch den bestehenden, dem Status quo verhafteten und damit zerstörerischen Machtkonstellationen zu stellen und sie zu entzaubern. Luisa Neubauer – eine der wichtigsten Vertreterinnen der Fridays-for-Future-Bewegung – hat das in ihrem TED Vortrag 2019 neu formuliert:

> *„Tue Dich mit anderen zusammen. Macht ist nichts, was Du hast oder nicht hast, es ist etwas was Du Dir nimmst oder anderen überlässt und sie wird größer, wenn Du sie mit anderen teilst." (Neubauer 2019, eigene Übersetzung).*

Dafür müssen wir uns gegenseitig neu ernst nehmen als die Menschen, die die Wende anstoßen können. Entscheidungsträger werden die Bewegung nicht anführen, sie werden ihr folgen.

Wo können wir nun dieses Verständnis einbringen/anwenden? Wichtige Handlungsfelder für Menschen aus Gesundheitsberufen sind zum Beispiel:

Agendasetting und Bildung zum transformativen Handeln

Der wichtigste Handlungsschritt: Planetary Health zu einer strategischen Priorität zu machen. Es geht darum, die Bewohnbarkeit unseres einzigartigen und wunderbaren Planeten für uns und zukünftige Generationen wie auch für alle Lebewesen zu erhalten. Das geht nicht, wenn Planetary Health nur eines von vielen Themen auf einer langen Liste ist. Es muss ganz oben stehen. Das bedeutet unter anderem, Kolleg:innen aufzuklären: Jeder und jede von ihnen sollte die manifeste Gefährdung wahrnehmen und entdecken, dass sich im jeweiligen Lebenskontext Wege auftun können, den notwendigen Wandel zu gestalten und anzustoßen. Das ist völlig unabhängig davon, wo Menschen in ihrem Leben stehen, ob sie Kinder, Senioren, Chefärztinnen, Abgeordnete oder Kellner sind. Wir alle sind von den Gefahren betroffen. Wir alle können Wandel anstoßen.

Wenn wir verstanden haben, dass wir als Handelnde, als „Change Agents" gefragt sind, zeigt sich unmittelbar, dass es viel zu lernen gibt. Inhaltlich in den Themen, auf die wir uns fokussieren, aber vielleicht noch mehr auf der Gestaltungs- und Umsetzungsebene. Es gibt inzwischen Bildungsangebote wie die Planetary-Health-Academy-Vorlesungsreihe (https://planetary-health-academy.de), die beide Seiten – Inhalt und Umsetzung – verbinden. Es ist wichtig, den unterschiedlichen Lerndimensionen Platz zu geben. Dazu gehört aber auch, die eigene Fähigkeit zu lehren und weiterzuentwickeln, und sich am globalen und lokalen Lern- und Umsetzungsprojekt Große Transformation zu beteiligen. Der Begriff „Große Transformation" beschreibt die notwendigen tiefgreifenden Veränderungen in praktisch allen Sektoren und Regionen. Die Geschichtswissenschaft kennt zwei große Transformationen: einmal die neolithische Revolution, den Übergang von der Jäger- und Sammlergesellschaft zur Agrargesellschaft, sowie die industrielle Revolution. Der Unterschied zu damals ist heute der Zeitdruck. Wir können nicht entspannt abwarten, wie sich die Veränderungen vollziehen, es geht darum, die Not-Wende schnellstmöglich zu vollziehen, um die enormen Risiken für die Bewohnbarkeit unseres Planeten einzugrenzen (WBGU 2011).

> *Agendasetting und Bildung zum transformativen Handeln hat immer auch eine politische Dimension: Wir verstehen uns und andere als mündige Bürger:innen, auch jenseits von Wahlentscheidungen. Damit beleben wir die Voraussetzung von gelingender Demokratie neu.*

Klimaneutraler Gesundheitssektor

In den letzten Monaten ist weltweit viel deutlicher geworden, dass wir alles daransetzen müssen, schnellstmöglich klimaneutral zu werden. Das wird aber nur gehen, wenn es nicht bei ehrgeizigen Versprechen bleibt, sondern dieses Ziel in allen Sektoren als Priorität auf die Agenda gesetzt und durch umfassende Pläne hinterlegt wird. Daran kann jede und jeder auf allen Ebenen mitarbeiten. Das bedeutet die Änderung von Gesetzen und Vorgaben, aber vor allem auch konkrete Umsetzungspläne in sämtlichen Gesundheitseinrichtungen auf allen Ebenen. Auch hier wird der Handlungsdruck auf alle mit jedem gelingenden Projekt steigen. Die Inhalte sind im Kapitel dazu (s. Kap. II.7) klar beschrieben.

Wir alle können außerdem dazu beitragen, die Kluft zwischen Versprechen und Wissen durch Handeln und Umsetzen schnell zu überbrücken. Das bedeutet auch, bremsende Vorgaben aus dem Weg zu räumen. Die Handlungspläne unterscheiden zwischen Maßnahmen, die sofort oder sehr schnell umgesetzt und entschieden werden können, solchen die einen Vorlauf brauchen, und innovativen Maßnahmen, die heute noch kaum vorstellbar sind. Diese Dreiteilung findet sich im direkten Entscheidungsbereich von Einrichtungen, aber auch bei Zulieferern und Partnern. Der Handlungsdruck kann dabei von allen Systembeteiligten, also auch von Patient:innen und Bürger:innen, erzeugt und konkretisiert werden.

Eine wichtige Rolle spielt auch ein erweitertes Verständnis von Überversorgung. Sie ist nicht nur schlecht für die Patient:innen, sondern bedeutet auch sinnlosen Ressourcenverbrauch.

Einen OECD-weiten Überblick über die sehr unterschiedliche Inanspruchnahme medizinischer Behandlungen liefert der Bericht „Tackling Wasteful Spending on Health“ (OECD 2017). Die deutsche Gesellschaft für innere Medizin (DGIM) fokussiert darauf mit ihrer Initiative „Klug entscheiden“. Ein Ende der Überversorgung sollte in allen Umsetzungsplänen zur Erreichung der Klimaneutralität eine wichtige Rolle einnehmen.

Selbstwirksamkeit als Therapie

Bei Lebensstilfragen ist der Schlüssel zur Veränderung die Frage der Selbstwirksamkeit. Wenn ein Thema für uns wichtig ist, und wir wirksame Handlungsmöglichkeiten erkennen, ist die Chance groß, dass wir sie ergreifen. Modelllernen und soziale Ansteckung funktionieren auch in der Klimafrage. Solange die meisten Ärzt:innen und Pflegekräfte das Klimaspielfeld nicht als ihr Feld sehen (sondern zum Beispiel Klimawissenschaftler:innen oder Politiker:innen überlassen), werden sie frustriert bleiben. Dann erkennen sie auch nicht, dass weite Teile des Spielfeldes für sie durchaus offen sind, aber bisher nicht bespielt werden. Wenn Menschen das Feld besetzen, neue Teams bilden, die Dramaturgie verändern – dann steckt das an. Wenn ich als Arzt im weißen Kittel mit einem Rollstuhl und dem Symbol einer kranken Erde darin durch die Stadt gehe, können Menschen ihre Augen nicht abwenden. Sie nehmen mich wahr, und das verändert etwas.

Wenn wir uns innerlich wie äußerlich bewegen, uns an einer Bewegung beteiligen, verändert das: Depression und Ängste sind vielleicht nicht weg, aber sie bestimmen nicht mehr über uns. Natürlich ist meine Stimme bei Wahlen wichtig. Noch wichtiger ist aber, was ich mit meiner Stimme nach der Wahl mache. Wird sie stumm? Bleibt sie lebendig?

Arztpraxen, Pflegestationen, Krankenhäuser und Gesundheitszentren erreichen große Teile der Bevölkerung. Sie können zu Aufklärungs- und Bildungszentren, auch zu Aktivierungszentren für den Weg zu gesunden Lebenswelten sein. Nicht zu vergessen sind dabei die von der Lancet Countdown hervorgehobenen „Co-Benefits" des Klimaschutzes, die sich positiv auf die Gesundheit auswirken (Watts et al. 2015). Die Agrarwende, die Energiewende, die Verkehrswende sind Teil dieses Wegs, sie sind aber nicht das Ziel. Es geht um eine andere Form des Zusammenlebens: *healthy planet – healthy people!*

Literatur

Arendt H (1981) Vita Activa oder Vom tätigen Leben. Piper München

Bundesverfassungsgericht (2021) Beschluss des Ersten Senats vom 24. März 2021, 1 BvR 2656/18. URL: http://www.bverfg.de/e/rs20210324_1bvr265618.html (abgerufen am 12.07.2021)

Chenoweth E, Stephan MJ (2011) Why Civil Resistance Works: The Strategic Logic of Nonviolent Conflict. Columbia University Press

Göpel M (2016) The Great Mindshift: How a New Economic Paradigm and Sustainability Transformations Go Hand in Hand. Springer Cham. DOI: 10.1007/978-3-319-43766-8

Neubauer L (2019) Why You Should Be a Climate Activist. Ted Youth München. URL: https://www.ted.com/talks/luisa_neubauer_why_you_should_be_a_climate_activist (abgerufen am 12.07.2021)

OECD (2017) Tackling Wasteful Spending on Health. OECD Publishing Paris. URL: https://read.oecd-ilibrary.org/social-issues-migration-health/tackling-wasteful-spending-on-health_9789264266414-en#page198 (abgerufen am 12.07.2021)

Stacey RD, Mowles C (2016) Strategic Management and Organisational Dynamics. Pearson Education London

Watts N, Adger N, Agnolucci P et al. (2015) Health and Climate Change: Policy Responses to Protect Public Health. Lancet 386(10006), 1861–914. DOI: 10.1016/S0140-6736(15)60854-6

Wissenschaftlicher Beirat der Bundesregierung Globale Umweltveränderungen (WBGU) (2011) Welt im Wandel – Gesellschaftsvertrag für eine Große Transformation. URL: https://www.wbgu.de/fileadmin/user_upload/wbgu/publikationen/hauptgutachten/hg2011/pdf/wbgu_jg2011.pdf (abgerufen am 20.08.2021)

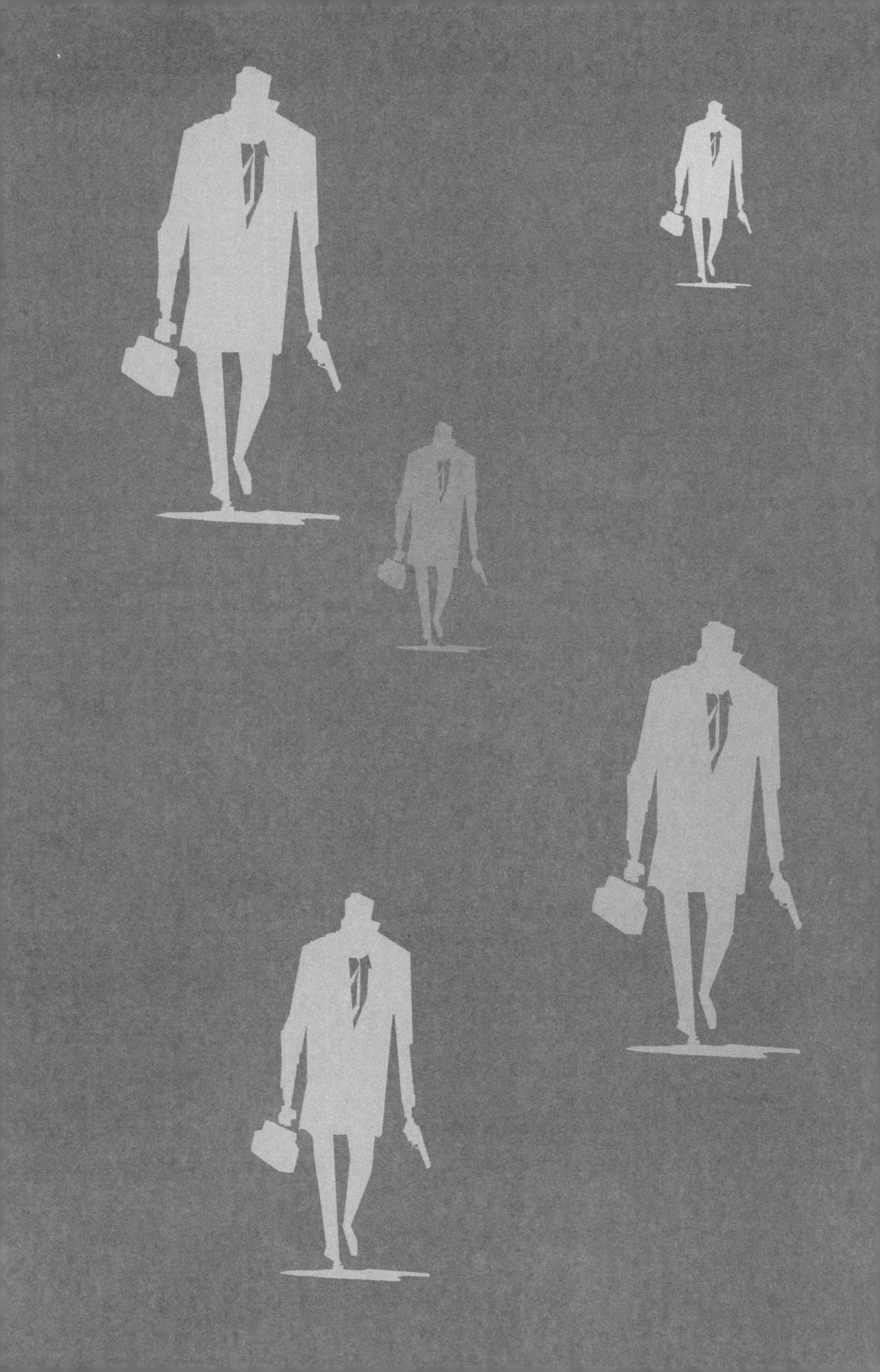